"大国三农"系列规划教材

普通高等教育"十四五"规划教材

U0965328

新编园艺实验实习教程

朱元娣　高丽红　主编

中国农业大学出版社
·北京·

内 容 简 介

本书为“大国三农”系列规划教材，分为上篇(基础实验篇)和下篇(生产实习篇)，包括 77 个实验和 42 个实习。本书主要特点是内容翔实、知识前瞻、形式新颖、实用性强，覆盖园艺产业链以及休闲园艺。基础实验篇介绍园艺植物栽培、育种、采后处理及市场营销、设施栽培的基本理论原理、关键技术和研究方法；生产实习篇介绍种植园规划设计、园艺植物繁殖、栽培管理、采收及采后处理的新技术和新方法，并增加了园艺美学应用案例。本书系统全面地介绍园艺学科理论与科技前沿，可作为高等农林院校园艺专业本科生教材，以及涉农专业师生和园艺科技人员的参考用书。

图书在版编目(CIP)数据

新编园艺实验实习教程 / 朱元娣，高丽红主编．--北京：中国农业大学出版社，2024．8.
ISBN 978-7-5655-3228-3

Ⅰ. S6-33

中国国家版本馆 CIP 数据核字第 2024AR6553 号

书　　名　新编园艺实验实习教程
　　　　　　Xinbian Yuanyi Shiyan Shixi Jiaocheng

作　　者　朱元娣　高丽红　主编

策划编辑　张秀环　　　　**责任编辑**　赵　艳　刘学楚
封面设计　郑　川　李尘工作室
出版发行　中国农业大学出版社
社　　址　北京市海淀区圆明园西路 2 号　　**邮政编码**　100193
电　　话　发行部 010-62733489，1190　　读者服务部 010-62732336
　　　　　　编辑部 010-62732617，2618　　出　版　部 010-62733440
网　　址　http://www.caupress.cn　　**E-mail**　cbsszs@cau.edu.cn
经　　销　新华书店
印　　刷　河北朗祥印刷有限公司
版　　次　2024 年 8 月第 1 版　　2024 年 8 月第 1 次印刷
规　　格　185 mm×260 mm　　16 开本　　28 印张　　690 千字
定　　价　85.00 元

编审人员

主　编　朱元娣（中国农业大学）
高丽红（中国农业大学）

副主编　陈雪平（河北农业大学）　李天忠（中国农业大学）

编　者（按姓氏拼音排序）

陈红武（西北农林科技大学）　陈书霞（西北农林科技大学）
陈雪平（河北农业大学）　高丽红（中国农业大学）
郝瑞杰（山西农业大学）　何俊娜（中国农业大学）
姜　峰（中国农业大学）　李　宝（中国农业大学）
李　威（中国农业大学）　李　欣（中国农业大学）
李翠英（西北农林科技大学）　李青云（河北农业大学）
李天忠（中国农业大学）　梁晋军（山西农业大学）
刘彩霞（北京中农富通园艺有限公司）　刘超杰（北京农学院）
娄　倩（西北农林科技大学）　罗双霞（河北农业大学）
马　林（中国科学院农业资源研究中心）　马会勤（中国农业大学）
孟祥龙（河北农业大学）　彭建营（河北农业大学）
孙绳军（北京富特森农业科技有限公司）　田永强（中国农业大学）
王胜男（中国农业大学）　王亚南（河北农业大学）
吴　婷（中国农业大学）　徐　峰（中国农业大学）
徐彦杰（中国农业大学）　闫佳琪（中国农业大学）
张　静（山西农业大学）　张　钊（中国农业大学）
张鹏飞（山西农业大学）　张秋雷（中国农业大学）
周晓锋（中国农业大学）　朱元娣（中国农业大学）

主　审　曹家树（浙江大学）

前 言

园艺学是一门应用性强的学科，其实验实习教学是培养园艺专业人才创新创业能力的重要环节。党的二十大报告指出，培养造就大批德才兼备的高素质人才，是国家和民族长远发展大计。为践行教育、科技和人才强国战略，培养新时代园艺专业创新型人才，以园艺产业发展和实践应用为导向，本书编者们总结多年实践教学经验和科研成果，将其编写成书。参与编写的人员主要来自中国农业大学、河北农业大学、西北农林科技大学、山西农业大学和北京农学院从事园艺本科实践教学的一线教师，同时邀请了中国科学院农业资源研究中心、北京富特森农业科技有限公司和北京中农富通园艺有限公司富有园艺专业实践经验的人员编写相关章节，保证了实验实习项目的科学性、先进性、实用性和可操作性。

本书内容分为上篇（基础实验篇，77 个实验）和下篇（生产实习篇，42 个实习），涵盖园艺植物栽培学、园艺植物育种学、园艺产品贮运学、园艺商品学和设施园艺学等园艺本科教学核心课程的实践教学环节。上篇的内容以基础实验为主体，在传统验证性实验的基础上，增加了运用科学研究的逻辑思维，围绕同类科学与园艺学问题，提出解决问题的方法和技术方案，将理论知识与研究方法有机结合起来，培养学生分析问题、解决问题和创新思维的能力，并促进理解和巩固所学的园艺学相关基础理论与专业知识。下篇的内容紧密联系园艺产业实践，综合组织一些技术性和操作性强的实习项目。本书配备大量数字资源资料引导学生全面掌握园艺生产的理论、方法和技术，以培养本科生具备解决相关园艺生产实际问题的能力以及园艺美学应用的能力。

在本书编写过程中得到了园艺学科同行的大力支持，河北农业大学张玉星、河南省农业科学院王东升、湖北省农业科学院果树茶叶研究所秦仲麒、烟台现代果业发展有限公司隋秀奇、烟台北方果蔬技术开发连锁有限公司张代胜、北京市平谷区果品产业服务中心杨海清、西北农林科技大学梁骏以及中国农业大学洪波、何非和郑传林提供了部分数字资源素材，感谢同仁们的无私帮助！特别感谢浙江大学农业与生物技术学院曹家树先生对本书实验实习内容设定的指导和书稿内容的审核修正！诚请广大读者批评指正！

编　者

2024 年 1 月

目　录

上篇　基础实验篇

下篇 生产实习篇

上篇

基础实验篇

第一章　园艺植物栽培学实验

第一节　园艺植物分类

实验一　果树种类识别与生态区划

1　引言

果树种类繁多，分类体系复杂，为便于果树的栽培利用和研究需要，一般可按照植物学、生态适应性和用途等对果树进行分类。果树生态区划是根据果树的生态需求，评价不同地区对果树的生态适应程度而做出的区域划分，可用于指导果树适地适栽，合理利用果树和自然资源。

常用的果树分类有植物学分类法和园艺学分类法。植物学分类按照植物间亲缘关系的远近和进化过程进行分类，其等级为门、纲、目、科、属、种，种为分类的基本单位，有时在种以下还可分为亚种、变种等。为了研究和利用方便，果树常按生物学特性、生态适应性、生长特性、形态特征和果实构造进行园艺学分类。根据冬季叶幕特性可分为落叶果树和常绿果树；根据植株形态特性可分为乔木类果树、灌木类果树、藤本类果树和草本类果树；根据果实结构可分为仁果类果树、核果类果树、浆果类果树、坚果类果树、聚复果类果树、荚果类果树、柑果类果树和荔果类果树；根据生态适应性可分为寒带果树、温带果树、亚热带果树和热带果树。

我国具有非常丰富的果树种质资源，这些果树广泛分布在南北各地。通过调查发现，各种果树的自然分布具有一定的规律性，对生态环境条件要求相近的基本上集中分布在某一气候区内，明显表现出果树与环境的统一。根据果树自然分布、自然生态条件（主要是气温、降水、海拔、纬度等）和果树生物学表现（生长发育和品质形成），可以把我国果树划分为 8 个自然分布带：热带常绿果树带、亚热带常绿果树带、云贵高原常绿落叶果树混交带、温带落叶果树带、旱温落叶果树带、干寒落叶果树带、耐寒落叶果树带和青藏高寒落叶果树带。根据果树原产地和优质高产区的自然生态条件，确定果树的生态最适条件，再依据当地自然条件和果树适应程度进行生态区划，划分为最适宜区、适宜区、次适宜区和不适宜区 4 类。

目前，苹果的主要栽培区有渤海湾产区（包括胶东半岛、泰沂山区、辽南及辽西部分地区、河北大部和北京、天津两市）、西北黄土高原产区（包括陕西渭北地区、山西晋南和晋中地区、河南三门峡地区和甘肃陇东地区，以及陕西铜川、白水、洛川和甘肃天水等地）、黄河故道和秦岭北麓产区（包括豫东、鲁西南、苏北和皖北）和西南冷凉高地产区（包括四川阿坝、甘孜两个藏族自治州的川西地区，云南东北部的昭通、宣威地区，贵州西北部的威宁、毕节地区，西藏昌都以南和雅鲁藏布江中下游地带）。梨的主要栽培区有华北产区（河北、北京、天津、山东、安徽、江苏）、西北产区（陕西、山西、甘肃）、长江中下游产区（四川、湖北、江西、浙江）和特色梨产区（新疆库尔勒和阿克苏、云南泸西和安宁、辽宁南部鞍山和辽阳、胶东半岛等）。葡萄的主要栽培区有西北栽培区（包括新疆、甘肃、宁夏、内蒙古西部等）、黄土高原栽培区（陕西、山西）、环渤海湾栽培区（河北、山东和京津地区、辽宁）、黄河故道栽培区（河南、山东鲁西南地区、江苏北部和安徽北部）、南方栽培区（安徽、江苏、浙江、上海、重庆、湖北、湖南、江西、福建、广西等的大部地区）、西南栽培区（云贵高原、川西高原及金沙江沿岸河谷地区）、东北中北部栽培区（吉林、黑龙江）。柑橘的主要栽培区包括长江上中游柑橘带（湖北秭归以西、四川宜宾以东），浙南、闽西、粤东柑橘带，赣南、湘南、桂北柑橘带（江西赣州、湖南郴州、永州、邵阳和广西桂林、贺州等地），鄂西、湘西柑橘带，特色基地有云南早熟蜜橘、江西南丰蜜橘、广西融安金柑等。

本实验以果树为调查对象，通过实地观测和多媒体资料学习，加深学生对果树生物学和生态学相关知识的理解，提高学生辨识果树种类及其生态适应性的能力。

2 实验准备

2.1 试材

植物材料包括果园生长正常的乔木类果树、灌木类果树、藤本类果树和多年生草本类果树果树，以及果树的多媒体资料等。

2.2 仪器与用具

照相机、铅笔和记录本。

3 实验方法

3.1 果树分类

3.1.1 根据冬季是否落叶分类

常绿果树：一类叶片寿命长、冬季不脱落的果树，没有明显的休眠期，终年生长。喜欢温暖，不耐低温，主要分布在长江以南。可分为：木本常绿果树（如椰子、柑橘、枇杷、龙眼、荔枝等）和多年生草本常绿果树（如香蕉、菠萝、草莓等）。

落叶果树：秋末落叶、第二年春季又萌发的果树，能耐冬季低温，适应性强，分布较广。落叶果树不能终年生长，一年内有明显的休眠期和生长期，如苹果、梨、葡萄等。

3.1.2 根据果树生态适应性分类

寒带果树：一般能耐－40 ℃以下的低温，只能在高寒地区栽培。包括榛、醋栗、穗醋栗、山葡萄、果松等。

温带果树：适应在温带气候条件下生长的果树，主要分布在北纬或南纬 30°～60°间。包括仁果类（苹果、梨、山楂等）、核果类（桃、杏、李、梅、樱桃等）、浆果类（葡萄、柿、猕猴桃、草莓等）、坚果类（核桃、板栗、榛、银杏、山核桃等）。

亚热带果树：适应于年均温 10～13 ℃的区域，既有常绿的也有落叶的种类，生长在冬季较寒冷但为期很短的地区，一般营养生长期较长。主要种类有柑橘、无花果、龙眼、荔枝、枇杷、杨梅、油橄榄、石榴等。

热带果树：分布于热带地区。主要分布在南纬30°至北纬30°间，对低温很敏感，适宜无霜冻或少发生霜冻的温暖地区生长的果树。热带果树均为常绿，在季节改变时由新叶代替老叶，主要种类有椰子、椰枣、番木瓜、油梨、番荔枝、腰果等。

3.1.3　根据植株形态特征分类

乔木类：具有主干，长到一定高度后分生枝条的果树，一般分为落叶乔木果树（如苹果、梨、桃、杏、栗、核桃、柿、枣等）和常绿乔木果树（如柑橘、枇杷、龙眼、荔枝、杨莓等）。

灌木类：树冠矮小，没有明显的主干，从根颈起就开始分枝，各枝条的粗细大体相同的果树。这种果树的树冠矮小，有些种类每年冬季地上部分枯死（如树莓），翌年重新萌发枝条。一般分为落叶灌木果树（如树莓、醋栗等）、常绿灌木果树（如金橘、金豆等）。

藤本类：这类果树的枝干称"藤"或"蔓"，树体不能自然直立，依靠缠绕或攀缘在支持物上生长，如葡萄、猕猴桃等。

草本类：指茎内的木质部不发达，含木质化细胞少，支持力弱的植物。草本类果树一般都很矮小，寿命较短，茎干软弱，多数在生长季节终了时地上部分或整株植物体死亡，如香蕉、菠萝、草莓等。

3.2　主要果树树种识别

3.2.1　苹果

苹果是蔷薇科（Rosaceae）苹果亚科（Maloideae）苹果属（*Malus* Mill.）植物，属落叶小乔木。树干灰褐色，老皮有不规则的纵裂或片状剥落，小枝幼时密生绒毛，后变光滑，紫褐色。叶序为单叶互生，椭圆形到卵形，先端尖，缘有圆钝锯齿，幼时两面有毛，后表面光滑，暗绿色。花白色带红晕，直径3～5 cm，花梗与花萼均具有灰白色绒毛，萼叶长尖，宿存，雄蕊20，花柱5。果实略扁球形，直径5 cm以上，两端均凹陷，萼洼部常有棱脊。花期4月，果期7—11月。

3.2.2　梨

蔷薇科苹果亚科梨属（*Pyrus* L.）植物，落叶乔木或灌木，极少数品种为常绿。栽培梨品种源于秋子梨（*Pyrus ussuriensis* Maxim.）、白梨（*P. bretschneideri* Rehd.）、砂梨（*P. pyrifolia* Nakai）、西洋梨（*P. communis* L.）和新疆梨（*P. sinkiangensis* Yü）5个种及其杂交种。野生种杜梨（*P. betulifolia* Bunge.）、豆梨（*P. calleryana* Decne.）常作为砧木及育种材料。叶片多呈卵形，大小因品种不同而各异。花为白色，或略带黄色、粉红色，有五瓣。果实形状有圆形的，也有基部较细尾部较粗的（即"梨形"）。果皮颜色有黄色、绿色、黄中带绿、绿中带黄、黄褐色、绿褐色、红褐色、褐色等，个别品种亦有紫红色。野生梨果径较小，为1～4 cm；栽培品种果径为5～8 cm。花期4月，果期8—9月。

3.2.3　葡萄

葡萄为葡萄科（Vitaceae）葡萄属（*Vitis* L.）木质藤本植物，其栽培品种多源自欧洲葡萄（*V. vinifera* L.）、美洲葡萄（*V. labrusca* L.）及其种间杂交种。小枝圆柱形，有纵棱纹，无毛或被稀疏柔毛。卷须2叉分枝，每间隔2节与叶对生。叶卵圆形，显著3～5浅裂或中裂，长7～18 cm，宽6～16 cm；叶柄长4～9 cm，几乎无毛；托叶早落。圆锥花序密集或疏散，多花，与叶对生，基部分枝发达，长10～20 cm。果实球形或椭圆形，直径1.5～2 cm；种子倒卵状椭圆形。花期4—5月，果期8—9月。

3.2.4 核桃

核桃是胡桃科(Juglandaceae)胡桃属(*Juglans* L.)植物。栽培的核桃品种主要源自核桃(*J. regia* L.)。树高2～10 m，树皮灰白色，浅纵裂，枝条髓部片状，幼枝先端具细柔毛(2年生枝常无毛)。树皮幼时灰绿色，老时则灰白色而纵向浅裂。小枝无毛，具有光泽，被盾状着生的腺体，灰绿色，后来带褐色。羽状复叶长25～50 cm，小叶5～9个，椭圆状卵形至椭圆形；顶生小叶通常较大，长5～15 cm，宽3～6 cm，先端急尖或渐尖，基部圆或楔形，有时为心脏形，全缘或有不明显钝齿，表面深绿色、无毛，背面仅脉腋有微毛，小叶柄极短或无。雄花柔荑花序长5～10 cm，有雄蕊6～30个，萼3裂，雌花1～3朵聚生，花柱2裂，柱头浅绿色。果实椭圆形，直径约5 cm，灰绿色，幼时具腺毛，老时无毛，内部坚果呈球形，黄褐色，表面有不规则槽纹。花期4—5月，果期9月。

3.2.5 枣

枣是鼠李科(Rhamnaceae)枣属(*Zizyphus* Mill.)植物。栽培品种多属于普通枣(*Z. jujube* Mill.)。落叶小乔木，稀灌木，高达10 m；树皮褐色或灰褐色。枝有枣头枝、二次枝和枣吊之分，紫红色或灰褐色，呈"之"字形曲折。叶纸质，卵形、卵状椭圆形或卵状矩圆形，长3～7 cm，宽1.5～4 cm；顶端钝或圆形，稀锐尖，具小尖头，基部稍不对称，近圆形，边缘具圆齿状锯齿，上面深绿色，无毛，下面浅绿色。花黄绿色，两性，无毛，具短总花梗，单生或2～8个密集成腋生聚伞花序；花梗长2～3 mm；萼片卵状三角形；花瓣倒卵圆形，基部有爪，与雄蕊等长；花盘厚，肉质，圆形，5裂。核果矩圆形或长卵圆形，长2.0～3.5 cm，直径1.5～2 cm，成熟时红色，后变红紫色。花期5—7月，果期8—9月。

3.2.6 板栗

板栗是壳斗科(Fagaceae)栗属(*Castanea* Mill.)植物。世界范围内具有栽培价值的7个种，中国板栗(*C. mollissima* Blume)是经济价值最大的种。树体高达20 m，小枝灰褐色。叶椭圆至长圆形，长11～17 cm，宽达7 cm，顶部短至渐尖，基部近截平或圆，或两侧稍向内弯而呈耳垂状，常一侧偏斜而不对称。新生叶的基部常狭楔尖且两侧对称，叶背被星芒状伏贴绒毛或因毛脱落变为几无毛；叶柄长1～2 cm。雄花序长10～20 cm，花序轴被毛；雌花3～5朵聚生成簇，柱下部被毛。成熟壳斗的锐刺有长有短，有密有疏，密时全遮蔽壳斗外壁，疏时则外壁可见，壳斗连刺径4.5～6.5 cm；坚果高1.5～3 cm，宽1.8～3.5 cm。花期4—6月，果期8—10月。

3.2.7 柿

柿为柿科(Ebenaceae)柿属(*Diospyros* L.)植物。栽培品种大部分来源于柿种(*D. kaki* L.)。落叶大乔木，通常高10 m以上；树皮深灰色至灰黑色，或者黄灰褐色至褐色；树冠球形或长圆球形。枝开张，带绿色至褐色，无毛，散生纵裂的长圆形或狭长圆形皮孔；嫩枝初时有棱，有棕色柔毛或绒毛或无毛。叶纸质，卵状椭圆形至倒卵形或近圆形；叶柄长8～20 mm。雌雄异株，花序腋生，为聚伞花序；花梗长约3 mm。果形有球形、扁球形等；种子褐色，椭圆形，侧扁。花期5—6月，果期9—10月。

3.2.8 桃

桃为蔷薇科李属(*Prunus* Mill.)植物。栽培品种来源于普通挑(*Prunus persica* Batsch.)及其变种油桃、蟠桃。落叶小乔木；叶为窄椭圆形至披针形，长15 cm，宽4 cm，先端呈长而细的尖端，边缘有细齿，暗绿色有光泽，叶基具有蜜腺；树皮暗灰色，随年龄增长出现裂缝；花单生，从淡至深粉红或红色，有时为白色，有短柄，直径 4 cm，早春开花；核果近球形，表面有茸毛，肉质可食，为橙黄色泛红色，直径 5～12 cm，有带深麻点和沟纹的核。花期 3—4 月，果期 8—9 月。

3.2.9　李

李是蔷薇科李属植物，主要栽培品种源于中国李（*P. salicina* Lindl.）、欧洲李（*P. domestica* L.）和美洲李（*P. americana* Marsh.）。中国李落叶乔木，高 9～12 m；树冠广圆形，树皮灰褐色，起伏不平；老枝紫褐色或红褐色，无毛；小枝黄红色，无毛。叶片长圆倒卵形、长椭圆形，稀长圆卵形，长 6～8 cm，宽 3～5 cm；叶柄长 1～2 cm，通常无毛，顶端有 2 个腺体或无，有时在叶片基部边缘有腺体。花通常 3 朵并生；花梗 1～2 cm，通常无毛；花直径 1.5～2.2 cm；萼筒钟状。核果球形、卵球形或近圆锥形，直径 3.5～5.0 cm，栽培品种可达 7 cm，黄色或红色，有时为绿色或紫色，梗凹陷入，顶端微尖，基部有纵沟，外被蜡粉；核卵圆形或长圆形，有皱纹。花期 4 月，果期 7—8 月。

3.2.10　杏

杏为蔷薇科李属植物，落叶乔木，栽培品种多来自普通杏（*P. armeniaca* L.）。植株无毛，叶互生，阔卵形或圆卵形，边缘有钝锯齿；近叶柄顶端有二腺体；花单生或 2～3 个同生，白色或微红色。核果圆、长圆或扁圆形，果皮多为白色、黄色至黄红色，向阳部常具红晕和斑点；果肉暗黄色，味甜多汁；核面平滑没有斑孔，核缘厚而有沟纹；种仁多苦味或甜味。花期 3—4 月，果期 6—7 月。

3.2.11　樱桃

樱桃是蔷薇科李属樱桃亚属（Subg. *Cerasus*）植物，有经济价值的包括中国樱桃（*P. pseudo cerasus* （Lindl.） G. Don.）、甜樱桃（*P. avium* L.）和欧洲酸樱桃（*P. cerasus* Ledeb.）。中国樱桃小乔木，高 7～8 m，树皮灰白色。小枝灰褐色，嫩枝绿色，无毛或被疏柔毛。冬芽卵形，无毛。叶片卵形或长圆状卵形，长 5～12 cm，宽 3～5 cm，上面暗绿色，近乎无毛，下面淡绿色；叶柄长 0.7～1.5 cm；托叶早落，披针形，有羽裂腺齿。花序伞房状或近伞形，有花 3～6 朵，先叶开放；总苞倒卵状椭圆形，褐色；花梗长 0.8～1.9 cm，被疏柔毛；萼筒钟状，长 3～6 mm，宽 2～3 mm，外面被疏柔毛；花瓣白色，卵圆形，先端下凹或二裂。核果近球形，红色，直径 0.9～1.3 cm。花期 3—4 月，果期 5—6 月。

3.2.12　草莓

草莓是蔷薇科草莓属（*Fragaria* L.）多年生草本植物，栽培品种源于凤梨草莓（*F.* × *ananassa* Duch.）。株高 10～40 cm，茎低于叶或近相等，密被开展黄色柔毛。叶三出，小叶具短柄，质地较厚，倒卵形或菱形，上面深绿色，几乎无毛，下面淡白绿色，疏生毛，沿脉较密；叶柄密被开展黄色柔毛。聚伞花序，花序下面具一短柄的小叶，花两性；萼片卵形，比副萼片稍长；花瓣白色，近圆形或倒卵状椭圆形。聚合果大，宿存萼片直立，紧贴于果实；瘦果尖卵形，光滑。花期 4—5 月，果期 6—7 月。

3.2.13　榛

榛为桦木科（Betulaceae）榛属（*Corylus* L.）植物，栽培品种主要来源于平欧杂种榛。落叶灌木或小乔木，高 1～5 m。叶互生，阔卵形至宽倒卵形，边缘长有不规则的重锯齿，上面无毛，下面脉上有短而柔的毛，长 5～13 cm，宽 4～7 cm；叶柄长 1～2 cm，细毛密布；托叶小，易早落。花为单性，雌雄同株；雄花为柔荑花序，鲜紫褐色，雄蕊为药黄色；雌花 2～6 簇于枝头，在开花时，被包在鳞芽内，只能看到红色的花柱。果实为黄褐色，接近球形，直径 0.7～1.5 cm。花期 2　3 月，果期 7—8 月。

3.3　果树带的分带特征

3.3.1　热带常绿果树带

位于北纬 24°以南，其界线基本与北回归线一致。包括广东的潮安、从化，广西的梧州、百色，云南的开远、临沧、盈江，福建的漳州，以及台湾的台中以南的全部地区。热带常绿果树带处于我国热量最丰富、降水量最多的温热地带，年平均气温 19.3～25.5 ℃。

3.3.2　亚热带常绿果树带

位于热带常绿果树带以北，云贵高原常绿落叶果树混交带以东。包括江西全省，福建大部分地区，广东，广西北半部，湖南的溆浦以东，浙江宁波、金华以南，安徽南缘的屯溪、宿松，湖北南缘的广济、崇阳。本带处于我国暖热润湿地带，年平均气温 16.2～21 ℃。

3.3.3　云贵高原常绿落叶果树混交带

位于热带常绿果树带以北，亚热带常绿果树带以西。包括云南大部，贵州全部，四川平武、泸定、西昌以东，湖南溆浦、慈利以西，湖北宜昌、郧阳区以西，以及陕西南部城固，甘肃南端的文县、武都和西藏的察隅。

3.3.4　温带落叶果树带

位于亚热带常绿果树带及云贵高原常绿落叶果树混交带以北。包括江苏、山东全省，安徽、河南的绝大部分地区，湖北宜昌以东，河北承德、怀来以南，山西武乡以南，辽宁鞍山、北票以南，以及陕西的大荔、商洛、佛坪一带，浙江的北部等地区。本带地势多较低平，海拔通常不超过 400 m，年平均气温 8.0～16.6 ℃。

3.3.5　旱温落叶果树带

由两部分构成。一部分位于云贵高原常绿落叶果树混交带及温带落叶果树带的西边，包括山西北半部，甘肃东南部，陕西西北部，宁夏中卫以南，青海黄河及湟水流域的贵德、民和、循化一带，四川西北的南坪、马尔康、甘孜，西藏东南部河谷地带的出萨、林艺、昌都、日喀则。另一部分位于新疆的伊犁盆地以及塔里木盆地周围的喀什、库尔勒、和田、哈密及甘肃的敦煌。本带年平均气温 7.1～12.1 ℃。

3.3.6　干寒落叶果树带

包括内蒙古，宁夏、甘肃、辽宁西北部，新疆北部，河北张家口以北，以及黑龙江、吉林西部。本带年平均气温 4.8～8.5 ℃，年降水量 116～400 mm，平均相对湿度 47%～57%，无霜期 127～183 d。

3.3.7　耐寒落叶果树带

位于我国东北，包括辽宁的辽阳以北，吉林的通辽以东，以及黑龙江的齐齐哈尔以东地区。本带是我国果树栽培纬度最高、气候最寒冷的地区。果树分布区年平均气温 3.2～7.8 ℃，绝对最低气温－40.2～－30.0 ℃，年降水量 406～871 mm，无霜期 13～153 d。

3.3.8　青藏高寒落叶果树带

位于我国西部北纬 28°～40°，包括西藏大部分地区，青海绝大部分地区，甘肃西南角的合作、碌曲一带。本带海拔多在 3 000 m 以上。年平均气温仅－2.0～3.0 ℃，由于本带降水较少，比较干燥，本带又属于寒地区。

3.4　果树生态区划的关键指标

果树的分布是受地理位置、地势、气候特点、自然历史演变和人类活动等因子综合作用的结果，其中温度（年均气温、极端低温、不低于10 ℃生长积温、最热月温度、无霜期等）、降水（年降水量和生长季降水量）、海拔、光照（日照时数和光质等）等是支配果树生态分布的主导因子，具体到某一树种，所采用的指标也有所不同。

4　结果与分析

4.1　果树种类识别

完成实习基地或校园内果树种类调查，并按照本实验3.1分类方法进行分类，将调查结果记录在表1-1中。

表1-1　果树生物学性状调查

序号	树种	拉丁学名	冬季是否落叶	生态适应性	植株形态	叶	花/花序	果实类型
1								
2								
3								

4.2　果树生态区划关键指标调查

查阅资料，按表1-2列举的项目，完成8个果树带某代表性果树著名产区（县、市、区）的生态指标。

表1-2　果树不同生态区主要生态因子调查

生态区	Ⅰ	Ⅱ	Ⅲ	Ⅳ	Ⅴ	Ⅵ	Ⅶ	Ⅷ
行政区划								
年均温/℃								
7月最高温/℃								
1月最低温/℃								
无霜期/d								
年日照时数/h								
降水量/mm								
海拔/m								

注：Ⅰ．热带常绿果树带　Ⅱ．亚热带常绿果树带　Ⅲ．云贵高原常绿落叶果树混交带　Ⅳ．温带落叶果树带　Ⅴ．旱温落叶果树带　Ⅵ．干寒落叶果树带　Ⅶ．耐寒落叶果树带　Ⅷ．青藏高寒落叶果树带

4.3　果树生态适应性调查

查阅资料，调查当地的气温、降水、日照和土壤等生态因子，了解当地栽培的果树种类，依次比对所调查果树与生态因子的适应程度，记录在表1-3中。

表 1-3　不同生态区果树适宜类型调查

生态因子	数值范围	树种			
		不适宜	次适宜	适宜	最适宜
年均温/℃					
7 月最高温/℃					
1 月最低温/℃					
无霜期/d					
年日照时数/h					
降水量/mm					
海拔/m					
综合					

（张鹏飞　编写）

实验二　果树的果实解剖结构观察及分类

1　引言

果树是多年生的作物，其产品器官是果实及其衍生物。果树的人为分类方法有很多种，以果实解剖结构和利用特征作为果树分类依据的方法，称为果实结构分类法，是果树常用的人为分类方法之一。观察果实解剖结构，了解不同种类果实的可食用部位与花器官的发育关系，对果树生产实践有指导意义。

植物果实由花发育而成，外为皮，内含种子。果皮分为外、中、内三层，由子房壁发育（真果）或与花托、花柄等花器官（假果）共同发育而来。完全由子房发育而成的果实，称为“真果”；而“假果”不仅包括子房，花托、花萼、花冠甚至整个花序都参与果实发育。上位子房（下位花和周位花）形成真果，而半下位子房（周位花）和下位子房（上位花）形成假果。由一朵花的单雌蕊形成的果实，称为单果；一朵花有多个离生雌蕊聚集生长在花托上，并与花托共同形成的果实，称为聚合果；由一个花序发育成的果实，称为聚花果或复果。

数字资源 1-1

果实解剖结构及分类

果实结构分类法将果树分为仁果类、核果类、浆果类、柑果类、荔枝类、坚果类、聚复果类、荚果类等（数字资源 1-1）。仁果类果树包括蔷薇科的苹果、梨、山楂和枇杷，果实为假果。核果类果树以蔷薇科的桃、李、杏、樱桃、梅为代表，也包括杧果（漆树科）、枣（鼠李科）、杨梅（杨梅科）等，果实是真果。浆果类果树种类多，葡萄、柿、阳桃（杨桃）、人心果、猕猴桃和番木瓜等果实为真果，醋栗、越橘、番石榴、洋蒲桃（莲雾）、菲油果、香蕉等为假果。柑果类果树是一类特殊的浆果，均为真果，如芸香科的橙子、柑橘、柚子、柠檬等，内果皮特化成多汁的囊瓣，为食用部位。荔枝类果树以无患子科的荔枝、龙眼、红毛丹等为代表，果实是真果，食用部位是肥大肉质的假种皮。聚复果类果树包括聚合果和聚花果两类，均为假果，食用部位是膨大的花托（草莓）、假种皮（番荔枝）或花序轴、花托、附属苞片等（凤梨科的菠萝和桑科的桑葚、无花果、波罗蜜、面包果)。坚果类果树的果实或种子外部具有坚硬的外壳,可食部分为种子的子叶或胚乳,如腰果和阿月浑子(漆树科)、核桃和山核桃(核桃科)、板栗(山毛榉科)、榛子(榛科)、香榧(紫杉科)、澳洲坚果(山龙眼科)、巴西坚果(玉蕊科)和银杏(银杏科)等。荚果类果树以豆科的酸豆树为代表,果实是真果,荚果肥厚肉质可食用。此外,一些难以根据果实特点分类的树种,归为杂果类,如山竹子科的莽吉柿(山竹子)和木棉科的榴梿,果实为真果,可食用部位是假种皮。不同果树果实可食用部位与花器官的发育关系,如图 1-1 所示。

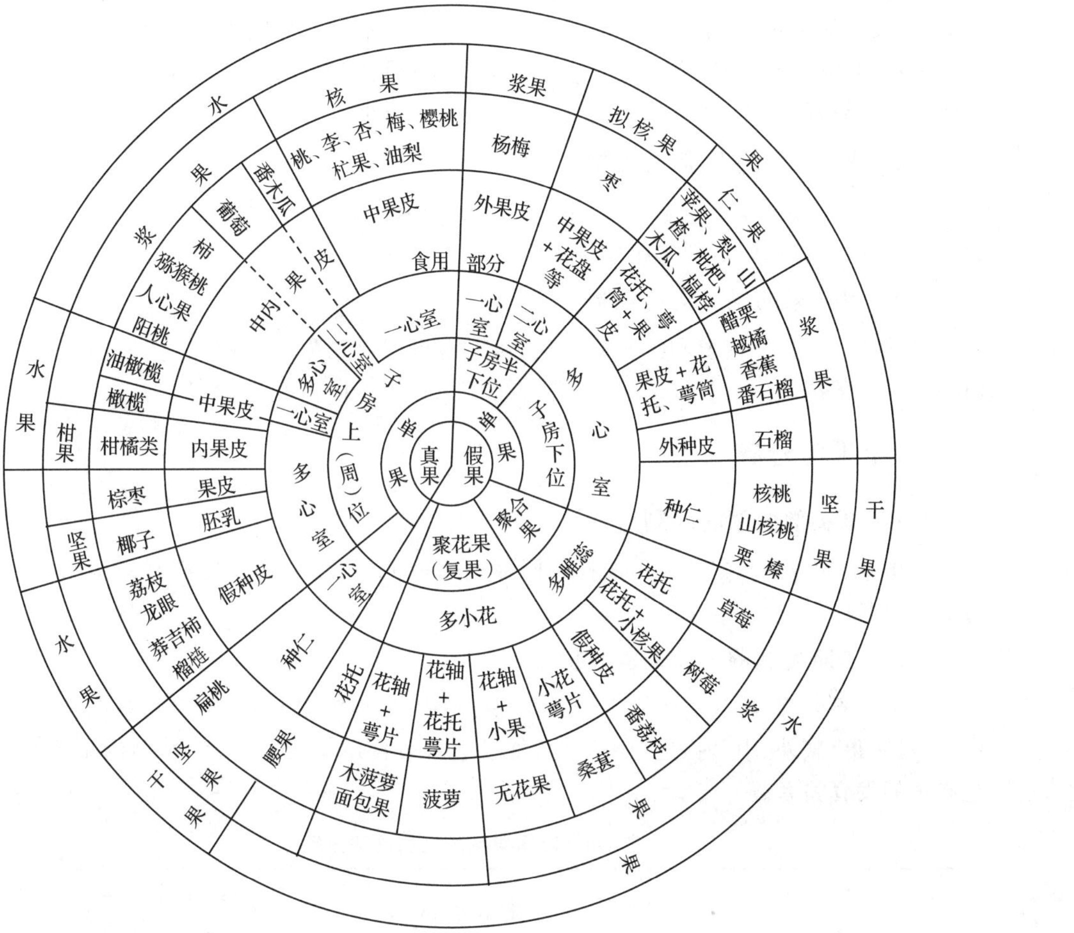

图 1-1 不同果树果实可食用部位与花器官的发育关系(果树卷编辑委员会,1993)

果实结构分类法依据花发育成果实的特征进行分类,不考虑果树生长发育和栽培特性,果实解剖结构相同的树种跨越科属,包含落叶果树和常绿果树,区别于农业生物学分类方法。本实验以不同类型果实实物和标本为试材,观察果实外观和解剖结构,使学生了解花器官发育与果实形成的关系,巩固相关理论知识。

2 实验准备

2.1 试材

选择有代表性的果树,采集各种水果和干果的实物或标本。

2.2 仪器与用具

水果刀、镊子、放大镜、绘图用具等。

3 实验方法

3.1 单果的果实构造的观察

以典型的水果和干果果实，如仁果类的苹果、核果类的桃、浆果类的葡萄和香蕉、柑果类的柑橘、荔枝类的荔枝、坚果类的核桃和板栗为代表，用水果刀分别横切或纵切果实，观察果实外部形态和内部构造。识别果皮（外、中、内）和种子（种皮、种孔、子叶、胚乳）各部位和可食用的部位，观察果柄的有无、萼片是否宿存、花托是否参与果实的发育。

3.2 聚合果的果实构造观察

以草莓、树莓和番荔枝为代表，用水果刀纵切果实，观察果实表面和内部构造。识别果实的各部位和可食用部位，观察花托是否参与果实发育。

3.3 聚花果的果实构造观察

以桑葚、无花果、菠萝和波罗蜜为代表，用水果刀纵切果实，观察果实表面和内部构造，识别果实的各部位。

4 结果与分析

4.1 果实剖面图的绘制与标注

从单果、聚合果和聚花果中选择不同种类的一种果实，绘制果实剖面结构图，标注各部位的植物学名称。

4.2 不同类型的果实构造分析

根据实验内容，将观察的果实记录在表1-4中。描述不同类型果实的解剖结构特征，如真果或假果、果皮（外、中、内）是否肉质化、种子是否可食用等，分析不同类型的果实食用部位与花器官的发育关系。

表1-4 不同果实解剖结构及分类描述

观测果实	果实分类	果树分类	果实结构特征	可食用部位与花器官的关系	其他代表性种类
苹果	单果	仁果类	下位子房形成假果，外果皮、中果皮肉质化而无明显的界限，内果皮革质。心皮形成果心，内含多粒种子	肉质化的花托与果皮愈合	梨
草莓	聚合果	浆果类	假果，单花的多雌蕊发育成果实，表面有小瘦果和宿存的花柱	肉质化的花托	树莓
菠萝	聚花果	聚复果类	假果，花序发育而成。果皮由小假果及其附属的苞叶结合而成，上有宿存的花器官	肉质化的花序轴	无花果
⋮					

（朱元娣　编写）

实验三　蔬菜食用器官分类与形态观察

1　引言

蔬菜是可采食利用全株或部分器官的草本植物、可食用真菌和藻类，以及多年生木本植物的嫩茎、嫩芽（如竹笋、香椿等）。蔬菜种类繁多，存在不同分类标准。认识蔬菜及其产品的主要类别，掌握分类的依据，方便生产和流通。

根据蔬菜食用产品的植物学器官及形态进行分类，可将其划分为根菜类、茎菜类、叶菜类、花菜类和果菜类5类。①根菜类蔬菜，主要以肥大的根部为产品器官的蔬菜，包括肉质直根类和块根类两类。肉质直根类是以种子胚根生长肥大的主根为产品，如萝卜、甘蓝、芜菁、辣根、牛蒡、美洲防风等；块根类蔬菜是以肥大的侧根或营养芽发生的根膨大为产品的蔬菜，如豆薯、甘薯、葛等。②茎菜类蔬菜，以肥大的茎部为产品的蔬菜，包括肉质茎、嫩茎、块茎、根茎和球茎类蔬菜5类。肉质茎类蔬菜，以肥大的地上茎为产品，如莴笋、茭白、茎用芥菜[笋子芥、茎瘤芥（榨菜）]、球茎甘蓝等；嫩茎类蔬菜，以萌发的嫩芽为产品，如石刁柏、竹笋、香椿等；块茎类蔬菜，以肥大的块茎为产品，如菊芋、草石蚕、银条菜、马铃薯等；根茎类蔬菜，以肥大的根状茎为产品，如莲藕、姜等；球茎类蔬菜，以地下的球茎为产品，如慈姑、芋、荸荠等。③叶菜类蔬菜，以鲜嫩叶片及叶柄为产品的蔬菜，包括普通叶菜（普通白菜、乌塌菜、薹菜、芥蓝、叶用芥菜、菠菜、散叶莴苣、茼蒿、芹菜、荠菜等）、结球叶菜（结球甘蓝、大白菜、结球莴苣、结球芥等）、辛香叶菜（大葱、韭菜、分葱、茴香等）、鳞茎类（由叶鞘基部膨大形成鳞茎，如洋葱、大蒜、胡葱、百合等）。④花菜类蔬菜，以花器或肥嫩的花枝为产品，如金针菜、花椰菜、朝鲜蓟等。⑤果菜类蔬菜，以果实及种子为产品，包括瓠瓜类（南瓜、笋瓜、西葫芦、黄瓜、西瓜、甜瓜、冬瓜、丝瓜、苦瓜、蛇瓜、佛手瓜等）、浆果类（番茄、辣椒、茄子等）、荚果类（菜豆、豇豆、刀豆、蚕豆、豌豆、毛豆等）和杂果类蔬菜（菱角、秋葵等）。

生产上常将生物学特性相近、栽培管理相似的蔬菜作物归为一类，这种分类方法称为农业生物学分类。虽然分类很多，但较为实用。分类标准是：白菜类，十字花科植物，冷季生产，以柔嫩的叶、叶球、花薹、花球及肉质茎为产品器官；直根类，以肥大的肉质直根为产品器官，冷季生产；茄果类，茄科中以果实为产品的一类蔬菜，起源于热带，喜温不耐寒，暖季生产；瓠瓜类，起源于热带的葫芦科植物，要求温暖气候；豆类，豆科植物，以嫩荚或种子为产品，蚕豆、豌豆为半耐寒性蔬菜，豇豆、菜豆、毛豆等耐热性较强；葱蒜类，百合科植物，对干燥空气忍耐力强，用种子或无性繁殖；绿叶菜类，生长期较短，以幼嫩的叶片、叶柄或嫩茎为产品器官；水生菜类，在池塘或沼泽地带栽培，在温和炎热季节生长，如藕、茭白、慈姑等；薯蓣类，含淀粉丰富的块茎、块根类蔬菜，除马铃薯外，芋头、山药等喜温耐热；多年生菜，属于多年生植物，产品器官可以多年连续收获，如芦笋、百合、竹笋、金针菜等；食用菌类，野生或栽培的食用真菌，如蘑菇、香菇、木耳等。

本实验以不同产品器官的代表性蔬菜为试材，观察产品器官的外观形态和解剖结构，使学生了解蔬菜食用部位的特征，巩固相关的理论知识。

2　实验准备

2.1　试材

选择具有根、茎、叶、果、花等的蔬菜植株和相应的食用器官，如大白菜、萝卜、胡萝卜、马铃薯、芋头、番茄、西瓜、冬瓜、青花菜、金针菜、大蒜、洋葱等蔬菜的产品器官，或各种蔬菜的标本、浸渍标本，或幻灯图片。

2.2 仪器与用具

体视显微镜、台秤、菜板、尺子、水果刀、解剖针等。

3 实验方法

3.1 肉质根类产品器官解剖观察

以带有叶片的萝卜、胡萝卜和根菾菜肉质根为材料，对其外部形态和横切面进行解剖观察（图 1-2），明确三者肉质根解剖结构的异同。从外部形态看，肥大直根分成根头（顶部）、根颈（轴部）和根部（原生根）三部分；从内部结构说，萝卜肉质根主要部分是次生木质部，胡萝卜肉质根主要部分是次生韧皮部，而根菾菜肉质根以次生形成层为主。

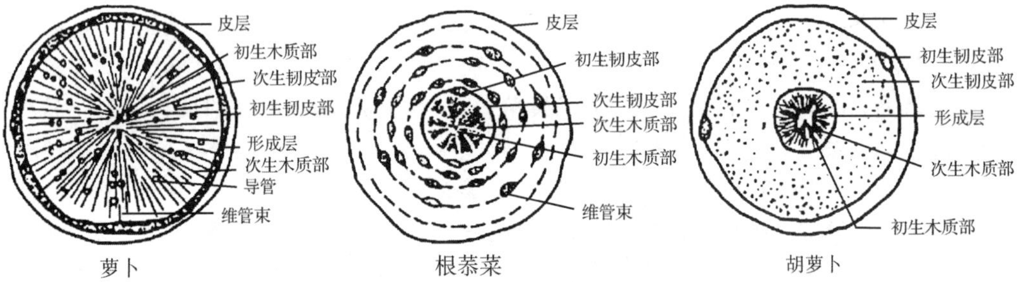

图 1-2 3 种蔬菜肉质根解剖示意图

3.2 茎菜类产品器官解剖观察

以马铃薯块茎为材料，观察块茎产品器官的外部形态和解剖特征。从外部形态看，块茎的表面分布着很多芽眼，呈螺旋排列，在螺旋线上，相邻两个芽眼之间即为节间，每个芽眼里着生有 1 个主芽和 2 个副芽。从横切面观察，由外及内依次为周皮、皮层、纤管束环、环髓区和髓部。

3.3 叶菜类产品器官解剖观察

以带有外叶的大白菜为材料，对大白菜的叶片特征进行观察，辨析外叶和球叶的着生方式以及着生部位，明确球叶叶片的抱合方式。对其外部形态进行观察，明确外叶和球叶的异形叶性以及不同生态类型白菜的球叶抱和方式。通过对其解剖结构的观察，明确大白菜外叶及球叶等叶片的着生方式、抱合方式、中心轴的长短。

3.4 鳞茎类蔬菜产品器官解剖观察

以带有根系和叶片的大蒜、洋葱等鳞茎为材料，对其外部形态和解剖结构进行观察。对其外部形态和横切面进行解剖观察，明确二者解剖结构的差异。洋葱由着生于茎盘的叶鞘基部膨大而成。膨大部分称“鳞片”，是鳞茎的主要组成部分。大蒜由着生于鳞茎盘的数个（或一个）鳞芽组成。

3.5 花菜类蔬菜产品器官的外部形态和解剖结构观察

以花椰菜、青花菜为材料，对花球的外部形态和解剖结构进行观察。明确花菜类花球上各个侧花序分枝次数及在花序轴上的着生特点。

3.6　果菜类蔬菜产品器官外观形态及解剖观察

以番茄、西瓜、冬瓜果实为材料，对其外部形态和解剖结构进行观察。明确果实外观皮色、性状、大小、条纹有无、果瘤等外观特征，并通过横切和纵切观察外果皮、中果皮、心室大小、种子的着生部位等。

4　结果与分析

4.1　不同类型的食用器官分类分析

按照产品器官分类方法，将观察到的蔬菜作物记录在表1-5中。观察不同类型蔬菜的产品器官特征并分类，指出产品器官的变态形式。

表1-5　蔬菜不同产品器官记录表

名称	科属	分类	变态类型	食用部位	生命周期	播期和收获期
萝卜	十字花科萝卜属	根菜类	肥大直根	次生木质部	二年生	夏末秋初播种，霜降来临收获
胡萝卜	伞形科胡萝卜属	根菜类	肥大直根	次生韧皮部	二年生	夏末秋初播种，霜降来临收获
⋮						

4.2　蔬菜产品器官的绘制与标注

以带有外叶的大白菜、带有根系和叶片的大蒜或洋葱、番茄或西瓜果实为对象，选择其中的一种产品器官，绘制产品器官外观和解剖图，标注各部位名称。

4.3　蔬菜产品器官的净菜和毛菜比例

以带有地上部分的胡萝卜、萝卜，带有外叶的大白菜，带有根系和叶片的大蒜或洋葱为对象，计算产品器官的净菜和毛菜的比例。

（陈书霞　编写）

实验四　常见观赏植物分类与识别

1　引言

观赏植物是指具有一定的观赏价值，适用于室内外装饰、美化环境、改善环境并丰富人们生活的植物。狭义的观赏植物仅指能绽放美丽花朵的植物，广义的观赏植物包括木本和草本的观花、观叶、观果、观株姿，甚至观赏枯枝形态、芽和种子等的植物，也包括城市园林绿地、风景名胜区、森林公园、旅游区栽培用和室内装饰用的植物。观赏植物分类就是按一定标准和方法将这些植物划分为不同的类别，为其栽培、育种和应用提供科学依据。

观赏植物分类方法包括自然分类法和人为分类法。自然分类法即根据植物进化系统和植物之间的亲缘关系进行分类的方法，是各种应用植物学的基础。人为分类法着眼于观赏植物的应用或利用上的方便，以观赏植物的生态习性、观赏特征、栽培方式、园林用途、地理分布等不同的标准进行分类的方法。按生长类型，可将观赏植物分为木本和草本，其中木本植物又可分为乔木、灌木、藤木和竹类；草本植物又可分为一二年生花卉、宿根花卉、球根花卉、水生花卉、多浆植物、兰科花卉、地被和草坪植物。按原产地及自然分布分类，可分为：中国气候型（大陆东岸气候型）花卉，如中国水仙、百合、山茶、杜鹃等；欧洲气候型（大陆西岸气候型）花卉，如雏菊、矢车菊、铃兰等；地中海气候型花卉，如郁金香、小苍兰、风信子、仙客来等；墨西哥气候型（热带高原气候型）花卉，如大丽花、晚香玉、一品红等；热带气候型花卉如变叶木、花烛、美人蕉等；沙漠气候型花卉，如仙人掌、芦荟、龙舌兰等；寒带气候型花卉，如细叶百合、绿绒蒿、雪莲等。

本实验采用实地调查、查阅资料、小组讨论等方法，使学生识别至少300种常见观赏植物，掌握其识别要点、观赏特性和分类方法，巩固学生对园艺植物分类的理论学习。

2 实验准备

2.1 试材

各类常见观赏植物。

2.2 试剂、仪器与用具

照相机、高枝剪、修枝剪、铅笔、记录板等。

3 实验方法

3.1 常见观赏植物识别与分类

观察、记录至少300种（或品种）观赏植物的识别要点、观赏特征（包括色、香、型、韵等）、生长状态、栽植类型、园林应用方式，分别根据自然和人为分类方法对其进行分类。

乔木：雪松、油松、白皮松、水杉、圆柏、侧柏、龙柏、红豆杉、银杏、白玉兰、鹅掌楸、七叶树、栓皮栎、榉树、珊瑚朴、木瓜、海棠、碧桃、合欢、日本晚樱、湖北紫荆、少脉椴、毛梾木、白蜡、悬铃木、鸡爪槭、黄栌、栾树、国槐、刺槐、梧桐、旱柳、新疆杨、棕榈、散尾葵、棕竹等。

灌木：雀舌黄杨、火棘、枸骨、海桐、石楠、桂花、夹竹桃、十大功劳、南天竹、紫叶小檗、胡颓子、山茶、牡丹、杜鹃、玫瑰、月季、贴梗海棠、蜡梅、绣线菊、丁香、珍珠梅、棣棠、木槿、结香、金叶女贞、连翘、迎春、枸橘、锦带花、海仙花、金银木、猬实、溲疏、八仙花、蝴蝶荚蒾、风箱果、红瑞木、八角金盘、丝兰等。

藤本：紫藤、凌霄、金银花、葡萄、木香、爬山虎、常春藤、扶芳藤、蔷薇、铁线莲等。

竹类：阔叶箬竹、孝顺竹、毛竹、箭竹、佛肚竹等。

一、二年生花卉：百日草、万寿菊、金盏菊、金光菊、波斯菊、矢车菊、月见草、虞美人、非洲凤仙、金鱼草、毛地黄、一串红、鸡冠花、三色堇、矮牵牛、美女樱、半枝莲等。

宿根花卉：菊花、芍药、鸢尾、马蔺、蜀葵、金鸡菊、石竹、玉簪、火炬花、宿根福禄考等。

球根花卉：百合、郁金香、唐菖蒲、水仙、大丽花、美人蕉、葱莲、风信子、仙客来、香雪兰等。

水生植物：荷花、睡莲、王莲、凤眼莲、雨久花、黄菖蒲、鸭舌草、水葱、马鞭草、旱伞草、菖蒲、梭鱼草等。

多肉多浆植物：生石花、春桃玉、魔玉、银叶花、对叶花、落地生根、八宝景天等。

兰科花卉：蝴蝶兰、石斛兰、万代兰、绶草等。

草坪草及地被植物：狗牙根、结缕草、高羊茅、草地早熟禾、剪股颖、黑麦草、三叶草、红花酢浆草、麦冬、马蹄金、过路黄等。

3.2　近似观赏植物形态辨析

在教师的指导下，结合观察记录内容，查阅工具书，辨析相似观赏植物的形态区别。实验可分多次进行。

3.3　常见球根花卉的种球识别

从观察记录内容中，筛选出属于球根花卉的植物，查阅工具书，走访花卉市场，辨析不同的球根花卉的种球（数字资源 1-2）。实验可分多次进行。

数字资源 1-2

球根花卉识别

4　结果与分析

4.1　常见观赏植物的分类描述

根据观察结果，综合运用观赏植物多种分类方法，记录在表 1-6 中，撰写常见观赏植物名录。

表 1-6　常见观赏植物名录

序号	植物名	拉丁名	科属	分类	识别要点
1	雪松	*Cedrus deodara*	松科雪松属	乔木	常绿，树冠尖塔形，叶针形，具长短枝，球果直立
2					
⋮					

4.2　30 组观赏植物的植物学分类及形态辨析

根据植物学分类及形态特征，简要描述鹅掌楸与北美鹅掌楸、国槐与刺槐、海仙花与锦带花、黄杨与雀舌黄杨、鸡麻与棣棠、金银木与金银花、金钟花与连翘、君迁子与柿树、凌霄与美国凌霄、牡丹与芍药、女贞与桂花、平枝栒子与匍匐栒子、石楠与珊瑚树、丝兰与凤尾兰、香椿与臭椿、元宝槭与五角槭、圆柏与侧柏、月季与玫瑰、云杉与青扦、地锦与美国地锦、白掌与万年青、雏菊与金盏菊、黑心菊与金光菊、角堇与三色堇、君子兰与朱顶红、芦苇与芦竹、石竹与须苞石竹、睡莲与荷花、四季报春与藏报春、万寿菊与孔雀草等 30 组观赏植物的差异性，用于辨识植物，避免混淆。

4.3　球根花卉分类及种球识别

调查至少 10 种球根花卉，将调查结果，记录在表 1-7 中，描述花期特性和种球特征，撰写常见的球根花卉名录。

表 1-7　常见球根花卉名录

序号	植物名	拉丁名	科属	种球类型	种球特征	花期
1	郁金香	*Tulipa gesneriana*	百合科郁金香属	鳞茎	偏圆锥形	春季 4—5 月
2						
⋮						

注：依地下变态器官的结构，可将球根花卉分为鳞茎类、球茎类、块茎类、根茎类、块根类 5 大类

（娄　倩　编写）

第二节　园艺植物生长发育

实验五　园艺植物物候期观察及记载

1　引言

植物在年生长周期中，根、茎、叶、花和果实等器官随着季节性气候变化而呈现出生长发育的规律性变化，这种与季节性气候变化相适应的植物器官的动态变化时期，称生物气候学时期，简称物候期。不同园艺植物种类、品种的物候期及进程有明显差异，了解它们的物候期特性，掌握其在年周期中生长发育规律，为制定相应园艺物种的周年管理技术措施提供依据和实践指导。

多年生植物在年生长周期中，植物器官的动态变化时期可以是范围较大的时期，如落叶果树，可根据叶片的有无分为生长期和休眠期两大物候期。一个大物候期又可划分为若干个范围较窄的小物候期，如开花期可分为初花期、盛花期和落花期。园艺植物各物候期的表现都与其所处的环境息息相关，如果环境条件发生了变化，物候期的进程也会发生相应改变。同一地区同一植物(品种)的物候期可能因为不同年份的气候变化而出现提前或延后，同一植物(品种)的物候期也会因各地的气候和地理条件的差异而不同。通常情况下，纬度高、温度低，春季物候期会相应地推迟，而海拔低、温度高，春季物候期就会相应地提前。年生长周期的变化在多年生植物中比较明显，特别是落叶果树和落叶观赏树木有明显的生长期和休眠期，常绿树木则没有明显的休眠期。在二年生植物中，有些有明显的休眠期，有些则没有；一年生植物一生只有生长期。

生长期是植物各器官表现出显著形态特征和生理功能的时期。落叶果树的生长期是从萌芽开始至秋季落叶结束，包括萌芽、营养生长、开花坐果、果实发育和成熟、花芽分化和落叶等物候期。休眠期是植物的芽、种子或其他器官生命活动微弱，生长发育表现停滞的时期。休眠是植物为适应不良环境如低温、高温、干旱等，在长期进化过程中形成的一种特性。各种园艺作物的物候期及其进程不尽相同，仍具有共同特点：①顺序性，多年生植物在年生长周期中，每一物候期都是在前一物候期通过的基础上才能进行，同时又为下一物候期奠定基础。②重演性，在一定条件下如人为或灾害造成器官发育中止，或外界条件适于某些器官多次活动时，某些物候期可能在一年中重复发生，出现多次。苹果、梨等常受病虫害或干旱影响，出现二次开花现象。③重叠性，表现为同一时间和同一植株上可同时表现多个物候期。果树物候期的重叠现象较为普遍，原因在于各个器官在年生长周期中都有各自的生长发育节律。在同一时期，不同器官都有各自的生长发育阶段。可以说，果树有多少个器官就会有多个进程，也就会有多少个与之相对应的物候期。

本实验以当地主要果树树种为试材，对其物候期和形态特征变化进行观察，使学生了解常见果树的年周期发育规律，辅助学生对果树生物学知识的学习。

2　实验准备

2.1　试材

选择当地具有代表性的果树树种作为观察植株，如苹果、梨、桃、葡萄等。

2.2　仪器与用具

照相机、钢卷尺、卡尺、放大镜、记录本等。

3　实验方法

3.1　果树物候期观察记载

物候期观察是周年进行的工作，应在休眠期做好准备，选定观察目标植株，确定观察时期和指标，绘制观察表格等。随着物候期演变，按照物候期观察项目和标准，观察记录。

物候期观察记载项目的繁简，应根据具体要求确定。专题物候期研究必须详细调查，本实验只记载主要物候期。参见数字资源 1-3。

数字资源 1-3

果树物候期观察

3.1.1　不同物候期的观察时间

根据物候期的进程速度和记载的繁简，确定观察间隔时间。萌芽至开花期一般每隔 2～3 d 观察一次，生长季的其他时间，则可每隔 5～7 d 或更长时间观察一次。开花期进程较快，有些地区需每天观察。落果期调查，日测记录。

3.1.2　物候期观察的取样方法

观测取样要注意地点、树龄、生长状况等方面的代表性，一般应选生长健壮的结果树，植株在果园中的位置能代表全园情况。观察株数可根据具体情况确定，一般每品种 3～5 株。进行测定和统计的内容，应选择典型部位，挂牌标记，定期进行。

选择树冠外围不同方位的延长枝，从剪口下芽萌发开始观察枝条的加长和加粗，每株树至少观测 10 个新梢。在春梢停长后至落叶前，每株树选择树冠外围剪口下春梢 5 个，观察春梢中部叶片 4～6 个，记录叶片生长变化。选择树冠外围不同方位结果枝上的果实 10～20 个，观测果实纵、横径生长变化。定期测量，每 3～7 d 测量一次，绘制生长曲线。花芽分化期定期采样观察，每 3～7 d 取样切片观察一次。

3.2　苹果等仁果类果树物候期观察

以苹果树体主要器官的生长动态变化为例，花果发育时期包括：①花芽膨大期，花芽开始膨大、鳞片错开，以全树 25%花芽萌发为准；②花芽开绽期，即开放期，鳞片裂开，露出绿色叶尖；③花序露出期，花芽外层鳞片脱落，中部出现卷曲状莲座叶，可见花序；④花蕾分离期，花梗明显伸长，花蕾彼此分离；⑤初花期，全树 5%的花开放；⑥盛花期，全树 25%的花开放为盛花始期，50%花开放为盛花期，75%的花开放为盛花末期；⑦落花期，全树有 5%的花正常脱落花瓣为落花始期，95%的花脱落花瓣为落花终期；⑧坐果期，正常受精果实直径约 0.8 cm 的时期；⑨生理落果期，幼果开始膨大后出现较多数量幼果变黄脱落的时期；⑩果实着色期，果实开始出现该品种应有的色泽，无色品种由绿开始变浅；⑪果实成熟期，全树有 50%果实从色泽、品质等方面具备了该品种成熟的特性，采摘时果梗容易分离。

枝叶生长发育时期包括：①叶芽膨大期，同花芽标准；②叶芽开绽期，同花芽标准；③展叶期，全树萌发的叶芽中有 25% 第一片叶展开；④新梢开始生长，从叶芽开放长出 1 cm 新梢时算起；新梢停止生长，新梢生长缓慢停止，没有未开展的叶片，顶端形成顶芽；⑤二次生长开始，即新梢停止生长以后又开始生长时，二次生长停止，即二次生长的新梢停止生长时；⑥叶片变色期，秋季正常生长的植株叶片变黄或变红；⑦落叶期，全树有 5% 的叶片脱落为落叶始期,25% 叶片脱落为落叶盛期,95% 叶片脱落为落叶终期。

3.3 桃等核果类果树物候期观察

记载项目和标准与仁果类果树基本相同。由于核果类果树是纯花芽,花芽物候期略有不同。无花芽开绽、花序露出及花蕾分离期,增加露萼期和露瓣期。记载标准是:露萼期,鳞片裂开,花萼顶端露出;露瓣期,花萼绽开,花瓣开始露出。

桃树的生长周期一般分为休眠期和生长期。生长期包括营养生长、营养积累和生殖生长3个阶段。在营养生长阶段,根系最先活动,为萌芽提供必要的水分和营养,促使新梢和根系同步快速生长,大约经过1个月,新梢进入缓慢生长阶段,随后,桃树新梢又进入快速生长期,经过1～2次生长高峰。新梢在秋季停止生长,一般在8月中下旬发生,进入营养积累阶段,枝条迅速增粗生长。此时,没有新生营养器官的消耗,可以积累大量营养,在落叶期之前,叶片营养回流贮藏于芽、枝之中。生殖生长完全是消耗性的生长发育,桃树开花坐果耗费的营养是树体的贮藏营养。桃树果实生长和新梢生长同步进行,新梢生长过旺时易造成落果,坐果过多会削弱新梢生长。在新梢停止延长生长后,树体进入花芽分化期,花芽分化结束后进入落叶期直至树叶完全脱落。落叶期后即为休眠期,时间在落叶后至第二年春季萌动前,约5个月。

3.4 葡萄物候期观察

记载项目和标准与仁果类果树基本相同。但需增加伤流期、新梢开始成熟期(春季萌发前树液开始流动时,新剪口流出液体滴时叫伤流期;当年新梢第四节以下的部分表皮已呈黄褐色即为新梢开始成熟期)。

4 结果与分析

4.1 仁果类果树物候期特征分析

观察苹果或梨的花果发育和枝叶生长发育时期,将观测结果分别记载在表1-8和表1-9中。根据观测结果,描述本地果园苹果或梨的物候期进程。

表1-8 苹果或梨的花与果实发育物候期记载表

品种	花芽膨大期	花芽开绽期	花序露出	花蕾分离	初花期	盛花期	落花期	坐果期	生理落果期	果实着色期	果实成熟期
1											
2											
3											

表1-9 苹果或梨枝叶生长物候期记载表

品种	叶芽膨大期	叶芽开绽期	展叶期	新梢生长开始	新梢生长停止	二次生长开始	二次生长停止	叶片变色期	落叶期
1									
2									
3									

4.2　核果类果树物候期特征分析

观察桃或樱桃的花果发育和枝叶生长发育时期，将观测结果分别记载在表1-10和表1-11中。根据观测结果，描述本地果园桃或樱桃的物候期进程。

表1-10　桃或樱桃花与果实发育物候期记载表

品种	花芽膨大期	露萼期	露瓣期	初花期	盛花期	落花期	坐果期	生理坐果期	果实着色期	果实成熟期
1										
2										
3										

表1-11　桃或樱桃枝叶生长物候期记载表

品种	叶芽膨大期	叶芽开绽期	展叶期	新梢生长开始	新梢生长停止	叶片变色期	落叶期
1							
2							
3							

4.3　葡萄物候期特征分析

观察葡萄的枝叶生长和花果发育时期，将观测结果记载在表1-12中。根据观测结果，描述本地果园葡萄的物候期进程。

表1-12　葡萄生长发育物候期记载表

品种	伤流期	萌芽期	展叶期	花序露出	新梢快速生长期	花序分离	初花期	盛花期	坐果期	果实膨大期	果实转色期	果实成熟期
1												
2												
3												

（吴　婷　编写）

实验六　园艺植物根系类型及生长动态观测

1　引言

根系构成了植物体的地下部分，是园艺植物生长发育的重要器官，具有锚定植物、吸收输导土壤中的水分养分、合成和贮藏营养物质等生理功能。根系类型因作物种类和育苗方式不同，具有不同类型。在年周期生长中，草本植物和木本植物根系的生长发育规律具有不同特征。因此，了解园艺植物根系类型及生长发育规律，可为土肥水管理提供实践指导。

根据育苗方式不同，园艺作物具有实生根系、茎源根系和根蘖根系。实生根系由种子胚根发育而来，如大多数蔬菜、花卉以及果树砧木均为实生根系。茎源根系源自枝条扦插或压条，利用植物营养器官具有再生能力，在茎上产生不定根而发育成根系，无主根。果树葡萄和无花果等硬枝扦插，苹果矮化砧木等压条繁殖，观赏植物月季、橡皮树、山茶花、桂花、天竺葵、八仙花等多用茎插，均可产生茎源根系。番茄在根颈或茎（茎节）上发生不定根，且在 30～35 d 即可长至 100～150 cm，利用此特性，可扦插繁殖优良品种。一些果树如枣、山楂、石榴等和部分宿根花卉的根系上产生不定芽，萌发成根蘖，与母株断根分离后单独成苗，其根系称根蘖根系。

根据有无明显主根，主要分为直根系和须根系。直根系由一明显的主根（由胚根形成）和从主根上生出的各级侧根组成，如大部分双子叶植物的实生根系。须根系由许多粗细相似的不定根组成，如大部分单子叶植物的实生根系，在胚根所形成主根停长或生长缓慢时，茎基部产生不定根，形成须根系。由扦插、压条等营养繁殖所长成的树木，它的根系由不定根组成，没有真正的主根，但其中一两条不定根往往发育粗壮，外表类似主根，具有直根系的形态，实为须根系。此外，依据根系在土壤中的分析，划分为浅根系（20～30 cm 土层）和深根系（50～80 cm 土层）。并非所有的直根系都是深根系，也非须根系均是浅根系。黄瓜为直根系，确是浅根系，集中分布在土层 30 cm 以内；而一些果树的茎源根系或根蘖根系，虽为须根系，却是深根系，集中分布在土层 50 cm 左右。

园艺植物的根系受种类、品种、环境条件及栽培技术等影响，其生长动态常表现出明显的周期性。对于大多数蔬菜及草本花卉，从种子萌发到衰老死亡的生长发育过程即完成了一个生命周期。根系的生长从初生根伸长到水平根衰老，最后垂直根衰老死亡，完成其生命周期。木本植物如果树以无性繁殖为主，根系的生命周期以幼树先长垂直根，树冠达一定大小的成年树，水平根迅速向外伸展，至树冠最大时，根系也相应分布最广。当树体衰老时，外围枝叶开始枯衰，树冠缩小，根系生长也减弱，且水平根先衰老，最后垂直根衰老死亡。在木本植物年生长周期中，根系在一年中有 2～3 个生长高峰，出现在春秋两季；第一次生长高峰是在新梢停止生长开始到果实加速生长和花芽分化前，根系发根量大、生长快；第二次高峰在果实采收后，这一时期根系的吸收功能和贮藏功能增强。草本植物根系在一年内只有一个高峰期，多在枝梢缓慢生长及叶片大量形成之后，此时地上部有一定的叶片数量，光合产物向下运输，土温也比较适宜。绝大多数园艺植物的根在夜间生长量大于白天，这与夜间由地上部转移至地下部的光合产物多有关。在植物允许的昼夜温差范围内，提高昼夜温差，降低夜间呼吸消耗，能有效地促进根系生长。设施栽培番茄、茄子、黄瓜、菜豆、甘蓝等，适当降低夜温，可促进幼苗根系生长，有助于壮苗培育和早熟丰产。

本实验以不同砧穗组合的苹果树为试材，实施根系原位动态观测，使学生了解苹果树根系类型、生长动态及发育特征，加深学生对果树生物学特性的理论认知。

2　实验准备

2.1　试材

选择不同砧木的嫁接苹果树为试材，如‘红富士’/八棱海棠、‘红富士’/ M9、‘红富士’/ SH40、‘红富士’/ M9 /八棱海棠、‘红富士’/ SH40 /八棱海棠。

2.2　仪器与用具

ET-100 根系观测系统(Bartz Technology Corporations,USA)、WinRHIZOTron 图像分析软件等仪器,微根管、草炭、尼龙布、钢化玻璃、角铁框架等用具。

3　实验方法

3.1　设施设备

定植箱规格为 1.5 m ×1.5 m ×2 m(长×宽×高),水平安装 5 层微根管(长度 178 cm、直径 5.6 cm),每层与地面间距分别为 −20 cm、−60 cm、−100 cm、−150 cm 和 −200 cm。每层含有 4 根微根管,对称、平行分布于树体两侧,如图 1-3 所示。

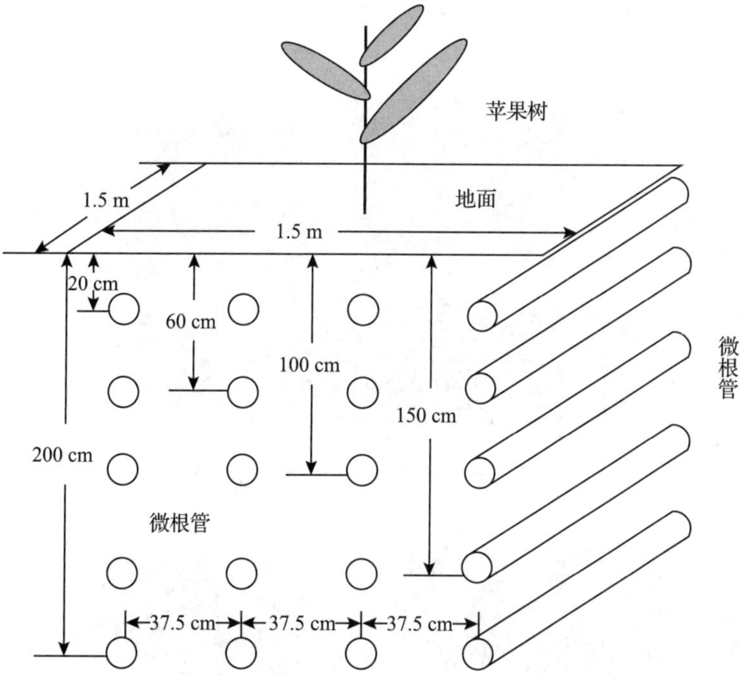

图 1-3　用于苹果树根系动态监测的定植箱示意图

3.2　图像采集与分析

利用根据 ET-100 根系观测系统(图 1-4A),选择与垂直方向呈 60° 夹角面向树体一面采集根系图片(图 1-4B)。根系观测系统数码相机的拍照范围为 1.8 cm ×1.35 cm,沿着微根管每隔 1.35 cm 拍一张照片,一个微根管可以收集到 98 张照片(图 1-5)。

采用 WinRHIZOTron 图像分析软件将根系图片数字化和数据处理,获得根系的总长度、总投影面积、总表面面积、总平均直径、总体积、根尖总数等参数,成活根和死亡根的长度、投影面积、表面面积、平均直径、体积、根尖数量等参数,各直径区间的根长度、根投影面积、根表面积、根体积和根条数等参数。各参数差异反映不同砧穗组合的根系生长发育及分布情况,依据根系水平和垂直分布,绘制不同砧穗组合的根系构型(图 1-6)。

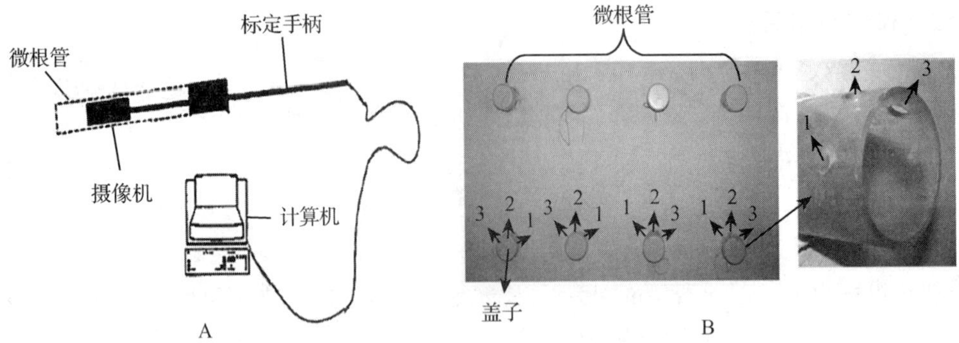

图 1-4　根系观测系统及图片采集

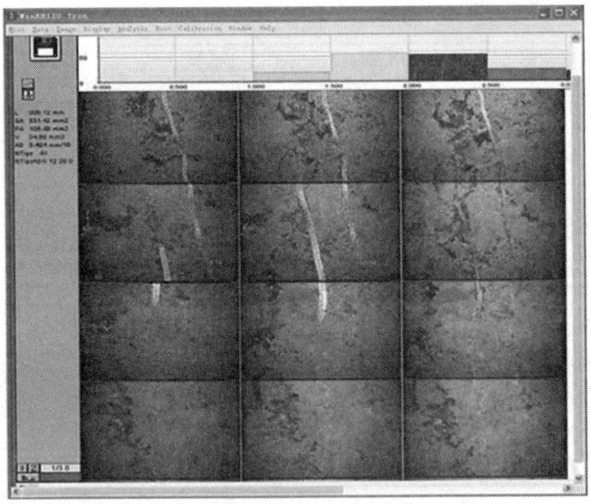

图 1-5　利用微根管采集的根系生长图片

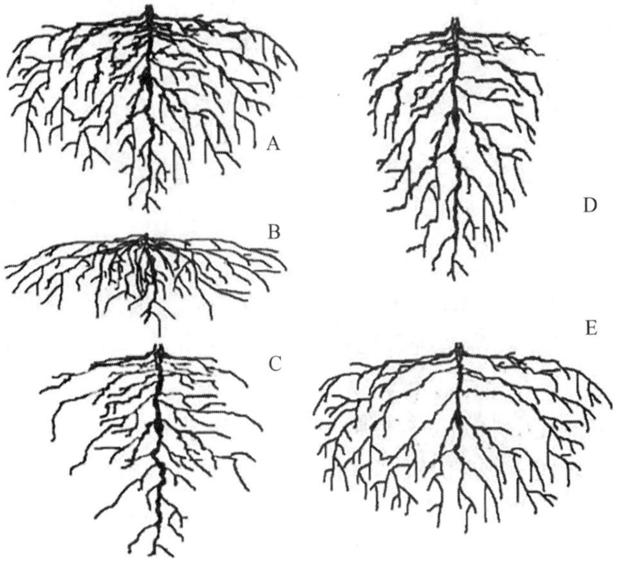

A.‘红富士’/八棱海棠　B.‘红富士’/M9　C.‘红富士’/M9/八棱海棠
D.‘红富士’/SH40　E.‘红富士’/SH40/八棱海棠

图 1-6　不同苹果砧穗组合的根系发育构型

3.3　根系生长动态二维槽式观察

设置根系生长监测装置(图 1-7),动态观察根系生长。

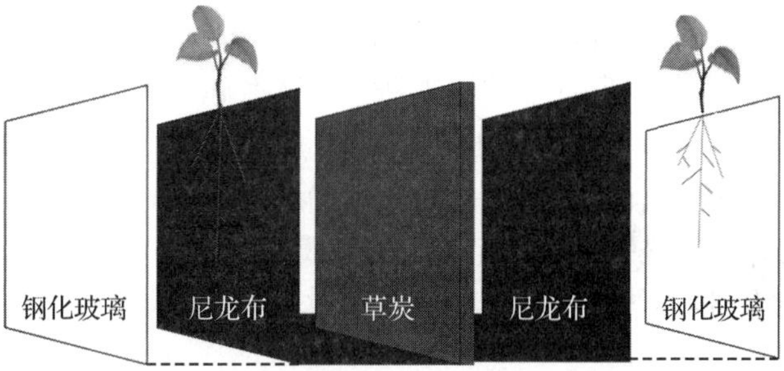

图 1-7　苹果根系动态监测装置示意图

3.4　数据统计分析

采用 Excel 软件进行统计分析,根系生长等数据以平均值(±标准差)表示。

4　结果与分析

4.1　不同基砧类型对富士苹果根系生长发育的影响

根据实验结果,以观察时间为横坐标,根系生长量为纵坐标,绘制根系年生长动态曲线。观察不同砧穗组合苹果树根系分布特征及在不同时间根系的生长发育状况,分析砧木对根系生长的影响。

4.2　不同中间砧类型对富士苹果根系生长发育的影响

比较不同砧穗组合苹果树根系构型的差异,分析树体矮化与根系构型的关系。

(吴　婷　编写)

实验七　果树枝芽生长和开花结果习性调查

1　引言

果树树冠的形成是各级枝条上的芽逐年展开的结果,芽是枝(茎)、叶、花的原始体。花芽和果实在枝(梢)上着生的部位,称为开花结果习性或开花习性。果树枝梢生长动态和开花结果习性是果树生物学的重要特性,了解果树不同枝芽特性和开花结果习性,有助于指导果树花果管理和整形修剪实践。

果树的芽按着生位置、性质、构造和生理状态等,分成许多类型,生长特性多样。顶芽着生在茎或枝顶端,侧芽或腋芽着生在叶腋处,而不定芽的发生部位不确定。在同一节位上仅有 1 个芽的为单芽,有 2 个及以上的为复芽。叶芽萌发后仅形成枝叶,纯花芽萌发后仅形成花或花序,而混合芽萌发后既形成枝叶又有花。鳞芽外有数层鳞片包裹,而无鳞片包裹的称为裸芽。芽形成后能按时萌发的为活动芽,不能按时萌发或多年潜伏后萌发的为潜伏芽或休眠芽。同一枝条上不同部位的芽在形成过程中受到内部营养状况和外界条件影响,其质量及发芽能力有明显的差异，这种现象称为芽的异质性。基部芽发生在早春，多为瘪芽和隐芽，质量差；中上部的芽营养积累多，质量最好，芽饱满充实；秋季形成的芽在质量上次之。芽的异质性是修剪的理论之一，短截饱满芽可增强树体的生长势，促进树冠外延；而在弱芽或春秋梢交界的瘪芽处修剪，则可削弱生长势。此外，树种、品种、树龄、树势等影响芽的萌发和生长。柑橘、李、桃和大多数常绿树木当年形成的芽当年即可萌发抽梢（芽的早熟性），一年可抽生 2～3 次枝条，分枝多，进入结果期早；苹果、梨等果树，当年形成的芽一般不萌发（芽的晚熟性），要到第二年春才萌发抽梢。桃、杏、柑橘的成枝力（芽萌发后能形成长枝的能力）强，'富士'苹果、短枝型苹果和梨的成枝力弱。树体进入衰老期后，柑橘、杨梅、荔枝、柿、仁果类果树等的芽潜伏力（由潜伏芽萌发新梢的能力）强，树冠容易更新复壮；而桃、李等潜伏芽少、寿命短，树冠易衰老，树体寿命较短。

果树枝梢生长经历营养生长和生殖生长两个阶段。只长叶不开花结果的枝条，称为营养枝，包括发育枝（芽体饱满，生长健壮充实，是构成树冠和形成结果枝的主要枝梢）、徒长枝或水条（生长强旺、叶大而薄、节间长、芽不饱满、组织不充实）、细弱枝（多发生于树冠内部和下部、生长纤细、芽少叶少）和叶丛枝（节间极短、多叶丛生在一起）。直接着生有花或花序并能结果的枝条，称为结果枝。依生长年限可分为一年生、二年生和多年生结果枝；根据枝的长短又分为长果枝、中果枝、短果枝和花束状果枝（核果类果树）等。果树发育枝抽生数量和生长强度（长度、粗度、充实度、叶色、皮色等）决定了树体生长势，生产上常以树冠外围大部分新梢的生长状态作为判断树势强弱的指标之一。树势中庸的成龄苹果树，长枝比例占 5%～8%，春梢生长良好，无秋梢或秋梢短。果树生长健壮，叶丛枝也可转化为结果枝。

不同果树开花结果习性差异大。仁果类果树花芽为混合芽，多为顶生也有腋生，短果枝结果为主，中长枝也能形成花芽；核果类果树纯花芽腋生，长、中、短果枝均能结果，樱桃、杏、李多以花束状果枝结果；核桃、山核桃和榛子是雌雄异花同株，雌花为混合芽着生于枝条顶部及附近，雄花为纯花芽腋生于枝条中下部；板栗是异花同株同序，混合花芽着生枝条顶端及附近，结果枝上部是雌花序，中下部是雄花序；柿子、阿月浑子和猕猴桃是雌雄异花异株，柿子和猕猴桃是混合芽腋生，阿月浑子则是纯花芽腋生；桑葚（异花同株或异株），雌雄花芽均是混合芽腋生；葡萄的混合花芽腋生，可可的纯花芽生于树干和枝条上。常见果树开花习性类型见表 1-13 和数字资源 1-4。

数字资源 1-4

果树开花习性观察

本实验以当地主要果树树种为试材，实地观察其枝芽生长和开花结果习性，加深学生对果树生物学相关的理论认识，提高学生理论结合生产实践的能力。

2 实验准备

2.1 试材

选择当地栽培的果树树种和品种为调查对象，如苹果、梨、山楂等仁果类果树，桃、李、杏、樱桃等核果类果树，葡萄、无花果、核桃、板栗、柿子和枣等果树。

2.2 仪器与用具

刻度尺、修枝剪刀、放大镜等。

表 1-13 常见果树开花习性类型

类型	树种
Ⅰ纯花芽侧生在枝条上	桃和扁桃:单花(果实)侧生
	杏:单花和花束状果枝,果实侧生
	李和樱桃:花序和花束状果枝,果实侧生
	核桃、山核桃、榛子(异花同株):雄花序,柔荑花序
	枣:花芽当年分化并开花,聚伞花序着生在枣吊上
	蔓越橘和蓝莓:花芽腋生为主,蔓越橘单花,蓝莓总状花序
Ⅱ混合芽顶生在枝条上	苹果:花芽顶生为主,有限花序顶生,果实顶生
	梨:花芽顶生为主,无限花序顶生,果实顶生
	榅桲:花芽顶生,单花顶生,果实顶生
	山楂:花芽顶生,伞房花序顶生,果实顶生
	核桃、黑核桃、山核桃:雌花芽顶生或在顶部附近,穗状花序顶生,果实顶生
	板栗:异花同株同序,混合花芽着生枝条顶端及附近,雌花着生在结果枝先端几个花序的基部,果实侧生
	枇杷:在当年生枝顶端形成混合花芽,圆锥花序带叶,花果顶生
	荔枝和龙眼:复总状圆锥花序,雌雄同株同序,果实顶生
	石榴:混合花芽着生在枝条顶部及附近,每抽一次枝开一批花,顶花 1 朵,其余腋生,果实顶生或腋生
Ⅲ混合芽侧生在枝条上	少数苹果和梨:花芽腋生,伞形或伞房花序顶生,果实侧生
	榛子雌花芽:头状花序顶生或侧生,果实顶生
	穗醋栗:腋生花芽,总状花序顶生,果实顶生
	醋栗:花芽腋生,单花或 2～3 朵簇生顶端,果实顶生
	葡萄:花芽腋生,总状花序顶生,果实侧生
	树莓类:混合花芽腋生,总状花序顶生,果实侧生
	腰果:混合花芽腋生,圆锥花序顶生,果实侧生
	无花果(雌雄异花同序或仅雌花):花芽腋生,瘾头花序腋生,果实侧生
	猕猴桃(异花异株):雌、雄花芽腋生,单花或聚伞花序,果实侧生
	柿子(异花异株):花芽腋生,雌花单花、雄花聚伞花序着生在结果枝的中下部叶腋处,果实侧生
	桑葚(异花同株或异株):雌、雄花腋生,柔荑花序,果实侧生
	鳄梨(牛油果):混合芽腋生,花序和果实腋生
其他	柑橘:纯花芽或混合花芽,顶生或腋生,以腋生为主
	草莓:纯花芽,聚伞花序顶生,随着生长转为侧生位置
	杧果:枝梢顶芽或腋芽均能抽生花序,圆锥花序带叶(混合芽)或不带叶(纯花芽),有雄花、雌能花和两性花
	可可:树干和多年生枝上开花结果

3 实验方法

3.1 果树枝芽特性调查

在果园内随机选择3个生产小区，同一生产小区内每个品种选择具有代表性的结果树5～10株，选择树冠外围不同方位一年生轻剪的延长枝10～20个，观察枝芽生长状态。

在尚未萌芽前，观察一年生延长枝上的顶芽、中部饱满芽、基部瘪芽、春秋（夏）梢交界处（盲节）的芽痕。

春季萌芽后，观察一年生枝条上芽的萌发能力（萌芽力）并统计数量，以百分数表示，即为萌芽率。萌芽率在50%以上，为萌芽力强。

新梢停长后，观察萌发的枝条生长达15 cm以上（仁果类果树）或30 cm以上（核果类果树）的能力，即是成枝力。抽生长枝的数量在4个以上，为成枝力强，而抽生长枝数量2个以下为成枝力弱。

生长季观察当年新梢在未摘心或顶芽未受损害的情况下，是否发生副梢，若是有副梢，表明该树种或品种的芽具有早熟性。

3.2 果树枝梢生长调查

在果园内随机选择3个生产小区，同一生产小区内选择仁果类果树和核果类果树具有代表性的结果树各3～5株，进行田间观察。

春季未萌芽前，从树冠外围向内，辨认一年生枝、二年生枝和多年生枝；结果枝（上着生花芽）和营养枝（无花芽）。全树调查各类枝型，如徒长枝、长枝、中枝、短枝和叶丛枝（节间短、叶片密集成莲座状的短枝）；长果枝、中果枝、短果枝、花束状果枝、果台（着生果实的部位膨大形成果台）和果台副梢（在果台上抽生出的新梢）。

测量每株树上所有一年生枝的长度，根据长枝占比判断树体生长势。当一年生枝中长枝占比大于10%，表明树体生长势强，小于5%则为生长势弱，二者之间为树势中庸。

3.3 果树开花结果习性调查

每品种选择正常生长的结果树3～5株，在果树开花期观察花芽着生的枝条类型（当年新梢、一年生枝、二年生枝、多年生枝）、枝条上的位置（顶端、叶腋、树干）、花芽性质（混合花芽、纯花芽）、雌雄异花同株或异株。

3.4 数据统计分析

采用Excel进行统计分析，枝梢生长等数据以平均值（±标准差）表示。

4 结果与分析

4.1 不同果树枝芽类型比较

结合实际情况，根据表1-14列举的指标进行观测并记录。以仁果类果树和核果类果树为研究对象，分析比较两类果树枝芽的典型特性，对树冠形成和结果早晚的影响。

4.2 不同果树枝梢生长特性比较

以仁果类果树和核果类果树为观察对象，按表1-15的指标进行观测，了解果树各类枝条的测定方法。在此基础上，选择其他树种作为试材，观察健壮结果树的各类枝条的数量和占比，记录在表中，分析某一特定品种树体健壮生长的结果枝类型及占比。

表 1-14　果树枝芽特性调查

树种	单芽/复芽	花芽位置	花芽性质	萌芽率	成枝率	芽的早熟性
苹果						
梨						
桃						
杏						
樱桃						
⋮						

表 1-15　果树不同树种品种的枝条类型调查

结果枝和营养枝类型	果树类型		核桃	板栗	柿子	其他树种
	仁果类(如苹果、梨)	核果类(如桃、樱桃)				
长(果)枝	≥15 cm	30～60 cm				
中(果)枝	5～15 cm	15～30 cm				
短(果)枝	< 5 cm	5～15 cm				
叶丛枝	1～3 cm	无				
果台副梢	有	无				
花束状果枝	无	< 5 cm				

4.3　不同果树开花结果习性比较

选择当地的树种和品种为试材，参照表 1-13 的描述，观察不同树种、品种的开花结果习性，比较仁果类、核果类、坚果类等果树开花结果习性的差异性，分析开花结果特性对不同树种果树修剪中的指导意义。

（王胜男　编写）

实验八　果树花芽形态分化观察

1　引言

花芽分化指芽轴生长点的无定形细胞的分生组织经过各种生理和形态的变化，最终形成花的过程，包括生理分化、形态分化和性细胞成熟。花诱导期间，芽生长点易受内外条件的影响而改变代谢方向，向营养方向发展形成叶芽，向生殖方向发展形成花芽，是生产上调控花芽分化的关键时期。不同树种品种以及同一品种不同类型枝条(短枝、中枝和长枝)的花芽分化进程有所不同，了解并识别花芽分化时期及形态学特征，有助于指导果园花果管理的生产实践。

果树的芽原始体逐步分化形成花器官，各个部分的发育过程称为花芽形成。花芽的生理分化即花诱导，是花芽形成的敏感时期，也称为花芽分化临界期。叶芽经过一定的营养生长后，内外因诱导从营养生长向生殖生长转变，发生一系列生理变化，形成花的分生组织。苹果和梨等果树叶芽在这一时期是鳞片形成与芽轴加长生长期，鳞片逐渐增大，芽轴加长生长至一定节位，芽的生理可塑性丧失，成为叶芽或花芽。花芽经过生理分化后即进入形态分化时期。芽内生长点增大，顶端逐渐变平，标志花芽形态分化期开始，从花原基最初形成至各花器官形成完成称为花芽形态分化。具有花序的花芽（如苹果、梨、葡萄等），先分化花序原基，其分生组织逐步形成花原基。单花芽仅含有一朵花（如桃和杏），无花序原基。核果类果树为纯化芽，芽内无叶原基分化。果树花芽分化是外始式，在花芽原基上由外向内进行顺次分化，即首先分化最外层的萼片原基，然后在其内侧分化花瓣原基，花瓣原基内侧分化雄蕊原基，最后在中央分化雌蕊原基。

数字资源 1-5

葡萄花芽分化和雌雄配子发育观察

花芽开始形态分化以后，各类原基的分化速度和程度因树种、品种和外界条件而异。在进入休眠期前，苹果、梨、桃、杏、樱桃等可以完成雌蕊分化，山楂只分化至花瓣原基，葡萄可形成 1～3 个花序原基（图 1-8），枣花芽当年分化，柑橘、荔枝等一般 12 月至第二年 1 月花芽分化。多数果树在花芽萌发前至开花之前，进入性器官形成期，形成大、小孢子（数字资源 1-5）。梨花芽在花序分离时，已形成成熟花粉粒和单核胚囊，开花后单核胚囊继续发育为成熟胚囊。

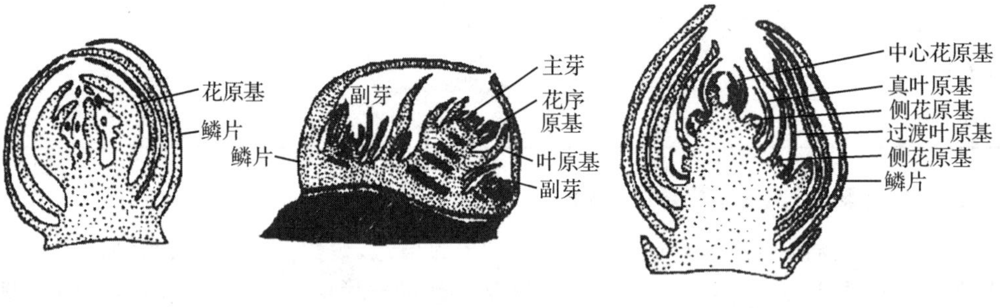

A　　B　　C

A. 桃树花芽　B. 葡萄树花芽　C. 苹果树花芽

图 1-8　三种果树休眠期花芽解剖示意图

果树形成一个花芽所需时间因树种、品种而不同，分化的早晚因内外条件而异，但在一定条件下，花芽分化期相对集中和稳定。花芽分化开始早，分化速度慢，花芽质量好。相反，花芽开始分化迟，分化速度快，花芽发育不良。正常生长条件下，花芽形态分化一旦开始，其分化过程是不可逆的，但逆境可能将花芽逆转为叶芽。

本实验以混合花芽和纯化芽的两种果树花芽为试材，通过徒手切片和石蜡切片，观察不同类型花芽的形态分化特性，促进学生对花芽分化理论知识的理解，掌握石蜡切片技术。

2　实验准备

2.1　试材

选择代表树种混合花芽和纯化芽为试材。混合花芽的代表性树种如苹果、梨等仁果类果树以及葡萄，纯花芽代表树种如桃、杏、樱桃等核果类果树。

2.2　试剂及配制

1%刚果红、10%番红染色液、0.5%固绿二甲苯、石蜡、FAA固定液(含70%乙醇90 mL、冰醋酸5 mL和福尔马林5 mL)等。

2.3　仪器与用具

生物显微镜、体视显微镜、石蜡切片机、恒温箱等仪器,刀片、镊子、解剖针、烧杯、培养皿、载玻片、盖玻片等用具。

3　实验方法

3.1　花芽样本采集

仁果类和核果类果树采取生长健壮果树的外围结果枝花芽作为观察材料,短枝停长后,花芽形态分化前后每隔7 d采样,花芽形态分化后每个月采样1次,直至休眠期。苹果和梨等仁果类果树采集顶花芽,桃、李、杏、樱桃等核果类果树采集腋花芽或花束状果枝。

葡萄选取基部粗度大于0.5 cm的新梢,采集新梢上第5节位的芽,每7 d采样1次。休眠期采集冬芽。

样本采集后在体视显微镜下剥净芽外鳞片及茸毛,立即放入FAA固定液中,备用。

3.2　徒手切片制作

用镊子由外及里剥去花芽的鳞片,露出花序(或花)原始体;用刀片从花序(或花)原始体的左上方轻轻往右下方切割,切割的花序原始体小片,越薄越好。1个花序原始体可连续切割数片,将切下的薄片放入盛水的培养皿中。1个花序原始体切割完毕后,将培养皿中的小薄片依次排列于载玻片上,用1%刚果红染色;经1~3 min,用清水洗净,加上盖玻片,即可在显微镜下观察。如无染色剂,也可直接在显微镜下观察。

3.3　石蜡切片制作

花芽样本经固定、脱水、浸蜡、埋蜡、切片、粘片、脱蜡、染色、脱水、透明、封片等步骤后制成永久装片,在双目立体显微镜或低倍显微镜下观察并拍照。

切片制作步骤如下。

(1)固定　花芽放入新鲜配制的FAA固定液中,抽真空,直到气泡出现在表面,保持真空10 min,缓慢释放真空,组织沉入管底后置于4 ℃冰箱固定24 h或以上。

(2)脱水　先用乙醇脱水,再以二甲苯脱出乙醇,以便浸蜡。技术流程是:50%乙醇,2 h → 70%乙醇,2 h → 80%乙醇,2 h → 90%乙醇,2 h → 95%乙醇,2 h → 无水乙醇,2 h → 无水乙醇和二甲苯(1∶1),2 h → 无水乙醇和二甲苯(1∶2),2 h → 二甲苯,2 h。

在浸蜡前必须将芽组织中的水分脱除,使二甲苯等媒浸剂浸透进去。脱水操作应缓慢进行,以免组织变硬变脆或发生收缩现象,降低切片质量。

(3)浸蜡　将脱水处理的芽组织浸到石蜡中,使细胞填充满石蜡以便切片。浸蜡过程在恒温箱中进行,步骤是:二甲苯和石蜡(1∶1),12~24 h → 软蜡(熔点40 ℃以下),12~24 h → 硬蜡(熔点40 ℃以上),2~6 h。

(4)埋蜡　将已浸好蜡的芽埋入硬纸折成的小盒中。将芽放在容器正中,拨正芽的方向和位置。为了使石蜡迅速凝固,可将小盒放在冷水中冷却,最后拔去纸盒取出蜡块,标记编号。

(5)切片　将埋蜡的材料切成方正形小块，将蜡的一端粘在小块上，修边并固定在切片机上。调节切刀角度，使之与花芽平行并可切到芽中心，切片厚度 10～20 μm，安装好后连续切片。

(6)粘片　将切下来的带状切片，经显微镜观察，将符合要求的材料粘在载玻片上。在载玻片上涂抹薄薄一层黏着剂(水杨酸 1 g、鸡蛋清和甘油各 50 mL)，加几滴蒸馏水，上面放置蜡片，在 35～45 ℃条件下，用拨针将切片伸直展平，倾斜载玻片去除水滴并烘干。

(7)脱蜡　将切片粘好后必须脱去石蜡才能染色。常用脱蜡剂为二甲苯，脱蜡时间 30 min，并在不同浓度的乙醇(无水乙醇 → 90%乙醇 → 80%乙醇 → 70%乙醇 → 蒸馏水)浸放 10～20 min，以便染色。

(8)染色　为了区分不同组织，在观察花芽分化时直接用番红-固绿双重染色。

(9)脱水和透明　脱水是为了便于封片，透明是为了便于观察。一般用二甲苯浸后可使切片透明，步骤是：50% 乙醇，1～2 min → 70% 乙醇，1～2 min → 80% 乙醇，1～2 min → 90% 乙醇，1～2 min → 95% 乙醇，1～2 min → 无水乙醇，1～2 min → 无水乙醇和二甲苯(1∶1)，1～2 min → 二甲苯，1～2 min → 二甲苯，1～2 min。

(10)封片　切片脱水透明后，擦净载玻片，在切片材料上滴一滴封片剂(加拿大胶或阿拉伯胶)，盖上盖玻片。封片要求无气泡和杂质，在载玻片上编号以备观察。

3.4　镜检观察

将剥出的生长锥或制成的切片置于体视显微镜或低倍生物显微镜下依次检查，并与标准固定切片进行对照，以识别不同花芽分化所处时期。

苹果花芽分化时期：0 级，未分化期，生长点平滑不凸出，但四周凹陷不明显；1 级，花芽分化始期，生长点肥大，凸起，半球形，四周下陷；2 级，花原始体出现期，肥大的生长点四周有凸起的状态，为花原基体；3 级，萼片形成期，生长点下陷，四周凸起，即萼片原始体；4 级，花瓣形成期，萼片原始体伸长，其内侧基部产生新的凸起，即花瓣原始体；5 级，雄蕊形成期，花瓣原始体内侧基部产生新的凸起，即雄蕊原始体；6 级，雌蕊形成期，花蕾原始体中心基部产生凸起，即雌蕊原始体。

桃花芽分化时期：0 级，未分化期，生长点平坦，四周凹陷不明显；1 级，花芽分化期，生长点凸起肥大；2 级，花萼分化期，生长点四周产生凸起，出现花萼原始体；3 级，花瓣分化期，萼片原始体内侧基部产生凸起，出现花瓣原始体；4 级，雄蕊分化期，花瓣原始体内侧出现雄蕊原始体；5 级，雌蕊形成期，花蕾原始体中心基部产生凸起，即雌蕊原始体。

葡萄花芽分化时期：0 级，芽体扁小，绿色，生长点呈锥形，细胞排列紧密有序，细胞大小均一，芽鳞未木质化，无绒毛出现；1 级，花原始体发育期，芽体膨大，绿色，此时花芽开始分化，生长点趋于平坦，芽体增大，无绒毛；2 级，花序主轴发育期，芽体变得丰满，转变为褐色，花芽进一步分化，生长锥侧面形成花序原基，鳞片内出现少量绒毛；3 级，花序二级轴发育期，芽体坚硬，深褐色，鳞片半木质化，花芽进入花序二级轴发育期，花序原基增大，花芽内绒毛增多。

4　结果与分析

4.1　果树休眠花芽解剖结构观察

绘制观察到的苹果、桃和葡萄的花芽解剖图，标注花器各部的名称。比较不同类型花芽的形态结构特性。

4.2 仁果类果树花芽分化过程观察

以苹果顶花芽为例，选取各采样时期的石蜡切片，显微观察，并拍照，标注各时期的花芽形态分化特征。

4.3 核果类果树花芽分化过程观察

以桃腋花芽为例，选取各采样时期的石蜡切片，显微观察，并拍照，标注各时期的花芽形态分化特征。

4.4 葡萄花芽分化过程观察

以葡萄冬芽为例，选取各采样时期的石蜡切片，显微观察，并拍照，标注各时期的花芽形态分化特征。

（吴 婷 编写）

实验九 蔬菜作物花芽形态分化观察

1 引言

花芽分化是指植物茎生长点由分生出叶片、腋芽转变为分化出花或花序的过程。花芽分化由花芽分化前的诱导阶段、花序与花分化所组成。蔬菜作物种类繁多，了解不同种类的花芽分化特性及进程，有助于产品器官的质量控制及采种制种生产。

花芽分化一般可分为生理分化、形态分化两个阶段，芽内生长点在生理状态上向花芽转化的过程，称为生理分化。花芽生理分化完成的状态，称为花发端。此后，便开始花芽发育的形态变化过程，称为形态分化。果菜类蔬菜的产品器官是果实，而花芽分化是获得产品器官果实的前提，花芽分化的多少以及质量直接关系到果菜类蔬菜的产量。花芽分化的早晚、节位又关系到果菜类蔬菜的熟性。果菜类蔬菜作物花芽分化的节位高低、数目、质量受品种及育苗条件等因素制约。另外，花芽分化直接关系着叶菜类蔬菜作物的种子生产。

本实验以两性花和单性花蔬菜作物为试材，显微观察花芽分化的形态变化，使学生巩固蔬菜花芽分化的理论学习，学会识别花芽分化各时期的解剖结构特点。

2 实验准备

2.1 试材

番茄和黄瓜不同生长期如子叶期、1～2 叶、3～4 叶和 5～6 叶期幼苗，经低温春化处理后含有 7 片真叶的普通白菜幼苗。

2.2 试剂

甘油或蒸馏水。

2.3 仪器与用具

体视显微镜、照相机等仪器设备，刀片、培养皿、眼科镊子、载玻片等用具。

3 实验方法

3.1 花芽剥离

果菜类蔬菜作物花芽在茎端分化，观察时从幼苗基部开始层层剥去叶片，直至肉眼看不清为止。将生长点一端用刀片切下 1.0～1.5 cm，置于体视显微镜的载玻片上，借助体视显微镜继续剥去小叶片及叶原始体，直到明显露出生长锥为止。若生长点干缩，可以滴一滴甘油使之湿润。

数字资源 1-6

蔬菜花芽分化观察

3.2 花芽分化观察

3.2.1 番茄花芽分化观察

分别在番茄幼苗不同时期随机取 10 株，把生长点的部位取下，在体视显微镜下解剖并观察生长锥（表 1-16，数字资源 1-6），拍照。

表 1-16 番茄植株花芽分化分级标准

分级	形态标志
0	未分化，生长锥上只有叶芽，无花芽
1	花芽分化初期，生长锥上有圆状突起
2	萼片花瓣分化期，花芽拉长，茎基部变细，芽顶变平，边缘有明显的小突起
3	雄蕊分化期，花芽继续拉长，呈球形或长圆形，花柄及萼片上可见茸毛，已达到肉眼可见的小花蕾程度
4	雌蕊分化期，花器官发育完全，花蕾较大

3.2.2 黄瓜花芽分化观察

分别在黄瓜作物幼苗不同时期随机取 10 株，把生长点的部位取下，在体视显微镜下解剖并观察生长锥（表 1-17，数字资源 1-6），拍照。

表 1-17 黄瓜植株花芽分化分级标准

分级	形态标志
0	未分化，生长锥上只有叶芽，无花芽
1	花芽分化初期，生长锥呈圆形突起，叶腋处开始分化小圆突状体花芽
2	花萼原基形成期，花芽逐渐变长，并在小圆状突起顶端呈现 5 个花萼原基小突起
3	花瓣原基形成期，花芽呈纺锤形，表面有绒毛，内侧出现花瓣原基小突起
4	雄蕊形成期及雌蕊分化期，花芽先端明显可见 5 瓣花萼，内侧已形成 5 个雄蕊，柱头发育处于初期阶段，此时处于两性期
5	一些花芽的心皮未产生柱头、花柱和子房，随着雄蕊部分持续生长，最终形成雄花；一些花芽的花药原基未分化出小孢子母细胞，心皮原基基部持续伸长，花芽中心凹陷发育为下位子房，最终发育成雌花，此时处于单性期

3.2.3 普通白菜花芽分化观察

普通白菜第 7 片真叶展开后，每隔 2 d 剥取茎尖，在体视显微镜下解剖并观察生长锥（表 1-18，数字资源 1-6），拍照。

表 1-18　普通白菜植株花芽分化分级标准

分级	形态标志
0	生长点比较平坦，周缘有许多尖锥形的叶原基
1	茎端生长点开始膨大，宽度和高度同时增加，顶端逐渐变圆，隆起呈半圆状突起，生长点周缘仍不断分化叶原基
2	茎端生长点继续膨大伸长，具有 1 个中心圆突起，四周有 2～3 个小圆突起
3	周围圆突起陆续增加，并不断发育增大伸长，可明显看到形成圆突群
4	花柄开始伸长，萼片没有分化，圆突群分化为花蕾雏形
5	花柄继续伸长，主茎第 1 花原基顶端周缘对称分化出新月形突起，即为花萼原基
6	当花萼伸长将包围整个花原基时，在花芽中心生长锥基部，萼片腋间出现的对称突起为雄蕊原基，随着雄蕊原基的发育，花芽中心生长锥顶部凹陷，四周呈现环状突起，即雌蕊原基开始分化
7	在雌蕊原基分化的同时，萼片原基的内侧对称分化出箭头状突起，即为花瓣原基

4　结果与分析

4.1　番茄作物花芽分化进程分析

番茄作物是典型分化的两性花，在体视显微镜下解剖并观察番茄幼苗的生长点，参照表 1-16 统计分化级数，并记录在表 1-19 中，分析番茄花诱导和形态分化的不同时期。

表 1-19　番茄植株花芽分化级数统计表

幼苗	取样数	分化级数	幼苗	取样数	分化级数	幼苗	取样数	分化级数	幼苗	取样数	分化级数
子叶期	1		2片真叶	1		4片真叶	1		6片真叶	1	
	2			2			2			2	
	3			3			3			3	
	4			4			4			4	
	5			5			5			5	
	6			6			6			6	
	7			7			7			7	
	8			8			8			8	
	9			9			9			9	
	10			10			10			10	
	平均			平均			平均			平均	

4.2　黄瓜花芽分化进程分析

在体视显微镜下解剖并观察黄瓜幼苗的生长点，参照表 1-17 统计分化级数，并记录在表 1-20 中，分析花诱导、单性花和形态分化的不同时期。

表 1-20　黄瓜植株花芽分化级数统计表

幼苗	取样数	分化级数	幼苗	取样数	分化级数	幼苗	取样数	分化级数
子叶期	1		1片真叶	1		2片真叶	1	
	2			2			2	
	3			3			3	
	4			4			4	
	5			5			5	
	6			6			6	
	7			7			7	
	8			8			8	
	9			9			9	
	10			10			10	
	平均			平均			平均	

4.3　普通白菜花芽分化进程分析

普通白菜是非典型分化的两性花，普通白菜每隔 2 d 剥取至少 5 个茎尖，在体视显微镜下解剖并观察生长点变化，参照表 1-18 统计分化级数，并记录在表 1-21 中，分析花诱导、花器官原基分化次序和形态分化的不同时期。

表 1-21　普通白菜植株花芽分化级数统计表

取样时间	取样数	分化级数	取样时间	取样数	分化级数	取样时间	取样数	分化级数
2 d	1		6 d	1		10 d	1	
	2			2			2	
	3			3			3	
	4			4			4	
	5			5			5	
	平均			平均			平均	
4 d	1		8 d	1		12 d	1	
	2			2			2	
	3			3			3	
	4			4			4	
	5			5			5	
	平均			平均			平均	

4.4　3 种蔬菜作物花芽分化特性比较分析

番茄和普通白菜分别是典型分化和非典型分化的两性花，黄瓜是雌雄异花同株植物，花芽分化经历两性阶段至单性花(雌或雄花)发育,绘制3种蔬菜花芽分化的过程图,标明各结构的名称,分析比较它们的异同点。

(张 静 编写)

实验十 园艺作物果实生长发育过程观察

1 引言

果实是植物开花授粉后,由子房或子房与花的其他部分一起发育而成的。园艺植物种类繁多,果实也是多种多样,依据果实的果皮是否肉质化,分为肉果和干果两大类。肉果类果实成熟时果皮肉质化,果肉肥厚多汁,果实的生长发育过程影响果实品质的形成。了解园艺作物果实生长发育过程及特性,可为调控果实大小、形状和品质提供理论基础和栽培管理技术指导。

果实的生长发育通常是指从雌蕊形成开始,包括雌蕊的生长、受精后子房等部分的膨大、果实形成和成熟等一个完整的过程。受精之后,花的各部分发生了不同的变化:花萼脱落(核果)或随果实增大而宿存(仁果);花冠、雄蕊凋落,雌蕊的柱头和花柱凋谢或残留;子房壁发育成果皮,胚珠发育成种子,胎座发生各种变化;果皮和种子共同组成果实。果树的果实既有真果(单纯由子房发育而来),也有假果(除子房外,花托或花被也参与果实形成);既有单花朵中一个单雌蕊或复雌蕊形成的单果,也有由单朵花的多个离生雌蕊聚集生长,并与花托共同发育成的聚合果,以及由一个花序上的多个花及其他花器一起发育形成的聚花果(复果)。

果实增长源于细胞分裂、细胞膨大和细胞间隙扩大。细胞数量的多少是果实增大的基础,而细胞数目的多少与细胞分裂时期的长短和分裂速度有关。多数果实有两个分裂时期,即花前子房期和花后幼果期。果实细胞分裂始于花原始体形成后到开花时暂停,经授粉受精后继续分裂,如苹果、梨、葡萄等花期细胞分裂次数多于花后,树莓等只有花前细胞分裂,草莓果实的细胞分裂活动一直持续到果实成熟期为止。一般而言,开花前改变细胞分裂数量的机会多于开花后。细胞分裂主要是原生质体的增长过程,需及时补充氮、磷和碳水化合物等营养物质。对开花较早的多年生果树来说,主要依靠树体贮藏营养;而开花较晚的一年生植物,早春或花芽发育期提供充足营养,这样才能促进细胞多分裂,增加果实细胞数目。随着果实细胞的旺盛分裂,细胞体积也开始膨大。这一时期碳水化合物的积累和充足的水分供给,利于细胞体积增大。果实的大小和形状也与子房不同部位的细胞分裂和膨大有关。细胞间隙也影响果实的大小,细胞间隙大、空隙多,果实体积变大,果肉疏松,但影响有限。

果实的生长是非匀速或直线的,而是以一个快慢节律进行的。以果实体积纵径、横径或鲜重的增长为纵坐标,以时间为横坐标绘制果实生长动态曲线,仁果类、柑橘类、茄果类等果实生长曲线表现为单"S"形,在果实发育中期出现一个快速生长期,发育初期和后期生长较慢,这种"慢-快-慢"生长节奏的表现是与果实中细胞分裂、膨大以及成熟的节奏相一致的。核果类、无花果等果实的生长曲线呈双"S"形,果实在发育期间出现两个快速生长期,在两个快速生长期之间存在一个缓慢生长期,表现出"快-慢-快"的生长节奏;这个缓慢生长期是果肉暂时停止生长,而内果皮木质化、果核变硬和胚迅速发育的时期;果实第二次迅速增长的时期,主要是中果皮细胞的膨大和营养物质的大量积累。果实生长初期，纵径的快速生长先于横径生长，因此，可以通过肥水供给和生长调节剂，调控果实大小和形状。

本实验以不同果实类型的果树种类和品种为试材，在果实生长发育过程中定期观察，使学生了解果实不同生长发育过程的变化，辅助相关理论知识的学习。

2 实验准备

2.1 试材

从本地果园栽培的苹果、梨、桃、樱桃、葡萄、无花果等果树品种中，任选代表仁果类、核果类和浆果类的果树品种。

2.2 试剂及配制

FAA 固定液(50％乙醇、冰醋酸、福尔马林按体积 90：5：5 配制)、4％甲醛固定液、10％番红染液、0.5％ 固绿、各浓度乙醇(99.5％、95％、80％、70％、50％)、二甲苯、中性树胶、石蜡等。

2.3 仪器与用具

生物显微镜、体视显微镜、天平(感量 0.1 g、0.01 g)、石蜡切片机等仪器设备，刀片、镊子、解剖针、烧杯、培养皿、载玻片、盖玻片等用具。

3 实验方法

3.1 果实生长曲线绘制

每树种和品种选择 5～10 株田间健壮生长的结果树。从坐果开始，幼果期至果实成熟前，在果树外围选择坐果良好的果实，每周树上定点观测果实纵、横径生长，并拍照记录。每次观测果实数目不低于 30 个。

3.2 果实细胞分裂数目测定

从上述观察的果实样本中取具有代表性样品 10 个，从中选择 3 个典型果实做石蜡切片。果树盛花期，采集未授粉受精与授粉受精的子房。幼果期每 7 d、果实膨大期和生长后期每 15 d 采集果实样本，测定单果重、果实纵横径，解剖果实，观察果实和种子生长变化。

选取果实中部的果肉样本，纵向切块(0.5 cm×0.5 cm×1.0 cm)，用 FAA 固定液固定保存，石蜡切片法制取显微切片。每果取中心纵面切片一张，切片厚度 10 μm，通过番红-固绿染色法染色，用中性树胶封存，制作石蜡切片，观测果实(果肉)细胞分裂状态。石蜡切片制作流程：固定→脱水→透明→浸蜡→包埋→切片→粘片→脱蜡→染色→封片→显微照相，具体方法参见实验八。

细胞大小用 Image J(2015) 软件进行测量。梨果实、果心和果肉细胞体积以近似球体计算。果肉细胞体积 $V=\frac{\pi R^3}{3}-\frac{\pi r^3}{3}$ (R 和 r 分别为果实和果心半径)。根据每个视野观察到的细胞数目，计算出单个细胞面积，转换成单个细胞体积，最终计算出所测定果实的果肉细胞数目。

3.3　数据统计分析

采用 Excel 和 SPSS 进行数据整理和差异显著性分析。数据以平均值(±标准差)表示,$P<0.05$ 表示差异显著,$P<0.01$ 表示差异极显著。

4　结果与分析

4.1　果树不同类型果实的生长动态分析

绘制果实生长曲线,对比分析不同类型果实的生长发育动态,标出果实纵、横径快速发育时期。

4.2　仁果类果实生长发育特性分析

对比花期子房期和花后幼果期,果实(果肉)细胞分裂数目的变化,对应果实生长发育过程。

4.3　核果类果实生长发育特性分析

对比花期子房期和花后幼果期,果实(果肉)细胞分裂数目的变化,对应果实生长发育过程。

4.4　浆果类果实生长发育特性分析

对比花期子房期和花后幼果期,果实(果肉)细胞分裂数目的变化,对应果实生长发育过程。

(吴　婷　编写)

实验十一　球根花卉贮藏器官识别与解剖观察

1　引言

球根花卉属于多年生草本,植株地下部分是贮藏大量养分并发生变态膨大的地下茎或根。不同球根花卉球根形式多样,了解各球根的形态特征和分球习性,可以更好地指导球根花卉的生产栽培和管理。

球根花卉通过球根贮藏养分本身是适应外界环境的进化结果,大多数球根原产于具有周期性环境胁迫的区域,如地中海地区夏季高温干旱、冬季温湿适宜。球根花卉为延续生命形成了以球根为中心的生活模式,因此球根既是营养贮藏器官,也是一个完整的生命体,类似植物种子。球根花卉通常通过产生子球的方式进行繁殖。子球是自然营养繁殖的小植株,来源及称谓因球根种类不同有所区别。卷丹在地上茎叶腋处产生的小鳞茎称为珠芽,唐菖蒲球茎附近产生的小球茎称为木子,块茎类花卉在地上茎叶腋处产生的小块茎称为零余子。不同球根花卉子球的发生方式不同,如郁金香属、番红花属、唐菖蒲属植物母球在生命周期中只开 1 次花,然后母球被 1 个或多个子球代替;风信子属、孤挺花属植物的母球可开花和存活多年,子球由母球底盘边缘产生;铃兰属、鸢尾属植物子球可从匍匐根、根状茎处产生。球根栽植后,经过生长发育,到新球根形成、原有球根死亡的过程,称为球根演替。有些球根花卉的球根一年或跨年更新一次,如郁金香、唐菖蒲等;而一些球根花卉需连续数年才能实现球根演替,如水仙、风信子等。

球根花卉依据球根外观形态和组织起源分为球形组(鳞茎和球茎)和块状组(根茎、块茎和块根),共计5种类型。偶尔也包含少数地上茎或叶发生变态膨大者,这些膨大部位贮藏有大量养分。①鳞茎由扁盘状的短缩茎和鳞片构成。短缩茎又称鳞茎盘,具有茎的结构功能,上面着生有不定根和鳞片。鳞片是由叶片变态肥大而成的养分贮藏器官,着生在短缩茎上的部位称为节,鳞片间具有腋芽,腋芽生长变肥大之后可发展为新的鳞茎。鳞茎顶芽抽生真叶和花序,根从鳞茎盘下端产生。鳞茎可分为有皮鳞茎和无皮鳞茎。有皮鳞茎外面由干皮或膜质皮包被,一般为外层鳞片失水后形成,鳞茎内部鳞片层层紧凑排列,呈同心圆层状排列,又称为层状鳞茎,如郁金香、风信子、水仙、朱顶红等。无皮鳞茎外面无皮膜包裹,鳞片彼此分离并以短缩茎为中心呈覆瓦状排列,又称片状鳞茎,如百合、贝母等。②球茎的茎短缩肥厚成扁球形,基部为茎盘状,不定根由茎盘萌发。结构特点是茎肥大变态,上有明显的节、退化的膜质叶片和侧芽,如唐菖蒲、小苍兰、番红花、慈姑、狒狒花等。退化的膜质叶片是由植株叶片基部干燥后残留在节上的产物。球茎由顶端抽生叶片和花序,开花后母球养分耗尽球茎萎缩,由新植株基部膨大产生新球茎取代老球。③根茎的茎肥厚,外形不规则,多呈块状,如球根海棠、白头翁、马蹄莲等。块茎无明显的节和节间,顶端通常具几个发芽点,表面分布芽眼,根系常由块茎底部发生。块茎上的芽发育成地上部分,地下部分可以存活多年。④根茎的茎明显膨大变态成根状,蔓性水平生长,如美人蕉、荷花、睡莲、姜花等。地下茎先端生芽,节下方生根,顶芽伸长,通过分枝的方式形成新根茎,老根茎逐渐死亡。⑤块根的根明显膨大,外形同块茎,有不定根但无芽,如大丽花、花毛茛、蛇鞭菊等。块根类花卉地下变态根新老逐渐交替,呈多年生状,在老茎基部与块根交接处常具有膨大的根颈及用于繁殖的新芽。

球根花卉观赏价值高,花期容易控制,常用于园林景观配置中,如花坛、花境、岩石园、基础栽植、地被和点缀草坪等。唐菖蒲、郁金香、小苍兰、百合、晚香玉等也是重要切花花卉,龙牙百合、兰州百合、卷丹等也是知名的食用品种。本实验以各类球根花卉球根为材料,通过解剖观察,使学生了解球根花卉的形态特征和生理功能,巩固相关的理论知识。

2 实验准备

2.1 试材

以栽培上常用的球根花卉风信子、百合、唐菖蒲、水仙、美人蕉、大丽花等的贮藏器官为试材,如条件允许,可选择球根花卉整株进行观察。

2.2 仪器与用具

体视显微镜、解剖针、镊子、解剖刀、手持放大镜、天平(感量0.1 g、0.01 g)、铅笔、橡皮、直尺、游标卡尺等。

3 实验方法

3.1 鳞茎类花卉

观察有皮鳞茎和无皮鳞茎外观形状,逐层去掉鳞茎外层鳞片,观察鳞茎盘的结构特点。以百合为例,分析鳞茎类球根花卉整株的基生根、茎生根、腋芽的位置和形状。

3.2　球茎类花卉

观察球茎类花卉老球、新球和子球的位置、大小和形状，指出球茎上的节、退化的膜质叶片和侧芽的位置。

3.3　块茎类花卉

观察块茎类花卉的形状、芽眼。

3.4　根茎类花卉

观察地下茎的节、节间、根、芽的位置，以及地下茎延伸方式。

3.5　块根类花卉

观察块根的形状、颜色、着生方式，以及根颈附近的芽眼。

4　结果与分析

4.1　各类球根花卉外观形态观察及繁殖体类型比较

将各类试材观察结果记载在表1-22中，比较各类型球根花卉形态特征、子球发生方式和繁殖体类型。

表1-22　球根花卉观察记载表

球根类型	名称	质量/g	直径/cm	色泽	形态特征	子球发生方式	繁殖体类型
鳞茎类							
球茎类							
块茎类							
根茎类							
块根类							

4.2　各类球根花卉解剖特征分析

借助解剖针、镊子、刀片、放大镜等辅助具，对球根各部位进行解剖和观察，绘制（或拍照）横切面和纵切面解剖图，指出各部分名称及功能。

（郝瑞杰　编写）

实验十二　常见园艺植物的种子识别

1　引言

种子是农业生产的物质基础，农业生产的“种子”与植物学上的“种子”概念有所区别。植物学“种子”是指由胚珠经过受精以后发育而成的繁殖器官。农业生产上用的“种子”泛指可直接作为繁殖材料的种子、茎芽和变态器官等植物器官。种子的形态结构是鉴别园艺作物种类和品种的重要依据，园艺植物种子形态的观察与识别，可为鉴别种子优劣以及进行种子清选、分级、包装和检验，提供重要依据。

园艺植物种子主要是指蔬菜作物和花卉的播种材料。从植物学角度分为4类(不包括以真菌的菌丝组织作为繁殖材料的食用菌类):第一类种子是真种子,即植物学上所指的种子,如豆类蔬菜的豇豆、菜豆、大豆,白菜类的大白菜、甘蓝,瓜类的西瓜、黄瓜,茄果类的番茄、茄子、辣椒等的种子。第二类种子属植物学上的果实,由胚珠与子房构成,作为播种材料的果实是类似种子的干果,如藜科的菠菜,菊科的莴苣、茼蒿,伞形科的胡萝卜和芹菜的双悬果等。第三类种子属于营养器官,包括鳞茎(大葱、大蒜、百合和郁金香)、球茎(荸荠、芋头和唐菖蒲)、根状茎(生姜和莲藕)和块茎(马铃薯、山药和菊芋)。第四类是人工种子,即是将植物离体培养产生的胚状体,包裹在含有养分和具有保护功能的物质中而形成,在适宜条件下能够发芽出苗,长成正常植株的颗粒体。

典型种子的结构包括种皮、胚和胚乳3部分。种皮是种子外面的保护结构,真种子的种皮是由珠被形成的;属于果实的种子,所谓"种皮"主要是由子房所形成的果皮。胚是由受精卵发育而成的,是植物体的雏形,由胚根、胚轴、子叶和胚芽组成。胚的形态一般有5种:①直立胚,胚根、胚轴和子叶与种子的纵轴平行,如葫芦科的黄瓜、西瓜;②弯曲胚,胚根和胚芽弯曲成钩状,如豆科的豇豆、菜豆;③螺旋形胚,子叶与胚盘卷呈螺旋形,如茄科的番茄;④环形胚,胚细而长,沿种皮内层绕一周呈环形,胚根和胚芽几乎相接,如藜科的菠菜;⑤折叠胚,子叶发达,折叠数层,充满于种皮内部,如十字花科的甘蓝。胚乳是种子贮藏营养物质的场所,如茄科、伞形科、百合科、苋科、藜科蔬菜等皆为有胚乳种子,而豆科、葫芦科、菊科、十字花科蔬菜在种子发育过程中其胚乳已被胚所吸收,将养分贮藏于子叶中,称为无胚乳种子。部分藜科的园艺作物如甜菜具有外胚乳,外胚乳是胚乳的一种,是少数植物种子在形成过程中,由一部分珠心细胞发育而来的,为种皮与胚乳之间富含淀粉的薄壁细胞群。

种子的形态结构是识别种子的主要依据,包括形状、表面特征、颜色、大小、气味、结构等。常见的园艺作物种子的形状有圆球形、卵形、长卵形、卵圆形、椭圆形、扁圆形、圆柱形、盾形、肾形、披针形等,种皮或果皮的色泽因含有不同的色素而呈现黄、褐、黑、灰、紫、红、白、杂色等。种子的表面常有一定的特征,主要指种子表面是否光滑,是否有瘤状突起,是否有棱、皱纹、网纹以及其他附属物(如茸毛、刺毛、蜡层)等,以及种喙、种脐等(如豆类种子外面有明显的脐条、发芽孔及合点等)(表1-23)。种子的气味主要指种子有无芳香气味或特殊的气味(如伞形科蔬菜种子)等。种子的大小常用籽粒的平均长、宽、厚或用千粒重来表示。不同园艺作物的种子大小差异悬殊,通常分为很大粒(千粒重大于1 000.0 g)、大粒(千粒重100.0～1 000.0 g)、中粒(千粒重10.0～99.9 g)、小粒(千粒重1.0～9.9 g)、很小粒(千粒重<1.0 g)等级别。

表1-23　常见园艺植物种子的主要形态特征

科属	植物种类	形态特征
白花菜科	醉蝶	肾状圆形,黑褐色
石蒜科	大葱	表面平滑,具少而浅的皱纹,横切面呈三角形,黑色
	洋葱	表面具深而细的皱纹,横切面呈三角形,黑色稍有光泽
	韭菜	表面具细而密的皱纹,横切面呈扁圆形,黑色有光泽
天门冬科	石刁柏	大粒,半球形,黑色具光泽,种脐白色

续表 1-23

科属	植物种类	形态特征
唇形科	一串红	卵形，褐色
	假龙头	卵圆形，两侧向中央折叠，横切面三角形，黑褐色
豆科	菜豆	肾形，卵圆形，圆球形，筒形，具光泽，黑色、白色、褐色、棕褐色、红褐色或带斑点、斑纹
	豇豆	肾形，较小，多为暗红褐色，种皮具细皱纹，光泽暗，种脐长
	豌豆	圆球形，土黄或淡绿色，多皱或光滑，种脐短，近透明或暗褐色
	蚕豆	肾形，宽而扁平，中部凹陷，较大，浅黄绿色或淡褐色，种脐黑色或与种皮一色，较大
	扁豆	椭圆形，较大而饱满，黑色或白色，种脐白色，长而隆起
凤仙科	凤仙花	球状略扁，状似桃形，黑褐色
葫芦科	黄瓜	披针形，细长，较薄，种皮浅黄白色
	甜瓜	纺锤形或披针形，较饱满，黄白色，表面较光滑
	西瓜	扁椭圆形，黑褐色，种芽处有两个黑点，表面光滑
	南瓜（中国南瓜）	种皮灰白或黄白色，边缘明显、粗糙而厚，种脐平直或歪斜
	西葫芦（美洲南瓜）	种子扁平，种皮白色，边缘极不明显，种脐大而平直
	笋瓜（印度南瓜）	种皮边缘不明显，凸起或凹陷呈细线条，颜色比中央部分深或浅，种子厚，种脐斜
	冬瓜	扁椭圆形，较饱满，种皮白色，表面光滑，稍长，无边线
	丝瓜	扁椭圆形，种皮灰黄色和灰褐色，较厚，表面具较明显的花纹或褶皱
	苦瓜	形状不规则，种皮棕黄色，表面凹凸不平
堇菜科	三色堇	椭圆形，一端尖，黑褐色有光泽
锦葵科	黄秋葵	近球形，表面略有凹陷，黑褐色，上被一层规则排列、细密的黄绿色附着物，一端具残存的白色球柄
	冬寒菜	扁圆肾形至半球形，具放射状线纹，黄灰色，中部偏向种脐一侧具深褐色圆晕
	蜀葵	大粒，扁圆肾形，中央黑褐色，外缘具两层浅褐色翅。
	锦葵	小粒，半圆肾形，种脐较大，褐色，有浅褐色纵向细条纹
菊科（瘦果，由二心皮子房及花托构成）	结球莴苣	披针形，银灰色
	牛蒡	长卵形，略弯，表面具纵向细纹，黄褐色或黑褐色
	茼蒿	短柱形，深黑褐色
	莴苣	披针形，黑褐色
	百日草	黑褐色，扁平，倒卵状楔形

续表 1-23

科属	植物种类	形态特征
	波斯菊	黑褐色，细长针形，略弯曲
	翠菊	楔形，一端略尖，浅黄褐色
	瓜叶菊	黑色，纺锤形，具冠毛
	黑心菊	黑色，短柱状楔形
	金鸡菊	扁圆形，四周向一侧翻卷，中心黑褐色，外围有褐色翅
	金盏菊	灰褐色，杆状弯曲成弧形，背面有短而密的钝刺
	麦秆菊	黄褐色，短柱状
	蛇目菊	黑褐色，短披针形，两端尖，略弯曲
	矢车菊	浅黄褐色，短柱状，有短而密的冠毛
	天人菊	浅黄褐色，短锥状，有长而密的冠毛
	万寿菊	线形，基部缩小，黑色，有光泽，冠毛有 1～2 个长芒和 2～3 个短而钝的鳞片
藜科	无刺菠菜	近圆形，一端钝尖，果皮硬，灰褐色
	有刺菠菜	近三角形，在其中的两个角上各延伸生出一枚尖刺，果皮硬，灰褐色
	菜用根甜菜	一般由 3 个果实结成球状，表面多皱，果皮硬，灰褐色
落葵科	落葵	壶形，表面具密浅皱纹，黑褐色
马鞭草科	美女樱	柱状，黄褐色
马齿苋科	半支莲	近圆形，铅黑色
茄科	矮牵牛	近圆形，黄褐色
	番茄	浅棕色或灰黄色，种皮密被茸毛，脐部较扁平
	辣椒	鲜黄色，种子扁平而薄，表面有沟皱，具有强烈辣味
	茄子	淡褐至深褐色，有蜡层，较光滑，种脐位于中间
伞形科(双悬果，果皮具棱纹或毛)	胡萝卜	舟形，褐色，果实背面具四列刺毛，具特殊香气
	茴香	长舟形，灰黄色，背面具纵向细棱，具香气
	芹菜	圆舟形，黑褐色，具香气
	芫荽	球形，灰黄色，果皮坚硬，表面具纵向细棱，具香气
十字花科	大白菜	圆球形，黄褐色，有光泽
	油菜	圆球形，红褐色，含油多
	甘蓝	近球形，略方，黄褐色，一般种皮具蜡粉
	花椰菜	形状和颜色与甘蓝相近，但较小
	芥菜	深褐色，有芥子油的辛辣味
	白萝卜类型	形状近扁圆形，不规则，种脐明显，有沟，浅黄褐色
	红萝卜类型	形状近扁圆形，不规则，种脐明显，有沟，黄褐色

续表 1-23

科属	植物种类	形态特征
石竹科	石竹	卵状长扁圆形,黑色
	麦仙翁	近圆形,不规则,黑色
	瞿麦	扁卵圆形,黑色,有光泽
苋科	苋菜	扁球形,黑褐色
	鸡冠花	卵圆形,黑色,有光泽
	雁来红	圆形,浅肉红色或浅黄褐色,有光泽
玄参科	金鱼草	近圆形,黑色
旋花科	蕹菜	1/4 球形,表面光滑,黄褐色至红褐色
	羽叶茑萝	三棱锥形,一面大,两面小,黑褐色
紫茉莉科	紫茉莉	椭圆形,表面有皱纹,黑色

本实验以蔬菜作物为例,通过对蔬菜种子外观特征、解剖结构和出土方式进行观察,学会识别常见的蔬菜种类,巩固蔬菜种子学相关的理论知识。

2　实验准备

2.1　试材

各种蔬菜种子的瓶装标本。黄瓜、菜豆、番茄、菠菜和萝卜等作物的吸胀种子,菜豆、韭菜等作物的干种子,黄瓜、韭菜、豌豆等作物的发芽种子。

2.2　仪器与用具

体视显微镜等仪器,放大镜、解剖针、卡尺、镊子、刀片等工具。

3　实验方法

3.1　种子识别

将干种子分别置于白纸上,依据种子的主要形态特征表(表 1-23,数字资源 1-7),用肉眼或借助放大镜仔细观察种子的形状、大小、色泽、表面状况、气味等。按照科、种识别本次实验所给定的干种子。

数字资源 1-7

常见蔬菜作物种子识别

3.2　种子解剖观察

用解剖针和刀片纵切已吸水膨胀的黄瓜、菜豆、番茄、菠菜和萝卜种子,在体视显微镜和放大镜下观察 5 种胚的形态,并判断有无胚乳。

3.3　新、陈种子辨识

主要从种子的色泽和气味方面区别新、陈种子。一般而言,新鲜种子外表色泽鲜艳、有光泽、内部洁白,而陈旧种子则外表灰暗无光、内部颜色变深。此外,新种子具其种类特有的香味,而陈种子则无味或具霉味。

3.4 种子萌芽出土方式

将发芽的黄瓜、韭菜和豌豆种子播种在育苗盘内，2～5 d后观察种子出土方式。

(1)子叶出土类　即播种萌芽后子叶出土可见，绝大多数蔬菜作物都属此类。这类作物播种深度或覆土厚度应适宜，若播种过深或覆土过厚，难出苗；若播种过浅或覆土过薄，很可能出现"戴帽"出土，即出苗时子叶顶着种皮带出土外，使子叶难以舒展，对幼苗的生长不利。其中，葱、蒜类种子萌发出土较特殊，萌发时胚根、胚轴先穿出种皮，胚根穿破种皮后向下生长，出土时子叶弯曲成钩状，子叶中部先露出土面，子叶先端仍留在种子内吸收胚乳中的养分，以后随着胚轴进一步伸长，子叶从种壳脱出、出土、伸展到直立，即所谓的"弓形"出土。

(2)子叶不出土类　即种子萌发时子叶留在土内不露出土面，如蚕豆、豌豆和多花菜豆，这类种子顶土能力较强，播种可适当深一些，但移植则较难成活。

4 结果与分析

4.1 常见园艺植物干种子形态特征分析

依据园艺植物种子的主要形态特征表(表1-23)，按照科、种将观察到的种子形态特征填写在表1-24中。

表1-24　园艺植物种子形态特征记载表

科名	种名	形状	大小	色泽	表面特征	有无胚乳	气味
十字花科							
豆科							
葫芦科							
⋮							

4.2 园艺植物种胚形态观察

将已吸胀的黄瓜、菜豆、番茄、菠菜和萝卜种子纵切，在解剖镜和放大镜下观察5种胚的形态，判断有无胚乳。绘制种子的纵切面示意图，并标明各部位的名称。

4.3 园艺植物新陈种子辨别

将菜豆、韭菜等作物新种子与陈种子的色泽及气味等进行比较，从新陈(旧)混合种子样本中挑选出新种子。

4.4 园艺植物不同种子萌芽出土方式比较

观察黄瓜、韭菜和豌豆作物的萌芽出土方式，并注意黄瓜幼苗的"戴帽"出土和韭菜幼苗的"弓形"出土。

(张　静　编写)

第三节　环境对园艺植物生长的影响

实验十三　果树枝芽需冷量的测定

1　引言

果树打破自然休眠(内休眠)所需的有效低温时数,称为需冷量,也称需寒量、低温需求量或需寒积温,是果树品种特性的一个重要参数。需冷量不足,导致果树不萌芽开花或萌芽不整齐、叶片生长不良、开花坐果不良。因此,了解果树需冷量对落叶果树适地适栽、设施栽培和果树南移引种,具有生产指导意义。

果树需冷量计算通常采用低温模型、犹他模型和动力学模型。低温模型最早由美国科学家 Weinberger(1950)提出,即是"低于 7.2 ℃模型",以打破生理休眠所需 7.2 ℃或以下的累积低温值作为品种的需冷量。在此基础上改良为"0～7.2 ℃低温模型",以 0～7.2 ℃的低温累加时数计算需冷量,用"冷温小时数" CH(chilling hour)或 h 表示。在 0～7.2 ℃条件下,苹果和梨度过休眠需要 1 200～1 700 h、无花果和草莓需要 100～300 h。"0～7.2 ℃低温模型"未考虑不同温度(如>7.2 ℃或 0 ℃以下)对低温累积的贡献大小,若是在南亚热带地区计算果梅和温带果树如(桃、苹果)的需冷量,以"0～14 ℃低温模型"更适合。打破桃休眠的有效温度是 0～14 ℃,其中以 8 ℃的效果最好,15 ℃以上则无效;苹果多数品种打破休眠的有效低温是 12.5 ℃,'金冠'苹果的有效低温范围是 0～15 ℃。

犹他模型由美国犹他州立大学 Richardson 等(1974)提出,用"冷温单位"(Utah chill unit,UCU)或(chilling unit,CU)表示。不同的温度范围对低温累积效应不同:打破休眠效率最高的最适冷温 1 h 为 1 个冷温单位,表示为 CU=1;偏离最适冷温,打破休眠效率下降甚至具有负作用,这个温度的 CU 小于 1 或为负值,记为"－1""－0.5""0.5"和"0",需冷量即是从休眠期开始至结束期间的"1、0.5、－0.5、－1"的总和。

动力学模型是 Fishman 等于 1987 年研发的,适合冬季温暖地区果树需冷量计算。该模型认为冷温累积是交互过程,休眠完成取决于某个打破休眠物质的累计水平,是一个动态的两步过程。第一步是从底物至中间产物的可逆过程,低温促进中间产物形成,暖温降解中间产物;第二步是中间产物至终产物形成,当中间产物达到一定量时(阈值)不再受暖温降解,不可逆转,产生了 1 个 CP(chilling portion),用特定冷温时段的 CP 累积量计算总的冷温累积量。此模型计算复杂、参数多,考虑了最佳冷温、高温的负效应和中等温度的正效应,温度计算范围 1.67～12.78 ℃,对需冷量计算比其他模型更准确。

低温对休眠的解除作用是逐渐积累的,不同休眠阶段低温的效率不同,以果树生长基点温度对解除休眠最有效,部分低温积累效应可被其他措施所代替。当冷温累计达到解除休眠总量的 2/3 时,喷施破眠药剂,可以加快落叶果树的休眠解除。果树需冷量受遗传控制,也受生态环境影响,任何估算模型都有一定的气候适应范围。上述几种冬季冷温模型对同一树种和品种在不同地区的需冷量计算存在明显差异,几种模型之间存在相关性,但互换性差。因此需采用多种冬季冷温模型,并结合本树种当地物候期数据和气候(温度)数据,才能够准确地计算果树需冷量。

本实验以落叶果树为试材，通过田间连续取样和室内控温两种方式测定果树需冷量，促进学生对果树需冷量理论知识的学习，掌握果树需冷量测定的基本方法。

2 实验准备

2.1 试材

以北方常见的落叶果树为试材，采集苹果、梨、桃、杏、樱桃的树冠外围当年生营养枝和结果枝；葡萄秋季枝条休眠后修剪，采集生长充实的枝条。

在果园内随机选择3个不同生产小区，同一生产小区内选择具有代表性的果树5～10株。在果树休眠期（北方地区12月中下旬至3月中下旬），每次随机采集不同树和树冠内不同部位的营养枝和结果枝各10～20枝，带回实验室备用。生理休眠前期采样间隔7 d，被迫休眠期采样间隔时间3 d。

2.2 仪器与用具

温湿度记录仪、4 ℃冰箱、光照培养箱、金属温度计等。

3 实验方法

3.1 自然条件下枝条需冷量的测定

将枝条剪切成15～20 cm，苹果、梨等剪成含15个芽以上的枝段，葡萄枝条剪成含2～3芽的枝段，清洗干净；固定在塑料漂浮板上，放入含清水或5%蔗糖溶液的容器中，上覆塑料薄膜保湿，置于光照培养箱或人工气候室内。温度控制在20～25 ℃（昼）/15 ℃（夜），光照强度800～1 200 lx。每隔3～5 d换水1次，培养2～3周，观察并统计叶芽和花芽萌发情况。

枝条萌芽率50%或开花率50%以上，表示叶芽或花芽已通过自然休眠。若萌芽率（露绿芽）介于50%～60%，则本次采样即为内休眠解除日期，若上一次萌芽率不足且本次萌芽率介于60%～70%，则本次采样日期和上次采样日期的中间日期为内休眠解除日期。

观察期间，利用温度自动记录仪连续监测采样地域的气温变化，记录每小时的温度数据。

3.2 控温条件下枝条需冷量测定

将枝条剪切成15～20 cm，用石蜡密封后恒温保存在4 ℃冷藏室内。贮存3周后，每3 d取样1次，水培观察萌芽开花情况，每次观察至少10个枝段。枝条水培条件、萌芽率和开花率统计方法同上。

3.3 需冷量计算

3.3.1 低温模型计算

记录果树落叶后的气候变化，以秋季日平均温度稳定通过7.2 ℃的日期为有效低温累积的起点。

$$\mathrm{CH}t=\sum_{i=1}^{t}T\text{, with } T=\begin{cases}0\ ℃<T<7.2\ ℃ & :1\\ \text{else} & :0\end{cases}$$

T 表示温度记录仪上每小时的温度，若温度≤7.2 ℃，则记为“1”，否则记为“0”，CHt 表示落叶果树的需冷量，即从休眠开始到休眠结束期间“1”的总和，单位是冷温小时数 CH。

3.3.2　犹他模型计算

以秋季负累积低温单位绝对值达到最大值时的日期为有效低温累积的起点，用冷温单位 CU 表示。计算公式如下：

$$\text{Utah}t=\sum_{i=1}^{t}T,T=\begin{cases}T\leqslant 1.4\ ℃ & :0\\ 1.4\ ℃<T\leqslant 2.4\ ℃ & :0.5\\ 2.4\ ℃<T\leqslant 9.1\ ℃ & :1\\ 9.1\ ℃<T\leqslant 12.4\ ℃ & :0.5\\ 12.4\ ℃<T\leqslant 15.9\ ℃ & :0\\ 15.9\ ℃<T\leqslant 18.0\ ℃ & :-0.5\\ T>18\ ℃ & :-1\end{cases}$$

3.4　数据统计分析

采用 Excel 和 SPSS 进行数据整理和差异显著性分析。数据以平均值(±标准差)表示，$P<0.05$ 表示差异显著，$P<0.01$ 表示差异极显著。

4　结果与分析

4.1　田间自然休眠和控温休眠对枝条萌发的影响

室内水培促发枝条萌芽，当营养枝萌芽率达到 50%，结果枝花芽萌发及开花率达 50%，表示已经通过自然休眠，将观察结果记录在表 1-25 中。

表 1-25　不同树种水培枝条萌芽率观测

树种	水培时期 1 次		水培时期 2 次		…	水培时期 n 次		50%萌芽或开花天数
	自然休眠	控温休眠	自然休眠	控温休眠		自然休眠	控温休眠	
苹果	萌芽 开花	萌芽 开花	萌芽 开花	萌芽 开花		萌芽 开花	萌芽 开花	
梨								
桃								
杏								
樱桃								
葡萄								

比较不同树种、品种生理休眠需要的天数，自然休眠和控温休眠对枝芽萌发的影响，花芽和叶芽萌发对低温需求的差异性。分析不同休眠方式对不同品种生理休眠的影响，比较连续低温和一定范围内的变温对解除休眠的影响。

4.2　基于不同冷温模型的果树需冷量比较分析

根据不同树种(品种)渡过生理休眠的天数，把当地气象数据或田间测定的连续温度数据代入模型中，计算出不同树种(品种)需冷量，填入表 1-26 中。

表 1-26　不同冷温模型的果树需冷量比较

树种	0～7.2 ℃低温模型/CH		Utah 模型/CU		模型差异显著性分析	生理休眠天数
	自然休眠	控温休眠	自然休眠	控温休眠		
苹果						
梨						
桃						
杏						
樱桃						
葡萄						

根据不同模型的果树需冷量和温度观测数据，预测当年果树萌芽开花时期，比较不同冷温模型对需冷量计算的准确性。

（王胜男　编写）

实验十四　园艺植物种子层积处理

1　引言

种子休眠是指有生命力的种子受胚或种壳的影响，在适宜的环境条件下仍不能萌发的现象，是植物在长期进化过程中形成的一种抵御外界不良条件的特性。种子层积处理是将种子贮藏在适当温度和湿度的环境中，以打破休眠。落叶木本植物的种子一般放在湿润和低温(4 ℃)的环境中贮藏，可以打破种子休眠，这种方法也称为“冷层积处理”。了解种子层积处理的原理与技术，有助于指导园艺作物育苗生产实践。

园艺植物种子自然休眠(又称生理休眠或内休眠)是由植物遗传特性决定的，要求一定的低温条件才能顺利通过。造成种子休眠的主要原因有：①种胚发育不完全，有些果树种子外观看似已成熟并已脱离母体，但胚尚未分化完全，仍需从胚乳中吸收养料，继续分化发育，才能正常发芽生长(如银杏、桃等)。②种皮或果皮的结构障碍，山楂、桃、橄榄及葡萄等的种子虽已成熟，但因其种壳坚硬、致密、具有蜡质或革质种皮，不易透水和透气而妨碍种子吸水膨胀和气体交换，造成发芽困难而处于休眠状态。只有使用物理或化学方法，或经沙藏处理，才能使其种壳或种皮软化，增加透水通气，并在一定的条件下，才能萌发。③种子内外具有一些抑制发芽的物质，如种皮外黏液、种子内源脱落酸(ABA)累积。④种胚生理休眠或尚未通过后熟过程，如苹果、梨、桃、杏等许多温带果树砧木种子成熟以后，需要在低温、通气和一定湿度条件下，经过一定时间才能促使胚内部发生一系列生理生化变化，使复杂有机物水解为可利用物质，种子吸水能力增强，种胚通过后熟过程以后才能萌发。度过内休眠的种子由外部环境条件导致的生长发育停滞，再次进入休眠状态的过程，称为二次休眠或被迫休眠。种子休眠以适应环境变化，保障了物种的生存和繁殖。

层积处理可以解除种子的休眠，促进萌发，因处理时常以河沙为基质与种子分层放置，故又称沙藏处理。层积处理多在秋、冬季节进行，多数落叶果树种子需要在 2～7 ℃的低温、基质湿润和氧气充足的条件下，经过一定时间完成其后熟阶段。高温、通气、基质湿度会影响层积效果，通常沙的湿度以手握成团而不滴水（约为最大持水量的 60%）为宜。层积时间长短受树种的遗传特性所决定（表 1-27），与层积条件有关。

表 1-27　部分果树砧木种子层积时间（≤ 7 ℃）（朱立新和朱元娣，2020）

树种	层积时间/d	树种	层积时间/d
湖北海棠	30～35	扁桃	45
海棠果	40～50	猕猴桃	60
山定子	25～90	枣、酸枣	60～100
八棱海棠	40～60	山桃、毛桃	80～100
秋子梨	40～60	中国李	80～120
杜梨	40～60	甜樱桃	100
沙果	60～80	酸樱桃	150～180
核桃	60～80	板栗	100～180
山杏	45～100	山橙	200～300
杏	100	杨梅	150～180

本实验以常见果树砧木种子为试材，介绍自然沟藏和冷库贮藏两种打破种子休眠的方法，通过实训，使学生掌握果树种子层积处理的原理与方法，提高生产实践的技能。

2　实验准备

2.1　试材

毛桃、山桃、八棱海棠、山丁子、杜梨等果树砧木种子，洁净的河沙。

2.2　仪器与用具

土壤温湿度测定仪等仪器，尼龙网袋、花盆、铁锹、水桶等工具。

3　实验方法

3.1　层积时期

根据当地的播种时期以及砧木种子所需的层积天数等确定层积处理时期。以毛桃为例，北方地区播种时期在 4 月上旬，种子所需层积天数为 100～120 d，层积处理时期应在 12 月上旬。生产上在满足种子最大层积天数（120 d）条件下，在土壤封冻之前层积。樱桃、板栗等“怕干”种子应在采收后马上层积处理。

3.2　浸种

大粒种子放入大缸中，加清水淹没种子，浸泡 2～3 d，这期间每天换一次水。小粒种子浸泡 24 h，使种子充分吸水。

3.3　拌沙

将种子体积 5～10 倍（大粒种子）或 3～5 倍（小粒种子）的洁净河沙拌水。沙子的湿度以手握成团、一触即散为宜，随后将浸水后的种子与湿沙混合均匀。

3.4 层积方法

3.4.1 自然沟藏

在背阴、干燥处挖一条宽度 1 m、深度 0.8 m，长度依种子数量多少而定的层积沟。沟底铺 5 cm 湿沙，将混合好的种子装入尼龙网袋或花盆等容器中放入沟内，或是直接铺放在湿沙上，上覆盖秸秆便于通气，秸秆上部放 10 cm 左右的湿沙，最后上面覆土并高出地表 30 cm，插上秸秆草把通气。将土壤温湿度测定仪埋入层积种子中部，自动检测温湿度变化。

待第二年春季土温升高后，及时检查种子萌发情况，在层积沟的上、中、下三点取样，每样点调查 100 粒种子，在种子 60%～80%的种子胚根突破种皮（露白）时为最佳播种时机，应及时播种。

3.4.2 冷库冷藏

收获后干燥的种子在水中浸泡 6～8 h，取出沥干，将湿润种子用塑料袋分装密封，放置在温度 2～7 ℃冷库贮存。度过休眠的种子，春季播种前温水（30～50 ℃）浸种 24 h，沥干水分，室温催芽，待 60%～80%的种子胚根突破种皮（露白）时为最佳播种时期。

若种子量少，可放置在 4 ℃ 冰箱或冷柜中处理。在花盆底部铺 5 cm 湿沙，将混合湿沙的种子放入盆中，上部放 5 cm 左右湿沙。用塑料袋将花盆装起，留口透气，冷藏。定期检查，防止种子干燥或发霉。

待种子度过休眠露白后，随机抽查 3 份样本，每样本检测 100 粒种子的萌发状态，统计种子的成活率，取平均值。

3.5 数据统计分析

采用 Excel 软件进行数据整理分析，数据以平均值（±标准差）表示。

4 结果与分析

4.1 果树不同砧木种子层积天数比较

选取苹果、梨和桃的砧木种子为试材，自然沟藏层积处理。翌年春季土温升高后，不定期检查种子发芽情况，记录在表 1-28 中。对比分析不同砧木种子所需的层积天数，探讨影响层积处理效果的关键技术。

表 1-28 不同砧木种子层积时间调查

树种	预处理及时间/h	检查时期	萌芽率	层积时间/d
山定子				
八棱海棠				
杜梨				
山桃				
毛桃				
⋮				

4.2　不同层积方式对砧木种子萌芽效果分析

选取同一砧木的种子，采用自然沟藏和冷库（或冰箱）冷藏两种层积方式，比较两种层积效果，探讨砧木中适宜的层积方式。

（姜　峰　编写）

实验十五　园艺作物的春化处理

1　引言

春化作用是指植物必须经历一段时间的持续低温才能由营养生长阶段转入生殖生长阶段，从而开始花芽分化的过程。一、二年生植物（如甜菜、萝卜、大白菜、甘蓝、芹菜等）及多年生草本植物（如牧草）都有春化现象，这是它们必须等到翌年才能开花的原因。低温处理是促进园艺作物花芽分化和开花的重要手段，可以调控花期，使秋播的一、二年生草本花卉改为春播，当年开花；冬性作物（通过春化阶段时要求低温在 0～10 ℃条件下需要 30 ～ 70 d 才能完成春化阶段的作物）利用春化处理，可以一年中多代生产，加速育种进程。也可以合理抑制春化作用，防止一、二年生植物如大白菜、萝卜、洋葱等蔬菜作物的未熟抽薹，增加营养器官生长，提高产量和质量。

低温对花诱导一般可在种子萌发或在植株生长的任何时期进行。依据植株开始感受低温的时期，可将植物分为种子春化型和绿体春化型植物。种子春化型植物如萝卜、白菜、芥菜、菠菜等，在种子萌发期的种胚能感受低温，将萌动的种子低温处理，就可通过春化作用。绿体春化型植物如甘蓝、洋葱、大葱、大蒜、芹菜、胡萝卜、月见草等，感受低温的时期比较严格，只有绿体形成一定大小后，才能感受低温，通过春化作用。甘蓝幼苗茎粗达 1 cm 左右、月见草在长出 6～7 片叶后，才能感受低温诱导。春化作用的温度为 0～15 ℃，并需要持续一定时间。不同作物春化作用所需要时间和温度是不同的，萝卜、油菜等种子春化温度为 0～5 ℃。芹菜的绿体春化条件是：幼苗具有 3～4 片真叶，茎粗 0.5 cm 左右，10 ℃低温 10～15 d，可通过春化阶段。种子春化必须满足的条件是：适量的水分，充足的氧气和一定时间的低温感应。种子春化型植物，需要先浸种，让种子吸足水分后，在适量的水分和有氧呼吸条件下，低温春化。通过春化作用的植物，在一定温度范围内，随温度升高而花芽分化加快，此外，日照长短也会影响开花。影响萝卜花芽分化的因素中，温度和光照长度是最为主要的因素。

在春化过程中，植株体内发生各种各样的代谢变化，春化作用的前体物质在低温下转变成不稳定的前体物质；20 ℃以下时，中间产物转变为最终的热稳定的物质，完成春化作用。春化作用在完成之前是可以逆转的，重遇高温（25～40 ℃）可以脱春化，但当春化作用完成之后就不能逆转。温度主要通过影响光合作用、呼吸作用和物质转化及运输等过程，间接影响花芽分化。参与春化作用的关键基因 *FLC*（FLOWERING LOCUS C）在春化过程中表达受抑制，从而解除它对开花信号转导途径某些基因的抑制作用，促进开花。一些参与调控 *FLC* 表达调控的基因如 *VIP4*（VERNALIZATION INDEPENDENCE 4）、*VIP5*、*VIP6*、*ELF7*（EARLY FLOWERING 7）、*VIN3*（VERNALIZATION INSENSITIVE 3）、*VRN1*（VERNALIZA-

TION 1)和 *VRN2* 等通过促进或抑制 *FLC* 基因的表达，或通过调节 *FLC* 染色质组蛋白 H3 的去乙酰基化(通过去除组蛋白上的乙酰基团来调控基因表达)修饰作用而建立对 *FLC* 表达的抑制，进而调控春化作用。总之，春化作用是一个多基因表达与协同调控的复杂过程，通过植物感受低温信号，诱导一些特异基因的活化、转录和翻译，导致一系列生理生化代谢过程的改变，最终进入花芽分化、开花结实。

本实验以萝卜种子和结球甘蓝幼苗为对象，对比分析种子春化和绿体春化两种类型，巩固园艺作物春化作用相关的理论知识，掌握其春化处理技术。

2 实验准备

2.1 试材

春性和冬性类型的萝卜品种的种子，早、中和晚熟结球甘蓝的幼苗。

2.2 仪器与用具

低温培养箱或冷藏冰箱等仪器，培养皿、直尺、去离子水、育苗钵或育苗盘、花盆等用具。

3 实验方法

3.1 种子春化处理

以春性类型萝卜品种和冬性类型萝卜品种的种子为试材，在培养皿中垫一层滤纸，将种子标记，用去离子水浸泡 8 h 后置于培养皿上，浸湿滤纸保持湿度。分别在 4 ℃和 15 ℃各处理 20 d 后，将低温处理后的种子播种于育苗盘中，成苗后定植田间。每个处理 30 株幼苗，观察并记录抽薹和开花的时间。

低温处理萌动的萝卜种子可以促进花芽分化，但在萝卜品种间存在较大差异。春性类型未处理的种子在 12.2～24.6 ℃自然条件下就能通过春化；冬性类型萌动的种子在 2～4 ℃中处理 20 d，播种后 35 d 以上现蕾。

3.2 绿体春化处理

将甘蓝早、中和晚熟品种的种子浸种 2～4 h，随后撒播在育苗钵或育苗盘内，覆盖上 0.5～1.0 cm 的细土，再覆盖上塑料薄膜保温保湿。幼苗出土后揭去薄膜，注意控制浇水，以使幼苗生长健壮。当幼苗生出 2～3 片真叶时进行分苗，加大幼苗生长面积。当幼苗大部分达到茎粗 0.6 cm 时进行实验处理。

将幼苗按茎粗 0.4 cm、0.6 cm 和 0.8 cm 分为 3 个等级，低温处理 0 ℃、5 ℃和 10 ℃。每个处理 30 株幼苗。处理后 15 d，开始观察抽薹情况，并记录结果。

甘蓝春化必须同时满足的条件：一定大小的绿体；一定时间的低温感应。甘蓝通过春化的低温范围一般为 0～10 ℃，4～5 ℃通过较快，0 ℃以下或 10～15 ℃通过春化较慢。早熟品种茎粗达到 0.6 cm 以上，且有 3 片以上真叶，需要 30 d 的低温感应；晚熟品种要求茎粗达到 1～1.3 cm 以上，叶片达 6 片以上，低温感应需要 70 d 以上；中熟品种介于两者之间。

3.3 数据统计分析

采用 Excel 进行统计分析，数据以平均值(±标准差)表示。

4　结果与分析

4.1　萝卜种子春化处理后抽薹进程分析

在适宜的催芽条件下，将萝卜不同春化类型（春性类型和冬性类型）品种的种子催芽萌动后，分别在 4 ℃和 15 ℃条件下春化处理 20 d 后播种观察记录抽薹情况，统计实验结果，填入表 1-29 中。以两种春化类型品种在不同温度下随播种时间延长统计的抽薹数量变化为横纵坐标，作图比较分析不同类型种子春化作用所需的温度和持续时间的变化。

表 1-29　萝卜种子春化处理抽薹株数调查

萝卜品种	处理温度/℃	播种时间/d				
		10	15	20	25	40
春性类型	4					
	15					
冬性类型	4					
	15					

4.2　甘蓝绿体春化进程及抽薹分析

将甘蓝早、中和晚熟品种的幼苗按照不同绿体大小进行春化处理，实验结果记录在表 1-30 中。分析甘蓝早、中和晚熟品种绿体春化的苗龄、温度和低温持续时间。以不同甘蓝品种，不同绿体大小在不同温度下，随播种时间延长统计的抽薹数量变化为横纵坐标，作图比较分析甘蓝早、中和晚熟品种不同绿体大小春化作用所需的温度和持续时间的变化。比较甘蓝不同品种不同成熟期的春化条件。

表 1-30　不同成熟期甘蓝绿体春化处理抽薹株数调查

茎粗/cm	春化温度/℃	春化时间/d				
		15	20	25	30	35
0.4	0					
	5					
	10					
0.6	0					
	5					
	10					
0.8	0					
	5					
	10					

4.3　两种春化型蔬菜的春化条件分析

根据实验结果，讨论萝卜与甘蓝作物种子和绿体春化的条件。

（李　欣　编写）

实验十六　观赏植物的花期调控

1　引言

花期调控是根据市场或育种需要，人为地采用调控措施，使开花期提前或延后的园艺管理技术。就观赏植物而言，精准化花期调控是实现工厂化栽培、集约化管理的基本要求，广泛用于观赏植物产品的周年供应、特殊节日和花展布置用花要求、花期不遇的杂交亲本的同期开放等。因此，花期调控对于观赏植物商品化生产和杂交育种均具有重要意义。

高等植物成花诱导包括光周期、春化、赤霉素、年龄和自主途径，通过光周期、温度、栽培措施调节和植物生长调节剂调控花期。对光周期敏感的长日照和短日照植物，可以利用人工补光、遮光或暗期中断的方法调控开花。一些植物开花对温度的需求不同，百合、芍药、牡丹等在花芽分化后需要经历一定时间的低温处理打破休眠，才能正常开花。全年均可花芽分化但开花与有效积温有关的月季、香石竹等，可通过控制温度调控开花时间。改变播种期或栽植期、修剪、肥水控制等栽培措施，可以调控花期，如向日葵、百日草等大多数周年开花的花卉，以及百合、郁金香等球根花卉，可通过调整播种期或栽植时间调控花期；月季、一串红等花卉通过修剪或摘心调控花期。植物生长调节物质如赤霉素可部分替代长日照，促进长日照植物在短日照下开花，也可以替代低温打破休眠。

菊花（*Chrysanthemum morifolium*）是菊科菊属多年生草本植物，是我国传统名花，栽培历史悠久，兼具观赏和食用、药用的重要经济花卉。菊花是典型的短日照植物，短日照处理 3 d 即可启动花芽分化，生产上通过人工补光或遮光来延长或提前花期。菊花花芽分化启动受叶片中产生的诱导激活子（成花素）和抑制子（抗成花因子）共同调控。本实验以菊花为例，观察不同光周期处理对菊花植株花期的影响，加深学生对光周期调控花期的理论认知，掌握菊花花期调控的生产技术。

2　实验准备

2.1　试材

典型短日型菊花品种扦插苗，如‘神马’等。

2.2　仪器与用具

植物光照培养箱，花盆、托盘等用具，草炭、蛭石、复合肥等基质。

3　实验方法

3.1　菊花幼苗栽培

植物光照培养箱设置温度 22 ℃、湿度 40%～50%和光照强度 100 μmol/(m^2 · s)，光周期设置为光照 16 h 和黑暗 8 h。取同批生根（扦插后约 10 d）的菊花扦插苗移栽入含营养土（草炭：蛭石=1：1）的营养钵中，浇透水后移入培养箱中。菊花苗培养 40 d，初期 15 d 内浇清水，之后随水追施复合肥，保持土壤见干见湿。

3.2 菊花植株不同光周期处理

植物光照培养箱分别设置光周期的光照/黑暗时间为 16 h/8 h（处理 1）、12 h/12 h（处理 2）和 8 h/16 h（处理 3），将上述培养成苗的菊花分别转移 3 个培养箱中。每个处理 30 株以上，重复 3 次。栽培管理方法同上。

3.3 开花时期观测指标

观察不同处理下菊花植株到达不同发育阶段的时间，观察花器官的发育。

现蕾期：植株顶端第一个花蕾肉眼可见，直径达到 2 mm。

开花期：植株顶端第一个花蕾舌状花展开。

花蕾大小：采用游标卡尺测定花蕾直径。

3.4 数据统计分析

采用 Excel 软件处理数据，测定结果用平均值（±标准差）表示。利用 SPSS 进行单因素方差分析，$P<0.05$ 表示差异显著，$P<0.01$ 表示差异极显著。

4 结果与分析

4.1 不同光周期对菊花植株成花诱导的影响

记录 3 个不同光周期条件下，菊花植株发育到现蕾期和开花期的时间，以菊花苗移入培养箱内的培养天数计算，记录在表 1-31 中，分析光周期对菊花植株花期的影响。

表 1-31 不同光周期对菊花花期的影响

处理（光照/黑暗）/h	实验重复	现蕾时间/d	开花期/d
16/8	1		
	2		
	3		
12/12	1		
	2		
	3		
8/16	1		
	2		
	3		

4.2 不同光周期对菊花植株开花进程的影响

现蕾后，每隔 5 d 测量菊花花蕾大小，拍照，记录在表 1-32 中。绘制花蕾直径变化曲线，分析不同光周期对菊花植株成花进程的影响。

表 1-32　不同光周期菊花植株开花进程的影响

处理(光照/黑暗)/h	实验重复	开花期/d	花蕾大小/mm			
			5 d	10 d	15 d	20 d
16/8	1					
	2					
	3					
12/12	1					
	2					
	3					
8/16	1					
	2					
	3					

（徐彦杰　编写）

实验十七　园艺植物抗（耐）寒性指标筛选

1　引言

植物抗(耐)寒性是指植物忍耐和抵抗低温的能力,包括抗冷性和抗冻性。植物对冷害(冰点以上低温对植物的伤害)的适应性叫抗冷性,对冻害(冰点以下低温对植物的伤害)的适应性叫抗冻性。植物抗(耐)寒性受遗传、环境因子和生物因子等因素影响,需要采用多个指标综合评价分析。低温冷害是园艺生产中常见的现象,抗寒性鉴定指标的筛选,有助于种质资源抗寒性评价及抗寒新品种选育,以及指导园艺植物在低温逆境下的生产。

植物的新陈代谢过程离不开糖,细胞内信号转导或调节过程也都有糖参与。同时,糖具有冰冻保护剂的作用,对原生质体、线粒体及膜上敏感偶联因子均有保护作用。可溶性糖通过提高细胞液浓度增加细胞的保水能力,增强细胞液的流动性,维持细胞膜在低温下的正常功能。低温胁迫对糖代谢的影响非常明显,温度降低时原有的分子量较大的物质被分解,导致细胞中可溶性糖含量增大,细胞质的防御能力也会增强。脯氨酸是植物蛋白质的组成成分,有很强的亲水性,处于胁迫状态下的植物体内脯氨酸含量会增加,可以增加植物细胞内的溶质,从而降低细胞内水势,植物耐寒能力与脯氨酸的累积量成正比。因此,膜透性、电解质渗出率、含水量、可溶性糖、可溶性蛋白质、脯氨酸含量等均可以作为抗寒性强弱评价的重要参考指标。

园艺植物抗寒(耐)性可通过田间自然冻(冷)害的形态学调查,结合相关生理生化指标的测定,综合评价。果树等木本植物抗(耐)寒性自然冻害调查,一般在冬季冻害发生较重年份,于第二年 3—5 月调查树体、枝条、花芽受冻情况,进行耐寒性分级,并结合枝条切片,显微观察组织受冻情况。田间调查受外部因素制约,人工模拟逆境条件成为植物抗逆性评价的常用方法。木本植物通常采用休眠枝条的离体低温处理,鉴定抗寒性。番茄等喜温蔬菜多采用人工模拟气候鉴定苗期耐寒性。本实验以常见的果蔬为试材,对可溶性糖含量和脯氨酸含量的测定，使学生掌握园艺植物抗（耐）寒性评价的理论与方法。

2　实验准备

2.1　试材

木本植物选用苹果、梨、核桃、枣或榛子等果树，取生长一致无病虫害的健壮一年生枝条。草本植物选取抗寒性不同的蔬菜作物或花卉的叶片。

2.2　试剂及配制

100 μg/mL 的葡萄糖标准液、甲苯、80%乙醇、冰乙酸、蒸馏水、石英砂、人造沸石、活性炭等。

100 μg/mL 脯氨酸（Pro）标准溶液：称取 100 mg 脯氨酸，用少量 80%乙醇溶解，蒸馏水定容至 100 mL，备用。

蒽酮-硫酸试剂：称取蒽酮 0.2 g，硫脲 1 g，置于烧杯中，缓缓加 100 mL 浓硫酸，搅拌溶解后，备用。

酸性茚三酮溶液：称取茚三酮 2.5 g，加入冰乙酸 60 mL，6 mol/L H_3PO_4 40 mL，于 70 ℃加热溶解，冷却后贮于棕色瓶中，备用。

2.3　仪器与用具

分光光度计、冷柜、离心机、天平（感量 0.01 g）、水浴锅、恒温水浴锅、恒温振荡仪、木质切片机、温湿度计等仪器，25 mL 容量瓶、50 mL 容量瓶、10 mL 离心管（带盖）、移液管、无塞试管若干、具塞试管、研钵、滤纸、漏斗、蒸发皿、玻璃棒等用具。

3　实验方法

3.1　样本采集与低温胁迫处理

在果树休眠期，随机选取同一品种生长健壮的果树 5～10 株，选取粗细相近无病虫害的一年生枝条 15～30 个（依枝条长度而异），带回实验室。将采集的枝条剪成粗度一致（约 1 cm）的枝段（约 15 cm），清洗擦干后，枝条两端进行石蜡封口，用聚乙烯薄膜（保鲜膜）包好，标好标签后放于 4 ℃冰箱内预冷 2 d 后（作为对照 CK），进行低温胁迫处理。根据不同树种和品种，设定－40～－10 ℃的梯度温度，降温速度为 4 ℃/h，降到所需温度后维持处理 24 h，再升温至 4 ℃时，升温速度与降温速度相同。低温处理后的枝条放置在 4 ℃冰箱中解冻 12 h。枝条切片或切碎，混合均匀，称取样本 3～5 g，液氮研磨粉碎，放入带盖的离心管（置于－80 ℃保存），用于各项生理指标的测定。每个处理重复 3 次。

草本类蔬菜或花卉因低温耐受性不同，可选用幼苗活体如豇豆（1 月龄幼苗）或甘蓝（6～7 片叶幼苗）在低温（－5 ℃）光照箱处理一定时间后，采集同一生长高度形态大小相似的叶片，进行检测。番茄采用 4 叶期幼苗在 5 ℃左右处理 48 h，观察幼苗的寒害症状。白菜类可选择 1 月龄幼苗，从植株上取外层第 2～3 片叶，离体叶片清洗、混匀、封袋，一部分样本在 0 ℃冰箱内放置 2.5 h 后测定，其余样本放入程控冰箱内，逐步降温处理，每个处理温度保持 2.5 h，低温处理后，样本于 0 ℃冰箱内恢复 2.5 h，取样测定。每个处理重复 3 次。

3.2　可溶性糖含量测定（蒽酮比色法）

（1）样品提取　称取研磨好的样品 0.5 g 于 10 mL 离心管中，加入 80%乙醇 5 mL，80 ℃

水浴 30 min，在此期间不时搅拌。用少量 80% 乙醇冲洗玻璃棒，冷却到室温后 3 500g 离心 10 min，上清液转入 25 mL 容量瓶中；再向沉淀中加入 80% 乙醇 5 mL，如上法浸提 2 次，将上清液合并于 25 mL 容量瓶中，定容。

(2)制作标准曲线　取试管 6 支，编号后按表 1-33 加入各试剂。在加蒽酮-硫酸试剂时，将试管放在冰水浴中，并沿管壁缓缓加入，待全部加完后再混匀。样品管按照表 1-34 添加试剂。将以上标准管和样品管同时放入 100 ℃水浴中准确加热 10 min，取出后用自来水冷却至室温后测定 620 nm 波长下吸光度。以吸光度为纵坐标，糖溶液浓度为横坐标，绘制标准曲线。

表 1-33　可溶性糖标准曲线制定

试剂	试管号					
	1	2	3	4	5	6
100 μg/mL 的葡萄糖标准液/mL	0	0.2	0.4	0.6	0.8	1.0
蒸馏水/mL	2.0	1.8	1.6	1.4	1.2	1.0
蒽酮-硫酸试剂/mL	5.0	5.0	5.0	5.0	5.0	5.0
葡萄糖含量/μg	0	20	40	60	80	100
A_{620}						

表 1-34　样品中可溶性糖含量测定

试剂	温度/℃					
	−20	−10	−5	0	5	室温
样品/mL	2.0	2.0	2.0	2.0	2.0	2.0
蒽酮-硫酸试剂/mL	5.0	5.0	5.0	5.0	5.0	5.0
A_{620}						
可溶性糖含量/(μg/g)						

(3)样品测定　取样品适当稀释(10～50 倍)，取 2 mL 与标准管同样操作，记录 620 nm 波长下的吸光度。

$$可溶糖含量(\%)=(C\times V_t\times n)/(W\times V_s\times 10^6)\times 100$$

式中：C，从标准曲线上查得样品测定管中葡萄糖的含量(μg)；n，稀释倍数；V_t，样品提取液总体积(mL)；V_s，测定时取样体积(mL)；W，样品干重(g)；10^6，样品质量单位由 g 换算成 μg 的倍数。

3.3　脯氨酸含量测定

(1)样品提取　称取两份新鲜样品各 1 g，一份烘干测干重，另一份用于脯氨酸测定。样品放入研钵中，加入 80% 的乙醇及少许石英砂，研成匀浆，移入具塞试管中，加塞浸提 1 h 以上，然后按 40：1(质量分数)的比例加入活性炭粉末，振荡后过滤于蒸发皿内，用 80% 的乙醇冲洗试管和残渣 3 次。滤液于 80～85 ℃水浴中蒸去乙醇，残液用蒸馏水定容至 50 mL(或 25 mL，以脯氨酸的含量而定)。取提取液 10 mL，于具塞试管中，加入人造沸石 1 g，强烈振荡，然后滤去人造沸石（碱性氨基酸对脯氨酸测定有干扰，被人造沸石吸附而除去）。滤液待测。

（2）标准曲线的制作　取 25 mL 具塞试管 7 支，编号。按表 1-35 向各试管加入试剂，摇匀后，水浴 30 min，冷却，各加甲苯 5.0 mL，充分摇匀萃取。避光静置 2～3 h。待完全分层后，用吸管吸取甲苯层，用分光光度计以 1 号标准曲线试管作为空白调零，在 520 nm 波长下测定吸光度，以脯氨酸含量为横坐标，吸光度为纵坐标，绘制标准曲线。同时可以使用回归法求得回归直线。

表 1-35　脯氨酸标准曲线制定

试剂	试管号						
	1	2	3	4	5	6	7
标准 Pro/mL	0	0.2	0.4	0.8	1.2	1.6	1.8
蒸馏水/mL	2	1.8	1.6	1.2	0.8	0.4	0.2
冰乙酸/mL	2	2	2	2	2	2	2
酸性茚三酮/mL	2	2	2	2	2	2	2
Pro 含量/(μg/mL)	0	2	4	8	12	16	18
A_{520}							

（3）样品的测定　每个样品滤液设 3 个重复（表 1-36），在试管中加滤液 0.5 mL、水 1.5 mL，其后各加入冰乙酸 2.0 mL 和酸性茚三酮 2.0 mL，摇匀后沸水浴 30 min，冷却，各加 5.0 mL 甲苯，充分摇匀萃取（暗中静置 2～3 h）。

$$脯氨酸含量=(C\times V_t)/(W\times V_s)$$

式中：C，从标准曲线上查得的脯氨酸含量（μg）；V_t，提取液总体积（mL）；V_s，测定时取用提取液体积（mL）；W，样品干重（g）。本实验测定数据列入表 1-36，并进行统计分析。

表 1-36　样品中脯氨酸含量测定

试剂	温度/℃					
	－20	－10	－5	0	5	室温
样品/mL	0.5	0.5	0.5	0.5	0.5	0.5
蒸馏水/mL	1.5	1.5	1.5	1.5	1.5	1.5
冰乙酸/mL	2	2	2	2	2	2
茚三酮/mL	2	2	2	2	2	2
A_{520}						
Pro 含量/(μg/g)						

3.4　数据统计分析

采用 Excel 和 SPSS 软件进行数据整理及统计分析，数据以平均值（±标准差）表示，$P<0.05$ 表示差异显著，$P<0.01$ 表示差异极显著。

4 结果与分析

4.1 果树的抗寒性分析

根据实验结果，计算不同温度处理果树枝条的可溶性糖和脯氨酸含量变化，记录在表1-37中。比较果树枝条在不同低温条件下的表型变化（受冻害程度）及相关生理生化指标变化，分析其相关性。

表 1-37 低温处理对果树枝条冻害程度及相关指标的影响 种类：

处理温度/℃	表型变化	可溶性糖含量/%	脯氨酸含量/(μg/g)
−30			
−20			
−10			
4(CK)			

注：需依据实验填写温度

4.2 蔬菜植株幼苗耐寒性分析

根据实验结果，计算不同温度处理下所测试样本的可溶性糖和脯氨酸含量变化，记录在表1-38中。比较蔬菜植株幼苗在不同低温条件下的表型变化（受冻害程度）及相关生理生化指标变化，分析其相关性。

表 1-38 蔬菜幼苗低温处理后表型及相关生理指标的变化 种类：

处理温度/℃	表型变化	可溶性糖含量/%	脯氨酸含量/(μg/g)
−10			
−5			
0			
5			

注：需依据实验填写温度

（梁晋军 编写）

实验十八 园艺植物抗（耐）旱性指标筛选

1 引言

在园艺植物生产中，干旱胁迫是常见的非生物胁迫因素之一。抗（耐）旱性是植物在干旱环境中生长、繁殖以及在干旱解除后迅速恢复生长的能力。当植物长期生长在干旱少雨的环境下时，为了适应这一恶劣环境，植物的形态和生理生化等会发生一些变化，来抵抗干旱胁迫，保证植物正常生长和发育。植物抗（耐）旱性的遗传机制复杂，但表现出一定的生理现象，通过抗旱性相关指标的鉴定，可以为培育抗旱品种与节水栽培提供参考。

在细胞水平上，水分匮缺（干旱）信号会促进脯氨酸和海藻糖等代谢产物产生，激发抗氧化系统以维持氧化还原稳态，并通过过氧化物酶防止细胞损伤和膜完整性破坏。植物抗（耐）旱性的鉴定分为直接鉴定和间接鉴定。直接鉴定是使植物直接处于干旱环境中，通过植株形态指标和生长状况直接观察判断。间接鉴定则通过测定生理生化指标等进行间接判定。园艺植物抗（耐）旱性鉴定一般采用人工模拟干旱条件一定时间后，复水处理观察植株恢复情况，同时测定相关的生理生化指标，进行综合评价。相对含水量是反映植株组织水分状况的一个重要指标，可作为比较不同植物保水能力、需水程度和抗旱性相对大小的生理指标。可溶性糖是植株体内一种重要的渗透调节物质，在水分胁迫下，能增加细胞液的浓度，提高对水分的吸收能力及保水能力，从而有利于适应干旱缺水的环境。土壤干旱、水分胁迫时果树体内各类氨基酸含量均有所增加，其中以脯氨酸增加最多，植株积累脯氨酸等进行渗透调节，维持膨压以利于生理过程的正常进行而抵抗伤害。

在干旱胁迫下，丙二醛（malondialdehyde，MDA）作为膜脂过氧化作用的主要产物之一，具有很强的细胞毒性，对膜和细胞中的许多生物功能分子如蛋白质、核酸和酶等均有很强的破坏作用，MDA 含量变化可以作为植物对干旱等逆境抗性的间接指标。当植株组织遇到水分胁迫时，由于细胞膜受到损害，细胞内的电解质会有不同程度的外渗，将植株放入去离子水中，水的电导值会根据细胞损害程度的增加而增加，可用电导仪测定外渗液的电导率增加值而知道细胞膜受损害的程度。

植物的抗（耐）旱性是一个受多种因素影响的较为复杂的综合性状，多种因素综合作用才导致抗（耐）旱性的形成。因此，对于植物抗（耐）旱性的评价应尽可能采用多个指标来综合评价，从而避免单个指标对评定植物抗旱性所造成的片面性，使评定结果与实际结果更为接近。本实验以干旱胁迫处理的园艺植物叶片为试材，进行园艺植物抗（耐）旱性指标测定，使学生掌握园艺植物抗旱性鉴定与综合评价方法，巩固相关理论知识的学习。

2　实验准备

2.1　试材

给予持续干旱胁迫处理的果树、蔬菜作物、花卉等植株叶片。

2.2　试剂及配制

100 μg/mL 葡萄糖标准液、80％乙醇、冰乙酸、浓硫酸，5％ 三氯乙酸（TCA）、10％ TCA 溶液等。

酸性茚三酮溶液：称取茚三酮 1.25 g，溶于冰乙酸 30 mL 和 6 mol/L 磷酸 20 mL 混合溶液中，搅拌加热（低于 70 ℃）溶解，冷却后置于棕色瓶中，4 ℃保存，可用 2～3 d。

100 μg/mL 脯氨酸标准溶液：称取脯氨酸 100 mg，用少量 80％乙醇溶解，蒸馏水定容至 100 mL，再用蒸馏水稀释成 1 μg/mL、2.5 μg/mL、5 μg/mL、10 μg/mL、15 μg/mL 和 20 μg/mL 的系列溶液，备用。

蒽酮试剂：称取蒽酮 0.2 g，溶于 100 mL 浓硫酸中，当日配制使用。

0.6％ 硫代巴比妥酸（TBA）：称取 TBA 0.3 g，用 10％ TCA 溶液（冰箱保存）定容到 50 mL，现配现用。

2.3　仪器与用具

分光光度计、电导仪、天平（感量 0.01 g）、烘箱、超声波清洗器、电热恒温水浴锅、冷冻离心机、抽气机等仪器，打孔器、容量瓶、试管(18 mm×180 mm)、具塞刻度试管(20 mL)等用具。

3 实验方法

3.1 样本采集与处理

园艺植物抗(耐)旱鉴定一般选用盆栽苗作为试材，人工干旱胁迫，如果树选用2～3年生盆栽，蔬菜等草本植物选用1～2月龄幼苗。干旱处理30株左右，每10株为1次重复，重复3次。果树选择新梢(20 cm以上)中部(第5～7节位)的功能叶片，蔬菜如菜豆、番茄和辣椒采集第4～5片真叶，花卉如百合花(苗高30 cm左右)选择顶端下2～3片叶、菊花植株顶端下4～5片叶，测定抗旱相关的生理指标。

样本采集后，每重复内叶片充分混匀，四分法缩分至测定所需数量。叶片清洗擦干，新鲜样品测定，或液氮冷冻，保存于-80 ℃超低温冰箱中备用。

3.2 相对含水量测定

相对含水量用烘干称重法测定。取鲜叶1 g左右，称重后用蒸馏水浸泡8 h，再称饱和鲜重，然后烘箱105 ℃杀青30 min，80 ℃下烘干至恒重，称重。

$$\text{叶片含水量(占鲜重百分比)}=\frac{FW-DW}{FW}\times 100\%$$

$$\text{叶片相对含水量}=\frac{FW-DW}{TW-DW}\times 100\%$$

式中：FW，叶片鲜重(g)；DW，叶片干重(g)；TW，叶片饱和鲜重(g)。

3.3 可溶性糖含量测定(蒽酮比色法)

参考实验十七。

3.4 脯氨酸含量测定(分光光度计法)

参考实验十七。

3.5 MDA含量的测定(双组分光光度计法)

3.5.1 MDA提取

称取植物材料1 g，剪碎，加入5% TCA 2 mL，和少量石英砂，研磨至匀浆。再加5% TCA 8 mL进一步研磨，匀浆在4 000 r/min离心10 min，上清液为样品提取液。

3.5.2 显色反应与测定

吸取离心的上清液2 mL(对照加蒸馏水2 mL)，加入0.6% TBA溶液2 mL，摇匀。将试管放入沸水浴中煮沸10 min(自试管内溶液中出现小气泡开始计时)，取出试管并冷却，3 000 r/min离心15 mim。取上清液，测量其体积。以0.6% TBA溶液为空白测定532 nm、600 nm和450 nm处的吸光度值。

$$\text{丙二醛浓度}\ c(\mu mol/L)=6.45(A_{532}-A_{600})-0.56A_{450}$$

$$\text{丙二醛含量}(\mu mol/g)=\frac{c\times V}{W\times 1\ 000}$$

式中：A_{450}、A_{532}和A_{600}分别表示450 nm、532 nm和600 nm处的吸光度值；c，脯氨酸浓

度（μmol/L）；V，提取液体积（mL）；W，样品质量（g）。

3.6　电导率测定

取鲜叶洗净，用打孔器打叶圆片 50 个，用蒸馏水冲洗 3 次，吸干备用。

高温处理：取 5 只试管，编号 1～5，每支试管加蒸馏水 5 mL，然后放入叶圆片 10 个。在 58 ℃水浴锅中分别处理 0 min、10 min、20 min、30 min、40 min，取出，在自来水中放置冷却 10 min，即可用电导率仪测定叶圆片浸提液的初电导率。

测过电导率的上述所有试管，封口膜封口，全部放入 100 ℃的沸水浴中 15 min，取出，再放入自来水中冷却 10 min，测定煮沸后的终电导率，计算电解质渗出率（相对电导率 = 初电导率/终电导率 ×100%）。

3.7　数据统计分析

采用 Excel 整理数据、计算各项指标隶属函数值及综合隶属函数 D 值，采 SPSS 软件进行方差分析、相关性分析和主成分分析。

依据数据降维算法进行主成分分析，将原来多个相关的指标转换成新的少数几个互不相关的综合指标，并建立综合指标 F_j 的得分函数：$F_j = \sum_{i=1}^{m} a_{ij} \times X_j \ (i = 1,2,\cdots,m, j = 1,2,\cdots,n, n \leqslant m)$。

抗旱系数 = 处理测定值/对照测定值×100%。

隶属函数值 $U(X_i) = (X_i - X_{\min})/(X_{\max} - X_{\min})\ (i = 1,2,3,\cdots,n)$。式中：$X_i$ 为与抗旱性正相关的某指标测定值，$X_{\max}$ 和 $X_{\min}$ 分别为该指标最大值和最小值。与抗旱性负相关指标的隶属函数值为 $1-U(X_i)$。各指标所占的权重系数 $W_i = P_i / \sum_{i=1}^{n} P_i$，$i = 1,2,3,\cdots,n$，式中 W_i 表示第 i 个公因子在所有公因子中的主要程度，P_i 为第 i 个指标与抗旱系数间的相关系数，即贡献率。综合评价值 $D = \sum_{i=1}^{n} [U(X_i) \times W_i]$，$i = 1,2,3,\cdots,n$。

4　结果与分析

4.1　不同园艺植物干旱胁迫相关的生理指标变化分析

分别取果树、蔬菜作物、花卉等植株的叶片，测定干旱胁迫后的各项生理指标，列入表 1-39 中，比较不同植物干旱胁迫响应的生理指标及变化趋势。

表 1-39　不同园艺植物干旱胁迫相关生理指标变化分析

测试指标	木本植物			草本植物		
	样品 1	样品 2	样品 3	样品 1	样品 2	样本 3
相对含水量/%						
可溶性糖含量/%						
脯氨酸含量/（μg/g）						
MDA 含量/（μmol/g）						
相对电导率/%						

4.2 园艺植物抗旱性综合指标分析

将表1-39中的测定数据用统计软件进行方差分析、相关性分析和主成分分析，确定抗旱的关键指标，并比较分析木本植物和草本植物的抗旱筛选指标。同时运用隶属函数法对果树的抗旱能力强弱进行综合评价，选取第一主成分和第二主成分中较大的指标进行隶属函数分析，根据隶属函数平均值的大小对各供试植物的抗旱性进行综合排序。

（梁晋军　编写）

第四节　种植园栽培管理

实验十九　果树树冠体积和叶幕测定

1　引言

树冠是果树的主体部分。树冠体积是树冠轮廓以内所占的体积，又称树冠容积，由冠高和冠径决定，分为有效容积和无效容积。树高冠大可以充分利用空间，立体结果，延长经济寿命，适应性较强，但其成形和群体叶幕形成慢，早期光能利用差，结果晚。树冠形成后，叶片、果实与吸收根的距离加大，枝干增多，有效容积和叶面积反而减少。

叶幕是指同一骨干枝上全部叶片构成的、具有一定形状和体积的集合体。叶幕的结构包括叶幕的形态、厚度、层次和密度等。叶幕的形状与体积随着树龄和整形方式的变化而改变。幼龄树或人工整形的植株，树冠的形状和体积就是叶幕的形状和体积；自然形整枝的成年树，叶幕形状与体积具有较大变化。叶幕的厚薄与树冠的通风透光有关系。平面形、弯月形叶幕的绿叶层较薄，叶面积较小，往往导致树体低产；半圆形和层状形叶幕的绿叶层较厚，叶面积较大，容易获得优质高产。不同栽植密度、树龄和整形方式，叶幕的形状和体积不同。适当的叶幕厚度和叶幕间距，是合理利用光能的基础。

本实验以果树常见树形为例，进行树冠体积、叶幕体积和叶面积的测定、计算与分析，促进学生对树冠生物学特性的理解，掌握树冠体积和叶幕测定的技术。

2　实验准备

2.1　试材

选择苹果、枣、梨或桃等果树，树形选用生产常用的小冠疏层形、纺锤形、开心形等。

2.2　仪器与用具

免棱镜全站仪、便携式叶面积仪、天平(感量0.01 g)等。

3　实验方法

3.1　树冠体积和叶幕测定

综合考虑果树大小、地形、视角情况等因素，在被测果树周围采用独立坐标系布设控制点。

具体如下：

(1)在树木周围视角良好，适合架设仪器的位置布设一个点 A，假设其一个三维坐标。

(2)在 A 点正北方向布设另一个点 B，使用全站仪测量两点距离，获取另一点的平面坐标。

(3)在 A 点架设仪器，后视 B 点，以支导线的形式根据树木大小和需要，在树木周围布设控制点，控制点精度控制在毫米级。

(4)各控制点上使用免棱镜全站仪，在树顶到树冠底部的东、南、西、北、东南、东北、西南、西北 8 个方向上，每隔相同的高度采集树冠表面的三维坐标。

(5)将叶幕表层水平分段，每 0.5 m 为一层。标为Ⅰ、Ⅱ、Ⅲ…至叶幕底层。测量各层树冠冠径、冠高、光秃带距，按扁圆形树冠体积公式计算各层叶幕体积。

(6)记录数据，绘出平面等高线图。从 8 个方向获取树冠表面特征点的三维坐标，针对树冠点云数据，用圆滑曲线把相同高度采集的树冠表面的点连接起来，形成等高线，以利于后续网格法计算树冠体积。

3.2　叶面积测定

3.2.1　叶面积仪测定法

(1)将探测器的电线与数字显示仪连接起来，打开开关，荧光屏显示数字则表示仪器正常。

(2)取任一植株叶片，用干纱布擦净上、下叶面，下压探测器盖上的按柄，打开探测器上盖，将叶片横向夹入，露出叶基部或叶柄。松开按柄，上盖合拢。右手持探测器柄，压回零按钮，使荧光屏显示“0”。左手轻拉叶片和测长索，直至叶片完全通过探测器，记下荧光屏上显示的数字。

(3)若叶片较小(如小麦、水稻叶)，可先用脱去药膜的 X 线片将叶片平展地夹在中间，再按上述方法测定。

3.2.2　透明方格法

(1)每层采下 1/8 m^3 的树冠内的所有叶片，分别放在布袋内，并做好标记，带回实验室内，分别称其叶片的鲜重，统计叶数。

(2)测各层叶面积。各层分别取叶片 10 g，用透明方格板法或求积仪法测叶面积，求出每克叶的叶面积，再根据各层体积换算各层及全树的叶面积。

将待测叶装入薄膜袋中，扎紧袋口以防失水。带回实验室，用稍湿润的软布擦净叶片。将叶片平铺于一定大小的方格纸上，用铅笔描出叶片图形或将透明方格纸(膜)平压在叶片上，统计叶片(图形)所占方格数(叶缘处达到或超过半格的则计数，不足半格的舍去)。计算叶面积：叶面积＝方格数×每个小方格面积。

3.3　树冠体积计算

3.3.1　经典树冠表面积体积计算模型

果园内随机选择同一品种果树 3～5 株为一个组，重复 3 组。传统树冠体积的计算方法：以树冠的冠幅与冠高作为参数，模拟为规则几何体计算体积，人工采集树木特征因子，并根据每种模拟的几何体求解树冠体积，如表 1-40 所示，表中 x 为冠幅，y 为冠高。

3.3.2　方格网法

该方法在已绘制的树体等高线图上，首先将树冠表面划分为若干方格(一般为边长 10～20 cm 的正方形)，从实测数据网中用内插法求出每个方格角点的高程，并注记在相应方格顶点的右上方，设计标高定位树冠最低点高程，根据各点的设计标高与自然标高之差，求出零线位置，进而求出各方格的体积，所有方格的体积之和即为整个树冠的体积。

表 1-40　树冠模拟几何体体积计算公式(何诚等,2014)

冠形	体积计算公式	冠形	体积计算公式
卵形	$\frac{\pi x^2 y}{6}$	半球形	$\frac{\pi x^2 y}{6}$
圆锥形	$\frac{\pi x^2 y}{12}$	球扇形	$\frac{\pi(2y^3-y^2\sqrt{4y^2-x^2})}{3}$
球形	$\frac{\pi x^2 y}{6}$		

使用全站仪获取树冠顶部点高程 H_1 和树冠底部点高程 H_2,则树冠高度 $h=H_1-H_2$。在建立的等高线上绘制方格网,将图上方格边长设为 2 cm,这就将树冠的等高线分成若干份,用线性内插法求出各方格顶点的高程,并注记在相应顶点的右上方,将设计高程定为树冠最低高程点。如图 1-9 所示,各部分计算体积公式如下:

$$V_j=\frac{hS}{4} \quad V_b=\frac{hS}{2}$$

$$V_g=\frac{3}{4}hS \quad V_z=hS$$

式中:S,方格面积;h,树冠高度;V_j,角点体积;V_b,边点体积;V_g,拐点体积;V_z,中心点体积。计算出各点的体积后,树冠的体积为各方格网的体积之和。

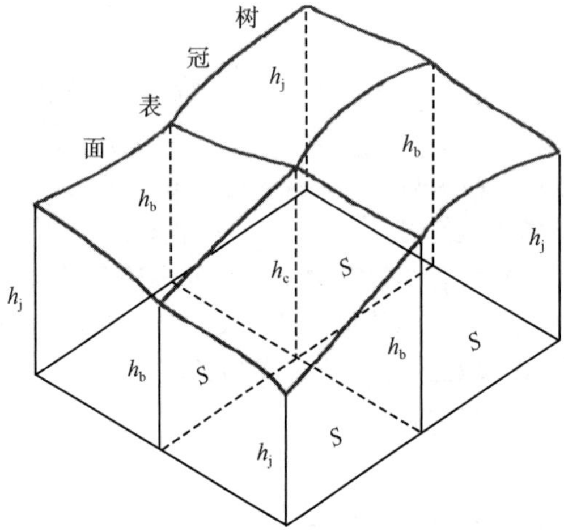

图 1-9　方格网法示意图(何诚等,2014)

3.4　叶幕体积和叶幕面积计算

$$叶幕体积 = 树冠体积 - 光秃带体积$$

$$各层叶幕面积 = V_{叶幕} \times A/0.125$$

式中:$V_{叶幕}$,各层叶幕体积;A,1/8 m^3 内叶面积(1/8 m^3 内叶面积 = 各层 1/8 m^3 内叶鲜重×每克叶叶面积)。

4　结果与分析

4.1　树冠表面特征点的等高线图和方格网图的绘制

根据实际测定数据，利用数字高程模型(DEM)和 GIS 软件，绘制树冠表面特征点的等高线图，在此基础上绘制方格网图，标注各方格顶端的高程。

4.2　果树树冠体积和叶幕体积分析

选择 3～5 种树形，测定计算树冠体积、叶幕体积和叶面积，填入表 1-41 中，分析树形对树体光合效能的影响。

表 1-41　树冠体积和叶面积的测定

层数	冠径/cm	冠高/cm	光秃带距/cm	树冠体积/cm^3	叶幕体积/cm^3	叶鲜重/g ($1/8\ m^3$)	叶面积/m^2	
							10 g	$1/8\ m^3$
一								
二								
三								
四								
五								
单株								

4.3　不同树形的叶幕体积和叶面积分析

依据测定结果(表 1-41)，对小冠疏层形、纺锤形、开心形等不同树形的树冠体积、叶幕体积、叶面积指数等进行比较分析。

(梁晋军　编写)

实验二十　苹果成熟度的淀粉指数分析法

1　引言

园艺产品成熟度分为生理成熟度和园艺成熟度。生理成熟度是指植株生长发育至果实充分成熟。园艺成熟度又称为“商品成熟度”，是园艺产品生长到一定时期、达到最适合采后利用的阶段，以产品采后用途作为标准，可以在任何生长发育时期进行采收。在苹果生产上，常根据盛花后天数推算果实采收期，因受果园立地条件和栽培管理模式等影响，难以保证其果实采摘的适宜时期、果实品质的一致性以及长期贮藏后果实的高品质。因此，建立一种可靠、易于推广的科学判断苹果成熟度的方法，可指导苹果适时采收。

苹果果实包含由子房发育而成的果心和由雄蕊、花瓣、萼片发育而成的果肉。果实发育从授粉受精至果实成熟的时间因品种而不同，早熟品种 60～100 d、中熟品种 100～140 d、晚熟品种 140～160 d。果实生长呈现出“慢-快-慢”的单“S”形生长曲线。幼果期果实生长缓慢，以细胞分裂为主；果实快速生长期，以细胞快速膨大和淀粉累积为主；果实成熟期以细胞膨大和淀粉下降为主，以果色转变和淀粉降解为可溶性糖。'富士'和'皇家嘎拉'的花芽授粉后快速合成少量的淀粉，果实内淀粉累积与细胞快速膨大过程耦合，授粉 100 d 后淀粉含量下降，含糖量增高，直至果实完全成熟，进入到依赖于乙烯的成熟期。苹果果实属于呼吸跃变型果实，过熟的果实鲜食品质下降。

判别苹果成熟度的生理指标有果实硬度、可溶性固形物、可滴定酸含量、内源乙烯水平，还应考虑苹果外观如果皮颜色变化。在果实成熟过程中，果内的一些水解酶活性增加，将淀粉逐渐水解转化为糖，利用淀粉与碘-碘化钾反应呈蓝黑色反应，检测苹果切面的淀粉水平，判断果实成熟度。不成熟的果实果肉和果心的淀粉含量高，染色深；成熟果实果心完全无色、果肉染色程度不一；过熟的果实则不染色。果实的淀粉染色程度即淀粉指数（starch index，SI）与果实硬度、可滴定酸含量有明显的负相关性，与可溶性固形物含量呈明显的正相关。'嘎拉''秦冠'和'富士'果实在园艺成熟度（可采成熟度）时，SI 分别为 4.5、6.0 和 7.7；当果实发生乙烯跃变后，果实 SI 上升。因此，应在乙烯跃变开始之前采收果实，需要长时间气调贮藏的果实，应提前 1 周左右采收，而供应市场鲜食或加工果实，应推迟 1 周左右采收。此外，采收季节的气温会影响淀粉水解，低温利于淀粉向糖的转化，高温则相反，南方苹果适宜采收期时的淀粉指数值应低于北方苹果。此外，德国学者 Streif (1996)将成熟相关指标如果实硬度、可溶性固形物含量和淀粉指数综合评价，用 Streif 系数确定采收时期，比单一的生理指标更适于气调贮藏苹果的采收期确定。

本实验以苹果果实为试材，介绍淀粉染色方法鉴定苹果果实成熟度，拓展学生对果实成熟相关的理论认知，提高学生将理论运用于生产实践的能力。

2 实验准备

2.1 试材

以生产上常见的苹果栽培品种'富士''嘎拉''金冠'和'王林'等果实为试材，在果实成熟期从田间采收，或从市场上购买成熟度相对一致的果实。田间采集某品种的果实样本时，在果实膨大至成熟期，在健壮树体不同方位定期采集代表性的果实 10～20 个，每个果园每个品种 3～5 株。每个时期观察 30 个以上果实。

2.2 试剂及配制

结晶碘-碘化钾染色液：量取蒸馏水 30 mL，加入碘化钾 8.80 g，缓缓搅拌至溶解，再加入结晶碘 2.2 g，充分搅拌溶解后，用蒸馏水定容至 1 000 mL，搅拌均匀后装入棕色瓶内，避光保存备用。

2.3 仪器与用具

水果硬度计（GS-15 型水果质地分析仪）、天平（感量 0.01 g）、磁力搅拌器、电子折光仪（PAL-1 型数显糖度计）、电子游标卡尺、照相机等仪器，塑料盘、水果刀、洗瓶、记录板、记号笔等。

3 实验方法

将每个果实称重，测量纵、横径，测定果实硬度，记录数据。沿果实最大横切面将果实一分为二，将带果柄的半个果实浸入碘溶液，观测淀粉染色等级；另外半个果实混样，用于测定其他生理指标。

3.1　果实淀粉标准染色图谱制作

将碘液倒入一个浅盘容器中(玻璃平皿或塑料平皿),溶液层深 5～7 mm。横切果实,将带果梗的一半果实切面,缓慢浸于碘液中染色 1 min。染色结束后,将染色切面与苹果标准染色图谱(图 1-20)进行对照。根据染色深度及图形评定淀粉染色等级:1 级,果心和果肉 100%染色,果实未成熟;2 级,果肉 100%染色,果心 50%染色;3 级,果肉 100%染色,果心无色;4 级,果心无色,果肉 80%染色;5 级,果心无色,果肉 60%染色;6 级,果心无色,果肉 40%染色;7 级,果心无色,果肉 20%染色;8 级,果心、果肉均无染色,果实完全成熟。

选取 8 个时期有代表性的果实染色切面,制作某个苹果品种的果实淀粉染色等级图谱(图 1-10),呈现 8 个等级。

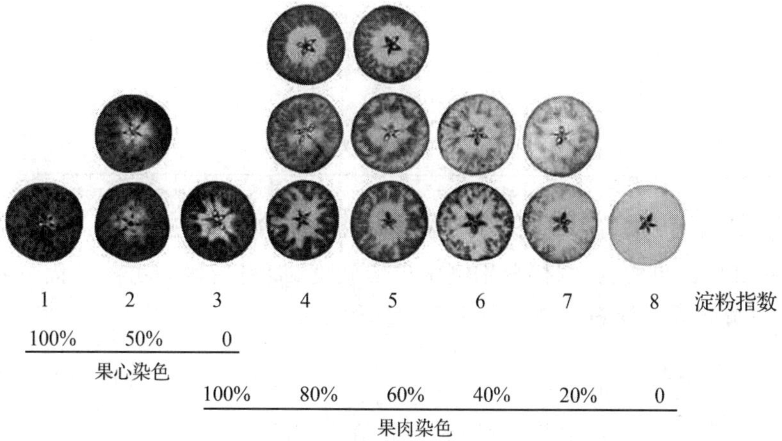

图 1-10　苹果果实淀粉染色图

3.2　果实淀粉指数计算

利用碘-碘化钾染色液染色果实。根据果实标准染色图谱,确定淀粉染色等级,介于二个相邻等级之间的用 0.5 表示。根据公式 $SI=\sum\left(\frac{\text{淀粉染色级数}\times\text{该级果实数}}{\text{果实总数}}\right)$,计算测定果实的 SI。

3.3　苹果果实品质指标的测定

果实单果重和纵横径分别用电子天平和游标卡尺测定。

果实硬度用水果硬度计测定,选用直径 11 mm 的探头,测定参数设定压力阈值 0.10 kg,进退速度 10 mm/s,量程速度 5 mm/s,测定深度 10.0 mm(探头刻度)。沿着果实最大横径,用刀片等距离削去 3～4 块果皮(直径约 1 cm);在无果皮的圆形削面上,将探头垂直削面,匀速向下插入果肉,至探头刻度;读取压力值,以 kg/cm^2 或牛顿(N)表示。

可溶性固形物含量用电子折光仪测定。以果肉的混合样本榨汁,取溶液滴在折光仪上,读取数据。折光仪使用之前,用蒸馏水冲洗折光面,校正读数为 0。

3.4　数据统计分析

采用 Excel 和 SPSS 软件进行数据整理及统计分析,数据以平均值(±标准差)表示。

4 结果与分析

4.1 苹果不同品种的果实淀粉染色图谱分析

将果实沿最大横切面将果实一分为二，将带果柄的半个果实分入碘溶液浸 1 min，取出，观测淀粉染色状态，记录在表 1-42 中。对比苹果淀粉染色等级图谱，比较某个采样时期，不同苹果品种的果实淀粉染色谱特点，如'嘎拉'成熟果实呈现"星状"染色图，'金冠'是"模糊的斑状"，'富士'为"圆环状"。根据公式计算所测试苹果的淀粉染色指数 SI。

表 1-42 不同苹果淀粉染色图谱及染色指数分析

苹果品种	1 组淀粉染色			2 组淀粉染色			3 组淀粉染色		
	级数	果实数	代表图谱	级数	果实数	代表图谱	级数	果实数	代表图谱
富士									
嘎拉									
金冠									
⋮									

4.2 苹果果实淀粉指数与其他生理指标的相关性分析

以不同采样日期的果实为试材，分别测定果实硬度、淀粉指数和可溶性固形物含量，记入表 1-43 中。比较分析果实淀粉指数与各生理指标的相关性。

利用公式 Streif 系数 $=\dfrac{\text{果实硬度}}{\text{可溶性固形物含量}(\%)\times\text{淀粉指数}}$，计算出 Streif 系数，比较淀粉指数与 Streif 系数在确定苹果采收时期的可应用性。

表 1-43 苹果成熟过程中生理指标与淀粉指数的相关性分析

苹果品种	采样时间	淀粉指数	果实硬度/(kg/cm^2)	可溶性固形物含量/%
富士	1			
	2			
	3			
	4			
	与淀粉指数的相关系数			

（朱元娣　编写）

实验二十一　园艺产品糖酸测定及感官评价

1 引言

果实品质包括外观品质、内在品质、贮藏品质和加工品质，是果实商品性优劣的重要指标。果实内在品质包括糖、酸、香味物质、蛋白质、脂肪、维生素、矿物质等。其中糖、酸、香味物质等风味物质的组成及其含量对果实内在品质有着重要影响，果实的内在品质是决定果品市场竞争力的主要因素，直接影响其经济价值。

大多数果品中含糖量较高，一般为7.5%～25%；除番茄、西瓜、甜瓜等含糖量稍高外，大多数蔬菜产品均低于5%。不同种类和品种果蔬中糖的种类和含量存在差异，苹果、李、梨等果品果糖含量较高，葡萄、柿等果品中葡萄糖含量较高，柑橘中以蔗糖为主。在成熟和采后衰老过程中，果蔬产品的含糖量和含糖种类也在发生变化。在苹果、梨等果实成熟过程中，含糖量会因淀粉类物质的水解而大量增加；而块茎和块根类蔬菜产品成熟度越高，含糖量越低。在采后贮藏过程中，随着果蔬产品的衰老，糖的含量会因呼吸消耗而降低，进而导致果蔬产品品质下降。

酸味物质包括有机酸和无机酸，凡是能在溶液中解离出氢离子的化合物都有酸味。果蔬产品中的酸味物质来源于有机酸，包括柠檬酸、苹果酸、酒石酸、草酸和琥珀酸等。在不同种类和品种的果蔬产品中，有机酸的种类和含量存在差异。苹果、梨、桃、樱桃、莴苣等果蔬产品中苹果酸含量较高，葡萄果品中酒石酸含量较高，柑橘类果品中柠檬酸含量较高，而草酸主要存在于蔬菜中。通常未成熟的果蔬产品的含酸量较高，随着成熟及采后贮藏时间的延长，有机酸作为呼吸底物被逐渐消耗，含酸量下降。糖酸比是衡量果蔬产品品质的重要指标之一，也是判断一些果蔬产品成熟度、采收期和贮藏品质的重要指标。糖酸比中的糖指的是可溶性糖（如葡萄糖、果糖、蔗糖等），酸指的是可滴定酸（如苹果酸、柠檬酸、酒石酸等）。

园艺产品采样方法影响品质相关指标测定的准确性，不同果蔬产品实验样品取样方法见表1-44。体积较小的果蔬类如山楂、葡萄等，随机选择若干个体，整体切碎混匀，按四分法缩分到所需数量。体积较大的如西瓜、苹果、萝卜等，采取纵切缩分原则，即按成熟度及个体大小组成比例选取若干个体，对每个个体按生长轴纵剖，分4份或8份，取对角线2份切碎、混匀，缩分到所需数量。体积蓬松的叶菜类如菠菜、小白菜等从一筐或一捆的包装中，分别抽取一定数量，混合后捣碎、混匀、分取，缩减到所需数量，或鲜样测定，或匀浆处理备用。

表1-44　果蔬产品实验样品取样方法

产品种类	名称	取样部位	采样数量	备注
块根类和块茎类	马铃薯、萝卜、胡萝卜、芜菁、甘薯、山药、甜菜、块根芹等	块根或块茎	6～12个个体，且3 kg以上	用毛刷和干布去除泥土及其他黏附物
鳞茎类	大蒜、洋葱、韭菜、葱等	鳞茎	12～24个个体，且3 kg以上	去除泥土、根和其他黏附物
叶菜类	菠菜、甘蓝、大白菜、莴苣、甜菜、花椰菜等	茎、叶、花	4～12个个体，且3 kg以上	去掉明显腐烂和萎蔫的茎叶，花椰菜分析花序和茎
茎菜类	芹菜、朝鲜蓟、菊苣、大黄等	可食茎、嫩芽	至少12个个体，且2 kg以上	去掉明显腐烂和萎蔫的茎叶，大黄只取茎部
豆菜类	蚕豆、菜豆、大豆、绿豆、豌豆、芸豆等	豆荚或籽粒	鲜豆（荚）2 kg以上，干样1 kg以上	
果菜类（果皮可食）	黄瓜、胡椒、茄子、西葫芦、番茄、黄秋葵等	整个果实	6～12个个体，3 kg以上	除去果梗

续表 1-44

产品种类	名称	取样部位	采样数量	备注
果菜类（果皮不可食）	哈密瓜、南瓜、甜瓜、西瓜、冬瓜等	整个果实	4～6 个个体	除去果梗，果皮与果肉分别测定
食用菌类	香菇、草菇、口蘑、双孢蘑菇、大肥菇、木耳等	整个子实体	至少 12 个个体，1 kg 以上	
仁果类	苹果、梨等	整个果实	至少 12 个个体，3 kg 以上	水果去蒂、去果心和种子，根据需要去果皮
核果类	杏、油桃、樱桃、桃、李子等	整个果实	至少 24 个个体，2 kg 以上	除去果梗及核
小水果和浆果	葡萄、草莓、黑莓、醋栗、越橘、罗甘莓、酸果蔓、黑醋栗、覆盆子等	整个果实	不少于 3 kg	去掉果柄和果托
柑橘类	橘子、柚子、橙子、柠檬等	整个果实	6～12 个个体，3 kg 以上	外皮和果肉分别测定
水果（果皮可食）	枣、橄榄、无花果等	整个果实	不少于 1 kg	除去果梗和核
水果（果皮不可食）	鳄梨、杧果、香蕉、番木瓜果、番石榴、西番莲果、新西兰果、菠萝等	整个果实	4～12 个个体，3 kg 以上	鳄梨和杧果去核，菠萝去除果冠
坚果	杏核、澳洲坚果、栗子、核桃、榛子、胡桃等	整个可食部分	多点采样且 1 kg 以上	

本实验以草莓果实为试材，进行糖酸测定及感官评价，使学生了解园艺产品糖酸品质测定的原理及采后变化特点，掌握园艺产品糖酸品质测定和感官评价的方法，学以致用。

2 实验准备

2.1 试材

选择不同成熟度（七分熟、九分熟和完全成熟）的‘红颜’草莓果实为试材。

2.2 试剂及配制

浓硫酸（H_2SO_4）、蔗糖、苯酚、蒽酮、乙酸乙酯、氢氧化钠（NaOH）、酚酞、乙醇、蒸馏水。

100 μg/mL 蔗糖标准液：将分析纯蔗糖在 80 ℃下烘至恒重，称取 1 g，加少量蒸馏水溶解，转入 100 mL 容量瓶中，加入浓硫酸 0.5 mL，用蒸馏水定容至刻度。吸取其溶液 1 mL，于 100 mL 容量瓶，加蒸馏水定容至刻度，摇匀。

9%苯酚溶液：称取苯酚 9 g，加蒸馏水溶解、转入 100 mL 容量瓶中，加蒸馏水定容至刻度，摇匀。

蒽酮-乙酸乙酯试剂：称取分析纯蒽酮 1 g，溶于 50 mL 乙酸乙酯中，贮于棕色瓶中。

0.1 mol/L 氢氧化钠溶液：称取分析纯氢氧化钠 4 g，加蒸馏水溶解，转入 1 000 mL 容量瓶中，加蒸馏水定容至刻度，摇匀。

1%酚酞指示剂：称取酚酞 1 g，加入到 50%乙醇 100 mL 溶液中溶解。

2.3 仪器与用具

电子折光仪、移液器、天平（感量 0.1g、0.01 g）、分析天平（0.001 g、0.000 1 g）、分光光度计、水浴锅等仪器，比色皿、20 mL 刻度试管、100 mL 容量瓶、1 000 mL 容量瓶、100 mL 锥形瓶、漏斗、滤纸、研钵、玻璃棒、滴定管等用具。

3 实验方法

3.1 样本采集及处理

在草莓结果盛期，从试验小区收获的果实中随机取成熟度适宜、有代表性、无污染的果实 20～30 个。随机选取 5～10 个果实为一组，设定 3 次生物学重复。分别将每组样品切碎、混匀，用于后续实验。

3.2 可溶性固形物测定

用便携式 PAL-1 电子折光仪测定可溶性固形物含量。测定前，用蒸馏水清洗折光镜面，并用擦镜纸轻轻擦净折光镜面，滴几滴蒸馏水于折光镜面上，按“ZERO”键进行调零。

取草莓果肉 30 g，放入研钵中磨碎，经 6 层纱布过滤后滴到折光镜上，按“START”键进行测定，读取数值。每次测定之后，用蒸馏水将检测镜冲洗干净，并用擦镜纸擦净折光镜面。温度影响仪器测定读数，在 20 ℃时测定，得到的读数为可溶性固形物的折射率（%）。每样本测定至少 3 次重复，取平均值。

3.3 苯酚-硫酸法测定可溶性糖含量

在浓硫酸的作用下，糖脱水生成糖醛或羟甲基糠醛，糖醛或羟甲基糠醛能与苯酚缩合成一种橙红色化合物，在 485 nm 下具有最大吸收峰，该橙红色化合物的颜色深浅与糖的含量呈正相关。通过比色法测定 485 nm 波长下吸光值，计算出可溶性糖含量。

3.3.1 标准曲线制作

取 20 mL 刻度试管 6 支，编号后加入 100 μg/mL 蔗糖标准液和水（表 1-45）。向试管内加入 9%苯酚溶液 1 mL，摇匀，再沿试管壁缓慢加入浓硫酸 5 mL，摇匀。在室温下放置 30 min。以空白作为参比，在 485 nm 波长下测定混合反应液的吸光度值。以蔗糖量为横坐标，吸光度为纵坐标，绘制标准曲线，求出线性回归方程。

表 1-45 蔗糖标准溶液配制

项目	管号					
	0	1	2	3	4	5
100 μg/mL 蔗糖液/mL	0	0.2	0.4	0.6	0.8	1.0
水/mL	2.0	1.8	1.6	1.4	1.2	1.0
相当于蔗糖量/μg	0	20	40	60	80	100

3.3.2 可溶性糖提取和测定

称取草莓果肉 1 g 于试管中，加入蒸馏水 5～10 mL，于沸水中提取 30 min。提取液过滤入 100 mL 容量瓶中，用水反复漂洗试管及残渣，过滤后一并转入容量瓶并定容至刻度。

吸取样品液 0.5 mL 于试管中，加入蒸馏水 1.5 mL。测定步骤与制作标准曲线相同，按顺序分别加入苯酚、浓硫酸溶液，在 485 nm 波长下测定吸光度值，重复 3 次。如果吸光度值读数过高，可将样品液稀释后再吸取 0.5 mL，进行反应和测定。

根据吸光值，在标准曲线上查出相应的蔗糖量，按下式计算草莓果肉可溶性糖含量。

$$可溶性糖含量(\%)=\frac{C\times V\times N}{V_s\times W\times 10^6}\times 100$$

式中：C，从标准曲线查得的蔗糖量（μg）；V，样品提取液总体积（mL）；N，样品提取液稀释倍数；V_s，测定时所取样品提取液体积（mL）；W，样品质量（g）。

3.4 蒽酮试剂法测定可溶性糖含量

糖在浓硫酸作用下可脱水生成糠醛或羟甲基糠醛，糖醛或羟甲基糠醛能与蒽酮反应生成一种蓝绿色化合物，在 630 nm 下具有最大吸收峰。蓝绿色糠醛衍生物的颜色深浅与糖的含量呈正相关，通过比色法测定 630 nm 波长下吸光值，计算出可溶性糖含量。

3.4.1 标准曲线制作

取 20 mL 刻度试管 6 支，编号后加入 100 μg/mL 蔗糖标准液和水，配制方法同表 1-45。向试管内加入蒽酮-乙酸乙酯试剂 0.5 mL，摇匀，再沿试管壁缓慢加入浓硫酸 5 mL，摇匀。立即将试管放入沸水浴中，准确保温 1 min，取出后自然冷却至室温。以 0 号管作为空白对照调零，在 630 nm 波长处测定吸光度值。以糖含量为横坐标，吸光度值为纵坐标，绘制标准曲线，并求出线性回归方程。

3.4.2 可溶性糖提取和测定

样品提取方法同上。吸取样品液 0.5 mL，于试管中，加入蒸馏水 1.5 mL。测定步骤与制作标准曲线相同，按顺序分别加入蒽酮-乙酸乙酯、浓硫酸溶液，在 630 nm 波长下测定吸光度值，重复 3 次。如果吸光度值读数过高，将样品液稀释后再吸取 0.5 mL，进行反应和测定。

根据吸光值，在标准曲线上查出相应的蔗糖量，计算草莓果肉可溶性糖含量，方法同上。

3.5 可滴定酸含量测定

根据酸碱中和原理，用已知浓度的氢氧化钠溶液滴定样品，测定的即为总酸或可滴定酸，然后根据果蔬中所含的一种主要有机酸种类进行折算，表示含酸量。

称取草莓果肉样品 10 g，于研钵中研磨，转移至 100 mL 容量瓶，用蒸馏水冲洗研钵，一并转入容量瓶中，并定容至刻度，混合均匀。用纱布将定容的样品过滤，吸取滤液 2 mL，置于三角瓶中，加入 2 滴 1%酚酞指示剂，用 0.1 mol/L 氢氧化钠滴定直至呈淡红色，且 30 s 内不褪色。记下氢氧化钠的用量，重复 3 次。根据氢氧化钠溶液滴定消耗量，按下式计算果蔬组织中可滴定酸含量，以百分含量表示。

$$可滴定酸含量(\%)=\frac{V\times c\times V_o\times K}{V_s\times W}\times 100$$

式中：V，样品提取液总体积（mL）；c，氢氧化钠标准溶液浓度（mol/L）；V_o，滴定滤液消耗的氢氧化钠溶液体积(mL)；V_s，测定时所取样品提取液体积(mL)；W，样品质量(g)；K，折算系数(g/mmol)，即不同有机酸的毫摩尔质量。折算系数苹果酸为 0.067、柠檬酸为 0.064、酒石酸为 0.075。

3.6　感官评价

以色泽、香气浓郁度、滋味与口感、果肉细腻度和汁水丰富度 5 个指标作为感官评价指标，将不同成熟度的草莓果实切成小块进行编号。草莓果实采样方法同 3.1。组织 10～15 名评尝员对每一份样本进行评尝，向评尝人员介绍测评方法，在其熟悉后盲评打分。评价标准如表 1-46 所示。

表 1-46　草莓果实感官评价记录表

感官指标	评价等级			
	优(15～20 分)	良(10～15 分)	中(5～10 分)	差(0～5 分)
色泽(20 分)	颜色均匀，有光泽，呈鲜红色	颜色较均匀，较有光泽，呈深红色	颜色较暗，呈暗红色，色泽基本一致	颜色暗沉、呈红褐色
香气浓郁度(20 分)	香气浓郁，无异味	香气偏淡，无异味	无明显香气，无异味	无明显香气，有腐败气味
滋味与口感(20 分)	浓郁草莓口感，酸甜爽口	清浅草莓口感，偏酸或偏甜	淡淡草莓口感，不酸不甜	寡淡草莓口感，不酸不甜
果肉细腻度(20 分)	果肉质地细腻、紧实	果肉质地较细腻、较紧实	果肉质地偏松、偏软	果肉质地松、软
汁水丰富度(20 分)	汁水丰富	汁水较为丰富	汁水偏少	汁水不足

3.7　数据统计分析

数据采用 Excel 和 SPSS 进行统计和差异显著分析，数据以平均值(±标准差)表示，$P<0.05$ 为差异显著，$P<0.01$ 为差异非常显著。

4　结果与分析

4.1　蔗糖标准浓度曲线绘制

根据实验结果，绘制苯酚-硫酸法和蒽酮试剂法测定的蔗糖浓度标准曲线。

4.2　草莓果实可溶性糖含量分析

以不同成熟度草莓果实为试材，利用 3 种方法测定果实可溶性糖含量、可滴定酸含量及糖酸比，将测定结果记录在表 1-47 中，比较不同成熟度草莓果实品质。

表 1-47　草莓果实可溶性糖和可滴定酸测定结果

成熟度	可溶性糖含量/%			可滴定酸含量/%	糖酸比
	可溶性固形物	苯酚-硫酸法	蒽酮试剂法		
七分熟					
九分熟					
完全成熟					

4.3 草莓果实感官评价

对不同成熟度草莓果实进行色泽、香气浓郁度、滋味与口感、果肉细腻度和汁水丰富度等方面评价打分，将结果记录在表1-48中。分析不同成熟度草莓果实感官品质。

表1-48 草莓果实感官评分表

成熟度	色泽	香气浓郁度	滋味与口感	果肉细腻度	汁水丰富度	总分
七分熟						
九分熟						
完全成熟						

（闫佳琪 编写）

实验二十二 植物生长调节剂配制与生产应用

1 引言

植物激素是植物在生长发育过程中产生的有机物质，低浓度的植物激素可以作用于自身的生理过程。植物生长调节剂是人工合成的化学物质或发酵提取的产物，发挥类似植物激素的作用。植物生长调节剂具有与植物激素相同的化学结构和生理功能，低浓度的植物生长调节剂即可影响植物激素合成、运输、代谢及作用，调节植物生长发育，包括生长抑制剂和生长促进剂。植物生长调节剂种类多，生理作用机制各不相同，在园艺生产的应用场景多样。了解常用的植物生长调节剂配制方法及应用领域，可更好地为园艺生产实践服务。

自20世纪40年代以来，植物生长调节剂在农业和园艺生产上的应用越来越广泛，从种子萌发、营养生长、生殖发育、成熟控制和采后保鲜的全产业过程，到提高作物对低温冷害、高温热害、干旱、盐碱等逆境抗性，具有用量小、见效快、效益高、残留少、生物安全性高等优点。植物激素包括生长素、赤霉素、乙烯、细胞分裂素、脱落酸、油菜素内酯、水杨酸、茉莉酸和独脚金内酯等。在园艺作物上应用的植物生长调节剂种类高达50余种，常用的植物生长促进剂类有赤霉素、萘乙酸、吲哚乙酸、吲哚丁酸、二氯苯氧乙酸、6-苄氨基嘌呤、噻苯隆、油菜素内酯、三十烷醇等，生长抑制剂类有脱落酸、乙烯利、三碘苯甲酸等，生长延缓剂类有多效唑、烯效唑、矮壮素、调环酸钙等。不同的植物生长调节剂需要用不同的溶剂来溶解，多数植物生长调节剂不溶于水，而溶于有机溶剂(表1-49)。

表1-49 常见植物生长调节剂种类及配制

名称	溶剂	剂型
萘乙酸(NAA)	溶于乙醇、丙酮、乙醚和氯仿等有机溶剂，溶于热水；可将原药溶于热水或氨水后再稀释使用	80%原粉，遇碱形成盐
吲哚乙酸(IAA)	溶于热水、乙醇、丙酮、乙醚和乙酸乙酯，微溶于水、苯、氯仿；在碱性溶液中稳定	粉剂和可湿性粉剂

续表 1-49

名称	溶剂	剂型
吲哚丁酸(IBA)	溶于醇、醚和丙酮等有机溶剂，不溶于水和氯仿；使用时先溶于少量乙醇，然后加水稀释到所需浓度，若溶解不全可加热。冷却后加水	92%粉剂
二氯苯氧乙酸(2,4-D)	溶于乙醇、乙醚和苯等有机溶剂，难溶于水；配时先用 1 mol/L 氢氧化钠溶液溶解再加水	80%粉剂，72%丁酯乳油，55%胺盐水剂
防落素(PCPA)	溶于醇、酯等有机溶剂，微溶于水；使用前先用少量乙醇或氢氧化钠溶液滴定溶解，再加水稀释到所需浓度。水溶液较稳定	1%、2.5%和 5%水剂，99%粉剂，99%可湿性片剂
6-苄氨基嘌呤(6-BA)	溶于碱性或酸性溶液，在酸性溶液中稳定，难溶于水；使用时加少量 0.1 mol/L 盐酸溶液溶解，再加水稀释到所需浓度	95%粉剂
激动素(KT)	溶于强酸、碱及冰乙酸中，微溶于乙醇、丙酮和乙醚，不溶于水；配时先溶于 1 mol/L 盐酸中，完全溶解后再加水稀释到所需浓度	
赤霉素(GA)	溶于甲醇、乙醇、丙酮、乙酸乙酯和 pH 6.2 的磷酸缓冲液，难溶于水、氯仿、苯、醚、煤油	85%结晶粉；遇碱易分解
乙烯利	溶于水和乙醇，难溶于苯和二氯乙烷；在酸性介质(pH＜3.5)中稳定，在碱性介质中分解，很快放出乙烯	40%水剂
油菜素内酯(BR)	溶于甲醇、乙醇和丙酮等多种有机溶剂	0.01%乳油＋0.2%可溶性粉，0.007 5%水剂
三十烷醇(TRIA)	溶于乙醇、氯仿、二氯甲烷和四氯化碳，不溶于水	乳剂，1.4% TA 乳剂
ABT 生根粉	溶于乙醇，用 95%以上工业乙醇溶解后再加水	粉剂、水剂
西维因	溶于丙酮、苯、甲醇和乙醇等有机溶剂，遇碱水解失效	5%粉剂、25%和 50%可湿性粉剂
脱落酸(ABA)	溶于乙醇、甲醇、丙酮、碳酸氢钠、三氯甲烷和乙酸乙酯，难溶于水、苯和挥发油	
青鲜素(MH)	溶于冰乙酸，难溶于水，微溶于醇，它的钠、铵、钾盐及有机碱盐类易溶于水	25%钠盐水剂，30%乙醇盐水剂
三碘苯甲酸(TIBA)	溶于甲醇、乙醇、丙酮、苯和乙醚	98%粉剂
多效唑(PP_{333})	溶于甲醇、丙酮	25%乳油，15%可湿性粉剂
矮壮素(CCC)	易溶于水，不溶于苯、乙醚和无水乙醇，遇碱分解	50%水剂
烯效唑(S_{3307})	能溶于丙酮、甲醇等多种有机溶剂，难溶于水	5%可湿性粉剂
调环酸钙	溶于水，酸性介质中易分解	10%可湿性粉剂

植物生长调节剂作用机制包括:①促进或抑制基因表达,改变某些代谢途径,影响作物内源激素合成,诱导酶活性和抗性基因表达。②促进细胞伸长、分裂和分化,促进茎的生长;促进愈伤组织分化,促进发根和不定根的形成;促进顶端优势,抑制侧芽生长。③打破休眠,促进发芽;抑制横向生长,促进纵向生长,促进花芽形成;促进坐果和果实膨大,诱导单性结实。④抑制茎的伸长生长,控制营养生长;促进乙烯生成,增加呼吸酶和细胞壁分解酶活性,促进果实成熟、离层形成、落叶、落果和衰老。

植物生长调节剂在园艺生产中的应用包括:①打破外休眠,促进发芽。赤霉素可促进度过自然休眠的蔬菜种子、块茎鳞茎和木本植物芽等萌发。②促进扦插生根。各类生长素均有促进植物扦插生根的作用,吲哚丁酸效果最好,其次为萘乙酸、吲哚乙酸、吲哚丙酸等。ABT 生根粉是几种生长素的混合剂,广泛应用于植物扦插繁殖中。③抑制生长,矮化株型。矮壮素用于番茄苗期,可缩短节间,形成壮苗。乙烯利用于黄瓜苗期,能明显缩短节间。果树幼树使用多效唑,能明显缩短枝条节间长度,使植株矮化,株型紧凑。④调节花芽分化和促进开花。多效唑抑制树体营养生长,促进苹果、桃、樱桃、核桃等花芽形成。防落素(对氯苯氧乙酸) 100 mg/L 喷施处理,可以诱导甘蓝、芹菜抽薹。赤霉素处理山茶花、仙客来、君子兰等,促进提早开花。⑤调节雌雄花的比例。100～200 mg/L 乙烯利水溶液喷黄瓜、南瓜等幼苗的叶片,可以诱导雌花发育,减少雄花着生。50～100 mg/L GA_3 可以增加雄花数量,常用于黄瓜雌性系的原种繁殖上。⑥诱导单性结实,促进坐果。葡萄开花前用 200 mg/L GA_3 浸蘸花蕾,1 周后再蘸花可诱导无籽果实形成。在番茄保护地生产中,花期用 10 mg/L 2,4-D 蘸花,显著提高结实率,形成无籽果实;花期喷 50 mg/L GA_3,诱导单性结实。花期喷施 25 mg/L PCPA,可防止番茄、菜豆等落花。⑦果实发育调控。苹果盛花期喷 20 mg/L GA 可增加果重,提高果形指数。梨和桃幼果膨大期喷 50 mg/L 矮壮素,可促进果实膨大,提高产量。黄瓜花期喷(或浸花)50 mg/L GA_3,可促进果实膨大。芹菜在 2～3 叶期及其后两周喷 2 mg/L GA_3,提高产量。⑧促进果实成熟。番茄转色期用 2 000～4 000 mg/L 乙烯利采后浸果,置于 20～25 ℃条件下,提前 2～3 d 转红;植株上喷 500～1 000 mg/L 乙烯利,提前 5～6 d 红熟。西瓜未熟前喷 300～500 mg/L 乙烯利,果实提早 5～7 d 成熟。⑨采后保鲜。1-甲基环丙烯(1-MCP)抑制乙烯合成,可用于水果、蔬菜和花卉的采后保鲜。

本实验以常见的植物生长调节剂为研究对象,介绍其配制方法及在生产上的应用案例,辅助学生理解相关的理论知识,培养理论结合实际的能力。

2 实验准备

2.1 试材

选择扦插繁殖的园艺作物如葡萄(硬枝扦插)和菊花(嫩梢扦插)等,诱导单性结实的葡萄,以及调控果形发育的苹果等。

2.2 试剂及配制

各种植物生长调节剂、无水乙醇、0.1 mol/L 盐酸或 0.1 mol/L 氢氧化钠。

2.3 仪器与用具

分析天平(感量 0.001 g、0.000 1 g)、pH 测定仪等仪器,移液器、喷雾器、量筒、容量瓶、烧杯、玻璃棒等用具。

3　实验方法

3.1　植物生长调节剂配制

(1)一些植物生长调节剂是可溶性盐或在出厂时已制成水剂、乳油、可湿性粉剂、悬浮液剂等时,可直接加水稀释或以水溶解,如萘乙酸钠、40%乙烯利水剂、10% 调环酸钙可湿性粉剂等。

(2)一些不能直接溶于水的植物生长调节剂,如吲哚丁酸、吲哚乙酸、萘乙酸等,可先加少量 95%乙醇溶解后,再加水稀释至所需浓度。

(3)6-BA、KT 等植物生长调节剂需先用强酸或强碱溶液溶解后,再加水稀释至所需浓度。

3.2　生长素类物质在植物扦插中的应用

3.2.1　生长素类物质配制

准确称取 NAA 1 g,用 10 mL 95%乙醇溶解后,用蒸馏水定容至 1 L,配制成 1 000 mg/L 萘乙酸溶液。用同样方法配制 1 000 mg/L IBA。

分别量取 NAA 和 IBA 各 250 mL,混合均匀,配制成生长素混合溶液。

3.2.2　葡萄硬质扦插

将葡萄插条剪成单芽茎段,上部距芽 1 cm 左右剪成平茬,下部在芽下近节部位剪成斜茬。将泥炭、营养土、蛭石按 1∶1∶3 混匀,浇透水后装于小营养钵中。

将插条基部 3～5 cm 浸蘸在 3 种不同的生长素溶液中 1 min,取出后倾斜约 45°插入营养基质中,仅留芽眼在基质上面,扦插后注意浇水保湿。2 周后,调查不定根发生和芽萌发情况。每个处理至少 30 根插条,生物学重复 3 次。

3.3　赤霉素和细胞分裂素在花果调控中的应用

3.3.1　生长调节剂配制

准确称取 6-BA 40 mg,加入氢氧化钠(0.1 mol/L)溶液 2 mL,溶解后,以水定容至 1 L,配成 40 mg/L 6-BA 溶液。

准确称取 GA_3 40 mg,以 10 mL 乙醇溶液溶解后,以水定容至 1 L,配制成 40 mg/L GA_3 溶液。将两种溶液混合均匀。

$GA_{(4+7)}$配制方法与 GA_3 相同。

3.3.2　植物生长调节剂施用

在苹果 80%以上花开放时期,选择晴朗无风的上午,利用植物生长调节剂喷施花,间隔 12～14 d 后,第二次喷施。

选择苹果园同一小区内的生长健壮结果树 5～10 株,每株树标记不同方位的 1～2 个主枝,喷施药剂处理,另外 1 个主枝喷清水作为对照。生产上可以选用同行的果树,全株喷施。花后 2～4 周,调查坐果率。果实成熟后,采集所处理主枝上的全部果实,从中选取代表性果实,苹果以中心果为宜,测定样本不低于 100 个果实。分别测定单果重和果形指数(=果实纵径/果实横径),观察果实外观色泽。

3.3.3　葡萄花序蘸穗处理

选择葡萄园同一小区内生长一致的植株 30 株以上,在葡萄植株盛花期,利用 GA_3 溶液蘸果穗一次(处理 1),间隔 10 d,再蘸穗处理第二次(处理 2),以清水处理 3～5 株作为对照。花后 2 周左右调查全部处理花序的坐果率,成熟期调查每个处理 3～5 个果穗的穗形(紧密度)和长度、果粒均匀度、果实无籽率等指标。

3.4 数据统计分析

采样 Excel 和 SPSS 软件进行数据统计分析，数据以平均值(±标准差)表示，$P<0.05$ 表示差异显著，$P<0.01$ 表示差异极显著。

4 结果与分析

4.1 不同生长素对葡萄插条扦插生根的影响

利用相同浓度的 NAA、IBA 和 NAA+IBA 混合溶液处理葡萄插条，调查葡萄插条扦插生根率、不定根数量、萌芽等指标，记录在表 1-50 中，比较不同生长素种类促发葡萄插条扦插生根效果。

表 1-50 不同生长素对葡萄插条扦插生根的作用

处理	插条数量/个	生根数量/个	不定根数量/个	萌芽插条/个	成活率/%
NAA					
IBA					
NAA+IBA					

4.2 不同生长调节剂对苹果果形的调控作用分析

分别用单一赤霉素、赤霉素与 BA 混合制剂进行处理，以未喷施植物生长调节剂为对照(CK)，调查苹果树坐果率、成熟期单果重和果形指数(=果实纵径/果实横径)等指标，记录在表 1-51 中。对比分析不同赤霉素制剂对果形发育的影响，探讨苹果生产中果形剂的可应用性。

表 1-51 赤霉素制剂对苹果坐果和果实生长的影响

处理	坐果率/%	单果重/g	果实横径/cm	果实纵径/cm	果形指数
CK					
GA					
GA+BA					

4.3 赤霉素处理对葡萄坐果率及果实穗形状的影响

分别采用 GA_3 蘸穗一次和两次处理，以未蘸穗为对照(CK)，调查葡萄坐果率以及果穗形态、果粒均匀度、种子数等指标，记录在表 1-52 中。对比分析不同赤霉素制剂对坐果率的影响，探讨其生产中的可应用性。

表 1-52 赤霉素制剂对葡萄坐果及果穗生长的影响

处理	坐果率/%	果穗形态(紧密或松散)	果穗长度/cm	果粒均匀度		单果种子数	无籽率/%
				单果重/g	纵径/横径		
CK							
蘸穗一次							
蘸穗两次							

(姜　峰　编写)

第二章　园艺育种学实验

第一节　园艺植物种质资源和引种驯化

实验二十三　种质资源记录和描述方法

1　引言

种质是决定生物遗传性状，并将丰富的遗传信息从亲代传给子代的物质载体的总称。种质资源是用于品种改良或具有某种有遗传价值特性的任何原始材料，包括具有优良性状的野生种、变种与类型、栽培品种、品系、杂交优系及具有潜在用途的野生和栽培类型等。种质资源作为园艺作物育种的重要材料，对国计民生至关重要。为方便育种工作者高效、快速地选择育种所需种质资源材料，需要翔实地记录和描述每一种质资源的特征和习性。因此，科学合理的种质资源记录和描述方法是园艺作物育种工作的基础。

人类生存和生活依赖于种质资源，现有栽培作物、家畜家禽等均是从自然野生种或者是近缘种中长期驯化来的，并通过人工有性杂交、筛选而获得的。种质资源是农业生产和育种成败的关键。一个国家或研究单位拥有的种质资源数量、质量以及其对保存、特性研究的深度和广度，决定育种效果和育种水平。若要选育出“高产、优质、多抗”等优良性状的品种，离不开种质资源的挖掘利用。园艺植物种类丰富，涵盖果树、蔬菜、观赏植物和茶四大类作物，园艺植物种质资源研究包括种质资源的起源和分布、演化和传播、分类、搜集和保存、评价和利用 5 个方面，通过历史考古法、资源调查法、观察记载法、试验法、遗传学、生物数学等研究方法来研究园艺植物种质资源。建立完善、统一的种质资源记录和描述方法，可以明晰所收集保存种质资源的基本情况和基础性状，提供一个全球性或全国性收集、保存、鉴定和评价种质资源的“共同语言”，以避免重复，提高种质资源工作的效率。我国 1986 年建立国家农作物种质资源平台(http://www.cgris.net)，陆续发布了农作物种质资源描述方法与标准(表 2-1)。

园艺植物种质资源记录和描述主要分为两个方面：①基本信息，如种质编号、名称、原产地、起源、引种情况、采集情况、植物检疫、繁殖、保存情况、植株情况等；②具体情况，如植物学性状(叶、花、果实、种子、树体等形态大小情况)和农业性状(结果习性、果树外观、内在品质、果实贮藏性、繁殖性、抗逆性等)。

本实验以苹果属果树种质资源为观察对象，介绍种质资源记录与描述方法，加深学生对相关理论知识的理解，提高学生在育种实践中的应用能力。

表 2-1　常见果蔬作物种质资源描述方法与标准发布信息

名称	作者	出版单位和时间
苹果种质资源描述规范和数据标准	王昆，刘凤之，曹玉芬	中国农业出版社，2005
梨种质资源描述规范和数据标准	曹玉芬	中国农业出版社，2006
山楂种质资源描述规范和数据标准	吕德国，李作轩	中国农业出版社，2006
桃种质资源描述规范和数据标准	王力荣，朱更瑞	中国农业出版社，2005
李种质资源描述规范和数据标准	郁香荷，刘威生	中国农业出版社，2006
杏种质资源描述规范和数据标准	刘宁，刘威生	中国农业出版社，2006
樱桃种质资源描述规范和数据标准	赵改荣，李明	中国农业科学技术出版社，2011
柿种质资源描述规范和数据标准	杨勇，王仁梓	中国农业出版社，2006
枣种质资源描述规范和数据标准	李登科	中国农业出版社，2006
葡萄种质资源描述规范和数据标准	刘崇怀，沈育杰，陈俊	中国农业出版社，2006
草莓种质资源描述规范和数据标准	赵密珍	中国农业出版社，2006
猕猴桃种质资源描述规范和数据标准	胡忠荣，陈伟，李坤明	中国农业出版社，2006
穗醋栗种质资源描述规范和数据标准	张冰冰，宋洪伟	中国农业出版社，2006
桑树种质资源描述规范和数据标准	潘一乐，张林	中国农业出版社，2006
沙棘种质资源描述规范和数据标准	宋洪伟，张冰冰	中国农业出版社，2006
板栗种质资源描述规范和数据标准	刘庆忠	中国农业出版社，2006
核桃种质资源描述规范和数据标准	刘庆忠	中国农业出版社，2007
茶树种质资源描述规范和数据标准	陈亮，杨亚军，虞富莲	中国农业出版社，2005
柑橘种质资源描述规范和数据标准	江东，龚桂芝	中国农业出版社，2006
香蕉种质资源描述规范和数据标准	黄秉智	中国农业出版社，2006
枇杷种质资源描述规范和数据标准	郑少泉	中国农业出版社，2006
荔枝种质资源描述规范和数据标准	欧良喜，陈洁珍	中国农业出版社，2006
龙眼种质资源描述规范和数据标准	郑少泉	中国农业出版社，2006
果梅种质资源描述规范和数据标准	胡忠荣，陈伟，李坤明	中国农业科学技术出版社，2013
澳洲坚果种质资源描述规范和数据标准	陆超忠，杜丽清	中国农业出版社，2008
番茄种质资源描述规范和数据标准	李锡香，杜永臣	中国农业出版社，2006
茄子种质资源描述规范和数据标准	李锡香，朱德蔚	中国农业出版社，2006
辣椒种质资源描述规范和数据标准	李锡香，张宝玺	中国农业出版社，2006
西瓜种质资源描述规范和数据标准	马双武，刘君璞	中国农业出版社，2005
甜瓜种质资源描述规范和数据标准	马双武，刘君璞	中国农业出版社，2006
苦瓜种质资源描述规范和数据标准	沈镝，李锡香	中国农业出版社，2008
黄瓜种质资源描述规范和数据标准	李锡香，朱德蔚	中国农业出版社，2005
瓠瓜种质资源描述规范和数据标准	沈镝，李锡香	中国农业出版社，2008
南瓜种质资源描述规范和数据标准	李锡香，朱德蔚	中国农业出版社，2007
丝瓜种质资源描述规范和数据标准	李国景，汪宝根	中国农业出版社，2007
冬瓜和节瓜种质资源描述规范和数据标准	王长林，沈镝	中国农业出版社，2008

续表 2-1

名称	作者	出版单位和时间
胡萝卜种质资源描述规范和数据标准	庄飞云，朱德蔚	中国农业出版社，2007
豌豆种质资源描述规范和数据标准	宗绪晓，王志刚，关建平	中国农业出版社，2005
普通菜豆种质资源描述规范和数据标准	王述民，张亚芝，魏淑红	中国农业出版社，2006
绿豆种质资源描述规范和数据标准	程须珍，王素华，王丽侠	中国农业出版社，2006
蚕豆种质资源描述规范和数据标准	宗绪晓，包世英，关建平	中国农业出版社，2006
豇豆种质资源描述规范和数据标准	王佩芝，李锡香	中国农业出版社，2006
结球甘蓝种质资源描述规范和数据标准	李锡香，方智远	中国农业出版社，2007
薹菜和菜薹种质资源描述规范和数据标准	李锡香，邱杨	中国农业出版社，2008
莴苣种质资源描述规范和数据标准	李锡香，王海平	中国农业出版社，2007
芹菜种质资源描述规范和数据标准	张德纯，单佑习	中国农业出版社，2008
菠菜种质资源描述和数据标准	王海平，李锡香	中国农业出版社，2008
姜种质资源描述规范和数据标准	李锡香，朱德蔚	中国农业出版社，2006
大蒜种质资源描述规范和数据标准	李锡香，朱德蔚	中国农业出版社，2006
韭菜种质资源描述规范和数据标准	梁燕，李锡香	中国农业出版社，2007
洋葱种质资源描述规范和数据标准	詹云，李锡香	中国农业出版社，2008
葱种质资源描述规范和数据标准	王海平，李锡香	中国农业出版社，2008
水芹种质资源描述规范和数据标准	叶元英，柯卫东	中国农业出版社，2006
茭白种质资源描述规范和数据标准	刘义满，柯卫东	中国农业出版社，2006
籽粒苋种质资源描述规范和数据标准	陆平，孙鸿良	中国农业出版社，2007
莲种质资源描述规范和数据标准	柯卫东，李峰	中国农业出版社，2005
芋种质资源描述规范和数据标准	黄新芳，柯卫东	中国农业出版社，2006
苋菜种质资源描述规范和数据标准	刘庞源，何伟明	中国农业出版社，2007
蕹菜种质资源描述规范和数据标准	刘义满，柯卫东	中国农业出版社，2006
芝麻种质资源描述规范和数据标准	张秀荣，冯祥运	中国农业出版社，2006

2　实验准备

2.1　试材

选取苹果属果树种质资源作为实验材料。

2.2　仪器与用具

相机、记录本、记号本、放大镜、台秤、角尺、卷尺、游标卡尺。

3　实验方法

选择 3～5 株果树，在不同生育阶段对所选种质资源进行动态观测，对其植物学形态特征和生物学特性进行记录。

在休眠期观测植株树体和一年生枝的特征，包括树姿、树形、树势，一年生枝长度、粗度、颜色、皮孔及茸毛数量等。对于一年生枝的观测，应观测树冠外围剪口下一年生枝条中部，每株取 4 个不同方向。

在春梢停长期观测叶片的特征，包括叶片长度、宽度、颜色、形状等。应观测树冠外围剪口下当年生春梢的中部叶片，每株选取 5～10 个春梢，每枝选 3～5 片叶。

在盛花期观测花的特征，包括每花序花朵数、花序大小、花蕾颜色、花瓣形状及相对位置等。观测树冠外围短果枝的中心花，每株观测 10 朵。

在盛果期观测果实的特征，包括单果重、果形、颜色、锈量、果形指数、果点、果肉质地等。选择树冠外围四周具有代表性的果实，每株观测 10～20 个果实。

4 结果与分析

4.1 苹果种质资源植物学特征描述

动态观察某一种质资源的植物学性状，记录在表 2-2 中，分析其与对应栽培种的植物学特征，特别是果实性状的差别。

表 2-2 苹果种质资源的植物学特征调查表

器官	性状	表达状态
树体	树姿	□抱合 □直立 □开张 □下垂
	树形	□柱形 □分枝形
	树势	□弱 □中 □强
一年生枝	长度	________ cm
	节间长度	________ cm
	粗度	________ mm
	颜色	□绿 □黄绿 □灰褐 □黄褐 □褐 □红褐 □紫褐 □紫红
	皮孔数量	□少 □中 □多
	茸毛数量	□少 □中 □多
叶	叶柄长度	________ cm
	叶片长度	________ cm
	叶片宽度	________ cm
	叶片颜色	□黄绿 □淡绿 □绿 □浓绿 □紫红
	叶尖形状	□渐尖 □钝尖 □锐尖 □长尾尖
	叶缘	□钝锯齿 □锐锯齿 □复锯齿
	叶姿	□斜向上 □水平 □斜向下
	叶面状态	□平展 □抱合 □反卷 □多皱
	幼叶颜色	□淡绿 □橘黄 □橙红 □褐红 □淡紫红

续表 2-2

器官	性状	表达状态
花	每花序花朵数	________朵
	花冠大小	________ cm
	花蕾颜色	□白 □粉红 □红 □紫红
	花瓣相对位置	□离生 □邻接 □重叠 □无序
	花瓣形状	□圆形 □卵圆形 □椭圆形
	重瓣性	□有 □无
果	果梗长度	________ cm
	果梗粗度	________ mm
	梗洼深度	□浅 □中 □深
	梗洼广狭	□狭 □中 □广
	萼片状态	□宿存 □残存 □脱落
	萼片姿态	□直立 □反卷 □聚合
	萼洼深度	□浅 □中 □深
	心室状态	□闭合 □半开 □全开
果(果实品质)	单果重	________ g
	果实形状	□近圆形 □扁圆形 □长圆形 □椭圆形 □卵圆形 □圆锥形 □短圆锥形 □长圆锥形 □圆柱形 □偏斜形
	果实底色	□淡绿 □黄绿 □绿 □绿黄 □黄白 □淡黄 □黄 □橙黄
	果面盖色	□淡红 □橙红 □粉红 □鲜红 □红 □浓红 □紫红 □褐红
	着色程度	□部分着色 □全面着色
	着色类型	□条红 □片红 □混合型
	萼洼锈量	□无 □少 □中 □多
	胴部锈量	□无 □少 □中 □多
	梗洼锈量	□无 □少 □中 □多
	蜡质	□无 □有
	果粉	□无 □有
	果面光滑度	□粗糙 □较平滑 □平滑
	棱起	□无 □有
	果形指数	________
	果点大小	□小 □中 □大
	果点密度	□疏 □中 □密
	果点状态	□凹 □平 □凸

续表 2-2

器官	性状	表达状态
果(果实品质)	果实外观综合评价	□很差 □差 □中 □好 □很好
	果肉硬度	________ kg/cm²
	果心大小	□小 □中 □大
	果肉颜色	□白 □乳白 □黄白 □淡黄 □黄 □橙黄 □绿白 □黄绿 □淡红 □血红
	果肉质地	□松软 □绵软 □松脆 □硬脆 □硬
	果肉粗细	□细 □中 □粗
	汁液	□少 □中 □多
	风味	□甘甜 □淡甜 □酸甜 □酸甜适度 □甜酸 □酸 □极酸
	香气	□无 □淡 □浓
	异味	□无 □有
	果实内质综合评价	□下 □中 □中上 □上 □极上
	可溶性固形物含量	________%
	可滴定酸含量	________%
	维生素 C 含量	________ 10^{-2} mg/g

4.2 苹果种质资源生物学特征分析

根据实际观察结果,记录在表 2-3 中,比较种质资源与对应栽培种的经济性状、生物学特性等方面的差别,讨论可用于品种改良的重要种质资源性状。

表 2-3 苹果种质资源的生物学性状调查

性状	表达状态	性状	表达状态
种子百粒重	________ g	始果年龄	________年
自花结实率	________%	丰产性	□不丰产 □丰产 □极丰产
花序坐果率	________%	花芽萌动期	____年____月____日
花朵坐果率	________%	叶芽萌动期	____年____月____日
每果台平均坐果数	________个	初花期	____年____月____日
萌芽率	________%	盛花期	____年____月____日
成枝力	□弱 □中 □强	终花期	____年____月____日
短枝率	________%	开花持续时间	________ d
连续结果能力	□弱 □中 □强	成熟期	____年____月____日
生理落果程度	□轻 □中 □重	果实发育时间	________ d
采前落果程度	□轻 □中 □重	落叶期	____年____月____日

(李天忠 编写)

实验二十四　园艺植物核心种质构建

1　引言

园艺植物核心种质是按照科学的取样方法和技术，从整个种质资源中选择一部分样本，以最少的遗传资源数量最大限度地代表整个资源群体的遗传多样性。园艺植物种质资源保存、评价、利用需要大量的人力和物力，核心种质的构建能有效提高种质资源的管理、研究和利用效率，保护携带重要基因的种质资源，防止具有重要潜在利用价值种质资源的灭绝。

"核心种质"概念于 1984 年首次提出，并逐步完善，支持这一概念的理论基础是中性突变理论和遗传多样性的分层结构模型。构建核心种质的主要目的就在于有效地解决基因库中种质资源的庞大数量与有效保存之间的矛盾，提高基因库中优异种质的利用率，促进种质资源的交流及优异基因的挖掘，实现农作物的种质创新与遗传改良。为了使核心种质能够最小程度地损失原始群体的遗传多样性，提出种质资源层次结构构建：保留种质、初级核心种质、核心种质和核心应用种质，以及"微型核心种质"概念。保留种质，即是原始群体中未包含在核心种质中的种质材料并不丢弃，而是用作核心种质的补充。初级核心种质提供丰富的遗传变异类型，能代表整个种质资源 95% 以上的多样性。核心种质可以代表整个种质资源 70%～80%的遗传多样性，并含有主要的生态与变异类型。核心应用种质则保存更少的种质量，但含有目前急需和广泛利用的优异和特殊材料，易于为生产和研究利用。微型核心种质是压缩核心种质规模，用 1% 的样品数代表整个种质资源群体的遗传多样性，因为容易损失遗传多样性，构建微型核心种质需要结合能够最大限度地保持原始群体遗传多样性的取样方法和较为敏感的遗传多样性评价参数。

构建核心种质包括数据采集整理、数据分组、样品选择和核心种质有效性检验与管理 4 个步骤。对种质资源数据进行收集、分析和整理是构建农作物核心种质的第一步，完整的种质数据应包括基本情况数据、品质鉴定数据、抗病虫及抗逆性鉴定数据等。在数据采集时，应严格按照作物种质资源描述规范和数据标准的要求进行，以便不同研究组之间结果可以交流与使用。植物形态学与农艺性状数据易于观察和获取，是传统研究方法中的主要数据，应选取必要且具有代表性的性状进行调查，并进行相应的描述及赋值。由于植物形态学性状易受季节和环境因素影响而导致部分数据失真，而分子标记能够直接反映出种质资源之间 DNA 序列水平的部分变化，不受季节和环境影响，且具有数量多、多态性高和多为共显性等特点。因此，在尽可能多地采集表型数据的同时，配合进行分子标记数据的分析，能够更准确地揭示种质资源之间的遗传亲缘关系。根据采集获得的表型和分子标记数据，将具有相似特点的种质资源依据分类学、地理起源、生态分布、遗传标记和农艺性状等数据来进行归类分组。样品选择可分为取样策略和取样比例两方面内容，应用不同的取样策略所构建的核心种质的遗传结构不尽相同。组内取样方法包括多次聚类随机取样法、多次聚类优先取样法和多次聚类偏离度取样法，取样比例一般为原始种质资源的 5%～10%。特殊种质直接选入。检验核心种质有效性评价包括对整个种质资源遗传多样性的代表性，以及生产上的实用性。利用多样性指数等检验离散性指标多样性，方差、标准差、变幅和平均数等检验连续性指标多样性，均值差异百分率愈小，方差差异百分率、极差符合率和变异系数变化率愈大，说明核心种质的代表性愈好。利用主成分分析和相关分析法分别比较核心种质与初始群体间的种质分布特征和性状间相关性，进行核心种质有效性评价。

目前，我国已完成苹果、梨、桃、黄瓜、大白菜、辣椒、梅花、菊花等多种园艺植物核心（或初级核心）种质的构建。本实验以园艺植物资源圃的某一种类资源群体为研究对象，介绍基于表型数据和简单重复序列（simple sequence repeat，SSR）分子标记的核心种质构建方法，促进学生对相关理论知识的理解，提高学生在育种实践中的应用能力。

2 实验准备

2.1 试材

选用在园艺植物资源圃的某一种类资源群体。

2.2 试剂及配制

十六烷基三甲基溴化铵（hexadecyl trimethyl ammonium bromide，CTAB）、三羟甲基氨基甲烷（trishydroxymethylaminomethane，Tris）、丙烯酰胺（acrylamide，AAM）、甲叉双丙烯酰胺（bis-acrylamide，BIS）、过硫酸铵（ammonium persulphate，APS）、四甲基乙二胺（N，N，N′，N′-tetramethylethylenediamine，TEMED）、乙二胺四乙酸（ethylene diamine tetraacetic acid，EDTA）、硼酸、氢氧化钠、三氯甲烷、乙醇、异戊醇、硝酸银、甲醛、碳酸钠等化学试剂。5×Taq DNA 聚合酶、dNTPs、10×PCR 缓冲液等 PCR 试剂。

0.5 mol/L Na_2EDTA：称取 Na_2EDTA 18.61 g，加入去离子水 80 mL，65 ℃水浴溶解，调 pH 至 8.0，加去离子水定容至 100 mL。

1 mol/L Tris-HCl：称取 Tris 12.11 g，加入去离子水 80 mL，充分溶解后，用浓盐酸调 pH 至 8.0，加去离子水定容至 100 mL。

2% CTAB：称取 CTAB 4 g、NaCl 16.364 g，加入 0.5 mol/L Na_2EDTA 溶液 8 mL 和 1 mol/L Tris-HCl 溶液 20 mL，充分溶解，加去离子水定容至 200 mL。

1×TE（Tris-EDTA）缓冲液：包含 10 mmol/L Tris-HCl 和 1 mmol/L EDTA，pH 8.0，高压灭菌，室温保存。

丙烯酰胺混合液：AAM 和 BIS 按 29∶1 混合，现配现用。

5×Tris 硼酸（TBE）缓冲液：称取 Tris 27 g、硼酸 13.75 g、EDTA 1.85 g，加入去离子水 450 mL，溶解后调 pH 至 8.0，加去离子水定容至 500 mL。

银染液：称取硝酸银 0.3 g，加入去离子水溶解并定容至 500 mL。

显影液：称取氢氧化钠 5 g，碳酸钠 0.25 g，加入甲醛 750 μL，加入去离子水溶解并定容至 500 mL。

2.3 仪器与用具

植物样品自动磨样机、PCR 仪、涡旋振荡器、高速离心机、紫外分光光度计、电泳槽、电泳仪、制胶板、凝胶成像仪、磁力搅拌器、分析天平（感量 0.001 g、0.000 1 g）、水浴锅、医用阅片灯箱等。

3 实验方法

3.1 园艺植物种质资源表型数据收集

根据本地区实际情况，收集选定的园艺植物资源，采集植株、枝条、种子等植物组织，将其种植或嫁接在园艺植物资源圃中保存。参照相应的园艺植物资源描述规范和数据标准、《植物新品种特异性、一致性和稳定性测试指南》等，进行记录，采集种质资源的形态学数据并赋值。

3.2　种质资源的分子标记分析

3.2.1　园艺植物 DNA 的提取

利用 CTAB 法提取 DNA。取幼嫩叶片 0.2 g，放在 2 mL 离心管中，冷冻在 −80 ℃冰箱中。同样冷冻磨样机的转子，待完全冷冻后，机器磨样。若手工磨样，在研钵中放入液氮，研磨样本成粉末状，置于 2 mL 离心管中。

加入 CTAB 溶液 600 μL，涡旋振荡混匀，置于 65 ℃水浴中温浴 30～60 min；加入氯仿：异戊醇(24：1)600 μL，轻缓颠倒混匀；12 000 r/min 离心 10 min；取上清液于另一个 2 mL 离心管中，加入上清液 2 倍体积的异丙醇，−20 ℃沉淀 30 min 以上；用毛细管挑出 DNA，或 12 000 r/min 离心 10 min，弃上清液；沉淀物在超净台内吹干，加入 75%乙醇漂洗 2 次；加 TE 溶液 50～100 μL 溶解 DNA。

琼脂糖电泳检测 DNA 质量，利用紫外分光光度计，测定 DNA 浓度。

3.2.2　引物设计及 PCR 扩增

查阅文献和数据库，设计某一园艺作物的 SSR 引物。

模板 DNA 浓度调整为 20～25 ng/μL。PCR 扩增反应体系为 20 μL，包括模板 DNA 2 μL、上下游引物(10 mmol/L)各 1 μL、dNTP 混合液 0.5 μL、PCR 缓冲液 3 μL 和 Taq 聚合酶 0.5 μL，双蒸水(ddH_2O)补至 20 μL。

PCR 扩增程序为：94 ℃预变性 5 min；94 ℃变性 40 s，55 ℃退火 40 s，72 ℃延伸 1 min，34 个循环；72 ℃延伸 10 min；4 ℃终止反应 5 min。

根据实际情况，优化 PCR 反应体系和扩增程度，确定适合的模板 DNA 浓度、引物用量、引物退火温度等。扩增产物若不立即电泳检测，可置于 4 ℃冰箱保存。

3.2.3　扩增产物的电泳分离

准备 8%聚丙烯酰胺凝胶溶液(丙烯酰胺混合液 10.66 mL、5×TBE 4 mL、APS 160 μL、TEMED 80 μL 和 ddH_2O 24.89 mL)40 mL。用移液器吸打混匀后灌胶，而后小心插入梳子，水平静置 30 min；待聚丙烯酰胺凝胶凝固后将梳子拨出。

用移液器吸取 PCR 产物 1 μL，加入点样孔，恒压或恒流电泳(1 板，50～60 mA，电压约 300 V；2 板，100～120 mA，电压为 300～400 V)，待溴酚蓝完全从胶内跑出时停止电泳。

电泳结束后将聚丙烯酰胺凝胶从玻璃板中取出，放入银染液中，在水平摇床银染 10 min。而后用去离子水漂洗 5～10 s，放入显影液中在水平摇床显影，直到显示出清晰的条带(数字资源 2-1)。在医用阅片灯箱上观察条带，拍照保存。最后统计分析条带，条带有无分别按 1 和 0 统计。

数字资源 2-1

SSR 电泳检测技术

3.3　取样方法

以样本数量大，取样比例小，样本数量小，取样比例大为原则，从全部种质中抽取核心种质。其中，每一组抽取样本应在该组中均匀分布，且确保每一组中的各个小组均能抽取样本；特殊样本或者极端样本采取全部保留的策略，以确保抽取的核心种质的代表性。

3.4 数据分析

质量性状按照相应的种质资源调查及评价标准进行赋值；数量性状依平均值 μ 和标准差 δ 质量化处理，10 级分类，1 级 $<\mu-2\delta$，10 级 $\geq \mu+2\delta$，每级相差 0.5δ，统计各性状的最小值、最大值、平均值、标准差和变异系数（$CV=\delta/\mu \times 100\%$），分析各性状的变异幅度。

遗传多样性指数 $H'=\sum(P_i)(\ln P_i)$，式中 P_i 为某性状的第 i 个级别的材料数占总材料数的百分比。利用 SPSS 软件计算表型性状数据各个种质间的欧氏距离，并将欧氏距离矩阵导入 MEGA11 软件得到表型性状 NJ (neighbor-joining)聚类结果，并绘制聚类图。

按照 PowerMarker V3.25 软件要求的格式，在 Excel 表格中将读取的 SSR 原始“bp 值型”数据转换成 powermarker 格式，缺失的数据赋值为“0”，计算遗传多样性指标参数，包括等位基因数量（*N*a）、有效等位基因数（*N*e）、观测杂合度（*H*o）、期望杂合度（*H*e）、多态信息含量（PIC）。利用 NTSYSpc 2.10 软件对 SSR 分子标记数据进行处理，得到 SSR 分子标记的 Nei's 距离矩阵，将 Nei's 距离矩阵导入 MEGA11 软件得到表型性状 NJ 聚类结果，并绘制聚类图。

将形态学指标与 SSR 分子标记所建立的 0 与 1 二元数据矩阵位点做同一处理，10 个等级记作 10 条带，有带记为“1”，无带记为“0”，与 SSR 分子标记的结果一起建立原始数据矩阵。采用位点优先取样策略，根据 Nei's 遗传距离，对原始种质进行多次 PUGMA 聚类构建核心种质。

利用 Origin 2021 软件绘制各表型性状的频率分布图以及表型性状和 SSR 分子标记的主成分(PCA)分布图。

4 结果与分析

4.1 园艺作物种质资源数据的收集与整理

选取本地常见的一种园艺作物，进行数据收集与整理，记录在表 2-4 中。根据其种质资源描述规范和数据标准以及 DUS 测试指南对质量性状赋值，对数量性状进行分级，统计遗传变异率及分布频率，记录在表 2-5 和表 2-6 中。

表 2-4 园艺植物种质资源收集表

<table>
<tr><td>样品编号</td><td colspan="2"></td><td colspan="2">日期</td><td>年　月　日</td></tr>
<tr><td>普查单位</td><td colspan="2"></td><td colspan="2">填表人及电话</td><td></td></tr>
<tr><td>地点</td><td colspan="5">省　市　县　乡(镇)　村</td></tr>
<tr><td>经度</td><td></td><td>纬度</td><td></td><td>海拔</td><td></td></tr>
<tr><td>作物名称</td><td colspan="2"></td><td colspan="2">种质名称</td><td></td></tr>
<tr><td>科名</td><td colspan="2"></td><td colspan="2">属名</td><td></td></tr>
<tr><td>种名</td><td colspan="2"></td><td colspan="2">学名</td><td></td></tr>
<tr><td>种质类型</td><td colspan="5">□地方品种 □选育品种 □野生资源 □其他</td></tr>
<tr><td>种质来源</td><td colspan="5">□当地　□外地　□外国</td></tr>
<tr><td>生长习性</td><td colspan="2">□一年生 □多年生 □越年生</td><td colspan="2">繁殖习性</td><td>□有性□无性</td></tr>
<tr><td>播种期</td><td colspan="2">( )月 □上旬□中旬 □下旬</td><td colspan="2">收获期</td><td>( )月 □上旬 □中旬 □下旬</td></tr>
</table>

续表 2-4

主要特性	□高产 □优质 □抗病 □抗虫 □耐盐碱 □抗旱 □广适 □耐寒 □耐热 □耐涝 □耐贫瘠 □其他		
其他特性			
种质用途	□食用 □饲用 □保健药用□加工原料 □其他		
利用部位	□种子(果实) □根 □茎 □叶□花 □其他		
种质分布	□广 □窄	种质群落（野生）	□群生 □散生
生态类型	□农田 □森林 □草地 □荒漠 □湖泊 □湿地□海湾		
气候带	□热带 □亚热带 □暖温带 □温带 □寒温带 □寒带		
地形	□平原 □山地 □丘陵 □盆地 □高原		
土壤类型	□盐碱土 □红壤 □黄壤 □棕壤 □褐土 □黑土 □黑钙土 □栗钙土 □漠土 □沼泽土 □高山土 □其他		
采集方式	□农户搜集□田间采集 □野外采集 □市场购买 □其他		
采集部位	□种子□植株 □种茎 □块根 □果实 □其他		
样品数量	( )粒 ( )g ( )个/条/株		
样品照片			
是否采集标本	□是 □否		
提供人	姓名： 性别： 民族： 年龄： 联系电话：		
备注			

表 2-5 园艺植物种质资源质量性状遗传多样性分析

质量性状	遗传多样性指数	分布频率								
		0	1	2	3	4	5	6	7	8
叶色										
⋮										

注：0～8 代表各质量性状的赋值，如叶色：1. 黄绿；2. 浅绿；3. 绿；4. 深绿；5. 红色

表 2-6 园艺植物种质资源数量性状遗传多样性分析

数量性状	平均值	最大值	最小值	标准差	变异系数	遗传多样性指数 H'
单果重						
果实纵径						
果实横径						
可溶性固形物含量						
⋮						

4.2 基于表型性状的聚类分析

对所采集的质量性状和数量性状进行主成分分析，确定可以代表种质资源特性的表型性状。基于筛选出的表型性状，将所收集的种质资源进行聚类分析，以欧氏距离为分类依据，分析种质资源的分组情况，每组材料数量及占比。

4.3 基于 SSR 分子标记的聚类分析

基于 SSR 分子标记对全部种质进行聚类分析，以 Nei's 距离为依据，分析种质资源的分组情况，每组材料数量及占比。

4.4 园艺植物核心种质的构建

基于聚类分析结果，以表型性状和 SSR 分子标记将全部种质分组，按比例从每组抽样，记录在表 2-7 中。结合抽取样本的结果，将 2 组样本共有的品种只保留 1 份，不是共有样本的品种全部保留，最终获得核心种质。

表 2-7 基于表型性状和 SSR 标记的种质抽样结果

类别	分组	样本量	抽样比例/%	抽取样本数
表型性状	1	1	100	1
	2			
	3			
	⋮			
SSR 标记	1			
	2			
	3			
	⋮			

4.5 园艺作物核心种质评价

比较全部种质与核心种质的表型性状频率分布图，分析遗传多样性指数和变异指数。讨论核心种质样本是否有效地去除了全部种质中的遗传冗余，并保留了其遗传多样性。

对比全部种质与核心种质的 SSR 分子标记的等位基因数、平均有效等位基因数、Nei's 遗传多样性指数以及多态性位点百分率，比较核心种质与全部种质的遗传多样性。

利用主成分分布图，对比分析全部种质和核心种质的样本分布情况。讨论核心种质是否保留了全部种质的遗传多样性和群体结构，确保核心种质的有效性和代表性。

（李天忠　编写）

实验二十五　园艺植物种质资源多样性评价

1 引言

生物多样性是指地球上全部陆地、海洋和水生生物所拥有的基因、细胞、种群、物种乃至多种生态系统的总称，包括遗传多样性、物种多样性和生态系统多样性。遗传多样性是生物多样性的基础，任何一个物种都具有独特的基因库和遗传结构，同时在不同的个体间往往也存在着丰富的遗传变异，这些统统构成了生物的遗传多样性。研究遗传多样性对了解园艺植物种质资源的遗传背景、个体间的亲缘关系以及确定种质资源未来开发和利用的方向，都具有非常重要的意义。

遗传多样性的检测方法从形态学水平、细胞学（染色体）水平、生理生化水平逐步发展到了目前的分子水平，每种方法或在理论上或在实际应用中存在着一定的局限性，需综合运用。DNA 分子标记指直接反映 DNA 核苷酸序列多态性的 DNA 标记。简单重复序列（SSR）标记是目前应用最广泛的 DNA 分子标记技术，锚定植物中广泛存在的 SSR（多由 2～6 个核苷酸为一个基本单元的串联重复序列）或微卫星 DNA。SSR 基本单元（如 AC、GA、AAG、AAT 等）的重复次数在同一物种不同基因型间差异很大，但 SSR 两侧却是高度保守的单拷贝序列，因此根据某一特定 SSR 两侧序列设计一对引物，利用 PCR 技术对 SSR 本身进行特异性扩增，经聚丙烯酰胺凝胶电泳分离。DNA 条带的多态性来反映模板 DNA 序列的多态性，扩增片段长短的变化可以显示该物种不同基因型 DNA 在每个 SSR 位点上的多态性。SSR 标记重复性好、多态性高、均匀覆盖整个基因组，是一个共显性标记，可用于种质资源亲缘关系分析、遗传图谱构建和分子标记辅助育种。

本实验采用 SSR 标记分析技术，进行园艺作物种质资源多样性评价，对学生进行分子生物技术训练，促进学生对分子生物技术育种的理论认识和实际操作能力。

2　实验准备

2.1　试材

结合实际情况，选择一种园艺作物。

2.2　试剂及配制

DNA 提取试剂如液氮、CTAB、Tris-HCl、EDTA、NaCl、氯仿、异戊醇、异丙醇、乙醇、RNase、双蒸水，PCR 扩增试剂如 dNTPs、Taq 酶、缓冲液（Mg^{2+}）、20 对 SSR 引物、无菌双蒸水，制胶及染色试剂包括琼脂糖、Tris、EDTA、乙酸、硼酸、乙醇、丙烯酰胺、甲叉双丙烯酰胺、过硫酸铵、四甲基乙二胺、$AgNO_3$、硫代硫酸钠、氢氧化钠、加样缓冲液等。试剂配制方法参见实验二十四 2.2。

2.3　仪器与用具

分析天平（感量 0.001 g、0.000 1 g）、微量紫外分光光度计、PCR 仪、电泳仪、电泳槽、凝胶成像仪、离心机等仪器，冰盒、离心管、PCR 板、移液器等用具。

3　实验方法

3.1　材料准备

对收集到的某一园艺植物种质资源，依据关键植物学性状的数据，把亲缘关系较远的材料挑选出来，构成核心种质。将核心种质的种子进行穴盘育苗，培养至 2～3 片真叶时，每个核心种质混合采集 6 株幼苗的幼叶鲜样，液氮速冻，－80 ℃冻存备用。

3.2　基因组 DNA 提取及浓度测定

采用 CTAB 法提取基因组 DNA，具体操作参见实验二十四 3.2.1。

3.3 引物设计

设计 20 对正反向引物，引物序列主要来源于基因组数据库、重测序信息、文献资料等，由公司合成。

3.4 PCR 扩增及 PAGE 凝胶检测

PCR 扩增体系参见实验二十四 3.2.2。不同 DNA 模板要求 $MgCl_2$ 浓度有所不同，不同引物的退火温度可能不同，需要优化。

3.5 遗传多样性分析

在相同迁移率位置上，有带记作"1"，无带记作"0"，只记载清晰易辨的扩增带，构成 1、0 数据矩阵；在 1、0 数据矩阵的基础上，统计每对引物扩增出的总带数和其中的多态性带数，计算多态性带的百分比。

依据 1、0 数据矩阵，在 NTSYS-pc Version 统计分析软件系统中，按 Jaccard 相似系数法求得种质 i 和 j 之间的遗传相似系数 GS_{ij}，构成遗传相似系数矩阵。

$$GS_{ij}=1-a/(a+b+c)$$

其中：a，材料 i 和 j 共有的扩增带数目；b，材料 i 有而材料 j 缺失的扩增带数目；c，材料 j 有而材料 i 缺失的扩增带数目。根据遗传相似系数矩阵，按非加权配对法（UPGMA）进行 SAHN 聚类分析，得到聚类图。

4 结果与分析

4.1 SSR 引物筛选及多态性分析

选用 3～4 份具有代表性的种质，进行 20 对 SSR 引物的多态性筛选，从中筛出 5～10 对多态性较好的引物。依据表 2-8 统计 PCR 扩增结果，分析 SSR 引物的多态性。

表 2-8 SSR 引物的多态性分析

引物编号	扩增位点总数	多态性位点数	多态性比率
1			
2			
⋮			

4.2 园艺作物遗传相似系数分析

对 PCR 扩增结果用 Jaccard 遗传相似系数（GS）计算方法，得到供试种质的遗传相似系数矩阵，根据遗传相似系数描述供试材料的亲缘关系。

4.3 园艺作物遗传多样性分析

根据 5～10 对 SSR 引物对供试种质的基因组 DNA 扩增结果，通过 NTSYS 软件把供试种质聚类，并划分类群，描述同一类群的典型特征，探讨影响种质资源多样性评价的关键因素。

（张　静　编写）

实验二十六　园艺植物引种计划制订

1　引言

因为人类的某种需要，把植物从一个地区迁移到另一个新地区叫作引种。园艺植物引种主要是将所需的品种等种质资源从原有分布地区引入新的地区进行栽种，通过试验鉴定，选择其优良者繁殖并推广。引种材料可以是直接用于生产的种子种苗或用于育种的目的遗传资源。针对不同植物制订相应的引种计划，对成功引种至关重要。

园艺植物引入新地区后会有两种反应：一种是由于原分布区和引入地区的自然环境条件差异较小或引种植物适应性较强，植物不需要改变其遗传性就能适应并正常地生长发育和开花结果，称为简单引种或自然驯化，可引入无性繁殖材料。另一种是原分布区和引种地区的自然环境条件差异较大，或由于引种植物的适应性较弱，只有通过改变其遗传特性才能适应新的环境，称为驯化引种，需要引入种子、实生苗、花粉等材料。引种驯化受植物遗传性、变异性和气候土壤等自然生态因素影响。植物表现型（简称表型）是基因型与环境相互作用的结果，即$G+E=P$，在引种驯化中，P 代表引种效果，G 表示植物适应性的宽窄（大小），E 指原产地与引种地生态环境的差异。因为地球上没有任何两地的环境条件完全相同，E 是一个变数，但这种环境条件的差异可以度量，可以把 E 作为定数，因此，G 是决定引种效果 P 的关键因素。引种驯化的遗传学原理就在于植物对环境条件的适应性的大小及其遗传。

引种驯化的生态学原理主要有气候相似论、主导生态因子和生态历史分析法。德国林学家 H. M. Mayr 教授在《欧洲外来园艺树木》(1906)和《在自然历史基础上的林木培育》(1909)两本著作中，提出“气候相似论”观点，即“木本植物引种成功的最大可能性是树种原产地和新栽培区气候条件相似”，强调综合的生态条件。“主导生态因子”认为，园艺植物生长发育的限制因子即是主导生态因子，如温度（冬季低温、夏季高温、生长积温）、光照（光照时数和光周期）、水分（降水量和季节性分布）、土壤（酸碱性和含盐量）、共生环境（菌根、传粉介体）等，分析和确定主导生态因子对于园艺植物引种成败起关键的作用。例如，冬季极限低温及持续时间是南树北引和越冬蔬菜的限制因子，夏季高温是北树南引和喜冷凉蔬菜的限制因子，冬温过高限制北树南移，生长积温不足是喜温蔬菜和积温需求量高的果树花木引种的限制因子。“气候相似论”和“主导生态因子”都是基于现时的生态条件及植物的适应性，“生态历史分析法”考虑到植物的历史变迁。现有植物的分布区并非其历史上分布区的全部，植物对现有生态环境的适应，也不能代表其适应性的全部。在进化长河中，植物经历的每一步都会在基因型上打下“烙印”并传递给后代，获得对新生态环境的适应性，或是激发出其潜在适应性。因此，制订引种计划需要综合考虑植物适应性、现时生态条件和历史生态条件，引入基因型杂合度高的材料，并向心引种（即将材料从距离起源中心远的地方向着起源中心方向引种）。此外，为避免病虫害的传播，引种时要严格检疫、消毒并建立 1 年的隔离种植圃进行观察鉴定，发现危险性病虫害立即封锁销毁。

本实验以不同级别的园艺植物种质资源圃、生产园等为调研对象，对拟引种植物的信息收集、引种可行性分析等环节进行实训，使学生掌握园艺植物引种相关的理论知识和基本方法，培养学生理论结合实践的能力。

2 实验准备

2.1 试材

国家和省级种质资源圃、植物园，高校和研究单位的育种圃、品种园，公司及私营农场的品种园、生产园等所拥有的品种和资源材料。

2.2 仪器与用具

记录本、铅笔、签字笔、照相机、各种记录表格。

3 实验方法

3.1 引种必要性分析

(1)收集引种植物相关的分布、经济栽培、生物学特性及系统发育历史等方面的相关资料。

(2)收集引种植物本身的食用价值、观赏价值、生态作用等资料，预测未来社会发展需要的迫切程度和经济、社会、环境效益。

3.2 引种可行性分析

(1)收集引种植物原产地的地理、气候、土壤、植被组成等资料。

(2)收集引入地的地理、气候、土壤、植被组成等资料。

(3)根据收集的资料，分析对比原产地和引入地环境条件的相似程度。找出引种的限制因子，论证引种成功的可能性。

(4)收集引种植物的近缘种类、品种成功引种的经验，确定适宜的采引地、采种方式、引种材料、引种数量和引种的时间。

3.3 引种材料栽培计划

根据引入地的经济发展及栽培管理水平，拟定出相应的引种(驯化)栽培技术或使可能性成为现实的关键措施。

4 结果与分析

4.1 引种植物的数据采集与分析

根据实际需求，选择某一引种作物，做好引种材料档案登记(表 2-9)。分析拟引种植物的植物学特性、生长发育特性(对温度、光照、水分、土壤、共生环境的需求)和潜在的适应性。

表 2-9 园艺植物引种材料登记表

编号		
材料	名称、学名、俗名、别名	
来源	原产地	
	谱系关系	
	品种的育成单位	
引种材料的类别		

续表 2-9

<table>
<tr><td>引种数量</td><td colspan="2"></td></tr>
<tr><td>处理措施</td><td>检疫、消毒等</td><td></td></tr>
<tr><td rowspan="6">基本形态学特征</td><td>植株</td><td></td></tr>
<tr><td>枝(茎)</td><td></td></tr>
<tr><td>叶</td><td></td></tr>
<tr><td>花</td><td></td></tr>
<tr><td>果</td><td></td></tr>
<tr><td>种子</td><td></td></tr>
<tr><td>主要物候期</td><td colspan="2"></td></tr>
<tr><td>主要经济性状</td><td colspan="2"></td></tr>
<tr><td>产量</td><td colspan="2"></td></tr>
<tr><td>品质</td><td colspan="2"></td></tr>
<tr><td>适合的主要用途</td><td colspan="2"></td></tr>
<tr><td>抗逆性</td><td colspan="2"></td></tr>
<tr><td rowspan="7">原产地的自然条件</td><td>纬度、海拔</td><td></td></tr>
<tr><td>植被组成</td><td></td></tr>
<tr><td>温度(生长积温、冬季低温、夏季高温、最高月平均温度、最低月平均温度、需冷温度)</td><td></td></tr>
<tr><td>降水量(年总降水量、月分布)</td><td></td></tr>
<tr><td>光照</td><td></td></tr>
<tr><td>土壤(质地、pH)</td><td></td></tr>
<tr><td>有无灾害性天气</td><td></td></tr>
<tr><td>栽培技术</td><td>在原产地的主要技术特点</td><td></td></tr>
<tr><td>原产地表现</td><td>主要优缺点</td><td></td></tr>
</table>

4.2 园艺植物个案引种计划的制订

根据收集的信息，对选定的引种植物做引种必要性和可行性分析，并制订相应的引种栽培措施，讨论影响引种成败的主要因素。

（李天忠 编写）

第二节 园艺作物品种改良技术

实验二十七 园艺植物花粉采集、贮藏及生活力测定

1 引言

花粉是高等植物的雄配子体，在有性繁殖中传递着雄性遗传物质。花粉质量影响植物授粉受精，了解花粉采集、贮藏及生活力测定的常用方法，有助于园艺植物遗传育种、进化分析、生殖发育、蜂群培育和人工授粉等工作顺利进行。

采集花粉的时间要与花药开裂的时间相适应，花药开裂的时期主要取决于物种的遗传特性。在初花期，选择大蕾期花朵，此时花蕾膨大但尚未开放，形似铃铛，是加工花粉的最佳时期。如果采花过早，花粉粒尚未发育成熟，不利于授粉受精；采花过晚，花药已经散粉，不利于采集花粉且存在外来花粉混杂情况。采花应在天气干燥的上午，花朵上无露水时进行，否则会影响花药的晾晒。'虞美人'在上午 5:30—10:00、野蔷薇和蔷薇在上午 6:30—10:00、苹果在上午 8:00—10:00 时为最佳采集花粉时期。外界环境中温度、湿度和光照影响花粉生活力，温度过高或过低不利于花粉成熟，会降低花粉生活力。低温高湿抑制花药开裂，缺水、缺硼会降低花粉生活力。光照减弱，光周期不正常，直接影响花药中贮糖量的减少，使花粉生活力降低。紫外线照射可降低植物花粉生活力，但风媒花的花粉耐紫外线能力特别强。杀虫、杀菌剂和 SO_2 等工业废气污染影响花粉生活力，因而采集花粉要尽量避开环境污染的地区，采粉用的器具要干净清洁。

花朵采集后剥离出花药，在散光、弱光或黑暗下干燥，散出花粉。大多数果树花粉置于室温 20～25 ℃条件下自然阴干 2 d 以上，烘箱中 25～28 ℃约需要 36 h 散粉，提高温度可以缩短散粉时间，但损失花粉发芽率。切勿在阳光下暴晒花粉。花粉含水量是影响花粉寿命的主要因素之一，成熟花粉的含水量一般在 20%～50%，花粉生活力随着含水量下降而下降。因此，花粉干燥既要将含水量降低，又要保证花粉具有较高的萌发率。适当干燥处理，降低花粉含水量，如苹果等花粉含水量 10%左右，低温(－20 ℃、－40 ℃)保存优于 4 ℃。花粉含水量是决定超低温保存(－80 ℃或液氮中)能否成功的关键。

本实验以果树材料为例，通过对花粉采集、贮藏及生活力测定等环节实训，使学生掌握相关的理论知识和操作技术。

2 实验准备

2.1 试材

选择本地常见的果树品种，如苹果、梨、桃、樱桃等。

2.2 试剂及配制

试剂：蔗糖、硼酸、琼脂、荧光素双醋酸酯(fluorescein diacetate，FDA)、丙酮、伊文思蓝(Evans blue)。

花粉培养基：分别称取蔗糖 10 g、硼酸 0.01 g 倒入三角瓶中，量取去离子水 100 mL，倒入三角瓶，混匀后封口膜密封，备用。若是固体培养基，添加琼脂 10 g，现配现用。

伊文思蓝母液：称取伊文思蓝黑色粉末 0.25 g，放入锥形瓶中，用无菌水定容至 100 mL，贮存于 4 ℃冰箱中，备用。

FDA 母液：将 FDA 用丙酮溶解，配成 0.1%的母液，4 ℃黑暗条件下贮存备用。

2.3 仪器与用具

烘箱、冰箱、超低温冰箱、分析天平（感量 0.001 g）、水分测定仪、蓝光光学显微镜、光学显微镜等仪器，计数器、培养皿、硫酸纸、凹载玻片、盖玻片、称量盒、西林瓶等用具。

3 实验方法

3.1 花粉采集加工

以'富士'苹果为例，选择大蕾期（铃铛花）花朵，田间采集，装入干燥透气的牛皮纸袋中，带回室内。去掉花瓣、花丝，只留下花药，也可以把两花的花心相对摩擦，使花药掉落，收集在干净的白纸上。若是大量收集花粉，可将花朵放在 0.25 cm 孔径的筛子上，下面放大白纸，手轻揉花朵，花药即漏落在白纸上（数字资源 2-2）。

数字资源 2-2

苹果花粉收集保存

在室温条件下，通风干燥阴干约 2 d，花粉自然散出。为加速散粉，可在花药上方 15 cm 高度做一支撑物，覆盖遮阳，放在太阳下面晾晒；或用白炽灯照射，温度控制在 20～25 ℃，切勿将花粉直接暴露在太阳或白炽灯下面。将花药置于烘箱中烘干，温度控制在 25～28 ℃，随时检查花药干燥状态，直至花粉散出。苹果、梨等花粉大约需要 36 h，樱桃、桃等大约需要 24 h。将散粉后的花粉装入小西林瓶，放入干燥剂（变色硅胶），密封，备用。

3.2 花粉含水量测定

称取 2～10 g 新鲜花粉，采用水分测定仪测定花粉含水量。

3.3 花粉贮藏处理

将密封的新鲜花粉分别放置在 4 ℃、－20 ℃、－40 ℃和－80 ℃冰箱中保存，每 3 个月检测一次花粉活性。

3.4 花粉生活力测定

3.4.1 伊文思蓝染色法

用无菌水将伊文思蓝母液稀释成浓度为 0.025%的染液。取花粉悬浮液置于载玻片上，滴加染液 2～3 滴，充分混匀后室温下静置染色 5～6 min，显微镜下观察计数（有生活力的花粉不被染色，失去生活力的花粉被染成蓝色）。

每个载玻片观察 3 个视野，取平均值作为花粉的生活力值。观察 5～10 个载玻片，花粉观察数总量不少于 100 个。

$$花粉生活力 = 视野内没有被染色花粉个数/视野内总花粉数 \times 100\%$$

3.4.2 FDA 染色法

用 75%乙醇清洗载玻片，取花粉悬浮液 1 mL，加入 FDA 母液 0.1 mL，滴在载玻片上，盖上盖玻片上，室温黑暗条件下染色 5 min，置于蓝光光学显微镜下观察是否有荧光。观察方法同上。

3.4.3 离体培养法

将配制的琼脂培养基加热后，取 200 μL 滴在载玻片，待培养基冷凝后，用牙签蘸取花粉，并在培养基上方轻轻抖动牙签，使花粉均匀铺在培养基表面。将载玻片架空放置在培养皿中，底部滴水保湿，封闭平皿，放置到 25～28 ℃的培养箱中，120 min 后观察花粉的萌发情况。将花粉管萌发长度超过花粉直径的花粉粒认定为正常萌发。观察方法同上。

3.5 数据统计分析

数据采用 Excel 和 SPSS 进行数据统计和差异显著性分析。数据以平均值(±标准差)表示，$P<0.05$ 表示差异显著，$P<0.01$ 表示差异极显著。

4 结果与分析

4.1 不同果树品种花粉发芽率分析

选择本地区常见的果树树种、品种，采集花粉，测定新鲜花药及烘干后的干燥花粉含水量、花粉发芽率，记录在表 2-10 中。比较不同花粉生活力的差异性，探讨如何获得高质量的花粉。

表 2-10　不同果树品种花粉发芽率分析

品种	花粉含水量/%		花粉发芽率/%			
	新鲜花药	干燥花粉	视野 1	视野 2	视野 3	平均值
苹果						
梨						
桃						
⋮						

4.2 花粉生活力不同检测方法评价

以新采集的干燥花粉为试材，利用不同方法检测花粉生活力，计算花粉生活力，拍照并记录在表 2-11 中，分析各方法优缺点。

表 2-11　花粉生活力不同检测方法比较

方法	视野 1	视野 2	视野 3	平均值	照片
伊文思蓝染色					
FDA 染色法					
离体培养法					

4.3 不同贮藏方式对果树花粉活性的影响

以不同品种的花粉为试材，分别测定在 4 ℃、−20 ℃、−40 ℃和−80 ℃贮藏条件下花粉的发芽率，以新采集的干燥花粉发芽率为对照，分析贮藏温度及时间对花粉生活力的影响(表 2-12)。讨论花粉含水量对花粉生活力的影响，分析适宜低温贮藏的花粉含水量。

表 2-12　低温贮藏对花粉生活力的影响

贮藏条件/℃	花粉发芽率/%			
	3 个月	6 个月	9 个月	12 个月
4				
−20				
−40				
−80				

（李　威　编写）

实验二十八　园艺植物有性杂交技术

1　引言

有性杂交育种是根据选育目标，通过人工杂交的手段，把分散在不同亲本上的优良性状组合到杂种中，再从其后代中获得遗传性相对稳定、有栽培利用价值的新品种的一种育种途径。它是培育园艺植物新品种和进行种质资源创新的重要手段。有性杂交育种的遗传学基础是基因重组，杂交的目的在于获得基因重组所产生的优良性状。通过基因重组，可以获得以下遗传效果：综合亲本的优良性状；改善基因位点间的合作关系，产生新的性状；打破不利基因的连锁关系。

有性杂交育种根据植物繁殖习性、育种程序、育成品种的类别不同，可分为常规杂交育种（包括回交）、优势杂交育种和营养系杂交育种。常规杂交育种和优势杂交育种都适用于有性繁殖的植物，而营养系杂交育种适用于绝大多数果树、花木以及无性繁殖的蔬菜，杂交亲本须为可正常结实的无性繁殖植物。根据杂交亲本亲缘关系的远近，可分为近缘杂交和远缘杂交。近缘杂交一般指不存在杂交障碍的同一物种内不同品种或变种之间的杂交。远缘杂交通常指植物分类学上不同种、属以上类型间的杂交。近缘杂交的亲本在遗传、形态、生理上基本特点相似，因而容易杂交，而远缘杂交时由于生殖隔离的影响，亲本不仅在形态、生理上存在显著差异，而且在遗传组成和细胞结构上也存在很大差别，有性杂交难度增大。根据亲本数量，可分为两亲杂交和多亲杂交。两亲杂交的方式简便，杂种的变异易于控制，是有性杂交育种中最常用的方式。多亲杂交可以综合多个亲本的优良性状，杂种后代的遗传基础广泛，有可能育成多抗性且适应性更广的高级品种。

有性杂交育种可应用于不同授粉方式和繁殖方式的园艺植物。自花授粉植物、常异花授粉植物、异花授粉植物和无性繁殖作物都可以采用有性杂交技术，获得杂交后代，选育出新的品种。有性杂交育种的基本程序包括杂交亲本的选择与选配、有性杂交、杂种后代的培育和选择、优系区试以及新品种审定。

本实验以苹果、黄瓜为试材，了解不同园艺作物的花器结构特点、开花习性，通过有性杂交的实际操作，促进学生对有性杂交育种中基因重组理论的理解，掌握园艺植物的有性杂交技术。

2 实验准备

2.1 试材

以苹果、黄瓜不同品种的植株为材料。

2.2 试剂、仪器与用具

试剂:70% 乙醇。

仪器与用具:冰箱、镊子、小剪刀、纸袋、橡皮头铅笔、标签、回形针或细铁丝或订书机、离心管、棉花、培养皿、塑料夹子、尼龙编织袋、竹编晒具等。

3 实验方法

3.1 苹果有性杂交

数字资源 2-3

苹果有性杂交

采集父本铃铛期花朵剥取花药,花粉散出后收集花粉→选择母本铃铛期花朵去雄后套袋,挂牌标记→授粉(蘸取花粉轻轻涂抹柱头)→套袋并标记→1 周左右后去袋→第二次生理落果后调查坐果率→杂交果成熟后采收果实→剥取杂交种子,晾干后保存。操作技术过程见数字资源 2-3。

3.1.1 花粉采集与保存

苹果伞房花序,子房下位,每花序多数 5～6 朵花。开花坐果要求平均气温 15～20 ℃和日照良好,花期 7～14 d,一个花序花期约 7 d,中心花先开,一朵花开谢期 3～6 d。花药于开花后 1 d 左右开绽,一朵花内的花药约 4 d 全部萎蔫。雌蕊自开花后可生存 2～5 d,柱头分泌液以开花的前后 1 d 分泌最多,为授粉最佳时期,开花后第 3 天减少,柱头开始变褐。开花先后依次为短果枝、中果枝、长果枝,最后是腋花芽。

花粉采集可在开花前 1～2 d 进行,将父本大花蕾期(铃铛花)的花蕾采下,带回室内。放在光滑的纸上,取下花药,去除杂质,将装有花药的光滑纸铺于培养皿内,标明花粉名称和采集时间,置于室内向阳处或者约 25 ℃恒温箱中,等待散粉。待花药开裂,散出黄色花粉后,将其装入适宜大小的离心管中,盖上盖子,标明花粉名称和采集时间,将花粉试管放入干燥、低温、黑暗环境中保存,如 4 ℃冰箱中。若是长期保存,干燥花粉可冻藏在－20 ℃ 以下冰箱中,花粉活性损伤小,可以满足翌年授粉需求。授粉前应测定花粉萌发率,以保证授粉坐果。

采集花粉过程中,如果品种不同,则需要用 70%乙醇擦洗接触过花粉的手指、用具,以免花粉混杂而导致杂交亲本错误。

3.1.2 去雄和套袋

同一个杂交组合选择 3～5 株树或 3～5 个枝组,选择树冠外围短果枝上的花序 50 个以上,每花序留 2 朵花。每株树或每个枝组为一个生物学重复,每个重复杂交至少 30 朵花。

通常,在授粉杂交前 1～2 d,选择膨大的花蕾,用镊子或者小剪刀去除雄蕊的花药,也可将花冠和雄蕊一起去除,但不能损伤柱头、花柱和子房。去雄时间以上午 8:00 前或者下午 4:00 以后为宜,空气中飘散的花粉较少,避免花粉混杂。注意去雄后要检查,确保不遗留花药,并立即套纸袋,用回形针或细铁丝扎紧袋口,或用订书针钉紧袋口,挂上标签,标明序号、品种和去雄日期。如果父本比母本花期稍早，不需要提前去雄和套袋，而在授粉当天先去雄后授粉，再套袋。

3.1.3　人工授粉

去雄后 1～2 d，当柱头分泌黏液时，即为授粉适宜时期。用铅笔的橡皮头蘸取花粉，轻轻点授于已去雄的雌蕊柱头上。为了提高授粉效率，也可以采取蕾期授粉的方法，即在花药未开裂、花药未散粉前的大花蕾期，去雄后立即进行授粉，随后套纸袋，同时，去除同一枝上的非杂交花。授粉后挂牌，标明杂交组合和授粉日期。

3.1.4　去袋和坐果率调查

授粉后 1 周左右，当母本柱头已经干枯变色，就可以去除纸袋，进行杂交坐果情况的第一次调查，标记杂交果或者其着生的枝。在第二次生理落果(5 月下旬至 6 月初)后，进行杂交坐果情况的第二次调查。

3.1.5　杂交果实采收和种子采集

在果实即将成熟时，进行成熟度的调查。当杂交果实充分成熟时，连同标签及时采收，标记采收日期。将杂交果置于冷凉处进行后熟，可提高种子的生活力。后熟 1 个月左右时，围绕果心小心横切分开杂交果实，取出杂交种子，于纸上或容器中自然晾干后收集种子，自然条件下存放，或置于冰箱 4 ℃中保存。

3.2　黄瓜有性杂交

采集即将开放的父本雄花，去除花冠→授粉(将父本雄花的雄蕊在母本雌蕊上轻轻涂抹)→用夹子轻轻夹住雌花花冠，并挂牌标记→1 周后调查坐果情况→杂交瓜成熟时采收，淘洗杂交种子，晾干后保存。操作技术过程见数字资源 2-4。

数字资源 2-4

黄瓜有性杂交

3.2.1　花粉采集与保存

黄瓜一般为雌雄同株异花，雌花子房下位，雄蕊退化，花柱短，柱头肥大呈多瓣状。雄花没有子房，雄蕊 5 枚，花丝较短，花粉黄白色。黄瓜在早晨温度 16 ℃左右时开放，晴天时开放延迟。通常开花当天散粉，最适温度 18～22 ℃，但天气不好则开花后 1 d 也不散粉。开花散粉后 1 h 内花粉活性最强，20～27 ℃时花粉保持高度的生活力，超过 35 ℃花粉死亡。黄瓜雌花开花后寿命可持续 48 h，但雄花凋萎快，尤其在炎热的夏季，下午就凋萎，授粉力极低。开花次序通常为主茎下部叶腋间雄花先开放，由下而上，由主枝到侧枝，逐渐遍及全株；雌花则多在雄花开放后才开花。

采集雄花：选择优良单株，在杂交当日早晨，把父本植株上当日开放的雄花采下，放入纸袋内备用，或者在杂交前一天傍晚，采摘第 2 天将开放的雄花蕾，放在纸袋中备用。也可在授粉时摘父本的雄花，直接用于授粉。

3.2.2　人工授粉

同一杂交组合随机选择优良单株 30 株，每 10 株为一个生物学重复，重复 3 次。每株选择适宜节位的雌花 2～3 朵授粉，每个杂交组合授粉花朵总数 60 朵以上。

一般而言，第一雌花通常发育不良，后期容易引起烂瓜，节位过高则种子不易老熟，因此，以选用第 2～4 个雌花最好。在杂交前一天傍晚，把母本植株上第 2 天早晨即将开放的雌花，用塑料线把花冠扎住，或用细铁丝或塑料夹子夹住，使其开花时仍然呈封闭状态，避免串花。同时,把已开放的雌花和幼果(均指未人工授粉者)以及雄花摘除。

授粉时间从早晨露水干后开始,到中午结束。授粉时,先松开扎在雌花花冠上的塑料线或塑料夹子,打开雌花,将父本花朵去除花冠后,用雄蕊在柱头上轻轻涂抹 2～3 下,然后再把雌花花冠扎牢或者夹上,防止昆虫授粉。在杂交果的节位上挂牌,标注亲本组合、授粉日期。授粉时,注意用雄蕊涂抹时动作要轻柔,以免柱头受损导致无法坐果。当进行多个组合的杂交时,在一个杂交组合结束后,应用 70%乙醇擦洗手指和用具,以免污染花粉。

3.2.3 坐果率调查和杂交种子采集

授粉 1 周后,检查杂交坐果情况。授粉 40～50 d 后,种瓜老熟,采收入室,后熟几天。剖瓜取籽,放入容器中发酵 1～2 d,将其放入尼龙编织袋里进行淘洗,直到洗掉外层胶状物为止,放在竹编晒具上晒干后装袋,贮藏于干燥环境中。

3.3 数据分析

利用 Excel 软件进行数据分析,数据结果以平均值(±标准差)表示。

4 结果与分析

4.1 苹果有性杂交坐果率和杂交种子数量统计分析

根据表 2-13 中列举的各项参数,记录苹果有性杂交的重要时期和实验结果,分析苹果采集花粉和授粉的关键技术点。采收杂交果,保存杂交种子,统计不同杂交组合的坐果率和每果的杂交种子数量,分析不同杂交组合的亲和性。

表 2-13 苹果有性杂交记录表

杂交记录	数据调查	重复 1	重复 2	重复 3
杂交组合	杂交花朵数			
编号	第一次调查幼果数			
母本树位置	第二次调查幼果数			
花粉采集日期	采收果数			
授粉日期	结实果数			
杂交花枝数	种子总数			
第一次调查日期	坐果率			
第二次调查日期	结实率			
果实采收日期	单果平均种子数			

4.2 黄瓜有性杂交坐果率和杂交种子数量统计分析

根据花器官构造和开花特点观察,统计杂交花数,1 周后调查杂交坐果率以及果实成熟后每果的杂交种子数量(表 2-14)。分析黄瓜有性杂交的关键技术点和不同杂交组合的有性杂交亲和性。

表 2-14　黄瓜有性杂交记录表

杂交记录	数据调查	重复 1	重复 2	重复 3
杂交组合	杂交株数			
编号	杂交花朵数			
母本植株位置	坐果数			
授粉日期	种子数			
坐果率调查日期	坐果率			
种瓜采收日期	单瓜种子数			

4.3　两种有性杂交技术的对比分析

根据实验结果，对比分析两种植物有性杂交技术的差异，探讨杂交成功或失败的原因。

（李翠英　编写）

实验二十九　园艺作物有效授粉时期测定

1　引言

花粉从花药传到柱头上称为授粉。具有良好的授粉受精条件是以果实、种子为产品的园艺作物及其种子繁殖获得高产的前提。有效授粉期（effective pollination period，EPP）是 Williams 最早在苹果上提出的，一般用胚珠的寿命与从授粉至受精所需要时间差来表示，在有效授粉期内完成授粉受精作用。了解园艺作物有效授粉时期，有助于确定人工辅助授粉的最佳时期，加强有效授粉期的生产管理，提高坐果率和保障产量。

园艺作物有效授粉期与物种及其品种类型的柱头可授性、花粉管的生长速度与胚的寿命有关。一般而言，果树有效授粉时期在 5～7 d。柱头为花粉水合萌发及花粉管开始生长提供物质支撑，柱头在开花后不是始终都具有接受花粉的能力，柱头的可授性是花粉附着在花柱上并水合萌发的生理基础。核桃显花期和始花期，柱头不具备附着花粉的能力。晚熟李‘龙眼秋李’‘黑宝石’和‘安哥诺’开花后 1～2 d，柱头可授性最强，可授性持续 3 d。甜樱桃大蕾期柱头具有较强的可授性，并且可以持续到花瓣平展期。杏花瓣平展期至花瓣初落期，柱头具有可授性。苹果柱头的可授粉期为 5 d，苹香梨开花后 9 d 柱头仍具有可授性。受精成功的另一要素是花粉管能够穿过柱头乳突细胞，在花柱中顺利生长，并在胚丧失活力之前到达胚珠。自然授粉条件下，花粉从萌发到完成受精苹果大约 3 d、桃 6～7 d、扁桃大约 10 d、核桃至少 10 d。胚珠的寿命因植物而异，胚的寿命可以通过荧光显微镜观测统计，无活力的胚表现为胚珠末端出现胼胝质。胚珠寿命可持续至花后苹果 4～10 d、柑橘类 4～6 d、油橄榄 14～16 d，榴梿胚珠寿命只能持续至花后 2 d。果树 EPP 只是一个相对数值，花粉萌发与伸长受到温度、湿度、贮藏营养和各种生长调节物质的影响，可以通过田间测定花龄对坐果率的影响、荧光显微技术与组织化学方法进行研究。

本实验以苹果为研究对象，通过田间不同花龄授粉统计坐果率以及荧光显微观察花粉管和胚珠，测定‘富士’‘金冠’和‘国光’等苹果品种柱头有效授粉时期，使学生掌握果树有效授粉时期的判断方法，辅助相关理论知识的学习。

2 实验准备

2.1 试材

选择本地果园的‘富士’‘金冠’和‘国光’等苹果品种结果树的花为试材，主要用到的是花粉和花柱(含子房)。

2.2 试剂

蔗糖、硼酸、琼脂、去离子水、乙醇、甲醛、冰醋酸、氢氧化钠、磷酸钾和苯胺蓝等。

琼脂培养基配制：分别称取蔗糖 10 g、硼酸 0.01 g 和琼脂 1 g，倒入 100 mL 三角瓶中，加去离子水定容至 100 mL。微波炉加热溶解后备用。

FAA 固定液：用量筒量取冰醋酸 5 mL、甲醛 5 mL 以及 70%乙醇 90 mL，倒入 100 mL 三角瓶中，混匀并封口备用。

苯胺蓝染液：用分析天平准确称取苯胺蓝粉末 0.1 g，倒入 100 mL 三角瓶中，量取浓度为 0.1 mol/L 的 K_3PO_4缓冲液 100 mL，倒入混匀备用。

2.3 仪器与用具

光学显微镜、荧光显微镜、分析天平(感量 0.001 g、0.000 1 g)、相机、微波炉等仪器，量筒、封口膜、授粉棒、标牌、记号笔、镊子、纸袋、培养皿、三角瓶、载玻片、变色硅胶等用具。

3 实验方法

3.1 花粉制备与萌发率鉴定

苹果具有自交不亲和性，需要选择 S 基因型不同的品种授粉。‘富士’(S_1S_9)、‘金冠’(S_2S_3)可以选择‘国光’(S_1S_2)、‘嘎拉’(S_2S_5)、‘王林’(S_2S_7)等品种作为授粉树。本实验选择‘国光’为授粉品种，采集大蕾期的花制作花粉，授粉前测定花粉萌发率。

花粉采集与萌发率检测方法参见实验二十七。

3.2 苹果花期观察

统计至少 100 朵花，从花序分离、蕾期、初花期、盛花期到落花期所需要的时间，为授粉时期提供形态指标。将观测结果记录在表 2-15 中。

表 2-15 苹果花不同发育时期与形态变化观测

发育时期	主要特征	持续时间/d	
		富士	金冠
小蕾期	花冠均匀玫红色，花苞紧抱合		
大蕾期	花冠均匀粉红，花苞呈气球状		
初花期	花冠中上部粉白色，花苞略绽开		
盛花期	花冠全部白色，花瓣全绽开		
落花期	花瓣脱落		

3.3　苹果授粉处理

开花前，选择树势中庸一致、健壮无病的‘富士’和‘金冠’苹果树各 3～5 株做好标记，花未开放前去雄套袋，防止其他花粉授粉。选择晴朗无风的天气分别给‘富士’和‘金冠’小蕾期、大蕾期、初花期以及初花后 1 d、3 d、5 d、7 d 的花柱授粉(数字资源 2-5)，授粉品种为‘国光’。‘富士’和‘金冠’每株树每个时期随机选择 25 个花序，每花序留 2 朵花授粉，授粉后再次套袋并标记。授粉 1 周后摘袋，3 周后统计不同授粉时期花朵坐果率，以花朵坐果率大于 50%为苹果柱头有效授粉期，记录观测数据。

数字资源 2-5

苹果人工授粉及受精过程检测

3.4　花粉管生长和胚珠荧光观察

实验选用的荧光显微染色法是依据苯胺蓝与花粉管壁或胚珠中的胼胝质结合后，在紫外光下呈现黄绿色荧光，从而进行花柱中花粉管的有效标记(数字资源 2-5)。

花粉管、胚珠荧光显微观察：用‘国光’的花粉为大蕾期的‘富士’和‘金冠’中心花授粉，至少 50 朵花，方法同 3.3。授粉后 24 h，取授粉花固定在 FAA 中，连续取 7 d。将固定材料依次用 50%和 30%的乙醇脱水后用蒸馏水冲洗 2～3 遍，浸泡在浓度为 1 mol/L 的 NaOH 溶液中室温软化 9 h，经蒸馏水数次冲洗后，用 0.1%苯胺蓝溶液染色 12 h 以上。染色后用荧光显微镜拍摄，统计花粉管生长情况及胚珠活力。以授粉后子房中观察到花粉管为授粉至受精所需要时间，在胚珠中观察到胼胝质染色为胚珠的寿命。

3.5　数据统计分析

利用 Excel 和 SPSS 软件进行数据统计分析，数据以平均值(±标准差)表示，$P<0.05$ 表示差异显著，$P<0.01$ 表示差异极显著。

4　结果与分析

4.1　苹果花朵发育时期与柱头有效授粉时期分析

根据实际观测结果，填写表 2-15 和表 2-16。分析苹果花朵不同发育时期、形态变化与柱头可授性的关系，比较不同苹果品种柱头可授粉时期的差异。

表 2-16　苹果不同时期授粉对花朵坐果率的影响

品种	不同授粉时期花朵坐果率/%						
	小蕾期	大蕾期	初花期	初花后 1 d	初花后 3 d	初花后 5 d	初花后 7 d
富士							
金冠							
⋮							

4.2　苹果花粉管生长荧光观察及有效授粉时期确定

利用荧光显微镜观察‘富士’和‘金冠’苹果人工授粉后子房中花粉管及胚珠的生长状况，记录在表 2-17 中。比较不同品种授粉后花粉管生长和胚珠寿命的差异性，并通过胚珠寿命减去花粉管生长时间计算‘富士’和‘金冠’的有效授粉时期。

表 2-17　苹果花粉管生长和胚珠荧光观测分析

品种	授粉后花粉管生长/mm							胚珠寿命/d	EPP/d
	1	2	3	4	5	6	7		
富士									
金冠									
⋮									

（李　威　编写）

实验三十　园艺作物杂交亲本配合力测定分析

1　引言

亲本选择恰当与否是影响杂交育种成败和效率高低的一个关键因素。配合力指作为亲本杂交后 F_1 表现优良与否的能力，是衡量杂交组合中亲本性状配合能力。通常，早期的配合力效应与其后期的配合力效应有较高的一致性，因而对配合力进行早期预测，可作为亲本选配的科学依据。

育种实践表明，亲本与其参与杂交的后代在同一性状表现上不一定呈现出正向关联，即优亲间不一定产生优良杂交组合。而园艺作物大多数经济性状又为数量性状，受微效多基因控制，变异呈现出连续性的特点，给其研究和利用带来了困难，大大降低了育种效果。因而，若能对亲本及其所配组合尽早进行科学的评价和预测，则会显著提高育种效率。配合力测定方法有 Griffing 的完全双列杂交、不完全双列杂交和部分双列杂交等方法。完全双列杂交是指在一组亲本间所进行的全部杂交，也可以包括自交和反交组合。据试验设计中是否包含亲本和正反交组合，可分为 4 种设计方法，见表 2-18。4 种设计方法中，每一种设计又分为固定模型（模型Ⅰ）和随机模型（模型Ⅱ）两类，共有 8 种统计分析方法。针对单一性状进行配合力研究，称为单变元分析，针对多性状进行综合研究称为多变元分析。因此，Griffing 双列杂交共有 16 种分析方法，即 8 种单变元和 8 种多变元分析方法。其中单变元设计方法中只有正交组合，又称半轮配法，在涉及较少组合的条件下，满足每一个亲本与其他亲本的配组（但不包括反交和自交），且亲本参与配组的次数相等，消除了亲本参与配组次数不均产生的偏差。半轮配法可以进行一般配合力（general combining ability，GCA）和特殊配合力（specific combining ability，SCA）的测定，高效实用，育种实践中常被采用。

表 2-18　Griffing 完全双列杂交法的 4 种设计方法

序号	试验内包括的组合类型	组合总数
1	所有的杂交组合（含自交）	P^2
2	正交组合和自交	$1/2P(P+1)$
3	正反交组合	$P(P-1)$
4	正交组合	$1/2P(P-1)$

注：设亲本的自交系或品种数为 P

GCA 是指某一亲本系与其他亲本系所配的几个 F_1 的某种性状平均值与该试验全部 F_1 的总平均值之差，主要由亲本品种中基因的加性效应决定。SCA 是指某个杂交组合的某种性状实测值与根据双亲 GCA 计算的理论值之差，主要由亲本品种间基因的非加性效应（包括显性效应和上位性效应）控制。一般配合力反映了亲本把性状传递给后代群体的能力，可以在亲本之间进行比较，以选择最佳的杂交亲本；特殊配合力反映了特定亲本组合产生杂种优势的潜在能力，据此可以选配最佳的组合。GCA 高而 SCA 低时，宜采用常规杂交育种；二者均高时，宜采用优势育种；若二者均低，则淘汰这样的组合和株系。

本实验重点在于分析比较亲本材料的配合力，故仅对此法的模型Ⅰ进行介绍。本实验以园艺作物自交系及其配制杂交组合为试材，通过分析比较亲本材料的配合力，巩固相关的理论知识，掌握 Griffing 双列杂交模型Ⅰ单变元分析方法，并在育种实践中应用。

2　实验准备

2.1　试材

园艺作物亲本自交系及其配制组合。

2.2　仪器与用具

测定目标性状所需的仪器设备；计算器或计算机及统计分析类软件，如 Excel、DPS、SPSS、SAS 和 R 等。

3　实验方法

3.1　配合力测定技术路线

设有 p 个亲本，参照表 2-18，按 Griffing 方法四配制组合，则有 $n=1/2[p(p-1)]$ 个组合随机区组排列，m 个区组（重复），每小区随机取样 l 株。为方便示例，可设 $m=3$，$l=4$。记录待考察性状的数据资料，按图 2-1 所示流程图进行数据分析。

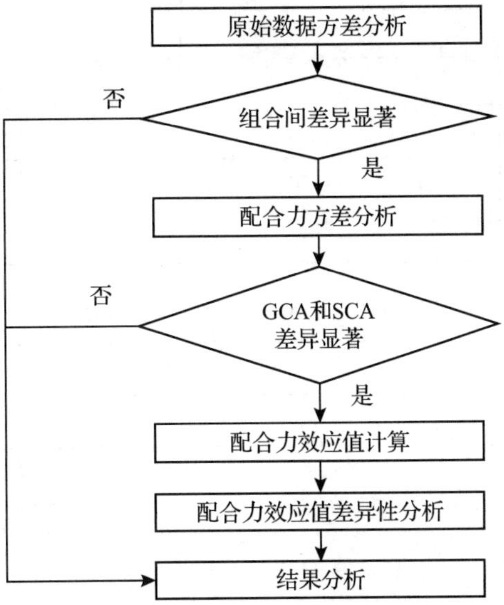

图 2-1　配合力测定分析流程图

3.2 原始数据的方差分析

按表 2-19 整理原始数据，其中 T_m 为同一区组(重复)所有观察值的和，共有 m 个。T_n 为同一组合所有观察值的和，共有 n 个。按以下公式计算出原始数据总平方和 S_T。

$$S_T = \sum x^2 - C; C = \frac{(\sum x)^2}{nml}$$

式中 x 表示各个植株考察性状的观察值，共有 nml 个。

对每个小区内抽样植株考察性状值求和，记为 T_l，共有 nm 个，将处理后的数据整理为"区组与组合"二向分类表(表 2-20)。本例中 $m=3, l=4$，则 T_l 为 4 个观察值的和，共有 nm 个即 $3/2[P(P-1)]$个。

表 2-19 "区组与组合"原始数据表

<table>
<tr><td rowspan="2">区组</td><td colspan="6">组合</td></tr>
<tr><td>1</td><td>2</td><td>3</td><td>4</td><td>n</td><td>T_m</td></tr>
<tr><td rowspan="4">1</td><td></td><td></td><td></td><td></td><td></td><td rowspan="4"></td></tr>
<tr><td></td><td></td><td></td><td></td><td></td></tr>
<tr><td></td><td></td><td></td><td></td><td></td></tr>
<tr><td></td><td></td><td></td><td></td><td></td></tr>
<tr><td rowspan="4">2</td><td></td><td></td><td></td><td></td><td></td><td rowspan="4"></td></tr>
<tr><td></td><td></td><td></td><td></td><td></td></tr>
<tr><td></td><td></td><td></td><td></td><td></td></tr>
<tr><td></td><td></td><td></td><td></td><td></td></tr>
<tr><td rowspan="4">3</td><td></td><td></td><td></td><td></td><td></td><td rowspan="4"></td></tr>
<tr><td></td><td></td><td></td><td></td><td></td></tr>
<tr><td></td><td></td><td></td><td></td><td></td></tr>
<tr><td></td><td></td><td></td><td></td><td></td></tr>
<tr><td>⋮</td><td></td><td></td><td></td><td></td><td></td><td></td></tr>
<tr><td>T_n</td><td></td><td></td><td></td><td></td><td></td><td rowspan="2">S_T</td></tr>
<tr><td>平均</td><td></td><td></td><td></td><td></td><td></td></tr>
</table>

表 2-20 区组与组合二向分类表

区组	组合				
	1	2	3	n	T_m
1					
2					
3					
T_n					S_T

按以下公式计算各平方和，列出方差分析表（表 2-21）进行计算。

$$S_l=\frac{1}{l}\sum T_l^2-C;S_n=\frac{1}{ml}\sum T_n^2-C;S_m=\frac{1}{nl}\sum T_m^2-C$$

$$S_{nm}=S_l-S_n-S_m;S_e=S_T-S_l$$

以上各式中，S_l 为小区平方和，S_n 为组合平方和，S_m 为重复区组平方和，S_{nm} 为区组×组合平方和，S_e 为机误平方和。

表 2-21 方差分析表

变异来源	自由度(df)	平方和(SS)	方差(MS=SS/df)	F 值
组合	$n-1$	S_n	V_n	V_n/V_e
区组	$m-1$	S_m	V_m	
组合×区组	$(n-1)(m-1)$	$S_{nm}=S_l-S_n-S_m$	V_{nm}	
机 误	$nm(l-1)$	S_e	V_e	

计算 V_n/V_e，若 F 测验结果表明组合间存在显著性差异，则进入下一步计算。

3.3 配合力分析

3.3.1 组合平均值数据整理

将表 2-19 中计算出的各组合平均值整理至表 2-22，并计算某一亲本参与的所有组合平均值之和。

表 2-22 各组合平均值

母本 i	父本 j					
	2	3	4	…	p	X_{i*}
1	X_{12}	X_{13}	X_{14}	…	X_{1p}	X_{1*}
2		X_{23}	X_{24}	…	X_{2p}	X_{2*}
3			X_{34}	…	X_{3p}	X_{3*}
⋮				…	⋮	⋮
$p-1$					$X_{(p-1)p}$	X_{p-1*}
p						X_{p*}
						X_{**}

注：$i=1,2,3\cdots p$

其中，$X_{1*}=X_{12}+X_{13}+\cdots+X_{1p}$；$X_{2*}=X_{12}+X_{23}+X_{24}+\cdots+X_{2p}$；$X_{3*}=X_{13}+X_{23}+X_{34}+X_{35}+\cdots+X_{3p}$；$X_{p*}=X_{1p}+X_{2p}+X_{3p}+\cdots+X_{(p-1)p}$

而 X_{**} 则为表 2-22 中所有（共 $1/2p(p-1)$ 个）组合平均值的总和，即

$$X_{**}=\sum_{i=2}^{p}X_{1i}+\sum_{i=3}^{p}X_{2i}+\cdots+\sum_{i=p-1}^{p}X_{(p-2)i}+X_{(p-1)p}$$

若设 X_{ij} 为第 i 个亲本与第 j 个亲本杂交组合的该性状平均值，那么上式也可表示为

$$X_{**}=\sum_{i=1}^{p}\sum_{\substack{j=1\\j>i}}^{p}X_{ij}$$

3.3.2 配合力方差分析

按以下公式计算 GCA 和 SCA 的平方和 S_g、S_s 及机误方差 V_e'，列出表 2-23。

$$S_g=\frac{1}{p-2}\sum_{i=1}^{p}X_{i*}^2-\frac{4}{p(p-1)}X_{**}^2$$

$$S_s=\sum_{i=1}^{p}\sum_{\substack{i=1\\j>1}}^{p}X_{ij}^2-\frac{1}{p-2}\sum_{i=1}^{p}X_{i*}^2+\frac{2}{(p-1)(p-2)}X_{**}^2$$

$$V'_e=\frac{1}{ml}V_e$$

表 2-23　配合力方差分析

变异来源	自由度(df)	平方和(SS)	方差(MS=SS/df)	F 值
GCA	$p-1$	S_g	V_g	V_g/V_e'
SCA	$1/2[p(p-3)]$	S_s	V_s	V_s/V_e'
机误	$nm(l-1)$	—	V_e'	

分别计算 V_g、V_s 与 V_e'的比值，若经 F 测验，GCA 和 SCA 方差呈显著性差异，则计算二者效应值，以判断亲本的优劣。

3.3.3 GCA 效应分析

按下式计算配合力效应值，并由大到小填入表 2-24 中。

$$\hat{g}_i=\frac{1}{p-2}\left(X_{i*}-\frac{2}{p}X_{**}\right)$$

式中：$\hat{g}_i$ 表示第 i 个亲本一般配合力的估计值。

表 2-24　各亲本 GCA 效应比较

亲本 GCA 效应	$\hat{g}_{max}$	…	$\hat{g}_{min}$
$\hat{g}_{max}$			
⋮			
$\hat{g}_{min}$			

注：表中最后一列表示最小的一般配合力效应值不列出

根据以下公式及在 $df=nm(l-1)$ 下查得的不同置信度的 t 值，计算比较后，在表 2-24 中标注一般配合力效应的差异显著性。

$$S.E._{(\hat{g}_i-\hat{g}_j)}=\sqrt{\frac{2V_e'}{p-2}}$$

$$L. S. D. = t \times S. E._{(\hat{g}_i - \hat{g}_j)}$$

$S. E._{(\hat{g}_i - \hat{g}_j)}$ 表示一般配合力效应差异的标准误；t 表示从 t 值表中查得的 0.05 和 0.01 置信度下的值。

3.3.4　SCA 效应分析

由下式计算特殊配合力的效应值，$\hat{S}_{ij}$ 由大到小填入表 2-25 中。

$$\hat{S}_{ij} = X_{ij} - \frac{1}{(p-2)}(X_{i*} + X_{j*}) + \frac{2}{(p-1)(p-2)}X_{**}$$

式中的 X_{ij}、X_{i*}、X_{j*} 为表 2-25 中所列出的值，也可以将上式变形为

$$\hat{S}_{ij} = X_{ij} - \hat{g}_i - \hat{g}_j - \frac{2}{p(p-1)}X_{**}$$

$\hat{g}_i$、$\hat{g}_j$ 已经求出，$2X_{**}/p(p-1)$ 为常数值，所以利用此式计算更为简便快捷。

表 2-25　各个亲本组合 SCA 效应比较

亲本 SCA 效应	$\hat{S}_{max}$	…	$\hat{S}_{min}$
$\hat{S}_{max}$			
⋮			
$\hat{S}_{min}$			

注：表中最后一列表示最小的特殊配合力效应值不列出

根据以下公式及在 $df = nm(l-1)$ 下查得的不同置信度的 t 值，在表 2-25 中标注各组间特殊配合力效应的差异显著性。

$$S. E._{(\hat{s}_{ij} - \hat{s}_{jk})} = \sqrt{\frac{2(p-3)V_e'}{p-2}}; L. S. D. = t \times S. E._{(\hat{s}_{ij} - \hat{s}_{jk})}$$

$$S. E._{(\hat{s}_{ij} - \hat{s}_{kl})} = \sqrt{\frac{2(p-4)V_e'}{p-2}}; L. S. D. = t \times S. E._{(\hat{s}_{ij} - \hat{s}_{kl})}$$

但需注意公式 $S. E._{(\hat{s}_{ij} - \hat{s}_{jk})}$ 表示具有共同亲本组合间特殊配合力效应差异的标准误；而公式 $S. E._{(\hat{s}_{ij} - \hat{s}_{kl})}$ 表示无共同亲本组合间特殊配合力效应差异的标准误。t 表示从 t 值表中查得的 0.05 和 0.01 置信度下的值。

4　结果与分析

4.1　杂交组合配合力的方差分析

将田间观察结果记录在表 2-19 和表 2-20 中，通过表 2-21 和表 2-22 的分步计算，将结果列入表 2-23 中。据计算结果，经 F 测验，检验 GCA 和 SCA 的方差是否呈显著性差异，从而判定是否进行配合力效应分析。

4.2　杂交组合配合力效应分析

据表 2-24 和表 2-25 计算结果，就考察性状对亲本进行分析评价。探讨在配合力分析的基础

上，如何对入选亲本的遗传特性进一步考察判别，如何提高配合力效应值计算的准确性和精确性。

（陈雪平　编写）

实验三十一　园艺作物氮高效基因型评价

1　引言

氮素是作物生长发育不可缺少的大量元素之一，也是提高作物产量和改善品质的重要元素，在农作物生产中具有极重要的作用。园艺作物基因型不同，其氮利用率存在差异，开展作物氮高效基因型筛选是品种遗传改良的基础。

氮效率是指氮素在植物体内吸收、同化、运转、再利用等多个生理过程综合作用的结果，即植株消耗或吸收单位土壤氮素所生产的经济产量，主要包括氮素吸收效率和氮素利用效率两个评价指标。氮素吸收效率（nitrogen uptake efficiency, NUpE）指植株体内氮素吸收总量与供氮量的比值，反映根系从土壤中吸收氮素的能力；氮素利用效率（nitrogen utilization efficiency, NUtE）又称作氮素生理利用率，指单位植株吸收的氮素所形成的经济产量，反映了其运输氮素和细胞贮存氮素的能力。此外，氮素累积量、氮素分配比例、氮素收获指数、氮素利用指数、氮肥当季利用率、氮素利用率等也常用于评价农作物氮效率。

本实验以氮素利用率差异的茄子自交系为试材，通过氮效率植物形态学和园艺学性状观察，以及生理指标测定，对代表性园艺作物的不同基因型进行氮效率分析，使学生了解植物氮高效基因型筛选的理论基础及实践应用。

2　实验准备

2.1　试材

不同基因型茄子自交系材料。

2.2　试剂

尿素（CH_4N_2O）、硫酸钾（K_2SO_4）、一水磷酸二氢钙[$Ca(H_2PO_4)_2 \cdot H_2O$]、硫酸铜（$CuSO_4$）、无水碳酸钠（Na_2CO_3）、硼酸（H_3BO_3）、氢氧化钠（NaOH）、溴甲酚绿、甲基红、无水乙醇、浓硫酸等化学试剂。

2.3　仪器与用具

分析天平（感量 0.001 g、0.000 1 g）、电子秤、烘箱、凯氏定氮仪、根系扫描仪、移液器等仪器，育苗穴盘、营养钵（50 cm×50 cm）、卷尺等用具。

3　实验方法

3.1　盆栽材料施氮处理

收获后干燥的种子在水中浸泡 6～8 h，取出沥干，将湿润种子用塑料袋分装密封，放置在温度 2～7 ℃冷库贮存。渡过休眠的种子，春季播种前用温水（30～50 ℃）浸泡 24 h，沥干水分，室温催芽。穴盘育苗，每份材料挑选发芽速度一致的种子 50 粒播种。待幼苗生长至四叶一心时，移栽至黑色营养钵(50 cm×50 cm，蛭石：珍珠岩=1：1)中，每份材料定植10盆。定植前每盆均施入磷肥(P_2O_5)7.5 g和钾肥(K_2O)15 g。

低氮处理：每盆不施用氮肥；高氮处理：每盆施入15 g，1/3氮肥作为基肥，2/3氮肥分别在结果初期和结果盛期追肥施入。

整个生育期采用双干整枝，定量浇水，病虫害防治按常规管理。

3.2　果实产量测定

从门茄达到商品成熟期开始，单株分次采收商品果，每次采收测产，结果末期时将全部果实采收、累积记产。

3.3　植株干重测定

收获期每份材料选取5株长势一致的植株，用清水冲洗干净后，装入牛皮纸袋于105 ℃杀青30 min后，70 ℃烘至恒重，用精度0.001 g电子天平称量干重后备用。

3.4　含氮量测定

将植株烘干样品粉碎、混匀，用60目筛子(孔径0.25 mm)过筛，每份样品准确称取0.3 g，采用微量凯氏定氮法测定含氮量。同时并测定基质含氮量。具体方法如下：

(1)称取0.3 g植物样品，置于100 mL消化管中，加入1.0 g催化剂(硫酸钾：硫酸铜=10：1)，用水冲洗消化管内壁，使样品完全落入消化管底部。移液枪取浓硫酸5.0 mL，加入消化管中，摇匀。

(2)将消化管放入石墨炉消解装置中，梯度加热升温。分别在120 ℃加热30 min，240 ℃加热30 min，350 ℃下加热45 min。最后，在450 ℃加热，至溶液颜色呈较浅的蓝绿色或灰白色。消解结束后，取下消解管冷却至室温。

(3)取无水碳酸钠标准物0.020 g(300 ℃ 加热干燥至恒重)，溶于20 mL水中，加入2～3滴甲基红-溴甲酚绿混合试剂(溴甲酚绿：甲基红=5：1，溶于95%乙醇)，用硫酸标准溶液滴定至溶液由蓝变红。记录所消耗的硫酸溶液体积，同时做一空白对照，计算硫酸标准溶液的质量浓度。

(4)开启凯氏定氮仪，先用蒸馏水蒸煮清洗所有管路3次，设置水量20 mL、2%硼酸溶液30 mL、30%氢氧化钠溶液40 mL、蒸馏时间10 min和淋洗水量10 mL。将消煮好的样品管放在蒸馏舱内，竖直卡紧，同时取一个250 mL三角瓶准备接收硼酸和馏出液，注意馏出管要浸没在硼酸液面以下。

(5)用硫酸标准溶液对馏出液进行滴定，颜色由绿色变为微红色，即为终点，同时做空白对照实验，按照下列公式计算蛋白质含量。

$$X=\frac{(V_1-V_2)\times c\times 0.014\ 0}{m}\times 100\%$$

式中：X，样品含氮量(%)；V_1，滴定待测样品时消耗的硫酸标准溶液体积(mL)；V_2，滴定空白时消耗的硫酸标准溶液体积(mL)；c，硫酸标准滴定液浓度(mol/L)；0.001 40，1.0 mL硫酸[$c(1/2H_2SO_4)=1.000$ mol/L]标准滴定溶液相当的氮质量(g/mol)；m，待测样品质量(g)。按下列公式计算：

$$氮素利用效率(NUtE)=\frac{产量}{氮素吸收总量}\times 100\%$$

$$氮素吸收效率(NUpE)=\frac{氮素吸收总量}{供氮量}\times 100\%$$

式中:产量,单株果实鲜重(kg);氮素吸收总量,植株样本全氮含量×植株干重(kg);供氮量,定植前基质中速效氮与施入速效氮之和(kg)。

3.5 根系形态指标

根系用自来水冲洗干净后,通过根系扫描仪测定平均根长、根体积等指标。

3.6 数据统计分析

数据采用Excel和SPSS软件统计分析。各指标结果以平均值(±标准差)表示,差异显著性检验采用多重比较法。

4 结果与分析

4.1 不同氮素水平对茄子生长量的影响

记录不同基因型茄子在高、低两种氮素水平下的植株干重、根长、根体积和果实产量(表2-26),比较不同基因型植株生物学产量和经济产量差异性。

表2-26 高、低氮素水平对不同基因型茄子生长量影响

编号	低氮处理				高氮处理			
	植株干重	根长	根体积	果实产量	植株干重	根长	根体积	果实产量
1								
2								
3								
⋮								

4.2 不同氮素水平对茄子氮素利用率的影响

记录不同基因型茄子在两种氮素水平下的植株全氮量、氮素利用效率和氮素吸收效率(表2-27)。结合茄子生长情况和果实产量,通过比较高氮和低氮处理下不同基因型茄子的植株全氮量、氮素利用效率和氮素吸收率,判断并筛选出不同氮效率基因型茄子。

表2-27 高低氮素水平对不同基因型茄子氮素利用率影响

编号	低氮处理			高氮处理		
	植株全氮量	氮素利用率	氮素吸收率	植株全氮量	氮素利用率	氮素吸收率
1						
2						
3						
⋮						

(陈雪平 编写)

实验三十二　园艺植物嵌合体现象及芽变类型观察

1　引言

植物嵌合体是一种遗传镶嵌类型，指含有两种或两种以上遗传型的组织或个体，主要是由植物顶端分生组织中存在遗传基础不同的细胞而形成的。嵌合状态的持久性取决于顶端原始细胞的数量和顶端细胞层的稳定性。嵌合体有时也用来描述另一种镶嵌类型，即不同基因型细胞存在于植物体的任何不同部位。园艺植物广泛存在嵌合体现象。了解嵌合体的结构特点、产生原因和遗传机理，可为园艺作物遗传改良提供理论依据。

园艺植物存在大量嵌合体，多来自芽变。芽变是体细胞突变的一种，突变发生在芽的分生组织细胞中，当芽萌发长成枝条，并在性状上表现出与原类型不同时，即为芽变。芽变的表现多种多样，既有形态特征的变异，也有生物学特性的变异。芽变形成的嵌合体，根据受影响的器官分类，可分为斑叶嵌合体、花嵌合体（数字资源 2-6）和果实嵌合体。

数字资源 2-6

月季花嵌合体现象

芽可以看成一个短缩的雏梢，梢端位于茎顶端，是新梢生长的起始部位。梢端分生组织细胞层，从外向内，分别被称为 L_{I}（外原套）、L_{II}（内原套）和 L_{III}（原体）。L_{I} 一般是一层细胞，垂周分裂，分化为表皮。L_{II} 一般也是一层细胞，主要进行垂周分裂，分化为皮层外层，衍生孢原组织。L_{III} 有多层细胞，既有垂周分裂又有平周和斜向分裂，分化为皮层的中内层、输导组织和髓心组织。植物种类不同，各组织发生层在分化衍生组织时，存在着一定的差异。梢端分生组织 3 个层次的细胞，在正常情况下具有相同的基因型，而突变多发生在某一组织层的单一细胞。此后，突变与未突变的细胞成为"同时分裂、竞争共存的"嵌合体。如果突变发生时间早，突变细胞又处于某组织的中心处，则突变部分有可能发育成层间基因型不同的周缘嵌合体。根据突变细胞所处的组织层不同，周缘嵌合体有 6 种不同的遗传组合形式（AAB、ABA、BAA、BBA、BAB、ABB）（图 2-2）。如果突变发生的时间较晚，突变细胞的位置又不在中心，则变异细胞只能占据层内的一部分，使同一层次内兼有突变和未突变的两类细胞，称为扇形嵌合体，分为外扇、中扇、内扇、外中扇、中内扇和外中内扇 6 种类型（图 2-3）。边缘嵌合体是一个顶端细胞层中只有

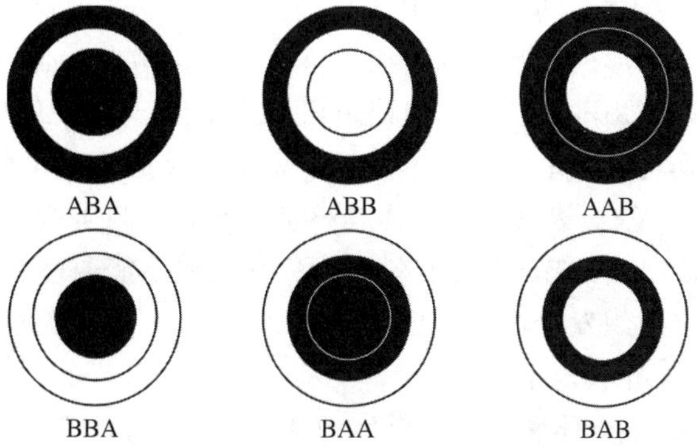

图 2-2　周缘嵌合体不同结构类型

一部分细胞在遗传上不同于其他细胞，可认为是"部分"周缘嵌合体。边缘嵌合体不稳定，可产生不同的组成类型(图 2-4)。

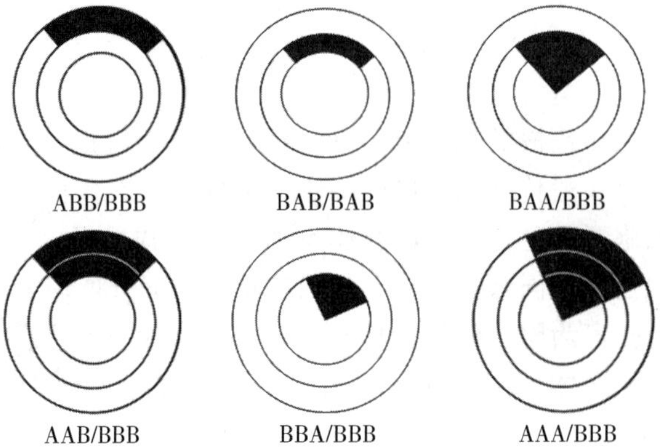

图 2-3　扇形嵌合体不同结构类型

图 2-4　边缘嵌合体不同结构类型图

周缘嵌合体一般比较稳定，但也会在生长发育中出现不同的变化。如一个 L_{I} 周缘嵌合体(ABB)，可回复到非突变体特征；一个 L_{I}、L_{II} 层均变异的周缘嵌合体(AAB)可变成同型突变体(AAA)，这种转化叫"层间取代"。扇形嵌合体稳定性最差，多在以后的生长发育或营养繁殖过程中发生转化。一个扇形嵌合体在发生侧枝时，处于变异扇形面内的芽，萌发后将转化成具有周缘嵌合体的新枝；处于扇形面以外的芽，萌发后将长成非突变枝；而处于扇形边缘的芽，萌发后将长成仍然具有扇形嵌合体结构的枝条。边缘嵌合体展示了植物侧生组织间的相互作用，嵌合体的腋生分生组织能够保持嵌合结构，如果腋芽从边缘嵌合体的平周嵌合部分繁殖而来，这一新生枝条能作为周缘嵌合体稳定下来。

园艺植物嵌合体来源不同，其遗传机制不同，主要有以下 3 种遗传类型：①细胞质遗传。以紫茉莉斑叶嵌合体为例，形成斑叶的原因在于不能正常形成叶绿体，叶色表现出深绿色、淡绿色、白色或绿白相间。当用不同枝条上的花朵相互授粉时，其种子后代的叶绿体种类完全取决于种子产生的枝条，而与花粉来源的枝条无关。②细胞核遗传。大豆叶色嵌合植株与绿色植株正反交，F_1 代均为绿色株，表明该嵌合体是核基因而非细胞质遗传。③有性繁殖消失、无性繁殖分离的遗传。如果嵌合突变不发生在 L_{II} 层，突变将不能通过有性繁殖遗传下去。"无性繁殖分离"是指若芽变组织发生在 L_{I}、L_{III} 层，周缘嵌合体可通过无性繁殖稳定遗传，扇形嵌合体则在无性繁殖中发生性状转化。

本实验通过观察周缘嵌合体和扇形嵌合体的芽变类型，巩固理解组织发生层的概念以及两种类型嵌合体的特点。

2 实验准备

2.1 试材

以芽变发生频率高的园艺植物为试材，如苹果品种‘富士’和‘元帅’等，梨品种‘鸭梨’‘早酥’和‘巴梨’等，月季、碧桃、金边虎尾兰等观赏植物。

2.2 试剂

10%番红染色液、0.5%固绿染色液、无水乙醇、二甲苯、甘油、甲醛、冰醋酸。

2.3 仪器与用具

石蜡切片机、烘箱、显微镜、目镜测微尺等仪器，载玻片、盖玻片、染色缸、毛笔、吸水纸、纱布、卡尺、钢卷尺、枝剪、油漆、标签等用具。

3 实验方法

3.1 田间芽变类型观察

选择本地的老果园、公园绿地和花卉生产基地，在芽变易于发生和发现的时期，如开花期、果实采收期等，进行调查，记载在表2-28中。对发现的变异性状(器官)做好标记，如花的性状(花色、花瓣形状和数目)、果实形状(色泽、形状等)的变异，并鉴别变异的类型。对扇形嵌合体需进一步观察，以确定嵌合体的转化及变异性状的稳定性。

表2-28 园艺植物嵌合体的田间调查表

调查项目	记载内容			
调查地点、时间				
品种名称				
变异器官	花	果实	枝条	叶片
变异特征				
嵌合体类型				
变异性状的稳定性				

3.2 梢端切片法鉴定芽变嵌合体类型

采集‘鸭梨’或‘巴梨’及其大果芽变‘大鸭梨’或‘大巴梨’的新梢，用FAA固定液(包括甲醛5 mL、冰醋酸5 mL、70%乙醇90 mL)，固定24 h。接下来冲洗和脱水，用蒸馏水或低浓度的乙醇冲洗3次，每隔1 h换一次水，之后用乙醇脱水，从30%乙醇开始，经过50%乙醇→60%乙醇→70%乙醇→80%乙醇→90%乙醇→95%乙醇→无水乙醇，依次逐步进行。材料在除尽水分之后，逐步从无水乙醇过渡到二甲苯中，二甲苯应更换2次，以除尽乙醇；材料完全透明以后，浸蜡，使石蜡完全浸入细胞，便于切片。切片时要注意蜡块的修整和切割方向，对梢端进行纵切，之后经过粘片、染色、封固，制成永久切片。

在显微镜下观察梢端切片，重点在L_{I}、L_{II}、L_{III}层细胞的形状和大小，判断芽变嵌合体的类型。

4 结果与分析

4.1 园艺植物嵌合体类型调查分析

将观察结果记录在表2-28中，仔细观察各类嵌合体的形态差异，分析其可能的变异来源。比较扇形嵌合体芽变和周缘嵌合体芽变的形态差异，以及扇形嵌合体芽变转化为周缘嵌合体芽变的过程，并分析转化的机理。

4.2 芽变嵌合体组织发生层的嵌合类型分析

利用顶端分生组织的石蜡切片，观察比较不同芽变嵌合体组织发生层的细胞形态和大小，分析组织发生层的嵌合类型，探讨保存芽变性状的可能措施。

（彭建营　编写）

实验三十三　园艺植物自交不亲和性鉴定

1 引言

自交不亲和性是指能产生功能正常且在同期成熟的雌雄配子的植物，在自花授粉或者相同基因型异花授粉时不能完成受精的现象，是显花植物在长期进化过程中形成的一种有利于异花授粉的生殖隔离机制，有利于进化和适应环境。了解园艺植物自交不亲和性，可为有性杂交育种、授粉树配置和人工辅助授粉等实践提供理论依据。

植物自交不亲和性分为孢子体自交不亲和性（sporophytic self-incompatibility，SSI）和配子体自交不亲和性（gametophytic self-incompatibility，GSI）两种类型。SSI常表现为花粉落在柱头上不能正常萌发，或萌发后在柱头乳突细胞上缠绕而无法侵入柱头。孢子体自交不亲和植物的花粉S因子源自花药绒毡层细胞，其*S*基因型与其母体完全一致。此外，根据花粉S因子不同作用机制还可以分为共显性和显隐性两种类型，共显性类型植物花粉中两个S单倍型与花柱S单倍型任何一个相同时，就会产生不亲和现象；而显隐性类型植物花粉S单倍型一个为显性，一个为隐性，仅在显性S单倍型与花柱任何一个S单倍型相同时，才表现出不亲和性。SSI代表植物包括油菜、甘蓝、拟南芥等十字花科植物。GSI表现为花粉在柱头上萌发后可侵入柱头，并能在花柱组织中延伸，后受到抑制导致生长停滞。配子体自交不亲和性植物花粉S因子由花粉自己产生，因此仅含有一个S单倍型。当花粉S单倍型与花柱两个S单倍型任何一个相同时，即产生不亲和现象。GSI代表植物包括蔷薇科、茄科、玄参科和罂粟科等。

植物自交不亲和的控制位点是位于*S*基因座上的复等位基因，包括独立在花柱中特异表达的雌性决定因子基因和在花粉中特异表达的雄性决定因子基因，二者在基因座上紧密连锁，不容易发生染色体重组，具有单元型和组织特异性。蔷薇科果树中，雌性决定因子是*S-RNase*基因，雄性决定因子则可能是*SLF*/*SFB*（S-locus F-box）基因，可以通过测定自交不亲和*S*基因型，确定自交不亲和植物的授粉品种。此外，可以观察花粉在柱头上萌发、花粉管在花柱内的生长以及自交结实情况，判断自交或异交的亲和性。将同一株上或相同基因型的花粉授到自己的柱头上，柱头就被激发产生胼胝质或S-RNase等有毒物质，阻碍花粉萌发或花粉管发育，故不能正常受精结实，不结种子或结少量种子；而被授别的品种的花粉时，则柱头不会被激发产生这类物质，故能正常受精结实。

胼胝质是 β-1,3-葡聚糖，分布于高等植物的筛管、新形成的细胞壁、花粉粒以及花粉管中。把授粉后的花柱用苯胺蓝染色后，荧光显微镜下在紫外光激发光下发出蓝色荧光，可观察到花粉在柱头上萌发、花粉管发育的状态，以及胼胝质在柱头表面的沉积状况等，由此判断花粉与柱头是否亲和。本实验以 SSI 和 GSI 两种类型的代表性植物为试材，进行植物自交不亲和性鉴定的田间授粉、花柱荧光显微观察和 *S* 基因型分子标记分析，使学生掌握园艺植物自交不亲和性的鉴定方法，辅助相关理论知识的学习。

2　实验准备

2.1　试材

选择代表 SSI 材料如白菜类和自交亲和材料如甘蓝型油菜以及代表 GSI 材料如‘富士’苹果和自交亲和材料如‘寒富’苹果为试材。

2.2　试剂及配制

甲醛、冰醋酸、无水乙醇、磷酸钾、苯胺蓝、氢氧化钠、甘油、琼脂糖、CTAB、苯酚、氯仿、异丙醇、Tris、EDTA、去离子水、双蒸水(ddH_2O)等。

FAA 固定液：将 40%甲醛、80%乙醇和冰醋酸，按 1∶8∶1 的比例配制而成。

0.1 mol/L 磷酸钾水溶液：称取磷酸钾 7.1 g，用去离子水定容 100 mL。

0.1%苯胺蓝溶液：称取水溶性苯胺蓝 0.1 g，用 0.1 mol/L 磷酸钾水溶液定容至 100 mL。

8 mol/L 氢氧化钠溶液：称取氢氧化钠 32 g，用去离子水定容至 100 mL。

TE 溶液：10 mmol/L Tris-HCl 和 1 mmol/L EDTA，pH ＝ 8.0。

10×TBE 储液配制：将 Tris(分子量＝121)108 g、硼酸(分子量＝61.8)55 g、0.5 mol/L EDTA 40 mL，溶解在 600 mL 去离子水中，混匀，调节 pH 至 8.3，加去离子水定容至 1 L 后，室温保存。使用时稀释 10 倍即 1×TBE 缓冲液。

2.3　仪器与用具

荧光显微镜、分析天平(感量 0.001 g、0.000 1 g)、PCR 仪器、电泳仪、凝胶成像仪、4 ℃冰箱、超低温冰箱等仪器，西林瓶、容量瓶、移液器、移液器枪头、指形管、载玻片、盖玻片、滤纸、镊子、铅笔、标签、纸袋等用具。

3　实验方法

3.1　田间授粉技术

3.1.1　芸薹属作物田间授粉

以白菜类蔬菜和甘蓝型油菜为试材，选择至少 5 株已开花且发育健壮的植株，每株上选 3～4 个花序，摘除已经开放的花朵，然后套上纸袋，并在相应的花序上挂牌标记。在每个花序上选择 10～15 个较大的花蕾，用镊子轻轻摘除幼小的花蕾。小心摘取本株上隔离袋内新鲜花朵的花药(粉)，授到未开放花朵的柱头上，即进行花期人工强制自交。

套袋期间每天或每隔 1 d 轻轻向上提袋，以免主花序生长过快被折断。随时检查套袋情况及植株生长情况，如有掉袋或主花序已折断的植株，可将其淘汰。10 d 后摘去硫酸纸袋，成熟后统计处理的花蕾数、获得的角果数、角果籽粒数。孢子体自交不亲和以自交亲和指数来表示，自交亲和指数＝套袋自交所结的籽粒数/套袋自交总花蕾数；自交亲和指数＜1 者为自交不亲和；自交亲和指数≥1 者为自交亲和。

3.1.2　苹果田间授粉

选择生长健壮的结果树 5～10 株，在‘富士’和‘寒富’苹果树每株各选 30 序未开的花，每序上留两朵大蕾期的花，自花授粉或异花授粉后套上纸袋，并在相应的花序上挂牌标记。

授粉 1 周后去袋，查看受精坐果情况，1 个月后(生理落果后)调查坐果率。配子体自交不亲和则用坐果率来表示，坐果率＝坐果数/套袋总花朵数，坐果率＜30％者为自交不亲和，坐果率＞30％者为自交亲和。

3.2　花柱荧光显微观测

3.2.1　花柱采集

授粉后 2 h、4 h、8 h、12 h、24 h、36 h 和 48 h 分别采集花柱，放入 FAA 固定液中，24 h 后转移到 70％乙醇溶液中保存，在瓶上做好标记备用。

3.2.2　花柱压片

将上述固定材料用水冲洗后，转移到指形管中，用 8 mol/L 氢氧化钠溶液浸泡 8～24 h。软化后的材料多次换水浸泡 1 h 以上，除去氢氧化钠，转移到 0.1％苯胺蓝染液中染色 4 h。用镊子挑取一枚染色后的花柱，放在载玻片上，用滤纸吸出染液，滴上一滴甘油，盖上盖玻片，轻轻敲压盖玻片，使花柱展开。

3.2.3　荧光显微镜观察

把载玻片放到荧光显微镜下，观察记载每个柱头胼胝质沉积状况，花粉萌发及花粉管生长状态。在荧光显微镜下，对于大部分附着于柱头上的花粉，看不见它们的花粉管穿过乳突细胞，一旦穿过乳突细胞，花粉管会生长到达子房，完成受精。因此，可根据穿越花柱的花粉管数量来测定自交不亲和性。

判断白菜型油菜和甘蓝型油菜是否自交亲和的标准：自交不亲和，花柱中观测到 0～10 条花粉管；部分亲和，10～25 条花粉管；亲和，25 条以上。

判断‘富士’苹果和‘寒富’苹果是否自交亲和标准：自交不亲和，花粉管在花柱 1/3 处停止生长；自交亲和，花粉管超过花柱 1/3 处继续生长。

3.3　苹果 *S* 基因型分子标记

CTAB 法提取基因组 DNA。根据苹果 S 等位基因 C1 区的“FTQQYQ”和 RHV 区下游的“IWPNV”保守氨基酸序列，分别设计正向引物 P1 (5′-TTTACGCAGCAATATCAG -3′)和反向引物 P2 (5′-ACGTTCGGCCAAATA/CATT-3′) 。PCR 的反应体系参照实验二十四的方法进行。PCR 产物用 1.5％琼脂糖凝胶电泳回收，测序。测序结果在 GenBank 上进行序列比对分析。

3.4　数据统计分析

利用 Excel 和 SPSS 软件进行数据统计分析，数据以平均值(±标准差)表示，$P<0.05$ 表示差异显著，$P<0.01$ 表示差异极显著。

4　结果与分析

4.1　田间授粉和花柱荧光观测鉴定孢子体不亲和性的对比分析

调查以白菜类蔬菜和甘蓝型油菜为试材的田间套袋授粉枝的结荚率和每荚种子数量，记录在表 2-29 中。将不同时间采集的花柱，显微观测结果并拍照，以图片形式展示两种类型材料的花粉管生长动态。对比分析两种技术在不亲和性鉴定中的优缺点，讨论影响实验结果的关键因素。

表 2-29　油菜田间授粉结实率调查

品种	自交花朵数	自花结荚率	每荚种子数	异交花朵数	异花结荚率	每荚种子数
自交亲和型						
自交不亲和						

4.2　田间授粉和花柱荧光观测鉴定配子体不亲和性的对比分析

调查以'富士'和'寒富'苹果为试材田间套袋授粉枝条的坐果率和每果实种子数量，记录在表 2-30 中。将不同时间采集的花柱，显微观测结果并拍照，以图片形式展示两个苹果品种花粉管生长动态。对比分析两种技术在不亲和性鉴定中的优缺点，讨论影响实验结果的关键因素。

表 2-30　苹果田间授粉坐果率调查

品种	自交花朵数	自花坐果率	每果种子数	异交花朵数	异花坐果率	每果种子数
富士						
寒富						

4.3　苹果 *S* 基因型鉴定分析

以'富士'和'寒富'为试材，提取叶片 DNA。电泳检测 PCR 产物，图片展示电泳结果，标注所扩增片段长度。根据测序结果，进行序列核苷酸和推导的氨基酸序列比对，确定两个品种的 *S* 基因型。

讨论影响序列分析和基因型判定的因素。查阅文献，确定基因型鉴定的准确性。

（李天忠　编写）

实验三十四　园艺作物雄性不育材料鉴定

1　引言

雄性不育是指两性花植物雄性器官发生退化或丧失功能的现象。具有雄性不育特性的品系等种质资源材料称为雄性不育系。利用雄性不育系制种是杂交一代品种最理想的方法，其制种成本低，效果稳定，杂交率高。对雄性不育材料的鉴定，是园艺作物杂交优势育种的基础工作。

依据遗传模式，植物雄性不育可划分为：①细胞核不育型(genic male sterility，GMS)，表现的雄性不育由核基因单独控制。核内雄性不育基因大多数属于隐性基因，如雄蕊退化基因和花粉不开裂基因等，与番茄花药不开裂基因 *ps-2* 紧密连锁的标记有 SSR 标记 SSR450 和 CAPS(酶切扩增多态性序列)标记 TG123；少数为显性，如番茄花粉败育基因 *Ge* 和大白菜雄性不育基因 *Sp* 等。在番茄、辣椒、大白菜、甘蓝、菜豆中报道一对基因控制的核雄性不育，大白菜、甘蓝型油菜等中发现两对核基因互作或复等位基因控制的雄性不育。②细胞质不育型(cytoplasmic male sterility，CMS)，表现的雄性不育完全由细胞质内基因控制，与细胞核无关。Ogura 萝卜细胞质不育系及用其转育的不育系属于这种遗传类型，如 *orf138* 基因。鉴定洋葱细胞质雄性不育的 SCAR(序列特征扩增区域)分子标记 GXX393。③核质互作雄性不育型(cytoplasmic-genic male sterility，CGMS)，表现的雄性不育由核基因和细胞质基因共同控制。已发现或人工转育的核质互作不育的园艺植物包括洋葱、萝卜、辣椒、大白菜和菜薹等。CMS 的育性恢复大多是由细胞核中的一个主效基因控制、多个微效基因修饰的结果。目前，多种蔬菜作物基因组测序为 CMS 恢复基因的定位、分子标记开发提供了平台，在萝卜、辣椒、洋葱等多种蔬菜作物中已经定位了多个恢复基因，并获得了与恢复基因紧密连锁的分子标记，如萝卜育性恢复基因 *Rfo* 紧密连锁的 SNP(单核苷酸多态性)标记 Rfo-SNP1，与辣椒育性恢复基因 *Rf* 紧密连锁的 SSR 标记 pep20 和 pep43。

从自然群体、人工诱变获得雄性不育材料，需对其进行外部形态、花粉的有无及活力、分子标记等多方面进行鉴定和选择。对园艺作物不同种类、品种花器结构的观察比较，可以从外部形态特征来鉴定和选择雄性不育材料，基于分子标记可以对雄性不育材料进行精准的鉴定。本实验采用植物形态学观察和 DNA 分子标记方法，对代表性园艺作物的雄性不育材料进行鉴定，加强对园艺作物雄性不育的理论认知，强化分子生物技术操作能力。

2 实验准备

2.1 试材

按当地季节选用以下正在开花的、雄性不育(细胞核、细胞质、核质互作)代表性的大白菜、萝卜、甘蓝、辣椒等蔬菜作物。

2.2 试剂及配制

醋酸洋红、45%醋酸、硫酸铁铵等试剂。

1%醋酸洋红配制：取 45%醋酸 100 mL，放入三角瓶，加热至沸腾，移去火源，缓缓加入洋红 1 g，煮沸约 5 min，冷却后过滤，再加入 1%～2%硫酸铁铵水溶液数滴，直到溶液变为暗红色不发生沉淀为止。溶液放入棕色瓶中备用，防止阳光直射。

DNA 分子标记所需试剂及配制方法见实验二十四。

2.3 仪器与用具

光学显微镜、体视显微镜、PCR 仪、离心机、分析天平(感量 0.001 g、0.000 1 g)、电泳仪等仪器，放大镜、镊子、解剖针、游标卡尺、培养皿、载玻片、盖玻片等用具。

3 实验方法

3.1 花器官形态观察

分别随机选取可育株和不育株 5 株，每株分别选取即将开放的大蕾或当天开放的花 3～5 个

(或朵),放在自封袋内,带回室内。

观察不育株与可育株花蕾的大小、花朵的开展度,用体视显微镜观察花丝的状态(弯曲、直立)、花药的颜色、花药的饱满度、花粉的有无、花药是否开裂等花器外部形态特征,比较不育株和可育株的主要区别。观察已经开放花的花药,比较花粉的有无、颜色及数量多少。

用游标卡尺分别测量可育株、不育株当天开放花朵的花器结构,包括雌蕊长、雄蕊长、雄蕊直径、花药长和花药直径,记录数据。

3.2 花粉染色观察

分别将可育花和不育花的花药剥下,放在载玻片上压碎,捡出花药碎片,滴一滴1%的醋酸洋红溶液,用镊子去掉花药杂质,盖上盖玻片,置于显微镜下观察。比较两类材料花粉数目、花粉粒形态及花粉粒染色的差异。

3.3 雄性不育材料基因型鉴定

3.3.1 样本采集及DNA提取

分别随机采集可育株和不育株各10株的幼嫩叶片,液氮速冻,−80 ℃冻存备用。

采用改良CTAB法提取基因组DNA,具体方法参见实验二十四3.2.1。分别提取单株的DNA,等量混合,构成可育株基因池(10株)和不育株基因池(10株)。

3.3.2 引物设计和PCR扩增

利用已发表的、可鉴定不同雄性不育类型的分子标记,设计引物。鉴定番茄细胞核不育标记SSR450(正向引物:5′-AATGAAGAACCATTCCGCAC-3′;反向引物:5′-ACATGAGCCCAATGAACCTC-3′)和CAPS标记TG123(正向引物:5′-CCTGCTCCAGGTACATGCTT-3′;反向引物:5′-TTCGAGGAACATGGAAGAGC-3′)。鉴别萝卜细胞质雄性不育基因*orf138*的分子标记(正向引物:5′-GCACCGTAGTTTCATTCTG-3′;反向引物:5′-AACAAATCCCTCCAGACAG-3′)。鉴别洋葱细胞质不育的SCAR分子标记GXX393(正向引物:5′-CCCGAAGGAGTGACTTTTTCTGATTT-3′;反向引物:5′-TCTCTGGAGCACCGACTGAAGGG-3′)。鉴定萝卜育性恢复基因*Rfo*的SNP标记*Rfo-SNP1*(SNP1-A1:5′-<u>GAAGGTGACCAAGTT</u>CAGCTCAGCTGCAGAAACATTTTATCAGAATG-3′;SNP1-A2:5′-<u>GAAGGTCGGAGTCAACGGATT</u>CAGCTGCAGAAACATTTTATCAGAATA -3′;SNP1-C:5′-GAAAGGAAACAGATTCGATGTGATATATACA-3′。其中,上游引物两条SNP1-A1和SNP1-A2,3′端为等位变异碱基A或G,下划线分别为FAM和HEX荧光标签序列;下游引物SNP1-C)。

PCR扩增体系参见实验二十四3.2.2。

3.3.3 PCR产物电泳检测

根据采用的标记类型进行琼脂糖凝胶电泳或PAGE检测。琼脂糖凝胶电泳检测,采用2%琼脂糖制胶,进行电泳检测。在PCR产物中加入2 μL上样缓冲液(6×),离心混匀,10 μL反应液进行电泳检测(150 V,30 min)。电泳结束后,将凝胶放入成像系统中拍照。

PAGE检测过程,参照实验二十四3.2.3。

3.4 数据分析

采样Excel和SPSS软件进行数据整理和统计分析,数据以平均值(±标准差)表示,$P<0.05$表示差异显著,$P<0.01$表示差异极显著。

4 结果与分析

4.1 园艺植物雄性不育花器官形态特征分析

选择不同雄性不育材料，观测不育株和可育株花器官特征，记录在表 2-31 中。比较不育株和可育株在花器形态上的差异性，判定试材属于哪种雄性不育类型。

表 2-31 园艺植物不育株和可育株花器形态比较

材料类型	样本	雌蕊		雄蕊		花药			花粉		育性鉴定
		长度/mm	直径/mm	长度/mm	直径/mm	长度/mm	直径/mm	饱满度	有无	染色率/%	
不育株花	1										
	2										
	3										
	⋮										
	平均										
可育株花	1										
	2										
	3										
	⋮										
	平均										

4.2 园艺植物雄性不育基因型鉴定

根据 PCR 产物的电泳结果，统计扩增片段大小和有无，记录在表 2-32 中。分析细胞质不育型、细胞核不育型、胞质互作不育型材料的花器官表现与基因特异分子标记的吻合性，讨论影响分子标记鉴定雄性不育材料的关键因素。

表 2-32 园艺作物不同类型雄性不育的 DNA 分子标记分析

园艺作物	SSR450 标记片段		SCAR 标记片段		SNP 标记片段		CAPS 标记片段	
	长度/bp	有无	长度/bp	有无	长度/bp	有无	长度/bp	有无
细胞核不育型								
对照								
细胞质不育型								
对照								
胞质互作不育型								
对照								

（张 静 编写）

实验三十五　园艺植物多倍体诱导及倍性鉴定

1　引言

多倍体指体细胞中含有3个或3个以上染色体组的个体。多倍体在生物界广泛存在，是物种形成的途径之一，也是高等植物染色体进化的显著特征。据估计，在自然界中，大约50%被子植物、75%禾本科植物均属于多倍体。园艺作物草莓栽培种为八倍体，香蕉栽培种为三倍体，葡萄的多倍体主要是四倍体，苹果和梨有三倍体和四倍体。多倍体育种对无性繁殖植物具有特殊意义，掌握多倍体诱导及倍性鉴定的理论和关键技术，是园艺作物多倍体育种的基本要求。

根据染色体组来源不同，多倍体可分为同源多倍体和异源多倍体。染色体组不同的多倍体称为异源多倍体，通过有性杂交和体细胞杂交可以获得。染色体组相同的多倍体称为同源多倍体，其产生途径主要有人工诱导和自然突变。人工诱导是利用外界因素造成生物染色体发生突变，包括物理途径（温度激变、射线照射、电离辐射和机械损伤等）和化学途径（秋水仙碱、萘嵌戊烷、苯及其衍生物等）。最早的物理诱导方式是在番茄上通过打顶等机械损伤而实现的。χ射线、γ射线、α射线、β粒子、中子及紫外线是辐射诱变的主要射线种类。化学途径诱导以秋水仙碱处理在生产中最为常用。秋水仙碱是从百合科植物秋水仙的器官和种子中提取出来的一种剧毒的植物碱。纯品为无色或淡黄色针状结晶，熔点155 ℃，有苦味，易溶于冷水、乙醇、氯仿和甲醛，常用水或乙醇作为溶媒。秋水仙碱诱导多倍体的有效浓度在0.01%～2%。秋水仙碱诱导多倍体的原理是：秋水仙碱与正在分裂的细胞接触后，可抑制微管的聚合过程，不能形成纺锤丝，使染色体无法分向两极，从而产生染色体加倍的核。若浓度适宜对染色体结构无明显影响，处理的细胞在一定时间内可恢复正常，重新进行分裂。

秋水仙碱诱导方法有①浸渍法：用溶液浸渍幼苗、新梢、插条、接穗、种子及球根等材料，处理后清水洗干净，覆盖避光避免蒸发。如0.5%秋水仙碱处理杜梨萌动种子48 h，诱导效果最佳。幼苗处理为避免根系受害，可将盆钵倒置，使茎端生长点浸入秋水仙碱溶液中。0.05%秋水仙碱浸渍刺槐幼苗生长点1 d，加倍效率最高。②涂抹法：秋水仙碱按浓度配成乳剂，涂抹在幼苗或枝条顶端，处理部位适当遮盖，以减少蒸发和避免雨水冲洗。③滴液法：用0.1%～0.4%水溶液滴在较大植株的顶芽、腋芽，每日早晚各1次，处理2～3 d，可用脱脂棉包裹幼芽，再滴加溶液。④套罩法：保留新梢顶芽，除去顶芽下面的几片叶，套上一个防水胶囊，内盛有含秋水仙碱琼脂，经24 h即可去掉胶囊。⑤毛细管法：将大植株的顶芽、腋芽用脱脂棉包裹后，将脱脂棉的另一端浸在盛有秋水仙碱溶液的器皿中，利用毛细管吸水作用把芽浸透。此外，还有注射法、喷雾法、琼脂法等。

秋水仙碱诱导只能产生偶数多倍体，且为同源多倍体。有性杂交可产生奇数多倍体、异源多倍体。目前，在生产中所应用的同源四倍体物种大多是由二倍体人工诱变而来的，由于细胞核物质和染色体数目的改变，特别是质、核比例的改变，引起了植物在形态、生态和生理上的巨大变化。与二倍体相比较，同源四倍体植物的突出形态特征是常常表现出的某种“巨大性”，如根、茎、叶、花、果实、花粉粒、保卫细胞、种子或整个植株往往比二倍体的大，但在生长发育上往往表现为劣势，自交结实率低。利用这些表型特征，可对多倍体进行初步鉴定。观察根尖、茎尖或花粉孢母细胞的染色体数目、流式细胞仪测定DNA含量等方法，对多倍体进行鉴定。

本实验以二倍体果蔬为试材，介绍多倍体加倍及鉴定方法，巩固植物多倍体诱导的理论知识，掌握多倍体人工诱导方法与鉴定技术。

2 实验准备

2.1 试材

大蒜($2n=2x=16$)、大白菜种子($2n=2x=20$)等。

2.2 试剂及配制

0.2%秋水仙碱溶液、70%乙醇、卡诺氏固定液(95%乙醇∶冰醋酸＝3∶1，体积比)、1 mol/L HCl、0.5%苏木精染色液、1%的碘-碘化钾染色液、蒸馏水。

0.2%秋水仙碱溶液配制：称取秋水仙碱 40 mg，加入少量无水乙醇，振摇溶解，加无菌蒸馏水定容到 20 mL，置于棕色瓶中，放入 4 ℃冰箱避光保存。秋水仙碱为剧毒药品，实验中注意不要将药品沾到皮肤上、眼睛中，若沾到，需立即用自来水冲洗。

0.5%苏木精染色液配制：配制 A 液(称取苏木精 1 g 溶解到 100 mL 50%丙酸溶液中，用棉塞封好口，置于通风处后熟氧化 6 周时间)和 B 液(称取铁钒晶体 2 g 溶解到 100 mL 50%丙酸溶液中)。将 A 液和 B 液按体积比 1∶1 混合，每 5 mL 混合液加入水合氯醛 2 g，完全溶解，置于冰箱中保存备用(可保存 1 周)。

1%碘-碘化钾(I_2-KI)染色液：称取碘化钾 2 g，加蒸馏水 5 mL，完全溶解，然后加入碘晶体 1 g，振荡溶解后定容至 300 mL，保存在棕色玻璃瓶内备用。

细胞裂解液：200 mmol/L Tris、4 mmol/L $MgCl_2 \cdot 6H_2O$、0.5%(体积分数) TritonX-100，pH＝7.5。

2.3 仪器与用具

生物显微镜、分析天平(感量 0.001 g)、恒温水浴锅等仪器，解剖针、镊子、载玻片、盖玻片、吸水纸、解剖刀片、培养皿等用具。

3 实验方法

3.1 大蒜根尖多倍体诱导及鉴定

3.1.1 根尖培养与加倍

将大蒜放在培养皿清水中培养，待其根长至 0.5～1.0 cm 时，转入盛有 0.5%的秋水仙碱水溶液的培养皿中继续培养 24～30 h，待观察到根部有膨大时用清水冲洗，剪取固定(一般植物细胞周期为 17～18 h)。

3.1.2 染色体观察

(1)根尖固定　剪取 2 cm 根，置于卡诺氏固定液中固定 24 h，然后转到 70%乙醇中保存备用。

(2)根尖解离　将固定的材料用清水冲洗后，置于 1 mol/L HCl 中，在 60 ℃水浴中恒温处理 8～10 min，用蒸馏水轻轻洗 3 次，每次 1～2 min。

(3)制片染色　取一条根置于载玻片上，用解剖刀切下根尖生长点。用镊子将根尖生长点轻轻压碎、涂抹散开。滴加一滴苏木精染色液，染色 3～5 min，然后盖上盖玻片。用吸水纸吸去多余染色液，再用镊子重敲盖片，使细胞分散压平。

(4)显微观察　在 10 倍物镜下观察，再在 40 倍物镜下计数并拍照。选择处于有丝分裂前期末或中期、染色体分散良好、形态清晰的细胞进行观察。

3.2 大白菜茎尖多倍体诱导及鉴定

3.2.1 子叶苗茎尖加倍

大白菜种子催芽后播种。当两片子叶约呈 45° 夹角、茎尖生长点刚刚显露时，用 0.1%～0.2% 秋水仙碱水溶液处理。用小片脱脂棉球蘸药液置于两片子叶之间，每天上午 8:00—10:00 和下午 4:00—5:00 处理两次。搭小拱棚保湿，处理时间 2～3 d，用清水冲洗。

3.2.2 染色体观察

(1)叶片下表皮气孔密度测定　当诱变株恢复生长后，取完全展开的中部叶片，撕取下表皮，置于载玻片上，滴一滴碘-碘化钾染色液染色，盖上盖玻片。以未处理的二倍体样本为对照，显微镜下观察 5 个视野，统计单位面积气孔数目。

(2)花粉孢母细胞染色体数统计　诱变植株低温春化处理，诱导开花。在花期，分别取大小适宜的花蕾于改良卡诺氏固定液中固定，24 h 后转入 70%乙醇中，4 ℃ 保存。

取一个花蕾，剥出花药；滴加一滴苏木精染色液，用镊子轻轻挤压，释放出花粉孢母细胞；去掉花药壁，盖上盖玻片；用吸水纸吸去多余染液，再用镊子重敲盖玻片，使细胞分散压平。显微镜下观察诱变和对照植株的染色体数目，选择并拍照。

3.3 流式细胞仪鉴定法

通过测定处于分裂间期细胞的 DNA 含量而确定细胞倍性。

取新鲜叶片 1 g，在 2 mL 细胞裂解液中切碎，经 20～40 μm 尼龙网过滤，收集滤液，低速(800～1 000 r/min)离心 5 min，加入预冷的 Tris-$MgCl_2$ 缓冲液，调整细胞核密度至 10 万～30 万个/mL。加入核糖核酸酶(RNase A)和碘化丙啶(PI) 50 μg/mL 荧光标记细胞核 DNA，置于暗处染色 20～30 min，上机进行倍性鉴定。

流式细胞仪记录样品的 G_1/G_0 和 G_2/M 期细胞的荧光强度。G_1/G_0 期细胞在 DNA 合成(S)之前，G_2/M 期细胞已完成 DNA 复制但未分裂。因此，基于对照和样品的 G_1/G_0 峰的荧光强度值计算二倍体 DNA 含量。待测样本 DNA 含量 (pg/Mb)＝对照样本 DNA 含量×(待测样品 G_0/G_1 峰荧光均值)/(对照样品 G_0/G_1 峰荧光均值)。

3.4 数据统计分析

采用 Excel 软件进行数据整理和分析，各指标结果以平均值(±标准差)表示。

4 结果与分析

4.1 大蒜二倍体和四倍体根尖染色体数目分析

大蒜二倍体染色体数为 $2n=2x=16$，诱导加倍后四倍体染色体数为 $2n=4x=32$。显微镜下观察二倍体根尖和秋水仙碱诱导的四倍体根尖制片，选择 5 个处于有丝分裂前期末或中期、染色体分散良好、形态清晰的细胞进行染色体计数，记录在表 2-33 中。比较倍性不同的大白菜染色体数目差异，讨论秋水仙碱加倍效果。

表 2-33 不同倍型的大蒜染色体数目观测

材料	实际统计数均值	理论数	数值偏差
大蒜二倍体			
大蒜四倍体			

4.2 大白菜二倍体和四倍体的气孔和染色体数目分析

大白菜染色体数为 $2n=2x=20$，诱导加倍后四倍体染色体数为 $2n=4x=40$。显微镜下观察 5 个视野的叶片表皮气孔数目和花粉母细胞染色体数目，记录在表 2-34 中。对比分析不同倍性大白菜的气孔和染色体数目差异，讨论秋水仙碱加倍效果及倍性鉴定方法的可行性。

表 2-34 不同倍性大白菜气孔和染色体数目观测

材料	气孔数目均值	染色体数目		
		实际统计数均值	理论数	数值偏差
大白菜二倍体				
大白菜四倍体				

4.3 两种蔬菜的流式细胞仪倍性分析

提取大蒜和大白菜加倍和对照的样本 DNA，进行倍性鉴定。根据所获得的 DNA 相对含量曲线图，横坐标为荧光强度，纵坐标为细胞数目的相对值，峰值的位置代表测试样本的倍性。讨论流式细胞仪鉴定大蒜和白菜染色体倍性的优化方案。

（罗双霞　编写）

实验三十六　园艺植物单倍体培养

1 引言

单倍体指具有配子染色体数的个体，属于“半倍体”。源于二倍体物种的单倍体，称为一元单倍体，源于多倍体的单倍体，称为多元单倍体。单倍体加倍后获得基因型纯合植株，是基因功能、遗传作图、转基因等的理想材料。植物自然发生单倍体的频率很低，人工诱导单倍体途径有多种，效率差异大。因此，掌握单倍体培养的理论和关键技术，是开展园艺作物单倍体育种的基本要求。

植物产生单倍体的途径包括：雄核发育途径，即由雄配子产生；雌核发育途径，即由未受精子房、胚囊等产生；合子染色体消除，即是远缘杂交植株因不亲和导致单一亲本染色体在胚胎发育初期消失，可能的作用机制在于植物通过多种方式识别并锚定外源或受损 DNA，将其清除，着丝粒特异组蛋白 CENH3 对着丝粒功能和染色体传递至关重要。诱导单倍体发生途径包括：①远缘杂交。种间或属间杂交，卵细胞仅受远缘花粉诱导而未受精，发育成胚，或合子染色体消除，产生单倍体。②物理和化学诱变。诱变花粉无活力，授粉后诱导卵细胞孤雌生殖。③双生苗筛选。多胚（含有 2 个及多个胚）种子如辣椒属植物，双生苗中有单倍体。④花药、花粉、未受精子房或胚珠培养，直接产生单倍体。⑤基因编辑单倍体诱导基因 *DMP*(DUF679 membrane protein gene)，在单子叶和双子叶植物中均可诱导单倍体。花药培养和小孢子(花粉)培养是目前获得单倍体植株的主要方法。花药培养是把发育到一定阶段的花药接种到培养基上来改变花粉的发育程序，使其分裂形成细胞团，进而分化成胚状体或愈伤组织，再生植株。小孢子培养是在花药培养基础上发展起来的，以游离的小孢子为外植体，避免了花药壁和绒毡层等体细胞组织对单倍体形成和发育的影响，广泛用于大白菜、甘蓝、白菜、花椰菜、青花菜等芸薹属作物单倍体诱导。

小孢子是植物花粉母细胞($2n$)经历减数分裂形成四分体后释放出来的单倍性单核细胞。初生小孢子细胞质浓厚，核位于中央，即单核居中期；随着液泡增大，将核挤压到花粉萌发孔的对面，即单核靠边期；之后开始第一次有丝分裂，产生 1 个较大的营养核和 1 个较小的生殖核，即双核期。小孢子发育时期是影响花药和花粉培养的关键内因，选择单核期靠边期和双核早期的花粉，更容易诱导花粉胚，再生单倍体植株。此外，供体植株基因型及生理状态、低温或热激处理、小孢子接种密度和培养基成分等，影响花粉胚再生。

本实验以大白菜为试材，通过小孢子发育时期鉴定、小孢子培养和再生植株染色体倍性鉴定，巩固植物单倍体相关的理论知识，掌握单倍体诱导技术。

2　实验准备

2.1　试材

大白菜开花期，于晴天上午 9:00—11:00 采集单核靠边期花蕾(数字资源 2-7)，采集的花蕾分别用封口袋装好，每袋大约 30 个花蕾。

数字资源 2-7

大白菜花粉培养

2.2　试剂及配制

B_5 盐培养基、NLN 盐培养基、MS 培养基、蔗糖、2.5% NaClO 溶液、无水乙醇、活性炭等。

醋酸-铁矾-水合三氯乙醛-苏木精染色液配制：配制 A 液(称取苏木精 1.00 g，加 50%冰醋酸 100 mL)和 B 液(称取 0.50 g 铁矾 $FeSO_4 \cdot 7H_2O$，加 50%冰醋酸 100 mL)，等量混合 A、B 液，每 100 mL 混合液中加入水合三氯乙醛[$CCl_3CH(OH)_2$] 4.00 g，充分溶解、摇匀，存放 1 d 后使用。

2.3　仪器与用具

超净工作台、恒温培养箱、分析天平(感量 0.001 g、0.000 1 g)、冰箱、灭菌锅、抽滤除菌器、离心机、生物显微镜、血球计数板等仪器，小烧杯、研磨棒、吸管、10 mL 离心管、6 cm 培养皿、小漏斗(装上 50 μm 孔径尼龙网)、大小镊子、耳勺等无菌用具，0.22 μm 和 0.45 μm 的水性微孔滤膜、酒精灯、试管架、红色胶头、记号笔、标签、封口膜、牛皮纸、计时器、锡箔纸、废液缸等用品。

3　实验方法

3.1　小孢子发育时期鉴定

采集大白菜未展开花蕾(数字资源 2-7)，卡诺氏固定液室温固定 24 h，转到 70%乙醇中

4 ℃保存备用。用镊子小心剥去萼片、花瓣，取出花药，放在载玻片上；滴一滴染色液，用刀片从花药中部切断；用镊子轻轻挤压花药，散出小孢子；去掉花药壁残渣，加盖玻片压片。显微观察，鉴定所取花蕾的小孢子发育时期是否大多处于单核靠边期。根据鉴定结果，选择适宜的花蕾。

3.2 培养基制备

3.2.1 洗涤培养基

采用 B_5 液体培养基洗涤小孢子。称取 B_5 盐培养基 3.40 g、蔗糖 130 g、加热溶解于 1 L 蒸馏水，调 pH 至 5.8。分装三角瓶，121 ℃高压灭菌 15 min，冰箱冷藏备用。

3.2.2 小孢子培养基

采用 NLN 液体培养基进行小孢子培养。称取 NLN 盐培养基 1.93 g、蔗糖 100 g、NAA 0.50 g、6-BA 0.05 g，溶解于 1 L 蒸馏水，调 pH 至 5.8。采用滤膜器过滤灭菌，冰箱冷藏备用。

3.2.3 花粉胚再生培养基

采用 MS 固体培养基，121 ℃高压灭菌 15 min，常温放置备用。

3.2.4 花粉植株生根诱导培养基

采用 1/2MS 固体培养基，121 ℃高压灭菌 15 min，常温放置备用。

3.3 小孢子悬浮液制备

3.3.1 花蕾消毒

约 30 个花蕾为一组，放入小烧杯中，用 70% 乙醇消毒 30 s，无菌水冲洗，再加入 2.5% NaClO 溶液，消毒 5 min，无菌水冲洗 3 次。

3.3.2 小孢子分离与纯化

将 5 mL B_5 培养基倒入小烧杯，用研磨棒进行研磨，直到将所有的花蕾研磨碎，使小孢子充分游离到溶液中。

将离心管置于试管架上，放入漏斗，用 50 μm 孔径尼龙网过滤，收集小孢子滤液，在 1 000 r/min 下离心 5 min，取出后将上清液倒掉，收集沉于离心管底部的小孢子。

再次倒入 5 mL B_5 培养基，悬浮小孢子，然后离心、收集，如此重复 3 次。

3.3.3 小孢子计数及植板

离心收集小孢子，加入 NLN 培养基悬浮小孢子，利用血球计数器显微镜下计数。将小孢子浓度调整至 $1\times10^5\sim2\times10^5$ 个/mL，然后加入 1 耳勺活性炭混匀。

将小孢子悬浮液分装在直径 6 cm 的培养皿中，每皿 2 mL，封口膜封口，记号笔写上编号及日期，锡箔纸包好。

3.4 小孢子胚状体诱导及再生

将装有小孢子悬浮液的培养皿，先在 32 ℃条件下暗培养 24 h，然后在 25 ℃ 继续暗培养。约 1 周，肉眼可观察到幼胚，约 3 周即可得到子叶期胚。

待胚状体发育到子叶期时，转入到光培养 48～72 h，待子叶胚变绿时，转接在 MS 固体培养基上，25 ℃光照条件下植株再生。

3.5 再生植株染色体倍性鉴定

采用染色体数目鉴定和流式细胞仪鉴定再生植株倍性。具体方法参见实验三十五。

3.6　数据统计分析

采用 Excel 软件进行数据整理和分析，各指标结果以平均值(±标准差)表示。

4　结果与分析

4.1　大白菜小孢子胚胎发生率分析

小孢子诱导培养 3 周后，统计每个培养皿中胚状体总数，再根据每皿中小孢子总数，计算小孢子胚状体发生率。每个材料至少统计 5 皿，记录在表 2-35 中。讨论基因型、小孢子质量、植板密度和培养条件对小孢子胚胎发生的影响，优化实验方案。

表 2-35　大白菜小孢子胚胎发生率分析

编号	小孢子数	愈伤组织	胚状体数	褐化未萌发数	成胚率	褐化率
平皿 1						
平皿 2						
平皿 3						
平皿 4						
平皿 5						

4.2　大白菜小孢子胚再生植株的倍性分析

以二倍体为对照，对再生植株进行倍性分析。观察再生植株根尖的染色体数目，利用流式细胞仪测定再生植株的 DNA 含量。将实验结果记录在表 2-36 中，分析小孢子胚再生植物的倍性及自然加倍率。

表 2-36　大白菜小孢子胚再生植株的倍性鉴定

株号	染色体数目	流式细胞仪鉴定		
		单倍体	二倍体	其他倍性
1				
2				
3				
⋮				

（罗双霞　编写）

实验三十七　园艺植物细菌抗性鉴定

1　引言

园艺植物病原细菌属于原核生物，即细胞核 DNA 无核膜包裹的单细胞微生物，不具有核仁和核蛋白，没有由单位膜隔开的细胞器，核糖体为 70S 型。在几类病原生物中，细菌的重要性仅次于真菌和病毒，植物病原细菌引起的病害在500种以上。植物病原细菌的侵染来源非常广泛，鉴定植株的细菌抗性，有助于园艺植物栽培管理和抗性育种。

通常情况下，种子和其他繁殖材料是病原细菌远距离传播的重要途径，例如西瓜果斑病菌可以通过种子传播，马铃薯环腐病菌和柑橘黄龙病菌可以通过种薯和苗木传播。细菌只能通过自然孔口如气孔、水孔、皮孔和蜜腺，以及伤口侵入；但有少部分细菌可以从没有角质化的表层侵入，如花粉囊及花柱。细菌侵入寄主组织后，不能直接侵入寄主细胞，先在组织的细胞间隙或导管中繁殖，当寄主细胞受到损伤或死亡后，再进入细胞。有的细菌在寄主组织中生长范围仅局限于较小范围的薄壁组织，产生斑点症状，如黄瓜细菌性角斑病，其蔓延会受到叶脉的限制；而有些细菌则蔓延很广，如胡萝卜软腐果胶杆菌，感染大白菜后会导致整株腐烂；有些细菌会限制在植物维管束的导管里，引起萎蔫的症状；有些细菌会分泌激素类物质，导致组织膨大或癌肿，如根癌农杆菌等；有些细菌从薄壁组织或水孔侵入维管束，在维管束的木质部或韧皮部中蔓延，引起系统性侵染，如番茄青枯病以及番茄溃疡病等。

植物病原细菌侵染植物后，一旦与植物建立寄生关系就会对植物产生影响，使植物在生理上、组织上产生病变，最后在形态上表现出各种症状，如坏死、腐烂、萎蔫、组织变形或增生和变色。由于细菌性病害产生的病状较为复杂，难以通过病状判断是否是多种病原交互感染引起的。为了明确病原，同时增加对园艺植物品种抗病性鉴定的准确性，通常将病原细菌进行分离纯化，对纯培养细菌进行扩繁后，人工接种待测植物品种。将接种后的园艺植物置于该病原物容易生长发育的条件下，使园艺植物发病。待寄主植物显症后，根据病原菌对不同品种的寄主造成的危害程度，对品种的抗病性强弱进行鉴定。

目前，利用抗病品种是预防园艺作物细菌性病害发生的最有效途径。本实验以大白菜软腐病、番茄青枯病为例，介绍园艺植物对细菌性病害抗性鉴定的方法与技术，加深学生对相关理论的认知，掌握植物细菌性病害鉴定的基本方法。

2 实验准备

2.1 试验材料

以大白菜和番茄为试材，其中大白菜软腐病抗病品种1种（可选择‘绿宝’‘中白1号’或‘北京小杂50’）、感病品种1种，番茄青枯病抗病品种1种（可选择‘杂优1号’‘杂优3号’或‘抗青19号’）、感病品种1种。

病原物：大白菜软腐病的病原菌为胡萝卜软腐果胶杆菌（*Pectobacterium carotovorum*），番茄青枯病的病原菌为茄科劳尔氏菌（*Ralstonia solanacearum*）。

2.2 试剂及配制

LB培养基：胰蛋白胨10 g，酵母提取物5 g，NaCl 10 g，固体培养基加琼脂粉15～20 g，双蒸水定容至1 000 mL，分装后高压灭菌。

TZC培养基：酪蛋白水解物1 g/L，蛋白胨10 g/L，葡萄糖5 g/L，红四氮唑（2，3，5-三苯基氯化四氮唑，TTC）0.05 g/L，琼脂15 g/L，定容后分装高压灭菌。

CVP（结晶紫果胶酸盐）培养基：将1.02 g的$CaCl_2 \cdot 2H_2O$、1 g蛋白胨、5 g柠檬酸钠、2 g $NaNO_3$、4 g琼脂和1.5 mL结晶紫（1%水溶液）依次加入，再加入400 mL双蒸水，50 ℃条件下顺时针搅拌。溶解后再加入果胶酸盐溶液(将 2 mL 的 5 mol/L NaOH 以及 18 g 聚果胶酸钠溶解在 500 mL 无菌水中),将结晶紫溶液和果胶酸盐溶液搅拌混匀,调节 pH 为 7.0,定容到 1 L,分装后高温高压灭菌。

2.3 仪器与用具

光照培养箱、分光光度计、分析天平(感量 0.001 g)、恒温箱等仪器,手持喷雾器、保鲜袋、三角瓶、移液管、培养皿等用具。

3 实验方法

3.1 大白菜软腐病田间抗病性鉴定

3.1.1 软腐病病原菌的分离、纯化及培养

病原菌分离技术流程:新鲜标本用蒸馏水洗干净 → 70%乙醇表面消毒 10 s → 1.5%的次氯酸钠表面消毒 3 min → 无菌水冲洗 3~5 次 → 用灭菌的解剖刀切取小块病健交界处组织 → 无菌水制成悬浮液 → 平板划线法分离 → 28 ℃培养箱中 CVP 分离培养 → 孵育 1~2 d 即可出现杯状凹陷菌落 → 挑取菌落在 LB 培养基上划线培养 → 1 d 后即可出现肉眼可见菌落→用蒸馏水冲洗培养基表面的病原菌,无菌纱布过滤。

将过滤液滴到血球计数板上,记录计数板的每个方格的细菌。取 5~10 个方格中的细菌数的平均数,乘以 2×10^7 即为每毫升细菌数目。使用蒸馏水将菌悬液浓度稀释到 10^6~10^7 CFU/mL,即可作为接种液。CFU(colony forming unit)表示细菌单细胞数量。

3.1.2 田间人工接种

大白菜在田间定植后,对第 10 片真叶展开的植株进行接种处理,每个品种选择 30 株长势一致的植株,对其第 10 片真叶进行接种,以接种灭菌水的处理作为对照(CK),每个品种进行 3 次重复。使用手持喷雾器喷洒接种液于叶背面和叶面至滴液为止,立即用保鲜袋套袋保湿,3 d 后去除袋子,隔日检查,确定病原菌的潜伏期,并按照相关分级标准进行病情记录,计算病情指数和发病率。

大白菜单株(叶)病情分级标准为:0 级,接种点无侵染;1 级,病斑刚开始形成,呈水渍状;3 级,病斑已产生而长度小于 1 cm;5 级,病斑长度大于 1 cm 而小于 2 cm;7 级,病斑长度大于 2 cm;9 级,叶柄大部或全部腐烂。

$$\text{病情指数}=\frac{\sum(\text{病级株数}\times\text{该级级数})}{\text{最高病级数}\times\text{调查总株数}}\times100\text{;发病率}=\frac{\text{调查病叶数}}{\text{调查总株数}}\times100\%$$

3.1.3 室内抗性鉴定

每个品种选择 15 株长势一致的幼苗,当大白菜第 6 片真叶充分展开时,对第 6 片真叶进行接种,以接种灭菌水的处理作为对照,每个处理重复 5 次。

针刺法接种:用 70%乙醇清洗叶柄,再用无菌水冲洗;用无菌的接种针蘸取胡萝卜软腐果胶杆菌的菌悬液(浓度为 10^7 CFU/mL)接种,之后置于 28 ℃光照培养箱中保湿培养 2 d。光照培养箱设定为 12 h 光照,光强为 9 000 lx。接种 5 d 后进行调查,分析不同叶龄、不同品种的抗病性。

3.2 番茄青枯病抗性鉴定

3.2.1 田间抗病性鉴定

番茄青枯病抗性鉴定通常在病圃进行。在番茄开花坐果期，对田间试验的每个小区逐株按照番茄细菌性青枯病病情分级标准调查单株的病级，统计分析不同品种的病情指数，每个品种设置3次重复，每个重复20～30株，随机排列。定植时间为每年春季(3月)为宜，青枯病发生后，按照青枯病分级标准每隔5 d调查感病株数，统计发病率和病情指数。

田间苗圃诱发鉴定标准：0级，无病症；1级，植株顶端1～3片叶中午萎蔫，早、晚恢复；3级，植株自上向下有4～6片叶中午萎蔫，早、晚恢复；5级，植株有1/3叶片萎蔫，早、晚恢复；7级，植株有1/2以上枝、叶萎蔫或半边萎蔫，早、晚无明显恢复；9级，全株枝、叶萎蔫枯死。

为了比较田间自然抗病性与室内人工接种鉴定结果，可采用相对抗性指数。病情指数与相对抗性指数的换算关系如下：

$$\mathrm{RRI}=\ln\frac{X}{1-X}-\ln\frac{Y}{1-Y}$$

式中：X，感病对照品种的病情指数；Y，鉴定品种的病情指数。

3.2.2 室内抗性鉴定

病原菌分离的技术流程：取田间病株的近地茎部，用自来水洗去泥土，晾干。然后用灭菌的解剖刀削去表皮，在维管束的褐变部位切取少量组织。在灭菌的培养皿底上加一滴灭菌水，将所取病部组织置于其中，用解剖刀捣碎，静置片刻；用接种环蘸取浸出液在TZC培养基平板上划线。将划线的平板静置于30 ℃恒温箱中培养36～48 h，选取典型的毒性菌落(流动态、黏液态、中央粉红色、周围有污白边)在TZC平板上纯化2～3次即可获得纯菌株。

接种体制备：将茄科劳尔氏菌用划线法在不含红四氮唑的TZC培养基上培养36～48 h，然后在培养皿中倒入少量蒸馏水，用无菌毛笔将平板表面菌落洗下；用蒸馏水调配成1×10^8 CFU/mL($OD_{600}=0.3$)的细菌悬浮液，接种前将其稀释成1×10^6 CFU/mL供接种用。

接种方法：供试番茄幼苗在防虫温室(人工光照培养箱或人工气候室)培养。常规方法催芽后直播于装有营养土的搪瓷盘内，置于防虫温室培养；待真叶展开时分苗，每营养钵栽植1株；当番茄幼苗真叶展开4～5片后，即可接种。每个品种选择长势一致的10株幼苗，进行接种，每个处理重复5次。采用伤根灌根法接种，即在植株根部2～4 cm处伤根处理，然后每株番茄灌注1×10^6 CFU/mL的茄科劳尔氏菌菌液50 mL，接种后保持较高的温度(28 ℃)和相对湿度(RH≥90%)。接种后每7 d观察一次，按照青枯病分级标准调查感病株数，统计发病率和病情指数。

人工苗期接种鉴定标准：0级，无症状；1级，1片叶半萎蔫；3级，2～3片叶萎蔫；5级，除顶端1～2片叶外，其余叶片均萎蔫；7级，所有叶片均萎蔫；9级，整株植株枯死。

3.3 数据统计分析

采用Excel软件对数据进行统计，使用SPSS软件的LSD模型对统计数据进行单因素方差分析。$P<0.05$表示差异显著，$P<0.01$表示差异极显著。

4　结果与分析

4.1　大白菜软腐病群体抗性分类及评价

将田间和室内鉴定的结果记录在表 2-37 中。软腐病抗性的分类标准是：免疫(I)，病情指数 0；高抗(HR)，病情指数 0.01～11.11；抗病(R)，病情指数 11.12～33.33；中抗(MR)，病情指数 33.34～55.55；感病(S)，病情指数 55.56～77.77；高感(HS)，病情指数 77.78～100.00。根据此标准，评价所测试材料的软腐病抗性，讨论病害侵染路径和发病机理。

表 2-37　××病害抗性品种比较

品种	鉴定方法	各感病级次株数						病情指数	发病率/%	抗病类型
		0	1	3	5	7	9			
	田间自然鉴定									
	室内接种鉴定									

4.2　番茄青枯病群体抗性分类及评价

将田间和室内鉴定的结果记录在表 2-37 中。番茄青枯病抗性分类标准为：免疫(I)，病情指数 0；高抗(HR)，病情指数 0.1～20.0；中抗(MR)，病情指数 20.1～40.0；耐病(T)，病情指数 40.1～60.0；感病(S)，病情指数>60.0。根据此标准，评价所测试材料的青枯病抗性，讨论病害侵染的路径和发病机理。

（孟祥龙　编写）

实验三十八　园艺植物真菌抗性鉴定

1　引言

在园艺作物病害中，86%以上都是由真菌引起的。真菌是一种具真核的、产孢的、无叶绿体的真核生物。致病真菌通过植物的自然孔口、伤口和直接穿透表皮层侵染植物。抗病性鉴定是抗病育种的重要基础，掌握植物真菌抗性鉴定方法是园艺作物真菌病害抗性育种，以及真菌病害防治的基本要求。

园艺植物真菌抗性鉴定方法包括自然鉴定、接种鉴定、田间成株鉴定、室内苗期鉴定、离体鉴定及间接鉴定等，在实际工作中则需根据植物、病害种类、目的要求和设备条件而定。自然发病条件下的田间鉴定是鉴定抗病性最基本的方法，尤其是在各种病害的常发区，进行多年、多点的联合鉴定，可以对育种材料或品种的抗性进行最有效、最全面、最严格的检验。田间鉴定方法因植物种类而异。对于树体大、多年生的果树及观赏植物进行田间鉴定，可将待鉴定的材料按一定的株行距田间定植，全年不使用任何杀菌药，在发病盛期每份材料调查 100～300 个果实或叶片、枝干、根部等的发病程度，计算病情指数。田间鉴定方法能准确反映出所鉴定材料的抗病性，结果可靠，易于操作，缺点是占用较多的土地、费用较高。

温室或田间接种鉴定是将病原菌孢子或病毒直接接种到温室或田间植株的叶片、果实、枝干或根部，适合于对所有植物进行抗病性鉴定。由于抗病现象是寄主、病原物及环境条件三者共同作用的结果，此方法可真实地反映所鉴定材料的抗病性，可靠性强。其技术流程包括育苗、接种体的制备(病菌的分离、保存与孢子诱发)及接种 3 个环节。叶片及果实接种，可选用点滴法或喷雾法，土传病菌如苹果炭疽叶枯病可采用孢子悬浮液浸根法接种。接种材料的发育程度及接种孢子浓度(选择压)等因素影响鉴定效果。离体接种鉴定是从植物植株上取下子叶、叶片或果实进行离体接种鉴定，操作简便，同时鉴定同一材料对不同病原菌抗性，而不影响植株生长发育和开花结实。

抗性鉴定方法因植物、病菌种类而异，抗病性分级标准因作物、病原菌种类和鉴定方法而存在差别。本实验以苹果炭疽叶枯病为例，以田间苹果结果树、离体苹果组培苗为材料，对病原真菌接种鉴定，促进学生对相关知识的理解和病害鉴定方法的掌握。

2 实验准备

2.1 试材

选择本地果园的苹果结果树、离体培养的苹果组培苗为试材。

2.2 试剂及配制

蒸馏水、马铃薯、葡萄糖和琼脂等试剂。

马铃薯葡萄糖琼脂(potato dextrose agar，PDA)培养基配制：将马铃薯去皮切块后取 300 g，加蒸馏水 1 000 mL，煮沸 10～20 min。用纱布过滤，补加蒸馏水至 1 000 mL。加入葡萄糖 20 g 和琼脂 15～20 g，加热溶化，分装，121 ℃高压灭菌 20 min。

2.3 仪器与用具

人工气候箱、超净工作台、光学显微镜、血球计数板、分析天平(感量 0.001 g)、1 000 μL 移液枪等仪器，塑料膜、1 mL 一次性注射器、2 mL 离心管、小喷壶、涂布棒、枪头、毛笔等用具。

3 实验方法

3.1 田间自然鉴定

果园随机调查至少 10 株果树，每株调查树冠内不同部位 10 个新梢上的所有叶片。记录不同苹果品种在自然环境条件下的发病情况，根据表 2-38 统计田间发病情况，计算发病率和病情指数。

$$病情指数 = \sum(病级株数 \times 该级级数)/(最高病级数 \times 调查总株数) \times 100$$

表 2-38　苹果炭疽叶枯病田间树体病情分级和群体抗性归类

个体病情分级	苹果群体抗性归类
0 级：无患病叶片	高抗：病情指数 0.11 ～ 11.11
1 级：零星数片叶患病，极少；病叶上有稀疏褐色小点，直径 ＜3 mm，不扩展	抗病：病情指数 11.12 ～ 33.33
3 级：树体 10％以上叶片患病或脱落；病叶坏死斑直径在 3～7 mm	中抗：病情指数 33.34 ～ 55.55
5 级：树体 30％以上叶片患病或脱落；病叶坏死斑直径在 7～12 mm，且病斑较多	感病：病情指数 55.56 ～ 77.77
7 级：树体 50％以上叶片患病或脱落；病叶坏死斑直径 ＞12 mm	高感：病情指数 77.78 ～ 100

3.2　离体接种鉴定

方法一：取自然发病的新鲜病叶，在约 21 ℃条件下，保湿一夜。用毛笔蘸蒸馏水刷取孢子囊于 2 mL 离心管中，通过显微镜和血球计数板检查孢子浓度，用蒸馏水将孢子悬浮液浓度配制成 2×10^5 个孢子/mL。

选择田间长势一致的幼树 10 株以上，每株选择生长 1 个月之内的春梢 3～5 个，使接种春梢总量 30 个以上，每 10 个新梢设为一个重复。用准备好的菌液在新梢上喷雾接种至淋湿程度，然后套袋，袋放 2 个湿棉球保湿，48 h 后取出棉球。接种 7 d 后，调查接种新梢全部叶片的发病情况(表 2-38)。

方法二：取 PDA 培养基上培养 1 周的病菌，将 2～3 mL 灭菌水滴于菌丝上，用消毒后的涂布器轻刮菌丝，使孢子囊悬浮于蒸馏水中，吸取孢子悬浮液于 2 mL 离心管中。对孢子悬浮液镜检计数，用蒸馏水将孢子悬浮液浓度配制 2×10^5 个孢子/mL，在 10×10 倍显微镜下每视野约 2 000 个孢子。取生长周期一致的组培苗(4 周龄)，利用一次性注射器在组培苗叶片上扎小孔，吸取孢子悬浮液，用手轻抵叶面，从叶背处注射孢子悬浮液。在温度 25 ℃、黑暗环境下，培养 48 h 后观察病情(数字资源 2-8)。

数字资源 2-8

苹果炭疽病菌分离接种

根据表 2-38 调查病情分级和抗性归类。也可以根据表 2-39 统计个体病情分级或相对病斑面积，进行抗性归类。

表 2-39　苹果炭疽叶枯病组培苗病情分级、群体抗性归类和相对病斑面积

个体病情分级	苹果群体抗性归类	相对病斑面积
1 级：零星数片叶患病，极少；病叶上有稀疏褐色小点，直径 ＜3 mm，不扩展	抗病：病情指数 0～13.33	1 级(抗病)：每 10 株苹果组培苗叶片的平均病斑面积为 0～5％
3 级：每株组培苗 10％～30％及以上叶片患病或脱落；病叶坏死斑直径在 3～7 mm	中性：病情指数 13.33～ 46.67	2 级(中性)：每 10 株苹果组培苗叶片的平均病斑面积为 5％～30％
5 级：每株组培苗 30％以上叶片患病或脱落；病叶坏死斑直径 ＞7 mm	感病：病情指数 46.68～100	3 级(感病)：每 10 株苹果组培苗叶片的平均病斑面积为 30％以上

注：取接菌后 10 株以上组培苗，取 30 个以上叶片统计病斑面积，相同数目的未接菌组培苗作为对照。利用 ImageJ 统计相对病斑面积，即每片叶子病斑面积与该叶片总面积之比

3.3 数据统计分析

采样 Excel 和 SPSS 软件进行数据整理和统计分析，数据以平均值(±标准差)表示，$P<0.05$ 表示差异显著，$P<0.01$ 表示差异极显著。

4 结果与分析

4.1 不同苹果品种田间自然发病率调查和抗性分析

将实际观察结果，记录在表 2-40 中，比较自然环境下不同苹果品种发病情况及对炭疽叶枯病的抗性。

表 2-40 苹果炭疽叶枯病田间发病情况调查表

品种	各级病害发病株					总株数	病株数	发病率	病情指数	抗性等级
	0	1	3	5	7					
红富士										
⋮										

4.2 苹果离体接种叶片发病率调查和抗性分析

以某苹果品种为试材，利用两种离体接种方法侵染，观察接种叶片发病情况，并记录在表 2-41 中。以田间自然鉴定结果为参照，比较两种离体接种方式鉴定结果准确性，讨论干扰实验结果的因素。

比较组培苗接种后，两种抗性统计方法对抗性鉴定结果的准确性，及可能的干扰因素。

表 2-41 苹果炭疽叶枯病离体叶片发病情况调查表

离体接种	各级病害发病株					总叶数	病叶数	发病率	病情指数	抗性等级
	0	1	3	5	7					
田间苗										
组培苗										

（张秋雷　编写）

实验三十九　园艺植物病毒抗性鉴定

1 引言

植物病毒由核酸和蛋白质外壳组成，依赖于寄主细胞生存的微生物。植物病毒种类很多，繁殖速度快，传播途径广，是导致园艺植物产品产量与品质下降的重要原因之一。迄今为止，几乎没有从染病植株上有效去除病毒的化学药剂，治虫防病的应急措施也无法作为一项长期的病毒防控策略。植物病毒一旦发生，危害极其严重，因此，利用植物自身的抗病性是防治病毒病最为经济有效的方法，抗病性鉴定是园艺作物抗病育种工作的前提。

植物病毒核酸类型有单链 RNA(ssRNA)、双链 RNA(dsRNA)、单链 DNA(ssDNA)和双链 DNA(dsDNA)，绝大多数含 ssRNA。在电子显微镜下，病毒形状有球状、棒状、杆状等。抗病性鉴定即测试植物品种或种质对特定病毒的抵抗能力。抗病性鉴定方法分田间成株自然发病鉴定和温室苗期人工接种鉴定。苗期人工接种鉴定接种方法包括人工摩擦接种、喷枪接种、打顶接种等，但接种鉴定的时期和评价方法不一，如子叶期、1～2 叶期、3～4 叶期或 6 叶期。接种的病毒株系也不一致，一般选取当地危害最重的毒源种类和生理小种。病害分级标准有采用 4 级分类的，有采用 5 级分类的，有采用 9 级分类的。本实验中涉及的烟草花叶病毒(Tobacco mosaic virus，TMV)，属于烟草花叶病毒属单链 RNA 病毒，基因组长 6 395 bp，病毒 RNA 进入宿主细胞后进行核酸复制，并编码病毒的复制酶、外壳蛋白和运动蛋白。TMV 在世界范围内普遍发生，根据宿主不同，烟草花叶病毒属病毒可分为侵染茄科植物、侵染葫芦科与豆科植物、侵染十字花科植物 3 类。TMV 主要通过植物种子和汁液摩擦传毒，通过植物微管组织迅速扩散到植株幼嫩组织，在植物叶片上产生花叶症状，并影响植物的生长发育。

病毒的检查方法包括生物学检测法、电镜技术法、血清学方法和分子生物学方法。生物学检测法又叫指示植物检测法，借助对某些病毒敏感的草本或木本植物(一旦被感染能很快表现出明显症状)而鉴定病毒。电镜技术法是在电子显微镜下观察感病植物组织样本，可根据病毒的形态、大小、内含体以及染病组织超微结构等诊断病毒的种类。血清学方法是利用抗体与抗原结合使抗原失去活力的免疫反应(也叫血清反应)检测植物病毒，由于不同病毒产生的抗血清都有各自的特性，可以用已知病毒的抗血清来鉴定病毒种类，目前应用最广泛的是酶联免疫吸附测定(enzyme-linked immunosorbent assay，ELISA)。分子生物学方法是通过检测病毒核酸(DNA 或 RNA)来证实病毒的存在，检测病毒的范围广、灵敏度高。

本实验采用血清学和分子生物学两种方法检测 TMV，进行病情指数调查和抗病性分析。通过实际操作，促进学生对植物病毒致病理论的学习，掌握园艺植物病毒鉴定的基本方法。

2　实验准备

2.1　试材

TMV 抗性不同的番茄品种或杂种一代种子、TMV 毒源等植物材料；培养土、蛭石等生产资料；磷酸三钠、磷酸缓冲液等化学试剂；RNA 提前试剂盒、Reverse Transcriptase M-MLV (RNase H^-)试剂盒、Taq DNA 聚合酶及缓冲液、dNTP、ELISA 试剂盒等。

2.2　仪器与用具

PCR 仪、分析天平(感量 0.001 g、0.000 1 g)、低温离心机、水浴锅、移液器、电泳仪、凝胶成像系统等仪器；研钵、漏斗、纱布、玻璃棒、烧杯、量筒、搪瓷盘、营养钵、铅笔、标签等用具。

3　实验方法

3.1　TMV 毒源保存与繁殖

在我国，侵染番茄的 TMV 主要包括 0、1、2 和 1.2 四个株系。0 株系可选用不含任何抗

TMV 基因的'GCR26''早粉 2 号'或'加拿大 8 号';1 株系可选用含 *Tm-1* 纯合基因的'GCR237'品种;2 株系可用含 *Tm-1* 和 *Tm-2nv* 基因的'GCR254'品种。各株系都可选用'早粉 2 号'或'加拿大 8 号'品种来繁殖。为防止各株系间交叉污染,实施隔离繁殖。

在毒源繁殖之前,用 5% Na_3PO_4 或高压蒸汽对土壤进行消毒处理,苗龄 3～4 叶时分厢移栽至网室内。接种前后植株的生长条件很重要,长势强壮的寄主有利于病毒的增殖,温度控制在 20～25 ℃,合适的光照强度利于症状表现。此外,采病叶前黑暗处理 1～2 d 能增加病毒产量。在接种后 2～3 周采收病叶,此时寄主中病毒浓度上升至最高,选取上、中部显症叶片,除去叶脉作为接种材料。最好采用新鲜材料,也可在－20 ℃ 以下冰箱中保存备用。

3.2 TMV 病毒接种体制备和幼苗准备

病叶 1 g 加 0.01 mol/L 磷酸缓冲液(pH 7.0)15 mL,匀浆,双层纱布过滤或 3 500 r/min 离心 15 min,采用滤液或上清液进行接种。接种物的浓度最好在接种鉴定前测试,不宜过高,以免引起普遍发病严重,不利于抗性品种的筛选与鉴定。

鉴定工作在封闭完好的防虫温室或网室里进行,也可选择人工光照培养室或人工气候室,温度一般控制在 20～30 ℃。土壤经高压蒸汽或 5% Na_3PO_4 消毒。使用的器具要充分洗净。选取饱满、发芽势基本一致的种子,经 10% Na_3PO_4 水溶液浸泡 20 min,然后清水洗净,催芽播种。待幼苗子叶展开后,选择生长健康、整齐一致的幼苗,移栽到消毒后的花盆中,当幼苗具有 2～5 叶时,接种病毒。

3.3 TMV 人工接种

接种方法较多,有手指摩擦接种、磨砂玻匙接种、病毒汁液浸沾接种和喷枪接种。手指摩擦接种法简单易行、应用普遍,首先在叶片正面撒少许金刚砂或硅藻土等摩擦剂,左手托住叶片,右手指蘸取接种体在叶片上摩擦,用力要轻而且均匀,以防破坏寄主组织影响病毒的侵染,最后用清水将多余的病毒粗提液冲洗干净,一般接种 2 次,间隔 3～5 d。每份鉴定材料至少 3 次重复,每个重复 15～20 株,设置磷酸缓冲液接种植株、高度感病和高度抗病的品种为对照,定期调查发病情况和抗病性,计算病情指数(DI)。

$$\text{病情指数}=\frac{\sum(\text{病级株数}\times\text{该级级数})}{\text{最高病级数}\times\text{调查总株数}}\times 100$$

3.4 接种后植株的检测

为进一步确定接种的可靠性,对发病植株进行 TMV 携带检测。随机选取鉴定材料中的植株进行检测,采用烟草花叶病毒的 RT-PCR 方法或 ELISA 试剂盒进行检测。

3.4.1 RT-PCR 检测

利用 TAKRA 植物 RNA 提取试剂盒,参照使用说明提取总 RNA,置于－80 ℃保存备用。设计特异引物:上游引物 TMVdF,5′-GATTCGTTTTAAAT ATGTCTTAC-3′;下游引物 TMVdR,5′-CTTCGATTTAAGTGGAGGGA -3′,目的扩增片段为 600 bp。利用 TaKaRa Reverse Transcriptase M-MLV(RNase H^-)试剂盒合成病毒核酸 cDNA。反转录(体系 10 μL)方法:在指管中加入 cDNA 模板 2 μL、下游引物 TMVdR 1 μL、ddH_2O 3 μL,混匀。70 ℃反应 10 min,置于冰上冷却 2～3 min,加入 5×M-MLV 缓冲液 2 μL、RTase M-MLV 0.5 μL、dNTP mix(10 mmol/L)

0.5 μL、ddH_2O 1 μL 的混合液，42 ℃反应 1 h，70 ℃持续 15 min，终止反应。

PCR 反应体系（总体积为 10 μL）如下：上述 cDNA 模板 1 μL、10×Taq 缓冲液 1 μL、TaKaRa Taq 0.1 μL、dNTP mix（2.5 mmol/L）0.8 μL、TMVdF 和 TMVdR 引物各 0.2 μL、ddH_2O 6.7 μL。反应程序：94 ℃预变性 2 min；94 ℃变性 30 s，46 ℃退火 30 s，72 ℃延伸 1 min，循环 35 次；72 ℃延伸 10 min；4 ℃终止反应。PCR 产物经 1%琼脂糖凝胶电泳后在紫外灯下观察结果。

3.4.2　ELISA 试剂盒鉴定

称取样品 100 mg，加入 10% PBS 磷酸缓冲液（pH 7.2）进行匀浆，然后 3 000 r/min 离心 30 min，取上清液作为待测样品。按试剂盒说明进行操作，在波长 450 nm 下利用酶标仪测定样品的 OD 值。阴性对照值≤0.15 证明实验有效，临界值＝阴性对照值＋0.15，当待测样品 OD 值＜临界值，样品为阴性；当待测样品 OD 值＞临界值，样品为阳性。

3.5　数据统计分析

采用 Excel 进行数据整理和分析，各指标结果以平均值（±标准差）表示。

4　结果与分析

4.1　番茄材料 TMV 病情指数调查

在接种后的第 21 天，进行病级统计。按照病情级别进行划分，并记载病情级别。TMV 单株病情分级标准：0 级，无任何症状；1 级，心叶明脉，轻微花叶；3 级，心叶及中部叶片花叶；5 级，心叶及中部叶片花叶，少数病叶畸形皱缩或植株轻度矮化；7 级，重花叶、多数叶片畸形、皱缩或植株矮化；9 级，严重花叶、畸形，植株明显矮化，甚至枯萎死亡。

根据公式计算出病情指数，填写调查统计表 2-42。探讨 TMV 的传播介体和接种鉴定关键技术。

表 2-42　番茄品种抗 TMV 鉴定记载表

编号	品种名称	各级植株数						病情指数
		0	1	3	5	7	9	
1								
2								
3								

注：根据实际情况增加调查数量

4.2　番茄群体抗性分类分析

将田间接种的表型、RT-PCR 检测和 ELISA 检查结果，记录在表 2-43 中，分析所测试材料的病毒抗性水平。番茄 TMV 群体抗性分类标准是：免疫，病情指数＝0，植株不带毒；高抗，病情指数≤2；抗病，2＜病情指数≤15；中抗，15＜病情指数为≤30；感病，病情指数＞30。分析所测试材料 TMV 抗性水平，并比较 RT-PCR 和 ELISA 两种检测方法的准确性、灵敏度、可操作性。

表 2-43　番茄品种 TMV 抗性鉴定

序号	品种名称	表型症状	检测结果	
			RT-PCR	ELISA
1				
2				
3				

注：根据实际情况增加调查数量

（王亚南　编写）

实验四十　园艺植物分子标记辅助育种技术

1　引言

分子标记辅助选择（molecular marker assisted selection，MAS）育种是通过检测与目标性状紧密连锁的分子标记对目标性状进行间接选择的现代分子育种技术，可作为高效选择选配亲本、性状快速聚合、杂种后代选择和品种真实性和纯度鉴定等育种环节的辅助手段。MAS 育种技术可以从 DNA 水平上快速精准地分析个体的基因型，与常规育种技术相比，可以显著提高育种效率，加快育种进程。

获得与目标性状紧密连锁的分子标记是开展分子标记辅助选择育种的基础。分子标记来源于自然变异，无须人为创造。如果所研究的目标性状没有对应的功能基因和分子标记，需要利用正向遗传学的方法对育种目标性状的遗传基础进行解析，并鉴定控制目标性状的主效数量性状基因座（quantitative trait locus，QTL）或关键基因，开发分子标记并评价分子标记与目标性状关联的准确性。分子标记辅助选择的效率和准确性主要取决于分子标记与基因的连锁紧密程度。分子标记与目标基因在染色体上的物理距离越小，分子标记辅助选择的准确性和效率越高。随着园艺植物基因组测序，很多控制重要农艺性状的关键基因已克隆鉴定，其等位变异被称为功能分子标记，可直接被用来检测植株或家系中是否具有优异等位变异，检测效率和准确度可以达到 100%。

植物分子标记种类多，大致可以分为 3 类，分别基于分子杂交、PCR 扩增和单核苷酸多态性（single nucleotide polymorphism，SNP）的分子标记。不同分子标记检测的多态性源自基因组不同位置，如简单重复序列、反转录转座子、起始密码子及其附近序列、外显子和内含子间序列、单核苷酸突变、DNA 序列插入和缺失等。植物常见分子标记及特点见表 2-44。

表 2-44　植物常见分子标记及特点

标记	发表时间	引物设计	多态性产生原理	特异性
限制性片段长度多态性（restriction fragment length polymorphism，RFLP）	1974 年	无	限制性内切酶解、凝胶电泳分离 DNA 片段，用标记的特异 DNA 探针与之进行杂交，放射自显影或非同位素显色技术来揭示 DNA 的多态性	共显性

续表 2-44

标记	发表时间	引物设计	多态性产生原理	特异性
简单序列重复(simple sequence repeat,SSR)	1989 年	在 2～4 个核苷酸重复序列的两端保守区设计特异引物	PCR 扩增检测复等位基因的重复序列多态性	共显性
随机扩增多态性 DNA (random amplification polymorphism DNA,RAPD)	1990 年	10 bp 随机引物	PCR 扩增基因组 DNA,琼脂糖凝胶电泳检测。多态性来自引物结合位点或位点之间的基因重排、缺失或突变	显性
序列特征扩增区域 (sequence characterized amplified regions,SCAR)	1993 年	基于 RAPD 特异片段两端序列,设计 1 对引物(18～24 bp),前 10 个碱基含原 RAPD 引物	RAPD 标记转换的多态性	共显性/显性
扩增片段长度多态性 (amplified fragment length polymorphism,AFLP)	1993 年	在限制性内切酶的酶切两端设计引物	限制性内切酶酶切基因组 DNA,用含有内切酶序列的特异引物 PCR 扩增,经放射性同位素标记或聚丙烯酰胺凝胶电泳分离,检测多态性片段	多为显性
酶切扩增多态性序列 (cleaved amplified polymorphic sequences,CAPS)	1993 年	1 对跨 SNP 的特异引物	限制性内切酶酶切 PCR 产物,检测多态性	共显性
衍生的酶切扩增多态性序列 (derived cleaved amplified polymorphic sequences, dCAPS)	—	上游引物含错配碱基,下游引物为特异引物	引物引入错配碱基,形成限制性内切酶识别位点,酶切后琼脂糖或丙烯酰胺凝胶电泳分离	共显性
简单重复序列间区 (inter-simple sequence repeat,ISSR)	1994 年	设计 2～4 个随机的核苷酸锚定在 SSR 序列的 3′或 5′端单引物	PCR 检测微卫星序列之间的变异	显性
随机扩增微卫星多态性 (random amplified microsatellite polymorphism,RAMP)	1994 年	利用 5′端锚定的,与 SSR 互补的寡核苷酸和 RAPD 引物组合	以紧邻 SSR 两侧的核苷酸序列随机分布为基础,特异扩增出 SSR 位点上的 DNA 序列	显性或共显性
抗性基因同源序列多态性 (resistance gene analog polymorphisms,RGAP)	1996 年	根据植物抗性基因的保守结构域设计简并引物	PCR 扩增抗性基因同源序列特异性	共显性
单核苷酸多态性(single nucleotide polymorphism, SNP)	1996 年	1 对跨 SNP 的特异引物	PCR 扩增目标 SNP 所在片段,直接测序	共显性

续表 2-44

标记	发表时间	引物设计	多态性产生原理	特异性
等位基因特异性 PCR(allele specific PCR,AS-PCR)	—	基于 SNP 设计至少 1 条正向特异引物,3′端与 SNP 碱基互补或相同,反向引物常规设计	引物 3′端碱基与 SNP 碱基错配无法 PCR 扩增,而与 SNP 碱基互补的特异引物具有扩增产物	共显性
序列特异扩增多态性(sequence specific amplification polymorphism,SSAP)	1997 年	一端使用接头引物,另一端引物设计在 LTR 反转座子内部	由逆转录转座子产生的插入序列多态性	共显性
反转录转座子间区扩增多态性(inter retrotransposon amplified polymorphism)	1999 年	基于反转录转座子的 LTR 保守序列设计引物	LTR 逆转座子插入位点之间序列多态性	显性
反转录转座子-微卫星扩增多态性(retrotransposon microsatellite amplified polymorphism)	1999 年	根据反转录转座子的 LTR 保守序列和微卫星序列设计引物	逆转录转座子插入位点上长末端重复序列与简单重复序列之间多态性	显性
相关序列扩增多态性(sequence related amplified polymorphism,SRAP)	2001 年	两条随机引物,正向引物富含 CCGG;反向引物富含 AATT	外显子富含 CG,内含子和启动子富含 AT,PCR 扩增出基于内含子和外显子的序列多态性	共显性或显性
多样性序列芯片技术(diversity arrays technology,DArT)	2001 年	标记的基因组特异探针	限制性内切酶酶切基因组 DNA,制成芯片,利用特异探针杂交,检测杂交信号有无及强弱	显性或共显性
插入缺失标记(insertion-deletion,InDel)	2002 年	根据 InDel 位点两端序列设计特异引物 18～22 bp	PCR 扩增含有插入或缺失的目标片段,琼脂糖或聚丙烯酰胺凝胶电泳检测产物长度	共显性
靶位区域扩增多态性(target region amplified polymorphism,TRAP)	2003 年	固定引物基于 EST 和 cDNA 序列,任意引物富含 AT 或 GC,长度 16～20 bp	PCR 扩增内含子或外显子区的随机序列	共显性或显性
目标起始密码子多态性(start codon targeted polymorphism,SCoT)	2009 年	基于 ATG 侧翼序列短小且保守的特点设计单引物,+1 位置为碱基 A、+2 为 T、+3 为 G、+4 为 G、+7 为 A、+8 和+9 为 C,其余位置随机填充,约 18 bp	引物结合 DNA 正、负链上 ATG 位点上,扩增功能基因或与之邻近并紧密连锁基因	显性

续表 2-44

标记	发表时间	引物设计	多态性产生原理	特异性
竞争性等位基因特异性 PCR（kompetitive allele-specific PCR，KASP）	2010 年	设计 2 条末端碱基不同的等位基因正向引物与一条反向引物，以及 2 条不同荧光的检测引物	基于终端荧光信号的读取判断，每孔反应采用双色荧光检测一个 SNP 位点的两种基因型，不同 SNP 对应不同荧光信号	共显性

在分子标记辅助选择育种的实践中，通常需要大规模的基因型鉴定，要求分子标记检测技术简单、高通量和高准确度等。分子标记的开发需要综合考虑其类型、可靠性和实用性。基于 SNP 的分子标记由于具有数量多、稳定性高、共显性标记和易于实现分析自动化等优点，在分子标记辅助选择育种中越来越受青睐。基于已知 SNP 位点的常用检测方法有探针法、PCR 结合限制性酶切法、KASP（kompetitive allele specific PCR）和基因芯片等，其中 KASP 和基因芯片的检测通量高，可实现分析自动化。因此，在育种实践中，可根据不同类型的标记特点、育种规模和策略等因素，选择最为实用的分子标记。

果实重量是产量的重要组成性状，*FW3.2* 是番茄驯化过程中的调控果实重量的一个 QTL。在 *FW3.2* 的启动子中（起始密码子上游约 600 bp）有一个与果实重量高度关联的 SNP。该 SNP 位点为 *G*/*A* 等位变异，其中野生型等位基因为 *G*，栽培型等位基因为 *A*。育种实践中，常通过回交育种将供体亲本中的栽培型等位基因引入受体亲本中（含有野生型等位基因），以增加受体亲本的果实重量，实现高产的育种目标。本实验以番茄这一类型亲本及其杂交和回交后代为材料，通过对杂交后代 SNP 分子标记的检测，进行亲本和杂交后代基因型鉴定，使学生理解分子育种原理，初步掌握 DNA 分子标记的分析技术。

2　实验准备

2.1　试材

以番茄含等位基因 *G* 的受体亲本、含等位基因 *A* 的供体亲本以及二者杂交 F_1 群体和回交 BC_1 群体 20 个单株为实验材料。

2.2　试剂及配制

CTAB 提取缓冲液：2%十六烷基三甲基溴化铵（CTAB）、1.4 mol/L NaCl、20 mmol/L 乙二胺四乙酸（EDTA）、100 mmol/L 三羟甲基氨基甲烷（Tris-HCl）。称取 CTAB 2 g、NaCl 8.181 6 g、$Na_2EDTA \cdot 2H_2O$ 0.744 4 g 和 Tris-HCl 1.211 g，混合后，加 ddH_2O 溶解，定容至 100 mL，调节 pH 至 8.0，高压灭菌，4 ℃保存备用。

TAE 缓冲液：40 mmol/L Tris、乙酸和 2 mmol/L EDTA 组成的缓冲液。50×TAE 缓冲液配制：称量 Tris 242 g、$Na_2EDTA \cdot 2H_2O$ 37.2 g 于 1 L 烧杯中，加入去离子水约 600 mL，充分搅拌溶解；加入冰乙酸 57.1 mL，充分搅拌；加去离子水定容至 1 L，室温保存。使用时稀释 50 倍成 1×TAE，或稀释 100 倍成 0.5×TAE 缓冲液。

TBE 缓冲液：45 mmol/L Tris-硼酸盐与 1 mmol/L EDTA 组成的缓冲液。10×TBE 储液配制：将 Tris（分子量 121）108 g 和硼酸（分子量 61.8）55 g、量取 0.5 mmol/L EDTA

40 mL,溶解在 600 mL 的去离子水中,调节 pH 至 8.3,加去离子水定容至 1 L,室温保存。使用时稀释 10 倍即成 1×TBE 缓冲液。

其他试剂:液氮、氯仿:异戊醇(24:1)、异丙醇、70%乙醇、Taq DNA 聚合酶及其对应缓冲液、10 mmol/L dNTP、ddH_2O、琼脂糖、PCR 产物上样缓冲液。

2.3 仪器与用具

NanoDrop 紫外分光光度计、分析天平(感量 0.001 g、0.000 1 g)、恒温水浴锅、高速离心机、电泳仪、电泳槽、凝胶成像仪等仪器,100~1 000 μL、20~200 μL 和 1~10 μL 移液器及吸头、1.5 mL 离心管、PCR 管、记号笔等用具。

3 实验方法

3.1 DNA 提取与质量检测

3.1.1 DNA 提取

采用 CTAB 法提取 DNA,具体方法参见实验二十四 3.2.1。

3.1.2 质量检测

采用琼脂糖凝胶电泳(0.8%)和紫外分光光度计法检测 DNA 的质量。取 DNA 溶液 5 μL,稀释 200 倍,用紫外分光光度计分别测定 260 nm、230 nm 和 280 nm 波长的 OD 值。双链 DNA $OD_{260}=1.0$ 时的浓度为 50 μg/mL,通过计算可得出样本 DNA 浓度(μg/μL):OD_{260}×稀释倍数×50/1 000。若是用 NanoDrop 紫外分光光度计测定,取 1 μL DNA 溶液直接检测,获得样本 DNA 浓度。

样品 OD_{260}/OD_{280} 的值 1.8,表示 DNA 纯度高;OD_{260}/OD_{280} 的值>1.9,表明有 RNA 污染;OD_{260}/OD_{280} 的值<1.6,表明有蛋白质、酚等污染。OD_{260}/OD_{230} 应在 2~2.5 范围内,比值过低表示有残余的盐和酚等小分子杂质存在。

3.2 特异引物设计

由于该 SNP 不在限制性内切酶的酶切位点内,可以将其转化为衍生的酶切扩增多态性序列(dCAPS)标记。利用在线工具 indCAPS 设计 dCAPS 标记,结合在线工具 Primer3Plus 设计特异引物。该 dCAPS 标记的上游引物为:5′-ATTGGGTCTCTCCTCGgTCT-3′;下游引物为:5′-CTGACGAGTGAGATTGGAAG-3′,PCR 扩增片段长度为 123 bp,所用限制性内切酶为 *Bbs* Ⅰ。

引物序列由公司合成,用 ddH_2O 溶解为 10 mmol/L。

3.3 PCR 扩增

PCR 的反应体系和程序参见实验二十四 3.2.2。需要注意的是,视情况调整模板 DNA、引物和 Taq 酶用量,以及退火温度。

3.4 限制性内切酶酶切

在 PCR 扩增产物中依次加入限制性内切酶 0.5 μL 及其缓冲液(10×)2.2 μL,进行酶切反应。

3.5 琼脂糖凝胶电泳

采用 3.5%的琼脂糖凝胶进行电泳检测。向本实验 3.4 中的 PCR 管中加入上样缓冲液(6×)4 μL,离心混匀,取反应液 10 μL,进行电泳检测(150 V,30 min)。电泳结束后,将凝胶放入成像系统中拍照。含有等位基因 *G* 的 PCR 产物不能被 *Bbs* Ⅰ 切开，而含有等位基因 *A* 的 PCR 产物可以被 *Bbs* Ⅰ 切开。

4　结果与分析

4.1　DNA 质量分析

观察电泳图中 DNA 的条带是否清晰，并测定 DNA 浓度、OD_{260}/OD_{280} 和 OD_{260}/OD_{230} 的值。分析电泳条带应清晰可见的 DNA 其 OD_{260}/OD_{280} 和 OD_{260}/OD_{230}。如果 DNA 电泳条带应清晰可见且浓度较高（大于 50 ng/μL），但 OD_{260}/OD_{280} 和 OD_{260}/OD_{230} 的值没有达到以上标准，或是 DNA 电泳条带拖尾（点样孔有白色堆积物）或弥散，思考应如何处理，才可用于后续 PCR 扩增。

4.2　亲本和杂交后代基因型鉴定

根据琼脂糖凝胶电泳结果，分析 *FW3.2* 在番茄亲本、F_1 后代和 BC_1 单株的基因型，记录在表 2-45 中，并计算 20 个 BC_1 单株中含有等位基因 *A* 的比例。

表 2-45　番茄 *FW3.2* 特异分子标记鉴定

番茄材料	dCAPS		等位基因 *G*	等位基因 *A*
	1 条带	2 条带		
亲本 1				
亲本 2				
F_1				
BC_1				
⋮				

（罗双霞　编写）

实验四十一　园艺植物目标性状的分子标记鉴定

1　引言

分子标记是以生物大分子的多态性为基础的一种遗传标记。广义的分子标记是指可遗传的且可检测的 DNA 序列或蛋白质。狭义的分子标记只是指 DNA 分子标记。DNA 分子标记是指能反映生物个体或种群间基因组中某种差异特征的 DNA 片段，以电泳谱带的形式检测。植物表型性状及分子标记之间的相关性分析，有助于分子标记辅助育种和重要农艺性状定向改良服务。

第一代 DNA 分子标记诞生于 1974 年，Grozdicker 等在研究温度敏感表型的腺病毒 DNA 突变体时，利用限制性内切酶酶解后获得了 DNA 差异片段，基于分子杂交揭示 DNA 多态性，命名为限制性片段长度多态性（RFLP）标记。第二代 DNA 分子标记以 PCR 扩增为基础，第三代分子标记则是基于高通量测序和 DNA 芯片技术。与形态标记、细胞学标记和生化标记相比，分子标记具有明显的优势：以 DNA 方式表达，不受外部的因素影响，在生物体的发育时期和每个组织中均可检测；基因组中数量极多，可检测的基因座位几乎是无穷尽的；多态性高，大量等位变异遍布于自然界中，不需要人为创造；目标性状的表达不受影响；许多标记有共显性的特点，可以区别纯合体和杂合体。DNA 分子标记已广泛用于分子辅助育种、指纹数据库和遗传图谱构建、品种鉴定和遗传多样性分析等方面。

相关性分析是指对两个或多个具备相关性的变量元素进行分析，从而衡量两个变量因素的相关密切程度。本实验采用大白菜分别为球叶橙色和抗根肿病的两个亲本，及其构建的杂交群体为试材，其控制橙色叶球的基因为位于 A9 连锁群的一对隐性基因，控制抗根肿病的基因 *CRa* 位于 A3 连锁群的一对显性基因，在后代基因重组中非同源染色体上的非等位基因自由组合，理论上 F_2 代的 4 种表现型为白色抗病∶橙色抗病∶白色感病∶橙色感病按 9∶3∶3∶1 分离。利用与橙色叶球和抗根肿性状的 SSR 标记，研究分析性状及其 SSR 标记的相关性。

本实验以橙色叶球和抗根肿病的两个大白菜为亲本及其杂交群体为试材，分析目标性状分离情况，使学生了解 DNA 分子标记检测方法，强化学生对园艺植物分子育种的理论学习。

2 实验准备

2.1 试材

以橙色大白菜‘14S837’为母本，抗根肿大白菜‘金锦’为父本，杂交获得 F_1，F_1 单株自交获得 F_2 群体。

2.2 试剂、仪器与用具

参见实验二十四的 2.1 至 2.3 的内容。

3 实验方法

3.1 DNA 提取及检测

大白菜幼苗期单株取样，取健康嫩叶 0.2 g，放于带有钢珠的 2 mL 离心管中，磨样后采用 CTAB 法提取 DNA，用 1% 琼脂糖凝胶检测 DNA 完整性，并用微量紫外分光光度计检测 DNA 的质量和浓度，之后统一稀释到 100 ng/μL，进行 PCR 扩增。

3.2 引物序列

橙色叶球基因的特异分子标记是 Br530，正向引物 Br530-F(5′-CAGAAACATCAGGGTTGAAATC-3′)和反向引物 Br530-R(5′-TTACTGCCGAAAGCGAAA-3′)，PCR 扩增的目标条带为 530 bp。抗根肿特异的分子标记 SC2930T（正向引物 SC2930T-F，5′-TAGACCTTTTTTTTGTCTTTTTTTTTACCT-3′；反向引物 SC2930T-R，5′-AAGGCCATAGAAAT-CAGGTC-3′）和 SC2930Q（正向引物 SC2930Q-F，5′-CAGACTAGACTTTTTGTCATTTAGACT-3′；反向引物 SC2930Q-R，5′-AAGGCCATAGAAATCAGGTC-3′），PCR 扩增的目标条带为 800 bp。

3.3 PCR 反应体系及扩增程序

PCR 扩增体系总体积均为 10 μL，其中 2×PCR Mix 5 μL，DNA 1 μL，上游引物 0.5 μL，下游引物 0.5 μL，其余用 ddH_2O 补齐。橙色叶球分子标记 Br530 扩增程序：95 ℃ 变性 3 min；95 ℃ 变性 30 s，58 ℃ 退火 30 s，72 ℃ 延伸 1 min，38 个循环；72 ℃ 延伸 10 min，4 ℃ 终止反应。抗根肿病分子标记 SC2930T 和 SC2930Q 扩增程序：94 ℃ 变性 3 min；94 ℃ 变性 1 min，55 ℃ 退

火 1.5 min，72 ℃ 延伸 2 min，30 个循环；72 ℃ 延伸 7 min，16 ℃ 终止反应。

3.4　琼脂糖凝胶电泳检测

扩增产物用浓度为 1% 琼脂糖凝胶电泳分离，电压 135 V、电流 170 mA、时间 25 min。电泳结束之后，凝胶成像系统拍照记录。统计目标条带的有无，有目标条带用"＋"、无目标条带用"－"表示。

3.5　数据采集与统计

在大白菜结球晚期，切球进行球色表型性状统计。采样 Excel 和 SPSS 软件对胶图进行统计分析。利用 Spearman 相关性分析结果，相关系数 $r=0$，表示完全不相关，$r>0.8$ 表示强相关性，$r<0.3$ 表示相关性很弱。

4　结果与分析

4.1　大白菜叶球橙色的分子标记检测

使用单显性橙色叶球标记 Br530 对 202 个 F_2 代单株进行鉴定，示范结果如图 2-5 所示，目标条带为 530 bp。样本 1、2、4、5、7、8、9、12、15、17、20、21、23、24 有目标条带，即含有橙色叶球标记，而其他样本没有目标条带。电泳图中没有扩增到目标条带，或是没有检测到任何扩增产物，探讨这种现象可能产生的原因及矫正方法。

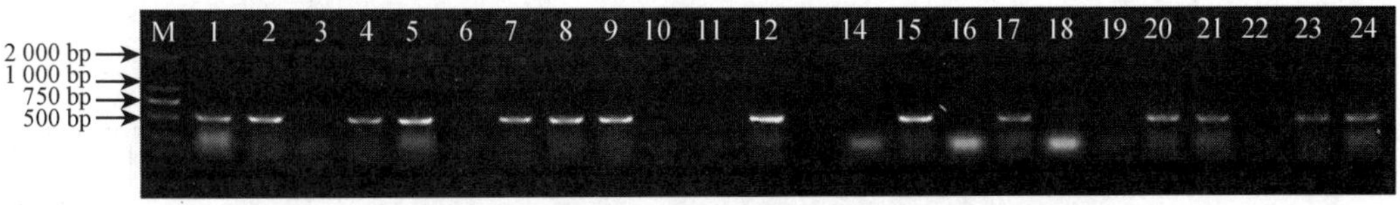

图 2-5　引物 Br530 在部分样品中的 PCR 扩增（卢倩倩等，2022）

（M，2 000 bp DNA 梯度标记；1～24，样本编号）

在大白菜结球后期剖开叶球统计单株球色，将电泳结果和叶球表型结果记录在表 2-46 中，分别计算目标条带和表型的分离比例，利用卡方 χ^2 检测是否符合孟德尔遗传分离定律，推测叶球橙色和白色的显隐性关系。

表 2-46　Br530 分子标记在大白菜 F_2 群体分离检测

	叶球颜色		530 bp 条带		χ^2 检测
	橙色	白色	＋	－	
理论值					
观察值					

4.2　抗根肿病标记鉴定及抗根肿橙色叶球聚合体的筛选

分别使用抗根肿病标记 SC2930T 和感根肿病标记 SC2930Q 对 202 个 F_2 单株进行鉴定，PCR 扩增示范结果如图 2-6 和图 2-7 所示，目标条带长度 800 bp。在示范检测的样本中，样本 2、3、4、5、6、8、9、10、11、14、16、17、19、20、21、23、24 含有 SC2930T 标记的目的条带，即抗根肿病；示范样本 3、4、5、6、7、9、11、12、14、15、16、18、19、20、21、22、23 含有 SC2930Q

标记的目的条带，即感根肿病。同时含有 SC2930T 标记和 SC2930Q 标记，为携带感病基因的杂合抗病单株。样本均没有检测到目的条带的，探讨出现这种情况的可能原因。

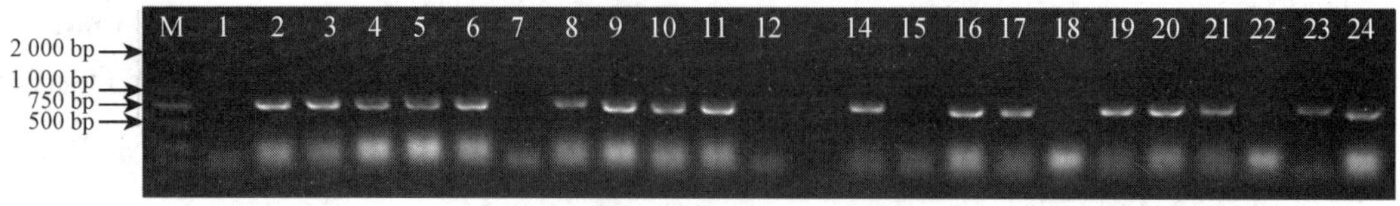

图 2-6 引物 SC2930T 在部分样品中的 PCR 扩增(卢倩倩等，2022)
(M，2 000 bp DNA 梯度标记；1～24，样本编号)

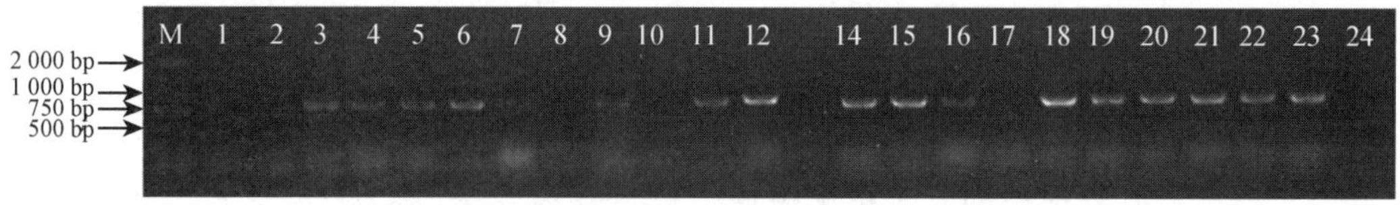

图 2-7 引物 SC2930Q 在样品中的 PCR 扩增(卢倩倩等，2022)
(M，2 000 bp DNA 梯度标记；1～24，样本编号)

将电泳结果和叶球表型结果记录在表 2-47 中，分别计算目标条带和表型的分离比例，利用卡方 χ^2 检测是否符合孟德尔遗传分离定律，推测抗根肿病性状的遗传关系，分析叶球颜色和根肿病抗性的关系。

表 2-47 SC2930T 和 SC2930Q 标记在大白菜 F_2 群体分离检测

	叶球颜色		SC2930T		SC2930Q		χ^2 检测
	橙色	白色	+	−	+	−	
理论值							
观察值							

4.3 大白菜橙色叶球和抗根肿病优良单株筛选

为了分析性状与分子标记的相关性，将表型性状转化为数字，1 分别表示大白菜叶球颜色橙色和抗根种病，0 分别表示叶球绿色和感根肿病。分子标记 PCR 扩增结果出现目的条带用 1 表示，无目的条带用 0 表示。将两个性状表型和相应的分子标记电泳结果，记录在表 2-48 中。分别分析叶球颜色和 Br530 标记、根肿病抗性和 SC2930T/SC2930Q 标记的相关系数。从后代中筛选出橙色叶球和抗根肿病的优良单株。

表 2-48 大白菜 F_2 群体中性状表型与相应的分子标记分析

单株序号	叶球颜色	Br530 标记	根肿病抗性	SC2930T 标记	SC2930Q 标记
1	1	1	1	1	0
2	0	0	0	0	1
⋮					

(陈雪平 编写)

第三节　园艺新品种审定及种子检验

实验四十二　园艺植物新品种审定技术流程

1　引言

品种审定是对新育成或新引进的品种由权威性专门机构(品种审定委员会等)进行审查,并做出该品种能否推广和在什么范围内推广的决定。新品种审定或登记是为了保证农业生产秩序而对新育成或新引进的品种即将进入生产环节时所采取的强制管理措施。实行品种审定制度,有利于保护和利用农作物种质资源,有利于新品种管理,从而有计划地、因地制宜地使用和推广新品种,充分发挥新品种的生产效能,实现品种应用的区域化,促进种业科技进步和生产发展。

按照主管部门的分工,园艺植物主要通过农业部门和林业部门进行相关新品种的审定。果树(干果除外)、蔬菜(包括西甜瓜)、花卉(木本除外)等的新品种通过农业部门进行审定(登记)。农业农村部主管全国非主要农作物品种登记工作,出台了《非主要农作物品种登记办法》,制定、调整非主要农作物登记目录和品种登记指南,建立全国非主要农作物品种登记信息平台,具体工作由全国农业技术推广服务中心承担;省级人民政府农业主管部门负责品种登记的具体实施和监督管理,受理品种登记申请,对申请者提交的申请文件进行书面审查。木本花卉、干果类果树等通过林业部门审定,国家林业和草原局出台了《主要林木品种审定办法》,加快了林木品种审定与推广,对于提高林业科技含量,促进林业科技可持续发展具有十分重要的作用。国家林木品种审定委员会承担在全国适宜的生态区域推广的林木品种审定工作,省(自治区、直辖市)林木品种审定委员会(以下简称省级林木品种审定委员会)承担在本行政区内适宜的生态区域推广的林木品种审定工作。

专业委员会(小组)召开会议,对报审的品种进行认真的讨论调查,用无记名投票的方式决定是否通过审定,凡票数超过法定委员(到会委员须占应到委员的 2/3 以上)总数的半数以上的品种为通过审定,并整理好评语,提交品种审定委员会副主任办公会议审核批准后,发给审定合格证书。对审定有争议的品种,须经实地考察后提交下一次专业委员会复审。如审定未通过而选育单位或个人有异议时,可进一步提供有关资料申请复审。如复审未通过,不能进行第二次复审。

新品种的名称由选育单位或个人提出建议,由品种审定委员会审议定名,引进品种一般采用原名或确切的译名编号登记。经国家品种审定委员会通过审定的品种,由农业农村部(国家林业和草原局)统一编号登记并公布,由省级审定通过的品种,由省(直辖市、自治区)农业农村厅(国家林业和草原局)统一编号登记、公布,并报全国农作物品种审定委员会备案。

园艺植物品种登录、审定与保护是园艺植物育种工作的延续,也是新品种投入生产并面向市场的必需环节。其中品种登录是对品种名称及其优先权的确认,品种保护是保护育种者的经济权益,品种审定是对新品种各种性状优劣的鉴定。三者分别从存在、收益和优劣 3 个不同方面,对新品种及其育种者进行评价和保护。

本实验案例介绍园艺植物新品种审定流程,使学生了解新品种审定的内容,训练学生撰写品种审定申请技术报告的能力。

2 实验准备

通过杂交育种、芽变育种等方式获得的园艺作物新材料。依据分管单位不同，按照不同的流程进行品种审定。

提交品种审定的材料包括：品种审定申请书、品种选育报告、品种特征标准图谱，以及特异性（distinctness）、一致性（uniformity）和稳定性（stability）测试，即 DUS 测试报告；优良种源应有明确的采种地点、林分面积证明；属转基因品种的应有转基因生物商品化生产证明；其他需要提供的材料等。

3 实验内容

3.1 非主要农作物品种登记办法

3.1.1 申请条件

人工选育或发现并经过改良；具备特异性、一致性、稳定性；具有符合《农业植物品种命名规定》的品种名称。

3.1.2 申请材料

非农作物新品种登记申请表（表 2-49）；品种特性、育种过程等的说明材料；DUS 测试报告；种子、植株及果实等实物彩色照片；品种权人的书面同意材料；品种和申请材料合法性、真实性承诺书。

表 2-49 非主要农作物登记申请表

品种名称		原(曾用)名	
作物名称		品种类型	
育成(引进)单位		是否转基因	
品种来源		育成(引进)时间	
品种选育人			
联系人			
占同类型品种比例			
选育(引种)过程			
历年生产试验产量表现			
主要特征特性及优缺点			
主要栽培及繁种技术			
适宜种植区域			
育成(引进)单位意见			
非主要农作物品种审定委员会意见			

3.1.3 登记审批流程

育（引）种单位或个人提出申请并签章→育种者单位审核并签章→主持区域试验、生产试验的单位推荐并签章（非主要农作物品种需要鉴定试验单位或现场鉴定专家出具推荐意见并签章）→申报国家级品种审定需育种者所在省级品种审定委员会审查同意并签章。

3.2 主要林木品种审定办法

3.2.1 林木品种申请条件

经区域试验证实，在一定区域内生产上有较高使用价值、性状优良的品种；优良种源区内的优良林分或者种子生产基地生产的种子；有特殊使用价值的种源、家系或无性系；引种驯化成功的树种及其优良种源、家系和无性系。

3.2.2 林木品种申请材料

主要林木品种审定申请表(表 2-50)；林木品种选育报告，包括品种的亲本来源及特性、选育过程、区域试验规模与结果、主要技术指标、经济指标、品种特性、繁殖栽培技术要点、主要缺陷、主要用途、抗性、适宜种植范围等，同时提出拟定的品种名称(以品质、特殊使用价值等作为主要申报理由的，应当对品质、特殊使用价值做出详细说明)；林木品种特征(叶、茎、根、花、果实、种子、整株植物、试验林分)的图像资料或者图谱。

表 2-50 主要林木品种审定申请表

品种	中文名	
	拉丁名	
品种来源及特征描述		
选育或引种过程简介		
适宜种植范围		
品种特性		
主要技术、经济指标		
繁殖技术要点		
栽培技术要点		
抗逆性		
品质或特殊使用价值		
主要缺陷		

3.2.3 林木品种申请流程

林木品种申请流程：育(引)种单位或个人提出申请并签章 → 林木品种审定委员会审核 → 受理申请 → 提交专业委员会初审 → 网上公示 → 报主任委员会审核 → 发布公告，印发《林木良种证书》。

4 结果与分析

4.1 园艺作物新品种 DUS 测试报告分析

农业农村部发布了一系列《植物新品种特异性、一致性和稳定性测试指南》标准，包括猕猴桃属、榛属、无花果、蓝莓、葡萄、树莓、椰子、柿、荔枝；白菜型、荠菜、大葱、芦笋、胡萝卜、鹰嘴豆；水仙属、薰衣草、一串红、翠菊等。参考 GB/T 24886—2010，榛属植物 DUS 测试报告见表 2-51。结合实际情况，完成某种园艺作物的 DUS 测试报告。

表 2-51　榛属植物 DUS 测试报告

<table>
<tr><td colspan="3">1. 申请注册的品种名称(请注明中文名和学名)：</td></tr>
<tr><td colspan="3">2. 申请者信息
申请人：　　　　　　共同申请人：
地址：
邮政编码：　　　电话：　　　传真：　　　电子邮箱：</td></tr>
<tr><td colspan="3">3. 品种起源
品种发现者：　　　发现日期：　　　育种者：　　　育种时间：
杂交选育：♀(母本)　　　　×　　♂(父本)
实生选育：♀(母本)
其他育种途径：
选育过程摘要：</td></tr>
<tr><td colspan="3">4. 主要特征(第 1 栏括弧中的数字为附录 A 中表 A.1 中性状的特征符号，请在相符合的特征代码后的[　]中划“√”)</td></tr>
<tr><td>4.1(1)</td><td>植株：树型</td><td>1 灌木[　] 2 小乔木[　] 3 乔木</td></tr>
<tr><td>4.2(11)</td><td>叶片：形状</td><td>1 倒卵形[　] 2 椭圆形[　] 3 圆形[　] 4 卵形</td></tr>
<tr><td>4.3(16)</td><td>花：雄花序长短</td><td>3 短[　] 5 中[　] 7 长[　]</td></tr>
<tr><td>4.4(17)</td><td>花：雄花序粗细</td><td>3 细[　] 5 中[　] 7 中[　]</td></tr>
<tr><td>4.5(21)</td><td>坚果：大小</td><td>1 小[　] 3 较小[　] 5 中[　] 7 较大[　] 9 大[　]</td></tr>
<tr><td>4.6(22)</td><td>坚果：形状</td><td>1 圆柱形[　] 2 长圆形[　] 3 卵形[　] 4 椭球形[　] 5 倒卵形[　]
6 圆锥形[　] 7 球形[　] 8 扁球形[　]</td></tr>
<tr><td colspan="3">5. 相似品种比较信息
与该品种相似的品种名称：
与相似品种的典型差异：</td></tr>
<tr><td colspan="3">6. 品种特征综述(按照附录 A 中表 A.1 性状特征表的内容详细描述)</td></tr>
<tr><td colspan="3">7. 附加信息(能够区分品种的性状特征等)
7.1　抗逆性和适应性(抗旱、抗寒、耐涝、抗盐碱、抗病虫害等特性)：
7.2　繁殖要点：
7.3　栽培管理要点：
7.4　其他信息：</td></tr>
</table>

续表 2-51

8. 测试要求(该品种测试所需特殊条件等)
9. 有助于辨别申请品种的其他信息

注:上述表格各条款预留空格不足时可另附 A4 纸补充说明。

申请者签名:________________　　　　　　　　　　　　　　　日期:________年______月______日

4.2　园艺作物新品种申请个案的技术报告撰写

查阅资料,完成果树、蔬菜或观赏植物品种申请技术报告案例 1 份。

(张鹏飞　编写)

实验四十三　园艺植物新品种 DUS 测试

1　引言

植物新品种,是指经过人工培育的或者对发现的野生植物加以开发,新选育出来具备特异性、一致性和稳定性并有适当命名的植物类群。植物新品种保护即植物新品种权,也称“植物育种者权利”,是植物品种权人在一定期间内,对植物品种所享有的具有独占性质的所有权,属于知识产权的范畴。新品种的特异性(distinctness)、一致性(uniformity)和稳定性(stability)测试,简称 DUS 测试,是新品种保护的技术基础和授权的科学依据。建立以 DUS 测试技术为基础的植物新品种保护体系对保护育种者权益、促进植物品种创新、有效利用植物种质资源促进农林产业发展,具有重要意义。

DUS 测试的目的主要包括对申请品种权的植物新品种的特异性、一致性和稳定性进行测试,以及完成申请品种的性状描述。特异性是指申请品种权的植物新品种应当明显区别于在申请日以前所有已知的植物新品种,当申请品种在属间或种间至少在一个性状上与近似品种具有明显的遗传性状上的差异时,即可判定申请品种具有特异性。一致性是指申请品种权的植物新品种经过繁殖,除可预见的变异外,品种的形态特征、生理特性方面的一致性、整齐性。考虑到品种特定的繁殖特性,如果一个植株其整株或部分的任何一个用于特异性测试的性状表达,明显区别于该品种,就可认为该植株为异型株。异型株的变异应当是由遗传造成的而不是非遗传因素的结果。对于通过杂交育成的品种,一致性判定时采用 1%的群体标准和至少 95%的接受概率,果树当样本大小为 5 株时,不允许有异型株的存在;番茄当样本大小为 25~35 株时,最多可以允许有 1 株异型株,当样本量大小为 36~40 株时,最多可以允许有 2 个异型株;菊花等样本量大小为 40 株时,最多可以允许有 2 个异型株。对于通过突变育成的品种,一致性判断时采用 2%的群体标准和至少 95%的接受概率,果树当样本大小为 10 株时,最多可允许有 1 株异株型。稳定性是指申请品种权的植物新品种经过反复繁殖或者在特定繁殖周期结束时,其相关的特征或者特性保持相对不变。

植物新品种DUS测试性状分为质量性状、假质量性状和数量性状。质量性状是表现不连续变异的性状(如托叶的有无);假质量性状的表达部分是连续的,但其变化范围是多维的(如果实形状、底色和盖色、叶缘锯齿、叶基和叶尖形状等);数量性状是表现为连续变异的性状,能以一维的、线性等级进行描述(如果实重量)。植物新品种DUS测试指南中测试实验多采用"代码法",即不同性状用不同代码表示,代码不同即认为具有特异性,反之则认为不具备特异性。测试技术的标准化是保证植物DUS测试结果的客观性和公正性重要措施之一。至今有80余种园艺作物制定了新品种DUS测试指南(表2-52)。

表2-52 园艺作物新品种DUS测试指南

测试指南名称	发布时间
植物新品种特异性、一致性和稳定性测试指南　番木瓜	2013-12-13
植物新品种特异性、一致性和稳定性测试指南　凤梨属	2015-05-21
植物新品种特异性、一致性和稳定性测试指南　荔枝	2014-03-24
植物新品种特异性、一致性和稳定性测试指南　木菠萝	2013-12-13
植物新品种特异性、一致性和稳定性测试指南　枇杷属	2019-01-17
植物新品种特异性、一致性和稳定性测试指南　葡萄	2014-03-24
植物新品种特异性、一致性和稳定性测试指南　无花果	2014-03-24
植物新品种特异性、一致性和稳定性测试指南　西番莲	2013-12-13
植物新品种特异性、一致性和稳定性测试指南　香蕉	2015-05-21
植物新品种特异性、一致性和稳定性测试指南　杨梅	2015-05-21
植物新品种特异性、一致性和稳定性测试指南　椰子	2013-12-13
植物新品种特异性、一致性和稳定性测试指南　樱桃	2016-12-23
植物新品种特异性、一致性和稳定性测试指南　草莓	2013-05-20
植物新品种特异性、一致性和稳定性测试指南　柑橘	2013-09-10
植物品种特异性、一致性和稳定性测试指南　梨	2018-06-07
植物品种特异性、一致性和稳定性测试指南　梨砧木	2022-11-11
植物新品种特异性、一致性和稳定性测试指南　龙眼	2013-09-10
植物新品种特异性、一致性和稳定性测试指南　芒果	2013-09-10
植物品种特异性(可区别性)、一致性和稳定性测试指南　猕猴桃属	2022-12-30
植物品种特异性(可区别性)、一致性和稳定性测试指南　苹果	2022-12-30
植物新品种特异性、一致性和稳定性测试指南　桑属	2013-05-20
植物新品种特异性、一致性和稳定性测试指南　桃	2013-05-20
植物新品种特异性、一致性、稳定性测试指南　扁桃	2020-03-30
植物品种特异性(可区别性)、一致性和稳定性测试指南　甜瓜	2022-12-30
植物新品种特异性、一致性和稳定性测试指南　不结球白菜	2012-12-07

续表 2-52

测试指南名称	发布时间
植物新品种特异性、一致性和稳定性测试指南　菜豆	2013-09-10
植物新品种特异性、一致性和稳定性测试指南　长豇豆	2013-05-20
植物新品种特异性、一致性和稳定性测试指南　大葱	2013-05-20
植物新品种特异性、一致性和稳定性测试指南　大蒜	2013-05-20
植物新品种特异性、一致性和稳定性测试指南　冬瓜	2016-12-23
植物品种特异性(可区别性)、一致性和稳定性测试指南　番茄	2022-12-30
植物新品种特异性、一致性和稳定性测试指南　胡萝卜	2014-03-24
植物品种特异性(可区别性)、一致性和稳定性测试指南　黄瓜	2022-12-30
植物新品种特异性、一致性和稳定性测试指南　黄秋葵(咖啡黄葵)	2016-12-23
植物新品种特异性、一致性和稳定性测试指南　姜	2013-12-13
植物新品种特异性、一致性和稳定性测试指南　茭白	2013-12-13
植物新品种特异性、一致性和稳定性测试指南　芥蓝	2019-01-17
植物新品种特异性、一致性和稳定性测试指南　韭	2015-05-21
植物新品种特异性、一致性和稳定性测试指南　菊芋	2013-12-13
植物新品种特异性、一致性和稳定性测试指南　苦瓜	2013-05-20
植物品种特异性(可区别性)、一致性和稳定性测试指南　辣椒	2022-12-30
植物新品种特异性、一致性和稳定性测试指南　芦笋	2013-12-13
植物新品种特异性、一致性和稳定性测试指南　萝卜	2013-05-20
植物新品种特异性、一致性和稳定性测试指南　魔芋	2013-12-13
植物新品种特异性、一致性和稳定性测试指南　南瓜(中国南瓜)	2015-05-21
植物新品种特异性、一致性和稳定性测试指南　普通洋葱	2015-05-21
植物新品种特异性、一致性和稳定性测试指南　荠菜	2013-12-13
植物新品种特异性、一致性和稳定性测试指南　茄子	2013-09-10
植物新品种特异性、一致性和稳定性测试指南　芹菜	2013-09-10
植物新品种特异性、一致性和稳定性测试指南　青花菜	2015-05-21
植物新品种特异性、一致性和稳定性测试指南　山药	2013-12-13
植物新品种特异性、一致性和稳定性测试指南　丝瓜	2013-12-13
植物新品种特异性、一致性和稳定性测试指南　莴苣	2014-03-24
植物新品种特异性、一致性和稳定性测试指南　西葫芦	2013-05-20
植物新品种特异性、一致性和稳定性测试指南　芋	2013-12-13
植物新品种特异性、一致性和稳定性测试指南　籽粒苋	2013-12-13

续表 2-52

测试指南名称	发布时间
植物新品种特异性、一致性和稳定性测试指南　百合	2012-12-07
植物新品种特异性、一致性和稳定性测试指南　春兰	2013-09-10
植物新品种特异性、一致性和稳定性测试指南　非洲菊	2013-05-20
植物新品种特异性、一致性和稳定性测试指南　果子蔓属	2014-03-24
植物新品种特异性、一致性和稳定性测试指南　蝴蝶兰	2012-12-07
植物新品种特异性、一致性和稳定性测试指南　花烛属	2014-03-24
植物新品种特异性、一致性和稳定性测试指南　菊花	2012-12-07
植物新品种特异性、一致性和稳定性测试指南　兰属	2013-09-10
植物新品种特异性、一致性和稳定性测试指南　石竹属	2012-12-07
植物新品种特异性、一致性和稳定性测试指南　唐菖蒲属	2014-03-24
植物新品种特异性、一致性和稳定性测试指南　万寿菊属	2019-01-17
植物新品种特异性、一致性和稳定性测试指南　雁来红	2013-12-13
植物新品种特异性、一致性和稳定性测试指南　郁金香属	2012-12-07
植物新品种特异性、一致性和稳定性测试指南　一串红	2013-12-13
植物新品种特异性、一致性和稳定性测试指南　灯盏花	2014-03-24
植物新品种特异性、一致性和稳定性测试指南　凤仙花	2014-03-24
植物新品种特异性、一致性和稳定性测试指南　花毛茛	2014-03-24
植物新品种特异性、一致性和稳定性测试指南　莲属	2015-05-21
植物新品种特异性、一致性和稳定性测试指南　马蹄莲属	2014-03-24
植物新品种特异性、一致性和稳定性测试指南　丝石竹	2014-03-24
植物新品种特异性、一致性和稳定性测试指南　报春花属欧报春	2014-03-24
植物新品种特异性、一致性和稳定性测试指南　秋海棠属	2014-03-24
植物新品种特异性、一致性和稳定性测试指南　三色堇	2013-12-13
植物新品种特异性、一致性和稳定性测试指南　芍药	2012-12-07
植物新品种特异性、一致性和稳定性测试指南　石斛属	2015-05-21
植物新品种特异性、一致性和稳定性测试指南　水仙属	2014-03-24
植物新品种特异性、一致性和稳定性测试指南　铁线莲属	2014-03-24
植物新品种特异性、一致性和稳定性测试指南　仙客来	2015-05-21
植物新品种特异性、一致性和稳定性测试指南　萱草属	2014-03-24
植物新品种特异性、一致性和稳定性测试指南　薰衣草属	2014-03-24
植物新品种特异性、一致性和稳定性测试指南　石蒜属	2013-12-13

本实验以某一园艺作物为调查对象，参照相应的 DUS 测试指南，完成一个园艺植物新品种 DUS 测试报告，提升学生的实践技能。

2　实验准备

2.1　试材

选择任何一种有植物新品种 DUS 测试指南的园艺作物。

2.2　仪器与用具

天平(感量 0.01 g)、照相机、游标卡尺等仪器，卷尺、放大镜、比色卡、水果刀、记录纸笔等用具。

3　实验方法

3.1　田间数据采集

参照相应的 DUS 测试指南，选择待测品种和对照品种及测定样本量。杂交选育新品种，可以选择母本、姐妹系品种为对照，芽变选种、诱变育种可以选择母本为对照品种。

严格按 DUS 测试要求的物候期和采样量，观测每个性状指标，拍照存档。常规新品种 DUS 测试工作需要连续 3 年田间实测数据，以确定重要性状的稳定性和一致性。

3.2　新品种特异性状筛选

同期观测待测试品种和对照品种，相互对比，找出差异性状。质量性状和假质量性状是区分品种特异性的重要指标，具有显著性差异的数量性状也可以作为新品种特异性状指标。填写指南中要求的技术问卷。

4　结果与分析

4.1　园艺植物新品种 DUS 个案测试报告

结合本地实际情况，任选一种园艺作物为研究对象，根据相应的 DUS 测试指南要求，完成一个园艺植物新品种 DUS 测试报告，确定所测品种和对照品种的差异性状。评价所参考的园艺植物新品种 DUS 测试指南在实际测试过程中的可操作性，讨论影响 DUS 测试准确性的关键因素。

4.2　园艺植物新品种测试群体中异型株筛查

扩大测试样本量，对同一品种内不同植株间进行比较，找出有差异的植株(异型株)，分析差异来源。讨论如何将 DNA 分子标记等分子信息应用于园艺植物新品种 DUS 测试中。

(张秋雷　编写)

实验四十四　蔬菜作物种子播种品质检测

1　引言

种子质量是指种子的生活力和发芽力，受采种植株营养状况、采种时期和方法、贮藏条件和年限等因素影响。优良的种子应该是发育充实、大而重、营养丰富、富有生活力、品种纯正而无杂质、无病虫害的种子。种子质量是保证出苗和幼苗健壮整齐的前提,也是确定播种量的依据之一。

蔬菜作物种子质量通过净度、饱满度、发芽率和发芽势及生活力等指标进行评价。种子净度是指样本中属于本品种种子的质量分数,其他品种或种类的种子、泥沙、花器残体及其他残屑等都属杂质,影响种子净度。种子饱满度常用“千粒重”表示,是估算播种量的一个依据,重量越大,种子越饱满充实,播种质量就越高。种子发芽率是指样本种子中发芽种子的百分数。种子发芽势是反映种子发芽速度和发芽整齐度的指标,在规定的时间内(如瓜类、白菜类、甘蓝类、根菜类、莴苣等为3~4 d;葱、韭、菠菜、胡萝卜、芹菜、茄果类为6~7 d)供试种子中发芽种子的百分数。种子生活力是指种子发芽的潜在能力,用化学试剂如2,3,5-氯化三苯基四氮唑(TTC)、靛红(靛蓝洋红)、红墨水等染色法鉴定。TTC是一种可以渗透进种子组织中的无色溶液,参与活细胞的还原反应,从脱氢酶上接受氢离子,自身被还原成红色、稳定、不扩散、不溶于水的三苯基甲臜,沉积在活组织处使其显红色,而死种子或种胚无生活力时,则不显红色。靛红等染色剂通过渗透作用而染色,活细胞的原生质膜具有选择透性,阻止染色剂渗入细胞内,活种子不被染色,死种子染色。

本实验以市售的蔬菜种子为试材,测定种子净度、饱满度、发芽率、发芽势、生活力等指标,使学生掌握种子质量分析评价的原理和分析技术。

2 实验准备

2.1 试材

市场购买的蔬菜种子,如瓜类和豆类等大粒种子、生菜等小粒种子。

2.2 试剂及配制

磷酸缓冲溶液的配制:溶液甲,称取 $NaH_2PO_4 \cdot 2H_2O$ 7.802 5 g,溶解于500 mL双蒸水中;溶液乙,称取 $Na_2HPO_4 \cdot 12H_2O$ 17.91 g溶解于500 mL双蒸水中。取溶液甲195 mL和溶液乙305 mL混合即成,pH=7。

1% TTC溶液:称取TTC 1 g,加入磷酸缓冲液100 mL,溶解后装入棕色瓶中,4 ℃避光保存备用。若是溶液变红,则不可再用。

2.3 仪器与用具

净度分析工作台、天平(感量0.01 g)、分析天平(感量0.001 g)、恒温箱、种子吹风机、电炉、分样器等仪器,培养皿、镊子、放大镜、小毛刷、棕色试剂瓶、刀片、剪刀、分样板、套筛、烧杯、量筒、盆、纱布、标签、毛巾等用具。

3 实验方法

3.1 种子净度测定

选取大粒种子50粒以上、小粒种子100粒以上为种子试样,并重复3次。通过筛选,将分离物分别倒在净度分析台上,采用放大镜或者种子吹风机等设备,将样品分为净种子,其他植物种子和杂质,并分别放入相应的容器中进行称重。

3.2 种子饱满度测定

种子饱满度指种子饱满程度,采用种子容重、比重、种子密度、千粒重以及干体积/吸胀体积比值等参数表示，本实验用千粒重表示。

取清洁的种子，经过风干后，随机取种子 2～3 份。大粒种子（瓜类、豆类等）每份取 50 粒，小粒种子每份取 100 粒，用天平称重，重复间差异<5%，数据平均后计算出千粒重。

3.3　种子发芽率和发芽势测定

选取大粒种子 50 粒、小粒种子 100 粒为种子试样，并重复 3 次。湿润滤纸放置在培养皿中，将种子均匀播在湿润的滤纸上，种子间距为种子直径 1～5 倍，盖上培养皿盖子，保证发芽期间的水分和适宜温度。每天检查，翻看种子，去除腐烂发霉种子，并每天轻轻冲洗 1 次。发芽结束时记录正常发芽数和供检种子数。

发芽势是测试种子的发芽速度和整齐度，从种子发芽开始到发芽高峰时段内发芽种子数占测试种子总数的百分比。

3.4　种子生活力测定

TTC 染色法：0.1%和 0.5%的 TTC 溶液常用于切开种胚的种子测定，而 1%的 TTC 溶液用于不切开种胚的种子测定。每次至少取 200 粒种子，经过净度分析后，随机抽取 100 粒种子，并重复 3 次。沿种胚中央准确切开，取每粒种子的一半备用。把切好的种子分别放在培养皿中，加入 TTC 溶液，以浸没种子为度。在室温条件下放置 40～60 min，之后倾倒出溶液，用自来水冲洗 2～3 次，立即观察种胚着色情况，判断种子有无生活力，并记录结果。

3.5　数据统计分析

采用 Excel 进行统计分析，种子生活力等数据以平均值（±标准差）表示。

4　结果与分析

对测试的种子根据测定结果，记录在表 2-53 中，评价各种子试样的质量。

表 2-53　几种蔬菜种子质量评价

名称	种子纯度/%	千粒重/g	发芽率/%	发芽势/%	种子生活力/%
西瓜					
⋮					

（陈书霞　编写）

实验四十五　蔬菜作物种子品种品质检验

1　引言

蔬菜作物种子质量检验能有效防止种子的混杂退化，是提高种子和产品品质的必要手段；是保证品种优异性状得以充分发挥，促进其增产保质潜力的有效措施；是实施种子定级定价、贯彻种子法的主要依据。

从种子检验的角度看，蔬菜种子品质包括品种品质和播种品质两个方面。其中，品种品质是指优良品种的真实性和纯度；播种品质是指种子净度、发芽率、千粒重、含水量及种子健康度等指标。种子真实性是指一批供试品种、种或属与文件(品种证书、标签)是否相符。品种纯度是指品种在特征、特性方面典型一致程度,用本品种种子数(或株数)占供检本作物样品数(种子数或株数)的百分率表示。种子真实性强调品种的真与假;品种纯度强调品种一致性的高与低。

种子纯度鉴定方法通常采用田间小区检验和室内检验。根据检验的对象、场所和原理的不同,可划分出多种检验方法。根据检验的原理,主要分为形态学鉴定、生理生化法鉴定、物理化学法鉴定、组织细胞学鉴定和分子生物方法鉴定五大类。形态学鉴定是根据种子、幼苗和植株的形态特征特性鉴别不同品种,其中植株形态鉴定所依据的性状相对比较多,检验结果更可靠、更准确。生理生化法鉴定根据种子或幼苗对不同的温度、光周期、病虫危害等表现出的生理学特性差异,或其蛋白质和同工酶电泳图谱等可间接反映其遗传物质DNA差异的生化特性鉴别品种。物理化学法鉴定主要根据种子或幼苗的物化特性差异(如在紫外光照射下发出不同荧光、不同化学物质成分的显色反应差异)鉴别品种,常用方法有荧光扫描图谱法、苯酚染色法和愈创木酚显色法等。组织细胞学鉴定法根据果皮和种皮的组织解剖学特征,或品种的染色体数目差异等细胞遗传学特性鉴别品种。分子生物法鉴定主要根据直接反映品种间核苷酸序列变异的DNA分子标记鉴别品种,如SSR、InDel和SNP等。

田间小区植株性状鉴定属于植株形态鉴定的范围,可以根据植株生育期内的各种形态特征特性对不同供试品系进行比较鉴别,是检验蔬菜种子品种纯度最可靠、准确的鉴定方法之一。田间小区种植鉴定需要对检验样品不同植株间性状(主要性状、次要性状、易变性状和特殊性状)差异做出仔细辨别。鉴定时重点寻找典型且易辨别的主要性状,如朝天椒果实的单生与簇生、茄子叶刺的有无、南瓜的短蔓与长蔓、大白菜叶片的全缘与缺刻等。同时,还要注意观察一些特有的性状,如某些茄子品种萼下果皮是否着色,辣(甜)椒品种花药颜色差异等。依据以上性状难以区分时,可考虑细小不易观察但稳定的次要性状和易随外界条件变化而变化的易变性状。经仔细观察找不出品种间差异时,应考虑采用其他鉴定方法。为了鉴定品种纯度,应在鉴定的各个阶段与标准样品进行比较。

本实验可选择1～2种当地主栽蔬菜作物的品种为试材,介绍田间小区种植法鉴定样品种子的真实性和品种纯度,训练学生辨别品种田间性状差异的能力,加深学生对园艺作物种子检验原理的理解及实践应用。

2 实验准备

2.1 试材

蔬菜种子送验样品、对照标准样品及其特征特性文件资料。

2.2 仪器与用具

调查表、米尺、卷尺、电子秤或台秤等。

3 实验方法

3.1 田间种植

为了保证供检样品和对照标准样品的品种特征、特性能充分表现,必须进行科学严密的试验设计,严格控制试验条件和规范栽培技术,如应考虑设置重复、土壤肥力的均匀性、种植群体大小、播种方法、育苗方式、种植密度及避免连作等问题。因为移栽和间苗都会引起误差，所以要对播种量进行调整，保证试验区与对照区中长成的植株数大约相等。若相差很大，必要时可适当通过间苗和移苗的方式达到上述要求。

3.2 田间记录

必须根据不同蔬菜作物及品种的特点，在整个生长期间选择关键时期，尤其是品种特征特性表现最明显的时期进行观察鉴定，记载与标准样品的差异。各类蔬菜的性状特征表现明显的时期存在差异(表 2-54)。许多蔬菜种类在幼苗期就有可能鉴别出品种真实性和纯度，但成熟期、花期和食用器官成熟期是品种特征、特性表现最明显的时期，必须进行再次鉴定。凡可看出是属于另外的栽培品种或种属植株或者异常植株，均应计数和记载。

表 2-54 几种常见蔬菜作物的田间检验时期

作物种类	检验时期							
	第一时期		第二时期		第三时期		第四时期	
	时期	要求	时期	要求	时期	要求	时期	要求
大白菜	苗期	定苗前后	成株期	收获前	叶球期	收获时剥除外叶	种株花期	抽薹开花
甘蓝	苗期	定植前	成株期	收获时	叶球期	收获时	种株期	抽薹开花
萝卜	苗期	两片子叶张开时	成株期	收获时	种株期	收获后		
黄瓜	苗期	真叶出现至4～5片真叶止	成株期		结果期		种瓜性状	
番茄	苗期	定植前	坐果初期	第一花序开花至第一穗果坐果期	结果中期	在第一至第三穗果成熟		
辣椒	苗期	定植前	开花至坐果期					

试材种植规模需根据最新的国家种子质量标准要求确定。若纯度标准为$(N-1)\times 100\%/N$，那么种植规模为 $4N$ 株。例如，当国家标准要求纯度为 99%时，则有 $99\%=(N-1)\times 100\%/N$，即 N 为 100，该鉴定试验需种植 400 株。可根据种植规模和本实验 3.1 的种植试验要求，设计适宜的小区面积和取样株数，小区随机排列，3 次重复。

3.3 种子纯度评价

所鉴定的本品种、变异品种、异作物和杂草等均以所鉴定植株数的百分率表示。小区种植鉴定的品种纯度按下式计算：

$$品种纯度=\frac{本作物的总株数-变异株数}{本作物的总株数}\times 100\%$$

如果鉴定植株不多于 2 000 株时，所发现的变异株数目以整数的百分率表示；如果多于 2 000 株，则百分率保留 1 位小数。如果性状是通过测量获得的，计算平均数及其他统计数值。

若样品中发现不是送验者所叙述的栽培品种，应该填报其结果。如果样品中其他栽培品种植株的比例超过15%时，则报告中应附加说明："样品同不同栽培品种混合组成。"

当结果不可能用百分率表示时，则可填写关于样品真实性的适当评语。

如果没有特别有价值的评语时，则需作如下说明："该样品经田间小区鉴定，结果未发现与送验者所述栽培品种或种名称有不符之处。"

3.4 数据统计分析

采用Excel软件进行统计分析，各项测定指标数据以平均值(±标准差)表示。

4 结果与分析

4.1 供测试样本田间形态学性状比较

根据待检测作物种类，参照表2-54确定检验时期，观测送验样品和标准样品种子的生物学特性，记载在表2-55中，对比分析供试样本和与标准样品的形态学性状差异。

表2-55 蔬菜测试种子的田间形态学性状观察

样品名称	检验时期							
	第一时期		第二时期		第三时期		第四时期	
	时期	要求	时期	要求	时期	要求	时期	要求
标准样品								
送验样品								

4.2 供测试样本种子纯度评价

根据田间检测结果，计算种子纯度，并给出相应的鉴定结果。

（陈雪平　编写）

第三章　园艺产品采后处理及市场营销

第一节　园艺产品采后生理变化

实验四十六　园艺产品可溶性糖含量的测定

1　引言

植物组织中的碳水化合物，又称为糖类化合物，主要由碳、氢、氧 3 种元素组成，是多羟基醛或多羟基酮及其缩聚物和某些衍生物的总称。糖是植物光合作用的主要产物，在植物的营养物质贮藏和运输、信号传导以及抗逆境胁迫中都有重要的作用。不同水果、蔬菜等园艺产品，其糖含量及组成不同，并受不同栽培条件、成熟度等因素影响。因此，分析水果、蔬菜等产品中糖类含量，是评价产品品质的重要参数之一。

在植物中，生产和输出同化产物的组织器官称为"源"，而利用和接受同化产物的器官称为"库"，糖的运输和分配是维持源库平衡的关键。叶片光合作用合成的糖分，通过韧皮部的装载运到库端，卸载进入库细胞，为库器官的生长提供养分。糖作为呼吸作用底物，氧化分解后产生腺苷三磷酸（ATP），为植物生长发育和吸收水分、矿物质等各种生命活动提供能量。糖类也是结构物质，能为植物体各种结构物质的组成提供碳骨架，碳骨架对于将无机氮同化为氨基酸、蛋白质和核酸是必不可少的。糖代谢是植物生物代谢的重要步骤，与植物体内各种代谢均有密切关系，糖代谢的中间产物为进一步合成脂肪、有机酸、蛋白质提供最初的原料，沟通了脂质代谢、蛋白质代谢、次生物质代谢以及核酸代谢。糖在植物抗逆境胁迫上也发挥着重要作用，糖作为细胞质和液泡中的主要渗透调节物，可以调节细胞膨压以维持其正常形态，保证植物细胞生理生化反应的正常进行，并能在植物遭受干旱胁迫时调控叶片的水势和保水力以增强植物的抗旱能力，在植物遭受低温胁迫时主动积累一些糖，从而降低冰点以适应外界环境条件的变化。糖在植物细胞间信息传递中还发挥着信使的作用，这种信使作用通常与激素、微RNA（microRNA）、活性氧以及氮、磷等元素信号结合。糖通过与其他信号分子偶联形成信号网络来调节植物的生长发育、基因表达，同时也能调控植物体对生物和非生物胁迫的响应。除此之外，对于园艺产品而言，糖类还是其重要的品质指标之一，糖含量及其组成影响着产品的风味、营养价值和贮藏品质等。

糖类在自然界含量丰富，有多种存在形式。植物中的糖类有两种形式：一种是结构性的糖类，主要用于构成细胞的结构，如纤维素和木质素，属于不可溶糖类；另一种不参与植物形态构建，如葡萄糖、果糖、蔗糖、淀粉、山梨醇等，这些非结构性化合物，作为细胞质及液泡中的主要可溶性物质，也称为可溶性糖，包括还原糖（主要是葡萄糖和果糖）和非还原糖（主要是蔗糖）。

本实验以常见的新鲜水果或蔬菜产品为对象，采用蒽酮比色法测定可溶性糖含量，采用3，5-二硝基水杨酸法测定还原性糖含量，巩固园艺产品采后有关糖代谢的理论知识，使学生掌握园艺产品可溶性糖的测定技术。

2 实验准备

2.1 试材

以生产上常见的新鲜水果如苹果、梨、葡萄、柑橘等，或新鲜的蔬菜产品如番茄、南瓜、胡萝卜等为试材，选择含糖量差异较大的园艺产品为宜。

从试验小区收获的果蔬产品中随机取成熟度一致、有代表性、无污染的产品。苹果、梨、柑橘和番茄等同一品种选取 15～30 个果实，5～10 个果实为一组，设定 3 次生物学重复；同一品种葡萄随机选取 5 穗，从果穗上、中、下随机取 10 粒果实为一组，3 次生物学重复；随机选取 15 根胡萝卜，随机选 5 根为 1 组，重复 3 组；同一品种随机挑选 6～9 个南瓜，2～3 个为一组，重复 3 组。

将样品洗净，苹果、胡萝卜、南瓜、西瓜等大果实，采用纵切缩分法，即是沿生长轴纵切 4 份（如苹果）或 8 份（如南瓜和西瓜），取对角线 2 份，将果肉切碎混匀，南瓜取靠近果心部分果肉。所有样本若是用鲜样测定，需充分混匀，四分法缩分至所需数量。样本也可以用高速粉碎机打成匀浆，或磨成冻干粉，用于品质相关指标测定。

2.2 试剂及配制

浓硫酸（H_2SO_4）、蒽酮、乙酸乙酯、蔗糖、葡萄糖、3，5-二硝基水杨酸、氢氧化钠（NaOH）、酒石酸钠、结晶酚、亚硫酸氢钠（$NaHSO_3$）等试剂，所有药剂均为分析纯。

蒽酮-乙酸乙酯试剂：称取分析纯蒽酮 1.00 g，溶于 50 mL 乙酸乙酯中，在棕色瓶中贮存。在黑暗中可保存数周，如有结晶析出，可微热溶解。

100 μg/mL 蔗糖标准液：将分析纯蔗糖在 80 ℃下烘至恒重，准确称取 1.000 g，置于小烧杯中，加少量水溶解，转入 100 mL 容量瓶中，加入浓 H_2SO_4 0.5 mL，用蒸馏水定容，配制 10 mg/mL 蔗糖标准液。从此标准液中准确吸取 1 mL，加入 100 mL 容量瓶中，加蒸馏水至刻度，即为 100 μg/mL 蔗糖标准液。

1 mg/mL 葡萄糖标准液：将分析纯葡萄糖在 80 ℃下烘至恒重，准确称取 0.100 g，置于小烧杯中，加少量水溶解，转入 100 mL 容量瓶中，用蒸馏水定容至刻度。

3，5-二硝基水杨酸试剂：称取 3，5-二硝基水杨酸 0.63 g，量取 2 mol/L NaOH 26.20 mL，均加到酒石酸钠的热溶液中（酒石酸钠 18.20 g 溶于 50 mL 水中），再加结晶酚 0.50 g 和亚硫酸氢钠 0.50 g，溶于其中，搅拌溶解，冷却后定容到 100 mL，贮于棕色瓶中备用。

2.3 仪器与用具

分光光度计、水浴锅、分析天平（感量 0.001 g）等仪器；漏斗、烧杯、三角瓶、容量瓶、具塞刻度试管、刻度吸管或移液器、棕色瓶、玻棒、滤纸、研钵等用具。

3　实验方法

3.1　可溶性糖含量测定

可溶性糖在浓 H_2SO_4 作用下脱水形成糠醛，再进一步脱水形成环，产生糠醛衍生物，可与蒽酮脱水缩合而成蓝绿色物质。在 620 nm 波长下有最大吸收峰，且在 10～100 μg 范围内其颜色深浅与糖含量成正比。因此，可用于测定可溶性糖含量。

3.1.1　标准曲线制作

取 20 mL 刻度试管，编号后，按表 3-1 加入各种试剂。将各管充分振荡后，放入沸水浴中，准确加热 10 min，取出后立即用自来水冷却至室温，混匀。在 620 nm 波长下，0 号管标零，分别测定各管吸光度，制作标准曲线。

表 3-1　蔗糖含量标准曲线制作

试剂	试管编号					
	0	1，2	3，4	5，6	7，8	9，10
100 μg/mL 蔗糖标准液/mL	0	0.2	0.4	0.6	0.8	1.0
蒸馏水/mL	2.0	1.8	1.6	1.4	1.2	1.0
蒽酮-乙酸乙酯/mL	0.5	0.5	0.5	0.5	0.5	0.5
浓 H_2SO_4/mL	5.0	5.0	5.0	5.0	5.0	5.0
蔗糖含量/μg	0	20	40	60	80	100

3.1.2　可溶性糖提取

称取新鲜样品 1 g，放入研钵中，用少量蒸馏水研磨成匀浆，将匀浆转移入刻度试管中，洗涤研钵 2～3 次，一并转入试管中，用橡皮塞塞住管口或用封口膜封口，于沸水浴中提取 30 min，提取液过滤，转入 25 mL 容量瓶中，反复漂洗试管及残渣，用蒸馏水定容至刻度，得到样品提取液。提取过程需要细心，勿将提取液溢出研钵或者试管外，以减小实验误差。每份试材的提取重复至少 3 次。

3.1.3　显色与测定

吸取样品提取液 0.5 mL，于 20 mL 刻度试管中，加蒸馏水 1.5 mL、蒽酮-乙酸乙酯 0.5 mL、浓 H_2SO_4 5 mL。其余操作与制作标准曲线相同，测定各管的吸光度，计算可溶性糖的含量。

$$可溶性糖含量=\frac{C\times V_t}{W\times V_s\times 10^6}\times 100\%$$

式中：C，从标准曲线查得样品测定管中含蔗糖的量（μg）；V_t，样品提取液总体积（mL）；W，称取样品的质量（g）；V_s，吸取样品液的体积（mL）；10^6，换算系数，1 g=10^6 μg。

3.2　还原糖含量测定

单糖和麦芽糖等还原糖在碱性条件下，与 3，5-二硝基水杨酸溶液共热时，可将黄色的

3,5-二硝基水杨酸还原为棕红色的氨基化合物。在一定范围内,还原糖的量与反应液颜色的深浅成正比。在540 nm波长下测定反应液棕红色物质的吸光度,查对标准曲线,可计算出样品中还原糖的含量。

3.2.1 标准曲线制作

取25 mL刻度试管,编号后,按表3-2精确加入各种试剂。将各管摇匀后,放入沸水浴中,准确加热5 min。取出后立即用自来水冷却至室温,再用蒸馏水定容至25 mL,用橡皮塞塞住管口,混匀。在540 nm波长下,用0号管调零,分别测定1～6号管的吸光度,制作标准曲线。

表3-2 葡萄糖含量标准曲线制作

试剂	试管编号						
	0	1	2	3	4	5	6
1 mg/mL葡萄糖标准液/mL	0	0.2	0.4	0.6	0.8	1.0	1.2
蒸馏水/mL	2.0	1.8	1.6	1.4	1.2	1.0	0.8
3,5-二硝基水杨酸试剂/mL	1.5	1.5	1.5	1.5	1.5	1.5	1.5
葡萄糖含量/mg	0	0.2	0.4	0.6	0.8	1.0	1.2

3.2.2 还原糖提取

称取新鲜样品1 g,放入研钵中,用少量蒸馏水研磨成匀浆,将匀浆转移入100 mL的烧杯中,洗涤研钵2～3次,一并转入烧杯中,再加入50 mL蒸馏水,搅拌均匀,置于50 ℃恒温水浴锅中保温20 min,使还原糖浸出。过滤,并用蒸馏水多次洗残渣,将所有滤液收集在100 mL容量瓶中,用蒸馏水定容至刻度,混匀,即得到还原糖提取液。勿将提取液溢出研钵或者试管外,以减小实验误差。每份试材提取重复至少3次。

3.2.3 显色与测定

吸取样品提取液2 mL,3,5-二硝基水杨酸试剂1.5 mL,于25 mL刻度试管中。其余操作与制作标准曲线相同,测定各管的吸光度,计算还原糖的含量。

$$还原糖含量=\frac{C\times V_{t}}{W\times V_{s}\times 1\ 000}\times 100\%$$

式中:C,从标准曲线查得样品测定管中含葡萄糖的量(μg);V_{t},样品提取液总体积(mL);W,称取样品的质量(g);V_{s},吸取样品液的体积(mL);1 000,换算系数,1 g=1 000 mg。

3.3 数据统计分析

采用Excel和SPSS软件进行数据统计及标准曲线回归分析和差异显著性分析。数据结果以平均值(±标准差)表示,$P<0.05$表示差异显著,$P<0.01$表示差异极显著。

4 结果与分析

4.1 不同果蔬产品可溶性糖含量分析

根据实验结果,绘制出蔗糖含量标准曲线。选择测试样本,提取样本溶液,在620 nm波长下测定其OD值,记录在表3-3中。利用公式,计算出测试样本可溶性糖含量,比较不同果蔬产品可溶性糖含量的差异性。

表 3-3　果蔬样本可溶性糖含量

测试样本	取样质量/g	提取液总体积/mL	吸取样品液体积/mL	OD 值	从标准曲线查得的蔗糖含量/μg	可溶性糖含量/%
苹果						
葡萄						
番茄						
⋮						

4.2　不同果蔬产品还原糖含量分析

根据实验结果，绘制出葡萄糖含量标准曲线。选择测试样本，提取样本溶液。在 540 nm 波长下，测定其 OD 值，记录在表 3-4 中。利用公式，计算出样本还原糖含量，分析不同果蔬产品还原糖含量的差异性。探讨果蔬产品中可溶性糖和还原糖的关系，并分析影响二者测定准确性的关键影响因素。

表 3-4　果蔬样本还原糖含量分析

测试样本	取样质量/g	提取液总体积/mL	吸取样品液体积/mL	OD 值	从标准曲线查得的葡萄糖含量/mg	还原糖含量/%
苹果						
葡萄						
番茄						
⋮						

（李翠英　编写）

实验四十七　园艺产品蛋白质含量的测定

1　引言

蛋白质是生命的物质基础，机体中的每一个细胞和所有重要组成部分都有蛋白质参与。蛋白质是构造和修复身体的重要原料，人体的发育以及受损细胞的修复和更新，都离不开蛋白质，蛋白质也能为人体的生命活动提供能量。可溶性蛋白质含量是一个重要的生理生化指标，也是果蔬品质和营养的重要评价指标之一。

许多可溶性蛋白质是构成果蔬中活性酶的重要组成部分，参与果蔬多种生理生化代谢过程的调控，与果蔬的生长发育、成熟衰老，抗病性、抗逆性都密切相关。同时，植物体内的可溶性蛋白质大多数是参与各种代谢的酶类。蛋白质常用的测定方法有 Lowry（Folin-酚试剂法）和考马斯亮蓝 G250（Coomassie brilliant blue G-250）染料结合法。考马斯亮蓝 G-250 测定蛋白质含量属于染料结合法的一种。该法于 1976 年由 Bradford 建立，试剂配制简单，操作简便快捷,反应非常灵敏,灵敏度比 Lowry 法高 4 倍,可测定微克级蛋白质含量,测定蛋白质浓度范围为 0～1 000 μg/mL,是一种微量蛋白质的快速测定方法。考马斯亮蓝 G-250 在游离状态下呈红色,最大光吸收在 488 nm;当它与蛋白质结合后变为青色,蛋白质-色素结合物在 595 nm 波长下有最大光吸收,其光吸收值与蛋白质含量成正比,因此可用于蛋白质的定量测定。蛋白质与考马斯亮蓝 G-250 结合在 2 min 内达到平衡,完成反应十分迅速;其结合物在室温下 1 h 内保持稳定。

总蛋白质含量可采用凯氏定氮法测定,测总氮(N)含量,根据系数 6.25 折算成蛋白质含量(同时把含水量和脂肪含量折算进去)。本实验以蛋白质含量不同的果蔬产品为试材,介绍考马斯亮蓝测定可溶性蛋白质的方法。通过实际操作,促进学生对相关知识的学习,掌握园艺产品蛋白质含量的测定技术。

2 实验准备

2.1 试材

选择榛子、核桃、杏仁等种子,以及石榴、香蕉、枣、金橘等水果为试材。在果实成熟期,随机采集树冠外围不同方位上有代表性、无病虫害的果实,石榴、香蕉、枣、金橘等取果实样本至少 2～3 kg,榛子、核桃、杏仁等种子不少于 1 kg,按四分法缩分,取出实验室分析所需样品量,保存待测。

2.2 试剂及配制

牛血清白蛋白标准溶液:称取 100 mg 牛血清白蛋白,溶于 100 mL 蒸馏水中,即为 1 000 μg/mL 的原液。

考马斯亮蓝 G-250 试剂:称取考马斯亮蓝 G-250 100 mg,溶于 50 mL 90%乙醇中,加入 85%磷酸 100 mL,最后用蒸馏水定容到 1 000 mL。此溶液在常温下可放置 1 个月。

2.3 仪器与用具

分光光度计、分析天平(感量 0.001 g)、离心机等仪器,离心管、刻度吸管、烧杯、量筒、具塞试管、试管架、微量取样器、研钵等用具。

3 实验方法

3.1 考马斯亮蓝标准曲线制作

3.1.1 低浓度(0～100 μg/mL)标准曲线

取 10 mL 干净的具塞试管 6 支,按表 3-5 加入试剂。盖塞后,将各试管中溶液纵向倒转混合,放置 2 min。用 1 cm 光径的比色杯,在 595 nm 波长下测定光密度,记录各管测定的光密度 $OD_{595\ nm}$,制作标准曲线。

3.1.2 高浓度(0～1 000 μg/mL)标准曲线

另取 10 mL 具塞试管 6 支,按表 3-6 取样。其余步骤同本实验 3.1.1 操作,绘出蛋白质浓度为 0～1 000 μg/mL 的标准曲线。

表 3-5　低浓度标准曲线制作

管号	1	2	3	4	5	6
1 000 μg/mL 标准蛋白溶液/mL	0	0.02	0.04	0.06	0.08	0.10
蒸馏水/mL	1.00	0.98	0.96	0.94	0.92	0.90
考马斯亮蓝 G-250 试剂/mL	5	5	5	5	5	5
蛋白质含量/μg	0	20	40	60	80	100
$OD_{595\ nm}$						

表 3-6　高浓度标准曲线制作

管号	7	8	9	10	11	12
1 000 μg/mL 标准蛋白溶液/mL	0	0.2	0.4	0.6	0.8	1.0
蒸馏水/mL	1.00	0.8	0.6	0.4	0.2	0
考马斯亮蓝 G-250 试剂/mL	5	5	5	5	5	5
蛋白质含量/μg	0	200	400	600	800	1 000
$OD_{595\ nm}$						

3.2　样品提取液中蛋白质浓度测定

3.2.1　样品制备

精确称取待测样品 1 g，放入研钵中，加蒸馏水 10 mL，研磨成匀浆；转移到离心管中，再用蒸馏水 10 mL，分次洗涤研钵，洗涤液收集于同一离心管中；放置 30～60 min，以充分提取；然后在 4 000 r/min 离心 20 min，弃去沉淀，即为待测样品提取液。

3.2.2　样品测定

另取 10 mL 具塞试管 2 支，按表 3-7 取样。吸取提取液 0.1 mL(2 次重复)，放入具塞刻度试管中，并加入蒸馏水 0.9 mL，将试管放于冰浴中；缓慢加入考马斯亮蓝 G-250 蛋白试剂(参比：1 mL 蒸馏水加入 5 mL 考马斯亮蓝试剂)5 mL，充分混合，放置 2 min。用 1 cm 光径比色杯在 595 nm 下比色，记录光密度 $OD_{595\ nm}$，并通过标准曲线查得待测样品提取液中蛋白质的含量 X(μg)。以制作标准曲线的 1 号试管作空白对照。

表 3-7　样品蛋白质测定

管号	13	14
蛋白质待测样品提取液/mL	0.1	0.1
蒸馏水/mL	0.9	0.9
考马斯亮蓝 G-250 试剂/mL	5	5
$OD_{595\ nm}$		
蛋白质含量/μg		

$$样品蛋白质含量(mg/g 鲜重)=\frac{X \times V_t \times N}{W \times V_s \times 1\,000}$$

式中：X，根据样品吸光度查得的标准曲线值，蛋白质量（μg/g）；V_t，提取液总体积（mL）；W，样品鲜重（g）；V_s，测定时加样量（mL）；N，稀释倍数。

3.3　注意事项

（1）该方法由于染色方法简单迅速，干扰物质少，灵敏度高，现已广泛应用于蛋白质含量的测定。

（2）有些阳离子（如 K^+、Na^+、Mg^{2+}）、$(NH_4)_2SO_4$、乙醇等物质不干扰测定，但大量的去污剂如 Triton X-100、SDS 等严重干扰测定。

（3）蛋白质与考马斯亮蓝 G-250 结合的反应十分迅速，2 min 左右反应达到平衡；其结合物在室温下 1 h 内保持稳定。因此测定时不可放置太长时间，否则将使测定结果偏低。

（4）将试管倾斜置于冰浴中，缓慢加入考马斯亮蓝试剂，以防止速度快时易起泡沫，影响测定。

3.4　数据统计分析

采用 Excel 对数据进行统计分析及图表制作，数据以平均值（±标准差）表示。

4 结果与分析

4.1　考马斯亮蓝低浓度和高浓度标准曲线绘制

根据表 3-5 和表 3-6 中考马斯亮蓝的 $OD_{595\ nm}$ 测定结果，以标准蛋白质浓度为横坐标，相应蛋白标准品对应吸光值纵坐标，绘制标样低浓度和高浓度标准曲线，用于园艺产品提取液的蛋白质含量分析。

4.2　不同园艺产品蛋白质含量分析

将测定数据填入表 3-8，计算不同园艺产品的蛋白质含量，对比分析不同园艺产品中蛋白质含量差异，讨论影响实验结果的可能因素。

表 3-8　样品蛋白质含量的测定

序号	样品鲜重/g	提取液总体积/mL	测定时加样量/mL	稀释倍数	蛋白质含量/(mg/g)
1					
2					
3					
⋮					

（梁晋军　编写）

实验四十八　园艺产品脂肪含量的测定

1　引言

脂肪对人类营养健康有着重要的作用，特别是在植物油脂中含有大量不饱和脂肪酸，是人体生理活动中不可缺少的物质。脂肪是园艺产品中重要营养成分之一，能提供人体必需的脂肪酸，是人体热能的主要来源；同时也是脂溶性维生素的良好溶剂，有助于脂溶性维生素的吸收；并且还能与蛋白质结合，在调节人体机能和完成体内生化反应方面起重要作用。脂肪能够影响产品的风味、组织结构、品质、外观等，是食品管理的一项重要指标，测定脂肪的含量可以作为鉴别园艺产品品质优劣的重要指标之一。

植物脂肪的合成大致分成 3 个阶段：乙酰辅酶 A 合成为 16～18C 的脂肪酸；脂肪酸运输到细胞质的内质网后，脱饱和；脂肪酸与甘油被加工成三酰甘油。脂肪含量的测定方法很多，如抽提法、酸水解法、比重法、折射法、电测和核磁共振法等。目前国内外普遍采用抽提法，其中索氏抽提法是公认的经典方法，也是我国粮油分析首选的标准方法。索氏抽提法即用低沸点有机溶剂（乙醚或石油醚）回流抽提，除去样品中的粗脂肪，以样品与残渣重量之差，计算粗脂肪含量。由于有机溶剂的抽提物中除脂肪外，还或多或少含有游离脂肪酸、甾醇、磷脂、蜡及色素等类脂物质，因而抽提法测定的结果只能是粗脂肪。

脂肪酸是油脂的重要组成成分，坚果中油脂质量分数为 30％～60％，富含油酸和亚油酸等不饱和脂肪酸。脂肪酸根据双键的有无可分为饱和脂肪酸和不饱和脂肪酸。在不饱和脂肪酸中，含有 1 个双键的称为单不饱和脂肪酸（MUFA），含有 2 个或以上双键的，称为多不饱和脂肪酸（PUFA）；根据不饱和键出现的位置，可分为 ω-3（n-3）、ω-6（n-6）、ω-7（n-7）或 ω-9（n-9）系列不饱和脂肪酸。ω-3 属于 PUFA，包括二十二碳六烯酸（DHA）、二十碳五烯酸（EPA）、α-亚麻酸（ALA）、二十二碳五烯酸（DPA）等，其中 α-亚麻酸又是 EPA 和 DHA 的合成前体，牡丹籽、紫苏籽、沙棘籽、亚麻籽、奇亚籽、南美油藤等植物中含量高。ω-6 属于 PUFA，包括亚油酸（LA）和花生四烯酸（ARA），玉米、大豆、葵花籽油等植物油中含量高。ω-7 是 MUFA，常见的类型是棕榈油酸，澳洲坚果和沙棘果中含有一定数量。橄榄油、芝麻、茶油和野鼠尾草籽等含有 ω-9 单不饱和脂肪酸。此外，坚果中含有饱和脂肪酸如棕榈酸、十七碳酸、硬脂酸、花生酸、二十二碳酸、二十四碳酸等。对脂肪进行甲酯化后，可用气相色谱测定脂肪酸组成及含量。

本实验以市售的坚果为试材，测定不同坚果粗脂肪含量和脂肪酸成分，使学生了解园艺产品脂肪含量测定的原理与方法，巩固相关理论知识的学习，学以致用。

2　实验准备

2.1　试材

以市售坚果如未加工的核桃、榛子、扁桃仁等为试材。坚果种子采样与处理方法参见实验四十七。

2.2　试剂及配制

石油醚、氢氧化钠、甲醇、三氟化硼、异辛烷（色谱纯）、脂肪酸甘油三酯标准液等。

2.3　仪器与用具

索氏脂肪提取器、烘箱、电热水浴锅、干燥器、气相色谱仪、毛细管色谱柱、分析天平（感量 0.001 g、0.000 1 g）等仪器，瓷研钵、脱脂滤纸、脱脂棉、滤纸等用具。

3 实验方法

3.1 索氏抽提法测定粗脂肪含量

3.1.1 样品制备

准确称取样品 3 g，将样品在 80～100 ℃烘箱中烘干去除水分，一般烘 4 h。若未烘干，则必须测定样品的含水量。将烘干的样品研碎，含油量多且容易流失的，研碎后要用脱脂棉将研钵擦净，一起放入烘干并称重的样品袋内抽提。用少量的石油醚冲洗研钵，也倒入索氏提取器的提取管中。重复 3 次。

3.1.2 索氏提取器安装

索氏提取器共分三部分，底部为一烧瓶，中间是带有虹吸管与连接管的提取管，上面是一个回流冷凝器。实验前应将仪器洗净，烘干。按说明书将仪器安装固定好，接通冷却水管，将烧瓶浸入水浴锅中(约占其体积的 1/3)。注意仪器各部分均由磨口相连，操作时要小心，以免将仪器损坏。

3.1.3 样本抽提

将称好的样品(连同擦拭研钵的脱脂棉)放入称至恒重的纸袋中，再把纸袋放入提取管中(注意勿使样品高于虹吸管)。向提取管中加入石油醚以浸润样品(切勿超过虹吸管)，同时向下部烧瓶内加入约占其体积 1/3 的石油醚。然后将仪器重新安装好，拧开冷却水龙头，同时接通电热水浴锅电源，使烧瓶内的石油醚沸腾(夏天水温保持在 50～60 ℃，冬天水温保持在 60～70 ℃)。在加热时石油醚蒸发，石油醚蒸汽经侧面的连接管上升至冷凝器，凝结成液体，滴入抽提管中，此时样品内的脂肪为石油醚所提取。

待石油醚液面超过虹吸管高度后，溶有脂肪的石油醚经虹吸管流入烧瓶。如此循环抽提，一般经 14～24 h，样品中的脂肪即可全部被抽提至石油醚中。如需检查脂肪是否提取完全，可从提取管内吸取几滴石油醚滴在干净的滤纸上，待石油醚挥发后，滤纸上不留油脂痕迹即表示已经提取完全。

3.1.4 称重

提取完毕后，先关上水浴锅电源，取出烧瓶。待冷却后拆开索氏提取器，取出滤纸袋，放在表面皿上，盖上干净的纱布，置于室外让残留的石油醚挥发。然后放在 100～105 ℃烘箱中 8 h，取出后放在干燥器中冷却，称重。重复 3 次。

3.1.5 粗脂肪含量计算

样品中粗脂肪含量按下列公式计算。

$$粗脂肪含量(\%)=(W-W_1)/M\times100\%$$

式中：W，称量瓶加滤纸包重(g)；W_1，提取后残留样品的烘干重(g)；M，样品的质量(g)。

3.2 脂肪酸成分检测

3.2.1 标准溶液配制

脂肪酸甘油三酯标准工作液：根据试样中所要分析脂肪酸的种类选择相应甘油三酯标准品，用甲苯配制适当浓度的标准工作液。−10 ℃以下的冰箱中保存，有效期 3 个月。

3.2.2 样品和标准液甲酯化处理

称取试样 60 mg(精确至 0.1 mg)，放入具塞试管中，加入 4 mL 异辛烷溶解(必要时可以微热)。试样溶解后加入 200 μL 氢氧化钾-甲醇溶液,盖上玻璃塞猛烈振摇 30 s 后,静置至澄清;加入约 1 g 硫酸氢钠,猛烈振摇,中和氢氧化钾;待盐沉淀后,将上层溶液移至上机瓶中,待测。

准确吸取脂肪酸甘油三酯标准工作液 0.5 mL,按上述相应步骤进行相同的前处理,得到脂肪酸标准测定液。

3.2.3 气相色谱分析

气相升温程序:初始温度 100 ℃,保持 13 min;之后以 10 ℃/min 速率升高至 180 ℃,保持 6 min;再以 1 ℃/min 速率升高至 200 ℃,保持 20 min;之后以 4 ℃/min 速率升高至 230 ℃,保持 10.5 min。载气为氮气,分流比 100∶1,进样体积 1.0 μL。进样口温度 270 ℃,氢火焰检测器温度 280 ℃。每个样品做 2 个平行样。

3.2.4 试样中各脂肪酸含量计算

在上述色谱条件下将脂肪酸标准测定液及试样测定液分别注入气相色谱仪,以色谱峰峰面积定量。脂肪酸含量按下式计算:

$$X_i = \frac{A_i \times m_{Si} \times F_{TGi\text{-}FAi}}{A_{Si} \times m} \times 100$$

式中:X_i,试样中各脂肪酸的含量(g/100 g);A_i,试样测定液中各脂肪酸甲酯的峰面积;m_{Si},标准工作液中的标准品质量(mg);$F_{TGi\text{-}FAi}$,各脂肪酸甘油三酯转化为脂肪酸的换算系数,参见食品安全国家标准食品中脂肪酸的测定(GB 5009.168—2016);A_{Si},标准测定液中各脂肪酸的峰面积;m,试样的称样质量(mg);100,换算系数。

3.3 数据统计分析

所有数据经 Excel 初步整理后,采用 SPSS 软件进行统计分析和图表制作。数据均为平均数(±标准差)表示,$P<0.05$ 表示差异显著,$P<0.01$ 表示差异极显著。

4 结果与分析

4.1 不同坚果粗脂肪含量的对比分析

将测定数据填入表 3-9 中,对比分析不同坚果样品中的粗脂肪含量,讨论影响测定结果的因素及改进方法。

表 3-9 坚果样品中粗脂肪含量的测定

样品		称量瓶加滤纸包重/g	提取后残留样品的烘干重/g	粗脂肪含量/g
核桃	测样 1			
	测样 2			
	测样 3			
榛子	测样 1			
	测样 2			
	测样 3			

4.2 不同坚果中脂肪酸成分的分析

根据实验测定，列举出坚果中饱和脂肪酸和不饱和脂肪酸的组成及含量，记录在表3-10中。对比分析不同坚果中脂肪酸各组分的差异性，分析各脂肪酸的比例及营养价值，讨论影响实验结果的可能因素及改进方法。

表3-10 坚果中脂肪酸的组分及含量分析

坚果	饱和脂肪酸/(g/100 g 脂肪)	单不饱和脂肪酸/(g/100 g 脂肪)	多不饱和脂肪酸/(g/100 g 脂肪)	饱和和不饱和脂肪酸比例
核桃				
榛子				

（梁晋军　编写）

实验四十九　园艺产品色素类物质含量的测定

1 引言

色泽是园艺产品品质评价的重要指标之一，直接反映了园艺产品的成熟度和新鲜度。色素积累是园艺产品色泽形成的物质基础，色素的种类和含量决定了园艺产品的色质和呈色程度。一般而言，未成熟的水果蔬菜大多呈现绿色，成熟后呈现各种不同的色泽，而在采后贮藏过程中颜色又会发生不同的变化。因此，色泽及色素类物质的含量变化是园艺产品采后贮藏保鲜的重要评价指标。

园艺产品的色素种类很多，主要包括叶绿素、类胡萝卜素、类黄酮素和甜菜色素四大类。这些色素有时单独存在，有时同时存在，或显现或被遮盖，使果蔬在不同生长阶段、不同环境条件及不同贮藏方式下显现不同的颜色。叶绿素和类胡萝卜是植物进行光合作用的重要色素物质，叶绿素的合成作用在生长发育阶段占主导地位，使未成熟的果蔬显现绿色。幼果和未脱青的果实中叶绿素是由叶绿酸与叶绿醇及甲醇形成的二酯。叶绿素的主要结构是一个卟啉环，由4个吡咯环的碳原子通过4个次甲基链结合而成的环状共轭体系。叶绿素不溶于水，溶于乙醇、丙酮、乙醚和氯仿等有机溶剂，其性质不稳定，在空气中和日光下易被分解。高等植物的叶绿素由叶绿素a和叶绿素b混合组成，通常叶绿素a与叶绿素b的含量比例为3∶1。叶绿素a与叶绿素b在结构上的区别在于Ⅱ吡咯环9碳原子上的取代基不同，取代基是甲基(—CH_3)为叶绿素a，取代基是醛基(—CHO)为叶绿素b。

类胡萝卜素是高等植物叶绿体内另一类重要的光合色素。类胡萝卜素的种类很多，目前已知有700余种，叶黄素、胡萝卜素、番茄红素和辣椒红素等构成果蔬产品的黄色、橙色或红色。类胡萝卜素常与叶绿素并存，随着植物产品器官成熟及进入采收之后，叶绿素合成停止，原有的叶绿素被分解。水果成熟时叶绿素含量降低，果实中类胡萝卜素、花青素的颜色得以呈现，使果实表现出不同的色泽。杏、黄桃、番茄、胡萝卜成熟后表现的橙黄色均是类胡萝卜素的颜色，而绿叶蔬菜采收后叶绿素下降，胡萝卜素使其变黄，严重影响食用品质。类胡萝卜素是一大类脂溶性色素，对高热、强酸、强碱具有稳定性，与锌(Zn)、铜(Cu)、铁(Fe)等金属共存时，其结构也不易被破坏。但光照和氧气能引起它的分解，使果蔬褪色。

园艺产品的色泽可以通过色差仪定性分析，色素含量根据叶绿素和类胡萝卜素等对不同可见光谱的吸收值而测定。本实验采用色差仪法测定果蔬产品色泽、分光光度计测定果蔬产品的叶绿素和类胡萝卜素含量，使学生了解园艺产品色泽和色素的采后变化规律及测定原理，掌握园艺产品色泽和色素的测定方法。

2　实验准备

2.1　试材

选择不同成熟度的杧果果实(青熟、转黄、黄熟)、不同状态蔬菜叶片(新鲜、萎蔫)果蔬产品为试材。

2.2　试剂

丙酮、石英砂。

2.3　仪器与用具

CR-300 色差仪、分析天平(感量 0.001 g)、分光光度计、高速离心机、移液器等仪器，研钵、定量滤纸、漏斗、玻璃棒、棕色容量瓶(50 mL)等用具。

3　实验方法

3.1　样本采集与处理

在杧果果实青熟期，从试验小区收获的果实中随机选取大小和成熟度一致、无病虫害和机械损伤的果实 90 个。30 个果实记为青熟期果实，采后即测定，剩余果实常温贮藏至转黄期(30 个果实)和黄熟期(30 个果实)，分批测定。30 个果实随机分成 3 次生物学重复，每次重复 10 个果实，用于果皮颜色(完整单果)检测和色素(果肉混样，即每 10 个果实混样，取果肉切碎、混合，四分法随机取样)测定。

在蔬菜采收期，从试验小区收获的蔬菜中取大小和成熟度一致、无病虫害和机械损伤的蔬菜 60 棵。30 棵蔬菜采后即测定，其余蔬菜(30 棵)于常温贮藏至萎蔫状态时测定。30 棵蔬菜随机分为 3 次生物学重复，每次重复包含 10 棵，用于叶片(完整植株)颜色和色素(叶片混样，即 10 株蔬菜，叶片切碎、混样，四分法取样)测定。

3.2　色差检测

色差仪是通过光电转换的原理对颜色差别进行精密测量的仪器，通过 Lab 对颜色进行标量。Lab 颜色模型是以数值化方式描述人类视觉感应的一种颜色系统，可表现色域的宽阔和色彩的均匀性。

色差仪每次使用前需进行白板矫正，开机后将配套白板放置在测量口，按“CALIBRATION(校准)”键进行白板矫正。当色差仪处于就绪状态时，将测量口按压在所检测的果蔬产品表面，按“MEASURE(测定)”键进行测量。

记录所检测产品的 L^*、a^* 和 b^* 值。L^* 为明度坐标，代表物体的明亮度，0～100 表示从黑色到白色；a^* 和 b^* 为色品坐标，代表颜色的色调和饱和度。其中 a^* 代表物体的红绿色，当

a^* 为正时表明其偏红，当 a^* 为负时表明其偏绿；b^* 代表物体的黄蓝值，当 b^* 为正时表明其偏黄，当 b^* 为负时表明其偏蓝。

3.3 色素提取液制备

称取果蔬样品 3 g，放入研钵中，加少量石英砂和丙酮 2～3 mL，研成匀浆；再加丙酮 10 mL，继续研磨至组织变白，静置 3～5 min。为了避免叶绿素的分解，应在弱光下和低温下操作，研磨时间尽量短。提取过程应在闭光、低温下进行。

取上层提取液用滤纸漏斗过滤到 50 mL 棕色容量瓶中，用丙酮冲洗残渣数次，最后连同残渣一起倒入漏斗中；用丙酮溶液冲洗，直至滤纸和残渣中无绿色为止；用丙酮溶液定容，摇匀备用。叶绿素提取液不能混浊，必须利用定量滤纸过滤或进行高速低温离心。

3.4 叶绿素和类胡萝卜素含量测定

以丙酮为空白对照，用 1 cm 光径比色皿在波长 663 nm、645 nm 和 470 nm 下分别比色测定提取液的吸光度值。每次测定重复 3 次。

叶绿素 a 和叶绿素 b 的提取液在红光区的最大吸收峰分别为 663 nm 和 645 nm。叶绿素 a 和叶绿素 b 在 663 nm 处的吸光系数分别为 82.04 和 9.27；在 645 nm 处的吸光系数分别为 16.75 和 45.60。根据朗伯-比尔(Lambert-Beer)定律，叶绿素提取液在 663 nm 和 645 nm 处的吸光度(A_{663} 和 A_{645})与溶液中叶绿素 a(C_a)和叶绿素 b(C_b)的关系可分别用下列方程式表示：

$$A_{662}=82.04C_a+9.27C_b;A_{645}=16.76C_a+45.60C_b$$

解方程得：$C_a=12.72A_{662}-2.59A_{645};C_b=22.88A_{645}-4.67A_{662}$

将 C_a 与 C_b 相加即得叶绿素总量 C_{ch}：$C_{ch}=20.29A_{645}+8.05A_{662}$

在叶绿素存在的条件下，用分光光度法可同时测定出提取液中类胡萝卜素的含量 C_{ca}：

$$C_{ca}=\frac{1\,000A_{470}-3.27C_a-104C_b}{229}$$

式中：C_a 和 C_b 为叶绿素 a 和叶绿素 b 的质量浓度(mg/L)。

按下式计算果蔬组织中叶绿素和类胡萝卜素的含量，以每克鲜重(FW)果蔬组织中所含叶绿素素的毫克数表示，即 mg/g FW。计算公式：

$$\text{色素含量(mg/g FW)}=\frac{C\times V}{W\times 1\,000}$$

其中：C，公式计算的叶绿素或类胡萝卜素浓度(mg/L)；V，样品提取液总体积(mL)；W，样品质量(g)。

3.5 数据统计分析

数据采用 Excel 初步整理，SPSS 进行图表制作和差异显著分析。数据以平均值(±标准差)表示，$P<0.05$ 表示差异显著，$P<0.01$ 表示差异非常显著。

4 结果与分析

4.1 不同成熟度的园艺产品色泽分析

测定不同果蔬产品的色泽度，求平均值并将结果记录在表 3-11 中，分析不同成熟度对果蔬产品色泽变化的影响。

4.2　不同成熟度的园艺产品色素含量变化分析

测定不同果蔬产品叶绿素和类胡萝卜素含量，将结果记录在表 3-11 中，分析成熟度不同园艺产品中色素含量及与色泽变化的关联性。探讨影响测定结果准确性的技术因素。

表 3-11　不同成熟度的果蔬产品色泽与色素含量变化分析

测定项目		杧果果实			番茄果实			叶菜类叶片	
		青熟	转黄	黄熟	绿熟	转色	完熟	新鲜	萎蔫
色差仪分析	L^*								
	a^*								
	b^*								
叶绿素 a 含量/(mg/g FW)									
叶绿素 b 含量/(mg/g FW)									
类胡萝卜素含量/(mg/g FW)									

（闫佳琪　编写）

实验五十　园艺产品 B 族维生素含量的测定

1　引言

B 族维生素主要包括硫胺素（维生素 B_1）、核黄素（维生素 B_2）、烟酸（维生素 B_3）、泛酸（维生素 B_5）、吡哆醇和吡哆醛（维生素 B_6）、生物素（维生素 B_7）、叶酸（维生素 B_9）和钴胺素（维生素 B_{12}）等，通常以辅酶的形式参与蛋白质、糖和脂肪的代谢。当人体内缺乏某种 B 族维生素时，其相应的功能将会受阻，严重缺乏时会导致一系列疾病。一些园艺产品含有丰富的 B 族维生素，是其品质评价的重要指标，精确测定其含量有助于有效评价园艺产品的品质高低。

维生素 B_1 又称硫胺素或抗神经炎素，是由嘧啶环和噻唑环结合而成的一种 B 族维生素。维生素 B_1 主要存在于种子的外皮和胚芽中，辣椒、黄瓜、莴苣中维生素 B_1 含量较高。在人体内维生素 B_1 以辅酶形式参与糖的分解代谢，有保护神经的作用，还能促进肠胃蠕动，增加食欲。维生素 B_2 又名核黄素，为橙黄色针状结晶，耐热，对空气稳定，微溶于水，水溶液呈黄绿色荧光。一般而言，豆类、白菜、苦瓜、辣椒、茄子等的维生素 B_2 含量较高。维生素 B_6 是一种水溶性维生素，又名吡哆素，是吡啶的衍生物，自然界存在的大都是吡哆醛、吡哆胺和吡哆醇 3 种成分的混合物。这些物质易溶于水和乙醇，微溶于脂溶剂。维生素 B_9 又名叶酸，与人体健康息息相关，是人体必需的营养成分之一。果蔬中叶酸含量各异，如苹果 1.7～24 μg/g、梨

3.5～14.8 μg/g、菠菜 0.76～2.46 μg/g、芹菜 0.29～6.23 μg/g 等。苹果、香蕉、柑橘、葡萄、无花果、梨等水果中含有的 B 族维生素以 B_1、维生素 B_2 为主；李果实中 B 族维生素种类丰富，包括维生素 B_1、维生素 B_2、维生素 B_6 和维生素 B_{12}。

B 族维生素测定的方法包括微生物法、荧光分光光度法和高效液相色谱(high performance liquid chromatography，HPLC)、液相色谱-质谱(liquid chromatography-mass spectrometry，LC-MS)联用法等。微生物法主要根据细菌的生长与某种维生素存在对应关系，该维生素含量为细菌繁殖程度或代谢产物含量。此方法检测周期长、操作复杂、偶然因素多，不能同时检测几种维生素。荧光分光光度法一般用于自身有荧光特性或者衍生后能够产生荧光的维生素，检出能力和灵敏度比紫外分光光度法高。色谱分析是按物质在固定相与流动相间分配系数的差别而进行分离、分析的方法，高效液相色谱是目前测定维生素含量最普遍的一种方法。LC-MS/MS 液质联用法体现了色谱和质谱优势的互补，集合了高效液相色谱对复杂样品强大的分离能力与质谱高专一性、高灵敏度、高选择性于一体，但设备昂贵、仪器操作难度较大、维护成本高等限制了其实用性。

本实验以不同果蔬产品为试材，采用荧光分光光度法和高效液相色谱法，测定果蔬产品的 B 族维生素，使学生掌握园艺产品 B 族维生素的测定原理与方法，巩固相关理论知识的学习。

2 实验准备

2.1 试材

新鲜番茄、黄瓜、菠菜、油菜等蔬菜以及猕猴桃、苹果、梨、葡萄等果品用于维生素 B_1 和维生素 B_2 含量测定。新鲜番茄、茄子、黄瓜等蔬菜以及苹果、梨、葡萄等水果，用于维生素 B_6 含量测定。新鲜菠菜、油菜、白菜、南瓜、番茄、胡萝卜、黄瓜等蔬菜，以及苹果、梨、山楂、香蕉等果品，用于维生素 B_9(叶酸)含量测定。

样本采集方法参见实验二十一，处理方法参见实验四十六。

2.2 试剂及配制

无水连二亚硫酸钠($Na_2S_2O_4$)、无水正丁醇、辛烷磺酸钠($C_8H_{17}NaO_3S$)、冰乙酸($C_2H_4O_2$)、三乙胺($C_6H_{15}N$，色谱纯)、甲醇(CH_4O，色谱纯)、盐酸(HCl)、氢氧化钠(NaOH)、淀粉酶(酶活力≥1.5 U/mg)等、叶酸、氨水、乙醇、磷酸二氢钾、活性炭等。所用试剂均为分析纯，水为蒸馏水。

标准品：盐酸硫胺素(维生素 B_1，$C_{12}H_{17}ClN_4OS \cdot HCl$)、维生素 B_2($C_{17}H_{20}N4O_6$)、盐酸吡哆醇($C_8H_{12}ClNO_3$)、盐酸吡哆醛($C_8H_{10}ClNO_3$)、盐酸吡哆胺($C_8H_{14}Cl_2N_2O_3$)和叶酸(维生素 B_9，$C_{19}H_{19}N_7O_6$)。

0.1 mg/mL 维生素 B1 标准储备液：称干燥盐酸硫胺素 112.1 mg(相当于硫胺素 100 mg)，溶于 0.01 mol/L HCl 溶液中，用蒸馏水定容至 1 L。冷藏可保存 3 个月。

维生素 B_1 标准中间液(10.0 μg/mL)：准确移取 1.00 mL 标准储备液，用蒸馏水稀释并定容至 100 mL，摇匀。临用前配制。

维生素 B_1 标准工作液(0.1 μg/mL)：准确移取标准中间液 1.00 mL，用蒸馏水稀释、定容至 100 mL，摇匀。临用前配制。

氢氧化钠溶液(150 g/L)：称取 150 g 氢氧化钠，用水溶解并定容至 1 000 mL，摇匀。

1％高铁氰化钾溶液：称取 1 g 铁氰化钾，用水溶解并定容至 100 mL，摇匀，于棕色瓶内保存。

碱性高铁氰化钾溶液：移取 4 mL 铁氰化钾（10 g/L）溶液，用氢氧化钠溶液（150 g/L）稀释至 60 mL，摇匀。用时现配，避光使用。

2 mmol/L 乙酸钠（NaAc）溶液：无水 NaAc 272 g，用水溶解并定容至 1 000 mL。

25％酸性 KCl 溶液：浓 HCl 8.5 mL 用 25 ％ KCl 定容至 1 000 mL。

0.04％高锰酸钾：称取高锰酸钾 0.04 g，用水溶解并定容至 100 mL。

4％高锰酸钾溶液：称取高锰酸钾 4 g，用水溶解并定容至 100 mL。

3％过氧化氢溶液：取 30％过氧化氢 10 mL，用水定容至 100 mL。

0.1 mol/L 盐酸溶液：取 8.5 mL HCl，用水稀释并定容至 1 000 mL。

5.0 mol/L 盐酸溶液：取 45 mL HCl，用水稀释并定容至 100 mL。

0.1 mol/L 氢氧化钠：称取 NaOH 0.4 g，加水 50 mL 溶解、冷却、定容至 100 mL。

1 mol/L 氢氧化钠溶液：称取 NaOH 10 g，溶于水中，用水定容至 250 mL。

5.0 mol/L 氢氧化钠溶液：称取 NaOH 20 g，加水 50 mL 溶解，冷却，定容至 100 mL。

乙酸溶液：量取 30 mL 冰乙酸，用水稀释并定容至 1 000 mL，摇匀。

2％冰乙酸：取冰乙酸 2 mL，用水定容至 100 mL。

混合酶溶液：称取 1.76 g 木瓜蛋白酶和 1.27 g 淀粉酶，加水定容至 50 mL，涡旋，使呈混悬状液体，冷藏保存。临用前再次摇匀后使用。

活性人造沸石：称取 200 g 人造沸石（0.25～0.42 mm，40～60 目）于 2 000 mL 试剂瓶中，加入 10 倍于其体积的热乙酸溶液（接近沸腾），振荡 10 min，静置后，弃去上清液；再加入热乙酸溶液，重复一次；再加入 5 倍于其体积的热 250 g/L 氯化钾溶液（接近沸腾），振荡 15 min，倒出上清液；再加入乙酸溶液，振荡 10 min，倒出上清液；反复洗涤，最后用水洗直至不含氯离子。

2.3　仪器与用具

荧光分光光度计、高速冷冻离心机、电热恒温水浴箱、分析天平（感量 0.001 g、0.000 1 g）、天平（0.01 g）、高效液相色谱仪（带荧光检测器）、超声波振荡器、涡旋混合器、pH 计（精度 0.01）等仪器，布氏漏斗、锥形瓶、试管、人造沸石、量筒、精密 pH 试纸、盐基交换管或层析柱（60 mL，柱长 300 mm，内径 10 mm）、滴定管等用具。

3　实验方法

3.1　维生素 B_1 含量测定

3.1.1　样品液的制备

用匀浆机将样品均质成匀浆，于冰箱中冷冻保存，用时将其解冻混匀使用。干燥试样取不少于 150 g，将其全部充分粉碎后备用。

准确称取 2～10 g 试样（估计其维生素 B_1 含量 10～30 μg）于 100 mL 锥形瓶内，加入 0.1 mol/L HCl 50 mL，使样品分散开，重复 3 次。在高压锅（107.8 kPa）内或沸水浴中加热 30 min，取出冷至室温后，用 2 mol/L NaAc 调 pH 4.5。于水解液中加入 2 mL 混合酶液，于 45～50 ℃温箱中保温过夜（16 h）。待溶液凉至室温后，转移至 100 mL 容量瓶中，用蒸馏水定容至 100 mL,混匀、过滤,即得试样提取液。

样品提取液的净化:根据待测样品的数量,取适量处理好的活性人造沸石,经滤纸过滤后,放在烧杯中。用少许脱脂棉铺于盐基交换管柱(或层析柱)的底部,加水将棉纤维中的气泡排出,关闭柱塞;加入约 20 mL 水,再加入约 8.0 g(以湿重计,相当于干重 1.0~1.2 g)经预先处理的活性人造沸石,要求保持盐基交换管中液面始终高过活性人造沸石。活性人造沸石柱床的高度对维生素 B_1 测定结果有影响,高度不低于 45 mm。准确加入 20 mL 上述提取液于上述盐基交换管柱(或层析柱)中,使通过活性人造沸石的硫胺素总量为 2~5 μg,流速约为 1 滴/s。加入 10 mL 近沸腾的热水冲洗盐基交换柱,流速约为 1 滴/s,弃去淋洗液,如此重复 3 次。于交换管下放置 25 mL 刻度试管用于收集洗脱液,分 2 次加入 20 mL 温度约为 90 ℃的酸性氯化钾溶液,每次 10 mL,流速为 1 滴/s。待洗脱液凉至室温后,用 25%酸性氯化钾定容至 25 mL,摇匀,即为试样净化液。

标准溶液的处理:重复上述操作,取 20 mL 维生素 B_1 标准工作液(0.1 μg/mL)代替试样提取液,同上用盐基交换管(或层析柱)净化,即得到标准净化液。

3.1.2 样本测定

取 50 mL 试管 4 支,编号。试管 1、试管 2 各加入试样净化液 5 mL,试管 1 加入碱性高铁氰化钾 3 mL,涡旋 15 s,为样品管Ⅰ;试管 2 加入 15% NaOH 3 mL,为样品空白管Ⅱ;试管 3、试管 4 各加入维生素 B_1 标准净化液 5 mL,分别按试管 1、试管 2 重复操作,分别得标准管Ⅲ和标准空白管Ⅳ。将Ⅰ、Ⅱ、Ⅲ、Ⅳ 4 管分别加入正丁醇 10 mL,剧烈振摇 90 s,使正丁醇与碱溶液清楚分层。各管吸取上层有机相于另一个离心管中,加入无水 $Na_2S_2O_4$ 固体 2~3 g,摇匀,待测定。用荧光仪分别测定各管丁醇萃取液的荧光度。激发波长 365 nm,发射波长 435 nm,狭缝 5 nm。重复测定 3 次,取平均值。

3.1.3 维生素 B_1 含量计算

根据公式计算:

$$\text{维生素 } B_1(\text{mg}/100\ \text{g}) = \frac{(A-B)\times c\times V}{(C-D)}\times\frac{V_1\times f}{V_2\times m}\times 0.1$$

式中:A,样品管Ⅰ的荧光强度;B,样品空白管Ⅱ的荧光强度;C,维生素 B_1 标样管Ⅲ的荧光强度;D,维生素 B_1 标样空白管Ⅳ的荧光强度;V,上机测定的维生素 B_1 标准工作液体积(mL);c,维生素 B_1 标准工作液的浓度(μg/mL);V_1,试样提取液的体积(mL);V_2,试样用于净化的提取液体积(mL);f,试样提取净化液的稀释倍数(试样净化液体积/上机测定的试样净化液);m,试样质量(g)。计算结果保留至小数点后 2 位。

3.2 维生素 B_2 含量测定

3.2.1 试样制备

取样品约 500 g,用组织捣碎机充分打匀均质,分装入洁净棕色磨口瓶中,密封,并做好标记,避光存放备用。

试样的水解和酶解:将均质后的样品称取 5 g(准确至 0.001 g)于 100 mL 具塞锥形瓶中,加入 0.1 mol/L 盐酸溶液 10 mL,塞好瓶盖,用力振摇。用 0.1 mol/L 盐酸溶液冲洗瓶壁,总体积约为 60 mL,重复 3 次。将锥形瓶放入高压锅中 121 ℃加热 30 min,取出冷却至室温。用氢氧化钠溶液调 pH 为 6.0~6.5。加入 2 mL 混合酶溶液,摇匀后,置于 37 ℃培养箱或恒温水浴锅中过夜酶解。将上述酶解液转移至 100 mL 容量瓶中,加蒸馏水定容,用干滤纸过滤备用。此提取液在 4 ℃冰箱中可保存 1 周。

氧化和去杂质:取一定体积的试样提取液(含 1～10 μg 维生素 B_2,约为 10 mL)及维生素 B_2标准工作液分别置于 20 mL 的带盖刻度试管中,加水至 15 mL。各管加 0.5 mL 冰乙酸,混匀。加 0.5 mL 高锰酸钾溶液(3%),摇匀,放置 2 min,使氧化去杂质。滴加 3%过氧化氢溶液数滴,直至高锰酸钾的颜色褪去。剧烈振摇试管,使多余的氧气逸出。

维生素 B_2的吸附和洗脱:硅镁吸附剂约 1 g 用湿法装入柱(先装洗脱剂,再连续倒入吸附剂),占柱长 1/2～2/3(约 5 cm)为宜(吸附柱下端用一小团脱脂棉垫上),勿使柱内产生气泡,调节流速约为 60 滴/min。

将全部氧化后的试样液及标准液通过吸附柱后,用约 20 mL 热水淋洗样液中的杂质。然后用 5 mL 洗脱液将试样中维生素 B_2洗脱至 10 mL 容量瓶中;再用 3～4 mL 蒸馏水洗吸附柱,洗出液合并至容量瓶中,并用蒸馏水定容至 10 mL,混匀后待测定。

3.2.2　维生素 B_2 标准溶液制备

维生素 B_2 标准储备液(100 μg/mL):将维生素 B_2 标样于 P_2O_5 干燥器内干燥 24 h,称取标样 0.010 0 g,溶解于 0.02 mol/L 乙酸溶液中;在恒温水浴上搅拌至溶解,冷却后将其转移至 100 mL 的棕色容量瓶中,用蒸馏水定容,置于暗处保存。

维生素 B_2 标准中间液(10 μg/mL):取维生素 B_2 标准储备液 10 mL,用 0.02 mol/L 乙酸溶液定容至 100 mL,置于暗处保存。

维生素 B_2 标准工作液(0.5 μg/mL):取维生素 B_2 标准中间液 0.5 mL,用蒸馏水定容至 10 mL,现配现用。

3.2.3　样品测定

于激发波长 440 nm、发射波长 525 nm 处,用荧光分光光度计测定其荧光强度 A 和 A_1。在各试管中分别加入 0.1 mL 20%连二亚硫酸钠,轻摇,在 20 s 内,测其最小荧光强度 B 和 B_1,作各自空白值。重复 3 次。

3.2.4　回归方程建立

准备 100 mL 洁净的容量瓶 5 个,按 1～5 进行编号,分别加入上述制好的维生素 B_2 标准工作液 8 mL、16 mL、24 mL、32 mL、40 mL,用 0.02 mol/L 的乙酸溶液稀释至刻度。以 0.02 mol/L 乙酸溶液为空白,在最佳波长下测各标准溶液的荧光强度,平行测定 2 次。

3.2.5　维生素 B_2 含量计算

根据公式计算:

$$\text{维生素 } B_2(\text{mg}/100\ \text{g}) = \frac{(A-B)}{(A_1-B_1)} \times 100 \times \frac{c \times f}{m \times 1\,000}$$

式中:A,试样溶液的荧光强度;B,试样溶液加无水 $Na_2S_2O_4$ 后的荧光强度;A_1,维生素 B_2 标准工作液的荧光强度;B_1,维生素 B_2 标准工作液加无水 $Na_2S_2O_4$ 后的荧光强度;c,维生素 B_2 标准工作液的质量浓度(μg/mL);m,试样质量(g);f,提取液稀释倍数。计算结果保留至小数点后 2 位。

3.3　维生素 B_6 含量测定

3.3.1　试样制备

含淀粉试样:称取混合均匀的蔬菜,水果等试样约 5 g(精确至 0.01 g),于 150 mL 锥形瓶中,加入约 25 mL 温水(45～50 ℃),混匀。加入约 0.5 g 淀粉酶,混匀后向锥形瓶中充氮,盖上瓶塞，置于培养箱内 50～60 ℃约 30 min。取出冷却至室温。

不含淀粉试样：称取混合均匀的蔬菜，水果试样约 5 g(精确至 0.01 g)，于 150 mL 锥形瓶中，加入约 25 mL 温水，混匀。静置 5～10 min，冷却至室温。

3.3.2 标准溶液配制

盐酸吡哆醇标准储备液(1 mg/mL)：准确称取其标准品 60.8 mg，用 0.1 mol/L 盐酸溶解并定容到 50 mL。在－20 ℃下避光保存，有效期 1 个月。

盐酸吡哆醛标准储备液(1 mg/mL)：准确称取其标准品 60.9 mg，用 0.1 mol/L 盐酸溶解并定容到 50 mL。在－20 ℃下避光保存，有效期 1 个月。

双盐酸吡哆胺标准储备液(1 mg/mL)：准确称取其标准品 71.7 mg，用 0.1 mol/L 盐酸溶解并定容到 50 mL。在－20 ℃下避光保存，有效期 1 个月。

维生素 B_6 混合标准中间液(20 μg/mL)：分别准确吸取吡哆醇、吡哆醛、吡哆胺的标准储备液各 1.00 mL，用 0.1 mol/L HCl 溶液稀释，用蒸馏水定容至 50 mL。临用前配制。

维生素 B_6 混合标准系列工作液：分别准确吸取维生素 B_6 混合标准中间液 0.5 mL、1.0 mL、2.0 mL、3.0 mL、5.0 mL，至 100 mL 容量瓶中，并用蒸馏水定容。该标准工作液系列浓度分别为 0.10 μg/mL、0.20 μg/mL、0.40 μg/mL、0.60 μg/mL、1.00 μg/mL，临用前配制。

3.3.3 待测液的制备

用 HCl 调节 3.4.1 试样溶液的 pH 至 1.7(±0.1)，放置约 1 min。再用 NaOH 溶液调节试样溶液的 pH 至 4.5(±0.1)。把上述锥形瓶放入超声波振荡器中，超声振荡约 10 min。将试样溶液转移至 50 mL 容量瓶中，用蒸馏水冲洗锥形瓶。洗液合并于 50 mL 容量瓶中，并用蒸馏水定容至 50 mL。另取 50 mL 锥形瓶，上面放入漏斗和滤纸，把定容后的试样溶液倒入其中，过滤。滤液再经 0.45 μm 微孔滤膜过滤，用试管收集，转移滤液 1 mL，至进样瓶中，作为试样待测液。

3.3.4 标准曲线制作

色谱条件：色谱柱 C_{18} 柱，柱长 150 mm，柱内径 4.6 mm，柱填料粒径 5 μm 或相当者；流动相：甲醇 50 mL、辛烷磺酸钠 2.0 g、三乙胺 2.5 mL，用水溶解并定容到 1 000 mL 后，用冰乙酸调 pH 至 3.0(± 0.1)，过 0.45 μm 微孔滤膜过滤；流速：1 mL/min；柱温：30 ℃；检测波长：激发波长 293 nm，发射波长 395 nm；进样体积：10 μL。

将维生素 B_6 混合标准系列工作液分别注入高效液相色谱仪中，测定各组分的峰面积，以相应标准工作液的质量浓度为横坐标，以峰面积为纵坐标，绘制标准曲线。

3.3.5 试样溶液测定

将试样溶液注入高效液相色谱仪中，得到各组分相应的峰面积，根据标准曲线得到待测试样溶液中维生素 B_6 各组分的浓度。重复 3 次。

3.3.6 维生素 B_6 含量计算

根据公式计算：

$$X_i = \frac{\rho \times V}{m} \times \frac{100}{1\,000}$$

式中：X_i，试样中维生素 B_6 各组分的含量(mg/100 g)；ρ，根据标准曲线计算得到的试样中维

生素 B_6 各组分的浓度(μg/mL);V,试样溶液的最终定容体积(mL);m,试样质量(g);100,换算为 100 g 样品中含量的换算系数;1 000,将浓度单位 μg/mL 换算为 mg/mL 的换算系数。

试样中维生素 B_6 的含量按下式计算。

$$X = X_{醇} + X_{醛} \times 1.012 + X_{胺} \times 1.006$$

式中:X,试样中维生素 B_6(以吡哆醇计)的含量(mg/100 g);$X_{醇}$,试样中吡哆醇的含量(mg/100 g);$X_{醛}$,试样中吡哆醛的含量(mg/100 g);1.012,吡哆醛的含量换算成吡哆醇的系数;$X_{胺}$,试样中吡哆胺的含量(mg/100 g);1.006,吡哆胺的含量换算成吡哆醇的系数。计算结果保留至小数点后 3 位。

3.4　维生素 B_9 含量测定

3.4.1　标准溶液配制

100 μg/mL 叶酸标准储备液:准确称取叶酸 10 mg,用 0.01 mol/L NaOH 溶解并定容至 100 mL。0～4 ℃条件下可保存 40 d。

2 μg/mL 叶酸标准工作液:准确量取叶酸标准储备液 2 mL,用 0.01 mol/L NaOH 溶液定容至 100 mL。

3.4.2　待测液制备

收集新鲜果蔬样品 1.5 kg,冲洗干净并自然晾干表面水分。随机称取可食用部分约 0.25 kg,切成长约 2.5 mm 的块丁状混匀。重复 3 次。以质量与体积比为 1∶10(g/mL)的浸提比例,用 0.1 mmol/mL 磷酸二氢钾于 50 ℃恒温水浴条件下浸泡样品(经过预备实验,样品浸泡 45 min);5 000 r/min 离心取上清液,加苯胺处理过的活性炭并摇匀,加热煮沸吸附 10 min;过滤弃上清液,用体积分数 3%氨-70%乙醇洗滤渣 5 次,每次用量 7 mL,将洗脱液蒸发浓缩至 5 mL;加体积分数 2%冰乙酸 1 mL,逐滴滴加 0.04%高锰酸钾至溶液不变色;再加体积分数 3%过氧化氢至高锰酸钾褪色为止,用蒸馏水定容至 10 mL。

3.4.3　标准曲线制作

标准曲线的绘制:准确吸取叶酸标准工作液 0 mL、0.5 mL、1 mL、2 mL、3 mL、4 mL、5 mL,分别置于 10 mL 刻度试管中,各加体积分数 2%冰乙酸溶液 1 mL,逐滴滴加 0.04% 高锰酸钾溶液,直至溶液不褪色,静置 10 min。滴加体积分数 3%过氧化氢至溶液无色,用蒸馏水定容至 10 mL,标准溶液质量浓度分别为 0 μg/mL、1 μg/mL、2 μg/mL、4 μg/mL、6 μg/mL、8 μg/mL 和 10 μg/mL。分别在 $\lambda_{Ex}=370$ nm、$\lambda_{Em}=443$ nm 波长处测其荧光强度。以叶酸标样质量浓度为纵坐标,荧光强度为横坐标,绘制标准工作曲线。

3.4.4　维生素 B_9 含量计算

每个样品 3 次重复测定。维生素 B_9 含量按下式计算:

$$维生素\ B_9\ 含量(\mu g/g) = \frac{\rho V}{m}$$

式中:ρ,标准曲线上查得的叶酸质量浓度(μg/mL);V,样品荧光反应定容体积(10 mL);m,样品质量(g)。

3.5　数据统计分析

数据采用 Excel 和 SPSS 软件统计分析和图表制作。各指标结果以平均值(±标准差)表示，$P<0.05$ 表示差异显著，$P<0.01$ 表示差异非常显著。

4 结果与分析

4.1 番茄样本中维生素 B_1 含量分析

将实验结果记录在表 3-12 中，分析试样中维生素 B_1 的含量，讨论荧光分光光度计测定方法的关键技术。

表 3-12 样本维生素 B_1 含量分析

样本	样品荧光强度 A	样品空白荧光强度 B	维生素 B_1 标样荧光强度 C	维生素 B_1 标样空白荧光强度 D	维生素 B_1 含量/(g/mL)
测样 1					
测样 2					
测样 3					

4.2 菠菜样本中维生素 B_2 含量分析

根据标准工作液系列的荧光强度及浓度，绘制维生素 B_2 标准工作曲线，得出维生素 B_2 标准溶液的回归方程和相关系数。确定维生素 B_2 标准溶液的最大激发波长和最大发射波长。

根据菠菜待测液样品溶液的荧光强度，从维生素 B_2 标准工作曲线中求得菠菜待测样品溶液的浓度。

4.3 苹果中维生素 B_6 含量分析

以混合标准工作液的一系列浓度，按上述色谱分离条件每种浓度进样。分别以各组分的峰面积 y 对标准溶液的质量浓度 x（mg/L）进行线性回归分析，回归分析结果、检出限(RSN =3)，记录在表 3-13 中，分析线性范围内的相关系数。

表 3-13 维生素 B_6 标样的线性回归方程及检出限

标样	线性回归方程线性范围/(mg/L)	相关系数	检出限/(mg/L)	维生素 B_6 含量/(g/mL)
吡哆醇				
吡哆醛				
吡哆胺				

采用已确立的最佳分离条件对样品进行测定，每个样品平行测定 3 次。依据样品色谱图与混合标样色谱图比较和分析，保留时间进行定性分析，判断样品中维生素种类，通过外标法计算其含量。讨论流动相选择、pH、样本提取方法等对测定结果的影响。

4.4 果蔬产品中维生素 B_9 含量分析

根据标准系列溶液的荧光强度及浓度，绘制维生素 B_9 标准工作曲线，得出叶酸标准溶液的回归方程和相关系数。通过标准工作曲线求得待测样品的叶酸质量浓度，计算出样品中维生素 B_9 含量。

（梁晋军 编写）

实验五十一　园艺产品芳香物质提取及测定

1　引言

芳香成分是评价园艺产品品质的重要指标之一，浓郁的香气特征能提高园艺产品的感官价值和经济效益。芳香成分一般产生于花朵、果实、叶片等部位。香花植物的芳香成分产生于花部器官，开花时通过花瓣、雄蕊等部位的表皮释放到空气中。成熟的果实芳香成分产生于果肉、果皮等部位，在转色过程中，大量芳香物质从果皮部位释放。有些植物叶片具有芳香特征，在叶片表面多有贮藏芳香成分的囊状结构或腺毛结构。因此，芳香物质的测定，有助于园艺产品品质评价及香气育种材料筛选。

芳香成分是植物器官释放的次生代谢产物，由许多低分子量、易挥发的化合物混合而成，生成并贮藏于园艺植物特定器官组织中，其中一部分通过挥发进入空气。不同状态的芳香成分采集方法不尽相同，器官中贮藏的芳香成分提取可采用萃取法、蒸馏法等，处于挥发状态的芳香成分可以采用顶空法进行收集。

芳香物质萃取法包括溶剂萃取法和超临界流体萃取法等。溶剂萃取法是一种常用的芳香成分提取方法，依据相似相溶原理，利用乙酸乙酯、正己烷、四氯化碳、二乙醚等溶剂，通过溶剂相有选择地提取芳香物质。芳香物质蒸馏法是分离液体混合物的一种方法，在相同温度下利用液体混合物中各组分具有不同蒸气压的特征来提取挥发性化合物成分。在多种蒸馏法中，水蒸气蒸馏装置简单，操作安全、不污染环境、成本低，能避免提取过程中有机溶剂残留造成的影响，是有效提取植物挥发油的重要方法。顶空收集法主要包括静态和动态两种方法。静态顶空法是在一个密闭采样空间进行挥发物富集的方法，操作相对简单，而动态顶空法是采用连续的气体将挥发物富集在吸附剂中。固相微萃取法(solid phase microextraction，SPME)是一种特殊形式的芳香物质顶空收集及处理技术，原理是根据不同挥发成分在萃取头吸附剂和顶空气相间的分配系数不同，当挥发物在萃取头吸附剂与顶空气相之间达到平衡时，通过分析由萃取头吸附的成分，根据线性关系获得体系中挥发成分的浓度。

芳香物质分离与测定的方法包括气相色谱-质谱联用(gas chromatography-mass spectrometry，GC-MS)、气相色谱-氢火焰离子化检测法(gas chromatography-flame ionization detection，GC-FID)、气相色谱-电子轰击电离质谱(gas chromatography-electron ionisation mass spectrometry，GC-EIMS)等。GC-MS 方法准确率高、重复性好，适用于挥发性小分子化合物的分析测定，为国内外广泛认可。气质联用仪由气相色谱、质谱和数据处理系统组成，它通过计算机设置色谱、质谱的工作运行条件，同时进行数据采集和处理工作，通过气质联用的计算机系统可以进行检测物成分的数据库检索，同时可以根据获得的色谱图和质谱图将芳香成分进一步定性和定量分析。

本实验以蔷薇科植物的花朵为试材，定性与定量分析园艺产品芳香物质，使学生掌握植物芳香物质的提取方法和测定技术，巩固相关的理论知识。

2 实验准备

2.1 试材

选择梅花、杏、碧桃、玫瑰、月季等为研究对象，以完全盛开的花朵作为试材。

2.2 试剂

乙酸乙酯(色谱纯)、无水硫酸钠、苯甲酸甲酯。

2.3 仪器与用具

分析天平(感量 0.001 g、0.0001 g)、离心机、气相色谱-质谱联用仪等仪器，研钵、移液器、5 mL 注射器、0.45 μm 有机滤膜、2 mL 离心管、1.5 mL 进样瓶和 20 mL 进样瓶等用具。

3 实验方法

3.1 芳香物质提取

3.1.1 挥发物芳香物质提取

选择拟测定植物每种 3～5 株，从树冠外围不同方位剪切即将开花的枝条，插于盛有超纯水的烧杯中，立即放入 20 ℃恒温培养箱。待花完全盛开时，选取有代表性的花朵 3 个左右(大花可少取，小花多取)，称重后装入 20 mL 进样瓶中，用微量进样器加入的苯甲酸甲酯标样 10 μL，立即用 SPME 萃取法收集芳香气体并进行检测。

实验开始前，做预实验，优化测定方法。对每种拟测定样本，设定 3 次生物学重复。

3.1.2 贮藏芳香物质提取

采用乙酸乙酯溶剂萃取法。取各树种完全盛开的花朵 0.5 g 用液氮速冻，研磨至粉末，装入 2 mL 离心管中，加入乙酸乙酯 1.5 mL，抽提。在抽提液中加入无水硫酸钠除去水分，充分混合后，静置过夜。离心吸取上清液过滤膜，并加入进样瓶中，加入苯甲酸甲酯作为内标。每种拟测定样本，设定 3 次生物学重复。

3.2 芳香物质测定

3.2.1 挥发芳香物质测定

采用 GC-MS 仪的 SPME 进样模式。先将萃取头在进样口 270 ℃ 老化至无杂峰，然后将样品于 45 ℃ 孵化炉中平衡 30 min，顶空吸附 15 min 后将萃取头插入进样口，于 270 ℃ 解析 15 min。

GC 条件：载气为氦气；色谱柱规格为 30 m×0.25 mm×0.25 μm；程序升温条件设置为起始 40 ℃，保持时间 2 min，之后升温速率为 4 ℃/min，在 180 ℃ 保持 3 min；最后以 20 ℃/min 的速率升温至 220 ℃，保持 2 min。

MS 条件：电离方式为 EI；质谱质荷比(m/z)扫描范围为 45～500 amu；电子能量为 70 eV；GC-MS 接口温度为 250 ℃；离子源温度为 250 ℃。

3.2.2 贮藏芳香物质测定

贮藏芳香物质分析进样模式为液体进样。样品采用微量注射器注入进样口，进样口温度为 250 ℃，分流方式为不分流，进样量 1 μL，溶剂延迟时间为 4 min，GC-MS 工作条件与挥发芳香物质测定相同。

3.3　挥发与贮藏芳香物质定性分析

芳香物质的不同组分会形成各自色谱峰，根据色谱峰的保留值来定性分析，其鉴定结果由保留指数、标准品、谱库检索和人工图谱解析共同确定。

3.4　挥发与贮藏芳香物质定量分析

采用内标定量分析，将苯甲酸甲酯标样分别用乙酸乙酯梯度稀释，以与样品相同的 GC-MS 条件进行分析，绘制标准曲线，线性回归方程进行内标计算。

3.5　数据处理

分析样品所得数据使用仪器匹配软件计算峰面积，检索库根据标准谱图库，相对含量采用峰面积归一化法计算。

4　结果与分析

4.1　蔷薇科植物花朵挥发与贮藏芳香物质的定性分析

对蔷薇科树种盛花期花朵的挥发芳香成分进行采集分析，利用 GC-MS 分析并生成报告。以各树种花朵挥发成分为例，分析各芳香物质的相对含量，填入表 3-14 中，比较分析各树种共有及特有的挥发芳香物质和每个树种的主要挥发芳香物质。讨论实验过程中影响芳香物质测定结果的可能因素，优化实验方案。

表 3-14　蔷薇科植物花朵挥发芳香物质相对含量分析

成分	CAS	梅花	杏	碧桃	玫瑰	月季
苯甲醛	100-52-7					
苯甲醇	100-51-6					
芳樟醇	78-70-6					
乙酸苯甲酯	140-11-4					
香茅醇	1117-61-9					
丁子香酚	97-53-0					
香叶醇	106-24-1					
⋮						

4.2　蔷薇科植物花朵贮藏芳香物质的定量分析

4.2.1　苯甲酸甲酯内标曲线绘制

在蔷薇科植物花朵贮藏芳香物质的定性分析中，以选定内标物质苯甲酸甲酯的 6 个不同浓度梯度为横坐标，以相应的峰面积为纵坐标，绘出标准曲线，得出线性回归方程。

4.2.2　花朵贮藏芳香物质的定量分析

根据内标线性回归方程，对花朵贮藏芳香物质进行定量分析，将计算结果填入表 3-15 中。比较分析蔷薇科植物花朵特征芳香物质及含量。

表 3-15　蔷薇科花朵贮藏芳香物质定量分析

成分	CAS	梅花	杏	碧桃	玫瑰	月季
苯甲醛	100-52-7					
苯甲醇	100-51-6					
芳樟醇	78-70-6					
乙酸苯甲酯	140-11-4					
香茅醇	1117-61-9					
丁子香酚	97-53-7					
香叶醇	106-24-1					
⋮						

（郝瑞杰　编写）

实验五十二　园艺产品细胞壁代谢物质的测定

1　引言

果实硬度是衡量果实成熟度和贮藏品质的重要指标之一。在采收后的贮藏期间，果蔬硬度会随着果实的衰老逐渐降低。果实细胞壁果胶物质的变化是引起果实软化的主要原因。了解细胞壁代谢物质的变化规律，可为园艺产品贮藏保鲜提供理论依据。

果胶类物质主要以原果胶、果胶酸甲酯和果胶酸 3 种形式存在于果蔬组织细胞的初生壁和中胶层，果胶间以 Ca^{2+} 桥及其他离子键、氢键、糖苷键、酯键和苯环偶联的方式交联，可分为水溶性果胶（water soluble pectin，WSP）、离子型果胶（ionic bound pectin，ISP）和共价型果胶（covalently bound pectin，CSP），其形态与含量变化使果蔬具有了不同的质地。在未成熟的果实中，果胶物质以原果胶的形式存在。原果胶是一种非水溶性的物质，与纤维素结合，形成果胶纤维素，使未成熟的果蔬组织具有较大的强度和致密度。随着果实的成熟，原果胶逐渐与纤维素分离并分解形成可溶性果胶，主要是半乳糖醛酸甲酯以及少量 *D*-半乳糖醛酸以 α-1，4-糖苷键连接形成的直链状聚合物。可溶性果胶存在于细胞汁液中，相邻细胞彼此分离，果蔬组织变得松弛软化。但可溶性果胶仍具有一定的黏结性，故成熟的果蔬组织还能保持较好的弹性。成熟的果蔬向过熟期变化时，可溶性果胶分解为果胶酸和甲醇。果胶酸是由很多 *D*-半乳糖醛酸通过 α-1，4-糖苷键连接而成的长链高分子化合物，无黏结性，相邻细胞失去黏结性，弹性消失，果蔬呈软烂状态。在园艺产品的不同发育阶段和采后贮藏阶段，原果胶不断降解，细胞间结合力不断减弱，从而导致果实的软化。

园艺产品贮藏期质地改变的另一原因是纤维素类物质的变化。纤维素、半纤维素是细胞壁的主要构成部分，它们的含量与存在状态决定着细胞壁的弹性和可塑性。纤维素是由葡萄糖分子通过 β-1，4-糖苷键连接而成的长链分子，可在纤维素酶的作用下引起果蔬组织结构的变化，导致贮藏性降低。同时，当果蔬受到病原菌侵染时，病原菌分泌的纤维素酶可以降解果蔬细胞壁上的纤维素和半纤维素，引起果蔬的溃烂、变质。枇杷、芹菜、菜豆等果蔬成熟衰老时，纤维化程度增加，使组织变得坚硬粗糙、品质变劣。半纤维素是由木糖、阿拉伯糖、甘露糖、葡萄糖等多种五碳糖和六碳糖组成的大分子物质，它们不很稳定，在果蔬产品体内可分解为单体。

本实验以市售'平谷大桃'和'京白梨'为试材，测定果实硬度、细胞壁代谢物质果胶和纤维素、细胞壁酶果胶酶和纤维素酶活性，分析果实硬度变化、细胞壁组分和酶活性变化，使学生掌握果实硬度、细胞壁组分和相关酶的测定方法，了解呼吸越变型果实采后硬度与细胞壁相关组分的变化规律。

2 实验准备

2.1 试材

以呼吸跃变型果实'平谷大桃'和'京白梨'为试材，在果实成熟期，从试验小区收获的果实中随机取大小和成熟度一致、无病虫害和机械损伤的果实 120 个。30 个果实采后即测定，其余果实常温贮藏，分别于贮藏 5 d、10 d 和 15 d 分批测定。每批次 30 个果实分成 3 组生物学重复，每组重复包含 10 个果实，用于果实硬度（单个完整果实）和细胞壁组分（果肉混合样本，即 10 个果实取果肉切碎、混匀，四分法随机取样）检测。

2.2 试剂与配制

半乳糖醛酸、乙醇、咔唑、葡萄糖、无水乙酸钠（CH_3COONa）、碳酸钠（Na_2CO_3）、1，2-环己二胺四乙酸（CDTA）、浓硫酸（H_2SO_4）、液氮、聚乙二醇、亚硫酸氢钠（$NaHSO_3$）、氯化钠（NaCl）、葡萄糖、3，5-二硝基水杨酸（DNS）、酒石酸钾钠、氢氧化钠（NaOH）、结晶酚、氢氧化钾（KOH）、酚酞、甲基红、乙醚等。

半乳糖醛酸标准液（100 μg/mL）：称取半乳糖醛酸 10 mg，用蒸馏水溶解并定容至 100 mL。

0.15%咔唑溶液：称取咔唑 0.15 g，加入 95%的乙醇溶解并定容至 100 mL。

乙酸钠提取液（50 mmol/L，含 2 mmol/L CDTA）：称取无水乙酸钠 4.1 g 和 CDTA 0.7 g，用蒸馏水溶解，定容至 1 000 mL。

碳酸钠提取液（50 mmol/L，含 2 mmol/L CDTA）：称取碳酸钠 14.31 g，和 CDTA 0.7 g，用蒸馏水溶解，定容至 1 000 mL。

0.5 mol/L 硫酸：取蒸馏水 200 mL，缓缓加入浓硫酸 27 mL，边倒边搅拌，冷却至室温，用蒸馏水定容至 1 000 mL。

乙酸-乙酸钠（50 mmol/L，pH 5.5）缓冲液：配制母液 A（0.2 mol/L 乙酸溶液），量取冰醋酸 11.55 mL，加蒸馏水定容至 1 000 mL；配制母液 B（0.2 mol/L 乙酸钠溶液），称取无水乙酸钠 16.4 g，蒸馏水溶解，定容至 1 000 mL。分别取母液 A 6.8 mL 和母液 B 43.2 mL，混合后，定容至 200 mL。

果胶酶提取缓冲液（含 1.8 mol/L NaCl）：称取 NaCl 10.5 g，用乙酸-乙酸钠缓冲液溶解，定容至 100 mL 摇匀。

葡萄糖标准液（1 mg/mL）：称取葡萄糖 10 mg，溶液于蒸馏水，定容至 10 mL。

1%多聚半乳糖醛酸溶液：称取多聚半乳糖醛酸 1 g，溶于乙酸缓冲液（50 mmol/L，pH

5.5)100 mL 中。

3,5-二硝基水杨酸(DNS)溶液:配制含有 185 g 酒石酸钾钠的热水溶液 500 mL 和 2 mol/L NaOH 溶液 262 mL,称取 DNS 6.3 g、结晶酚 5 g、亚硫酸钠 5 g,加入溶液中,使搅拌各成分混合溶解。待冷却后,转入 1 000 mL 容量瓶中,并用蒸馏水定容,贮于棕色瓶中备用。盖紧瓶塞,勿使 CO_2 进入,若溶液混浊可过滤后使用。

甲基红指示剂:称取甲基红 0.1 g,溶于 60%乙醇 250 mL 中。

酚酞指示剂:称取酚酞 1 g,溶于 50%乙醇 100 mL 中。

柠檬酸-柠檬酸钠缓冲液(50 mmol/L,pH 5.0):分别取母液 A(0.2 mol/L 柠檬酸溶液,称取柠檬酸 42.03 g,溶解定容至 1 000 mL)20.5 mL 和母液 B(0.2 mol/L 柠檬酸钠溶液,称取柠檬酸钠 58.82 g,溶解定容至 1 000 mL)29.5 mL,混合后,定容至 200 mL。

10 g/L 羧甲基纤维素钠(CMC)溶液:准确称取羧甲基纤维素钠 1.00 g,用柠檬酸-柠檬酸钠(50 mmol/L,pH 5.0)缓冲液加热溶解后,转移到 100 mL 容量瓶中,待冷却后,用缓冲液定容,4 ℃保存备用。

2.3 仪器与用具

GY-B 型果实硬度计、水浴锅、分光光度计、分析天平(感量 0.001 g)、移液枪、烘箱等仪器,三角瓶(100 mL、500 mL)、滤纸、烧杯、容量瓶(100 mL、1 000 mL)、刻度试管(20 mL)、离心管(50 mL)、烧瓶(50 mL)、量筒、滴定管、回流冷凝管、抽滤漏斗、亚麻布、水果刀等用具。

3 实验方法

3.1 果实硬度测定

果实硬度指园艺产品单位面积所能承受测力弹簧的压力。压力越大,产品硬度越大,越耐贮运。测试前校正硬度计,将硬度参数调至 kg/cm^2。

在果实最大横径部位等距离削去厚约 1 mm 果皮,放置在果实硬度计底盘上,使硬度计压头与果实切面垂直相接;缓缓旋转手柄,增加压力使压头进入果肉中,至压头刻线时停止,此时硬度计显示的数值即为果肉硬度,以 kg/cm^2 表示。

3.2 果胶物质测定

可溶性果胶的分子为多聚半乳糖醛酸及其甲酯,能在硫酸溶液中与咔唑试剂生成紫红色化合物,且呈色强度与半乳糖醛酸溶液浓度成正比,可通过分光光度计法在波长 530 nm 处测得其吸光值,从标准曲线计算样品中可溶性果胶含量。

在酸性条件下,离子结合型果胶水解生成半乳糖醛酸,可利用带有螯合剂的酸性提取液提取,测定半乳糖醛酸含量。在碱性条件下,共价结合型果胶水解生成半乳糖醛酸,利用带有螯合剂的碱性提取液提取,测定半乳糖醛酸含量。原果胶可被硫酸水解为可溶性果胶,测定其含量。

3.2.1 半乳糖醛酸标准曲线制作

取 20 mL 刻度试管 6 支,按照表 3-16 加入半乳糖醛酸标准液和蒸馏水,沿管壁加入浓硫酸 6 mL,在沸水浴中加热 20 min。取出冷却至室温后,各加入 0.15% 咔唑-乙醇溶液 0.2 mL,混匀。在暗处放置 2 h 后,测定反应体系在 530 nm 处的吸光度值。以半乳糖醛酸含量(μg)为横坐标，吸光度值为纵坐标，绘制标准曲线，求得线性回归方程。

表 3-16　半乳糖醛酸标样含量及吸光值的测定

项目	管号					
	0	1	2	3	4	5
半乳糖醛酸标准液/mL	0	0.2	0.4	0.6	0.8	1.0
蒸馏水/mL	1.0	0.8	0.6	0.4	0.2	0
相当于半乳糖醛酸量/μg	0	20	40	60	80	100

3.2.2　果胶类物质提取

称取果蔬组织样品 5 g，于 100 mL 三角瓶中，加入 95%乙醇 50 mL，在沸水浴上加热 30 min，滤纸过滤弃去滤液。向沉淀中再加入 95%乙醇 50 mL，并于沸水浴上加热 30 min，滤纸过滤弃去滤液。如此重复 3 次，以除去糖分、蛋白质及其他物质，所得沉淀即为细胞壁果胶类物质，其提取步骤如下：

(1)将沉淀放入烧杯中，加蒸馏水 40 mL，并在 50 ℃ 水浴中保温 30 min；用滤纸过滤到 50 mL 烧瓶中，用少量水冲洗沉淀；将收集的滤液转移到 100 mL 容量瓶中，蒸馏水定容，此溶液即为 WSP。

(2)将提取过 WSP 的沉淀放入烧杯中，加 50 mmol/L 乙酸钠提取液(含 2 mmol/L CDTA)40 mL，振荡 6 h，过滤收集滤液(方法同上)。用相同的提取液 100 mL 容量瓶中定容，此溶液即为 ISP。

(3)将提取过 ISP 的沉淀放入烧杯中，加 50 mmol/L 碳酸钠提取液(含 2 mmol/L CDTA) 40 mL，振荡 6 h，4 ℃静置 12 h；取出后，室温静置 1～2 h，过滤收集滤液(方法同上)。用相同的提取液 100 mL 容量瓶中定容，此溶液即为 CSP。

(4)将提取过 CSP 的沉淀物放入烧杯中，加 0.5 mol/L 硫酸 100 mL，在沸水浴中加热 1 h，冷却后转入 100 mL 容量瓶中，定容，此溶液即为原果胶提取液。

3.2.3　咔唑法测定果胶含量

吸取果胶提取液 1 mL，加入到 20 mL 刻度试管中，按半乳糖醛酸标准曲线的操作步骤进行测定，3 次平行测定，取平均值。根据提取液吸光度值，在标准曲线上查出半乳糖醛酸质量，计算果蔬组织中可溶性果胶离子结合型果胶、共价结合型果胶和原果胶含量，二者相加计算出总果胶物质含量，以生成半乳糖醛酸的百分含量表示。

$$\text{半乳糖醛酸含量} = \frac{C \times V}{V_s \times W \times 10^6} \times 100\%$$

式中：C，标准曲线查得半乳糖醛酸量(μg)；V，样品提取液总体积(mL)；V_s，测定时所取样品提取液体积(mL)；W，样品质量(g)。

3.3　果胶酶活性测定

多聚半乳糖醛酸酶(PG)和果胶酯酶(PE)都属于果胶酶，但它们的作用位点不同。可溶性果胶主要是半乳糖醛酸甲酯以及少量 D-半乳糖醛酸以 α-1，4-糖苷键连接形成的直链状聚合物。PG的作用主要是切断α-1，4-糖苷键，将果胶分子降解为小分子的半乳糖醛酸；PE的作用是使果胶分子中的甲酯水解，产生甲醇和游离羧基，最后形成果胶酸。PG对果胶分子的酶促催化作用表现为，每切断一个果胶分子的α-1，4-糖苷键，就会形成一个带有还原性醛基的半乳糖醛酸。利用3,5-二硝基水杨酸可与还原性醛基发生显色反应，通过分光光度计法根据颜色的不同确定PG的活性。

3.3.1 PG提取

称取果实样品2 g，液氮研磨，加入预冷的12%聚乙二醇2 mL和预冷的0.2% $NaHSO_3$ 2 mL，混匀后低温离心(12 000*g*)10 min。将沉淀用0.2% $NaHSO_3$ 8 mL洗涤，离心。在沉淀中加入预冷的果胶酶提取缓冲液12 mL，低温静置提取40 min。离心取上清液，用于果胶酶的测定。

3.3.2 葡萄糖标准曲线制作

取25 mL刻度试管7支，编号，按表3-17精确加入葡萄糖标准液和DNS试剂。将各管摇匀，在沸水中加热5 min，取出后立即放入盛有冷水的烧杯中冷却至室温，再以蒸馏水定容，摇匀。在540 nm波长下，以0号管做空白对照调零，测定吸光值。以吸光值为纵坐标，葡萄糖质量为横坐标，绘制标准曲线，求得线性回归方程。

表3-17 葡萄糖标样含量及吸光值测定

项目	管号						
	0	1	2	3	4	5	6
葡萄糖标准液/mL	0	0.2	0.4	0.6	0.8	1.0	1.2
蒸馏水/mL	2.0	1.8	1.6	1.4	1.2	1.0	0.8
DNS试剂/mL	1.5	1.5	1.5	1.5	1.5	1.5	1.5
相当于葡萄糖量/mg	0	0.2	0.4	0.6	0.8	1.0	1.2

3.3.3 PG活性测定

取试管2支，分别加入乙酸钠缓冲液1 mL和1%多聚半乳糖醛酸溶液0.5 mL。在37 ℃恒温水浴中，预热5 min。其中一支试管加入酶提取液0.5 mL，另一支加入经煮沸5 min的酶提取液0.5 mL(两种酶液均已在37 ℃恒温水浴中预热5 min)。将反应体系混匀，置于37 ℃水浴中保温1 h后，迅速加入DNS试剂1.5 mL，在沸水浴中加热5 min后，迅速冷却至室温，蒸馏水定容，混匀。在540 nm波长处测定各管中溶液的吸光度值，重复3次测定，取平均值。

根据样品反应管和对照管溶液吸光度值的差值，从标准曲线上查得相应葡萄糖质量。PG活性以每小时每克鲜重(FW)果蔬组织样品在37 ℃催化多聚半乳糖醛酸水解生成半乳糖醛酸μg表示，即μg/(h·g)FW。计算公式：

$$\text{PG活性}[\mu g/(h \cdot g)FW] = \frac{C \times V \times 1.08 \times 1\,000}{V_s \times t \times W}$$

式中：C，从标准曲线查得葡萄糖量(mg)；V，样品提取液总体积(mL)；V_s，测定时所取样品提取液体积(mL)；t，酶促反应时间(h)；W，样品质量(g)；1.08，葡萄糖换算成半乳糖醛酸的系数(为 194/180)。

3.4　纤维素物质测定

果蔬样品在硫酸作用下，水解除去糖、淀粉、果胶和半纤维素，再在碱作用下除去蛋白质和脂肪酸，残渣即为粗纤维。

称取果实样品 10 g，加入少量 1.25%硫酸溶液研磨后转入 500 mL 三角瓶，加入煮沸的 1.25%硫酸 200 mL，加热使溶液微沸 30 min。其间连接回流冷凝管以保持溶液体积恒定，并轻微振荡三角瓶使溶液混合均匀。加热后，用亚麻布过滤并用沸水洗涤残渣至洗液不呈酸性为止(以甲基红为指示剂)。再用煮沸的 1.25%氢氧化钾溶液 200 mL，将残渣洗涤到三角瓶中，加热使溶液微沸 30 min。其间连接回流冷凝管以保持溶液体积恒定，并轻微振荡三角瓶使溶液混合均匀。加热后用亚麻布过滤，并用沸水洗涤残渣至洗液不呈碱性为止(以酚酞为指示剂)。用水将残渣洗入 100 mL 烧杯，抽滤后用水充分洗涤，再依次用乙醇和乙醚洗涤，以除去单宁、色素和脂肪等物质。将残渣在 105 ℃烘箱中烘干至恒重，记录。并用下列公式计算粗纤维含量：

$$纤维素含量=\frac{残余物质量}{样品质量}\times 100\%$$

3.5　纤维素酶测定

纤维素在纤维素酶水解作用下生成纤维二糖、葡萄糖等还原糖，这些还原糖可在碱性条件下将 3,5-二硝基水杨酸(DNS)还原，通过测定还原糖的生成量可测定纤维素酶的活性。这里以羧甲基纤维素(CMC)为底物，采用 DNS 试剂法测定。

3.5.1　纤维素酶提取

称取果蔬样品 10 g，加入预冷的 95%乙醇 20 mL。冰浴中研磨匀浆后，转入 50 mL 离心管，4 ℃低温静置 10 min 后，低温离心(12 000g)离心 20 min，倾去上清液。再向沉淀物中加入预冷的 80%乙醇 10 mL，振荡，4 ℃低温静置 10 min，相同条件下离心，倾去上清液。再向沉淀物中加入 5 mL 预冷的果胶酶提取缓冲液，4 ℃低温静置提取 20 min，相同条件下离心，上清液即为纤维素酶提取液。

3.5.2　葡萄糖标准曲线制作

参照 3.3.2 葡萄糖标准曲线制作。

3.5.3　纤维素酶活性测定

取刻度试管 2 支，分别加入 1% CMC 溶液 1.5 mL，向一支试管中加入酶提取液 0.5 mL，向另一支试管中加入经煮沸 5 min 酶提取液 0.5 mL，作为对照，置于 37 ℃恒温水浴保温 1 h。迅速加入 DNS 试剂 1.5 mL，在沸水浴中加热 5 min，迅速冷却至室温。以蒸馏水稀释至 25 mL 刻度处，混匀。在 540 nm 波长处测定各管中溶液的吸光度值，重复 3 次测定，取平均值。

根据样品反应管和对照管溶液吸光度值的差值，在标准曲线上查出相应的还原糖毫克数。纤维素酶活性以每小时每克鲜重(FW)果蔬组织样品在 37 ℃催化羧甲基纤维素水解形成还原糖的质量(μg)表示，即 μg/(h · g FW)。计算公式：

$$纤维素酶活性[\mu g/(h\cdot g\ FW)]=\frac{C\times V\times 1\ 000}{V_s\times t\times W}$$

式中:C,从标准曲线查得葡萄糖量(mg);V,样品提取液总体积(mL);V_s,测定时所取样品提取液体积(mL);t,酶促反应时间(h);W,样品质量(g)。

3.6 数据统计分析

数据采用 Excel 和 SPSS 软件进行统计和差异显著分析。各指标结果以平均值(±标准差)表示,$P<0.05$ 表示差异显著,$P<0.01$ 表示差异非常显著。

4 结果与分析

4.1 采后果实硬度变化分析

以具有后熟作用'京白梨'和'平谷大桃'果实为例。采收后果实常温条件下 2 周左右完成后熟。每 5 d 取样,测定果实(肉)硬度,直至果实软化,无法测出硬度值为止。将果实硬度测定结果记录在表 3-18 中,绘制以贮藏时间为横坐标、果肉硬度(kg/cm^2)为纵坐标的果实硬度变化曲线,分析影响果实硬度测定值的因素。

4.2 采后果实细胞壁组分变化分析

根据实际测定结果,绘制半乳糖醛酸和葡萄糖的标准曲线图,计算出线性回归方程。

以测定果肉硬度同期的果实为试材,测定果胶和纤维素含量,记录在表 3-18 中。分析常温条件下,果实软化过程中各细胞壁组分变化趋势,与果实硬度变化的关系。讨论影响测定结果准确性的技术因素。

表 3-18 果实采后硬度、细胞壁组分及细胞壁酶活性的变化

测定项目	贮藏时间/d			
	0	5	10	15
果实硬度/(kg/cm^2)				
可溶性果胶含量/%				
离子结合型果胶含量/%				
共价结合型果胶含量/%				
原果胶含量/%				
纤维素含量/%				
PG 活性/[μg/(h·g FW)]				
纤维素酶活性/[μg/(h·g FW)]				

4.3 采后果实细胞壁酶活性变化分析

以测定果肉硬度同期的果实为试材,测定细胞壁降解酶活性,记录在表 3-18 中。分析常温条件下,果实软化过程中,各细胞壁酶活性变化趋势,与果实硬度、细胞壁组分变化的相关性。讨论在果实后熟软化过程中,起主要作用的细胞壁组分及细胞壁降解酶。

(闫佳琪　编写)

实验五十三　果实采后乙烯释放速率的测定

1　引言

乙烯是植物内源激素之一，以气体形式存在。生物学温度下是无色气体，分子式 C_2H_4 或 $CH_2=CH_2$，为植物体内最简单的烯烃气体，通过扩散在植物组织中移动，从组织中扩散出来。乙烯起作用的浓度极低，阈值为 0.0～0.1 mg/L，最大值为 1～10 mg/L，乙烯构象类似物丙烯（C_3H_6）和乙炔（C_2H_2）分别需要 100 和 2 700 倍才能诱发相同的效果。准确测定乙烯释放量，了解乙烯在园艺产品采后的生理作用，有助于园艺产品的贮藏保鲜。

植物经过高度调控的代谢路径从蛋氨酸经过腺苷蛋氨酸（S-adenosylmethionine，SAM）合成酶、氨基环丙烷羧酸（1-aminocyclopropane-1-carboxylic acid，ACC）合成酶和氧化酶等关键酶的作用生成乙烯。乙烯在植物生长发育、逆境响应等多方面发挥重要作用，包括诱导黄化幼苗生长的三重反应（伸长量减少、下胚轴膨大和生长方向改变）、促进不定根形成、加速植物器官衰老和脱落、诱导开花、打破种子休眠、创伤反应减轻胁迫或抵御感染、诱导分泌生成树胶等。根据果实成熟过程中是否出现呼吸跃变现象，可分为呼吸跃变型果实和非呼吸跃变型果实（表 3-19）。乙烯在香蕉等跃变型果实成熟中，存在两个不同的调节系统，即跃变前低浓度的系统Ⅰ乙烯和跃变时启动乙烯自我催化并大量生成的系统Ⅱ乙烯。乙烯触发跃变型果实成熟，其生成量跃变上升一般先于 CO_2 生成量的跃增。柑橘等非跃变型果实成熟衰老过程只有低水平的系统Ⅰ乙烯，但诸多成熟相关过程直接受乙烯调控，且两种类型果实的某些品质变化的分子调控途径相似。乙烯合成时需要 O_2，且 O_2 和低水平的 CO_2 对乙烯的生物活性是必需的。在低温和低氧条件下，乙烯的生成量较低，低温贮藏可提高园艺产品的贮藏寿命。基于乙烯合成、信号转导的过程，调控乙烯的途径包括：一是控制乙烯的生成量，防止植物处于乙烯生物活性水平的环境；二是调控乙烯感知和信号传导，防止植物感知环境乙烯；三是调控环境条件，防止植物应答感知的乙烯。利用化学药剂如甲基乙氧基乙烯甘氨酸（aminoethoxyvinylglycine，AVG）控制乙烯生物合成，1-甲基环丙烯（1-methylcyclopropene，1-MCP）抑制乙烯作用。

表 3-19　园艺产品中典型的跃变型果实与非跃变型果实

跃变型果实	非跃变型果实
香蕉、番茄、苹果、梨、李、杧果、猕猴桃、柿、桃、无花果、西瓜、香瓜、杏、油桃、番木瓜、鳄梨、百香果、波罗蜜、刺番荔枝、番石榴、斐济果、面包果、南美番荔枝、霹雳果、人心果	葡萄、草莓、蓝莓、柠檬、葡萄柚、酸橙、甜橙、樱桃、菠萝、黄瓜、辣椒、可可、油橄榄

园艺产品乙烯含量常采用气相色谱法测定。气相色谱由气路系统、进样系统、分离系统、温控系统、检测记录系统构成，核心是分离系统和检测系统。气相色谱法是一种以气体为流动相的柱色谱法，具有应用范围广、灵敏度高、稳定性好等优点。在色谱仪的分离系统中，由于固定相和流动相对不同物质的吸附或溶解能力不同，可使不同物质的分配系数（或吸附能力）不同。当待测样品（如含乙烯的混合气）进入固定相以后，不断通以流动相（通常为 N_2），使待测物不断地再分配，最后，依照分配系数大小顺序依次被分离，并顺序进入检测系统得到检测。

检测器能够将样品组分转变为电信号，而电信号的大小与被测组分的量或浓度成正比，在记录仪上呈现出相应的色谱图。根据色谱图上得到的每个峰的保留时间，进行定性分析；根据峰面积或峰高的大小，进行定量分析。

本实验以呼吸跃变型和非呼吸跃变型果实为试材，采用气相色谱法测定不同类型果实的乙烯释放量，比较分析跃变型与非跃变型果实乙烯释放量，巩固学生对果实成熟理论的认知，使学生了解气相色谱仪的工作原理和果实乙烯释放速率测定方法。

2 实验准备

2.1 试材

选择市场销售的呼吸跃变型果实如苹果、香蕉、番茄等和非呼吸跃变型果实如葡萄、草莓、柑橘等为试材。实验分组进行，每组测定 2 种类型果实，每种果实样品设定 3 个生物学重复。

2.2 仪器与用具

气相色谱仪及配套气谱数据工作站（计算机和相关软件）、载气（氮气）罐、氢气发生器，气谱进样针，密闭容器：①真空干燥器改装的密闭容器（4 L），或者②专用储气袋（1 L）。

3 实验方法

3.1 测试材料储气

将测试材料如香蕉 3～4 根和葡萄 250 g，分别放入 4 L 的密闭容器中，密闭 1.5～2 h，然后进行测定。实验分组进行，每组测定 2 种类型果实，每种果实样品设定 3 个生物学重复。非呼吸跃变型果实可延长储气时间至 4 h 左右。

3.2 标准乙烯气体标定

以北分瑞利制造的 3420A 气相色谱仪为例，乙烯定性与定量采用外标法，定期（通常 1 年 1 次）用标准乙烯气体确定测定的参考数据，以保留时间和峰面积计算常数。

3.3 样本测定

3.3.1 开机

①打开载气（N_2）钢瓶总阀，使输出压力指示为 0.4 MPa，检查色谱仪压力表（柱前压 0.261 MPa）指示是否正常。②打开空气电源，几分钟后，压力一般为 0.4 MPa；打开氢气发生器电源，几分钟后，压力一般指示为 0.4 MPa。③打开色谱仪电源，按 STATUS（状态）键，再按 RESET（复位）键，显示各加热区温度，观察升温是否正常，具体数值为 COL（柱箱）100 ℃、INJ（注样器）100 ℃、DET（检测器）380 ℃。④各加热区温度恒定后点火，需注意 DET 是否达到设定要求；按住点火（A/B）键，保持 3～5 s，若没有点着可重新点火。⑤打开计算机，进入工作站程序观察基线，待基线稳定后（2 h 以上为宜），即可进样分析。

3.3.2 气样测定

用进样针取试样密闭容器中顶空气体 1 μL，注入色谱仪进样孔，按测定开始键开始测定。约 2 min 乙烯完整峰出现后，结束一次测定。

3.2.3 关机

测定结束后，按照如下操作步骤关机：①关闭氢气发生器，关闭空气源电源；②火焰熄灭后，关闭色谱仪电源；③色谱仪柱箱温度降至室温后，关闭载气（钢瓶总阀）；④断开总电源。

3.4 数据统计分析

测定结果按照以下公式计算：

$$果实乙烯释放量[\mu L/(kg \cdot h)] = \frac{C \times V}{W \times t}$$

式中：C，气相色谱仪测定出的容器内乙烯的浓度值（$\mu L/L$）；V，密闭容器体积（L）；W，果实质量（kg）；t，密封时间（h）。

实验数据采用 Excel 处理，以平均值（± 标准差）表示。采用 SPSS 进行差异显著性分析，$P<0.05$ 表示差异显著，$P<0.01$ 表示差异极显著。

4 结果与分析

4.1 跃变型与非跃变型果实乙烯释放量分析

结合实际测定数据，根据公式计算出两种类型果实的乙烯释放量，对比分析两种不同类型果实的乙烯含量差异，探讨乙烯在不同类型果实成熟中的作用。

4.2 乙烯含量测定方法优化

不少果实的乙烯生成量较低，有时会低于检测限而不能测定。根据气相色谱的操作过程，分析影响乙烯含量测定的关键参数，从储气时间长短可能会影响乙烯的生成量、乙烯气体标准样的测定值、实验重复等方面，讨论并优化测定不同类型果实（如非跃变型果实或小型果实）乙烯含量的测定方法。

（李 宝 编写）

实验五十四 园艺产品呼吸强度的测定

1 引言

所有活的有机体都会呼吸代谢，即将空气中的 O_2 与组织中的有机分子（通常是糖，还有一些脂肪或蛋白质）结合形成各种中间物质并最终形成 CO_2 和水，这期间产生的能量用于细胞活动或以热量形式散失。呼吸代谢强弱以呼吸速率表示，即是在一定温度下，单位时间内、单位质量产品呼出的 CO_2 量或吸入的 O_2 量，用 mg CO_2/(kg · h)或 mg O_2/(kg · h)表示。呼吸速率是衡量园艺产品新陈代谢能力的重要指标，园艺产品采后衰老和后熟通常是以呼吸行为的突然变化为标志，也是估算产品采后寿命的依据。

有氧呼吸的反应方程式为：$C_6H_{12}O_6 + 6O_2 + 6H_2O \longrightarrow 6CO_2 + 12H_2O + 673$ kcal (38 ATP)，呼吸代谢反应中产生的能量和有机分子用于其他代谢过程以保持产品健康。园艺产品的贮藏期与呼吸速率呈负相关关系，呼吸速率较高的种类和品种的贮藏期短于呼吸速率低的园艺产品(表 3-20)。新鲜产品呼吸速率与采后贮藏期或货架期呈负相关关系,呼吸速率越高产品越容易腐烂,即采后寿命越短。呼吸代谢利用的各种底物会消耗组织中的贮藏物质,对消费者来说是口感品质(特别是甜味)以及食物价值降低。

表 3-20　园艺产品呼吸速率分级表

呼吸速率分组	数值范围(5 ℃)/[mg CO_2/(kg·h)]	园艺产品
非常低	<5	坚果、椰枣、干燥果蔬
低	5～10	苹果、葡萄、猕猴桃、柑橘、洋葱、马铃薯(成熟)、大蒜、甘薯
中等	10～20	杏、香蕉、樱桃、桃、油桃、梨、李、无花果、圆白菜、胡萝卜、莴苣、甜椒、番茄、马铃薯(未成熟)
高	20～40	草莓、黑莓、红树莓、鳄梨、菜花、利马豆
很高	40～60	洋蓟、四季豆、抱子甘蓝、鲜切花
特别高	>60	芦笋、西兰花、蘑菇、豌豆、菠菜、甜玉米

园艺产品贮藏时需要防止品质降低或品质改善。多数蔬菜(如黄瓜和莴苣)和非跃变型果实(如草莓)在品质最佳时采收,贮藏要求最大化地防止品质下降,新物质合成是不必需的;相反,不少鲜花(如康乃馨、月季)、非跃变型果实(如柠檬、甜橙)和跃变果实(如香蕉和番茄)宜在最佳品质之前采收,贮藏是最大化满足最佳品质形成,色素和挥发性物质合成(如番茄上番茄红素、香蕉上淀粉酶)、叶绿素消失(如香蕉和柠檬上叶绿素降解酶)、淀粉到糖的转换(如苹果和香蕉甜度增加)是最佳品质发育所必需的。这些合成反应需要呼吸形成的能量和有机分子。呼吸过程中产生的热量多少,是贮运中考虑制冷量的主要因素。除了产品自身生理因素之外,呼吸作用受多种环境因素如光、化学胁迫(如熏蒸剂)、辐射胁迫、水分胁迫、生长调节剂、病原侵扰等影响,其中温度、气体成分和物理胁迫最为重要。

任何反应速率都可以通过测定底物消失或产物生成速率来反映。在呼吸作用中,所有底物和产物的变化都可用来测定和表示呼吸速率大小。理论上除了呼吸作用产生的水分之外,底物消耗量(如葡萄糖)、O_2 消耗量、CO_2 增加量、生成热等均反映呼吸速率大小。因大气环境中 O_2 浓度很高(占 20.9%),呼吸作用所消耗的少量 O_2 难以定量检测,此外大气中 O_2 渗透到取样容器,限制仪器灵敏度等,不采用 O_2 消耗量测定呼吸速率。量热法需要复杂仪器,限制了应用。大气中 CO_2 浓度约 0.03%,即使只有少量 CO_2 生成的变化很容易检测出来,CO_2 生成量成为测定呼吸速率的常用方法。有氧呼吸中 O_2 降低 0.3%会伴随着 CO_2 增加 0.3%,这一增加量约是背景值 10 倍,易于检测。

CO_2 生成量可以采用静态系统或动态系统检测。在静态系统中,将产品密闭在气密容器中,待积累到足够可以精确测定的 CO_2 时,抽取气样,利用气相色谱、远红外 CO_2 分析仪等测定。密封容器中的 CO_2 随时间而线性增加,浓度变化值乘以容器体积,再除以产品质量和储气时间,即可得到 CO_2 生成速率。静态系统属于非平衡系统,消耗 O_2、积累 CO_2 或其他气体(特别是乙烯)会极大影响组织的呼吸状态,要求实验处理时间尽可能短且气体浓度适合测定,当 CO_2 浓度超过 0.2%,会出现线性偏离。在动态系统中,空气流(或其他气体混合物)以已知的流速通过容器,当有 5 倍体积的气体流过容器时,系统会达到平衡(>99.3%)。动态平衡之后,测定容器气流进口和出口的 CO_2 浓度差值，用流速乘以浓度差值，再除以产品质量，即可计算出 CO_2 生成速率。漏气不再是关键因素，各种组分的气体都可以穿流容器，由于不断地气体替换，使得气体浓度的意外变化降到最小。在实际应用时，采用静态系统更为简单方便。CO_2 生成量测定的方法简便易行而且对产品无损伤，可动态监测组织代谢和生理状态。

本实验采用气相色谱法测定园艺产品呼吸速率，比较呼吸跃变型与非呼吸跃变型果实的呼吸速率的差异性，巩固学生对果实成熟理论的认知，使学生了解气相色谱仪的工作原理和果实呼吸速率测定方法。

2　实验准备

2.1　试材

选择市场销售的呼吸跃变型果实（如香蕉）和非呼吸跃变型果实（如葡萄）为试材。

2.2　仪器与用具

气相色谱仪及配套气谱数据工作站（计算机和相关软件）、载气（N_2 气）罐、氢气发生器，气谱进样针，真空干燥器改装的密闭容器（4 L），或者专用储气袋。

3　实验方法

3.1　样品储气及样本测定

根据密闭容器体积大小，将一定量的果实（为容器体积的 1/5～1/4）放入容器中，密闭容器 1.5～2 h，用进样针抽取容器中的气体 1 mL，利用 3420A 型气相色谱仪测定密闭容器中的 CO_2 浓度。

利用 CO_2 气体分析软件，计算得出 CO_2 测定值（μL/L），减去空气中的 CO_2 浓度，乘以密闭容器体积，除以果样质量（kg）和储气时间（h），统一单位后，结果表示单位为 mL/（kg・h）。

气谱工作条件和相关操作参见实验五十三相关部分。

实验分组进行，每组测定 2 种类型果实，每种果实样品设定 3 个生物学重复。

3.2　静态系统呼吸速率计算

样本呼吸速率计算需要容器体积、试样质量、初始 CO_2 浓度、容器密闭时间和最终 CO_2 浓度 5 个参数。依据下式计算：

$$\text{果实呼吸速率}[\text{mL}/(\text{kg}\cdot\text{h})]=\frac{(C-300)\times V}{W\times t\times 1\,000}$$

式中：C，气谱测定的 CO_2 浓度值（μL/L）；300，大气中 CO_2 浓度 0.03%，即 300 μL/L；V，密闭容器体积（L）；t，密封时间（h）；W，果实质量（kg）；1 000，μL 换算成 mL。

3.3　动态系统呼吸速率计算

根据测试样品质量、进气口 CO_2 浓度、气体流速和出气口 CO_2 浓度 4 个参数，依据下式计算：

$$\text{果实呼吸速率}[\text{mL}/(\text{kg}\cdot\text{h})]=\frac{(C_2-C_1)\times S}{W\times 60}$$

式中：C_1，进气口 CO_2 浓度(%)；C_2，出气口 CO_2 浓度(%)；S，气流速度(mL/min)；W，果实质量(kg)；60，分钟换算成小时(h)。

3.4 呼吸速率的精确计算

简单计算方法没有考虑两个因素：①测定样品占据了密闭容器中一定量体积从而减小了密闭容器中气体体积；②测定样品中液体会溶解部分 CO_2。为此，精确计算如下：

(1)结合测定样品的质量与密度，计算出测定样品在密闭容器中所占的体积(mL)。呼吸产生的 CO_2 浓度值所占体积($V_{实际}$)＝ 密闭容器体积－果实体积。果实体积可以用果实质量除以果实密度得出。

(2)考虑测定样品所含水分中溶解的 CO_2 量。在 20 ℃、标准大气压下 CO_2 的溶解度为(体积比)1∶0.878，即 100% CO_2 在 20 ℃时在水中的溶解度为 0.878 mL CO_2/ mL H_2O。依据果实质量与含水量，计算出果实中含水的质量(计算时视为纯水)，最后测定的容器中 CO_2 的浓度值，乘以 0.878，得到果实中溶解的 CO_2 量(按体积计算)。

结合以上的计算，可得出果实呼吸作用释放出的 CO_2：$V_{CO_2}=V_{实际}$×测定浓度值＋果实中溶解 CO_2 体积数。最终呼吸速率＝V_{CO_2}/果实质量(kg)/储气时间(h)。

生理学计算中的多个假设会显著改变答案。若忽略测试样品导致的体积变化，在“通常/正常”生理条件下，CO_2 生成速率可以计算到约为“真”值的 5%之内，通过“浓度变化值×容器的整个空体积”来直接计算 CO_2 生成量。

3.5 呼吸速率表示单位

呼吸速率表示为每小时每千克鲜重的产品所生成 CO_2 的气体质量 mg/(kg·h)或体积 mL/(kg·h)。用气相色谱测定时，一般表示为 mL/(kg·h)，若换算为 mg/(kg·h)，将 mL/(kg·h)数值乘以 2.0(0 ℃)、乘以 1.9(10 ℃)、乘以 1.8(20 ℃)即可。换算的比例系数是参考标准状态下气体的摩尔质量(44.0 g)与摩尔体积(22.4 L)的数值，结合温度得出的参考数值。

3.6 数据统计分析

数据采用 Excel 和 SPSS 软件进行分析，数据以平均值(±标准差) 表示，$P<0.05$ 表示差异显著，$P<0.01$ 表示差异非常显著。

4 结果与分析

4.1 呼吸跃变型和非跃变型果实的呼吸速率分析

结合实际测定数据，根据公式计算出两种类型果实的呼吸速率，对比分析两种不同类型果实的呼吸速率差异性，探讨不同类型果实采后贮藏中的呼吸速率的变化，并分析大型果实与小型果实在进行呼吸速率测定时的注意事项。

4.2 园艺产品呼吸速率的精确计算

根据实际测定结果，分析影响呼吸速率测定的关键参数，从密闭空间中代表性取样、平行样测定的差值、计算方法等方面，讨论并优化园艺产品呼吸速率测定的实验方法，分析储气时间如何影响呼吸速率数值的大小。

(李　宝　编写)

第二节　园艺产品功能物质的测定

实验五十五　园艺产品花青素含量的测定

1　引言

花青素是植物次生代谢产物，参与植物的生长发育、生理代谢、抗病抗逆等过程。花青素与园艺植物及其产品的色泽发育、品质形成、成熟衰老和抗病抗逆等密切相关，对园艺产品的营养价值、外观品质、贮藏性能和加工方式都具有重要影响。

花青素属于多酚类化合物，是广泛存在于植物中的水溶性天然色素。现已知的花青素有 20 多种，主要有矢车菊素（深红色）、飞燕草素（蓝-红紫）、锦葵素（蓝-红）、天竺葵素（朱红）、矮牵牛素（蓝-红）和芍药素（橙-红）6 种。花青素常与一个或多个葡萄糖、鼠李糖、半乳糖、阿拉伯糖等通过糖苷键形成花色苷，在植物细胞液泡不同的 pH 条件下，呈现不同的颜色。植株中花青素的含量主要受温度、日照等因素影响，特别是紫外光可以明显提高花青素的合成效率。

花青素含量可以通过紫外分光光度法、高效液相色谱和高效液相色谱-质谱联用等仪器分析。紫外分光光度法常用于花青素总量的检测，受 pH、温度等因素影响，同时也会受原花青素、花白素等物质干扰，分析结果往往偏高，灵敏度低。高效液相色谱法适用于分析样品中不同种类花青素的含量，比高效液相色谱联用质谱成本低，需要标准品才能定性样品。高效液相色谱联用质谱法常用于样品中花青素种类的全分析，获取信息更全。花青素是具有 2-苯基苯并吡喃阳离子结构的衍生物，在自然状态下常与各种单糖形成糖苷。溶液 pH 不同，花色苷的存在形式也不同。对于一个给定的 pH，在花色苷的 4 种结构之间存在着平衡：蓝色的醌式（脱水）碱、红色的花烊正离子、无色的甲醇假碱和查尔酮。花色苷在 pH 很低时，溶液呈现最强的红色。随着 pH 的增大，花色苷的颜色渐褪至无色，最后在高 pH 时变成紫色或蓝色。pH 示差法测定花色苷含量的依据是花色苷发色团的结构转换是 pH 的函数，起干扰作用的褐色降解物的特性不随 pH 变化。这种方法在两个对花色苷吸光度差别最大但是对花色苷稳定的 pH 下进行测定。具体来说，在 pH 为 1.0 时，花色苷以红色的 2-苯基苯并吡喃阳离子的形式存在，而当 pH 为 4.5 时，花色苷以无色的查尔酮的形式存在。由于 pH 1.0 和 pH 4.5 之间有着最大的吸光度差值，能较准确地反映出花色苷的含量。因此通过测量在不同 pH 条件下特定波长（如 530 nm）下的吸光值，可以定量检测植物花色苷的含量。高效液相色谱法用酸性无水乙醇溶液从不同植物中提取花青素，通过标准品和标准曲线的测定，可以对主要花青素进行定性和定量分析。

本实验以色彩不同的园艺产品为试材，采用 pH 示差法和高效液相色谱法测定花青素含量，使学生了解园艺产品花青素测定的原理与方法，巩固相关的理论知识，学以致用。

2　实验准备

2.1　试材

选择色彩不同类型的叶菜类蔬菜如红苋菜、紫甘蓝和紫色生菜等，以及果肉色泽类型不同苹果品种如'富士'(白色)、'红色之爱'(红肉)果实等为试材。从试验小区收获的果蔬产品中选取大小和成熟度一致、无病虫害和机械损伤的样本 30 个,随机分成 3 组生物学重复,每组重复包括 10 个样本,切碎、混样,采用四分法随机取样,用于后续实验。苹果果实可以将果皮和果肉分开测定,更为准确。

2.2 试剂与配制

甲醇、盐酸、90%乙醇、氯化钾、醋酸钠、液氮、甲酸、乙腈,矢车菊素、飞燕草素、锦葵素、天竺葵素、矮牵牛素和芍药素标准品。

1%盐酸甲醇:准确吸取盐酸 1 mL,转移至 100 mL 容量瓶,用甲醇定容。

10%盐酸甲醇:准确吸取盐酸 10 mL,转移至 100 mL 容量瓶,用甲醇定容。

400 mmol/L 醋酸钠(pH 4.5)缓冲液配制:准确称取醋酸钠 32.8 g,加蒸馏水 980 mL,混合,用盐酸校正 pH 至 4.5,转移至 1 000 mL 容量瓶,用蒸馏水定容。

250 mmol/L 氯化钾(pH 1.0)缓冲液配制:准确称取氯化钾 18.65 g,加蒸馏水 980 mL,混合,用盐酸校正 pH 至 1.0,转移至 1 000 mL 容量瓶,用蒸馏水定容。

2.3 仪器与用具

天平(感量 0.01 g)、分析天平(感量 0.001 g、0.000 1 g)、分光光度计、pH 计、高速低温离心机、高效液相色谱仪、超声提取仪、水浴锅、移液器等仪器,比色皿、研钵、容量瓶、离心管、漏斗、滤纸等用具。

3 实验方法

3.1 pH 示差法测定花青素含量

3.1.1 样本提取液制备

称取样品 10 g,加液氮研磨,加入适量 1%盐酸甲醇溶液研磨成匀浆。将匀浆液全部转入 100 mL 容量瓶中,1%盐酸甲醇溶液定容,过滤备用。

3.1.2 样本花青素含量测定

取 10 mL 离心管 2 支,加入滤液 2 mL,分别加入 400 mmol/L 醋酸钠(pH 4.5)缓冲液和 250 mmol/L 氯化钾(pH 1.0)缓冲液 3 mL,摇匀混合。用光路长 1 cm 的比色皿,分别测定两组反应液在 520 nm 和 700 nm 处吸光度,以蒸馏水为空白对照。平行测定 3 次,取平均值。按下列公式计算:

$$花青素浓度(mg/g)=\frac{A}{\varepsilon L}\times 1\,000\times MW\times 稀释倍数$$

其中,最终吸光度 $A=[A_{520\ nm(pH\ 1.0)}-A_{700\ nm(pH\ 1.0)}]-[A_{520\ nm(pH\ 4.5)}-A_{700\ nm(pH\ 4.5)}]$;苹果主要花青素是 1-矢车菊素-3-半乳糖苷,以其为标准,MW 为摩尔质量 502.5;ε 为摩尔吸光系数 30 200;L 为比色皿光路长(cm),最终以 1 g 试样含有花青素的量(mg)来表示。

3.2 高效液相色谱法测定花青素含量

3.2.1 花青素提取

参照《植物源性食品中花青素的测定　高效液相色谱法》(NY/T 2640—2014),样品前处理方法。准确称取样品 2 g,加入于 50 mL 具塞比色管中,加入无水乙醇:水:盐酸(体积比

2∶1∶1)定容至刻度;摇匀,超声提取 30 min,于沸水浴中水解 1 h;取出后冷却,用无水乙醇∶水∶盐酸(体积比 2∶1∶1)再次定容至刻度;静置,取上清液,用 0.45 μm 水相滤膜过滤,待测。

3.2.2 标准曲线制作

分别准确称取矢车菊素、飞燕草素、锦葵素、天竺葵素、矮牵牛素和芍药素 6 种标准品 5 g,溶解于 10%盐酸甲醇溶液并定容至 10 mL,为标准溶液,避光保存于−18 ℃。使用时,将单一标准品溶液混合,用 10%盐酸甲醇溶剂逐级稀释成 0.5 mg/L、1.0 mg/L、5.0 mg/L、25 mg/L 和 50 mg/L 的花青素混合标准溶液,用 0.45 μm 水相滤膜过滤后,分别取 10 μL,进样,按下述色谱条件测定色谱峰面积,以进样量为横坐标,色谱峰面积为纵坐标,绘制标准曲线。

3.2.3 花青素含量测定

花青素分析采用的色谱条件为:色谱柱,Zorbax SB C18(250 mm×4.6 mm,2.5 μm);流动相:A,1%甲酸水溶液;B,1%甲酸乙腈溶液;流速 0.8 mL/min。梯度洗脱程序(B%):0~2.0 min,8.0%~12.0%;5 min,18%;10.0 min,20%;2 min,25%;15 min,30%;18 min,45%;20 min,80%;22~30 min,8%。检测波长:530 nm;柱温:35 ℃。在此色谱条件下,吸取样品 10 μL 注入液相色谱仪中,采用高效液相色谱配备二极管阵列检测器,在 530 nm 测得 6 种花青素紫外吸收,以保留时间定性,以样品峰面积根据标准曲线进行定量。

3.3 数据统计分析

采用 Excel 和 SPSS 进行数据统计和差异显著分析。结果以平均值(±标准差)表示,$P<0.05$ 表示差异显著,$P<0.01$ 表示差异非常显著。

4 结果与分析

4.1 不同园艺产品花青素含量的 pH 示差法分析

利用 pH 示差法测定色泽不同的园艺产品的花青素含量,将结果记录在表 3-21 中。分析比较不同产品花青素含量的差异性。讨论影响测定结果准确性的技术因素。

表 3-21 不同园艺产品花青素含量比较

检测样品	pH 1		pH 4.5		吸光度 A	花青素含量/(mg/g)
	$A_{520\ nm}$	$A_{700\ nm}$	$A_{520\ nm}$	$A_{700\ nm}$		
红苋菜						
紫甘蓝						
紫菜薹						
苹果(白肉)						
苹果(红肉)						

4.2 不同园艺产品中花青素种类及含量的高效液相色谱法分析

花青素的结构母核是 2-苯基苯并吡喃阳离子,主要有天竺葵素、矢车菊素、飞燕草素、芍药素、矮牵牛素和锦葵素6种。由于取代基团不同，导致6种花青素在色谱柱上保留时间不同而实现分离。根据实验结果，绘制6种花青素出峰顺序的色谱图，以标准样品进样量为横坐标，色谱峰面积为纵坐标，绘制6种花青素标准曲线，计算线性方程，找出线性关系良好的标准品溶液浓度。

样品以保留时间定性，以样品峰面积根据标准曲线进行定量，将结果记录在表3-22中。分析不同样本中花青素种类和含量的差异性，与pH示差法相比较，两种方法测定样本花青素含量的优缺点，讨论影响测定结果的关键因素。

表3-22　不同园艺产品花青素含量比较　mg/kg

检测样本	天竺葵素	矢车菊素	飞燕草素	芍药素	矮牵牛素	锦葵素
红苋菜						
紫甘蓝						
紫菜薹						
苹果(白肉)						
苹果(红肉)						

（闫佳琪　编写）

实验五十六　园艺产品总酚含量的测定

1　引言

酚类化合物是植物中一类化学物质的统称，因分子中苯环上具有多个酚基团而得名。其结构是以苯酚为基本骨架，以苯环的多羟基取代为特征，从低分子量的简单酚类到分子量大至数千道尔顿的单宁类。在植物中的含量仅次于纤维素、半纤维素和木质素，主要存在于植物皮、根、叶、果中。天然酚类化合物作为膳食中摄入量较大的一种抗氧化剂，能够通过清除自由基和活性羰基化合物、螯合金属离子、防止蛋白质结构修饰等多种机制抑制晚期糖基化末端产物的生成。因此，总酚含量是评价园艺产品功能成分的重要指标之一。

酚类化合物具有至少一个芳香环，带有一个或多个羟基，总体上可分为黄酮类和非黄酮类两大类。黄酮类是低分子量化合物，由15个碳原子形成$C_6—C_3—C_6$结构，两个芳香环即A环和B环，外加一个3-C杂环即C环，作为桥连接A环与B环。C环取代形成不同的亚类，A环和B环取代形成亚类中的不同化合物，如黄酮醇、黄酮、异黄酮、花青素、黄烷酮、黄烷-3-醇、表儿茶素、儿茶素。非黄酮类包括单宁、酚酸、羟基肉桂酸和芪类。园艺产品如茶叶、水果、蔬菜等含有非常丰富的植物多酚。茶叶中有多种酚类化合物，统称为茶多酚，含量占茶叶干重的20%～35%，受品种、季节、生长期、加工等多种因素的影响。茶多酚含量以绿茶高于乌龙茶高于红茶，夏秋茶高于春茶，嫩叶高于老叶。葡萄多酚以葡萄籽(60%～70%)含量最高、葡萄皮(28%～35%)次之，果肉中不足10%，红葡萄的多酚含量明显高于白葡萄。蓝莓、人心果、草莓、香蕉中多酚含量较高，红洋葱皮、紫色白菜、红辣椒等深色蔬菜含酚类化合物。绿色生菜、菊苣等的多酚主要是咖啡酸类衍生物，紫色生菜的多酚主要是黄酮醇类化合物，且花色苷仅存在于紫色品种中。

酚类化合物的测定方法包括高锰酸钾滴定法、氨基安替比林比色法、酒石酸比色法、福林酚(folin-ciocalteu)试剂比色法、高效液相色谱法等。高锰酸钾滴定法原理是茶多酚易溶于热水，在用靛红作为指示剂的情况下，样液中能被高锰酸钾氧化的物质基本上都属于茶多酚物质。氨基安替比林比色法的原理是酚类化合物吸收在碱性溶液中，控制适宜的 pH，在氧化剂铁氰化钾存在下，酚与 4-氨基安替比林作用，生成红色安替比林化合物，根据颜色深浅比色测定；酚浓度低时，可经三氯甲烷萃取后，用分光光度法测定。酒石酸比色法是利用酚类物质的羟基与酒石酸的铁离子生成蓝色络合物，根据颜色深浅比色测定。福林酚试剂比色法是利用福林酚试剂氧化酚类化合物中—OH 基团并显蓝色，比色测定。高效液相色谱法先用固定小柱吸附水中酚类化合物，然后用溶剂洗脱，经氮吹气浓缩至一定体积，用反相高压液相色谱法分析。

本实验以常见果蔬产品为试材，采用福林酚试剂比色法测定总酚含量，使学生掌握园艺产品总酚测定的原理与基本方法，巩固相关理论知识的学习。

2　实验准备

2.1　试材

选择常见的园艺产品，如茶叶、葡萄、苹果、红辣椒、紫色生菜、紫甘蓝等。样本采集方法参考实验二十一(表 1-44)。测定前，将样品粉碎、匀浆或者充分研磨。

2.2　试剂及配制

70%甲醇：量取甲醇 700 mL，转移到 1 000 mL 容量瓶中，用蒸馏水定容并摇匀。

10%福林酚试剂：将福林酚 50 mL 转移到 500 mL 容量瓶中，加水定容并摇匀。现用现配。

7.5% Na_2CO_3：称取 Na_2CO_3 37.50 g，加适量水溶解，转移至 500 mL 容量瓶中，定容至刻度，摇匀。室温下可保存 1 个月。

没食子酸标准储备溶液(1 000 μg/mL)：称取没食子酸 0.100 g，放入 100 mL 容量瓶中溶解，用蒸馏水定容，摇匀。溶液现用现配。

没食子酸工作液：用移液管分别移取没食子酸标准储备溶液 1.0 mL、2.0 mL、3.0 mL、4.0 mL 和 5.0 mL，加于标注好的各自对应 100 mL 容量瓶中，一一用蒸馏水定容，摇匀，配成溶液浓度分别为 10 μg/mL、20 μg/mL、30 μg/mL、40 μg/mL 和 50 μg/mL。

2.3　仪器与用具

分析天平(感量 0.001 g)、水浴锅(70 ℃±1 ℃)、分光光度计、移液器等仪器，移液管、100 mL 和 500 mL 容量瓶、比色皿等用具。

3　实验方法

3.1　样品测试液制备

称取均匀磨碎(鲜样匀浆)的样品 0.2 g，置于 10 mL 离心管中；加入在 70 ℃中预热过的加入 70% 甲醇溶液 5 mL，用玻璃棒充分搅拌均匀湿润，立即转入 70 ℃水浴中；浸提 10 min（每隔 5 min 摇匀一次），浸提后冷却至室温。用 50 mL 容量瓶定容，作为测试液备用。每样品设定 3 次生物学重复，3 次技术性重复。

3.2 样品测定

用移液管分别移取没食子酸工作液、水（空白对照）以及样品测试液各 1.0 mL，置于刻度试管内。在每个试管内，分别加入福林酚 5.0 mL，摇匀；反应 3～8 min，加入 7.5% Na_2CO_3 溶液 4.0 mL，摇匀；室温下放置 60 min。用 10 mm 比色皿、在 765 nm 波长条件下，用分光光度计测定吸光度（A）。

福林酚试剂氧化酚类化合物中的—OH 基团并显蓝色，最大吸收波长 λ 为 765 nm。根据没食子酸工作液的吸光度（A）与各工作溶液的没食子酸浓度，制作标准曲线。

3.3 总酚含量计算

根据试样和标准工作液的吸光度，总酚含量（%）按照下列公式计算：

$$\frac{A \times V}{SLOPE_{\text{std}} \times m \times 10^6} \times 100$$

式中：A，样品测试液吸光度；V，样品提取液体积（50 mL）；$SLOPE_{\text{std}}$，没食子酸标准曲线斜率；m，样品质量（g）。

3.4 数据统计分析

采用 Excel 和 SPSS 进行数据统计、图表制作和差异显著分析。结果以平均值（±标准差）表示，$P<0.05$ 表示差异显著，$P<0.01$ 表示差异非常显著。

4 结果与分析

4.1 没食子酸标准曲线绘制

以没食子酸为标准物绘制标准曲线，以质量浓度（X）对吸光度（Y）进行回归分析，确定线性良好的浓度范围、回归方程和相关系数（R^2）。

4.2 测试样本总酚含量分析

对比标准曲线的吸光度，按照公式计算测试样本的总酚含量。比较不同测试样本的总酚含量差异，探讨优化福林酚比色法的技术方案。

（刘超杰　编写）

实验五十七　园艺产品类黄酮含量的测定

1 引言

类黄酮是一类广泛存在于植物中的多酚类次生代谢产物，具有抗氧化、抗炎、抗病毒、调节机体免疫力等多种功效，与植物本身的果实色泽和风味，逆境和病虫害抗性相关。在果树、蔬菜、茶叶等园艺产品中，广泛含有类黄酮物质，其含量是评价功能成分的重要指标之一。

类黄酮化合物是色原酮或色原烷的衍生物，以 C_6—C_3—C_6 结构为基本母核的天然产物，即两个苯环通过 3 个碳原子结合而成，其中 C_3 部分可以是脂链，或与 C_6 部分形成六元或五元氧杂环结构。目前自然界发现有 6 000 多种类黄酮化合物，柑橘中已确定 80 余种，果实、叶片、花及根中均匀分布，果实中黄烷酮-*O*-糖苷类、黄酮-*O*-糖苷类和黄酮-*C*-糖苷类含量最为丰富。苹果果实的类黄酮超过 34 种，分属黄烷醇、黄酮醇、二氢查耳酮、花青苷和二氢黄酮醇 5 类，随果实发育、成熟和贮藏而有所变化，果肉中的类黄酮种类和含量均明显少于果皮。石榴、山楂、红提葡萄等果实中也含有较为丰富的类黄酮物质。蔬菜中主要存在 5 种形式的类黄酮，即山奈黄素、槲皮素、杨梅黄酮、芹菜素和毛地黄黄酮，前三种属于黄酮醇，后两种属于黄酮。类黄酮含量较高的蔬菜种类为百合科葱属蔬菜、十字花科蔬菜和绿叶菜类蔬菜。葱蒜类蔬菜所含类黄酮主要是槲皮素和山奈黄素，而大蒜主要含有杨梅黄酮和芹菜素，仅含有少量槲皮素。茶叶的类黄酮物质以黄烷醇和黄酮醇为主，叶片类黄酮（尤其是黄酮醇类）含量高，占干重 20%，远远高于其他的物种。

不同种类样品的类黄酮检测方法不同。根据相关标准，一般食品中总黄酮的检测利用其与铝盐进行络合反应，在碱性条件下生成黄色的络合物，在 420 nm 波长下测定其吸光度。在一定浓度范围内，络合物的吸光度与黄酮类化合物的含量成正比。柑橘类水果及制品中总黄酮含量的测定，利用试样中的黄烷酮类（橙皮苷、新橙皮苷等）与碱作用，开环生成 2,6-二羟基-4-环氧基苯丙酮和对甲氧基苯甲醛；在二甘醇环境中遇碱缩合生成黄色橙皮素查耳酮，其生成量相当于橙皮苷的量，在 420 nm 波长下测定其吸光度。高效液相色谱法（HPLC）以液体为流动相，采用高压输液系统，将具有不同极性的单一溶剂或不同比例的混合溶剂、缓冲液等流动相泵入装有固定相的色谱柱，在柱内各成分被分离后，进入检测器检测，可检出类黄酮种类和含量。液相色谱-质谱联用（LC-MS）技术可对类黄酮进行成分确认和定量鉴定，是在高效液相色谱技术上联合质谱，通过分析离子化样品的质荷比来实现对被测化合物定性与定量分析。

HPLC 测定类黄酮的技术流程是类黄酮物质经乙醇溶液超声提取后，经固相萃取小柱净化，在反相 C_{18} 色谱柱上分离后，用紫外/二极管阵列检测器检测，外标法定量。HPLC 具有易操作、灵敏度高和稳定性好等特点。本实验以果蔬产品为试材，采用 HPLC 进行类黄酮含量分析，使学生了解 HPLC 测定原理与方法，强化相关理论知识的学习。

2 实验准备

2.1 试材

选取富含黄酮类的果蔬产品为试验材料，样本采集方法参考实验二十一（表 1-44）。准备 C_{18} 固相萃取小柱（200 mg，6 mL）、有机相微孔滤膜（0.22 μm）等实验耗材。

2.2 试剂及配制

盐酸（HCl）、甲酸（CH_2O_2）、甲醇（CH_4O）、乙醇（C_2H_6O）、乙腈（C_2H_3N）等。

80%乙醇溶液：取乙醇 800 mL，加入蒸馏水 200 mL，超声波处理 2 min，混匀。

标准品溶液：根据检测需要，称取类黄酮标准品 5.0 mg，甲醇定容至 10.0 mL，配制成 500 mg/L 标准储备液，在−18 ℃以下贮存备用。

2.3 仪器与用具

液相色谱仪(配有二极管阵列检测器或紫外检测器)、分析天平(感量 0.01 g 和 0.000 1 g)、高速离心机、超低温冰箱、超声波清洗器(40 kHz)、旋转蒸发仪(可控温)等仪器,移液器、50 mL 离心管、各种型号容量瓶等用具。

3 实验方法

3.1 样本提取

样品清洗干净并擦干,切碎混匀,四分法取约 250 g,液氮冷冻,研磨成粉末,−80 ℃贮存备用。

称取试样 10 g(精确到 0.01 g),置于 50 mL 棕色离心管中。加入约 80%乙醇溶液 25 mL,混合,室温下超声波处理 15 min,8 000 r/min 离心 5 min。上清液转入 50 mL 棕色容量瓶中。残渣再用 80%乙醇溶液 15 mL,按上述步骤重复提取 1 次。合并 2 次提取液,用 80%乙醇溶液定容至 50 mL 棕色容量瓶,备用。

3.2 溶液浓缩与净化

准确吸取提取液 10 mL,置于 100 mL 旋转蒸发瓶中,在 35 ℃下,减压蒸发除去乙醇,浓缩至 3 mL。

C_{18} 固相萃取小柱依次用甲醇约 5 mL 和水约 5 mL,预淋洗、活化,将浓缩液加至小柱中,旋转蒸发瓶用水 5 mL,清洗。清洗液转入小柱中,抽滤,弃除滤液。再用甲醇约 8 mL,分 2 次清洗旋转蒸发瓶。清洗液加入小柱中,收集滤液,用甲醇定容至 10 mL,过滤膜,待测定。

3.3 样本测定

设定试剂空白样对照,不加样品,其他提取、浓缩和净化过程同样品相同。每组样品 3 次生物学重复,3 次技术性重复。

色谱参考条件:检测波长 280 nm、360 nm 和 520 nm,根据测定组分选择定量波长;C_{18} 色谱柱,柱长 250 mm、内径 4.6 mm、5 μm 颗粒度,或性能类似的色谱柱;柱温 40 ℃,0.8 mL/min 流速;流动相 A 为 20%甲酸,流动相 B 为 100%乙腈;进样 10 μL。流动相梯度洗脱程序见表 3-23。

取标准工作液、样品待测液及试剂空白进样测定,以色谱峰保留时间定性,以标准液多点校准定量。试剂空白不能检出有对被测组分有干扰的物质。

表 3-23 流动相梯度洗脱程序

时间/min	流动相 A	流动相 B	时间/min	流动相 A	流动相 B
0	100	0	60	40	60
30	75	25	61	100	0
45	60	40	80	100	0

3.4 类黄酮含量计算

样品中类黄酮物质以质量分数计算。

$$X=\rho\times V/m$$

式中：X，样品中待测组分含量(mg/kg)；ρ，标准曲线计算出试样提取液中各组分的含量(mg/L)；V，试样提取液定容体积(mL)；m，试样质量(g)。

3.5　数据统计分析

采用Excel和SPSS进行数据统计、图表制作和差异显著分析。结果以平均值(±标准差)表示，$P<0.05$表示差异显著，$P<0.01$表示差异非常显著。

4　结果与分析

4.1　类黄酮化合物标准品的色谱图分析

根据实验需要，选择类黄酮标准品，如测定柑橘类样品时，可以选用柚皮苷、橙皮苷、甜橙黄酮、川陈皮素、橘皮素等；测定蔬菜样本选择槲皮素、杨梅黄酮、玉米黄酮、坎二菲醇、芹菜苷配基等。以保留时间为横坐标，峰值为纵坐标，绘制出标准品的色谱图，分析标准品分离的峰型，各标准品变异系数范围、回收率范围和检测下限。

4.2　测试样本类黄酮含量分析

对比标准品，根据公式计算出所测试样本的类黄酮各组分含量。探讨缩短检测时间、提高效率的技术优化方案。

(刘超杰　编写)

实验五十八　园艺产品单宁含量的测定

1　引言

单宁是分子质量较高的酚类化合物，呈现涩、苦味道，能结合、沉降或凝聚蛋白质和多种其他有机化合物如氨基酸和生物碱。水解单宁与缩合单宁是化学结构上截然不同的两类多酚，均有鞣化兽皮成革的能力。天然植物单宁和相关化合物因其特殊的化学结构而具有多种生物活性，已应用于医药、食品、饮料、油墨和黏合剂制造、染料和制革工业、塑料树脂、水净化和表面涂料等许多不同领域。单宁在植物中具有保护植株免受食草动物和微生物感染、吸引参与传粉与散播种子的动物、作为化感剂、紫外线保护剂和形成固氮根瘤的信号分子等功能，与园艺产品的感官特性如风味、涩味、颜色等有直接关系。因此，单宁含量是园艺产品功能成分评价的指标之一。

英语单宁"tannin"一词来自法语单词"tan"，指橡树皮提取的粉状物，传统用于制革。在"多酚"一词出现之前，植物源的天然产物因"含有这些成分的植物提取物可以将兽皮鞣化成皮革"而统称为单宁。最早多酚定义为"适度水溶性的、分子质量500～4 000 Da、大于12个酚羟基、1 kDa含5～7个芳香环"，单宁类物质是多酚的一个子集，分子质量500～3 000 Da，有足够的酚基团与胶原蛋白分子形成氢键交联结构，即鞣化作用。有学者将单宁定义为：水溶性酚类物质、分子质量500～4 000 Da，1 kDa含5～7个芳香环和12～16个酚羟基。单宁归类为非黄酮类多酚化合物，具有食用价值的是没食子单宁和鞣花单宁，存在于树莓、草莓、黑莓、石榴、柿、核桃、榛子等植物中，以及用橡木桶陈酿的葡萄酒（在葡萄酒熟化过程中从橡木中浸出）中。依据溶解性，单宁可分为可溶性（溶于甲醇）和不溶性单宁（无水甲醇中溶解度极低），不溶性单宁为单宁的高聚物，在酸碱度及温度等环境因素可变为可溶性单宁。依据化学结构，单宁可分为水解单宁和缩合单宁，前者是由单糖与没食子酸及其衍生物形成的，后者以黄烷-3-醇类单体缩合而成。水解单宁是没食子酸的代谢产物，在酸、碱、酶的作用下易水解为多元酚酸（没食子酸单宁和鞣花酸单宁）和单体酚酸（羟基苯甲酸、苯丙烯酸、鞣花酸及其衍生物，根据其单体上羟基位置的不同，最终形成没食子酸、原儿茶酸、绿原酸、肉桂酸、鞣花酸和香草酸等）。缩合单宁是黄烷醇的聚合体，单体之间均以 C—C 键相连，水溶液中不易水解，强酸条件下羟基黄烷-3-醇（衍生物为儿茶素类）及羟基黄烷-3，4-二醇（衍生物为无色花色素）的聚合物氧化脱水聚合成不溶于水的“鞣红”，产生暗红色沉淀。此外，缩合单宁在加热的酸性醇溶液中可分解为花青素，缩合单宁也称为原花色素。柿树果实单宁含量较高，其成分为儿茶素、儿茶素-3-没食子酸、没食子酸儿茶素和没食子酸儿茶素-3-没食子酸，比例为 1∶1∶2∶2，外加末端残基，分子质量为 13.8 kDa，多聚体属于原花色素 B 族，黄烷间 C—C 连接为 C-4 与 C-8（或 C-6）连接。也有报道认为，柿单宁由多聚体构成，分子质量为 7～20 kDa，聚合度 19～47，单体间存在 B-型和 A-型连接。

单宁或多酚易溶于水和醇，不溶于乙醚、氯仿和苯等非极性溶剂，常用的提取溶剂有甲醇、乙醇和丙酮，及其相应的水溶液。不考虑食品安全等因素，甲醇比乙醇的效果更好，用 50%～80%甲醇来提取，能够抑制某些酚类物质氧化酶的活性。超声波辅助提取、固相萃取技术、微波辅助提取、超临界流体提取技术、加压溶剂萃取等，可以提高提取效率。值得注意的是，没有任何单一的溶剂和方法对所有植物材料都适用。不同方法间差异很大，需要针对特定作物，优化提取条件，如植物材料的组织器官类型、发育阶段，以及提取温度、时间、液料比、提取剂浓度等。高效液相色谱法、气相色谱法、质谱法和核磁共振法等色谱和光谱分析法在多酚物质的定量分析中广有应用，但具体实施需要较贵重的分析仪器，样品前处理较复杂，实际应用中多采用比色法测定，包括福林酚比色法、酒石酸亚铁比色法、普鲁士蓝比色法、香草醛-盐酸比色法、正丁醇-盐酸比色法等。福林酚比色法对不同类型的酚类化合物没有特异性，具有简单易操作、测定结果准确可靠等优点。

福林酚比色法原理是利用多酚结构中羟基易于氧化的性质，与福林酚发生氧化还原反应，试剂中的磷钼酸盐-磷钨酸盐被酚还原，产生深蓝色（钼蓝和钨蓝的混合物）。在一定条件下，蓝色深度与酚含量成正比，蓝色具有最大吸收峰。碳酸钠主要提供碱性环境，依据酚混合物的质量和（或）数量、溶液 pH，利用碳酸钠调节。标准品通常采用与样品中多酚类物质属于同一类的酚类化合物纯物质。例如，测定水解类植物多酚含量时，常采用没食子酸作为标准品；测定缩合类植物多酚含量时，则采用儿茶素为标准品。

本实验采用福林酚比色法，测定不同园艺产品可溶性单宁含量，使学生了解园艺产品单宁测定的原理，掌握其测定方法。

2 实验准备

2.1 试材

选择市场销售的单宁含量差异大的园艺产品如柿子（单宁含量高）、苹果（单宁含量低）为试材，在果实成熟期，田间随机选取成熟度适宜、有代表性、无污染的 10 个果实，清洗干净，果实纵切剖分成 4 份，取对角线 2 份，将果肉切碎、混匀，或是匀浆。每种类设定 3 次生物学重复。

2.2　试剂及配制

0.25 mol/L 福林酚试剂：由 2 mol/L 福林酚试剂稀释而成。

饱和碳酸钠溶液：无水碳酸钠 200 g，溶于 800 mL 去离子水中，煮开，冷却后加少许碳酸钠晶体，24 h 后过滤，用水定容到 1 L，碳酸钠溶液稳定性好可长期贮存。

80%甲醇溶液(体积比)：无水甲醇 800 mL，添加去离子水 200 mL 配制而成。

没食子酸标准曲线溶液(0～0.1 mg/mL)：没食子酸 50 mg，溶于 10 mL 乙醇，而后用水定容至 50 mL 容量瓶，作为母液(1 mg/mL)，密封可保存 2 周。用母液配制 0 mg/mL、0.01 mg/mL、0.02 mg/mL、0.04 mg/mL、0.06 mg/mL、0.08 mg/mL 和 0.1 mg/mL 的没食子酸梯度溶液。

2.3　仪器与用具

离心机、分光光度计、涡旋器等仪器，移液器、容量瓶(50 mL)、离心管(10 mL、50 mL)、试管架、滤纸等用具。

3　实验方法

3.1　样本可溶性单宁提取

在 50 mL 离心管中，加入果肉细粉 2 g 和 80%甲醇溶液 20 mL，涡旋(20 s)后离心(4 000 r/min、10 min)，回收上清液。重复提取一次，回收合并上清液。过滤后定容 50 mL，作为提取液。

3.2　单宁含量测定

在 10 mL 离心管中，依次加入没食子酸溶液 150 μL、超纯水 2 400 μL、0.25 mol/L 福林酚试剂 150 μL，涡旋器振荡 15 s，充分混合；混合物反应 3 min，加入 1 mol/L Na_2CO_3 溶液 300 μL，并充分混合；总体积至 3 mL。实验分组进行，每组测定 2 种类型果实，每种果实样品设定 3 个生物学重复。

将离心管在室温(23 ℃)下在暗处静置 2 h 以上；使用分光光度计在 725 nm 处测量吸光度。用等量的超纯水代替没食子酸溶液或提取液作为空白调零，用等体积的提取液代替没食子酸溶液，测定试样提取液的单宁含量。总反应体积及操作同上。

如果测得的吸光度值超过标准曲线的线性范围(一般情况下，吸光度值不超过 0.4)，则再稀释测定。多数果实提取液不需额外稀释，单宁含量高的果实或者幼果提取液则需要稀释，如甜柿幼果需 5～10 倍稀释，涩柿幼果需 20～30 倍稀释。

用测定得到的提取液的吸光度值，对照没食子酸标准曲线确定提取液的没食子酸当量值(gallic acid equivalent，GAE)(mg/100 g FW)。测定结果根据下式计算：

$$\text{可溶性单宁含量(mg GAE/g FW)} = \frac{c \times V \times D_f}{W}$$

式中：GAE，没食子酸当量；c，依据标准曲线计算得到的提取液浓度值(mg/mL)；V，提取液定容体积(mL)；D_f，稀释倍数；FW，鲜重(g)。

3.3 数据统计分析

采用 Excel 和 SPSS 软件进行差异显著性分析和图表绘制，数据以平均值（±标准差）表示，$P<0.05$ 表示差异显著，$P<0.01$ 表示差异极显著。

4 结果与分析

4.1 没食子酸标准曲线绘制

根据 0～0.1 mg/mL 没食子酸的测定结果，绘制标准曲线，建立吸光度值与没食子酸浓度值的线性方程。

4.2 不同园艺产品可溶性单宁含量分析

结合实际测定数据，对照标准曲线，根据公式计算两种类型园艺产品的可溶性单宁含量，分析样品中能与酚试剂反应、含有酚羟基这类官能团的简单酚、带酚羟基的氨基酸、蛋白质和抗坏血酸等易被氧化的物质，对测定结果的影响。从提取溶剂、提取温度、时间、液料比等方面，探讨并优化提取不同园艺产品单宁的方法。

4.3 园艺产品中不溶性单宁含量测定方法设计

根据不溶性单宁的结构特点，设计可行的测定方法，如主要成分或单体为没食子酸的，或者主要成分或单体为儿茶素的果实，如何更真实地反映其单宁含量或类型。

（李　宝　编写）

实验五十九　园艺产品维生素 C 含量的测定

1 引言

维生素 C（vitamin C），又称抗坏血酸，是一种含有 6 个碳原子的酸性多羟基化合物（己糖衍生物），广泛存在于新鲜水果和蔬菜中，是维持机体正常生理功能的重要维生素之一。在植物体内，维生素 C 能够保护植物体免于氧化胁迫，能帮助植物抵抗低温、干旱、臭氧和紫外线等逆境，能保护植物免受光合作用中有害副作用的侵害，保证正常光合作用的进行。不同的水果、蔬菜种类和品种，同一品种在不同栽培条件、不同成熟度等情况下，其维生素 C 含量都有所不同。对植物组织内维生素 C 含量的测定，可作为抗衰老及抗逆境的重要生理指标，同时，对鉴别园艺产品品质优劣、选育良种都具有重要意义。

在水果中，鲜枣、酸枣、橘子、山楂、柠檬、猕猴桃、沙棘、草莓和刺梨等含有丰富的维生素 C；在蔬菜中，绿叶蔬菜、青椒、番茄、大白菜等中维生素 C 含量较高。维生素 C 对人体具有营养价值和保健功能，既可促进锌铁吸收，预防缺铁性贫血，又因其抗氧化作用，抑制自由基对人体的伤害，可预防肿瘤和癌症的侵袭。除此之外，维生素 C 还参与人体胶原蛋白的合成，可使肌肤有光泽，延缓衰老；可使血管壁富有弹性，从而有效预防动脉粥样硬化等心血管疾病；还可以使骨骼关节润滑韧带富有弹性，有利于伤口快速愈合。

维生素 C 分为还原型和氧化型（脱氢型）两种，在一定条件下氧化型和还原型可以互变，两者均具有生物活性。维生素 C 具有很强的还原性，是一种抗氧化剂。根据维生素 C 具有还原性的性质，有多种方法可以测定维生素 C 含量，如 2,6-二氯靛酚滴定法、荧光比色法、2,4-二硝基苯肼比色法、钼蓝比色法等。2,6-二氯靛酚是一种染料，因氧化还原状态和介质的酸度影响，呈现不同的颜色。当 2,6-二氯靛酚为氧化态时呈深蓝色，为还原态时呈无色；在碱性溶液中呈深蓝色，而在酸性溶液中呈浅红色。用蓝色的碱性 2,6-二氯靛酚溶液，对含维生素 C 的酸性提取液进行滴定，2,6-二氯靛酚被维生素 C 还原为无色。当滴定达到终点时，多余的 2,6-二氯靛酚在酸性介质中呈浅红色，因此，可以由 2,6-二氯靛酚的用量计算样品中还原型维生素 C 含量。荧光比色法原理是用 3%偏磷酸-8%乙酸提取样品中维生素 C，用活性炭将还原型维生素 C 氧化生成氧化型维生素 C，再在醋酸钠溶液中与邻苯二胺缩合生成具有蓝色荧光的脱氢维生素 C 对氮杂萘。在低浓度时，其荧光强度与维生素 C 含量成正比，可通过荧光比色进行测定，激发波长为 350 nm，荧光波长为 433 nm。植物样品经常含有丙酮酸，也能与邻苯二胺生成一种荧光化合物，造成测定结果偏高。硼酸可与脱氢维生素 C 形成螯合物，不能再继续反应生成荧光物质，且硼酸不影响丙酮酸与邻苯二胺生成荧光化合物的反应。因此，在样品中加入硼酸作为空白对照，测定出的空白荧光值即为丙酮酸与邻苯二胺反应生成的荧光，用样品的荧光值减去空白荧光值，再与维生素 C 标样荧光值相比较，即可计算出样品中的维生素 C 含量。2,4-二硝基苯肼法的原理是总维生素 C 包括还原型、脱氢型和二酮古乐糖酸，样品中还原型维生素 C 经活性炭氧化为脱氢型维生素 C，再与 2,4-二硝基苯肼作用生成红色脎，其含量与总维生素 C 含量成正比，可进行比色测定。钼蓝比色法是利用偏磷酸和钼酸铵反应生成的磷钼酸铵，经还原型的维生素 C 还原后生成亮蓝色的络合物，通过分光光度计比色可以测定样品中还原型维生素 C 含量。

本实验以不同果蔬产品为试材，采用 2,6-二氯靛酚滴定法和荧光法测定不同果蔬产品维生素 C 含量，了解果蔬产品维生素 C 含量测定的原理，掌握维生素 C 含量分析技术。

2 实验准备

2.1 试材

以生产上常见且维生素 C 含量差异较大的新鲜水果或蔬菜为试材。样本采样方法参见实验二十一(表 1-44)。

2.2 试剂及配制

2%偏磷酸-2%草酸提取液：称取 2 g 偏磷酸，倒入小烧杯中，用少量蒸馏水溶解，转移到 100 mL 的容量瓶中，用蒸馏水洗涤烧杯 2～3 次，并将洗涤液一并转入容量瓶中。然后称取 2 g 草酸，用同样的方法溶解后转移到同一容量瓶中，最后用蒸馏水定容至刻度。偏磷酸不稳定，切勿加热。

1 mg/mL 抗坏血酸标准液：准确称取 0.100 0 g 抗坏血酸，溶于提取液中，用相应的提取液定容至 100 mL。贮存于棕色瓶中，现配现用。采用 2,6-二氯靛酚法测定时，提取液为 2%偏磷酸-2%草酸溶液。采用荧光法时，提取液为 3%偏磷酸-8%乙酸溶液。在使用前，用相应的提取液将抗坏血酸标准液(1 mg/mL)稀释至 100 μg/mL。

2,6-二氯靛酚溶液：称取碳酸氢钠 52.00 mg，溶解于 200 mL 热蒸馏水中。再称取 2,6-二氯靛酚 50.00 mg，溶解于该碳酸氢钠溶液中，将溶液转移到 250 mL 容量瓶中，用热蒸馏水洗涤烧杯 2～3 次，并将洗涤液一并转入容量瓶中。冷却后定容至刻度，将溶液过滤至棕色瓶中，于冰箱中保存。每次使用前，需用抗坏血酸标准液标定其滴定度。

维生素 C 标准溶液：准确称取维生素 C 0.100 0 g，用 3%偏磷酸-8%乙酸提取液定容至 100 mL，在棕色瓶中置于 4 ℃贮存，但不要长期贮存。使用前用 3%偏磷酸-8%乙酸提取液稀释至 100 μg/mL。

3%偏磷酸-8%乙酸提取液：称取 3 g 偏磷酸，加入 8 mL 乙酸，加蒸馏水定容至 100 mL，贮存于冰箱中备用。偏磷酸不稳定，切勿加热。

50%乙酸钠溶液：称取乙酸钠 100 g，溶于蒸馏水中，定容至 200 mL。

3%硼酸-50%乙酸钠溶液：称取 3 g 硼酸，溶于 50%乙酸钠溶液中，并用其定容至 100 mL。现用现配。

200 μg/mL 邻苯二胺溶液：称取 200 μg 邻苯二胺，用蒸馏水溶解并定容至 100 mL。现配现用。

2.3 仪器与用具

荧光分光光度计、振荡器、分析天平(感量 0.001g、0.000 1 g)等仪器，研钵、小漏斗、滤纸、容量瓶、三角瓶、滴定管、移液器或吸管、烧杯、活性炭、具塞试管等。

3 实验方法

3.1 2,6-二氯靛酚测定法

3.1.1 样品液提取

称取 10 g 样品置于研钵中，加入 2%偏磷酸-2%草酸提取液，迅速研磨成匀浆，将样品液过滤转移至 50 mL 容量瓶中，用提取液反复冲洗残渣，合并滤液，用提取液定容至刻度。若滤液有颜色，可加入 1 g 活性炭后再过滤。提取液制备需至少重复 3 次。

3.1.2 2,6-二氯靛酚的标定

吸取抗坏血酸标准液 1 mL，置于 50 mL 三角瓶中，加入 2%偏磷酸-2%草酸提取液 9 mL，混匀后用 2,6-二氯靛酚溶液滴定至溶液呈粉红色持续 15 s 不褪色为止。另取提取液 10 mL，做空白试验，用 2,6-二氯靛酚溶液滴定至溶液呈粉红色持续 15 s 不褪色为止。用如下公式计算 2,6-二氯靛酚溶液的滴定度(T)。

$$T(\mathrm{mg/mL})=\frac{C\times V}{V_1-V_2}$$

式中：T，每毫升 2,6-二氯靛酚溶液相当于抗坏血酸的毫克数；C，抗坏血酸标准液的浓度(mg/mL)；V，吸取抗坏血酸标准液的体积(mL)；V_1，滴定抗坏血酸标准液所用 2,6-二氯靛酚溶液的体积(mL)；V_2，滴定空白所用 2,6-二氯靛酚溶液的体积(mL)。

3.1.3 样品液的滴定

吸取样品滤液 10 mL，置于 50 mL 三角瓶中，用标定过的 2,6-二氯靛酚溶液滴定，直至溶液呈粉红色并保持 15 s 不褪色为止，记录所用 2,6-二氯靛酚溶液的体积。同时，另取提取液 10 mL，作为空白对照，记录所用 2,6-二氯靛酚溶液的体积。

$$\text{维生素 C 含量}(\mathrm{mg/100\ g})=\frac{(V-V_0)\times T\times V_t}{W\times V_d}\times 100$$

式中：V，样品液滴定时所用 2,6-二氯靛酚溶液的体积(mL)；V_0，空白滴定时所用 2,6-二氯靛酚溶液的体积(mL)；T，2,6-二氯靛酚溶液滴定度(mg/mL)；V_t，样品液总体积(mL)；

V_d，吸取样品液的体积(mL)；W，样品质量(g)；100，单位换算系数，含量单位为 mg/100 g。

3.2　荧光分光光度计测定

3.2.1　样品提取

称取样品 10 g 置于研钵中，加入 3%偏磷酸-8%乙酸提取液迅速研磨成匀浆，将样品液过滤转移至 50 mL 容量瓶中，用提取液反复冲洗残渣，合并滤液，最后用提取液定容。

3.2.2　样本测定

分别量取抗坏血酸标准液和样品液各 50 mL，分别置于三角瓶中，加入活性炭 1 g，在振荡器上振荡 1 min 后，过滤去掉活性炭，分别得到标准滤液和样品滤液。

取标准滤液和样品滤液各 2.5 mL，分别置于 50 mL 容量瓶中，加入 50%乙酸钠溶液 2.5 mL，摇匀，作为测定液。取标准滤液和样品滤液各 2.5 mL，分别置于 50 mL 容量瓶中，加入 3%硼酸-50%乙酸钠溶液 2.5 mL，摇匀，作为空白对照。20 min 后，用蒸馏水定容至刻度。

取上述各溶液 2 mL，分别置于 15 mL 具塞试管中，加入邻苯二胺溶液 5 mL，避光振荡 30 min，在荧光分光光度计上，于激发波长 350 nm、荧光波长 430 nm 测定荧光值。为了减少光的不利影响，比色时应快速，尽可能避光，且每一组样品应同时进行比色。

$$\text{维生素 C 含量(mg/100 g)} = \frac{A - A_0}{S - S_0} \times C_0 \times \frac{V_t}{W \times V} \times 0.1$$

式中：A，样品荧光值；A_0，样品空白荧光值；S，抗坏血酸标准液荧光值；S_0，抗坏血酸标准空白荧光值；V_t，样品液的总体积(mL)；V，荧光反应吸取样品液的体积(mL)；W，样品鲜重(g)；C_0，抗坏血酸标准液浓度(μg/mL)；0.1，换算系数。

3.3　数据统计分析

采用 Excel 和 SPSS 软件进行数据统计和差异显著分析。结果以平均值(±标准差)表示，$P<0.05$ 表示差异显著，$P<0.01$ 表示差异非常显著。

4　结果与分析

4.1　基于滴定法分析不同果蔬产品维生素 C 含量

选择不同果蔬产品，按照表 3-24 中列举项目，进行称重、制备样品液和标准液，分析不同果蔬产品维生素 C 含量的差异性。根据实验原理和实验数据，分析影响实验测定结果的关键因素，探讨可以优化的技术环节和参数，以提高测定结果的准确性。

表 3-24　2,6-二氯靛酚法测定果蔬产品中维生素 C 含量

测试样本	样品质量/g	样品液总体积/mL	吸取样品液体积/mL	所耗 2,6-二氯靛酚溶液			维生素 C 含量/(mg/100 g)
				样品液滴定/mL	空白滴定/mL	滴定度/(mg/mL)	
1							
2							
3							
⋮							

4.2 基于荧光法分析不同果蔬产品维生素 C 含量

选择不同果蔬产品，按照表 3-25 中列举项目，进行样本和标样测定，分析不同果蔬产品维生素 C 含量的差异性，讨论活性炭和硼酸在测定的作用。

表 3-25 荧光分光光度计测定果蔬样本维生素 C 含量

测试样本	样品鲜重/g	样品液定容体积/mL	样品荧光值		抗坏血酸标样荧光值		抗坏血酸标样浓度/(μg/mL)	样本维生素 C/(mg/100 g FW)
			样本 A	空白 A_0	标样 S	空白 S_0		
1								
2								
3								
⋮								

4.3 分析两种方法测定果蔬产品维生素 C 含量的差异性

根据实验结果，选择相同的试材，对比分析滴定法和荧光法所测定样品的维生素 C 含量，讨论两种分析方法的特点及适用性。

（李翠英　编写）

实验六十　园艺产品抗氧化能力的测定

1　引言

衰老是有机体不可避免的生理过程。衰老时机体发生一系列生理生化变化。Harman 于 1956 年提出衰老自由基学说，认为衰老过程的退行性变化是由细胞正常代谢产生的自由基伤害造成的，是组织细胞自由基积累的结果。人体具有清除自由基的能力，主要依赖于内源自由基清除系统，包括超氧化物歧化酶、过氧化物酶、谷胱甘肽过氧化物酶等抗氧化酶类和抗坏血酸、还原性谷胱甘肽等抗氧化物质，起到清除自由基的能力，使体内自由基保持平衡。除了体内自由基清除系统，外源自由基清除剂也可降低自由基对人体的伤害，水果和蔬菜是抗氧化活性物质的重要来源，在维持人类健康方面具有重要作用。

抗坏血酸、类胡萝卜素、叶酸、花青素和类黄酮类化合物等对果蔬的高氧化活性起主要作用。新鲜果蔬在采摘时抗氧化活性最高，采后贮藏过程中抗氧化活性呈下降趋势。不同的贮藏条件对果蔬抗氧化活性变化的影响较大，低温贮藏可使果蔬保持较高的抗氧化活性。抗氧化活性的测定方法主要包括直接测定法和间接测定法。直接测定法是研究含有抗氧化物质的样品对整个测试系统的氧化降解性，氧化的对象可能为单一脂类、脂混合物、蛋白质、DNA，或者是含脂的混合物如血浆、低密度脂蛋白和生物膜等。间接测定法是研究抗氧化物捕捉自由基的能力，即通过稳定的、显色的自由基与抗氧化物质反应，用颜色变化反应所检测物质的抗氧化能力。果蔬抗氧化能力主要通过间接测定法测定。

间接测定法是目前应用较广泛的抗氧化活性测定方法，主要包括 1,1-二苯基-2-三硝基苯肼法（1,1-diphenyl-2-picrylhydrazyl, DPPH）、铁离子还原/抗氧化能力法（ferricion reducing antioxidant power，FRAP）和 2，2′-联氮-双-3-乙基苯并噻唑啉-6-磺酸-二铵盐法（2，2′-axino-bis-3-ethylbenzothiazoline-6-sulfonic acid-diammonium salt，ABTS）。DPPH 在有机溶剂中是一种稳定的自由基，其孤对电子在 517 nm 附近有强吸收（显深紫色）。当清除剂存在时，孤对电子被配对，吸收消失或减弱且下降程度呈线性关系，通过测定吸收减弱的程度，评价自由基清除剂的活性。在 FRAP 法中，酚类物质能将 Fe^{3+} 还原成 Fe^{2+}，在三吡啶基三嗪（TPTZ）的乙酸钠溶液中，抗氧化物质能将 Fe^{3+} 还原成 Fe^{2+}，并生成蓝色含 Fe^{2+} 的复杂化合物，该物质在 593 nm 处有最大吸收，以抗坏血酸作为基准物质，分析不同样品的抗氧化能力。ABTS 法可用于亲水性和亲脂性物质抗氧化能力测定，ABTS 与过硫酸钾反应后生成稳定的蓝绿色阳离子 ABTS 自由基，能溶于水相或酸性乙醇介质中，在 734 nm 处有最大吸收。需要注意的是，只用一种测定方法不能全面评价出样品的总抗氧化能力，需要至少两种方法同时测定，以明确样品的总抗氧化能力。

本实验以葡萄果实为试材，采用 DPPH、FRAP 和 ABTS 三种方法测定葡萄果实抗氧化能力，使学生掌握园艺产品抗氧化能力的测定方法，了解园艺产品采后抗氧化能力的变化规律。

2 实验准备

2.1 试材

以‘巨峰’葡萄为试材，测定采收时果实抗氧化能力。将葡萄果实分别贮藏于室温条件（25 ℃，相对湿度 60%）、普通冷库（1 ℃，相对湿度 95%）和气调冷库（1 ℃，相对湿度 95%，氧气 3%～5%，二氧化碳 3%～6%），贮藏 2 周后测定果实的抗氧化能力。

2.2 试剂及配制

无水乙醇、DPPH（分子量 394.32）、ABTS（分子量 548.68）、冰醋酸、过硫酸钾（$K_2S_2O_8$）、三水醋酸钠、浓盐酸、TPTZ（分子量 312.32）、六水氯化铁（$FeCl_3 \cdot 6H_2O$）、七水亚硫酸铁（$FeSO_4 \cdot 7H_2O$）、甲醇等。

DPPH 反应液：DPPH 8 mg，加无水乙醇定容至 100 mL。溶液呈紫色，需低温避光贮存，现用现配。

50%乙醇：无水乙醇 10 mL，加入蒸馏水 10 mL。

2.6 mmol/L $K_2S_2O_8$ 溶液：$K_2S_2O_8$ 70.28 mg，加蒸馏水定容至 100 mL。

20 mmol/L 醋酸缓冲液（pH 4.4）：三水醋酸钠 10 g 和冰醋酸 7.3 mL，加蒸馏水定容至 1 000 mL，保存于 4 ℃冰箱中。

ABTS 反应液：ABTS 101.51 mg，溶解于 25 mL 醋酸缓冲液（20 mmol/L），得到 7.4 mmol/L ABTS 溶液；取 $K_2S_2O_8$（2.6 mmol/L）25 mL，混合。在室温下避光反应 12～16 h，使溶液达到稳定氧化态。使用前用蒸馏水以 1∶50 比例稀释，使溶液的吸光值在 734 nm 下达到 0.7（±0.02）。现用现配。

300 mmol/L 醋酸缓冲液（pH 3.6）：三水醋酸钠 3.1 g 和冰醋酸 16 mL，加蒸馏水定容于 1 000 mL，保存于 4 ℃环境中。

40 mmol/L 盐酸：浓盐酸 1.46 mL，稀释至 1 000 mL，保存于室温条件下。

10 mmol/L TPTZ：称取 TPTZ 0.031 g，溶解于 40 mmol/L 盐酸 10 mL 中，50 ℃水浴溶解，使用当天配制。

20 mmol/L $FeCl_3$ 溶液：$FeCl_3 \cdot 6H_2O$ 0.054 g，溶解于 ddH_2O，定容至 10 mL，使用当天配制。

1 mmol/L $FeSO_4$ 溶液：$FeSO_4 \cdot 7H_2O$ 0.278 g，溶解于 ddH_2O，定容至 1 000 mL，−20 ℃保存。

FRAP 反应液：量取醋酸缓冲液 100 mL、TPTZ 溶液 10 mL、三氯化铁溶液 10 mL 和 ddH_2O 12 mL，混匀，37 ℃保温。

2.3 仪器与用具

分析天平（感量 0.001 g、0.000 1 g）、离心机、分光光度计、水浴锅等仪器，移液器、研钵、量筒、比色皿、离心管（10 mL、50 mL）、瓶容量瓶（25 mL、100 mL、1 000 mL）等用具。

3 实验方法

3.1 样本采集及研磨制备匀浆

在葡萄果实成熟期，从试验小区收获的果实中随机选取大小和成熟度一致、无病虫害和机械损伤的葡萄果穗 10 个以上，从每个果穗的中部各取 3 个有代表性的果粒，共 30 个，采后即测定分析，其余果实分别于室温条件贮藏（30 粒果实）、普通冷库贮藏（30 粒果实）和气调冷库贮藏（30 个果实），分批测定。每批次样本 30 个果实，随机分成 3 组生物学重复，每个重复包含 10 粒果，选取果肉切碎、混匀，四分法随机取样，用于后续实验。

称取果肉混合样本 1 g，在研钵内按 1 ∶ 9 比例加入蒸馏水，研磨制备匀浆液，转移至 50 mL 离心管中，6 000 r/min 离心 10 min，吸取上清液放入 10 mL 离心管中，备用。

3.2 DPPH 法测定抗氧化活性

取样品上清液 2 mL，分别与 DPPH 溶液 2 mL 或 50％乙醇溶液 2 mL 混合均匀，静置 30 min，2 mL DPPH 溶液与 2 mL 蒸馏水混合均匀作为空白对照，以 50％乙醇溶液调零，517 nm 测定其吸光度。每次测定包含 3 次技术性重复。

按照下列公式计算样品抗氧化能力：

$$K(\%)=\left(1-\frac{A_i-A_j}{A_c}\right)\times 100$$

式中：K，样品对 DPPH 自由基的清除率；A_i，DPPH 溶液＋样品提取液的吸光度；A_j，50％乙醇＋样品提取液的吸光度；A_c，DPPH 溶液＋蒸馏水的吸光度。

3.3 ABTS 法测定抗氧化活性

取样品上清液 200 μL，与 ABTS 工作液 3 mL 混合，避光反应 6 min，立即于 734 nm 下测定吸光值。200 μL 蒸馏水与 3 mL ABTS 工作液混合作为空白对照。每次测定包含 3 次技术性重复。按照下列公式计算样品抗氧化能力：

$$K(\%)=\left(1-\frac{A_s}{A_c}\right)\times 100$$

式中：A_c，ABTS 溶液＋蒸馏水混合后的吸光度；A_s，ABTS 溶液＋样品提取液的吸光度。

3.4 FRAP 法测定抗氧化活性

取样品上清液 1 mL，加入 FRAP 反应液 2 mL，混匀后，在 37 ℃下反应 10 min，在 593 nm 处测定吸光度。以 1 mmol/L $FeSO_4$ 为标准，样品抗氧化活性以达到同样吸光度所需 $FeSO_4$

的浓度(mmol/L)表示。每次测定包含 3 次技术性重复。

3.5　数据统计分析

数据采用 Excel 和 SPSS 进行统计和差异显著分析,数据以平均值(±标准差) 表示,$P<0.05$ 表示差异显著,$P<0.01$ 表示差异非常显著。

4　结果与分析

4.1　葡萄果实抗氧化能力的分析

以采收后的鲜果为试材,利用 3 种方法测定其抗氧化能力,将测定结果记录在表 3-26 中。分析比较 3 种方法测得结果的差异性,讨论各方法的优缺点及适用性,确定葡萄鲜果抗氧化能力的测定方法。

表 3-26　葡萄果实抗氧化能力分析

测定方法	测定 1	测定 2	测定 3	平均值
DPPH				
ABTS				
FRAP				

4.2　不同贮藏条件对葡萄果实抗氧化能力的影响

以不同贮藏条件下的果实为试材,以新采收果实为对照,以实验确定的葡萄抗氧化能力测定方法如 FRAP,测定葡萄果实抗氧化能力,将结果记录在表 3-27 中,分析果实在不同贮藏条件下抗氧化能力的变化。

表 3-27　不同贮藏条件下葡萄果实抗氧化能力变化分析

贮藏方式	测定 1	测定 2	测定 3	平均值
采摘时				
室温贮藏				
冷库贮藏				
气调贮藏				

(闫佳琪　编写)

第三节　园艺产品采后保鲜

实验六十一　常见鲜切花保鲜剂的配制与应用

1　引言

鲜切花保鲜剂是用于调节鲜切花采后生理代谢的化学药剂,由水、糖、杀菌剂或抗菌剂、表面活性剂、植物生长调节剂、金属离子和可溶性无机盐组成，具有调节酸碱度、抗菌或杀菌、保持水分平衡和补充能源物质等作用，可提高鲜切花采后贮运耐性、流通质量和观赏品质。

糖是鲜切花开花所需的营养来源，促进花瓣伸长，维持水分平衡，保持花色鲜艳。所有保鲜剂配方均含有至少一种杀菌剂或抗菌剂，抑制采后病菌危害。表面活性剂促进花材吸收水分，植物生长调节剂影响切花内源激素平衡而延缓衰老。金属银离子具有抑制乙烯生成和杀菌作用；铝离子可降低溶液 pH，抑制菌类繁殖，促进花材吸水；钾离子能增加花瓣细胞渗透压，维持水分平衡，延缓衰老。根据不同用途，保鲜剂可分为预处液、催花液和瓶插液。预处液，又称脉冲液，在鲜切花采收后，结合复水使用，可减少贮藏和运输中损耗，改善开花品质，延长鲜切花采后寿命。催花液，又称开花液，用于鲜切花销售前使用，唤起鲜切花花朵的开放能力，辅助延长瓶插观赏期。瓶插液，又称保持液，提高鲜切花瓶插质量，延长瓶插寿命。保鲜剂用于鲜切花采收、分级包装、贮藏、运输、销售等各环节，用途不同保鲜剂成分各异，不能混用。

本实验以市场常见的鲜切花为试材，通过自配瓶插液，观察其对鲜切花保鲜的效果，使学生了解鲜切花保鲜的原理，掌握切花保鲜的关键技术。

2 实验准备

2.1 试材

选用月季、菊花、香石竹等常见鲜切花种类，选择花朵开放度、茎秆长度一致的鲜切花材料。

2.2 试剂

蔗糖、柠檬酸、8-羟基喹啉(8-HQ)、去离子水、市售鲜切花瓶插液。

2.3 仪器与用具

便携式光合仪、天平(感量 0.01 g)等仪器，修枝剪、水桶、花瓶、量筒、烧杯等用具。

3 实验方法

3.1 瓶插溶液配制

称取柠檬酸 0.3 g，溶于 500 mL 去离子水中，溶解后加入 8-HQ 200 mg，搅拌溶解。待 8-HQ 完全溶解后，分次加入蔗糖 20 g，搅拌溶解，加水定容至 1 L。

取配制好的溶液分装在花瓶，溶液高度 10～15 cm。以等量的去离子水作为对照。

3.2 花材处理

将鲜切花置于清水中，浸没花枝基部。在水中修剪基部，切口为斜口。将修剪后的花材置于装有瓶插液花瓶中，以清水和市售鲜切花瓶插液为对照。将花材放置在观察台上(避免阳光直射或置于风口处)，每 3 d 更换瓶插液或清水 1 次。每个处理鲜切花试材各 20 枝，重复 3 次。

3.3 瓶插鲜切花形态观测

每天对鲜切花外观状态进行观察，统计鲜各切花瓶插寿命。以开始出现花瓣萎蔫、脱落、蓝变(红色系月季花朵衰老时颜色向偏蓝色转变)，叶片萎蔫、脱落，花枝弯头为瓶插寿命终止的标志。

3.4 生理生化指标测定

鲜切花鲜重测定：鲜切花插瓶前，称量初始重量，之后每隔 24 h 称重 1 次。根据公式计算鲜重变化率。

$$\text{鲜重变化率}=\frac{\text{瓶插第 } n \text{ 天的鲜重}}{\text{初始鲜重}}\times 100\%$$

鲜切花花径测定：鲜切花插瓶前测量每枝花的初始花径，之后每天同一时间测量花径。根据公式计算花径增大率。

$$\text{花径增大率}=\frac{\text{瓶插第 } n \text{ 天的花径}-\text{初始花径}}{\text{初始花径}}\times 100\%$$

呼吸速率和蒸腾速率测定：分别在瓶插 0 d、3 d、5 d 和 7 d 的上午 8:00—10:00，选取从外往内第 3 片花瓣和自上而下第 1 片发育完全的叶片（若复叶则取用顶叶），利用便携式光合仪，测量花瓣的呼吸速率和叶片的蒸腾速率。每个样本测定 5 次，每个处理重复 5 次。

3.5　数据统计分析

采用 Excel 和 SPSS 软件进行统计分析，数据以平均值（±标准差）表示，$P<0.05$ 表示差异显著，$P<0.01$ 表示差异非常显著。

4　结果与分析

4.1　瓶插液对鲜切花瓶插寿命的影响

观测瓶插液处理中花枝鲜重和花朵直径的变化率，以清水和市售瓶插液为对照，拍照记录。绘制以瓶插时间为横坐标、花枝鲜重和花朵直径变化率分别为纵坐标的曲线图，分析瓶插液处理对鲜切花瓶插寿命的影响。

4.2　瓶插鲜切花呼吸和蒸腾速率分析

分别在瓶插 0 d、3 d、5 d 和 7 d，测定花瓣呼吸速率和叶片蒸腾速率，以清水和市售瓶插液为对照，分析自配瓶插液对不同鲜切花呼吸和蒸腾作用的影响，讨论适宜不同鲜切花的瓶插液配方优化方案。

（徐彦杰　编写）

实验六十二　柿子果实脱涩处理

1　引言

柿子果实中富含单宁，可溶性单宁是造成柿子涩味的物质。利用二氧化碳、乙烯等脱氧密封处理，使果实无氧呼吸产生的乙醛、丙酮等中间产物将可溶性单宁缩合成不溶性单宁，当可溶性单宁含量降低到阈值以下之后即无涩感。因此，不完全涩柿和完全涩柿品种的采后人工脱涩是其果实商品化的重要一环，在日本、西班牙、意大利等栽培柿树的发达国家已成为柿果销售的常规手段。

根据授粉、种子数量与果实涩性的关系，通常将柿果实分成完全甜柿、不完全甜柿、不完全涩柿和完全涩柿 4 种类型。甜柿果实在树上能自然脱涩，采收后无涩味，即可生食。涩柿果实在采收后有涩味，需人工脱涩或经后熟肉质软化自然脱涩后，方能食用。一些柿子品种的果实甜涩程度受气温影响，甜柿在较寒地区栽培常不能自然脱涩，而涩柿在气温较高地区栽培常有自然脱涩现象。涩性指味觉感觉到不润滑、特别皱褶且干燥无味，主要是由涩性物质沉降唾液中的蛋白质和黏多糖所致。柿果实中涩性物质主要是可溶性单宁，果肉细胞在果实发育过程中累积大量的可溶性单宁在液泡内，使果实呈现涩感。人对涩味的感知存在阈值，当可溶性单宁含量低于鲜重的 0.1%时（福林酚法测定值），就无涩感。涩柿果实正常成熟后若硬（脆）食用，需要人工脱涩处理，将可溶性单宁转变成不溶性的高聚物，降低可溶性单宁含量至阈值以下。

人工脱涩处理的作用机制表现在以下 3 个方面：①营造无氧条件，使柿果实无氧呼吸，产生并积累乙醛，乙醛与可溶性单宁聚合形成不溶性物质而脱涩。这一原理已通过离体实验、同位素示踪、乙醛与脱涩进程呈正相关等证据证实。②可溶性单宁与细胞壁组分或原生质膜碎片结合，转化为不溶性单宁，或在果实软化过程中与可溶性果胶结合，二者均可不累积乙醛，使柿果实脱涩。③与可溶性糖相互作用等脱涩。因此，柿果实脱涩的有效途径可以归类为：①给柿果实营造无氧环境使果实累积乙醛，方法包括高浓度二氧化碳（CO_2）和氮气（N_2）、温水、乙醇、真空包装等处理。②自然或加速果实软化，采用乙烯或乙烯利处理、混果存放、干制等处理。③冷冻果实而后融化。

早在 100 多年前，美国学者发现高浓度 CO_2 处理可使涩柿果实脱涩。随着柿果商品化需要，日本学者提出了恒温短时脱涩法（constant temperature short duration，CTSD），即在大气压强及以上的压力条件下，保持恒温，利用高浓度 CO_2 处理脱涩。CTSD 脱涩的第一阶段，利用高浓度 CO_2 营造无氧条件，柿果实通过无氧呼吸代谢快速积累乙醛，此阶段为乙醛酶促代谢过程；随后在第二阶段乙醛与可溶性单宁发生化学聚合作用，生成不溶性单宁多聚体。此阶段可以在空气中完成而不需无氧条件，为非酶促反应过程。CTSD 脱涩法操作简单、省时省工，既可大规模集中脱涩，又可少量分散脱涩，效率高且成本较低，是目前商业应用最广泛的方法（表 3-28）。为达到脱涩果实的硬肉品质，需根据果实品种、成熟度等优化脱涩处理时间和温度等参数。

表 3-28　恒温短时脱涩（CTSD）的技术指标

产地	涩柿品种/类别	CO_2 浓度/温度/时间
日本	平核无和刀根早生/不完全涩柿	97%～98% CO_2/23～24 ℃/20～24 h
	平核无/不完全涩柿	1.7 t 小型 CTSD 脱涩库或硅胶气帐 82%～96% CO_2/20 ℃/24 h 大型 CTSD 脱涩库 90% CO_2/30 ℃/24 h
西班牙	红光辉/涩柿	95% CO_2/20 ℃/24 h

在传统上消费软柿的国家如意大利和西班牙，乙烯脱涩作为规模化脱涩技术。在气调库等密闭条件下，采用 10～20 mg/kg 乙烯 20 ℃处理 24 h，在短距离运输中，随果实软化而脱涩，但不适宜长途运输。此外，真空包装法也可以规模化脱涩，将果实真空包装于 0.08 mm 厚、30 cm×50 cm 的低密度聚乙烯袋中，在 20 ℃条件下放置 48 h，然后在－1 ℃长期冷藏。真空包装法脱涩果实硬度大、风味好，但时间过长导致挥发性物质积累而变味。“CO_2 处理＋真空包装＋冷藏”的综合脱涩方法，柿果脱涩效果好。

自然冷冻脱涩法是常见的简易脱涩技术，利用自然温度降低，使果实冻结而后解冻软化，果实冻融交替而脱涩。乙醇脱涩是在容器或聚乙烯袋(厚度 0.03 mm)中，将果实分层放置，每层柿果表面均匀喷洒 25%～40%的乙醇或高度白酒(按照每千克果实约 7.5 mL)，密封后在室温(18～20 ℃)条件下保存 5～7 d。脱涩后果肉呈果冻状，味甜、色泽好。但处理时间长且脱涩果实容易软化，对某些品种无效。温水脱涩是将柿果浸没在 40 ℃左右的温水中并密封容器，保温 12～24 h，依品种和成熟度而异，温度过高(如 80 ℃)、过低(如 20 ℃)都不利于脱涩。其他的民间浸泡脱涩法利用石灰水(浓度 3%～5%)、碱液(草木灰浸出液)、苦水(2 g/L 氯化镁溶液)、凉水浸泡等方法。

影响柿果脱涩的因素很多，果实的生理状态(如品种、成熟度、果重等)、处理方法(处理方式、气体成分、处理温度、处理时间等)、贮藏时间等。本实验采用 CO_2 和温水处理两种简易柿果脱涩技术进行脱涩处理，使学生了解柿果脱涩的原理，掌握柿果脱涩处理的方法。

2　实验准备

2.1　试材

选用涩柿种类，如黄绿色‘磨盘柿’果实，七至八分成熟，或者 9 月底转色期柿子果实。田间随机选取成熟度一致、有代表性、无污染的果实 60 个以上，每个处理观察 10 个果实设 3 次生物学重复，即温水处理和 CO_2 处理各 30 个果实，其余果实同样处理后，用于单宁印迹和单宁含量分析。

2.2　试剂

5%三氯化铁($FeCl_3$)溶液。

2.3　仪器与用具

用于 CO_2 处理脱涩的 CO_2 气罐、自封式塑料袋(厚度 0.08 mm)，带进气口和出气口橡胶塞的玻璃瓶。用于温水处理的水浴锅。

3　实验方法

3.1　CO_2 脱涩处理

将等于自封袋 1/3～1/2 体积的柿果实装入自封袋中，手工或抽真空法排出袋内空气。往袋内冲入通过 30～40 ℃ 自来水的气罐 CO_2 气体，待塑料袋充分鼓胀时停止充气，密闭塑料袋。暗处、室温下放置 24 h，打开塑料袋，排出 CO_2 后放置 9 h 以上。

3.2　温水脱涩处理

将水浴锅水温升高到 40 ℃ 左右保温，将柿果浸没在水中，盖上盖子，保温 12～24 h，取出柿果实阴干。

3.3　单宁印迹法检测果实脱涩效果

果实脱涩处理结束 0 d、1 d 和 2 d，定时观察脱涩处理果实与对照果实的涩度和软化状态。脱涩进程通过单宁印迹法检测。

将果实切成两半。一半压在浸泡过 $FeCl_3$ 溶液(5%)的 10 cm×10 cm 滤纸上。果实切面上蓝黑面积的大小和强度与可溶性单宁含量呈正相关关系。肉眼观察时面积大、强度高表示可溶性单宁含量高,反之则低。另一半用于单宁含量测定。每个实验处理测定 10 个果实。

3.4 果实单宁含量测定

将单宁印迹染色的果实的另一半果实提取单宁,并测定其单宁含量。果实样本处理和单宁含量测定方法参见实验五十七。

3.5 数据统计分析

实验数据采用 Excel 和 SPSS 统计分析,各指标以平均值(±标准差)表示,$P<0.05$ 表示差异显著,$P<0.01$ 表示差异极显著。

4 结果与分析

4.1 两个处理方法对柿果实脱涩效果的影响

根据实验情况,定期观察处理后果实的脱涩进程和脱涩效果,以及已脱涩后果实常温下的保持时间,以未处理的果实为对照。将观察结果记录在表 3-29 中,分析两种处理的脱涩效果。结合脱涩处理的原理,探讨 CO_2 脱涩处理的优化方案。

表 3-29 不同处理柿果脱涩进程及效果分析

处理方式	果实脱涩程度				保存时间/d
	脱涩处理前	脱涩结束 0 d	脱涩结束 1 d	脱涩结束 2 d	
CO_2 脱涩					
温水脱涩					
对照					

注:果实脱涩处理在采后当天进行

4.2 单宁印迹鉴定与单宁含量的相关性分析

根据果实切片上 $FeCl_3$ 溶液染色面积的大小和强度,判断可溶性单宁含量高低。对比分析与单宁印迹染色的同一果实的单宁含量,并进行相关性分析。将单宁印迹染色程度与单宁含量对应起来,确定可食用期果实的单宁印迹染色程度,品尝对比。

(李 宝 编写)

实验六十三 园艺产品冰点温度的测定

1 引言

生物组织开始冻结的温度称为生物组织冰点,即冻结点。冰点温度是指从 0 ℃ 开始到生物体冻结温度之间的温度范围。冰温贮藏是指在冰温范围内进行的产品贮藏。当产品在接近冰点的温度时,其细胞代谢会处于极低水平,并可以有效抑制有害微生物的生长而显著延长贮藏期。冰点是果蔬的重要物理性状之一,确定与控制果蔬的冰点是保证果蔬冰温贮藏成功的关键技术之一。

生物细胞中溶解了糖、酸、盐、氨基酸、肽、可溶性蛋白质等多种成分,细胞液不同于纯水，其冰点均低于0 ℃，一般在−3.5～−0.5 ℃。当温度高于冰点时，细胞始终处于活体状态。果蔬产品的种类、品种、成熟度等不同，其细胞液所含物质成分不同，相应的冰点会不同(表3-30)。果实的可溶性固形物含量(soluble solids content，SSC)决定果实冻结点温度的高低，SSC高的果实冻结点温度低于SSC低的果实。若在产品中加入合适的冰点调节剂如盐、糖、维生素C等，可以扩大冰温范围。

表3-30 一些常见水果的冰点温度(Wang，2016)

冰点/℃	果实
−2.8～−2.3	甜樱桃、葡萄、柑橙(皮)、梨
−2.2～−1.7	苹果、香蕉(成熟、鲜食)、葡萄柚(皮)、酸橙、柑橙(果肉)、梨
−1.7～−1.2	杏、香蕉(成熟、鲜食)、蓝莓、酸樱桃、蔓越橘、葡萄柚(果肉)、柠檬、油桃、柑橙(果肉)、梨、李、橘柚
−1.1～−0.6	鳄梨、香蕉(绿、鲜食)、黑莓、蔓越橘、醋栗、油桃、番木瓜、桃、菠萝、红树莓、草莓、橙子

冰点温度贮藏技术最早于20世纪70年代出现在日本，建立了冰温冷藏链体系，并将农产品冰温保鲜技术确定为支撑21世纪发展的高新技术。与冷藏和气调贮藏相比，冰温贮藏不破坏果蔬组织细胞，可很好地保持果蔬原有的形态、质地、色泽、风味和营养品质。冰温使果蔬细胞呼吸等代谢降至最低，最大程度地抑制有害微生物活动，延长产品贮藏期和货架期。并非所有种类果蔬都适合冰温贮藏，受产品、发育阶段、栽培条件等因素影响。冰温保鲜可利用的温度范围小，技术要求高，配套设施研发难度大且投资大。

在降温过程中，产品温度会随着时间延长而下降，当温度降至冰点时，由于结冰放热的物理效应，使得温度下降不再随着降温时间的延长而下降，而是保持一段时间。此后，随着降温的继续进行，产品(此时组织已经结冰)的温度又开始下降。根据产品结冰过程的这种特点，通过测定果实温度降低过程与降温时间的关系，可以确定果实的冰点，即降温曲线中温度不随时间下降的一段。本实验以不同水果为试材，采用冻结法测定果实冰点温度，加深学生对相关理论的认知，增加知识储备。

2 实验准备

2.1 试材

以市场销售的水果如苹果或其他水果为试材，果蔬产品采样方法参见实验二十一(表1-44)。选择成熟度一致、有代表性、无病害和无机械损伤的果实约100个，具体数量因实际观测次数而定。每次观测3～5个果实，生物学重复3次。

2.2 仪器与用具

冰柜、温度测试仪或探针温度计、果实托盘。

3 实验方法

3.1 果实冷冻处理

将温度探针(温度传感器)放置在果皮与果心之间的位置，而后用托盘将苹果放置在

−20 ℃冰柜中进行冷冻处理。

3.2 温度动态检测

当温度下降到 2 ℃ 时，开始记录温度读数，每隔 20 s 左右记录一次，记录时长持续 12 h 以上(依据制冷效果而定)。

果实中心温度随时间延长而不断下降，由于液体结冰放热的物理效应，当果实中心温度降至过冷点时，果实内部不会结冰，随后温度突然上升，并保持在一恒定温度(即温度随时间延长变化平缓的区段)，此时的温度就是果实的冰点温度。

过冷点是指过冷温度在冰冻曲线上对应的点，即临近果实细胞液凝固时的温度，近似于果实冰点温度。

3.3 数据统计分析

实验数据采用 Excel 和 SPSS 统计分析，各指标以平均值(±标准差)表示，$P<0.05$ 表示差异显著，$P<0.01$ 表示差异极显著。

4 结果与分析

4.1 果实冻结曲线的绘制

观测果实中心温度的下降过程、相应的过冷点及相变过程，记录在表 3-31 中。将温度随时间的变化绘制成冻结曲线(温度变化曲线)，对比不同果实冷冻至冰点温度的进程及相变过程。

表 3-31 果蔬产品冰点温度动态监测

园艺产品	间隔 20 s 观测温度/℃						
	0 s	20 s	40 s	1 h	…	12 h	…
	2						
⋮	2						

4.2 不同果实冰点温度分析

根据实验测定的结果，分析不同果实冰点温度及果实状态，探讨不同果实冰温贮藏的适宜温度范围。

(李 宝 编写)

第四节 园艺产品商品化处理及市场营销

实验六十四 园艺产品的人工分级

1 引言

分级是园艺产品商品化、标准化的重要手段，通常根据产品大小、质量、色泽、性状、成熟度、新鲜度和病虫害、机械伤等商品性状进行。分级的意义在于使同一等级的产品质量基本一致,便于包装、运输、贮藏和销售。等级标准能给生产者、收购者和流通渠道中的各个环节提供贸易语言,为优质优价提供依据,有利于引导市场价格及市场流通。

园艺产品的分级标准有多种,包括国家标准、行业标准、企业标准、出口地区标准等多种。果品分级标准应以现有的生产技术水平为基础,从国家整体利益出发,同时也要考虑消费者的市场需求,使分级标准在经济和技术上发挥积极的作用,有利于园艺生产的发展。产品分级标准规定要符合生产实际,不能过高,也不能过低。过高的标准会影响生产者的积极性和收入,也会给国民经济造成损失;而过低的标准,既不利于园艺生产的发展和科学技术的进步,也会影响国家和消费者的利益。分级可使质量和规格大小趋于一致,便于包装、贮运和销售,有利于优质优价。等级划分一般是根据产品的坚实度、清洁度、颜色、形状、成熟度、新鲜度,以及病虫害和机械损伤等指标,按照标准的规定,进行严格的挑选,并分为若干等级,再根据大小、直径或质量等指标分成不同的规格。鲜切花分级与其他园艺产品有所不同,主要依据有花柄的长度、花朵质量和大小、开放程度、小花数目、叶片状态、有无病虫害和机械损伤等。

分级检测是商品化处理中的一项重要程序。传统的园艺产品分级主要依靠人工测量和感官判断,效率低、误判率高。机械分级常与挑选、洗涤、干燥、打蜡和装箱一起进行。由于产品的形状、大小和质地差异很大,一般采用人工与机械结合的方法进行分选。形状分选装置按照果蔬的形状、大小、长度等分级,如光电式分选装利用产品通过光电系统的遮光测量其外径和大小,或利用摄像机拍摄,经计算机图像处理,求出产品的面积、直径、弯曲度和高度等进行形状分选,不损伤产品。质量分级装置根据产品的质量进行分选,用备选产品的质量与预选设定的质量进行比较分级,如精度较高的电子秤式,适用于苹果、梨、桃、番茄、甜瓜、西瓜和马铃薯等。颜色分选装置果实的颜色与成熟度与品质密切相关,利用彩色摄像机和电子计算机处理红、绿色型装置可用于番茄、柑橘和柿子的分选。果实的成熟度可根据其表面反射的红光和绿色光的相对强度进行判断。表面损伤的判断是将图像分割成若干小单位,根据分割单位反射光强弱算出损伤面积。无损检测装置不仅从外观上分选,也可以检测内部品质,如西瓜空洞、甜瓜成熟度、桃糖度等。数字图像处理技术借助计算机强大的运算能力,运用去噪、特征提取、图像增强等技术对以数字形式存储的图像进行加工、处理,可提高分拣效率、减小误判率、减少果蔬表面损伤,在现代果蔬分级检测中的应用潜力巨大。

本实验以常见的果蔬产品和观赏花卉为试材,依据园艺不同类型产品的分级标准,进行人工分级,使学生了解园艺产品的分级特点,提高生产实践技能。

2　实验准备

2.1　试材

从园地采摘或者从市场上购买的未分级的鲜苹果、鲜番茄和鲜菊花等材料。

2.2　仪器与用具

放大镜(5×～10×)、不锈钢水果刀、标准分级量果板、游标卡尺、电子秤、比色卡等。

3 实验方法

3.1 苹果的人工分级

将未分级的鲜苹果逐个铺放在实验台上，依据表 3-32 中项目检出不合格果和腐烂果，判定该批苹果的等级。

表 3-32 苹果质量等级规格指标

项目		等级		
		优等品	一等品	二等品
果形		具有本品种应有的特性	允许果形有轻微缺点	果形有缺点，但仍保持本品种果实的基本特征，不得有畸形果
色泽		红色品种的果面着色比例的具体规定参照 NY/T 1793—2009 附录 1；其他品种应具有本品种成熟时应有的色泽		
果梗		果梗完整	果梗完整	允许果梗轻微损伤
果面缺陷	刺伤（包括破皮划伤）	无	无	无
	碰压伤	无	无	允许轻微碰压伤，总面积不超过 1.0 cm^2，其中最大处面积不得超过 0.3 cm^2，伤处不得变褐，对果肉无明显伤害
	磨伤（枝磨、叶磨）	无	无	允许不严重影响果实外观的磨伤，面积不超过 1.0 cm^2
	日灼	无	无	允许浅褐色或褐色，总面积不超过 1.0 cm^2
	药害	无	无	允许果皮浅层伤害，总面积不超过 1.0 cm^2
	雹伤	无	无	允许果皮愈合良好的轻微雹伤，总面积不超过 1.0 cm^2
	裂果	无	无	无
	裂纹	无	允许梗洼或萼洼内有微小裂纹	允许有不超出梗洼或萼洼的微小裂纹
	病虫果	无	无	无
	虫伤	无	允许不超过 2 处 0.1 cm^2 的虫伤	允许干枯虫伤，总面积不超过 1.0 cm^2
果锈	褐色片锈	无	不超出梗洼的轻微锈斑	轻微超出梗洼或萼洼之外的锈斑

续表3-32

<table>
<tr><td colspan="2" rowspan="2">项目</td><td colspan="3">等级</td></tr>
<tr><td>优等品</td><td>一等品</td><td>二等品</td></tr>
<tr><td>果锈</td><td>网状浅层锈斑</td><td>允许轻微而分离的平滑网状不明显锈痕，总面积不超过果面的1/20</td><td>允许平滑网状薄层，总面积不超过果面的1/10</td><td>允许轻微粗糙的网状果锈，总面积不超过果面的1/5</td></tr>
<tr><td rowspan="2">果径（最大横切面直径）/mm</td><td>大型果</td><td colspan="2">≥70</td><td>≥65</td></tr>
<tr><td>中小型果</td><td colspan="2">≥60</td><td>≥55</td></tr>
</table>

果实的外观指标和成熟程度：由感官鉴定。

果实横径：用标准分级果板测量确定。分级板上有直径不同规格的圆孔，按照能否通过某个等级圆孔将测试果分级。

果实果面的机械和自然损伤：由目测或用量具测量确定。

果实色泽：目测或用量具测量确定。全红品种的着色百分比，应以该品种特有的着色良好的全红色泽覆盖的果皮面积计算，其中色泽较该品种特有的良好的全红色或条红色浅的苹果，应该归入满足其最小着色百分比的等级，并且应与该等级规定的果实具有同样良好的外观。条红品种的着色百分比应以有条纹果皮面积计算，其中该品种特有色泽条纹应比淡红、青色及黄色条纹占绝对的优势，但着色浅于该品种特有色泽的果实，也可划为某一等级，条件是，其着色面积超出这一等级所要求的特有色泽最低百分比，并足以使其与该品种特有的良好条纹最低百分比的果实同样美观。淡褐色条纹不做着色计算。

对果实外部表现有病虫害症状，或外观尚未发现变异而对果实内部有怀疑者，可用小刀进行切剖检验，如发现有内部病变时，可扩大检果切剖数量，进行严格检查。在同一个果实上兼有二项或二项以上不同缺陷的损伤项目者，可只记录其中对品质影响较重的一项。

3.2　番茄产品的人工分级

将采摘或购买来的番茄样品平铺于实验台上，不可重叠，依据表3-33指标进行鉴定，判定该批番茄的等级。

番茄果实横径的测量，可利用游标卡尺，也可选用果实分级板。

品种特征、果形、色泽、光滑、新鲜、清洁、绿肩、异味、硬度、成熟度、整齐度采用感官鉴定。

烂果、日伤、褪色斑、雹伤、冻伤、皱缩、空腔、机械伤用目测，过熟用目测和手摸，畸形果和裂果用目测。病虫害对果实外部有明显症状或外观不明显而对内部有怀疑者，都应取样果用小刀解剖检验。

根据番茄产品质量等级规格指标，对不符合该等级标准的番茄进行记录，如一个果实同时具有几种缺陷，则选一个主要缺陷进行记录。

表 3-33 番茄质量等级规格指标

级别	规格	限度
特级	外观一致，果形圆润无筋棱（具棱品种除外）；成熟适度、一致；色泽均匀，表皮光洁，果腔充实，富有弹性；无损伤、无裂口、无疤痕 横径分级：大（>7 cm）；中（5～7 cm）；小（<5 cm）	特级允许有5%的产品不符合该等级要求，但应符合一级要求
一级	外观基本一致，果形基本圆润，稍有变形；已成熟或稍欠熟，成熟度基本一致，色泽较均匀；表皮有轻微缺陷，果腔充实，果实坚实，富有弹性；无损伤、无裂口、无疤痕 横径分级：大（>7 cm）；中（5～7 cm）；小（<5 cm）	一级允许有10%的产品不符合该等级要求，但应符合二级要求
二级	外观基本一致，果形基本圆润，稍有变形；稍欠成熟或稍过熟，色泽较均匀；果腔基本充实，果实较坚实，弹性较差。有轻微损伤，无裂口，果皮有轻微的疤痕，但果实商品性未受影响 横径分级：大（>7 cm）；中（5～7 cm）；小（<5 cm）	二级允许有10%的产品不符合该等级要求，但应符合基本要求

3.3 菊花人工分级

将采收或者购买的菊花运到实验室，按照表3-34中菊花的外观品质指标进行分级，对切花的质量、形态、色泽、新鲜度、花朵大小、开花程度及花茎的长度进行鉴定，判定该批菊花切花的等级。

整体感，根据花茎叶的完整与均衡情况进行目测评定；花形，根据品种特征和分级标准进行目测评定；开放程度，目测评定；花色和叶色使用比色卡测定；花枝，包括长度、粗度和挺直程度，其中长度包括花头和茎秆，用尺和卡尺测量，单位cm；挺直程度，目测评定；软硬程度，手持茎秆基部使茎秆与地面平行，观测花茎下垂角度来确定；药害和污染，目测评定；冷害：通过花瓣和叶片的颜色来判断，也可通过瓶插观察花朵能否正常开放来确定；机械损伤，包括压伤、折断、扭曲、掉头等伤害，通过目测评定。

表 3-34 菊花质量等级规格指标

项目	级别		
	一等品	二等品	三等品
花	花色纯正、鲜艳具光泽，成熟度一致，花形完整，端正饱满，花瓣均匀对称，无病虫害、药伤斑点与机械损伤 花径：≥14 cm	花色纯正、鲜艳，成熟度基本一致；花形完整，端正饱满，花瓣均匀对称，基本上无病虫害、药伤斑点与机械损伤 花径：12～14 cm	花色一般，略有褪色、焦边，花形完整，较饱满，花瓣略有损伤，有轻微病虫害、药伤斑点与机械损伤 花径：10～11 cm
花茎	挺直、强健，有韧性，粗细均匀，与花序协调 花颈梗长：<5 cm 花茎长度：≥85 cm	挺直、强健，有韧性，粗细较均匀 花颈梗长：5～6 cm 花茎长度：75～84 cm	略有弯曲，质地较细弱，粗细不均 花颈梗长：>6 cm 花茎长度：60～74 cm

续表3-34

项目	级别		
	一等品	二等品	三等品
叶形和色泽	亮绿有光泽、叶片厚实分布均匀、完好整齐	亮绿有光泽、叶片厚实分布均匀、较完好整齐	稍有褪色，叶片分布欠均匀
采收时期		花开七八成	
装箱容量	每10支捆为一扎，每扎中切花最长与最短差别<1 cm	每10支或20支捆为一扎，每扎中切花最长与最短差别<3 cm	每10支或20支捆为一扎，每扎中切花最长与最短差别<5 cm

形态特征：多年生草本，株高60～180 cm，茎直立，多分枝。单叶，互生，长圆形，边缘有深缺刻。头状花序，顶生，边缘为舌状花，1～2轮或多轮，中部为管状花，花径10～20 cm，花色有白、黄、红、紫等。菊花花梗不宜过长或过短，通常要求在5 cm左右为宜

4　结果与分析

4.1　比较不同园艺产品的分级特点

根据实验结果，概述不同园艺产品的分级要点，分析园艺产品分级的共性及差异性指标，列举在表3-35中。

表3-35　园艺产品质量分级要求

产品	共性指标	差异性指标	等级特征指标
苹果			
番茄			
菊花鲜切花			

4.2　园艺产品人工分级效率分析

实验分组进行，熟练掌握各试材的人工分级方法。在规定的时间内，对不同试材进行分级，统计分级的数量，分析组内不同园艺产品的分级效率和组间园艺产品的分级效率，讨论影响人工分级效率的因素。

（梁晋军　编写）

实验六十五　园艺产品的包装

1　引言

包装是实现商品标准化，保证安全运输、贮藏和销售的重要措施，具有两种含义。一是指盛装产品的容器、材料及辅助物等用品总称为包装(package)，二是指采用容器、材料及辅助物等对产品进行包装(packaging)。包装不仅可以保护商品，减少流通过程中的损害，方便贮运与购买，精美包装也可促进销售，增加商品附加值。园艺产品种类繁多，适宜的包装可提升园艺产品商品化水平和市场竞争力。

园艺产品包装材料多样，包括筐、木箱、塑料箱、纸箱和内衬垫缓冲材料等，要求无污染、无异味、不伤产品，具有保鲜性能，方便购买者处理，可回收再生。依据包装在流通领域中的作用，可分为运输包装和销售包装。运输包装也称为“大包装”或“外包装”，为满足商品运输要求而进行的包装，目的是保护商品、方便贮运和装卸等，如集装箱和托盘组合包装。要求包装设计标准化，包括包装材料、结构造型、规格尺寸、包装重量、包装标记和封缄方法等，与国际标准接轨，以加速国内外货物流通。销售包装又称“小包装”或“内包装”“商业包装”，跟随商品出售给消费者，兼具保护商品和吸引消费者的功能，要求规格尺寸标准化，造型、装潢和文学说明等精心设计，并标注商标、品牌、重量、出厂期、产地、执行标准和条形码等。销售包装的造型包括开窗式（在包装盒上开个窗口展示商品）、组合式（不同颜色、形状、性质的产品组合包装）和礼品篮。包装方法包括罐头式包装（蔬菜果品复合膜软罐头包装）、热收缩包装（高温条件下进行包装，冷却后薄膜收缩而紧贴在包装品上）、充气式包装（产品装入气密性包装容器，冲入保护性气体后密封保存）、气调包装（聚乙烯薄膜密封包装）、无菌包装（无菌条件下将灭菌产品加入灭菌容器中密封保存）和真空包装（将包装容器内的空气全部抽出密封，维持包装内减压状态）等。

园艺产品包装设计除包装材料和造型设计外，图形是包装设计上一种重要的表现形式，通过产品的再现、联想、象征、品牌或商标等，把包装内容物借视觉效果传达给消费者，起到促销作用。其中，商标是产品包装的一个重要标识，常由文字、图形或两者的组合构成，是园艺产品的图案化。经过法律注册登记后的商标，用®表示。商标可以保护企业的产品利益，有助于创立名牌产品，促进产品的销售和美化包装等。此外，根据商品特性设计包装标志，包括识别标志、指示标志和质量标志等。识别标志用于识别商品种类、收发地图示和文字说明，包括商品货号、品名、规格、数量和等级等。指示标志是对商品的某些特性如易破损和变质等进行简要说明，提出装卸和搬运操作过程中需要注意的问题。质量标志是园艺产品符合或达到某一水平的一种符号，包括质量合格标志、质量认证标志、商检标志和优质产品标志等。为了提升商品的市场竞争力，可采用类似包装（系列包装）、等级包装、组合包装、附赠品包装、透明包装、可再使用包装、文化包装和趣味包装等包装策略，秉承“绿色包装”理念，避免“过度包装”。

本实验以市场上收集的园艺产品不同类型的销售包装为调查对象，对园艺商品包装信息、包装设计要素等对比分析，促进学生对相关理论知识的学习，提升园艺产品包装设计和策划包装销售的能力。

2　实验准备

从市场上购买不同类型包装的园艺商品。

3　实验方法

3.1　产品包装形式识别

根据所提供的园艺商品，识别所采用的包装类型（罐头式、无菌、热收缩和气调包装等）。

3.2　包装设计要素分析

根据所提供的园艺商品，识别包装材料（如纸质、塑料、木材、金属、玻璃或纺织品等）、销售包装造型与结构（开窗式、礼品篮式或组合式）和图形表现（产品再现、产品联想、产品象征、品牌或商标作为图形以及产品使用方法）以及包装上的指示标志（小心轻放、向上、防潮防湿、防热和禁止挤压等）、质量标志（产品合格、中国有机产品，绿色农产品和无公害绿色果品等）和商标（红香酥梨、金丝栗瓜、京白梨和百果神农苹果等）。

3.3　包装策略分析

根据所提供的园艺商品，了解等级包装、组合包装、附赠品包装、透明包装、可再使用包装、文化包装和趣味包装等不同包装策略。

4　结果与分析

4.1　不同园艺产品的销售包装形式比较

将实际收集到的各类园艺产品包装，记录在表 3-36 中，讨论不同包装的特点及适用性。

表 3-36　园艺产品销售包装形式调查

包装形式	园艺产品类型	采后用途	特点
充气式	石榴、葡萄等	鲜食	减轻震荡，适于长距离运输
热收缩式	番茄、黄瓜等	鲜食	干净透明，增加产品外观吸引力
气调式	苹果、草莓等	鲜食	保鲜保质，延缓产品的货架期
罐头式	果酱、水果罐头等	加工	透明、密封强、贮存时间长
无菌	果汁、饮料等	加工	减低成本，延长产品的贮存时间
真空	水果、蔬菜等	鲜食	保鲜保质，延缓产品的保质期
⋮			

4.2　园艺商品包装设计要素分析

根据不同类型园艺商品，观察包装造型与结构、包装材料、图形表现形式和包装标志等设计要素，记录在表 3-37 中。

表 3-37　园艺商品包装设计要素分析

园艺产品	包装材料	包装结构	包装标识	商标	图形表现形式
褚橙	纸盒	开窗式	易碎、防雨等	褚橙	产品再现
库尔勒香梨	纸盒	/	向上、防雨	天果飘香	产品再现
蓝莓果酱	玻璃	/	易碎、向上	丘比	产品再现
新鲜蔬菜	泡沫箱	组合式	向上、防雨	七彩庄园	产品再现、绿色产品
番茄	泡沫箱	组合式	易碎、向上	东升	产品再现、有机食品
百合切花	纸盒	开窗式	易碎、向上	/	产品再现
食用百合	纸盒	组合式	易碎、防雨	/	产品再现、绿色食品
⋮					

注：“/”表示无该项数据

4.3　园艺产品包装案例设计

选择一种园艺产品，从包装形式、包装结构、包装材料、包装标志和商标等方面进行包装设计。

4.4　园艺产品包装销售案例策划

选择不同园艺产品，策划其适合的包装销售策略。

（何俊娜　编写）

实验六十六　园艺商品的网络营销

1　引言

园艺商品营销是指园艺产品生产者与经营组织或个人，在园艺商品从农户到消费者手中，实现个人与社会需求目标的各种园艺商品创造和园艺商品交易的一系列活动。园艺商品网络营销是借助网络、通信和数字媒体技术营造网上经营环境的各种活动，也可称为网上营销和互联网营销等。随着电商平台的快速发展，网络营销已成为园艺产品市场销售的重要手段，可以实现生产者与消费者的直接对接，能够有效地改善园艺产品供求矛盾。

园艺商品的网络营销基于互联网，兼具园艺商品营销和网络营销的特点：①时域性宽。网络不受时间和空间限制，可随时随地进行营销服务。②交互性好。通过网络进行商品展示或信息查询，实现供需互动和沟通。③个性化强。网络营销或其促销对消费者来说是一对一的、针对性的、非强迫性的，是一种低成本与人性化的销售。④技术性高。网络营销离不开互联网，需要一定的网络技术才能进行。⑤高效性。消费者可以通过网络查找园艺商品的信息，获取更多的资料；商家也可以通过网络分析消费者的市场需求，及时更新产品，效率更高。此外，园艺商品网络营销还具有复杂性、虚拟性、模糊性和经济性等特点。

园艺商品网络营销的内容包括以下几个方面：首先，开展网络市场调研，分析网络购买人群对园艺商品的需求特征、购买动机和购买方式等；其次，根据调查结果，制作园艺商品的网页、视频等；最后，进行网站推广、网络宣传和营销。园艺商品网络营销需要进行园艺商品信息搜索和发布，园艺商品销售情况调查和渠道拓展，园艺商品品牌价值扩展和延伸，顾客关系管理以及经济效益增值等。

根据网络营销所应用媒介的不同，网络营销的方法可分为：搜索引擎（通过在搜索引擎上投放广告出现在搜索结果页面中进行推广销售）、电子邮件（将产品信息发送到消费者电子邮箱里）、网络广告（在网站上投放广告或其他媒体上进行宣传推广）、论坛（在论坛社区里发帖回帖进行推广）、微博（经营者使用微博平台进行产品信息的介绍或话题进行推广）、微信（在微信平台上使用漂流瓶、二维码、公众号、朋友圈等进行推广宣传）、短视频（将制作好的短视频发布到各大视频网站进行推广宣传）和直播营销（在直播平台进行产品推广宣传）等。由于园艺商品不易贮存，对运输和贮藏要求高，园艺商品的季节性比较明显，供给与价格呈现周期性，以及园艺商品的种类繁多，可替代品较多等，所以园艺商品的网络营销方法也会有所不同。园艺商品的网络营销方式多种多样，可以根据商品的特性选择合适的网络营销方式。

本实验通过对园艺商品网站式销售与直播营销调查，分析不同园艺商品的网络营销方式，促进学生对园艺商品网络营销相关理论的学习，提升学生制订网络营销策略的能力。

2　实验准备

收集不同园艺商品的网络销售案例。

3　实验方法

3.1　园艺商品网站式销售调查

选择任一种园艺商品，设置3个关键词，使用常用搜索引擎网上搜索，观察结果第一页的信息差异情况。选择感兴趣的网页，点击进入该网站，查看该园艺商品的搜索引擎营销情况，也会检索到信息发布、网络广告、论坛、博客和微博营销等。针对搜索的结果进行截图，分析网站的网站定位、目标顾客群体和网站结构（内容结构和页面结构）、网站广告投放方式等。

3.2　园艺商品直播营销调查

选择任一种园艺商品，设置3个关键词，搜索相关短视频或直播等，针对搜索的结果进行截图，分析短视频或直播对园艺商品的定位、目标顾客群体和营销策略等。

4　结果与分析

4.1　园艺商品网络营销方式分析

从搜索引擎营销、网络广告营销、论坛营销、博客营销、微博营销和微信营销等检索园艺商品网站式营销，从短视频APP（如小红书、抖音和快手）上搜索园艺商品的相关短视频或直播营销。以某园艺商品为例，从园艺商品的产品质量、价格、销售渠道和促销等，分析网站式营销和直播营销两种方式的特点及销售效果。

4.2　园艺产品网络营销案例设计

针对某一园艺商品，综合考虑网站式营销和直播营销的特点，制订可行的网络营销策略。

（何俊娜　编写）

实验六十七　园艺产品的品牌策略分析

1　引言

品牌是一种识别标志和价值理念，包括品牌的名称、标志和对应的商标等。对园艺产品而言，品牌既代表园艺产品的名称，又代表该产品的一系列附加值如效用、功能和服务等，用于区别其他的同类产品。品牌代表产品特征，能增加园艺产品的价值，提高产品竞争优势，促进消费。良好的品牌塑造是扩大市场份额，推动园艺产业可持续发展的重要途径。

品牌策略是指一系列能够实现产品品牌积累的管理与市场营销方法，核心在于品牌的维护与传播，包括品牌的使用和保护以及创名牌策略等。一个成功的品牌需经过长时间的培育才能形成，是长期持续地建立产品定位和特性的成果，得到了消费者较高的认可。只有通过良好的管理，品牌价值才能不断地提升。品牌的使用策略包括多品牌策略、单一品牌策略、无品牌策略、生产者品牌策略和借用他人品牌策略等。多品牌策略分为两种：一种是将一大类园艺产品选用同一个品牌用于同类别的各种产品上，把不同产品的特性、档次和目标顾客区别开来；另一种是各类产品各自选用不同品牌，这个策略可以避免产品件不良影响。单一品牌策略是一个品牌是只用于一类或是一种园艺产品的策略。无品牌策略是指园艺商家向市场提供没有注册商标、包装简易和价格低廉的园艺产品的策略，此策略能够降低价格、节省成本和扩大销量。由于无品牌策略的产品没有精美的包装，价格大大低于对应的品牌产品，能够减轻生产者的成本，通过薄利多销的形式完成企业的原始积累。但无品牌使用策略又有局限性，在产品种类、生产者规模和消费者需求层次具有一定的要求。生产者品牌策略又称为制造商品牌策略，是指该园艺产品各环节的经营者均使用生产者确定的品牌。借用他人品牌策略是使用不属于自身企业的品牌，使用其他企业、中间商或销售者的品牌，这种策略可以节省成本，取得价格优势。借用他人品牌能够帮助生产者企业解决生存问题，省钱省力，但无法解决企业长远发展的问题，借用他人品牌是有期限的，到期后需要重新选择新的品牌。

品牌保护是防止他人盗用拥有品牌企业的品牌商标的侵权行为，以及避免企业的声誉受损所采取的措施，主要包括及时注册商标、关联注册和使用防伪标识等。创名牌策略是根据国家名牌的评价指标和管理办法申请名牌。国家名牌具有极高的知名度和美誉度，产品竞争力更强，市场占有率高，更容易获得消费者的信任。无论采用哪一种品牌策略都要根据园艺企业自身的实际情况进行选择，单一品牌策略操作简单，对特定消费者容易形成聚焦点，但无法同时满足所有目标市场的消费群体。多品牌能有效做好消费群划分和市场定位，但管理困难，资金投入大。借用他人品牌有较好的服务和一定的消费规模，但受到他人的牵制。

本实验以市场上不同品牌的园艺产品为调查对象，通过比较分析不同园艺产品的品牌策略，巩固相关的理论知识，提升学生对园艺产品市场营销的能力。

2 实验准备

调查市场上不同品牌的园艺产品。

3 实验方法

选择单一品牌使用、多品牌使用、无品牌使用、借用他人品牌、生产者品牌策略等代表性的园艺产品品牌，从产品、价格、销售渠道以及市场占有率和成本等方面调查这些园艺产品的品牌策略。

4 结果与分析

4.1 园艺产品单一品牌使用策略分析

选取园艺著名品牌如烟台苹果、库尔勒香梨、赣南脐橙、宁夏枸杞、苍山大蒜、和县辣椒、平阴玫瑰、兰州百合、洛阳牡丹等，分析这些地理标记产品形成的原因，可从地理环境、自然条件、人文背景、历史渊源等因素进行分析。

4.2 园艺产品多品牌使用策略分析

选取如统一的多果汁产品“鲜橙多”，统一营养四季系列果汁“冰糖雪梨”“冰糖山楂”和“冰糖金橘”等，如可口可乐公司的“果粒橙”“美丽果”和“清凉橙”，分析这些公司选用多个品牌的优劣，可从产品定位、消费者需求、市场占有率和成本等方面进行分析。

4.3　园艺产品无品牌使用策略分析

选取超市或商场中没有注册商标、包装简易和价格低廉的园艺产品，如常用的水果蔬菜等，提供这些产品的生产者选用的即为无品牌使用策略。

4.4　园艺产品借用他人品牌策略分析

选取顺丰优选、本来生活、盒马、京东到家、美团优选、叮咚买菜和淘菜菜等在线生鲜电商，分析为其提供水果和蔬菜的园艺企业。

4.5　园艺产品生产者品牌策略分析

选取汇源、椰树、美汁源、好想你和宁夏红等使用生产企业的品牌，这种品牌大部分是全国著名品牌，分析生产者品牌使用的优势和不足，可从价格、成本、信誉、特色和销量等方面分析。

（何俊娜　编写）

第四章 园艺作物设施栽培

第一节 设施结构与环境监测

实验六十八 日光温室的设计与规划

1 引言

日光温室是我国北方特有的一种以日光为主要能量来源，由透明塑料薄膜覆盖的单屋面朝南采光的温室类型。其基本方位是坐北朝南，东西向延伸。日光温室不仅具有采光屋面，还具有保温和蓄热双重功能的维护结构，可充分利用太阳光能，基本不加温可实现冬春反季节喜温蔬菜、花卉和瓜果的周年生产。由于其高效节能，已经成为我国北方温室主要类型之一。日光温室的采光和保温设计对其生产性能影响很大，因此，在实际生产中，需要依据当地气象条件，科学设计日光温室结构，以合理利用光能，满足生产需求。

日光温室的建筑尺寸参数包括跨度 B、脊高 H、后墙高度 h、后屋面水平投影长度 b、后屋面仰角 β、前屋面角 α（图 4-1）。这些参数对日光温室的采光、保温都会产生影响，其中尤以前屋面角、墙体构成和材料影响最大。

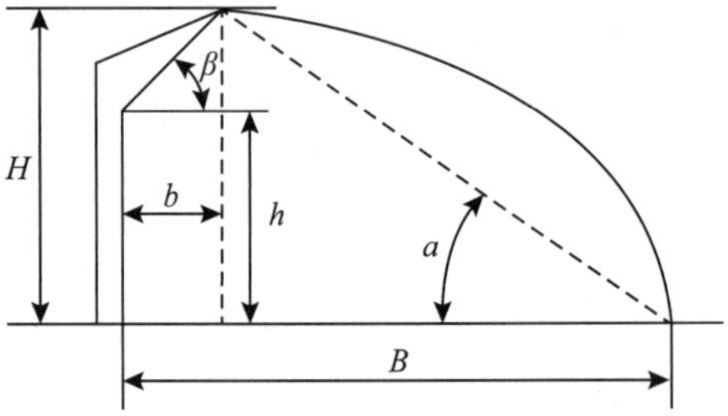

图 4-1 日光温室的建筑尺寸参数

(1)前屋面角的设计 阳光照射到薄膜屋面时被分为吸收、反射、透射三部分。干净的塑料薄膜的吸收率为 10%左右，剩余的 90%左右为反射率与透光率之和。反射率越大，透光率就越小。反射率的大小取决于光线的入射角 θ，θ 越小，反射率就越小。入射角 $\theta=0°$ 时，透光率最大；当 $\theta<40°$ 时，透光率变化不大；当入射角 $\theta>40°$ 时，透光率随入射角的变化较为明显；当 $\theta>60°$ 时，透光率急剧下降。因此，入射角应保持在 40°以内，才能保证有较大的透光率，即具有较好的采光性能。前屋面角 α 与日光温室透光率关系密切，采光设计是以一年中光照时间最短、太阳高度角最低的冬至日透光率为依据进行设计，并由此提出了基于理想屋面角、合理屋面角和最佳屋面角的前屋面角设计方法。理想屋面角是指使冬至日正午太阳入射角为零的温室前屋面角；合理屋面角是指使冬至日正午太阳入射角为40°的温室前屋面角；最佳屋面角是指在冬至日正午前、后各 2 h(共 4 h)的时间范围内，太阳入射角均能满足 $\theta<40°$的温室前屋面角，也称为合理采光时段屋面角。我国节能日光温室采光设计普遍采用最佳屋面角方案，这样设计出的温室兼顾了保温、蓄热、低成本和合理采光。

(2)前屋面的形状设计　日光温室屋面形状分为由一个或几个平面组成的直线型屋面和由一个或几个曲面组成的曲线型屋面两大类。后屋面仰角设计要求保证冬至日前后各一个半月内，后墙内侧全高范围内能得到阳光的照射，后墙反光使后墙附近有较为理想的光照。后屋面仰角大于冬至日正午太阳高度角 7°～8°。纬度不同，日光温室跨度也不同，北纬 38°～40°、41°～42°和 43° 地区分别建议为 7～12 m、6.5～10 m 和 6.5～8 m。后屋面水平投影长度基于脊位比 $(B-b)/B=0.8$ 确定。建议周年生产温室和冬季生产温室的脊位比分别为 0.8 和 0.78～0.79，而在低纬度和较暖地区的脊位比应大于 0.8。屋脊高度的设计应考虑前屋面角的大小和后坡长度的影响。一般情况下，可按当地的纬度大小，先选择适当的前屋面角，并初步确定一个合理的后屋面水平长度 b，然后可按下式计算屋脊高度 $H=(B-b)\times\tan\alpha$。如果计算得到的 H 值过大，可适当增大后屋面水平长度；反之，减小后屋面水平长度。后墙高度设计参考公式 $h=H-b\times\tan\beta$，应高于行人，一般约为 2 m，且有一定的蓄热面积。日光温室长度一般不小于 50 m，常用 50～60 m。若采用更大长度时，屋面纵向联系构件的设置应考虑材料热胀冷缩的不利影响，如果采用砖后墙，后墙应在中部预留伸缩缝。如果前屋面采用联动的卷帘被时，温室长度应不超过卷帘机的工作长度。

(3)日光温室墙体构成与材料　墙体材料包括砖、土、毛石及保温材料(聚苯乙烯板、膨胀珍珠岩、炉渣、稻草等)。理想墙体为内侧蓄热性和外侧保温性良好的异质材料复合墙体。

本实验以北方地区常见的日光温室为对象，采用图纸手工绘制的方法，进行日光温室断面图、平面图、立体图及园区总体规划平面示意图的设计，使学生掌握温室设计与规划原则，并在实际生产中应用。

2　实验准备

2.1　试材

专用绘图用具和纸张。

2.2　仪器与用具

比例尺、直尺、量角器、铅笔、橡皮等绘图用具，计算机及辅助制图软件等。

3　实验方法

3.1　设计条件与要求

(1)基地位于北纬 40°，年平均最低温 −14 ℃，极端最低 −22.9 ℃，极端最高 40.6 ℃。太阳高度角冬至日为 26.5°(上午 10:00 为 20.61°)，春分为 49.9°(上午 10:00 为 42°)；冬至日(晴天)日照时数 9 h，春分日(晴天)12 h；冬季主风向为西北风，春季多西南风，全年无霜期 180 d。

(2)园区总面积约 10 hm^2，东西长 500 m、南北宽 200 m，为一矩形地块，北高南低，坡度<10°。

(3)设计冬春两用果菜类及叶菜类蔬菜生产温室，以及生产、育苗兼用温室若干栋，每栋温室规模 333.3 m^2，用材自选。温室数量，根据生产需要，自行确定。

(4)温室结构要求保温、透光好，生产面积利用率高，节约能源，坚固耐用，成本低，操作方便。

3.2 设计步骤

(1)根据园区面积、自然条件，先进行总体规划，除考虑温室布局外，还要考虑道路、附属用房及相关设施、温室间距等合理安排，不要顾此失彼。

(2)日光温室的结构设计包括：①温室朝向，坐北朝南，东西延长。结合基地所在地气候条件确定是偏东或是偏西 5°～10°。②温室间距，保证越冬生产时冬至日正午前后至少 4 h 时段(10:00—14:00)，太阳直射光线能够照射到温室前屋面底脚。③日光温室主体尺寸，如前后屋面角度、长度、跨度、脊高、后墙高度、后屋面水平投影长度和地面下挖深度，充分考虑采光、保温、温室利用方式、土地利用率和机械化操作等要求，选择适宜的类型和确定温室大小(长、宽、高)。

(3)在坐标纸上，按一定比例画出温室的宽度，再按生产目的和前后屋面比例定出中柱的位置和高度；钢骨架温室没有中柱，确定屋脊到地面垂直高度及后屋面投影长度。结合冬春太阳高度的变化确定透明屋面的角度，从便于操作管理及保温需要，确定后墙高度和厚度。温室的构架基本完成后，进一步做全面修改到合理为止。

(4)确定通风面积、拱杆(或钢架)的间距和通风窗的大小及位置。

(5)基础深度及温室用材。

(6)平面设计，要画出墙的厚度、柱子的位置(钢架温室可以无柱)、工作间的大小及附属设备、门的规格及位置等。

(7)写出建材种类、规格、数量。

4 结果与分析

4.1 园区总体规划平面图

绘制园区总体规划平面示意图，采用文字说明其主要内容，使建筑施工方能看得清楚，读得明白。

4.2 日光温室设计及参数

绘制出所设计日光温室的断面图、平面图、立体图，并写出设计说明和使用说明。写出所设计的一栋温室用材种类、规格和数量，经费概算。

讨论日光温室的采光设计要点，如何确定光温室的前屋面角及采光屋面形状，如何加强日光温室保温性，提高其蓄热能力。

(高丽红　编写)

实验六十九　园艺设施类型的调查

1　引言

园艺设施类型多，主要有简易园艺设施、塑料薄膜拱棚和温室等。不同设施结构对设施内光照、湿度、CO_2 等环境因子影响及增温保温特性不同，决定了其生产性能及应用范围存在差异。园艺设施类型的产生与发展与区域气候特点、生产力发展水平和科学技术的进步密切相关，其发展经历了由小到大、由简单到复杂、由初级到高级的过程。我国气候资源及生产方式的多样性成就了目前多种园艺设施并存、不同区域设施类型与结构各具特色、在园艺作物周年生产中发挥不同作用的现状。

园艺设施的结构与其类型密切相关，也决定了它的性能及在园艺作物周年生产中的作用(数字资源 4-1)。简易设施包括地面简易覆盖(砂田、秸秆、草、粪、瓦盆、泥盆、浮动覆盖、地膜覆盖等)和近地面保护设施(风障畦、朝阳沟、阳畦、温床、简易棚等)；塑料薄膜拱棚包括大棚、中棚和小拱棚，其中大拱棚根据连接方式又可分为单栋和连栋大棚；温室根据透明屋面可分为单屋面、双屋面、拱圆屋面、联结屋面、多角度屋面温室等。简易园艺设施结构相对简单，如风障畦由篱笆、披风和土背组成；阳畦由畦框、风障、透明(玻璃或薄膜)窗、覆盖物(蒲席、稻草苫)等组成；酿热温床由床框、床坑(穴)、玻璃窗或塑料薄膜棚、保温覆盖物和酿热物等组成；电热温床主要由平畦育苗床和埋深 10 cm 左右的电加热线构成。简易园艺设施因结构简单，一般仅具有一定的增温保温效果，不具备更多环境调控能力，在园艺作物生产中多用于早春育苗、假植或提早栽培等。塑料大棚和温室是我国目前最主要的园艺设施类型，占到设施总面积的 60% 以上。塑料大棚由立柱、拱杆、拉杆、吊柱(悬柱)、棚膜、压杆(压膜线)和地锚等构成；单屋面温室主要由墙体、后屋面、前屋面(透明屋面)、屋架、保温覆盖材料及控温设备等构成；双屋面温室主要由钢筋混凝土基础、钢材骨架、透明覆盖材料、保温幕、遮光幕及环控设备等构成；现代化连栋温室主要由连接结构与地基的基础、骨架、排水沟、覆盖材料和环境控制(通风、加热、帘幕、灌溉、施肥、二氧化碳气肥、喷雾和计算机控制等)系统等构成。这类园艺设施生产空间大，环境调控能力强，可用于园艺作物周年育苗、春提早栽培、秋延迟栽培、塑料大棚越夏一大茬栽培、日光温室和连栋温室越冬一大茬栽培等。

数字资源 4-1

园艺设施类型

在不同区域，相同的园艺设施类型在园艺作物生产中发挥的作用也不完全相同。例如塑料大棚在我国各地均有较大应用面积，但在华北地区，主要用于蔬菜作物春提早和秋延后栽培，冬季基本不能利用，年利用时间 8～10 个月；在东北严寒或高海拔地区，塑料大棚多用于蔬菜越夏一大茬栽培，年利用时间 6～8 个月；在长江流域则可以周年进行蔬菜生产。本实验以当地的小拱棚、塑料大棚、日光温室、大型温室等几种类型园艺设施为调研对象，进行实地调研，使学生了解不同园艺设施的结构特点与生产应用情况，巩固相关理论知识的学习，提高学生理论联系实际的能力。

2 实验准备

2.1 观测对象

当地的小拱棚、塑料大棚、日光温室、大型温室等几种类型园艺设施。

2.2 仪器与用具

皮尺、钢卷尺、测角仪(坡度仪)等。

3 实验方法

全班划分成若干小组。按下列实验内容要求,每小组到学校实验农场或附近生产单位,进行实地调查测量。

3.1 设施类型调查与结构参数测量

(1)调查、识别当地园艺作物生产的设施类型,包括各类简易园艺设施、小拱棚、塑料大棚、日光温室、连栋温室等几种类型园艺设施(图 4-2)的特点,观察各种类型园艺设施的场地选择、设施方位和整体规划情况。分析各种类型不同形式园艺设施结构的异同、性能的优劣和环境调控的措施。

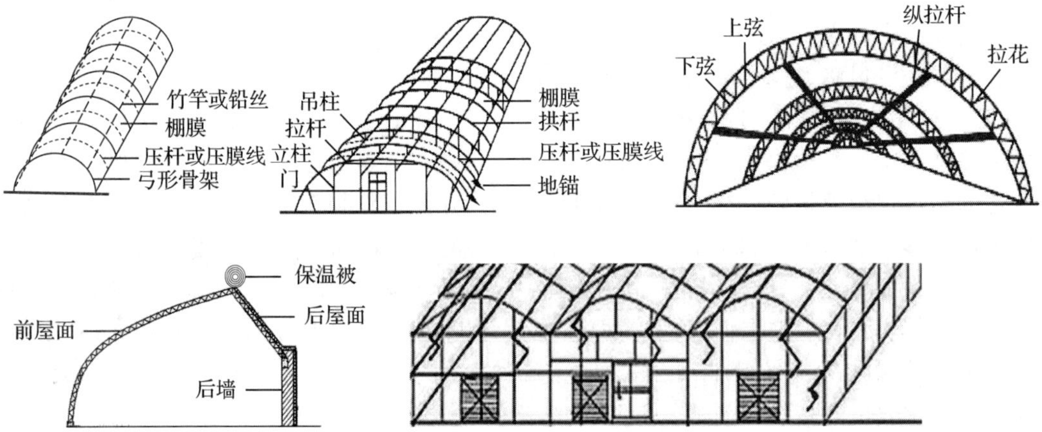

图 4-2 几种常见的园艺设施结构示意图

(2)测量记载几种类型园艺设施的结构规格、配套设备和环境特点。测量记载日光温室和连栋温室的方位,长、宽、高尺寸;温室的采光角度(日光温室的前屋面角、后屋面仰角、后屋面长度和连栋温室的采光角)、日光温室墙体厚度和高度、门的位置和规格、配套设施设备类型(加温、降温、保温、遮光、补光等)和配置方式等。

测量记载塑料大棚的方位,长、宽、高规格,跨拱比和用材种类与规格等。测量记载塑料小棚的方位,长、宽、高规格,骨架材料和规格等。

3.2 不同园艺设施生产应用调查

调查地面简易园艺设施(简易覆盖、近地面覆盖)、地膜覆盖、小型园艺设施(小棚、中棚)和大型园艺设施(大棚、温室)等不同类型园艺设施栽培作物种类、定植时间和产品上市期等,与露地栽培同种类蔬菜相比,上市期提前或延迟天数等,以了解不同类型园艺设施性能特点和应用情况。

4　结果与分析

4.1　不同园艺设施结构示意图的绘制与标注

根据实际调查结果，选择当地应用普遍的塑料薄膜小拱棚、中拱棚、大拱棚、避雨棚、日光温室和连栋温室等设施，绘制出不少于3种类型园艺设施的结构示意图，并注明各部位构件名称和尺寸。

4.2　不同园艺设施配套环境调控设备调查

不同园艺设施在园艺作物周年生产中的作用不同，所采用的环境调控手段也不同。根据实际调查情况，记录所调查园艺设施的配套环境调控设施及其调控目标（温度、湿度、气体等），填入表4-1中。

表4-1　几种常见园艺设施的环境调控设备及调控目标

园艺设施类型	环境调控设备	调控目标
小拱棚		
中拱棚		
大拱棚		
日光温室		
连栋温室		

4.3　不同园艺设施主要栽培作物调查及其合理性评价

通过对当地主要园艺设施生产应用调查，撰写调查报告，包括当地不同园艺设施主要栽培作物的种类、定植期、产品供应期等，对其合理性和进一步优化方案提出建议。

（高丽红　编写）

实验七十　园艺设施覆盖材料的调查

1　引言

园艺设施覆盖材料的种类繁多，性能各异，功能多样。覆盖材料对设施园艺生产至关重要。一方面，它是园艺设施的重要组成部分，用于避风挡雨，遮阳防雹；另一方面，它用来调节园艺设施内作物的生存环境，用于采光、增光、遮光、保温和隔热等。了解不同覆盖材料的特性，为设施生产提供技术指导。

设施园艺生产具有悠久的历史，与此相伴而生的覆盖材料也是源远流长，从低级到高级，从简陋到完善，种类越来越多，功能也越来越齐全。传统覆盖材料主要包括草帘、草苫、纸被、棉被、竹帘和玻璃，现代覆盖材料主要包括塑料薄膜（PVC普通膜、PE膜和EVA膜、防老化膜、双防膜、多功能复合膜、调光膜）、硬质塑料板材（FRP板、FRA板、MMA板、PC板）、镜面反光膜、遮阳网、无纺布、复合保温被和地膜（普通无色透明膜、有色地膜和特殊功能性地

数字资源 4-2

园艺设施覆盖材料

膜)。各种覆盖材料的功能不同,主要功能可概括为:用于园艺设施采光的透明材料,如玻璃、塑料板材和塑料薄膜;用于外覆盖保温的不透明材料,如草苫、草帘和保温被;用于调节光、温环境的半透明或不透明材料,如遮阳网、反光膜、薄型无纺布(数字资源 4-2)。

设施园艺生产对覆盖材料总的要求是性能良好,轻便耐用,价格合理。其中,透明覆盖材料应满足高透光性、高强度、防老化、防雾、防滴、保温等性能;不透明覆盖材料应具备较高的保温性、重量轻、表面洁净光滑、防雨、防雾、柔软易铺卷和经久耐用等性能。透明覆盖材料最主要的功能是采光,要满足设施内作物对光量和光质的要求,因此其采光好不仅仅是透光率高,更主要的是对有利于作物生长发育和设施内增温的光波透过率高,即分光透光率好。理想透明覆盖材料的不同光谱透光率曲线应如图 4-3 所示,即在波长 350～3 000 nm 的可见光、近红外线范围内透过率高,因为 400～700 nm 是光合成有效辐射所在波段,其透过率高有利于促进作物的光合作用。760～3 000 nm 波段有热效应,透过率高有利于室内的增温。在波长＜350 nm 的近紫外区域和波长＞3 000 nm 的红外线区域透过率低,近紫外区域透过率高会加速薄膜老化,波长在 3 000 nm 以上的红外线,是各种物质热辐射失热的主要波段,透过率越低保温性越好。

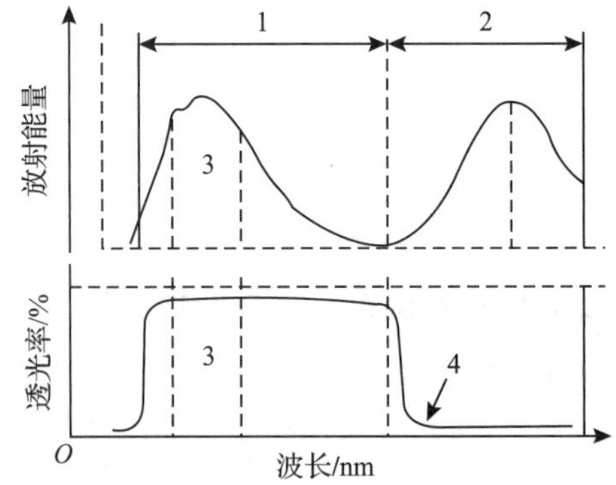

1. 到达地面的太阳光谱 2. 地面向大气的辐射光谱 3. 植物光合成利用范围 4. 理想薄膜透光率

图 4-3 太阳辐射光谱和理想透明覆盖材料透过率

不同透明覆盖材料的分光透光率决定了其在使用过程的升温保温性、使用寿命和对作物光合特性的影响,进而影响作物产量和品质。本实验以各种园艺设施覆盖材料的实物和生产应用场景图片为调查对象,评价不同设施覆盖材料的功能及应用性,训练学生理论结合实际的能力。

2 实验准备

2.1 实验材料

各种园艺设施覆盖材料的实物和生产应用场景图片,包括玻璃、塑料板材、不同类型塑料薄膜(以 PVC、PE、EVA 为基础母料的各种功能性膜、PO 膜、氟素膜等)、草帘、草苫、保温被、遮阳网、反光膜、无纺布、各类地膜等。

2.2 仪器与用具

可见光全波段光照分析仪 PLA-20、游标卡尺等。

3 实验方法

实验室内观看展示的各种覆盖材料，通过视频或图片了解不同类型覆盖材料在生产中的应用场景。选定几种典型透明覆盖材料（可根据本区域常用覆盖材料选择，建议准备相同厚度的 PVC、PE 和 EVA 的普通薄膜、防老化长寿无滴膜、防老化高保温无滴膜和 PO 膜），分别测定它们在＜350 nm 的近紫外区域、400～760 nm 的可见光区域、760～3 000 nm 的近红外区域和＞3 000 nm 的红外区域的分光透过率。

4 结果与分析

4.1 园艺设施覆盖材料的分类与功能评价

通过观看实验室内展示的各种覆盖材料的实物或样本，就其功能（采光、保温、调节光温环境等）进行分类，并描述各种园艺设施覆盖材料的主要用途与功能（表 4-2）。

表 4-2 园艺设施不同覆盖材料的分类与功能评价

类型	名称	主要用途与功能
透明覆盖材料	1.	1.
	2.	2.
	⋮	⋮
半透明覆盖材	1.	1.
	2.	2.
	⋮	⋮
不透明覆盖材料	1.	1.
	2.	2.
	⋮	⋮

4.2 塑料薄膜透光性能分析

根据实验所测结果，记录在表 4-3 中，分析不同类型塑料薄膜透光性能的差异性，讨论不同薄膜耐老化性、保温性、增温性等特点，及其在生产中的应用。

4.3 本地园艺设施覆盖材料调查分析

基于设施园艺作物生长发育对覆盖材料的要求，根据自己家乡的气候特点及设施园艺作物栽培模式等，调查当地园艺设施覆盖材料类型及存在问题，讨论覆盖材料应用的发展趋势。

（高丽红 编写）

表 4-3　不同类型薄膜透光性能分析

薄膜类型	不同波段分光透光率			
	<350 nm	400～760 nm	760～3 000 nm	>3 000 nm
PVC 普通膜				
PVC 防老化膜				
PVC 高保温膜				
PVC 多功能复合膜				
PE 普通膜				
PE 防老化膜				
PE 高保温膜				
PE 多功能复合膜				
EVA 多功能复合膜				
PO 膜				

实验七十一　园艺设施环境的监测与分析

1　引言

光照、温度、湿度、气体和土壤是园艺作物生长发育必不可少的环境因子，这些因子与农作物生长发育存在定性和定量的关系。小气候环境直接影响园艺设施性能与应用。摸清各个环境因子的分布规律及其对园艺作物生长发育的影响，对园艺设施的环境调控与栽培管理具有十分重要的作用。

园艺设施内的环境因子与露地具有显著差异，而且不同设施类型，由于受透明覆盖材料种类、设施采光设计、保温设计、是否有加温或降温等环境调控措施、设施空间大小等因素影响，其小气候环境即设施的性能存在显著差异。相同园艺设施，在不同天气（晴天、阴雨雪天等）条件下，其性能也存在很大不同。农艺措施（如浇水、施肥种类和方式等）也会影响设施内的湿度和气体环境等。因此，掌握不同园艺设施内温度、光照等环境特征及变化规律，对合理选择设施和安排栽培茬口，进行园艺作物周年生产，非常重要。

园艺设施内的光环境包括光照强度、光照时数、光质组成和光分布，它们受建筑方位、设施结构、透光屋面大小和形状、覆盖材料透光特性、干洁程度等多种因素的影响。与露地相比，普遍存在光照强度弱、光照分布不均匀及光质发生改变的问题。设施内热量来源主要是太阳辐射，除加温温室外，所有设施白天都依靠太阳辐射增温。白天太阳光线（波长300～3 000 nm）透过透明覆盖材料入射到地表面，使地面获得太阳辐射热量，通过传导逐渐提高土壤温度。当气温低于地温时，地面也释放热量提高地表面之上的气温。此外，玻璃和薄膜能阻止部分长波辐射，使热量保留在设施内，提高气温。设施的湿度包括空气湿度和土壤湿度两方面，其中空气湿度是在密闭情况下由土壤水分蒸发和植物体内水分的蒸腾形成的，而土壤湿度由灌水量、土壤持水力、土壤蒸发量和作物蒸腾量的大小决定。设施的气体环境主要包括氧气（O_2）、二氧化碳（CO_2）和有害气体（氨气、二氧化氮、乙烯、氯气、氟化氢、臭氧、一氧化碳和二氧化硫等）。设施的土壤环境包括土壤温度、湿度、孔隙度、透气性、养分及水肥固持能力等。

设施环境监测与数据采集的重点包括光照、温度、湿度、气体等。此外，随着传感器技术的发展与进步，一些重要的园艺作物生理特性和指标（如光合速率、叶片温度、蒸腾速率和气孔阻力等）的监测已不难实现。

本实验以日光温室、连栋温室、塑料大棚和小拱棚等园艺设施为调查对象，实地测量设施内小气候条件，使学生了解不同类型园艺设施的小气候特征，促进相关理论知识的学习，提高理论结合实际的能力。

2　实验准备

2.1　观测对象

生产上常用的园艺设施类型如日光温室、连栋温室、塑料大棚和小拱棚等。

2.2　仪器与设备

（1）空气温湿度　通风干湿球温度表或遥测通风干湿球温度表、最高温度表、最低温度表或温湿度自动数据记录仪等。

（2）土壤温度　套管地温表或热敏电阻地温表（电测）。

（3）光照　总辐射表（测定总辐射）、光量子仪（测定光合有效辐射）、照度计（测定光照度）。

（4）CO_2 浓度　红外 CO_2 分析仪（便携式）。

（5）风速　热球或电动风速表。

（6）小气候观测支架。

3　实验方法

3.1　观测内容

园艺设施小气候观测的内容因研究目的和要求不同而异，包括观测对象内空气和土壤温度、空气湿度、光照、CO_2 浓度的分布和气流速度及日变化特征。

3.2　观测点布置

水平观测点的多少，视观测对象的大小而定。例如，一个面积为 300～600 m^2 的日光温室可布置测点 9 个（图 4-4），其中点 5 位于温室中央，称为中央测点。与中央测点相对应，在室外可设置一个对照点，其余各测点以中央测点为中心均匀分布。

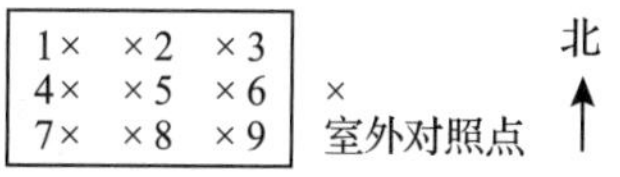

图 4-4　园艺设施小气候观测水平测点分布图

测点高度以设施高度、作物状况、设施内气象要素垂直分布状况而定，在无作物时，可设 0.2 m、0.5 m、1.5 m 三个高度；有作物时可设作物冠层上方 0.2 m，作物层内 1～3 个高度，室外为 1.5 m 高度。土壤中应包括地面和地中根系活动层若干深度，如 0.1 m、0.2 m、0.4 m 等深度。

在人力、物力允许时，可按上述测点布置测定光照度、CO_2 浓度、空气温湿度和土壤温度；如人力、物力不允许，可减少测点，但中央测点必须保留。总辐射、光合有效辐射和风速测定，则一般只在中央测点进行。

3.3 观测顺序

选择典型的晴天或阴天进行观测。为了使设施内获得的小气候资料可进行比较，设施小气候观测的日界定为每日的 20：00。在 1 d（24 h）内，空气温度（图 4-5）、湿度（图 4-6）、土壤温度（图 4-7）、CO_2 浓度、风速观测，每隔 2 h 一次，分别为 20：00、22：00、0：00、02：00、04：00、06：00、08：00、12：00、14：00、16：00 和 18：00，共 11 次，如温室揭、盖保温覆盖物时间与上述时间超过 0.5 h，则应在揭、盖保温覆盖物后，及时加测一次。总辐射、光合有效辐射和光照度，则在每日揭、盖保温覆盖物时段内每隔 1 h 测一次。

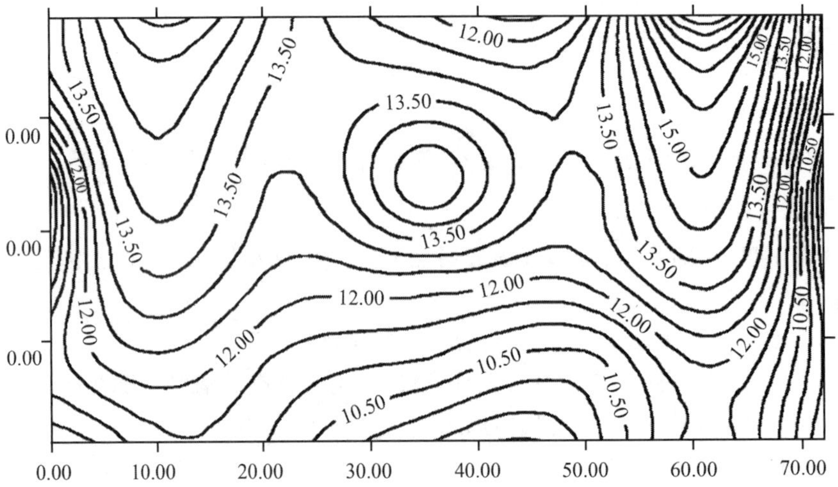

图 4-5　园艺设施内部（地面 1.6 m 处）夜间温度的水平分布图

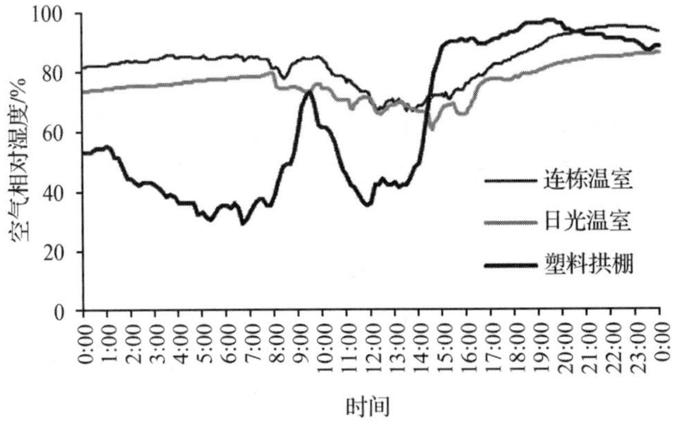

图 4-6　不同园艺设施空气相对湿度的日变化图

3.4 观测时间

视人力、物力情况可采取定点流动观测或线路观测方法。在同一点上取自上而下，再自下而上进行往返两次观测，取两次观测的平均值。

在某一点按流程：光照→空气温、湿度→CO_2 浓度→风速→土壤温度，顺序进行观测。

如有条件采用小气候环境监测设备对不同园艺设施小气候进行自动监测，可在每个设施

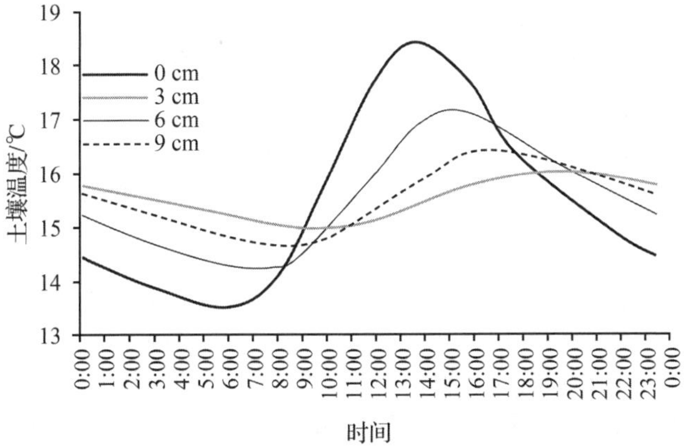

图 4-7　不同时间下园艺设施内土壤温度的垂直分布图

中部安装设备，根据实验目的选择温度传感器（垂直和水平温度分布）数量并按照要求安放传感器，自动采集数据时间至少 7 d，使采集的数据能够包括不同天气下的温度、湿度和光照等，便于后期分析比较不同设施的日变化特点和小气候差异。

3.5　数据统计分析

每个设施 9 个观测点，每个观测点包括 3 个生物学重复，每个生物学重复包括 3 次技术重复。采用 Excel 进行数据统计分析和图表制作，各测定结果以平均值（±标准差）表示。

4　结果与分析

4.1　设施内小气候环境条件分析

选择某个设施类型，将 1 d 连续观测的结果，按测点分别填入表 4-4 中，并绘制成各要素的日变化图、水平分布图（等值线图）和垂直分布图。

表 4-4　园艺设施内小气候环境监测记录

观测点	土壤温度/℃	空气温度/℃	空气湿度/%	光照/lx	CO_2 浓度/(mL/m^3)	气流速度/(m/s)
1						
2						
⋮						
室外对照						

4.2　不同类型设施园艺小气候比较分析

根据获得的数据和绘制成的图表，分析不同园艺设施小气候要素的时空分布特点（与室外观测点比较）及形成的可能原因，如能够获得不同天气环境数据，比较晴天和阴天相同园艺设施和不同园艺设施温光环境特点，并对各种园艺设施结构和管理提出意见和建议。

（高丽红　编写）

第二节 设施栽培管理技术

实验七十二 植物无土栽培营养液的配制

1 引言

无土栽培是指不用天然土壤栽培植物，而是将其栽培在营养液中，这种营养液可以代替天然土壤向作物提供温度、水分、氧气、养分，使作物能够正常生长并完成其整个生命周期。营养液管理是无土栽培的关键性技术，营养液配制则是基础。了解营养液配制的原理、配制技术和营养液使用过程的变化规律，才能使无土栽培获得成功。

营养液是将含有植物生长发育所需要的各种营养元素的化合物溶解于水中配制而成的。营养液组成有六大原则：一是营养全面，即营养液必须含有植物生长所必需的全部营养元素；二是可用状态，即含各种营养元素的化合物必须是根部可以吸收的状态，就是可以溶于水的呈离子状态的化合物；三是营养均衡，即营养液中各营养元素的数量比例应符合植物生长发育的要求、而且是均衡的；四是满足需要，即营养液中各营养元素的无机盐类构成的总盐分浓度及其酸碱反应应适合植物生长要求；五是长期有效，即组成营养液的各种化合物，在栽培植物的过程中应在较长时间内保持其有效状态；六是 pH 平稳，即组成营养液的各种化合物的总体，在被根系吸收过程中造成的生理反应和酸碱反应应是比较平稳的。

营养液配制的原则是：容易与其他化合物起作用而产生沉淀的盐类，在浓溶液时不能混合在一起，即避免生成的难溶性物质产生沉淀。生产上配制的营养液分为浓缩储备液（母液）和栽培营养液（工作液）两种（图 4-8）。为避免在浓缩液的情况下产生沉淀，一般将浓缩储备液分成 A、B 两种母液或 A、B、C 三种母液。A 母液以钙盐为中心，凡不与钙作用而产生沉淀的盐都可溶在一起，如 $Ca(NO_3)_2$ 和 KNO_3，浓缩 100～200 倍；B 母液以磷酸盐为中心，凡不会与磷酸根形成沉淀的盐都可溶在一起，如 $NH_4H_2PO_4$、$MgSO_4$ 和 EDTA-Fe 等微量元素，浓缩 100～200 倍。由于微量元素用量少，可浓缩较高倍数，将各微量元素配制成 C 液，浓缩 1 000 倍。

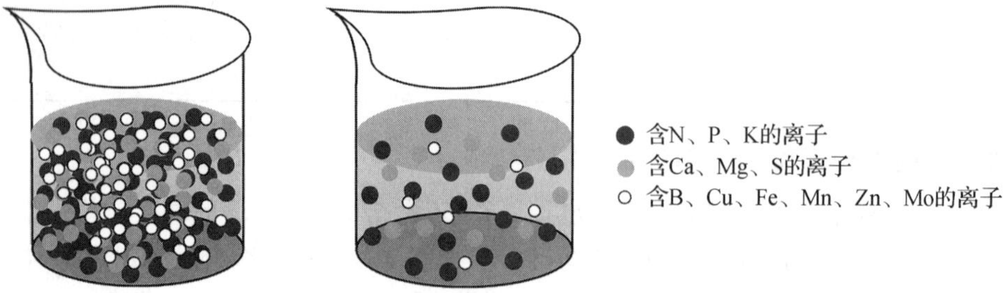

图 4-8 浓缩储备液和栽培营养液示意图

在植物无土栽培过程，营养液的酸碱度(pH)会间接影响营养液中多种元素的有效性，以 pH 5.5～6.8 为宜。pH>7 会导致铁、锰、铜和锌等微量元素沉淀，而 pH <5，容易引起缺钙或元素过量而中毒。营养液浓度可以通过电导率 EC 值间接反应表示，营养液浓度高，EC 值大，二者呈线性关系(图 4-9)。电导率测定的是可溶性盐离子浓度，盐分含量(g/L)＝1.0×EC(mS/cm)。不同作物、不同发育时期所需 EC 值不同，需要在不同季节和生长发育过程中进行调节，夏季每天检测根部基质 EC 值，冬春季节 3～5 d 检测一次。

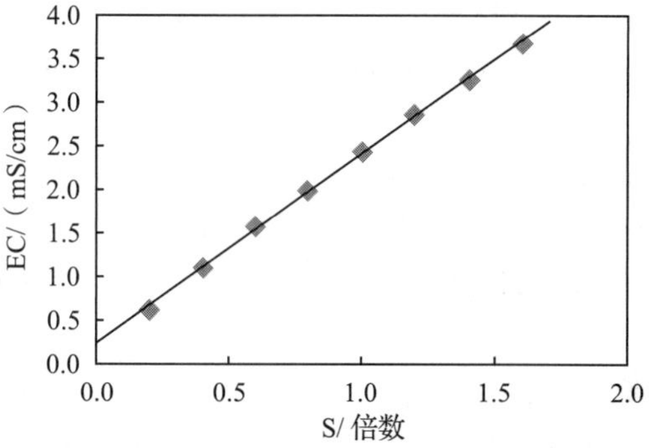

图 4-9　营养液浓度(S)与电导率(EC)间的相关性分析

本实验采用日本园试通用配方，配制无土栽培营养液，进行 pH 和 EC 测定分析，使学生掌握植物无土栽培的原理及营养液的配制原则与方法。

2　实验准备

2.1　实验材料

以日本园试通用配方(表 4-5)为例，准备下列大量元素和微量元素。

(1)大量元素　$Ca(NO_3)_2 \cdot 4H_2O$、KNO_3、$NH_4H_2PO_4$、$MgSO_4 \cdot 7H_2O$。

(2)微量元素　Na_2Fe-EDTA、H_3BO_3、$MnSO_4 \cdot 4H_2O$、$ZnSO_4 \cdot 7H_2O$、$CuSO_4 \cdot 5H_2O$、$(NH_4)_6Mo_7O_{24} \cdot 4H_2O$。

表 4-5　日本园试通用配方

化合物	含量/(mg/L)	化合物	含量/(mg/L)
$Ca(NO_3)_2 \cdot 4H_2O$	945	H_3BO_3	2.86
KNO_3	809	$MnSO_4 \cdot 4H_2O$	2.13
$NH_4H_2PO_4$	153	$ZnSO_4 \cdot 7H_2O$	0.22
$MgSO_4 \cdot 7H_2O$	493	$CuSO_4 \cdot 5H_2O$	0.08
Na_2Fe-EDTA	30	$(NH_4)_6Mo_7O_{24} \cdot 4H_2O$	0.02

2.2　仪器与用具

pH 测定仪、电导率(EC)测定仪、天平(感量 0.01 g)、分析天平(感量 0.001 g、0.000 1 g)等实验所需仪器。根据同学人数分组，每组 2 人，每组准备烧杯(200 mL、500 mL 各 1 个)、量筒(50 mL 和 500 mL 各 1 个)、容量瓶(100 mL 和 1 000 mL 各 1 个)、移液器、玻璃棒、储液瓶(1 000 mL 棕色瓶 3 个),记号笔、标签纸、储液桶等。

3 实验方法

3.1 母液(浓缩液)配制

分成 A、B、C 三个母液:A 母液,200 倍,包括 $Ca(NO_3)_2 \cdot 4H_2O$ 和 KNO_3;B 母液,200 倍,包括 $NH_4H_2PO_4$ 和 $MgSO_4 \cdot 7H_2O$;C 母液,1 000 倍,包括 Na_2Fe-EDTA 和各微量元素。A 母液(×200),所称取肥料量大,溶解慢,可将 KNO_3 一半的用量放到 B 母液中。

A 液(1 000 mL):称取 $Ca(NO_3)_2 \cdot 4H_2O$ 189.00 g 和 KNO_3 161.80 g,放入烧杯中,加少量水溶解后转至 1 000 mL 容量瓶中,加水定容至刻度。

B 液(1 000 mL):称取 $NH_4H_2PO_4$ 30.60 g 和 $MgSO_4 \cdot 7H_2O$ 98.60 g,溶解,定容至 1 000 mL 容量瓶中。

C 液(1 000 mL):称取 Na_2Fe-EDTA 20.0 g、H_3BO_3 2.86 g、$MnSO_4 \cdot 4H_2O$ 2.13 g、$ZnSO_4 \cdot 7H_2O$ 0.22 g、$CuSO_4 \cdot 5H_2O$ 0.08 g 和 $(NH_4)_6Mo_7O_{24} \cdot 4H_2O$ 0.02 g,溶解,定容至 1 000 mL 容量瓶中。其中,Na_2Fe-EDTA 也可用 $FeSO_4 \cdot 7H_2O$ 和 Na_2-EDTA 代替,即按 1 000 倍母液取 $FeSO_4 \cdot 7H_2O$ 13.9 g 与 Na_2-EDTA 18.6 g 混溶即可。

按上述计算结果,准确称取各种化合物用量,按 A、B、C 种类分别溶解于 3 个容器中,并注意物质要逐一加入,前一种溶解后加入下一种。全部溶解后,定容至 1 000 mL。然后装入棕色瓶,并贴上标签,注明 A、B、C 母液的配制时间和浓缩倍数。

3.2 工作营养液的配制

用上述母液配制工作营养液 50 L。分别量取 A 母液和 B 母液各 0.25 L、C 母液 0.05 L,在加入各母液的过程中,务必防止出现沉淀。方法如下:①在储液池内先放入相当于预配工作营养液体积 40%的水量,即水 20 L,再将量好的 A 母液倒入其中。②在加水的同时将量好的 B 母液慢慢倒入其中,并不断搅拌稀释,至达到总水量的 80%为止。③将 C 母液按量加入其中,然后加足水量并不断搅拌,最后测定所配营养液的 pH 和 EC。

3.3 营养液 pH 和 EC 测定

测定前校正 pH 仪和电导仪,测定营养液中 pH 和 EC(mS/cm)。

3.4 数据统计分析

采用 Excel 软件进行数据统计分析和图表制作。

4 结果与分析

4.1 不同浓度营养液配制及 pH 和 EC 测定分析

按表 4-6 配制不同剂量(浓度)的营养液各 100 mL,配制过程同本实验 3.2,测量每个剂量营养液的 pH 和 EC。讨论营养液配制过程中,若用 NH_4-N 代替一半的 NO_3-N,如何替换,替换后的营养液在管理过程中会与原有配方有哪些不同?

表 4-6　不同剂量营养液的母液用量及营养液 pH 和 EC 测定

浓度/(mg/L)	A 母液/mL	B 母液/mL	C 母液/mL	pH	EC/(mS/cm)
去离子水					
0					
0.2					
0.4					
0.6					
0.8					
1.0					
1.2					
1.4					
1.6					

4.2　溶液 EC 标准曲线绘制

根据营养液浓度(S)与电导率(EC)之间的正相关关系，绘制线性回归方程：$EC = a + bS$(a、b 为直线回归系数)。讨论若生产中把需要补充的营养液浓度下限定为 0.4 个剂量，每次补充营养液时都将营养液浓度补充到 1 个剂量，此时测定电导率为 0.63 mS/cm，是否需要补充营养液，若需要，在 1 000 L 的营养液中分别补充 A、B、C 母液用量。

(田永强　编写)

实验七十三　植物无土栽培基质种类及理化性质分析

1　引言

基质栽培是植物无土栽培的重要类型之一。无土栽培所用基质包括无机基质和有机基质。基质的物理性状(容重、比重及大、小孔隙度等)和化学性质(pH、电导率 EC 等)影响基质性能和产生效果。了解各类基质的理化性状，是无土栽培基质配方研发的关键，影响到基质栽培成功与否。

固体基质按基质来源可分为天然基质(如沙、石砾等)和人工合成基质(如岩棉、泡沫塑料、多孔陶粒等)(数字资源 4-3)；按基质组成可分为无机基质(如沙、石砾、岩棉、蛭石、珍珠岩等)和有机基质(如树皮、泥炭、稻壳等)；按基质性质可分为惰性基质(基质本身不供应养分或不具有阳离子代换量，如沙、石砾、岩棉等)和活性基质(基质本身能供给植物养分或具有阳离子代换量，如泥炭、蛭石等)；按基质使用时组分不同可分为单一基质(以一种基质作为生长介质，如沙培、砾培、岩棉培等)和混合基质(由两种或两种以上基质按一定比例混合，克服单一基质造成的容重过轻或过重、通气不良或通气过剩等缺点)。

数字资源 4-3

无土栽培基质类型

无土栽培基质的选择，首先必须了解各种不同基质的理化性质，对植物生长有较大影响的基质的理化性质主要包括基质的容重、比重、孔隙度、化学组成和由此所产生的基质的化学稳定性、酸碱度、物理化学吸附能力(阳离子交换量)、缓冲能力和电导率等。固体基质选用有两个原则：一是适用性，即基质的容重 0.5 左右、总孔隙度 60%左右、大小孔隙比 1∶(1.5～4)，化学稳定性强，酸碱度接近中性，没有毒性物质存在；二是经济性，即就近就地取材，成本低廉，生产效果较好。

一般而言，无机基质通常不含养分或所含养分低，单一成分的有机基质单独作为栽培基质进行无土栽培的时候，因其物理性质如容重过轻或过重、通气不良或保水性差等也难以获得理想栽培效果，因此，常将两种或两种以上基质(包括无机和有机基质)混合形成复合基质来利用。因此，复合基质的配制是基质栽培成功与否的关键环节之一。

本实验以无土栽培中常用基质为研究对象，测定其理化性状，使学生了解植物无土栽培基质的特性、复合基质配比原理及基质配制方法，提高学生理论与实际结合的能力。

2　实验准备

2.1　实验材料

以无土栽培中常用的 3～5 种基质作试材，包括无机基质和有机基质，进行理化性状的测定。常见基质有沙、石砾、珍珠岩、蛭石、椰糠、草炭、锯木屑、稻壳等。

复合基质的配制：结合当地常用基质，可选择 2～4 种基质进行实验。

2.2　仪器与用具

比重瓶(容积 50 mL)、分析天平(感量 0.001 g)、温度计(±0.1 ℃)、滤纸、纱布、烧杯(50 mL)、量筒(50 mL)、真空干燥器、真空泵等用于物理性质测定，pH 计、玻璃电极、饱和甘汞电极、电导仪等用于化学性质测定，电子天平(感量 0.01 g)、量筒(500 mL)、塑料桶(5 L)等用于复合基质配制。

2.3　标准缓冲液配制

饱和 $CaCl_2$ 溶液：通过查表获得氯化钙在实验室内温度下的溶解度，称量，溶于 100 mL 水中。

pH 4.01 标准缓冲液：称取 105 ℃烘过的苯二甲酸氢钾($KHC_8H_4O_4$)10.21 g，用水溶解后定容至 1 L。

pH 6.87 标准缓冲液：称取 50 ℃烘过的 KH_2PO_4 3.39 g、无水 Na_2HPO_4 3.53 g，溶于水后定容至 1 L。

pH 9.18 标准缓冲液：称取硼砂($Na_2B_4O_7 \cdot 10H_2O$)3.80 g，溶于水后定容至 1 L。

3　实验方法

3.1　比重测定

每种基质选取 9 个样本，设定 3 个生物学重复，每个生物学重复包括 3 次技术重复。

(1)称取风干基质样品 10 g，倒入比重瓶内。另称样品 10 g，在 105 ℃ 烘干、称重(G)。

(2)向装有样品的比重瓶中加入蒸馏水，至瓶内容积的一半处，然后徐徐摇动，使样品充分湿润，与水均匀混合之后放入真空干燥器中。

(3)用真空泵抽气排除基质中的空气，抽气时间不得少于 30 min，停止抽气后仍需在干燥器中静置 15 min 以上，然后加满蒸馏水，塞好瓶塞使多余的水自瓶塞毛管中溢出，用滤纸擦干后称重(g_2)，同时用温度计测定瓶内的水温。同时测定不加样品的比重瓶加水的重量(g_1)。

实验结果按公式计算：$M = G \times w/(G + g_1 - g_2)$

式中：M，基质比重(g/cm^3)；w，T℃ 时蒸馏水比重(g/cm^3)。

3.2　容重测定

将自然状态(或生产状态)下的基质放入一个已知体积的容器(烧杯或量筒)后，倒出，称基质质量，用质量除以体积。

3.3　总孔隙度测定

总孔隙度指基质中包括大小孔隙(通气孔隙和持水孔隙)在内所有孔隙的总和。以占有基质体积的百分比表示。

$$总孔隙度=(1-容重/比重)\times 100\%$$

3.4　大小孔隙度测定

取一个已知体积(V)的容器。加满待测的风干基质称取质量(W_1)。然后，加入蒸馏水放入真空干燥器，用真空泵抽气 30 min，再加满水称取质量(W_2)后，将容器上口用一已知质量的湿润纱布(W_3)包住，将容器倒置，让容器中的水分流出，放置 2 h 左右，直至容器中没有水分渗出为止，称取质量(W_4)。

$$大孔隙(\%)=(W_2+W_3-W_4)\times 100/V$$

$$小孔隙(\%)=(W_4-W_1-W_3)\times 100/V$$

3.5　pH 测定

把电极插入与基质浸提液 pH 接近的缓冲液中，校正待用。

称取风干基质 10 g，于 50 mL 烧杯中，加蒸馏水 25 mL，振荡 5 min，再静置 30 min。然后用 pH 计测定。

3.6　电导率测定

取风干基质 10 g，加入蒸馏水 50 mL，振荡浸提 10 min，过滤，取其滤液用电导仪来测电导率(mS/cm)。

3.7　复合基质的配制

根据预先设定的复合基质配方，分别量取不同体积的基质，导入配制容器中(塑料桶)。

有机基质的原料丰富易得，处理加工简便，可就地取材，如玉米秸、葵花秆、油菜秆、麦秸、大豆秆、棉花秆等，农产品加工后的废弃物如椰子壳、菇渣、蔗渣、酒糟等，都可以使用。无机基质如蛭石、珍珠岩、炉渣、沙等，加入量依调整需要而定。有机物与无机物之比按体积计，在 2/8～8/2。

常用的混合基质：4 份草炭与 6 份炉渣，5 份沙与 5 份椰子壳，5 份葵花秆、2 份炉渣与 3 份锯末;7 份草炭与 3 份珍珠岩等。

将各基质混合,搅拌均匀。测定混配好的复合基质的 pH、EC、总孔隙度和大小孔隙比。

3.8 数据统计分析

采用 Excel 和 SPSS 软件进行数据统计分析和图表制作,各测定结果以平均值(±标准差)表示,$P<0.05$ 表示差异显著,$P<0.01$ 表示差异极显著。

4 结果与分析

4.1 不同类型基质理化性质分析

根据实验,将测定结果记录在表 4-7 中,分析不同类型基质的物理化学性状。

表 4-7 不同类型基质的理化性质分析

理化性质	无机基质				有机基质				复合基质			
	1	2	3	平均	1	2	3	平均	1	2	3	平均
比重/(g/cm³)												
容重/(g/cm³)												
总孔隙度/%												
大孔隙度/%												
小孔隙度/%												
大小孔隙比												
pH												
电导率/(mS/cm)												

注:此表格可根据实际情况扩充

4.2 适于园艺作物生长的复合基质配方选择

根据所学的知识和对各种基质的认识及实验结果,初步提出一种适于某种园艺作物生长的复合基质的配比。

(田永强 编写)

实验七十四 园艺作物栽培基质的配制与应用

1 引言

无土基质栽培已成为蔬菜、花卉等作物生产的一种重要方式。按照所采用的栽培基质不同,可以分为砾培、沙培、岩棉培和有机生态型无土栽培等;按照盛装基质方式不同,可以分为槽培、袋培和盆栽等。

砾培所用的石砾以花岗岩碎石最为理想,要求质硬而未风化,棱角较钝,粒径 5~15 mm 范围,其中 13 mm 左右的占 1/2 左右,容重约为 1.5 g/cm³,总孔隙为 40%左右,持水孔隙占 7%左右,这样既能保水,又能保持良好的透气性。沙培也可看作是砾培的一种,但其粒径小

(0.02～2 mm)，保湿性好，故其供液方式不同于砾培，不是漫灌循环供液而是滴灌开放供液，营养液的管理要点是干、湿适度。岩棉是一种疏松多孔可成型的固体基质，岩棉培就是将植物种植于一定体积的岩棉块中，让作物在其中扎根锚定、吸水、吸肥。由于营养液利用方式不同，岩棉培可分为开放式岩棉培和循环式岩棉培两种，规模化岩棉栽培均采用循环供液方式。有机生态型无土栽培是指不用天然土壤而使用基质，不用传统的营养液灌溉植株根系而使用有机固态肥并直接用清水灌溉作物的一种无土栽培技术。因而有机生态型无土栽培技术仍具有一般无土栽培的特点，如提高作物产量与品质、减少农药用量、产品洁净卫生、节水、节肥、省工，一次性投入成本和运行成本相对较低，在我国应用面积较大，尤其是在发展非耕地蔬菜生产上发挥了重要作用。

本实验以常见栽培基质为研究对象，分析比较不同栽培基质对园艺作物生长的影响，使学生掌握基质栽培的基本理论和技术要点，提高理论结合实际的能力。

2　实验准备

2.1　实验材料

各种蔬菜、花卉的种子或繁殖器官，草炭、蛭石、珍珠岩等栽培基质。

2.2　营养液母液配制

配制日本园试通用营养液，设定 A、B、C 三种母液。其中 A、B 母液浓缩 200 倍，C 母液浓缩 1 000 倍，配制方法参见实验七十二。

2.3　实验用具

128 孔穴盘、72 孔穴盘、栽培槽、栽培盆、栽培袋、铁锹等。

3　实验方法

3.1　栽培基质的准备

3.1.1　幼苗培育

叶菜类蔬菜或草本花卉可直播在栽培容器内，球根花卉种球也可直接种植，无须育苗。

果菜类、一年生或二年生花卉育苗：对于苗期生长期较长的蔬菜或花卉，可采用 72 孔穴盘育苗。将育苗基质装入穴盘，种子直播在孔穴中间，每穴 1 粒，出苗前保持水分供应，出苗后每隔 2～3 d 浇 1 次 1/3～1/2 日本园试配方营养液，保证养分供应。待幼苗具有 3～4 片真叶时即可定植在栽培容器中。

宿根花卉幼苗培育：采用 9 cm×9 cm 营养钵扦插或分株法育苗，将基质装入营养钵，扦插条或幼株种植在营养钵中间，每钵 1 株，生根前置于阴凉处缓苗，避免阳光暴晒和高温，待幼苗长出新根后，再培养 1 个月长出新芽或新叶后定植。

3.1.2　栽培容器选择

基质培可选择槽式栽培、袋式栽培或盆栽。

栽培槽：可选择砖槽、水泥槽、泡沫槽、塑料槽等。需要搭架的植株如番茄、黄瓜等栽培槽宽度可设定 30～40 cm，不需搭架、长势较小的植株如生菜、万寿菊、一串红等可设定 100～120 cm。栽培槽长度根据设施长度和供液设备供液能力设定，栽培槽底部最好有排水管道。

应首先在栽培槽底部铺一层较厚的塑料薄膜，用于隔离土壤病虫害。

栽培袋：可选择黑色、黑白双色塑料栽培袋。根据种植植物种类不同，栽培袋大小有较大差异，如同样为果菜类蔬菜，单株定植多采用圆柱状栽培袋，多株定植多采用长条状栽培袋，栽培袋长度依据栽培植株数量不同，一般为 50～120 cm、宽 20～40 cm、高 10～15 cm。栽培袋底部需要均匀打孔，孔径 3～5 cm，以排除多余的水分。

栽培盆：可选择塑料盆、泥盆等，要求栽培盆底部或侧面具有排水孔，能够及时排除较多的水分。根据种植植物种类不同，栽培盆的选择有较大差异，一般长势强、生长期长的植株需选择直径 45～50 cm、高度为 20～30 cm 的栽培盆，长势较小、生长期短的植株可选择较小的栽培盆，如直径 15～20 cm、高度为 10～15 cm 的栽培盆，盆栽多用于绿化草花生产和家庭园艺中的盆栽蔬菜等的生产。

3.1.3 栽培基质配制

本实验选择蛭石、珍珠岩为无机基质，草炭为有机基质，选择单一基质(珍珠岩)、复合基质[(草炭和蛭石(1∶3)或草炭、蛭石和珍珠岩(1∶2∶1)]为栽培基质。

将单一珍珠岩和配制好的复合基质装入栽培容器内，栽培袋或栽培盆在设施内整齐排列。每种基质选择 9 个样本，设定 3 个生物学重复，每个生物学重复包括 3 次技术重复。

3.1.4 安装滴灌系统

槽式栽培安装滴灌带，每槽安装 2 条，然后覆盖塑料地膜即可；栽培袋、栽培盆安装滴灌系统，栽培袋每孔一个滴箭，栽培盆每盆一个滴箭，保证营养液供应。

3.2 播种或定植

(1) 打开滴灌系统开关，保证基质 40%～50%持水量。

(2)将叶菜类蔬菜或草本花卉种子撒播在栽培槽内，球根花卉种球也可直接种植在栽培槽内，株距 10～15 cm，行距 15～20 cm。

(3)选取生长健壮的穴盘苗或营养钵培育的蔬菜、花卉幼苗，轻轻带坨拔出，尽量减少基质散落，将幼苗连同基质一同定植到栽培槽、栽培袋或栽培盆中均可。

3.3 定植后管理

幼苗定植后，立即灌水，保证基质含水量 90%～100%，以利于迅速缓苗。3～5 d 后，适当降低基质湿度，保持基质含水量 80%～90%，以免水分过多引起徒长。

根据基质的持水能力、栽培设施内的温度、光照等环境条件及植株生长阶段，及时调整每天营养液的灌溉次数和每次的供液量。无土栽培营养液管理与土壤栽培的不同之处在于，无土栽培为限根栽培，基质的透气性更好，因此营养液供给是少量多次，一般每天需要供液 2～15 次不等。为防止基质内盐分累积，每日供液总量是其需求量的 120%左右，即有 20%左右的回液，以保证养分供应充分。

其他温湿度管理等与土壤栽培相同，根据植株生长阶段对环境要求，采用合理调控技术，尽量维持温湿度条件在作物生长适宜范围内。

3.4 数据统计分析

采用 Excel 软件进行数据分析和图表制作，各测定结果以平均值(±标准差)表示。

4　结果与分析

4.1　园艺作物基质栽培管理的技术要点分析

总结基质栽培实验的操作程序及其技术要领。基质栽培幼苗定植后，分组进行基质含水量、设施温度和湿度以及其他农事操作管理，基质栽培 20～50 d 后，测定植株长势或产品产量和品质（表 4-8），讨论作物基质栽培管理的技术要点。

4.2　不同栽培基质对园艺作物生长的影响

根据植株长势（表 4-8），分析单一基质、复合基质栽培及土壤栽培对植株长势和产量等的影响，讨论基质栽培的优缺点。

表 4-8　不同栽培基质对园艺作物生长的影响评价

作物生长指标	单一基质栽培				复合基质栽培				土壤栽培			
	1	2	3	平均	1	2	3	平均	1	2	3	平均
株高/m												
茎粗/mm												
叶长/cm												
叶宽/cm												
叶片数												
单株鲜质量/g												
单株干质量/g												
单株产量/g												
果实品质												
⋮												

注：此表格可根据实际情况删减或扩充

（田永强　编写）

实验七十五　电热温床的设计与制作

1　引言

电热温床是在阳畦的基础上改进的园艺设施。它除了具有防寒保温作用以外，还可以通过电热线加温等来提高地温，以补充日光增温的不足，因此是一种简单实用的园艺作物育苗设施。电热温床育苗是园艺作物早春育苗普遍采用的方法，其按照不同园艺作物、不同生育阶段对温度的需求，能够稳定地控制地温、培育壮苗。通过配合塑料大棚、日光温室等，电热温床可进行人为控温，供热时间准确，土壤温度分布均匀，不受自然环境条件制约，提高苗床利用率，节省人力、物力，改善作业条件，安全有效，能在较短的期间内育出大量合格幼苗，是园艺作物商品化育苗的一条有效途径。

电热温床是在阳畦内或小拱棚内以及大棚或温室内的苗床上铺设电热线而成的。电热线埋入土层深度 10 cm 左右，但如果用育苗钵或营养土块育苗，则以埋入土中 1～2 cm 为宜。铺线拐弯处，用短棍隔开，避免死弯。电热加温是利用电流通过阻力大的导体将电能转变成热能，使床土(或空气)加温，并保持在一定温度。这种加温方法，1 kWh 电可产生 3 599 960 J 的热量。电热加温升温快，温度均匀，调节灵敏，使用时间不受季节的限制，同时又可自动控制加温温度，有利于园艺作物幼苗生长发育。

电功率密度、总功率和电热线数量是电热温床的重要参数。单位苗床或栽培床面积上需要铺设电热线的功率称为电功率密度。电功率密度的确定，应根据作物对温度的要求所设定的地温和应用季节的基础地温，以及设施的保温能力而决定(表 4-9)。一般而言，早春用电热温床进行果菜类蔬菜育苗时，其电功率密度可在 70～140 W/m^2；我国华北地区冬季阳畦育苗时电功率密度以 90～120 W/m^2 为宜，温室内育苗时以 70～90 W/m^2 为宜；东北地区冬季温室内育苗时以 100～130 W/m^2 为宜。

表 4-9　电热温床电功率密度选用参考值　　W/m^2

设定地温/℃	基础地温/℃			
	9～11	12～14	15～16	17～18
18～19	110	95	80	—
20～21	120	105	90	80
22～23	130	115	100	90
24～25	140	125	110	100

总功率是指苗床或栽培床需要电热加温的总功率。总功率可以用电功率密度乘以面积来确定，即，总功率(W)＝ 电功率密度(W/m^2)×苗床或栽培床总面积(m^2)。电热线数量的确定可根据总功率和每根电热线的额定功率来计算，电热线数量(根)＝总功率(W)/额定功率(W/根)。由于电热线不能剪断，所以计算出来的电热线数量必须取整数。

本实验采用实地布线设计电热温床，使学生掌握电热温床的设计原则与制作方式，辅助相关理论知识的学习，提高实践操作技能。

2　实验准备

2.1　实验仪器和材料

控温仪、农用电热线(可选用 400 W、600 W、800 W、1 000 W 等规格)、交流接触器(设置在控温仪与加热线之间，以保护控温仪，调控电流)，以及配套的电线、开关、插座、插头和保险丝等。

2.2　实验用具

钳子、螺丝刀、电笔、万用电表等电工工具。

3　实验方法

3.1　电热线铺设各种数据计算

按照设定的电功率密度、苗床面积计算总功率，根据总功率选择电热线规格及数量，根据苗床的长和宽,计算电热线铺设的平均间距(表 4-10)。为了使电热温床的温度分布均匀,布线时中部电热线间距适当稀疏,边缘电热线间距适当密集。根据计算的平均间距,对不同位置的布线距离进行调整,为后续布线做好准备。

表 4-10 不同电热线规格和设定电功率密度的平均布线间距 cm

设定电功率密度/(W/m^2)	电热线规格			
	每条 60 m 长 400 W	每条 80 m 长 600 W	每条 100 m 长 800 W	每条 120 m 长 1 000 W
70	9.5	10.7	11.4	11.9
80	8.3	9.4	10.0	10.4
90	7.4	8.3	8.9	9.3
100	6.7	7.5	8.0	8.3
110	6.1	6.8	7.3	7.6
120	5.6	6.3	6.7	6.9
130	5.1	5.8	6.2	6.4
140	4.8	5.4	5.7	6.0

3.2 布线

在苗床床底铺好隔热层,压少量细土,用木板刮平,就可以铺设电热线。布线时,按照计算好的不同位置的间距,在床的两端距床边 10 cm 远处插上短棍,按照图 4-10 把电热线贴地面绕好,电热线两端的导线部分从床内伸出来,用于连接电源及控温仪等。布线完毕,立即在上面铺好床土。电热线不可相互交叉、重叠、打结;布线的行数最好为偶数,以便电热线的引线能在一侧,便于连接。若所用电热线超过两根时,各条电热线都必须并联使用而不能串联。

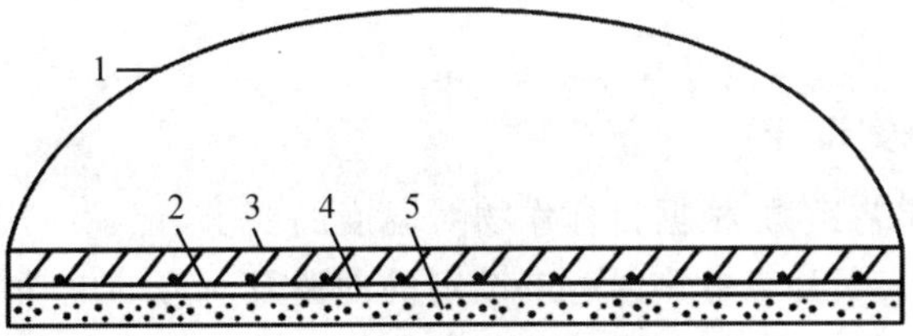

(a) 剖面图

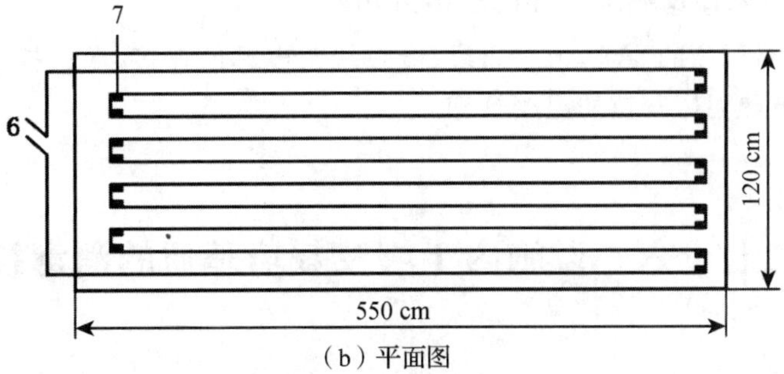

(b) 平面图

1. 薄膜 2. 电热线 3. 床土 4. 细土层 5. 隔热层 6. 电热线导线 7. 短竹棍(一次性筷子)

图 4-10 电热线布线示意图(高丽红,2021)

3.3 电热线与电源的连接

电热加温的设备主要有电热线、控温仪、继电器(交流接触器)、电闸盒、配电盘(箱)等。其中,电热线和控温仪是主要设备。但如果电热温床面积大,电热线安装的功率超过控温仪的直接负载能力时(≥2 000 W),则需要在控温仪和电热线中间安装继电器。

如果育苗量小,电热温床可只用一根电热线,功率为 1 000 W 或 1 100 W。不超过控温仪负荷时,可直接与 220 V 电源线连接,把控温仪串联在电路中即可。如果用 2 根电热线,电热线应并联,切不可串联,否则电阻加大,对升温不利。如用 3 根以上多组电热线,控温仪及电热线间应加交流接触器,使用三相四线制的星形接法,电热线应并联,力求各项负荷均衡。

3.4 控制温度

根据不同园艺作物及育苗过程中不同生育阶段对地温的要求,调整土壤温度达到最适状态。利用电热温床育苗,浇水量要充足,要小水勤灌,控温不控水,否则会因缺水影响幼苗生长。

3.5 注意事项

(1)如果连接的电热线较多,电热温床的设计及安装最好由专业电工操作。

(2)电热线布线靠边缘要密,中间要稀,总量不变,使温床内温度均匀。

(3)用容器育苗可先在电热线上撒一层稻壳或铺一层稻草,然后直接摆放育苗钵或育苗盘(穴盘)。

(4)电热线不可重叠或交叉接触,不打死结。注意劳动工具不要损伤电热线。拉头要用胶布包好,防止漏电伤人。电热线用后,要清除盖在上面的土,轻轻提出,擦净泥土,卷好备用。控温仪及交流接触器应存于通风干燥处。

(5)选择一天中棚内最低温度的时间(主要是夜间)加温,并充分利用自然光能增温、保温。

(6)床上作业时要切断电源,注意人身安全。

4 结果与分析

4.1 电热温床个案设计

在当地选定一个园艺作物,根据目标作物对温度的要求,记录应用季节的基础地温,个案设计一个适合的电热温床,计算电热温床应设定的地温及对应的电功率密度。基于设定的电功率密度和电热线的实际规格,按所需的总功率的电热线总长计算出布线的平均间距。

4.2 电热温床制作及温度管理的技术分析

根据目标作物对温度的要求,记录布线、电热线与电源的连接、温度控制过程中的操作要点,讨论如何进行电热温床育苗的温度管理。

(田永强　编写)

实验七十六　设施内土壤及栽培基质的消毒技术

1 引言

设施栽培土壤及基质在连续多茬种植后,常因生物学环境恶化导致质量下降,具体表现为病原菌和植物寄生线虫增多。因此,设施栽培土壤及栽培基质的消毒是设施园艺作物高产稳产的重要环节。设施栽培土壤及栽培基质的消毒技术有多种,不同消毒技术成本、针对的土壤问题、对操作人员要求等存在差异。生产中应根据土壤问题、技术水平、成本效益核算、预期效果等选择适宜的土壤或基质消毒技术,做到投入产出最大化。

在土壤和基质中,通常有病原菌、害虫等有害生物,微生物、硝酸细菌、亚硝酸细菌、固氮菌等有益生物。正常情况下,这些微生物在土壤和基质中保持一定的平衡,但连作时由于植株根系分泌物质的不同或病株的残留,引起土壤中生物条件的变化,打破了平衡状况,造成连作危害。在设施栽培条件下,为了消灭病原菌和害虫等有害生物,可以进行土壤消毒。目前,常用的土壤消毒技术可分为物理消毒、化学消毒和生物熏蒸消毒技术。

药剂消毒是将化学、生物制剂通过注射、喷施、熏蒸等方式,施用到土壤中以杀死土壤中病原菌、地下害虫、线虫、杂草种子等。主要使用的药剂有甲醛、硫黄粉、氯化苦、石灰氮(氰氨化钙)、威百亩、1,3-二氯丙烯、辣根素等。药剂消毒具有价格低廉、作用迅速、高效且可以有效地降低土壤中有害病原菌数量等特点,是当前土壤消毒使用最多的方法之一。但是,若种植者使用化学药剂不规范,极易导致农药残留、地下水污染和破坏臭氧层等问题。蒸汽消毒是土壤热处理消毒中最有效的方法,以杀灭土壤中有害微生物为目的。大多数土壤病原菌用 60 ℃蒸汽消毒 30 min 即可致死,但对烟草花叶病毒(TMV)等病毒,需要 90 ℃蒸汽消毒 10 min。多数杂草种子,需要 80 ℃左右的蒸汽处理 10 min 才能灭活。蒸汽消毒的优点是:①无药剂的毒害;②不用移动土壤,消毒时间短、省工;③因通气能形成团粒结构,可提高土壤的通气性、保水性和保肥性;④能使土壤中不溶态养分变为可溶态,促进有机物的分解;⑤能和加温锅炉兼用;⑥消毒降温后即可栽培作物。

本实验实地调研当地设施生产中土壤或基质消毒处理方法,使学生掌握土壤与基质的消毒原理与方法,提高生产实践技能。

2　实验准备

2.1　试剂

甲醛、硫黄粉、氯化苦、氰氨化钙等化学药剂或辣根素等生物制剂。

2.2　仪器与用具

蒸汽机、小型翻耕机械、铁锹等。

3　实验方法

3.1　药剂消毒

根据药剂性质,或灌入土壤中或洒在土壤表面。

(1)甲醛　用于温室土壤或育苗床土消毒,消灭土壤中的病原菌,同时也杀死有益微生物,使用浓度 50～100 倍。使用时先将温室土壤或苗床内土壤翻松,然后用喷雾器均匀喷洒在地面上再稍翻耕一下,使耕作层土壤都能沾着药液,并用塑料薄膜覆盖地面保持 2 d,使甲醛充分发挥杀菌作用以后揭膜,打开门窗,使甲醛散发出去,2 周后可以定植作物。

(2)硫黄粉　用于温室及床土消毒,消灭白粉病菌、红蜘蛛等,一般在播种前或定植前 2～3 d 进行熏蒸,熏蒸时要关闭门窗,熏蒸 24 h 即可。

(3)氯化苦 主要用于防治土壤中的线虫，将床土堆成高 30 cm 的长条，宽由覆盖薄膜的幅宽而定，每 30 cm^2 注入药剂 3～5 mL，至地面下 10 cm 处，之后用薄膜覆盖 7 d(夏)到 10 d(冬)，以后将薄膜打开放风 10 d(夏)到 30 d(冬)，待没有刺激性气味后再使用。本药剂使用后也同时杀死硝化细菌，抑制氨的硝化作用，但在短时间内即能恢复。药剂使用后密闭门窗保持室内高温，能提高药效，缩短消毒时间。氯化苦对人体有毒，土壤消毒完成后，需及时开窗通风。

上述 3 种药剂在使用时都需提高室内温度，使土壤温度达到 15～20 ℃，10 ℃以下不易汽化，效果较差。采用药剂消毒时，可使用土壤消毒机，土壤消毒机可使液体药剂直接注入土壤到达一定深度，并使其汽化和扩散。面积较大时需采用动力式消毒机，按照运作方式有犁式、凿刀式、旋转式和注入棒式 4 种类型。其中凿刀式消毒机，是悬挂到轮式拖拉机上牵引作业，作业时凿刀插入土壤并向前移动，在凿刀后部有药液注入管将药液注入土壤之中，而后以压土封板镇压覆盖。与线状注入药液的机械不同，注入棒式土壤消毒机利用回转运动使注入棒上下运转，以点状方式注入药液。

(4)石灰氮(氰氨化钙) 石灰氮作为一种高效的土壤消毒剂，其分解的中间产物氰胺和双氰胺对土壤中的微生物和昆虫具有很强的杀灭和驱避作用。采用石灰氮结合高温日晒闷棚，对土壤中镰刀菌的有效杀灭率可达到 99%以上，可有效控制设施黄瓜栽培中枯萎病的发生。

将氰氨化钙全面均匀撒在土表后，通过小型翻耕机械或人工翻耕使其与表土混合均匀，如能混合秸秆或稻草效果更佳。药剂与土壤、秸秆混合后灌水覆膜，保持土壤有一定湿度，使氰氨化钙颗粒分解(氰氨化钙分解期间保持土壤湿度 60%～70%效果好)。施用氰氨化钙后 10～20 d，即可播种或定植，一般每亩氰氨化钙的用量为 60 kg。

3.2 蒸汽消毒

在土壤或基质消毒之前，需将待消毒的土壤或基质疏松好，用帆布或耐高温的厚塑料膜覆盖在待消毒的土壤或基质表面上，四周要密封，并将高温蒸汽输送管放置到覆盖物之下。每次消毒的面积与消毒机锅炉的能力有关，要达到较好的消毒效果，每平方米土壤每小时需要 50 kg 的高温蒸汽。也有几种规格的消毒机，因有过热蒸汽发生装置，每平方米土壤每小时只需要 45 kg 的高温蒸汽就可达到预期效果。根据消毒深度的不同，每次消毒时间的要求也不同。需要说明的是，因消毒时各种相关因素和条件，如土壤类型、天气等差异很大。

4 结果与分析

4.1 某类型土壤(或基质)化学药剂和蒸汽消毒效果评价

详细记录调查地点采用的土壤或基质消毒的消毒材料、器械及相关用量和用法，描述该具体方法的特点并评价其消毒效果(表 4-11)。消毒效果既可以通过检测土壤中的病原菌进行直接评价，也可以通过调查消毒土壤中栽培作物的长势和产量进行间接评价。无论哪种评价方式，都应以未消毒土壤为对照。

表 4-11　土壤或基质不同消毒方法及效果评价

观测参数		药剂消毒	蒸汽消毒
消毒材料			
器械			
相关用量和用法			
特点			
消毒效果	对照土壤		
	消毒土壤		

4.2　不同类型化学药剂消毒处理的生产效果分析

调查化学药剂处理后的土壤或基质栽培作物的长势和产量(表 4-12),以未处理的土壤或基质作为对照,对比分析不同化学药剂消毒处理的生产效果,讨论不同药剂的生产应用性,如何消除或缓解药剂对土壤有益微生物的不利影响。

表 4-12　不同化学药剂消毒效果评价

化学药剂	每亩施用量/kg	施用方式	作物长势	作物产量
甲醛				
硫黄粉				
氯化苦				
石灰氮				
未处理(对照)				

(田永强　编写)

实验七十七　设施内二氧化碳的施用技术

1　引言

在半封闭或完全封闭的园艺设施内,园艺作物不断地从有限的空气中吸收二氧化碳(CO_2),同时外界大气中 CO_2 又不能及时补充,造成设施内 CO_2 浓度很低,不能充分满足植株生育需要而减产。因此,监测设施内 CO_2 浓度及人为补充 CO_2(CO_2 施肥),是园艺作物设施栽培高产优质的关键技术。

在温室中,CO_2 的收支模式如图 4-11 所示,一天之中 CO_2 的变化规律是昼低夜高。当温室土壤中有机质含量较高时,土壤微生物活动以及有机物发酵可以释放出一定量的 CO_2,呼吸作用也消耗温室中的氧气,呼出 CO_2。因此,在一天之中的夜间,土壤释放和植物的呼吸放出 CO_2 是其积累的主要原因,到凌晨时刻温室内 CO_2 积累到较高浓度,可达 600 μL/L 以上,最高可达 2 000 μL/L。日出后,随着作物开始旺盛地进行光合作用,室内 CO_2 浓度迅速降低,在 1～2 h 内,室内 CO_2 浓度可降到低于室外大气的 CO_2 浓度。在密闭的温室中,到正午时甚至可能降低至 100 μL/L 以下。

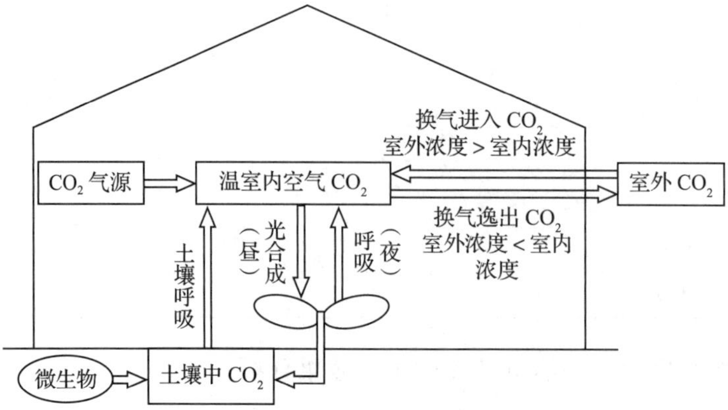

图 4-11　温室内和土壤中 CO_2 收支模式图

设施内各部位的 CO_2 浓度分布不均匀。以温室为例，晴天，当室内天窗和一侧侧窗打开时，作物生育层内部 CO_2 浓度降低到 135～150 μL/L，比生育层的上层低 50～65 μL/L，仅为大气 CO_2 标准浓度的 50%左右。但在傍晚或阴雨天则相反，生育层内 CO_2 浓度高，上层浓度低。设施内 CO_2 浓度分布不均匀，使各部位的植株产量和产品质量也不一致。

从光合作用的角度，接近饱和点的 CO_2 浓度为最适 CO_2 施用浓度，但是 CO_2 饱和点受作物、环境等多因素制约，实际操作中很难掌握，而且施用饱和点浓度的 CO_2，在经济方面也不合算。通常以 800～1 500 μL/L 作为多数作物的推荐施肥浓度，具体依作物种类、生育时期、光照及温度等条件而定，如晴天和温度高时施肥浓度宜高，阴天和冬季低温弱光季节施用浓度宜低。CO_2 施用浓度过高易引起作物生长异常，产生叶片失绿黄化、卷曲畸形和坏死等症状。

CO_2 施用时间，必须在一定的光强和温度下进行。即在其他条件适宜，而只因 CO_2 不足影响光合作用时施用，才能发挥其良好的作用。一般温室在上午随着光照的加强，CO_2 浓度因植株的吸收而迅速下降，这时应及时进行 CO_2 施用。冬季（11 月至翌年 2 月）CO_2 施用时间约为上午 9:00，东北地区可适当延后，可在室内见光后 1 h 左右进行，春秋两季可适当提前。中午设施内温度过高，需要进行通风，可在通风前 0.5 h 停止 CO_2 施用，下午一般不施用。至于生育期中以哪个时期施肥最好，随作物种类而不同，一般施用 CO_2 促进光合作用的效果取决于库的大小，在产品器官形成速度快的时期，施用效果较显著。

设施内二氧化碳施用技术包括很多种，如有机肥或作物秸秆发酵、燃烧碳氢化合物、燃烧普通燃煤或焦炭、液态 CO_2 和化学药剂发生 CO_2（碳酸氢铵与硫酸反应产生 CO_2）等。各种 CO_2 施用技术的适用性不同，根据设施类型选用简便易行的技术措施。

本实验以当地常用设施 CO_2 施肥技术为对象，采用小规模实验与实地调查相结合的方法，使学生了解设施内 CO_2 施肥的原理与施用技术要点。

2　实验准备

2.1　实验材料

实验材料根据实验中选择的方法有所不同。可选择下述材料中的任意一组（个）：①有机肥和作物秸秆；②碳氢化合物（煤油、天然气或液化石油气等）；③液态 CO_2；④碳酸氢铵与硫酸(或碳酸钙与盐酸)。其中,①~④分别对应本实验的实验方法 3.1~3.4。

2.2 实验仪器

便携式 CO_2 浓度检测仪。

3 实验方法

3.1 有机肥和作物秸秆发酵法

(1)挖土开沟 沟的走向与温室后墙垂直,一般为南北向。每个沟的长度、宽度、深度分别为 7.2 m、70 cm 和 20 cm。将挖出的土壤置于沟两侧备用。

(2)填充物料 向所挖的沟中填充秸秆生物反应堆原料。秸秆生物反应堆由 2 层未粉碎的玉米秸秆和 2 层腐熟的牛粪构成。每层秸秆的施用量分别为 30 t/hm^2,合计 60 t/hm^2;两层牛粪的施用量分别为 0.43 t/hm^2,合计 0.86 t/hm^2。秸秆生物反应堆的初始 C/N 值为 30.5。

(3)起垄做畦 将开沟挖出来的土覆盖在秸秆生物反应堆上层,做成高 20 cm、下底 70 cm 和上底 60 cm 的栽培畦。

(4)浇水渗透 在每个栽培畦上浇水约 56 L,使得最终的土壤含水量为田间持水量的 120%,以保证秸秆生物反应堆湿透。

(5)打孔换气 为了保证秸秆生物反应堆与外界空气有足够的气体交换,用一根直径 12 mm 的钢筋在栽培畦上打深度为 40 cm 的孔,行内孔距为 20 cm,行间孔距为 25 cm。每个栽培畦共打孔 118 个。

(6)栽苗定植 将作物幼苗定植在栽培畦上。在作物生长期间,每隔 15 d,采用上述方法打孔一次。

3.2 碳氢化合物燃烧法

依靠燃烧煤油、天然气或液化石油气等燃料获得 CO_2。燃烧 1 L 煤油可产生 2.5 kg (1.27 m^3) CO_2 和 33 440 kJ 热量。要求燃烧后的气体中的 SO_2 及 CO 等有害气体不能超过对植物产生危害的浓度,因此要求燃料纯净,并采用专用的 CO_2 发生器。CO_2 发生器通常由燃烧筒、燃烧器、送风机和控制装置组成,燃烧产生的 CO_2 由送风机吹送扩散到室内,该法控制容易,但成本较高,在国外采用较多,国内近几年发展起来的大型连栋玻璃温室应用较多。

3.3 液态 CO_2 缓释法

作为乙醇工业等生产的副产品,CO_2 经压缩为液态后盛于钢瓶内,使用时打开阀门释放到温室内(图 4-12)。为了能方便地控制,应在钢瓶出口装设压力调节阀,将 CO_2 压力降至 0.1~0.15 MPa 后释放。在采用自动控制系统时,还需增设电磁阀,根据室内 CO_2 传感器检测的 CO_2 浓度和施用浓度的要求,控制电磁阀自动施用。为使 CO_2 在温室内均匀扩散,需采用管道输送,可采用直径 8~10 mm 的塑料管,沿管长按每 0.8~1 m 的距离开设小孔,并在室内采用循环风机使空气流动,以促进 CO_2 的均匀扩散。这种方式使用简便,便于控制,费用也较低,适合附近有液态 CO_2 副产品供应的温室生产地区使用。

3.4 化学药剂发生法

我国温室生产中广泛采用碳酸氢铵与硫酸反应产生 CO_2,即利用如下反应:

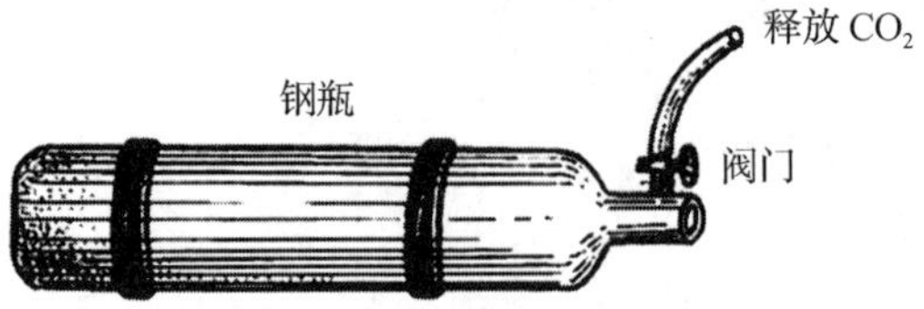

图 4-12　钢瓶施放液态 CO_2 技术

$$2NH_4HCO_3 + H_2SO_4 = (NH_4)_2SO_4 + 2H_2O + 2CO_2\uparrow$$

实际使用中采用工业硫酸(浓度92%)与碳酸氢铵的质量比例为1∶1.5。目前国内已研制出专用的发生器，也可直接在塑料桶或瓷器等简易容器中反应。该方法设备构造简单、操作简便、费用低，其反应副产物硫酸铵可作为化肥施用(图4-13)。此外，生产中也可采用盐酸与石灰石(碳酸钙)反应产生CO_2，即利用如下反应：

$$CaCO_3 + 2HCl = CaCl_2 + H_2O + CO_2\uparrow$$

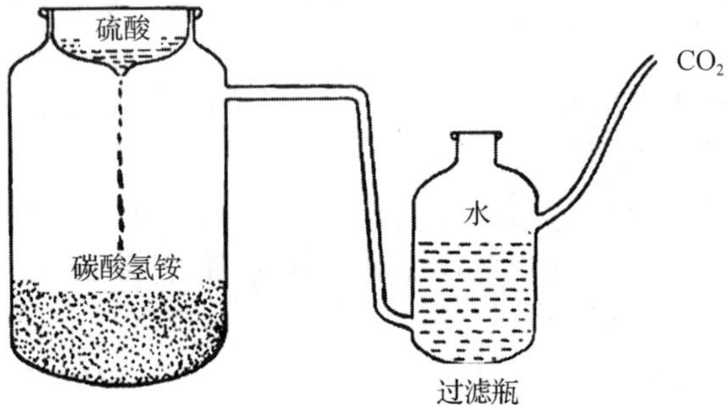

图 4-13　化学反应释放 CO_2 技术

3.5　设施内 CO_2 浓度测定

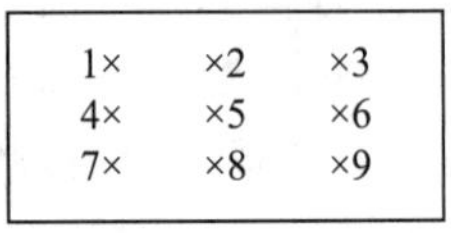

图 4-14　设施内 CO_2 浓度测定点的水平分布图

选择两个地理位置临近且类型一致的温室(一个为对照温室，一个为二氧化碳施肥技术处理的温室)，水平布置设施内CO_2浓度的监测点。监测点布置参照图4-14，每个温室布置9个水平监测点，其中点5位于温室中央，称为中央测点。与中央测点相对应，在室外可设置一个对照点，其余各测点以中央测点为中心均匀分布。测点高度距地面1.5 m。每个测定点包括3个生物学重复，每个生物学重复包括3次技术重复。

3.6　数据统计分析

采用Excel和SPSS软件进行数据统计分析和图表制作，各测定结果以平均值(±标准差)表示。

4　结果与分析

4.1　不同温室中 CO_2 浓度分析

采用便携式CO_2浓度检测仪测定对照温室和处理温室内的CO_2浓度，采用下述公式计

算处理温室内 CO_2 浓度的增幅(%)：

增幅＝[(处理温室 CO_2 浓度 －对照温室 CO_2 浓度)/对照温室 CO_2 浓度]×100%

基于上述实验结果，分析实验中选定的设施 CO_2 施肥技术的效果(表 4-13)。

表 4-13　不同温室中 CO_2 浓度分析

温室	监测点									
	1	2	3	4	5	6	7	8	9	平均值
对照温室/(mg/kg)										
处理温室/(mg/kg)										
增幅/%										

注：此表格可根据实际情况扩充或删减

4.2　设施 CO_2 施肥技术对作物生长的影响

通过测定温室内作物的长势(如株高、茎粗、叶面积、生物量等)和产量，比较 CO_2 施肥温室与未施肥温室作物的差异(表 4-14)，并分析其可能的原因。

表 4-14　设施 CO_2 施肥技术对作物生长的影响

温室	测定指标																			
	株高/cm				茎粗/mm				叶面积/cm^2				生物量/(g/株)				产量/(kg/m^2)			
	1	2	3	平均	1	2	3	平均	1	2	3	平均	1	2	3	平均	1	2	3	平均
对照温室																				
处理温室																				

注：此表格可根据实际情况扩充或删减

4.3　不同 CO_2 施肥技术的比较

详细记录实验中采用的 CO_2 施肥方法的操作流程，并对关键技术进行详细说明。选择 2～3 种常用 CO_2 施肥技术，分析各种 CO_2 施肥方法的优缺点(表 4-15)。

表 4-15　不同 CO_2 施肥技术的比较

观测参数	技术 1	技术 2	技术 3
操作流程			
关键技术			
优点			
缺点			

注：此表格可根据实际情况扩充或删减

(田永强　编写)

下篇

生产实习篇

第五章 种植园规划设计

实习一 都市果园的规划与建园

1 引言

都市农业的概念是20世纪五六十年代由美国的一些经济学家首先提出来的。都市农业是指在都市化地区，利用田园景观、自然生态及环境资源，结合农林牧副渔生产、农业经营活动、农村文化及农家生活，为人们休闲旅游、体验农业、了解农村提供场所。都市农业是地处都市及其延伸地带，紧密依托并服务于都市的农业，它是大都市中、都市郊区和大都市经济圈以内，以适应现代化都市生存与发展需要而形成的现代农业。都市农业、观光农业、乡村旅游等均纳入休闲农业的概念之中，都市农业也就是现在的休闲农业。都市农业是集第一、第二和第三产业于一体的多功能农业，集农业生产、农民生活、农村生态及生命安全四位一体的农业模式。都市农业根据其主要栽培的作物可以分为都市果园、都市菜园、都市花园、都市茶园等类型。都市果园则是第一产业以果树为主的现代农业园区，掌握其规划设计要点是新园区建设基本的技术要求。

都市果园的规划是妥善处理开发利用与生产、游览、服务等诸方面之间的关系，从全局出发，统筹安排，充分合理地利用地域空间，因地制宜地满足果品生产、观光、教育、休闲等多种功能，使得各功能区之间相互配合，协调发展，构成一个有机整体。都市果园规划应选择具有特色的果业生产，丰富的农村文化资源及生态资源，优美的田园及自然景观，交通便利，且符合国家规定的土地用途的区域进行规划。规划当以果业经营为主，配合农业产销工作，并导入游憩及服务设施。都市果园规划工作采取由上而下与由下而上两种模式，让地方民众积极参与决策与执行的工作，以充分利用当地农村资源，适度开发潜在资源，保持地方特色与人文风俗，掌握乡土优美景色，避免庸俗与杂乱。同时，宜与其他观光旅游据点搭配结合，打造综合性的休闲旅游区。在规划中，应尽量展现当地民族的文化特色，在产业活动、设施建筑、自然景观、民俗活动上设计体验项目，同时应兼顾环境生态维护，做好水土保持、自然生态保育、公害防治及废弃物处理等工作。总体规划结合功能需要合理安排服务区、种植区，科学处理交通问题，美化总体环境，使园区总体成为一个有机的整体，能真正反映都市果园的风貌及本地文化特色。

本实习以成熟园区为例，调研园区背景、前期规划资料，实地参观园区布局，使学生受到都市果园规划设计相关的训练，初步了解都市农业规划及建园的核心工作，提高对休闲农业园区规划布局的能力。

2 实习准备

2.1 试材

选择以果树为主要种植作物的都市农业园区，最好是已运行多年的较为成熟的园区，包括管理服务区、种植区、加工区等。园区有比较完善的交通体系，最好能有明显的地域特色和良好的运营与管理。园区运营有第一产业的生产、示范等功能，也有第三产业的采摘、果品文化宣传体验等功能，最好也具备果品加工功能。

2.2 仪器与用具

测绘仪器、CAD 等制图软件、笔记本、录音笔等。

3 实习内容

3.1 都市果园规划背景及规划资料

数字资源 5-1

西安市现代果业展示中心设计案例

了解都市果园规划建园的背景，结合前期规划资料总体了解园区规划与建设情况，参见数字资源 5-1 西安市现代果业展示中心设计案例分析。

3.1.1 规划建园背景

了解园区规划时园区所在地域的总体发展背景、地块选择情况、园区的定位等方面信息，便于更好理解园区的生产经营现状。尤其需要了解当时建园的宗旨和目标，了解园区建设对经济效益、生态效益、社会效益的要求。

3.1.2 前期规划资料

查阅都市果园前期立项、可研报告、规划报告等资料，重点学习规划报告，学习其前期条件分析、园区定位、规划原则、规划目标、产业布局、空间布局、运营管理等规划内容。

3.1.3 建园情况

结合前期资料的学习了解，结合前期土地使用现状图、规划图纸等内容，结合园区管理人员的讲解，充分了解园区建设是如何利用当时的立地条件、根据总体规划而落地实施的，进一步学习从规划图纸到落地建设的环节。

3.2 产业规划

产业规划包括第一、第二和第三产业，了解各个产业规划情况和建设运营情况。

3.2.1 第一产业规划

主要是种植作物的选择，重点是统计果树种类、品种的选择类型，各类果树的种植面积、种植方式，各个品种种植区的功能，如生产示范、生产、采摘、科普等。如果还有其他如蔬菜、花卉生产，记录其占生产区的面积和功能。

3.2.2 第二产业规划

主要指加工业，了解园区品牌建设情况、农副产品加工及销售情况。

3.2.3 第三产业规划

结合休闲需要，了解第三产业的具体规划。重点为体验项目的设置，如住宿、餐饮、农业文化宣传、采摘、DIY(do it yourself)等。

3.3　总体布局规划

结合前期规划资料,主要结合功能区记录园区的总体布局。对总体布局应重点了解:①种植区的布局方式。种植区是都市果园面积最大的区域,了解种植区的具体布局,分析其对生产、观光、休闲体验方面的利弊。②管理服务区的布局。了解管理服务区的内容、功能,具体布局位置及结构。③园艺产品加工区布局。了解加工建设布局与加工设备类型及主要加工产品。④道路布局。记录园区各个级别的道路网络,分析道路与各个功能区的关系结构。⑤管网布局。重点记录园区种植区的供水排水系统结构,了解其电力、通信等设施设备基本情况。

3.4　都市果园运营管理

结合规划相关部分内容,了解园区目前管理部门的基本情况,了解其日常运作管理情况、经济效益等,分析其存在的问题。

4　结果与分析

4.1　都市果园规划设计要点

结合实际案例的参观学习,归纳总结都市果园规划的基本内容和建园过程。

4.2　都市果园产业规划内容

结合案例,分析园区的三产情况,探讨产业规划如何体现生产、采摘、科普、农业文化宣传等功能。

4.3　都市果园个案设计

根据所学习的内容,有设计基础或者设计要求的专业或者方向,结合本地气候条件、人文环境、立地条件等综合因素,给面积 3～10 hm^2、有基本测绘图纸的园区设计一个都市果园。

(陈红武　编写)

实习二　标准化蔬菜园区的规划与建设

1　引言

近年来,我国蔬菜产业发展迅速,规模稳步扩大,在保障蔬菜市场供应、增加农民收入等方面发挥了重要作用。现代蔬菜产业发展的目标是引导各种要素向优势区域集聚,促进蔬菜生产和流通高质量发展,打造现代化农业园区,实现标准化生产,壮大专业合作社、龙头企业、家庭农场等农业经营主体,是实现现代蔬菜产业高质量发展的有效途径。

标准化蔬菜园区常见的功能包括蔬菜育苗、产品生产、采后处理与加工等,为了实现上述功能,园区需要建设出入口、道路、生产设施、仓储加工、办公与员工生活用房等设施,其中温室、大棚等蔬菜生产设施的类型与结构选择应考虑种植的作物种类及所需环境条件、是否节能、适宜机械化生产;分拣包装、冷藏和鲜切等仓储加工设施建设应与生产规模、销售市场需求相配套;出入口、道路和办公区设计应考虑实用和方便日常管理。一般园区规划应首先确立园区的功能定位和市场定位,再结合当地自然条件做好生产设施规划,根据蔬菜生产规模和经营特点等合理规划道路、仓储、办公房等附属建筑，完整的园区规划还需分析园区的运营效益、风险等。

本实习以标准化蔬菜园区为对象，采用实地调研方法，了解标准化蔬菜园区的规划设计要点与建设内容，使学生受到系统的园区规划设计训练，巩固相关的理论知识，提高对蔬菜园区的规划设计能力。

2 实习准备

2.1 实习场地

选择当地具有蔬菜育苗、蔬菜生产、采后处理、休闲观光、培训等全部或部分功能的规模化设施蔬菜园区2～3个。基地应建有日光温室、塑料大棚等设施，基地的蔬菜生产或经营具备一定水平、规模和特色。

2.2 仪器与用具

计算机(安装有CAD绘图软件)、打印机等设备，绘图板、丁字尺、各种规格绘图笔、绘图纸等用具。

3 实习内容

3.1 蔬菜园区建设与生产经营现状调研

3.1.1 当地蔬菜产业发展现状和园区概况调查

了解当地蔬菜产业：当地的区位和自然资源特点，蔬菜产业发展历史，目前蔬菜生产总面积和总产量，设施蔬菜生产面积和产量，主要设施类型和关键结构参数，露地和设施主栽蔬菜作物种类与规模，主栽蔬菜生产模式，产品等级和包装，主要销售渠道和价格，品牌建设，当地的技术水平和技术支撑，生产和销售中存在的问题等。

园区概况：园区的区位特点；园区建设时间，土地规模，投资(生产设施投入、附属设施建设投入、基础设施投入、每年流动资金)规模；每年产量和产值(包括各功能区产值)，主要设施类型与结构，主栽蔬菜种类和品种、关键栽培技术、生产模式和产量；产品等级与包装，主要销售渠道和价格，品牌建设；技术水平与技术支撑，承担的项目、项目年份和资金总额，带动作用；生产和销售中存在的问题等。

3.1.2 园区布局和主要功能区调研

调研内容：园区平面分布图或沙盘，各功能区面积及运营状况(包括机械化程度)，道路和管线设置、类型及大致规格，主要设施内的温度及蔬菜生长情况，蔬菜病虫害发生情况，废弃物处理方式与处理效果等。

调研形式：学生自由结组，每组2～3人，每个班以小组为单位进行园区调研，并记录调研内容。

3.2 标准化蔬菜园区规划

3.2.1 规划要求

园区的主导产业应包括蔬菜。规划书包括文字说明和必要的平面图，文字说明需打印，规划平面图可手绘，也可用计算机CAD软件绘图并打印。

3.2.2 规划原则

标准化蔬菜园区的规划一般包括建设背景、优势分析、规划总论、功能分区、土地规划、产业规划、道路及管线规划、景观规划、环境保护及防灾规划、投资与效益估算、风险分析、保障体系等内容。

建设背景:园区所在地的区位特点、自然资源条件、农业发展现状以及蔬菜园区建设的必要性;优势分析:从区位、交通、产业发展、自然和技术资源、政策等方面阐述建设本园区的优势;规划总论:从规划理念、规划原则、发展定位、发展策略等角度介绍园区规划的总体方向。

功能分区:按照主次顺序介绍园区的生产、示范、休闲观光、采后处理、产品展销、培训、办公和生活等涉及的功能区及具体内容;土地规划:将整个园区的土地按照功能区设计进行细分,并以平面图的形式标注各功能区的位置、面积、主要设施等内容;产业规划:明确园区所涉及的蔬菜产业链节点,各节点发展程度等。

道路及管线规划:需明确园区骨架道路系统(由主干道、次干道、田间作业道组成)、道路等级、建设控制标准、主要道路横断面推荐方案等内容,管线部分需要规划电力、给水、排水管道的分布、坐标与敷设方式,有加温设备的如有必要需增设热力管道。

环境保护及防灾规划:园区生产经营过程中可能发生的污染及解决措施,可能产生的灾害与预防措施;投资与效益估算,按照功能区或基础设施、生产设施等进行投资估算,同时按照产业规划内容进行效益估算;风险分析:分别从几个功能区的运营阐述可能存在的风险与大小,并介绍防范措施;保障体系:从资金来源、技术来源、政策支持等角度叙述园区建设与运营的保障。

4　结果与分析

4.1　园区产业规划的合理性分析

从蔬菜园区优势分析和发展定位的准确性、功能分区和产业规划的科学性等几方面讨论园区产业规划是否合理。

4.2　园区投资与效益估算的科学性分析

分析蔬菜园区的生产设施、附属设施建设和基础设施投入,以及每年流动资金的组成,判断园区投资估算的科学性;根据各功能区年产值、年成本等指标判断效益估算的科学性。

4.3　园区功能区布局及设施建设的合理性

结合功能区承载的主要功能判断园区功能区布局的合理性;结合产业规划判断设施类型、结构与间距设计的合理性。

4.4　蔬菜园区个案规划设计

结合实习期间的调查内容为某地规划 1 个标准化蔬菜园区,每人提交 1 份蔬菜园区规划设计草案。

(李青云　编写)

实习三　观光农园的规划与建设

1　引言

观光农园是指城郊乡村通过整合现有的环境资源、提炼独特的文化内涵、改造升级基础设施等方式，将当地农业资源进行配套、组装，统一规划形成的农业观光园区。游客在其间可以品尝农副产品、学习农业技能、参与农事科普等活动，观光农园在实现创收的同时，也促进了城乡文化交流，加速农业转型升级，是城乡园林化和城乡统筹发展的必然产物。在乡村振兴背景下，观光农园的规划与建设既符合农业的发展规律，又为旅游业开拓了新的空间发展形式。

在进行观光农园的规划与建设时，需要保证其观光与农业生产的特征。要从资源、立地、区位条件等方面进行分析，充分考虑国土空间规划、城市规划与区域规划等要求，合理确定农园的性质与规模，确保农园可以与地区人文特色、风格相结合。农园要保证交通便捷，利于城市居民的出行。同时，要加强对观光客经济条件的分析，评估消费者的经济承受力。

观光农园可以分为5类：一是以“三高”农业为主题的综合型观光农园，即通过无土栽培、试管育苗、优质瓜果、淡水鱼类的养殖等农业生产技术，全面展示“三高”农业的旅游魅力。二是以观赏花、园艺习作为主题，即利用一些大型花卉生产基地，为游客提供赏花、买花、插花技艺学习等旅游活动场所。三是以水果旅游为主题，即利用成熟果园，通过观果、品果、摘果等系列活动吸引游客。四是以茶艺为主题，即利用连片茶园，将中国的茶文化与观茶、采茶、品茶等旅游活动相结合，使游客在愉悦身心的同时深入体会茶文化。五是以水乡农耕景观为主题，即利用河口水网密布的特点，营造荷塘万里、蔗林成片、鱼跃禽鸣的水乡农耕景观。

观光农园内部通常设有生产区、观光区、示范区等功能区。生产区是开展农业种植、养殖与森林经营等活动的区域，占地面积大，要保证土壤、地形、气候等符合生产所需的条件。观光区以赏心悦目的动物与植物为主要观景要素，是让游客体验田园风光的区域。示范区面积不宜过大，是以促进农园的发展、产品展示和升级为主要目标的区域。

本实习以北京蟹岛绿色生态度假村（以下简称“蟹岛”）为案例，介绍观光农园的规划设计。

2 实习准备

2.1 实习地点

选取本地区不同类型的观光农园进行现场调研。

2.2 仪器与用具

测绘工具（卷尺、GPS等）、绘图纸、相机、录音笔、计算机（安装有CAD制图软件）、笔记本、各种规格绘图笔等。

3 实习内容

3.1 农园规划设计理念

“蟹岛”位于北京市朝阳区金盏乡境内，紧临首都机场高速路，是一个集生态农业与旅游度假为一体的大型项目。总占地面积3 300亩（1亩≈667 m^2），以生态农业为核心，以健身、娱乐、餐饮为导向，让人享受到自然清新、健康安全的高品质生活，将种植、水产、养殖、有机农业技术开发、餐饮、住宿、农产品加工销售、旅游会议等产业构建成完善的循环经济系统。

发展目标：实现生态、生产、生活的“三生合一”。以开发、生产、加工、销售有机、绿色食品为本，以旅游度假为载体，建设集种植养殖、生物能源、田园观光于一体的绿色环保休闲观光度假区。

创造绿色环境：随着环境的恶化、自然资源的破坏，人们更加希望回归大自然的怀抱，体味大自然的宁静、农家小院的风情。因此，将自然生态的农业与体验旅游业相结合，打造绿色的休闲体验活动。

生产绿色食品：当前食品生产过度依赖化肥和农药，绿色食品生产大受欢迎。“蟹岛”农业种植区，严格按照有机农业、生态农业的要求生产，给消费者提供绿色食品和有机食品。

3.2　功能分区与空间布局

“蟹岛”按照“以（农业）园养（旅游）店、以（旅游）店促（农业）园”的经营思想，在布局上采取“前店后园”的方式（图 5-1）。“园”塑造绿色的旅游环境，提供消费的产品，是成本中心；“店”是消费场所，以园的产品提供给顾客，是利润中心。前店后园的空间布局，保证了农业与旅游的互补与融合。其中，园区的体验交流区和文娱活动为城乡居民提供联络的机会，如传统庆典、农事实习旅游、乡村会员制俱乐部等；农产品交易区则提供了当地农副产品的产品销售（可采摘型果园、农产品直销点、乡村集市）和食宿服务（表 5-1）。

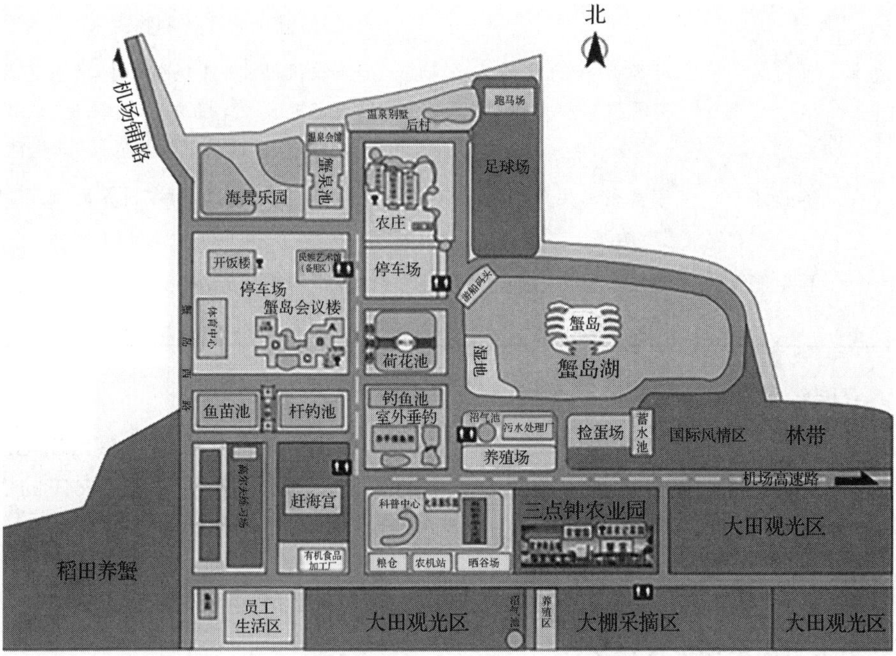

图 5-1　“蟹岛”平面图及功能分区

3.3　农园旅游产品开发

吃：绿色农产品现场消费，让游客品尝体验原汁原味的、种类繁多的有机食品。

住：以中国北方村落风情的仿古农庄为依托，展现老北京 50 年前农村各阶层生活情境的四合院群落、书斋雅室、豪华宅邸、酒肆作坊、茅屋草堂等。

玩：设置采摘、捕蟹、垂钓、温泉冲浪及球类等娱乐体验项目。

游：园内对道路交通网及绿化屏障进行生态规划，以步代车，也可体验骑骆驼、羊、牛、马、犬等畜力拉车。

购：销售游客自己采摘的农产品与垂钓捕捞的水产品。

表 5-1 “蟹岛”前店后园空间布局及功能

布局	分区	内容	体验项目
前店（以利润为中心的旅游度假店）	住宿区	标准间、商务套间、农家小院、“仿古”农庄	建筑风格保留了农村的“村容村貌”，装饰布局突出了京郊独有的风土人情，展现老北京住宅的民俗文化，提供农村、农民生活体验
	娱乐区	康体宫、蟹宫、宠物乐园、特种桥、城市海景水上乐园、水上人家	垂钓、民俗表演、宠物表演、斗鸡、斗羊、骆驼骑乘、动物拉车，城市型休闲与乡村性娱乐相结合，提供全面、现代化的娱乐活动
	餐饮区	开饭楼、田禾源、蒙古宫	食品无污染、纯天然，突出一个“绿”字，以老北京风味为特点，加上“有机食品”，独树一帜
	购物区	农副食品专卖点、加工食品专卖点	树立“蟹岛”有机食品品牌，规模化加工生产，保证饭店有机食品、家畜家禽及水产品供应，同时满足游客的购物需求
后园（以成本为中心的生态农业园）	种植区	种类齐全的北方农作物、高科技温室大棚	提供农机站、农业场院、明渠、水车等观光项目。走进自然，接触有机农业，认识有机农业，享用有机食品，体验“农民”的生活乐趣
	养殖区	家畜家禽生产、加工、销售“一条龙”	吃猪肉、见猪跑，体验乡村养殖、农产品加工等
	再生能源区	地热水系统、水循环系统、污水处理厂、沼气池	体验学习循环经济

3.4 农园经营模式

“蟹岛”休闲生态农庄具有农业、旅游双盈利模式，可以降低经营风险并相互强化。例如绿色蔬菜和垂钓鱼类的价格高于市场同类商品价格的 4 倍，但仍受游客青睐。农庄的农产品基本上被游客消费，有效降低了运输成本和农产品的促销费用，使利润增加。

4 结果与分析

4.1 观光农园规划设计评价

根据实际调研，分析不同规模观光农园的规划设计特点，讨论如何在观光农园规划中寻找观光与农业之间的平衡，彰显观光农园的地域特色和优势。

4.2 观光农园个案设计

结合实习实践，根据调查内容为某地区规划一个观光农园的设计案例，注重挖掘地域文化、农产品等内涵，全方位利用资源。

（徐 峰 编写）

实习四　设施园区的规划与设计

1　引言

设施农业是在相对可控的环境条件下，利用必要的设施和设备，实现集约化高效可持续发展的现代农业生产方式。随着现代化设施设备和信息技术的不断更新，设施农业成为现代农业发展的典型代表，利于智慧农业的推广应用。园艺设施结构种类多，生产中多以温室为主，不同类型的温室有不同的尺度和朝向，影响园区的总体布局。了解园区规划设计要点，为新园区建设提供技术指导。

目前，温室是设施生产中最具代表性的设施，多数国家以塑料温室为主，但荷兰以玻璃温室为主。一般的温室都可设置控制温度、湿度、光照等环境因素的设备，可调节室内光照、空气和土壤的温湿度、二氧化碳浓度等，最大限度地满足作物生长需要，达到高产出、高效益的生产目的。日光温室则是在室内不加温，即使在最寒冷的季节，也只依靠太阳光来维持室内一定的温度水平进行生产。在我国，习惯上把用塑料薄膜覆盖、无采暖设备的温室称为塑料大棚。我国北方生产主要以日光温室和塑料大棚为主，连栋温室多用于科研、观光休闲需求。

设施农业园区设计应遵守以下基本原则：

(1)合理布局功能区　温室工程在布局时会涉及多个功能区，根据园区特色和各个功能的特点，明确园区定位和合理布局各个功能区是园区设计的基本原则之一。

(2)节约土地　温室单体的尺度、温室的间距都影响到土地的利用率。温室设计时在满足采光需要的前提下，科学安排温室间距，尽量节约土地，提高土地利用率。温室之间有较大的空间，在不影响温室正常生产的情况下也可以结合露地生产或景观综合利用。

(3)道路通畅　道路通畅是园区生产、参观的基本交通需求。温室群的布局一般采用规则式，温室出入口安排要统一，出入口必须与整体道路网相联系，满足基本的生产需求。

(4)相对集中　在一工程项目中可能有多种类型的温室，在平面布局时尽量采用相对集中的原则，以保证供水、供电、供暖等管网尽量集中，提高效益，节约成本。相对集中也有利于温室的生产和展示。

(5)防护林配置　条件允许的情况下一般都要求在场地的北侧、西侧设置防护林。防护林不可影响温室的采光，用于遮挡冬季寒风，还可以形成整个园区的背景，增加园区的立面层次，美化环境。

本实习通过参观当地设施园区，调研最常用的温室类型，了解设施农业园区总体规划布局的内容，加深学生对园艺设施规划理论的认知，培养学生对休闲农业园区规划布局的能力。

2　实习准备

2.1　试材

场地的选择以包括连栋温室、日光温室、塑料大棚等各类温室种类相对齐全的园区为宜，也可以选择以日光温室或塑料大棚为主的生产园区，或者选择包括各类温室以生产为主兼顾休闲农业的园区。

2.2 仪器与用具

测绘仪器、记录本、录音笔、制图软件等。

3 实习内容

3.1 温室单体实测

3.1.1 日光温室

日光温室由采光屋面、后屋面、后墙和山墙 4 部分构成，采光屋面的断面形状多种多样，如半圆拱形、椭圆形、两折式(大小双斜面式和一斜一立式)和三折式 4 种形式，其中一立一斜式日光温室和拱圆形日光温室是数量最多的两种形式。按照日光温室后屋面的长短来分，可以分为长后屋面日光温室、短后屋面日光温室和无后屋面日光温室。日光温室的骨架材料有竹木结构、钢木结构、钢结构和玻璃纤维增强混凝土(GRC)骨架等，后墙有土墙和砖墙等。

实测日光温室的基本参数：长度、跨度、脊高、温室间距、温室朝向等。

3.1.2 塑料大棚

单栋塑料大棚指仅有一跨的大棚，一般不加温，因建造容易、使用方便、投资少，应用广泛。单栋塑料大棚的骨架材料包括竹木结构、钢筋结构、钢筋混凝土骨架、镀锌钢管骨架和装配式涂塑钢管等。

实测塑料大棚的基本参数：长度、跨度、温室间距等。

3.1.3 连栋温室

连栋温室是温室的升级形式，是一种超级大温室，把原有的独立单间温室用科学的手段、合理的设计、优秀的材料连接起来。连栋温室不加热，也可以做到温度、光照、通风等智能化控制。智能化温室是设施农业中的高级类型，拥有综合环境控制系统，调节室内温、光、水、肥、气等诸多因素，为内部的种植、养殖提供最佳生长条件。

(1)测量温室总体的长度、宽度和高度　温室长度，指温室整体尺寸较大方向的尺寸；温室宽度，指温室整体尺寸较小方向的尺寸；温室高度，指温室柱底到温室最高处之间的距离。

(2)实测单栋温室单元尺寸，包括跨度、开间、檐高、脊高、屋面坡度等　跨度：指垂直于天沟方向，温室最终承力构架在支点之间的距离，一般为 6.00 m、6.40 m、7.00 m、7.20 m、8.00 m、9.00 m、9.6 m、10.00 m、10.80 m、12.00 m、12.80 m 等；开间：指平行于天沟方向温室最终承力构架之间的距离，通常为 3.00 m、4.00 m 和 5.00 m，可根据需求选择合适开间；檐高(肩高)：指温室柱底到温室屋架与柱轴线交点之间的距离，通常为 3.00 m、3.50 m、4.00 m、4.50 m 等；脊高：指温室柱底到温室屋架最高点之间的距离，是檐高和屋盖高度的和，屋盖高度受屋面坡度的影响；屋面坡度，指温室屋面与水平面的夹角，其选择受采光、结构受力和保温性能的影响和制约。

3.2 温室农业总体布局

3.2.1 了解场地条件

分析温室周边环境条件，具体包括区位、交通、生态环境等。场地条件包括地形、水系、植被等，参见西安市现代农业科技示范园案例的分析(数字资源 5-2)。

数字资源 5-2

西安市现代农业科技示范园案例

3.2.2 温室布局

调查温室类型和分区规划特点。

3.2.3 道路与广场规划

分析场地内道路的类型、布局特点;分析出入口的位置、形式。调查场地内广场的类型、位置、功能和设计特点。

3.2.4 种植规划

以温室农园的环境种植为主,分析其种植规划的特点、功能。

4 结果与分析

4.1 各类温室设计参数分析

根据所参观园区现有温室类型,测定单体温室的设计参数,记录在表5-2中,比较各类温室设计特点及适宜种植的园艺作物类型。

表5-2 单体温室设计测绘表

类型	长度/m	宽度/m	跨度/m	开间/m	檐高/m	脊高/m	屋面坡度/(°)	温室朝向	温室间距/m
日光温室									
塑料大棚									
连栋温室									

注:根据不同温室类型填写相应部分的内容

4.2 设施园区的规划设计要点

结合实际案例的参观学习,总结园区的分区规划特点,分析其功能分区与道路布局的关系。

总结园区的所有设施类型,尤其是对园区布局影响比较大的温室,分析单体温室的尺度、布局方向,其单体尺度、朝向与园区道路系统的关系。

4.3 设施园区个案设计

根据所学习的内容,有设计基础或者设计要求的专业或者方向,结合本地气候条件、人文环境、立地条件等综合因素,为面积3～10 hm^2、有基本的测绘图纸的园区设计一个设施农业园区。

(陈红武 编写)

第六章　园艺植物繁殖

实习五　园艺植物种子催芽与穴盘育苗技术

1　引言

育苗是园艺作物生产的一个重要环节。对蔬菜生产而言，无论是露地栽培，还是春提前、秋延迟、越冬长季节等设施栽培的茄果类、瓜类、甘蓝类、豆类等蔬菜，培育适龄壮苗，均可以充分利用适宜的栽培季节和保护设施，实现早熟早收、延时晚收、优质高产、提高设施和土地利用率，并能获得较高的经济效益。穴盘育苗是蔬菜、花卉工厂化育苗的主要方式之一，掌握园艺作物种子催芽与穴盘育苗技术，可为蔬菜、花卉种苗的集约化生产提供保障。

育苗是指园艺作物从播种到定植时的全部作业过程。它涉及育苗设施、设备、育苗床土(基质)、种子、枝条等物质，作业过程包括播种及移植床的准备、种子播前处理、播种、移植、浇水、施肥、打药及环境条件的调节等一系列管理。从生物学的角度，育苗的意义可以概括为：①使园艺作物(如蔬菜)提前生长发育，这种早期栽培环境的改变对蔬菜作物可产生本质的、后效的生物学影响。②为园艺作物生长提高生物学有效积温，因为任何作物生育期的完成都需要一定的有效积温。③便于在人工生态环境条件下调控幼苗的生长发育。④便于利用良好的地理条件育出优质秧苗。例如，利用夏季冷凉的高山地区培育蔬菜秧苗，秧苗病害轻、质量好；利用温泉水加温育苗可以有效地保证冬季育苗所需的温度，且降低育苗的成本。因此，在建立大型园艺作物商品苗育苗场时，应该重视地理条件的选择。

从生产的角度，育苗的意义可以概括为：①缩短在定植田中的生育期，提高土地利用率或延长采收期，增加单位面积产量；提早开花、提早成熟，增加早期产量，提高经济效益。②节省用种，有增收节支的效果。③人为控制育苗环境，提高秧苗质量，利于培育壮苗。④利于防除病虫害及防止或减少自然灾害。⑤便于茬口安排与衔接，有利于周年集约化栽培的实现。⑥盐碱地，采用育苗栽培可以在一定程度上克服立苗难、幼苗生长缓慢等问题。⑦秧苗体积小，便于运输，可选择资源条件好，育苗成本低的地区育苗，为提高蔬菜等园艺作物的生产效益创造了有利条件。⑧高度集中的商品苗生产可以带动一批种苗及相关产业的发展，效益也显著增高。⑨由于商品苗生产的发展，促进了种苗生产的专业化，提高了优良品种的普及和商品性生产的发展。

本次实习以我国设施栽培面积最大且实现规模化育苗的黄瓜为例，进行园艺植物种子催芽与穴盘育苗及其田间管理训练，提高学生生产实践技能。

2 实习准备

2.1 实习材料

黄瓜种子、纱布、脱盘、培养箱、去离子水、穴盘、草炭、蛭石、塑料膜。

2.2 实习用具

卷尺、游标卡尺。

3 实习内容

数字资源 6-1

蔬菜穴盘育苗技术

3.1 穴盘选择

一般选择 50 孔穴盘和 72 孔穴盘。若重复使用的穴盘，在使用前应进行消毒处理，采用 2%的漂白粉充分浸泡 30 min，用清水漂洗干净备用。不同蔬菜种类选择适宜的穴盘育苗，参见表 6-1 和数字资源 6-1。

表 6-1 不同蔬菜种类的穴盘规格与种苗大小

栽培季节	种类	穴盘规格/(孔/盘)	种苗真叶数
春季	茄子、番茄	72	6～7
	辣椒	128	7～8
	黄瓜	72	3～4
	青花菜、甘蓝	392	2
	青花菜、甘蓝	128	5～6
	青花菜、甘蓝	72	6-7
	芹菜	228	5～6
秋季	青花菜、甘蓝	128	4～5
	莴苣	128	4～5
	黄瓜	128	2
	茄子、番茄	128	4～5

3.2 基质选配

育苗基质要求：容重 0.2～0.5 g/cm^3、总孔隙度大于 75%、持水孔隙 60%左右、通气孔隙大于 15%、大小孔隙比 1∶(2～4)，pH 5.5～6.5，有机质含量 20%以上，碱解氮 50～60 mg/kg、速效磷 10～15 mg/kg、速效钾 50～100 mg/kg。优质基质 pH、EC 经过调节，添加了吸水剂及缓释的启动肥料，水气比协调，育苗效果好。

可选用东北的华美草炭、熊猫草炭和商业化生产的蛭石和珍珠岩，按照草炭∶蛭石∶珍珠岩=3∶1∶1 的含量进行配制，小规模育苗也可加入 30%左右的蘑菇栽培废料，粉碎的玉米芯、锯末屑等代替草炭。每立方米基质加入绿享 2 号 5 g 或多菌灵 100 g，进行消毒处理，以防止苗期病害，同时混入氮磷钾含量为20∶10∶20的育苗专用肥1 kg或15∶15∶15的三元复合肥1.5 kg，调节基质的EC至0.75～1.0 mS/cm，调节pH到5.8～6.5。配制好的基质装入穴盘中备用。

3.3 播种催芽

如果采用发芽率98%以上的高质量种子或包衣种子，可以直接播种。如果采用未包衣的种子或发芽率低于85%的种子，为了提高发芽整齐度和减少种子带毒，一般采用温烫浸种，催芽后播种。方法是将种子放入55 ℃的热水中，不断搅拌，直至水温冷却至25 ℃左右，然后反复搓洗种子，放入方盘中，用拧干水分的湿毛巾盖好。28 ℃催芽，当种子露白时，及时播种，播种深度1.3 cm左右。穴盘的每孔播种一粒种子，播后用蛭石覆盖，置于室中催芽。当60%种子开始拱土时，及时从催芽室中推出见光。见光时间的早晚与秧苗的质量高低密切相关(数字资源6-1)。

3.4 黄瓜子苗期管理

子苗期指从种子拱土到真叶吐心。这一时期是种苗最容易发生徒长的时期。管理要点是适当控制水分，浇水的原则是早浇晚不浇，浇水量掌握在早湿晚干，以防止夜间徒长；充分见光，在80 000 lx之内，尽量使其得到最大的光照强度，如遇连阴雨天气，光照不足时，应尽量减少浇水次数，以控制其生长；温度管理上要降低夜间温度，夜温维持在12 ℃左右。阴天时也应适当采用低夜温管理，这一时期因生长量较小，依靠基质提供养分可以满足需要，因此不必施肥。

3.5 黄瓜成苗期管理

成苗期指真叶吐心到成苗。黄瓜与其他瓜类作物在苗期的生长特点不同，黄瓜的真叶开始生长后，其下胚轴还会继续伸长，如果环境控制不好，仍然会出现徒长。因此，在温度管理上，晴好天气的白天，温度控制在25～28 ℃，夜间只要不低于12 ℃，尽量加大昼夜温差。灌溉用水要求水质pH 5.5～6.5、EC<1.0 mS/cm。基质水分以见干见湿为原则，浇水宜在上午进行。冬天时要注意浇水温度，不宜直接使用冷水浇苗。这一期间的施肥可轮流施用氮磷钾15∶0∶15和20∶10∶20育苗专用肥料，每次施用浓度为0.1%～0.15%(100～150 mg/L)。每7 d左右施用一次。苗期注意预防猝倒病和立枯病。在黄瓜真叶刚刚开始展开时，应尽快进行分苗和拼盘。将空的穴盘格子补齐，同时检查每穴中的苗数，每穴多于1株的应分苗。

3.6 病虫害防治

黄瓜苗期虫害主要有蚜虫、蓟马、潜叶蝇、菜青虫等，可选用1%海正灭虫灵3 000倍、90%万灵1 500～2 500倍、50%潜克5 000倍等进行防治。苗期病害主要有猝倒病、疫病、炭疽病、白粉病、叶斑病、霜霉病等，可选择72.2%普立克600～800倍、70%甲基托布津800倍、70%代森锰锌800倍、75%百菌清600～800倍、25%甲霜灵1 500倍、80%绿亨2号800倍、30%特富灵3 000～5 000倍、10%世高2 500～3 000倍进行预防和防治。杀虫杀菌剂要交替轮换使用，每7～10 d喷雾1次。须注意粉锈宁等三唑酮类杀菌剂会引起瓜类药害，抑制生长点生长，苗期最好不使用。

3.7 黄瓜出圃前管理及育苗质量评价

从成苗到定植阶段，在温度控制上应适当降低温度，控制浇水，保持基质在半干燥状态，停止浇肥，以利于定植成活和缓苗。出圃前施用广谱性杀菌剂一次，预防定植期间的病害。

穴盘苗出圃前，选择 4 个穴盘苗，从每个穴盘随机选择 30 棵苗，测量其株高、茎粗、叶片数和最大真叶的长度与宽度等参数，计算每个参数的变异系数(%)，据此分析穴盘苗整齐度。一般而言，变异系数越大，则整齐度越小。

4　结果与分析

4.1　不同播种密度对蔬菜幼苗生长的影响

以黄瓜为例，记载种子催芽与穴盘育苗的技术要点。根据实验结果，按表 6-2 项目统计播种后 1 个月幼苗的生长指标，分析不同播种密度对黄瓜苗生长的影响，讨论影响出苗率和壮苗的因素。

表 6-2　不同规格穴盘对蔬菜幼苗生长影响

育苗孔	株高/cm	下胚轴/cm	叶片数	茎粗/cm	叶面积/cm^2	单株鲜重/g	根冠比	壮苗指数
72								
128								
200								
288								

4.2　黄瓜穴盘苗整齐度分析

根据实验结果，按表 6-3 项目统计指标。从穴盘的选择、基质的选配、播种催芽、黄瓜子苗期的管理、成苗期的管理、出圃前的管理等角度分析影响穴盘苗整齐度的可能原因。

表 6-3　黄瓜穴盘苗不同参数的变异系数(%)分析

观测参数	穴盘 1	穴盘 2	穴盘 3	穴盘 4	平均值
株高/cm					
茎粗/cm					
叶片数					
最大真叶长度/cm					
最大真叶宽度/cm					

注：此表格可根据实际情况扩充或删减

（高丽红　田永强　编写）

实习六　木本植物的嫁接繁殖技术

1　引言

嫁接是将一种植株的枝或芽(称为接穗)接于另一植株(称为砧木)的枝干或根上，使之愈合生长成为一个完整的植株，表示为“砧木＋接穗”或“接穗/砧木”。嫁接繁殖属于无性繁殖，嫁接苗能保持接穗品种的性状，繁殖系数高，利于新品种的推广应用。嫁接可利用砧木或中间砧的抗逆、矮化等特性，或提高嫁接苗的适地性，或使树体矮化早结果，或提高观赏植物的观赏性等。果树和观赏树木多采用嫁接繁殖生产苗木，适合的嫁接时期和嫁接方法，可提高嫁接成活率和苗圃生产效率。

林果苗圃生产上多采用芽接和枝接两种方法，高接换头属于枝接范畴。凡是以一个芽片作为接穗进行嫁接称为芽接，包括芽片不带木质部的"丁字形"芽接和带木质部的"嵌芽"嫁接。用具有一个或几个芽的一段枝条作为接穗的嫁接，称为枝接，包括休眠期嫁接和生长季嫁接(绿枝嫁接)。嫁接口的良好愈合与生长是嫁接成活的关键。影响嫁接成活的内因是接穗和砧木的亲和性，即砧木与接穗嫁接后，在内部组织结构、生理和遗传特性等方面的差异程度大小。差异小，亲和性强，砧穗的形成层密接后容易愈合成活，细胞组织沟通、水分和养分疏导流畅，植株正常生长结实。差异大，亲和力弱，嫁接后生长不良，或嫁接不能成活。砧穗亲和性强弱取决于植物的亲缘关系，亲缘关系近，亲和性强。同一种内不同品种嫁接容易成功；同属异种间的嫁接因果树种类而异，苹果属、梨属和李属植物在属内种间嫁接亲和性良好；同科异属间嫁接成活的事例少，如柑橘嫁接于枳、西洋梨嫁接于榅桲、枇杷嫁接于石楠。最近研究报道了β-1，4-葡聚糖酶可促进嫁接口细胞壁重构而提高嫁接亲和性，该基因在烟草中过表达，使烟草与菊花、豇豆、月季、瓜类等多种植物跨科嫁接成活。嫁接口出现"大脚"(砧木生长速度慢于接穗)或"小脚"(砧木生长速度快于接穗)现象，是亲和性不良的表现，但不影响苗木的固地性和生产能力。

嫁接愈合过程包括隔离层出现、愈伤组织发生及分裂增殖、胞间连丝形成、形成层分化和连接、木质部及维管束连接等过程，受生长素等内源激素、酚类等代谢产物、嫁接相关基因(涉及生长素、伤口修复、形成层、维管发育)等因素影响。机械创伤引起植物的内源激素变化，诱发植物的氧化应激反应。削取砧木和接穗时，部分薄壁细胞受损，原生质发生凝结现象，在伤口表面形成一层褐色隔膜(隔离层)，可密封伤口使其不被病菌感染，阻止有机物外渗，减少嫁接口水分蒸发。在隔离层形成的同时，嫁接口周围细胞在愈伤激素作用下，脱分化形成愈伤组织，突破隔离层。愈伤组织生长、分化与增殖，填满砧穗间的空间，薄壁细胞相互连接形成愈伤组织桥，隔离层随愈伤组织间的连接而消失。在愈伤组织桥的边缘，与砧穗间形成层相近的薄壁细胞向内外分化形成新的木质部和韧皮部，将砧穗的输导组织联通，砧穗之间愈伤组织维管束桥的形成是嫁接口愈合的重要标志。愈伤组织外围细胞分化成新的栓皮细胞，将砧穗的栓皮细胞相连，形成一个新植株。嫁接技术是影响嫁接成活的外部因素。嫁接操作要求"快"(动作、刀)、"平"(削面)、"准"(砧穗形成层对齐)、"紧"(绑缚)、"严"(嫁接口密封)。因此，在嫁接过程中，要求砧木与接穗的形成层对齐。此外，砧木和接穗的质量及嫁接时期影响嫁接成活率。

大多数果树和观赏树木采用春季枝接和秋季芽接的方法育苗，但葡萄、核桃等果树多在生长季进行绿枝嫁接。本实习采用生产常用的几种嫁接方法，进行木本植物嫁接操作训练，促进学生对嫁接相关理论知识的学习和实践操作技能的提升。

2 实习准备

2.1 试材

以当地主栽的果树树种和品种为接穗试材，苹果砧木可选择'八棱海棠'(华北、西北地区)

和‘山定子’(东北地区);梨砧木可选择‘杜梨’(北方地区)和‘豆梨’(南方地区);桃、李、杏可选用‘山桃’为砧木;葡萄无性系砧木可选用‘5BB’‘104R’和‘SO4’等。

2.2　用具

修枝剪、嫁接刀、手锯、塑料绑缚条、水桶、冰盒等。

3　实习内容

3.1　接穗品种采集

为保证接穗品种的纯正,应从良种母本园或经鉴定的成年母树上采集。采穗树应生长健壮,具备丰产、稳产、优质的性状,并无检疫对象(如苹果锈病、花叶病、苹果茎痘病、苹果茎沟病、葡萄卷叶病、枣疯病等)。接穗选取一年生的、生长健壮的枝条,芽点饱满。砧木或接穗的枝条粗度小于 0.5 cm,不易于嫁接操作、成活率低。

用于芽接的接穗,可在嫁接当天采集,现采现用。采集生长健壮的延长枝(枝条粗度约 1 cm 为佳),去叶留叶柄(“丁形”芽接)或去掉叶柄(嵌芽接),放入水桶内备用。若需要提前采集枝条,可提前 3～5 d,去掉叶片,使枝条充分吸水后,用湿报纸等保湿,贮藏于 4 ℃ 备用。

用于绿枝嫁接的枝条,生长季嫁接时随采随用。葡萄绿枝嫁接时期因地而异,北方地区为 5 月底至 6 月上中旬。此时接穗和砧木的新梢均已半木质化,枝条髓部饱满。枝条采集后去掉叶片,放入内有冰块的塑料泡沫保鲜箱内备用。

3.2　接穗封蜡贮藏

用于春季枝接的接穗,可在果树休眠期采集生长健壮的延长枝(粗度约 1 cm 为佳),将枝条剪切成 10～15 cm 的枝段,含 3～5 个饱满芽,封蜡贮藏。

不同树种的休眠枝条封蜡温度有差异,茶树接穗封蜡温度 80～90 ℃、葡萄和板栗硬枝接穗达 90 ℃。熬制石蜡,待石蜡溶解,温度在 90 ℃左右,将接穗枝条投入到石蜡溶液中,随即捞出(速浸速取),枝条表面形成一层均匀的蜡膜。接穗量小时,每 20 枝捆成把,两端分别蘸石蜡,使枝条完全封膜。冷凉后的封蜡枝条,装入塑料袋内,贮藏于 4 ℃备用。

3.3　秋季芽接

数字资源 6-2

果树秋季芽接

北方地区在 8 月中旬至 9 月初开始芽接。当砧木和接穗离皮时,即指木质部与韧皮部易分离(此时形成层活动旺盛),可以进行“T 形”或“方块形”芽接。目前生产上多采用嵌芽(或贴芽)接,即用带有木质部的单芽嫁接(数字资源 6-2)。

具体做法如下:在接穗饱满芽的下方 1.5 cm 处斜切一刀,深达木质部,后在芽上方 1.5 cm 处倾斜下刀,削取一个长 2～3 cm 的盾形芽片(带木质部);在砧木的光滑处削出一个与接穗同样大小的切口;接穗芽镶嵌入切口内,完全吻合或一边的形成层吻合;嫁接口用塑料薄膜紧密绑缚。

带木质部芽接的嫁接时期比“T 形”或“方块形”芽接弹性大,无论砧穗是否离皮,均可操作。嫁接高度根据生产需要确定,苹果矮化砧木在距离地面约 25 cm 处嫁接,高垄定植的果树或需应对当地盐碱地冬季寒、旱等不良立地条件,需要提高嫁接口。嫁接 2 周后,解绑缚,并检查成活状况,必要时补接。翌年春季萌芽前,剪去砧木。

3.4 春季枝接

3.4.1 切接

数字资源 6-3

果树春季枝接

砧木与接穗粗度一致时做劈接,切接适于较粗的砧木。劈接是在砧木横切面中部垂直下切,而切接是在砧木横切面的 1/3 左右的地方垂直下切(数字资源 6-3)。与芽接不同,枝接在嫁接前,先剪砧木。接穗留 1～2 个饱满芽,削成大小两个削面,两削面一边稍厚一边稍薄,长削面长 1 cm 以上;在砧木(距地面高度因生产需求而定)垂直下切,切口长度与接穗短削面一致;接穗插入切口,大削面向里,小削面在外,对齐砧穗的形成层,使砧穗形成层完全或至少一面吻合,用塑料条紧密绑缚。

3.4.2 改良切腹枝接法

此种方法可以用嫁接刀或修枝剪来完成。在适当部位剪切砧木,沿切口纵向斜剪至砧木横切面的 1/3～1/2 处,剪口长度约 1 cm。削楔形接穗(同切接),长削面与切口等长或略长,一面略厚。插入接穗,保持砧穗至少一面的形成层对齐,接口紧密绑缚。

数字资源 6-4

苹果舌接法

3.4.3 舌接法

砧木与接穗呈舌状互相嵌插在一起的嫁接方法。砧木和接穗均削成等长的斜面,在斜面尖端 1/3 处,沿枝条平行方向再切一刀,深至削面钝端。砧穗互相嵌插,对准形成层,接穗削面可保留 0.5 cm 留白(数字资源 6-4)。该方法嫁接的接触面大,接口牢固,愈合快,成活率高,适合嫁接难于成活的种类,操作技术复杂。砧木和接穗粗度不一致时,保证形成层一边对齐。

数字资源 6-5

果树双枝嫁接换头技术

3.4.4 高接换头

利用原植株的树体骨架,在树冠部位换接其他品种的嫁接方法。春季进行枝接或嵌芽接,可在树干上适宜的分枝上嫁接,可快速成形。或是距地面 20～30 cm 处短截主干,利用 2～3 个健壮长枝条(接穗)分别嫁接在主干上,枝条上部插接成一个独立枝条,也可快速成形(数字资源 6-5)。

3.5 葡萄嫁接

数字资源 6-6

葡萄绿枝嫁接

3.5.1 绿枝嫁接

选择砧木上生长健壮的半木质化新梢,粗度在 0.5 cm 以上。剪切砧木,切口在节芽上方 4～5 cm 处,去除砧木上的副梢,保留叶片(数字资源 6-6)。接穗选用半木质化新梢或副梢,去掉叶片和幼嫩新梢,接穗芽的上方留 1～2 cm,在芽下方 1～2 cm 处下刀,削成 2～3 cm 长的对称楔形削面,插入切口内,砧穗至少一侧对齐。嫁接口用塑料膜紧密绑缚,接穗顶部用薄膜封顶或套塑料袋保湿。

3.5.2　休眠枝嫁接

选择生长健壮的砧木和接穗休眠枝条，粗度为 1 cm 左右。砧木和接穗均保留 1 个饱满芽，长度为 10～15 cm。嫁接机将砧木和接穗切割成相同的凸凹接口，二者嵌入，用石蜡封住嫁接口保湿（数字资源 6-7）。将嫁接好的枝条保湿贮藏越冬，春季扦插育苗。

数字资源 6-7

葡萄硬枝嫁接

3.6　苹果矮化中间砧苗繁殖

矮化中间砧是在根砧和接穗品种之间的一段枝条，长度 20～30 cm，可以使接穗品种矮化。生产上繁育矮化中间砧的种苗，需要二次嫁接，从砧木育苗到种苗出圃，常规需要 3 年。生产上采用分段嫁接法，2 年可以成苗。

利用小拱棚促早栽培，培养实生砧木和矮化砧木的壮苗。当年秋季，在矮化砧木上每 20～30 cm 芽接一个接穗品种。翌年春季分段剪矮化砧（接穗品种已嫁接成活），作为中间砧，枝接在实生砧木苗上，同年秋季即可成苗。

4　结果与分析

4.1　芽接的成活率和生产效率

利用嵌芽嫁接方法，统计在规定时间内嫁接的株数。根据不同砧穗材料，嫁接后 2～4 周统计成活率。

4.2　枝接的成活率和生产效率

统计在规定时间内，利用不同枝接方法的嫁接株数。待嫁接枝条开始萌芽时，统计成活率。比较不同嫁接方法的技术要点、可操作性和生产适用性。

（朱元娣　王胜男　编写）

实习七　蔬菜芽苗嫁接技术

1　引言

大多数蔬菜作物利用种子繁殖。为了控制土传病害，培育壮苗，瓜类和茄果类蔬菜普遍利用抗性砧木嫁接育苗技术。瓜类蔬菜嫁接通常采用顶插接、贴接、靠接等方法，茄果类蔬菜采用套管接和贴接等方法。瓜类和茄果类蔬菜选择适合的嫁接育苗方法，可提高集约化育苗的生产效率和定植后植株的生产力。

日本是嫁接育苗技术应用最普遍的国家，90%以上的茄果类蔬菜和瓜类蔬菜都采用嫁接育苗技术进行育苗，主要目标是抗土传病害。荷兰无土栽培番茄长季节栽培，近几年也普遍采用嫁接育苗技术，但其主要目标是利用砧木发达根系，预防植株的早衰。总之，设施栽培果菜类蔬菜嫁接育苗技术是国内外普遍应用的成熟技术。我国设施栽培瓜类和茄果类蔬菜，也普遍应用。例如以黑籽南瓜嫁接黄瓜防止枯萎病和疫病，以赤茄嫁接茄子防止黄萎病等。蔬菜作物嫁接方法包括顶插接、贴接、靠接、套管接等（数字资源 6-8）。

数字资源 6-8

蔬菜芽苗嫁接

生产上，西瓜、甜瓜普遍采用瓜类双断根技术，即接穗与砧木的根都断掉，接穗顶插嫁接在断根的砧木上，嫁接苗扦插繁殖。此种嫁接方法使嫁接苗根系发达、整齐一致，可避免因砧木出苗不整齐导致秧苗质量不一致的问题。嫁接成活的关键是嫁接口愈伤组织的形成，只要砧木和接穗的伤口互相贴合在一起，伤口处的薄壁细胞就会受到创伤激素等刺激，细胞分裂形成愈伤组织。影响嫁接成活的内因是接穗和砧木的亲和性，即二者的亲缘关系远近，亲缘近如种内嫁接容易成功，而科内属间不容易成功。由于草本植物砧木和接穗都很幼嫩，所以嫁接时不宜将两者捆得太紧，以免损伤细胞和组织，影响伤口的愈合。嫁接速度要快，以防接穗和砧木失水，嫁接完成后立即放入空气湿度饱和的环境中。

本实习以瓜类、茄果类蔬菜为试材，进行蔬菜芽苗嫁接操作训练。

2 实习准备

2.1 实习材料

蔬菜(瓜类如西瓜、黄瓜、黑籽南瓜，茄果类如番茄)种子、纱布、脱盘、培养箱、去离子水、穴盘、草炭、蛭石、塑料膜、嫁接套管等。

2.2 实习用具

刀片、手套、喷壶等。

3 实习内容

3.1 西瓜苗顶插法嫁接技术

3.1.1 播种催芽

(1)砧木和接穗播期的确定　定植前 25 d(夏季)到 40 d(冬季)，对砧木种子进行浸种催芽。在砧木种子催芽 7 d 后，对接穗种子进行浸种催芽。如果外界气温较低，可以增加砧木与接穗播种的间隔时间，以确保嫁接时砧木达到合适的大小。

(2)砧木种子浸种　用 55 ℃温水浸泡种子，用水量为种子量的 3 倍左右。浸种时，不断搅拌。待水温降至 30 ℃时，停止搅拌，取出种子。再用 0.1%漂白粉消毒 10 min，随即用清水冲洗干净，在室温下浸种。浸种时间为南瓜 12 h、瓠瓜 24 h、西瓜 6～8 h。浸种完成后，用清水冲洗 2～3 次，搓洗掉种子上的黏液，准备催芽。

(3)砧木种子催芽和播种　将种子装入方盘中，用湿布盖好，置于 28 ℃下，催芽。待种子露白时播种。未发芽种子继续催芽，以确保嫁接时的砧木大小一致。露白种子直接播于 50 孔穴盘中，将种子胚根斜向上放于小孔中心，深度 1 cm 左右，以减少戴帽苗。播种后上覆基质，均匀浇水，湿润基质，移入催芽室。变温催芽，白天 28℃、夜间 18 ℃。根据品种发芽特性，采用控制催芽温度或浸种催芽时间来控制出芽速度和时间，使种子在清晨拱土，以防夜间徒长。如无催芽室，播种后放入温室中，尽量降低夜间温度，连阴天降低育苗区温度和控制苗床湿度，防止徒长。当 70%种子拱土时，降低温度，白天 20～25 ℃、夜间 15～18 ℃。这一期间温度过高易造成小苗徒长，温度过低时子叶下垂、朽根或出现猝倒，特别注意阴天时不要出现昼低夜高的逆温差。当子叶平展时，喷施代森锰锌、0.2%磷酸二氢钾和 0.1%糖水溶液，防病壮苗。

(4)接穗种子播种　在砧木播后 6～7 d，播接穗种子。方盘底部均匀铺一层厚约 4 cm 的基质，然后将种子均匀撒在基质上，播种密度以种子不重叠为度，上覆盖 1 cm 厚的基质或蛭石。基质覆盖时选用较轻基质，覆盖后稍稍压实，以减少戴帽苗。覆盖后浇足底水，放于催芽室中进行催芽。催芽室需安装人工光源，光照强度大约为 5 000 lx。

3.1.2　嫁接

(1)嫁接时的幼苗标准　砧木的苗龄为 8～12 d，相当于第一片真叶刚刚出现时的苗龄，冬天苗龄可略长，夏季略短。同时在砧木刚刚开始发真叶时将其真叶小芽抹去。接穗用出苗后 2 d、子叶将展未展的徒长苗，在嫁接前 3～5 d 控制浇水，嫁接前一天浇透，以利于嫁接成活。

(2)嫁接工具　特制的嫁接刀、操作台(桌凳皆可)及特制的竹签(粗细与西瓜下胚轴粗细相同，约 3 mm)。

(3)嫁接方法　嫁接时用竹片刮掉砧木的二次萌发的生长点，用竹签从心叶处斜插 5 mm 深，竹签不要穿破表皮，然后取西瓜苗在子叶下 1 cm 处向下斜切一刀，刀片与西瓜茎呈 60°夹角，切面长度约 0.5 cm，拨出竹签，插入接穗。或者用拇指和食指捏住 2 片叶，使刀片与接穗呈 30°夹角在子叶基部 1 cm 处向下削成 1 个斜面，切口长 0.5 cm，取出竹签，将接穗斜面吻合，砧木与接穗的子叶呈“十”字形插于砧木上。

3.1.3　嫁接苗管理

嫁接苗温度管理标准以白天 26～28 ℃、夜间 20～22 ℃为宜，用塑料小拱棚覆盖使相对湿度＞95％，白天用遮阳网遮光。待 3～4 d，在早晚空气湿度高时，开始少量通风。1 周后嫁接口愈合，逐渐加大通风量，温度管理恢复正常。

优质西瓜嫁接苗的标准为子叶完整、茎秆粗壮，嫁接口愈合良好；西瓜真叶 2～3 叶，叶色浓绿，根系完好，无病虫；苗龄夏季 20～25 d，冬季 35～40 d。

3.2　番茄苗套管嫁接技术

3.2.1　播种育苗

育苗基质配方一般草炭、蛭石、珍珠岩含量为 3：1：1，同时，每立方米基质中可加入多菌灵 100 g 或百菌清 200 g，消毒，用氮磷钾含量为 20：10：20 的肥料将 EC 值调节至约 0.75 mS/cm(1 m^3 约用肥料 750 g)。

番茄嫁接苗的育苗天数夏季 25 d 左右、冬季 45 d 左右。砧木、接穗具体播种时间应根据采用哪种嫁接方法来确定。番茄苗的嫁接方法很多，这里主要介绍斜切接的嫁接方法。斜切按要求砧木与接穗的茎粗细一致以利于嫁接成活。因砧木生长较接穗品种旺盛，所以比接穗品种提前 2 d 播种，未包衣种子采用温烫浸种后再进行播种。砧木和接穗品种均直接播于 128 孔穴盘中，放入 28 ℃黑暗的催芽室中催芽。

种子出土后要充分见光，防其徒长，促使其茎秆粗壮。子叶展开后喷 800 倍甲基托布津预防苗期病害。育苗期间白天温度 25～28 ℃、夜间 15～18 ℃。待接穗长到 2～3 片真叶，子叶与真叶之间茎长大于 1 cm 时即可嫁接，嫁接前喷一遍广谱性杀菌剂以预防嫁接时感染。

3.2.2　斜切法嫁接

选用专门的嫁接套管，番茄的套管内径 2.0 mm、管长 15 mm、壁厚 1.2 mm，材料是具有一定弹性的透明塑料。嫁接前，操作台、嫁接刀、人手等都应消毒。嫁接时，砧木在子叶上方 0.3 cm 处，嫁接刀与砧木呈 30°夹角向下切断，套上套管，套管底部正好抵住子叶，然后在接穗第一片真叶下 0.3 cm 处呈 30°夹角与砧木呈相反的方向切下接穗，插入套管，使两者充分贴合。

3.2.3 嫁接后管理

番茄嫁接苗放在黑暗高湿环境中，温度 24 ℃、相对湿度 99%以上。2 d 后移入遮光温室，遮光率约 70%，白天 25 ℃、夜间不低于 18 ℃、相对湿度 95%左右、光照 4 000～5 000 lx，4～6 d 伤口即可愈合，逐渐移入正常光照区，常规田间管理。

3.3 黄瓜双断根嫁接技术

3.3.1 种子处理及播种

以黑籽南瓜为砧木，以当地设施主栽黄瓜品种为接穗。

砧木种子先在阳光下晒 2～3 d，播种前用 55～60 ℃的温水浸种消毒，浸种时要不断搅拌，直至水温降到 30 ℃后停止搅拌，自然冷却后用 2%的漂白粉浸种 15 min，清洗干净后浸泡 8～10 h，然后清洗 2～3 遍，待播。

接穗种子播前用 55～60 ℃温水浸种消毒，方法同砧木。浸泡 6 h 后，再清洗 2～3 遍，待播。

砧木种子选用 45 cm×45 cm 的育苗方盘进行播种，即在盘中先铺 3～5 cm 厚的基质，压实后播砧木种子。要求行距 5 cm、株距 1.5～2 cm、种子方向一致，每盘播种 220～230 粒。再用消毒过的细沙或蛭石覆盖 1.5 cm 左右，充分浇水后放在 28～30 ℃的催芽室中催芽。保持较高的湿度，待 60%左右拱土时移出催芽室。

接穗种子在砧木移出催芽室时浸种消毒，浸泡后用同样的方盘先铺 3～5 cm 厚的基质，将已接穗种子撒播在上面，每盘约 1 500 粒，再用基质覆盖 1 cm 左右，浇水后放在 28～30 ℃的催芽室中。注意浇水不宜过多，否则影响种子发芽。待 80%左右的种子拱土时，移出催芽室及时见光。

3.3.2 嫁接前苗床管理

砧木齐苗前沙子或蛭石不宜干燥，嫁接前 1～2 d，适当降温控水，促进下胚轴硬化。接穗（黄瓜苗）的基质不宜过干，齐苗后要充分见光。嫁接前要做好病虫害防治。一般情况下，齐苗后和嫁接前一天各喷一次低浓度的杀菌剂预防病害，如用 70%甲基托布津 1 000 倍，或 75%百菌清 800 倍或普力克 600 倍，进行苗期病害的预防。

3.3.3 嫁接及扦插

嫁接适期以砧木子叶展平，第一片真叶微露时，即播种后 10～12 d 为宜。黄瓜为子叶开始微展时，即播种后 7～9 d 为宜。嫁接前一天的下午砧木和黄瓜的基质要浇透水，使植株吸足水分。扦插前，成活区内的苗床基质应做好消毒工作，并提前 1 h 预热。固定一个工人割取砧木和黄瓜苗。

（1）顶插法嫁接　砧木从子叶下 5～6 cm 处平切断，接穗可靠近底部随意割下，每次割下的砧木和接穗不宜过多。嫁接时，用专用嫁接签从砧木上部垂直子叶方向斜向下插入，角度在 30°～45°，深度为 0.5 cm，以不露表皮为宜；在接穗子叶下 1.0 cm 处斜切一刀，切面长度 0.5 cm 左右。从砧木顶端取出嫁接签，将接穗迅速插入砧木孔中，要插紧。嫁接好后放在湿润的容器内保湿，待扦插。

（2）嫁接苗扦插　将扦插基质装入 72 孔育苗穴盘，浇透底水后扦插嫁接苗，扦插深度 2～3 cm。扦插用力要适度，以免折损茎部。扦插后立即放入成活区的苗床内，并做好标签，记录嫁接和扦插日期。

3.3.4 嫁接苗管理

砧木在高温和高湿环境下萌蘖生长很快，影响嫁接苗的正常生长，所以嫁接成活后应及时去除萌蘖。

4　结果与分析

4.1　蔬菜芽苗嫁接成活率和生产效率分析

针对实习中选用的嫁接材料和嫁接方法，统计在规定时间内嫁接的株数。根据不同砧穗材料，嫁接后 2～4 周统计成活率，记录在表 6-4 中，分析不同芽苗嫁接方法的成活率。实地调研蔬菜育苗基地，分析芽苗嫁接育苗的生产成本及收益。

表 6-4　蔬菜芽苗嫁接成活率调查

蔬菜作物	砧木品种	接穗品种	嫁接方法	嫁接数量	嫁接苗成活数	嫁接成活率
黄瓜						
西瓜						
番茄						

4.2　蔬菜芽苗不同嫁接技术比较

详细记录实际嫁接操作的技术流程，分析各种嫁接方法优缺点，记录在表 6-5 中，讨论芽苗嫁接的生产应用价值。

表 6-5　蔬菜芽苗不同嫁接方法比较

观测参数	方法 1	方法 2	方法 3
操作流程			
关键技术			
优点			
缺点			

注：此表格可根据实际情况扩充或删减

（高丽红　田永强　编写）

实习八　园艺植物的扦插繁殖

1　引言

扦插是利用植物器官的再生作用，将部分营养器官从植株上取下，插于适宜生根的基质中，使之发育成一个新的完整植株的过程。扦插繁殖是植物无性繁殖的重要手段之一。了解园艺植物的扦插方式和调控条件，可提高繁殖效率，为苗圃生产提供理论依据和技术指导。

数字资源 6-9

园艺植物扦插繁殖

根据材料不同，扦插繁殖分为枝插、叶芽插、叶插、根插和果实插，其中枝插和叶插在生产上应用广泛。枝插即利用枝条的一段作为插穗的扦插方法，包括嫩枝扦插和硬枝扦插(数字资源 6-9)。嫩枝扦插又叫绿枝扦插、软枝扦插，利用半木质化的绿色枝条(常绿木本花卉、仙人掌及多肉植物等)或嫩梢尖(草本花卉)作为插穗进行扦插育苗,如杜鹃、变叶木、玉树等,因嫩枝中生长素含量高,组织幼嫩,分生组织活跃,顶芽和叶子合成的生长素可促进产生愈伤组织和生根,容易成活。硬枝扦插利用已经木质化的成熟枝条进行扦插,葡萄、石榴、无花果等落叶木本类和常绿针叶类植物常用此法繁殖,其特点是插穗容易获得、保存和运输,操作简单,成本低。叶插是以叶片或叶柄作为插穗,包括全叶插和片叶插,应用于叶片肥大、叶柄粗壮,叶片易于发生不定根、不定芽的草本花卉,如秋海棠科、苦苣苔科、狸藻科等。叶芽扦插利用茎的一个短区间,包括一个叶和其关联的腋芽,可用于叶插不易产生不定芽的种类,如菊花、八仙花、天竺葵等。少数果树如枣、山楂、梨等以及宿根花卉如剪秋罗、宿根福禄考、芍药等,可利用根上能形成不定芽的能力扦插繁殖。果实插是以果实为材料进行扦插繁殖,仙人掌常采用此法繁殖。

不同植物叶片扦插时,不定根和不定芽发生部位有所不同。景天科落地生根由“叶胚”(初生分生组织)发育形成不定根和不定芽,其他植物则是由叶片基部或叶柄的成熟细胞所发生的次生分生组织发育而成,起始于维管束之间的薄壁细胞。茎插时,茎上的不定根起源于茎内组织,向外生长,如草本植物发生在维管束外面和维管束之间,木本植物在次生韧皮部、维管射线、形成层和髓部,有的植物具有潜伏根原细胞。根插时,先产生不定芽,不定根在新生的不定芽基部发出,而非在原有根插条上。幼根上不定芽在靠近维管形成层的中柱鞘内发生,老根上的不定芽则在木栓形成层或射线组织或伤口的愈伤组织发生。不定根的根原细胞发生在维管形成层的部位。愈伤组织与不定根发生有关,但非必需。

不定根起源于形成层、中柱鞘或薄壁细胞等具备潜在分裂能力的细胞。不定根的发生过程可分为诱导期、启动期和表达期。植物茎段或离体器官的不定根诱导期以起源细胞响应内外信号、动员碳水化合物代谢为特征。启动期以细胞分裂、分生组织的形成及根原基的发育为特征。不定根原基的发育分为 5 个步骤:①建立表皮-内皮层、中柱和根冠起始细胞;②起始细胞通过平周分裂形成不定根表皮、内皮层和中柱;③内皮层通过平周分裂形成皮层;④根冠起始细胞通过平周分裂形成柱细胞,不定根原基的穹顶状结构建成;⑤中柱基部细胞伸长并且液泡化。表达期的特征包括不定根原基生长突破表皮层、新形成的不定根与维管系统相连接等。一旦新形成的不定根原基生长达到表皮层处,表皮细胞的细胞壁会松弛瓦解以及细胞程序性死亡,帮助不定根原基突破表皮层,并在不定根突出的地方形成表皮,以抵御微生物入侵和干旱等逆境;之后不定根与维管系统连接,以便水分和矿质营养的吸收。分生组织特异的 *WOX*(*WUSCHEL-RELATED HOMEOBOX*,*WUSCHE* 相关的同源异型盒基因)、生长素响应因子 ARFs(*AUXIN RESPONSE FACTORS*)等转录因子是植物不定根原基形成的关键,微 RNA(miRNA)通过靶向切割生长素信号转导途径中核心组分,调控不定根发生,此外童性与木本植物如苹果扦插生根能力呈正相关。

扦插繁殖方法简单、成本低,育苗周期短,繁殖材料来源广、繁殖系数高,可以保持原植物的优良性状,成苗快,开花早,广泛应用于不易结实和容易发生突变的园艺植物繁殖中。但存在扦插苗根系较弱、浅,易退化,寿命短于实生苗、分株苗和嫁接苗,木本植物容易出现偏冠等情况。扦插成活不仅受物种品种特性、插条营养和生长状况、插条的叶面积(绿枝扦插)和插条的童性(木本植物)等内部因素影响,也受环境条件如空气湿度(近 100%)、光照(适当遮阳)、扦插基质(保湿、透气、pH 适宜)等影响。插床基质的温度稍高于空气温度,如温带植物 15~20 ℃、热带/亚热带植物 20~25 ℃,利于扦插生根。

本实习以草本和木本植物为试材,通过示范和操作训练,使学生掌握园艺作物硬枝扦插、绿枝扦插和叶插的理论知识和基本方法。

2　实习准备

2.1　试材

以当地常见的木本和草本花卉为插条试材，嫩枝扦插可选择菊花、月季、叶子花、茉莉、常春藤、天竺葵等草本植物，绿枝扦插可选用苹果、樱桃等矮化砧木，硬枝扦插可选择葡萄、无花果、紫薇、连翘等，叶插可选择豆瓣绿、虎尾兰、大岩桐、石莲花属植物等。

2.2　试剂、仪器与用具

试剂：生根粉、生长素等植物生长调节剂、多菌灵、草木灰或硫黄粉等。

仪器与用具：育苗容器(盆、木箱、塑料盆、育苗盘等)或扦插苗床、河沙、蛭石、育苗基质、遮阳网、铁铲、修枝剪、标签、记号笔。

3　实习内容

3.1　盆插或插床设置

盆插设置：盆底铺设 5 cm 厚的小石子，中部放入 8～10 cm 粗粒培养土，将其整平轻压后，上面铺设 5 cm 蛭石珍珠岩等比例混合基质或其他合成基质。扦插时，用木棍辅助插穗插入基质 3～4 cm 深，使插穗基部距离基质底层 1 cm 左右，利于插穗生根后及时吸收到养分而不致烂穗。

插床设置：扦插床通常宽 1 m 左右，四壁用砖砌成。底部铺设 20 cm 左右厚的排水层，上面铺设一层 10～20 cm 的河沙、蛭石或其他合成扦插基质，保证长度 7～15 cm 的插穗一半能插入基质，并且插穗基部距离基质底层 2 cm 或更多。基质扦插前充分浇水。扦插床顶部用竹片或扁铁做成弓形支架，支架上加盖塑料薄膜保湿，提高插条成活率。

3.2　插穗选择及处理

3.2.1　插穗选择

扦插材料要求品种纯正，来源明确，个体间一致，无病虫害。因此应选择遗传性状优良、一致性好、无病虫害、抗性强的繁殖母株。

3.2.2　插穗处理

机械割伤：准备用作插穗的枝条基部，于剪取前 15～30 d 进行环割或剥伤，阻止枝条制造的营养向植株回流，促进扦插后生根。例如，月季硬枝按照扦插长短进行环剥，并对剥开的部位遮光管理，大约 15 d 就可以长出愈伤组织，剪截后插入基质中，可以有效提高插条成活率。

干燥处理：对于枝条富含水分和乳汁的植物，如橡皮树等，采取插条后先阴干或蘸取干燥的草木灰或木炭粉，使其收干水分再扦插，以免插条基部腐烂。

浸水处理：对于松科等枝条中富含抑制伤口愈合和生根物质的植物，在扦插前将插穗基部放入温水中浸泡 2～12 h，去除抑制类物质，促进生根效率。

植物生长调节剂处理：常用吲哚乙酸、吲哚丁酸、萘乙酸、生根粉等生长素类物质处理茎插穗。难生根的木本植物常采用高浓度的生根粉快速浸蘸插穗基部，多汁、柔嫩、宜生根植物则采用低浓度长时间浸泡处理。植物生长调节剂浓度过高会抑制植物发育，导致黄化、落叶、茎变黑等症状，甚至插穗死亡。因此,扦插前需要进行生长素浓度梯度筛选,适合的生长素浓度可使插穗基部肿胀、产生愈伤组织且大量出现根系。此外,生长素类对不定芽有抑制作用,不在叶插中使用。

营养处理:氮元素对生根有一定的抑制作用,钾、磷对生根有促进作用,钙离子对维管束的形成是必要的。因此,母株施用磷钾肥和钙物质如过磷酸钙和磷酸二氢钾,避免使用铵类和硝酸盐,可获得健壮插穗。营养物质可直接提供生根所需能量,例如,将紫薇插穗在1%的蔗糖溶液中浸泡24 h,清水洗涤后用于扦插,可以有效提高插条的成活率。

增加地温:较高的插床温度和较低的气温有助于插穗生根,以地温或插床温度高于气温3～5 ℃为宜。

3.3 扦插操作

3.3.1 硬枝扦插

硬枝扦插在休眠期进行,即晚秋、冬季和早春,多用于木本植物。此时植物处在生长停止状态,经霜冻后贮有丰富的营养,扦插后容易产生愈伤组织并生根。

在休眠季,剪取1～2年生完全木质化的枝条为插穗。不宜选择徒长枝、节间过长枝和生长衰弱的内生枝。插穗剪成10～20 cm长且带有2～4个节的枝段,基部切口留在节的下部,上部剪口在节上1.5～2.5 cm处。如暂时不扦插,可以保湿冷贮或蜡封贮藏。常绿针叶树的插条通常秋季剪取后立即扦插。

根据插穗长度、硬度和生根难易程度确定不同的扦插方式。对生根难且枝条柔软的插穗材料,在插床基质中圈枝平放或立放。对插穗粗硬的插穗材料,采用斜插或直插,插入基质的深度为插穗长度的1/2～2/3。

3.3.2 嫩枝扦插

在设施条件下,嫩枝扦插可以全年进行,适宜时期在5—8月生长季。剪取当年生发育充实、生长健壮的嫩枝,除菊花等幼嫩草本植物外,梢端幼嫩部分不可用。将剪取的枝梢截成4～10 cm长含2～4个芽的枝段,剪除基部向上1/3的叶片,保留上部叶片,下剪口靠近腋芽。扦插深度为插条的1/3～1/2,密度不宜过大。摘除插条基部贴近插床的叶片,以防腐烂。

3.3.3 叶插

叶插通常在生长季进行,以肥大、粗壮的叶片或叶柄作为插穗,如豆瓣绿、秋海棠、石莲花等,可以将完整叶片平置于基质上,进行全叶插。虎尾兰、大岩桐等取不完整的叶段直插入基质,进行片叶插。

3.4 插后管理

3.4.1 温湿度控制

插后喷一次透水,外罩塑料薄膜,保温保湿。日常注意观察苗床水分含量,提高空气湿度,降低基质湿度,切忌床土湿度过大,造成插穗腐烂。木本花卉一般生根基质温度为20～25 ℃,早春需加温催根;夏秋气温高,需遮阳降温或喷水降温。

3.4.2 光照控制

光照对生长素的产生有一定的促进作用,在嫩枝扦插时需要提供光照。但过强的光照对尚无吸收养分能力的扦插材料具有一定的伤害,会消耗扦插材料的水分和养分,不利于生根。

3.4.3 常规管理

插后20 d,可喷低浓度的磷酸二氢钾水溶液2～3次,以促进插条生根。对带叶插穗,扦插后，每隔5～7 d喷0.1%～0.3%氮磷钾复合肥1次，利于插穗成活。

定期检查发根情况，及时清理死苗、病苗，去除扦插期间形成的花蕾。逐渐增加光照、减少喷雾或去除薄膜，进行生根苗的锻炼，促进苗生长。依据扦插时间、生根快慢以及生长情况确定移栽适期，及时移栽、间苗，防止徒长。

4 结果与分析

4.1 园艺植物枝插成活率和生产效率分析

利用硬枝和嫩枝扦插方法，根据不同插条材料，每5 d观察记录不定芽发生和生根情况。扦插后2～8周统计成活率。结合实际情况，总结分析影响枝插繁殖效率的主要因素，计算枝(茎)插繁殖的生产成本。

4.2 园艺植物叶插成活率和生产效率分析

利用叶插方法，根据不同植物材料特性，每5 d观察记录不定芽发生和生根情况。扦插后2～8周统计成活率。结合实际情况，总结分析影响叶插繁殖效率的主要因素，计算叶插繁殖的生产成本。

（娄 倩 编写）

实习九 木本植物的压条繁殖技术

1 引言

压条繁殖是利用器官的再生能力，将母株上枝条的一部分压埋在土壤或基质中，或者用其包裹，使之形成不定根，然后再切离母株成为一个新生个体的繁殖方法。它的优点是成活容易，并能保持原有品种的优良特性；缺点是繁殖系数低，一时不能获得大量新株。压条生根的原理是：当压条前在芽或枝的下方发根部位采用环剥、绞缢、环割等创伤处理后，就将上部叶和枝顶端合成的有机物质、生长素和其他物质向下运输的通道切断，使这些物质积累在处理口上端，形成一个相对的高浓度区，而其木质部又与母株相连，能继续得到水分和矿物质营养的供给，再加上埋压造成的黄化处理，最终使切口处产生不定根。

压条繁殖多用于茎节和节间容易自然生根而扦插又不易生根的果树、木本花卉。压条的时期在北方一般在早春发芽前，在温暖地区一年四季均可进行，常绿树种则多在雨季进行。压条繁殖一般分为水平压条、直立压条和空中压条三种。①水平压条(普通压条)：多用于枝条柔软而细长的藤本花卉，如迎春、金银花、凌霄等，苹果矮化砧、葡萄、醋栗等果树也适用此法。压条时将母株外围弯曲呈弧形，把下弯的突出部分刻伤，埋入土中，再用钩子把下弯的部分固定，待其生根后即可剪离母株，另外移栽。②直立压条(堆土压条)：适用于丛生性强、枝条较坚硬不易弯曲的落叶灌木，如红瑞木、榆叶梅、黄刺玫等，苹果矮化砧、葡萄、石榴、醋栗等果树也可采用此法。于初夏将其枝条的下部距地面约25 cm处进行环剥约1 cm，然后在母株周围培土，将整个株丛的下半部分埋入土中，并保持土堆湿润。待其充分生根后到翌年早春萌芽以前，刨开土堆，将枝条自基部剪离母株，分株移栽。③空中压条(高枝压条)：用于枝条发根难又不易弯曲的常绿花木，如白兰、米兰、含笑等，柑橘、枇杷、荔枝、龙眼、番石榴、人心果等果树也可采用此法。一般在生长旺季进行，挑选发育充实的2年生枝条，在其适当部位进行环剥，然后用塑料袋装入泥炭土、山泥、青苔等，包裹住枝条，浇透水，将袋口包扎固定，以后及时供水，保持培养土湿润。待枝条生根后自袋的下方剪离母体，去掉包扎物，带土栽入盆中，放置在阴凉处养护，待大量萌发新梢后再见全光。

压条繁殖中枝条生根至关重要，而影响压条生根的因素主要有压条时期、母株枝条状况、压条前处理、基质温湿度、生根剂等。为促进压条生根，提高压条成功率，可以采用以下方法：①选择适宜时期压条，春季萌芽前压条，枝条中水分、养分充足，压条后容易生根；生长期中的枝干水分、养分运输旺盛，此时压条繁殖较易发根；而休眠期中的植物，不适宜进行压条繁殖。②选生长健壮、无病虫害的母株和其成熟、充实的健壮枝条环剥处理，较容易发根，太老或太嫩的枝条不适宜压条。③机械处理，如环剥、环割、绞缢。一般，环剥是在枝条节、芽的下部剥去1～2 cm宽的枝皮，要切断韧皮部，深及形成层，而不伤到木质部，环状剥去皮层，避免环剥不彻底使伤口自行愈合。但是，一旦环剥处理伤害到木质部，会导致枝条干枯落叶死亡或折断。环割则是环状割1～3圈，以深达木质部为宜。绞缢则用金属丝在枝条的节下面绞缢。④压条处理后到发根期间，包裹伤口的基质要保持适当的湿度和温度(22～28 ℃)。⑤使用生根剂，如萘乙酸(NAA)、吲哚乙酸(IBA)等涂抹伤口部位，或将包扎覆盖伤口的基质材料(如水苔等)预先浸泡少量发根剂，可以促进发根。⑥用黑布、黑纸包裹或培土包埋枝条，使其软化或黄化，以利于根原体突破厚壁组织。⑦选择疏松、保水、通气性能好的材料作为基质，如木屑、泥炭、腐殖土等混合少量营养土、园土。保持生根基质通气良好且湿度适宜，尤其在开始生根阶段，要保证有持续不断的水分和良好的通气条件。

本实习通过苹果矮化砧木水平压条和月季空中压条的实践操作，进行木本植物的压条繁殖技术训练，促进学生对植物压条繁殖原理的理解。

2 实习准备

2.1 试材

以苹果矮化砧木为水平压条的材料，以月季为观赏植物空中压条的材料。

2.2 用具与用品

铁锨、环剥刀、修枝剪等工具，化肥(尿素、磷酸二氢钾)、疏松保水透气性好的基质或其园土混合物、塑料袋、软绳等用品。

3 实习内容

数字资源 6-10

苹果矮化砧木压条繁殖

3.1 苹果矮化砧木水平压条

春季移栽母株(1年生砧木苗)，行距1.5 m，株距30～50 cm，倾斜45°栽植，将枝条压入土中5 cm左右的浅沟中固定。待新梢长至15～20 cm时第一次培土，25～30 cm时第二次培土(数字资源6-10)。培土部位去除叶片，枝条基部未压入土内的芽处于顶端优势的地位，及时抹除强旺萌蘖枝。如果培土后发现土壤干旱，应在两侧开沟灌水，平时可以进行喷灌，保持湿度，秋季落叶后即可进行分株。

培土后要加强水肥管理，保证培土萌蘖有足够的生长高度，便于嫁接。5—7月追施化肥1～2次，5月底前以尿素为主，7月以后以磷、钾肥为主。在培土后根部不便追肥的情况下，也可叶面喷施0.2%～0.5%尿素和磷酸二氢钾2～3次。充分利用喷灌或滴灌等节水灌溉设施补足水分，保证培土基质湿润，促进生根。加强病虫害防治，清除杂草。

3.2　月季空中压条

首先，在2～3年生的月季母株上，选择生长健壮的枝条。然后，在枝条基部4 cm处用利刀有间隔地（一般为枝条直径的1.5～2倍）环割两刀，深及形成层，除尽两刀痕间的枝皮。环剥后，用湿润的基质在环剥处用塑料薄膜裹成泥团，用软绳扎好两头。保持泥团湿润，2～3个月后就会发根。如果在室外压条，就应在压条繁殖的上方适当遮阳，避免暴晒。当有较多根系时，可带泥团切离母株，去掉包裹物，即为一株新的月季苗。月季空中压条适合春季和秋季进行，以7—8月压条最好。

4　结果与分析

4.1　苹果压条繁殖和生产效率分析

调查苹果矮化砧木水平压条的生根株数率、每株根数、根长等情况，计算繁殖系数和生根率，分析压条繁殖的生产效率及产业应用价值。

4.2　月季空中压条繁殖和生产效率分析

调查月季空中压条的生根状况，包括生根株数、每株根数、根长等，计算生根率，分析月季空中压条繁殖的生产效率及产业应用价值。

4.3　两种不同压条繁殖方法比较

总结水平压条繁殖和空中压条繁殖的技术要点，并对比分析两种不同压条繁殖方法的异同。

（李翠英　编写）

实习十　球根花卉繁殖技术

1　引言

球根花卉是由地下茎或根变态形成的膨大地下部分的多年生草本，其种类丰富，观赏性强，适应性强，广泛应用于花坛、花境、岩石园、地被和基础栽植。球根花卉分布广，原产地不同，所需的生长发育条件差异很大。了解球根花卉适宜的繁殖方法和调控条件，可提高繁殖效率，为种球生产提供理论依据和技术指导。

球根花卉依据地下变态器官的结构，可分为鳞茎类、球茎类、块茎类、根茎类、块根类5大类。鳞茎类地下茎极度短缩，成为扁盘状的鳞茎盘，大部分叶变成肥厚多肉的鳞片，着生在鳞茎盘上。大多数鳞茎本身可以存活多年，鳞片叶之间发生腋芽，每年由芽处形成一至数个子鳞茎，用于分生繁殖（从老鳞茎中分离出来），也可以利用鳞片叶扦插加速繁殖，如百合、朱顶红、水仙等。球茎类地下茎短缩肥厚近球状，基部为茎盘状，从此处萌发不定根，球茎上有节、退化的膜质叶片及侧芽，如唐菖蒲、小苍兰、番红花等。球茎顶部抽生真叶和花序，发育开花后，养分耗尽则球茎萎缩。球茎上的叶从基部膨大，形成新球，新球旁边产生子球，数量因种类或品种而异。将新球及小球分离开另行栽植，可用来繁殖，也可以把球茎分切成数块，每块带芽栽植。块茎类地下茎肥厚，外形不一，多近于块状，根系自块茎底部发生，块茎顶端通常具几个发芽点，表面也分布一些芽眼可生侧芽，如仙客来、球根海棠、马蹄莲等。块茎上的芽发育成地上部分，地下部分可以存活多年。有些花卉的块茎不断增大，其中一部分逐渐衰老，衰老部分的芽萌发率降低或不萌发，如马蹄莲；有的块茎生长多年后开花不良，需要淘汰后重新繁殖；有些不能自然分生块茎或分生能力很差，需借助人工分割，如仙客来。根茎类地下茎明显膨大成根状，少为蔓性水平状，地下茎的先端生芽，下方生根，如美人蕉、荷花、睡莲等。根茎顶端的芽发育成地上部分，地下部分不断伸长，并形成地下"侧枝"，其顶端的芽萌发出土面又可以形成新株。"侧枝"足够粗壮，能满足养分要求时，其形成的新株也可开花。逐渐衰老的地下部分萌芽力降低，到没有新芽产生时自然枯萎。块根类根部明显膨大，外形同块茎，有不定根，但上面没有芽，如大丽花、花毛莨。这类球根花卉地下变态根新老逐渐交替，呈多年生状。由于根上无芽，繁殖时必须保留原地上茎的基部(根颈)。

唐菖蒲、朱顶红、美人蕉等春植球根，原产中南非洲、中南美洲的热带、亚热带地区和墨西哥高原等地区。这些地区气候温暖、周年温差小，夏季雨水充足，球根生育时期普遍温度较高，不耐寒，通常春季栽植，夏秋季开花，冬季休眠。郁金香、风信子、水仙等秋植球根，原产地中海沿岸、小亚细亚、南非开普敦地区和大洋洲西南、北美洲西南部等地。这些地区冬季温和多雨，夏季炎热干旱，为抵御夏季干旱，植株地下茎变态肥大成球根状，并贮藏大量的水分和养分。秋植球根较耐寒而不耐夏季炎热，通常在秋冬季节种植后进行营养生长，翌年春季开花，夏季休眠。

本实习以不同类型的球根花卉为试材，通过实际操作训练，使学生掌握分球、鳞片扦插和切球等球根花卉繁殖的原理和技术要点。

2 实习准备

2.1 试材

以不同类型的球根花卉为试材，如百合(鳞茎类)、唐菖蒲(球茎类)、仙客来(块茎类)、大丽花(块根类)、美人蕉(根茎类)等。

2.2 试剂、仪器与用具

试剂：多菌灵粉剂、球根专用基质等。

仪器与用具：育苗容器(盆、木箱、塑料盆、育苗盘等)或扦插苗床、铁铲、剪刀、解剖刀、手套、标签、记号笔。

3 实习内容

3.1 分株或分球繁殖

葱属、文殊兰属、水仙属、酢浆草属、郁金香属、唐菖蒲属等多数球根花卉生长季会从母球上直接分生出子球或吸芽。因此，可直接挖出并分离株丛或子球，分生繁殖。

将吸芽或子球轻轻从母球上扯下来，或用刀在基盘上将吸芽与母球相连的地方割开。清理掉土壤及所有松散或受损组织，多菌灵溶液消毒后直接栽种。

使用排水良好的扦插基质，加入少量缓释肥。较大子球以适当的间距种植于苗圃中，较小子球单独上盆，或将数个子球插入花盆或深种植盘中。子球间距应保持在一枚子球的宽度，并覆盖一层 2.5 cm 厚的基质。做好标记，转移到阴凉区域生长，保持基质湿润。如果使用陶制花盆，可以将它们齐边埋入苗床中保持湿润。翌年生长期定期施肥。

3.2 鳞片扦插繁殖

分离鳞片是百合、贝母等鳞茎类球根的重要繁殖方法。在夏末或初秋根系开始生长之前分离用于繁殖的鳞片。以百合为例，将休眠的球根挖出后，剥离部分鳞片。选择无病害、丰满、无斑点的鳞片，将它们和潮湿的草炭替代物和珍珠岩或蛭石一起混合在塑料袋中。密封袋子，并于温暖黑暗的环境中放置 3 个月，温度保持在 21 ℃左右。然后，将塑料袋放于冰箱中 5～8 ℃培养 6～8 周，促进小鳞茎发育。当小鳞茎形成后，在花盆中填充排水良好的盆栽基质。插入 1 片或更多的带鳞茎的鳞片，使鳞片顶端位于基质表面之下。在炎热的天气将花盆放置在遮阴冷床或凉爽的温室中。

3.3 切球繁殖

大型球根如朱顶红、水仙等鳞茎类种球可以采用切球法实现快速繁殖。块根类(大丽花、花毛茛)、块茎类(马蹄莲、仙客来)、球茎类(唐菖蒲、小苍兰)和根茎类(美人蕉、根茎鸢尾)花卉也常采用分切母球的方式繁殖。

用 75%乙醇消毒锋利刀片，在干净的台面上重复切割种球。直到切成目标数量，置于铁架上晾干。鳞茎类种球应保证每个切块中都包含鳞茎盘，块茎类、球茎类、块根类等种球每块保留生长点或不定芽。在育苗盘底部填充球根花卉专用基质，然后将晾好的球茎块插入基质中，生长点朝上。用更多的基质覆盖球根，用砂砾覆盖花盆表面，标记后放入温室中生长。保持基质湿度适宜，以维持成块球根的生活状态直至生长开始。

4 结果与分析

4.1 球根花卉分生繁殖系数和生产效率分析

调查某种球生产苗圃。统计生产过程中不同类型种球的自然分生能力，记录在表 6-6 中。比较所调查的种球繁殖系数，即每个种球能够生产出商品种球和用于后续繁殖使用种球的数目之和。调查种球分生繁殖的生产成本。

表 6-6 常见球根花卉分生能力调查表

种球名称	调查数/个	小鳞茎数/个	商品种球		繁殖系数
			数量/个	占比/%	
郁金香	100				
⋮					

注：每种统计数量不低于 100 个种球，进行 3 次独立生物学重复。小鳞茎数是每个种球产生的全部，商品种球根据分级标准，达到一级及以上标准的，计入在内。统计数据以平均值(±标准差)表示

4.2 种球鳞片扦插成活率和生产效率分析

利用鳞片扦插法繁殖百合。首先,观察鳞茎生长发育时期和形态特点。在扦插后2周至6个月内,统计成活率,记录在表6-7中。结合实际情况,分析鳞片扦插的繁殖效率和生产成本,讨论在繁殖、养护过程中的关键技术。

表6-7 百合片扦插成活调查统计

扦插处理	扦插/个	不定根		商品种球		繁殖系数
		发生时间/d	数量/个	数量/个	占比/%	
单片叶小鳞茎	30					
多片叶小鳞茎	30					

注:每处理统计数量不低于30个,进行3次独立生物学重复。不定根发生时间按扦插后天数计算。其余参数统计方法同表6-6

4.3 球根花卉切球繁殖成活率和生产效率分析

利用切球法对几种球根花卉进行繁殖。观察不同类型种球的生长发育时期和形态特征,记录在表6-8中。结合实际情况,总结不同球根花卉繁殖的技术要点,分析切球繁殖的繁殖效率和生产成本。

表6-8 几种球根花卉切球繁殖调查统计

种球名称	调查数/个	不定根		商品种球		繁殖系数
		发生时间/d	数量/个	数量/个	占比/%	
朱顶红						
大丽花						
马蹄莲						
唐菖蒲						
鸢尾						

注:所有参数统计方法同表6-7

(娄 倩 编写)

实习十一 园艺作物杂交种子生产技术

1 引言

杂种优势是生物界的一种普遍现象,通常指两个遗传组成不同的生物体杂交所产生的杂交种,在生长势、抗逆性、适应性和产量等方面都超过双亲的现象。杂交种子生产在园艺生产上发挥着非常重要的作用,是前承育种、后接推广的重要环节,推动育种成果转化为生产力。

由于园艺作物种类不同,其开花、结果和传粉习性也不同,适用的杂交制种方法也不同。杂交制种方法包括:①天然杂交制种法。异花授粉植物的天然异交率在50%以上,有些种类和品种异交率可达到90%以上。利用这类作物的天然异花传粉习性,将杂交双亲种植在一个隔离区内，任其自然传粉配制杂交种。适用于雌雄同花、花器小、人工去雄困难的异花授粉植物。②人工去雄制种，也叫简易制种。人工去除母本雄株、雄花或雄蕊，然后在隔离条件下与父本自由授粉或用父本花粉人工授粉，从母本上收取杂交种。适用于花器官较大、单花结籽多的作物。③利用苗期标记性状制种。苗期标记性状指在幼苗期用来区别真假杂种且呈隐性遗传的植物学性状，选育具有某一隐性标记性状的优良自交系作为母本，具有相应显性性状的优良自交系作为父本，相邻种植。自花授粉作物，不去雄只人工授粉；异花授粉作物，既不去雄，也不人工授粉，任其天然授粉，最后从母本系统上收获种子。播种后，在苗期及时拔除群体中具有该隐性标记性状的假杂种植株，多用于异花授粉和自由授粉植物。④化学去雄制种。不经人工去雄，选用某种化学药剂，在植株生长发育的一定时期喷洒于母本，直接杀伤或抑制雄性器官，造成生理不育，以达到去雄的目的。只要选育出具有显著优势的杂种一代组合，在母本花期喷洒去雄剂即可达到去雄生产杂种的目的，方法简单、方便。但化学去雄要选择适合的去雄剂、喷施时期、浓度和剂量。⑤利用雄性不育系制种。雄性不育是指两性花植物中，雄性器官表现退化、畸形或丧失功能的现象。用雄性不育系作为母本，可育品系作为父本配组杂交，简化制种程序，降低制种成本。异花授粉作物可以在隔离区内任其自然传粉授粉，自花授粉作物需进行人工辅助授粉，在不育系上收获的种子即为杂交种子。⑥利用自交不亲和系制种。自交不亲和性是指两性花植物，雌雄性器官正常，在不同基因型的株间授粉能正常结籽，但是花期自交不能结籽或结籽率极低的特性。以自交不亲和系作为母本，以另一个自交亲和的品种作为父本，省去人工去雄。如果双亲都是自交不亲和系，对正反交差异不明显的组合，可在双亲上采收杂种种子，大大降低了制种成本。⑦利用雌性系制种。雌性系是指具有雌性基因，只生雌花不生雄花且能稳定遗传的品系，应用于黄瓜、甜瓜、南瓜等生产杂种一代。雌性系育成后，可通过配合力测定选配优良组合。杂种一代种子的生产是在制种田以雌性系为母本，雌雄株为父本，父本∶母本按 1∶(3～5)进行定植，任其天然授粉，从母本行收获的种子就是杂种一代种子。⑧利用雌株系制种。雌雄同株或异株的单性花植物，具有雌性株(或纯雌株)突变，利用雌株系作为母本配制杂交种，可以免去去雄操作，降低杂交制种成本。

本实习对选定的蔬菜作物或花卉植物，利用雄性不育系和(或)雌性系进行杂交种子生产训练，强化理论知识的实践运用。

2　实习准备

2.1　试材

以当地主栽的蔬菜作物为试材，可选用自花授粉植物(茄科的番茄)或常异花授粉植物(茄科的辣椒)或异花授粉植物(十字花科的大白菜、甘蓝或萝卜，葫芦科的黄瓜)为亲本植株；或以草本花卉作物为试材。

2.2　用具

75%乙醇、镊子、授粉棒或带有橡皮擦的铅笔、标签牌、硫酸纸袋、夹子、网袋、种子袋等。

3　实习内容

3.1　利用雄性不育系杂交种生产

大白菜、普通白菜、菜心、甘蓝、萝卜、芥菜、番茄、辣椒、茄子、洋葱、大葱、芹菜等利用雄性不育系杂交种生产，以辣椒为例，介绍利用雄性不育系杂交种生产的关键技术。

3.1.1 亲本种植

父本占种植比例为15%～30%。为避免父、母本错乱，父、母本分区种植，父本种植在制种田一侧，或父本、母本分棚种植，分床播种。

先播父本，后播母本，父、母本播期相差时间依二者花期而定。亲本花期相同，父本比母本提早10～15 d播种；父本开花期早于母本，同期播种；父本开花期晚于母本，则提早播种20 d。不同辣椒制种基地育苗方式及定植时间如表6-9所示。

表6-9 中国五大辣椒制种基地播种及定植时间

制种基地	制种方式	播种时间	定制时间	育苗方式
华南	网室、露地	9月中旬	10月中旬	拱棚遮阳防雨
华东	塑料大棚	11月中旬	3月中旬	温室穴盘育苗
华北	塑料大棚	1月中旬	3月下旬	温室穴盘育苗
	网室、露地	2月中旬	4月下旬	温室穴盘育苗
西北	塑料大棚	1月下旬	4月中旬	温室穴盘育苗
	网室、露地	2月下旬	5月中旬	温室穴盘育苗
东北	塑料大棚	2月中旬	4月下旬	温室穴盘育苗

整地时，施入底肥。定植时，均采用地膜覆盖。每亩定植甜椒类型母本2 800～3 500株、尖椒类型母本2 000～3 000株、朝天椒类型母本2 000～4 000株。细胞核雄性不育系母本有50%可育株、50%不育株，母本应加倍增大定植密度。父本参照当地大田生产，适当密植。

3.1.2 授粉

授粉时间控制在15～30 d。授粉在7：00—10:00、16:00—18:00进行，最高温度不超过32 ℃，温度适宜可全天授粉。

(1)授粉前植株调整　细胞质雄性不育系，母本不育系除杂，根据母本不育系典型特征特性(不育性、叶色、叶形、叶大小、茎秆颜色、茸毛密度)，将可育株及与母本雄性不育系植物学特征特性不一致的植株拔除；父本恢复系除杂，根据恢复系典型特征特性(指标同上)，将与父本恢复系植物学特征特性不一致的植株拔除。

核雄性不育系，育性识别从初花期开始，有标志性状的两用系作为母本时，可根据标志性状对可育株进行拔除；没有标志性状的两用系作为母本时，观察花药和柱头的形态特征加以区别。每天检查即将开放的大蕾期花朵，观察花药和柱头，可育株的花药形态饱满充实，花药颜色浅，柱头不突出；不育株的花药明显瘦瘪，花药颜色较深或黄化，柱头突出。在母本识别育性的同时将可育株拔除，留下不育株。育性识别和拔除可育株应进行4～5次，每次育性识别后，用带颜色的油漆在不育株叶片上涂一个记号。

(2)花粉采集　每天上午采摘父本植株上已充分膨大、花苞变为白色的花蕾，在室内将花药挑出放入容器中，置于阴凉干燥处，让花粉自然散出。阴天可放入干燥器中进行干燥。然后用孔径为0.1 mm筛子将花粉筛出，放入容器中贮存备用。以当天新鲜花粉为宜，阴雨天不能进行授粉时，可将花粉置于4 ℃条件下贮存1 d。

(3)授粉管准备　将口径 3 mm 透明塑料管，截成 5 cm 长，一端封死，在距离封口端 3 mm 左右位置扎一直径 2 mm 的圆孔，制成授粉管。授粉前将花粉灌入授粉管内，装入量以授粉管容积的 1/2 为宜，用棉花球塞住管口，将授粉管绑在 20 cm 长的小竹棍上。

(4)田间标记　杂交授粉工作开始前，每块制种田都应插上标牌，标明制种田面积、所制杂交种及父母本名称或代号，以及负责人姓名、联系方式等信息。用地签或塑料牌标记制种操作人员姓名、负责制种区段。

(5)授粉、标记及整理　将母本柱头插入授粉管孔中，使柱头蘸满花粉，授粉时动作要轻。每授一朵，用有颜色的油漆在其花柄上涂抹，以做标记。授粉以后，及时将新出现的花、蕾和果实摘除。

3.1.3　采种

果实完全成熟时即可开始采摘，7～10 d 采收一次。果实采收后，可用辣椒打籽机取种。取出的种子清除胎座等杂质，进行晾晒，避免高温暴晒。种子干燥后，再次清洗、去杂、装袋、入库、贮存，避免机械混杂。

3.2　利用雌性系杂交种生产

瓜类蔬菜如西瓜、黄瓜、甜瓜、苦瓜等利用雌性系生产杂交种，以黄瓜为例讲述。

3.2.1　亲本种植

以父母本花期相遇、父本雄花比母本雌花早开放的原则，确定父母本播种时期，父本比母本提前 5～7 d 播种。父母本定植比例应为 1∶(3～6)，隔行栽植或分两处栽植，不同品种用纱网隔离，自然隔离不少于 1 500 m。每亩定植密度不应小于 6 000 株。

黄瓜花性型分化与环境条件有关，低夜温、短日照有利于雌花分化，而不利于雄花分化。育苗期对父本应适当给予较高温度条件，诱导父本雄花早发生、多发生，满足授粉需要。

3.2.2　授粉

在开花前，检查和拔除母本中有雄花的非雌性株。

有充足蜂源的自然隔离区内，由蜜蜂自然传粉，人工辅助授粉。早晨选取当天开放的雄花，摘下雄花，将雄花的花粉均匀地涂抹在当天开放的雌花柱头上。

3.2.3　授粉后管理

为确保制种质量，创造利于种瓜生长的空间条件，授粉后将父本植株全部拔除。

生长期间至少进行 3 次去杂。开花前，根据幼苗叶片颜色、叶形、节间长度、第一雌花节位、生长势等典型性状，拔除父母本行内不符合本品种亲本特征的植株；在种瓜商品成熟期和生理成熟期，根据种瓜性状、色泽网纹，拔除母本区内不符合本品种亲本特征的植株。在母本区，随时拔除病株、弱株、劣株。

3.2.4　采种

一般授粉后 45 d 左右，种瓜达到生理成熟即可采收。采后将种瓜放到阴凉通风处后熟 5～7 d，纵剖种瓜，取出籽和瓤放入非金属容器发酵(20～30 ℃发酵 12～24 h)。发酵后充分揉搓，清水漂洗干净。漂洗后的种子及时晾晒，避免发芽，切勿直接放在水泥地上暴晒种子。当种子含水量达到 8%以下时，装袋贮藏。

4 结果与分析

4.1 利用雄性不育系杂交种子生产效率分析

根据实际情况，调查蔬菜作物利用雄性不育系杂交种子生产过程，记录在表6-10中，比较同一制种技术用于不同蔬菜杂交种生产的效率，探究提高制种效率的可行性技术。

表6-10 蔬菜雄性不育系杂交种子生产效率分析

蔬菜作物	母本种植时间	父本种植时间	授粉时间	采种时期	种子产量/(kg/亩)	生产成本/(元/亩)
白菜类						
茄果类						
⋮						

4.2 利用雌性系杂交种子生产效率分析

调查瓜类蔬菜作物利用雌性系杂交种子生产过程，记录在表6-11中，比较同一制种技术用于不同作物杂交种生产的效率，探讨提高制种效率的可行性技术。

表6-11 瓜类蔬菜雌性系杂交种子生产效率分析

瓜类蔬菜	母本种植时间	父本种植时间	授粉时间	采种时期	种子产量/(kg/亩)	生产成本/(元/亩)
西瓜						
黄瓜						
⋮						

（张　静　编写）

实习十二 蔬菜杂交种子纯度的分子标记鉴定

1 引言

蔬菜作物杂种优势对于产量的提高起着重要作用。杂交一代种子纯度是种子质量的重要指标之一。分子标记是以个体间遗传物质内核苷酸序列变异为基础的遗传标记，是DNA水平遗传多态性的直接反映。从DNA水平鉴定种子遗传纯度，具有操作简便、速度快、结果稳定可靠等优势，已广泛应用于蔬菜种子纯度鉴定中。其中，SSR（简单序列重复）和SRAP（相关序列扩增多态性）分子标记均呈共显性遗传，能区分纯合与杂合基因型，可用于辨别杂交种纯度，是较理想的种子纯度鉴定方法。

植物基因组中SSR序列含量丰富，单核苷酸和两个核苷酸的重复序列多分布在基因非编码区，部分三核苷酸重复序列分布于编码区，叶绿体基因组中以 A/T 序列重复为主。基于植物基因组中简单重复序列数目存在高度变异，开发了 SSR 分子标记。由于基因组中某单个微卫星位点重复单元在数量上的变异，不同个体之间 PCR 扩增产物在长度上存在多态性，可通过凝胶电泳检测出来。SSR 分子标记的原理见实验二十五。

SRAP 分子标记利用基因外显子中富含 G/C 而启动子和内含子富含 A/T 的特点，分别设计正向引物和反向引物。正向引物约 17 bp，含有 14 bp 核心序列，包括 5′端前 10 个随机的填充序列以及随后的 CCGG（目的是与外显子中 GC 特异结合），3′端为 3 个选择性碱基，不同的选择性碱基与相同的核心序列可以组成一套正向引物。由于外显子序列在不同个体中通常比较保守，可能会导致正向引物的 PCR 扩增多态性水平偏低。反向引物约 18 bp，含有 15 bp 的核心序列，包括 5′端前 11 个随机的填充序列以及随后的 AATT（目的是与内含子或启动子区的 AT 特异结合），3′端为 3 个选择性碱基。内含子、启动子区域的序列在不同物种甚至不同个体间的差异较大，反向引物的 PCR 扩增多态性高。正、反向引物搭配就能扩增出基于内含子和外显子的多态性。SRAP 分子标记为共显性标记。

本实习采用 SSR 和 SRAP 分子标记方法，进行杂交一代种子纯度鉴定的训练，促进学生对植物分子标记原理的理解，掌握 DNA 分子标记的分析技术。

2 实习准备

2.1 试材

大白菜杂交一代品种（如‘陕秋白 3 号’等）及其亲本的种子为试材。杂交一代品种种子 100 粒，父、母本各 10 粒。

2.2 试剂、仪器与用具

DNA 提取、PCR 扩增、制胶及染色等试剂及配制方法，以及所需仪器与用具，参见实验二十四 2.2 至 2.3。

3 实习方法

3.1 材料准备及样本 DNA 提取

将种子穴盘育苗，培养至 2～3 片真叶时，单株取样，－80 ℃冻存备用。

采用 CTAB 法提取基因组 DNA，具体方法见实验二十四 3.2.1。

3.2 引物设计及 PCR 扩增

基于已发表文献和基因组数据库，分别设计 SSR 特异引物和 SRAP 特异引物，序列由公司合成。PCR 反应体系及扩增程序参见实验二十四 3.2.2。

利用聚丙烯酰胺凝胶电泳检测 SSR 标记，2％琼脂糖凝胶电泳检测 SRAP 标记。

3.3 电泳结果分析

以 SSR 标记为例，利用 2 对 SSR 引物 PCR 扩增（‘陕秋白 3 号’白菜父本特征条带如图 6-1 中实线箭头所示，母本特征条带如虚线箭头所示，杂种单株呈现双亲互补带型）。

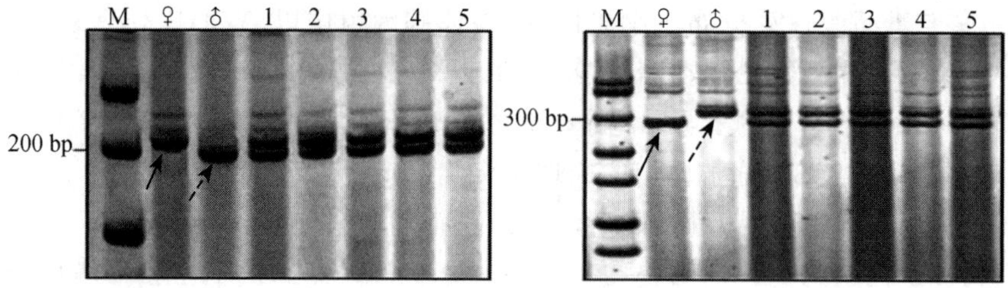

M. 50 bp DNA 条带标记 ♀. 母本 ♂. 父本 1～5. 白菜杂交单株

图 6-1 大白菜 2 个 SSR 标记的 PCR 产物电泳图谱(和禹廷等，2022)

4 结果与分析

4.1 DNA 分子标记多态性引物的筛选

根据电泳结果，从所设计的多对引物中，筛选双亲间有多态性的引物，选择条带清晰的引物组合记录在表 6-12 中。筛选可用于杂交种及其父母本基因分型的特异引物，分析特异引物的筛选效率，以特异引物对数/引物总对数 × 100% 表示。

表 6-12 不同分子标记特异引物多态性统计表

分子标记	引物组合	引物序列	总条带数	多样性条带数	多态性比率/%
SSR	1				
	2				
	⋮				
SRAP	1				
	2				
	⋮				

4.2 蔬菜杂交种子纯度分析

利用筛选出的特异引物对杂交种子进行杂交种纯度鉴定。统计真、假杂交种数量，带型表现为父母本互补型的为真杂交种，其他带型为假杂交种。将统计结果记录在表 6-13 中，计算杂交种纯度(真杂交种种子数/鉴定种子数 × 100%)。

表 6-13 蔬菜杂交种 DNA 分子标记鉴定结果统计

试材	SSR 标记			SRAP		
	母本特征带	父本特征带	杂种后代	母本特征带	父本特征带	杂种后代
母本	有	无		有	无	
父本	无	有		无	有	
杂种单株 1	有	有	真	有	有	真
杂种单株 2	有	无	假	有	无	假
杂种单株 3						
⋮						

(张 静 编写)

实习十三　园艺作物无病毒种苗繁育技术

1　引言

无病毒种苗是指经过脱毒处理和病毒检测，证明不带检验对象病毒的种苗。病毒存活在植物活体组织中，一旦感染则终身带毒。病毒主要通过蚜虫、粉虱、叶蝉、飞虱、蓟马、木虱、螨类、线虫、菟丝子等传播介体，种子、花粉、受侵染的植物繁殖材料，以及嫁接、机械摩擦等农事操作，传播给健康植株，使之蔓延为害，给园艺生产带来巨大损失。目前能够筛选出的抗病毒种质资源极其有限，且尚无有效的化学药剂防治病毒，所以培育无病毒种苗是预防病毒病发生与传播的基本途径。

无病毒种苗具有增加生长量、提高产量和品质、增强抗性等优点。利用茎尖培养脱除病毒的历史，可追溯到 1952 年首次大丽花茎尖培养成功和 1962 年兰花茎尖培养生产脱毒种苗。美国 1630 年发现桃黄叶病，1930 年鉴定核果类 5 种病毒，1951 年报道 40～50 种核果类病毒，1955 年启动无病毒苗木计划。20 世纪 70 年代以来，西班牙、澳大利亚、南非、意大利、以色列和巴西等国相继建立果树良种无病毒苗木繁育体系，广泛应用无病毒苗木。日本 1974 年推广草莓无病毒化栽培，1978 年开始柑橘、苹果、葡萄、桃、樱桃等果树无病毒化，生产健康无病、品系纯正的果树。我国于 20 世纪 80 年代起步，陆续建立了香石竹、兰花、香蕉、草莓、柑橘、苹果、梨、姜等园艺作物无病毒繁育体系（表 6-14）。

脱毒是将带有病毒的材料经过物理或化学方法，清除病毒的过程，包括：①茎尖培养脱毒。病毒在植物体内通过维管系统移动和胞间连丝转移，分生组织中尚未形成维管系统，且茎尖和根尖细胞分裂生长速度快于病毒繁殖速度，干细胞中特异表达的 WUSCHEL 蛋白抑制病毒复制，使顶端分生组织（$\leqslant$ 0.1 mm 茎尖）免受病毒侵染。利用茎尖培养来培育无病毒种苗，病毒脱除效果取决于茎尖大小，茎尖小脱毒效果好，但组织培养成活率低。②热处理脱毒。病毒和寄主细胞对高温的忍耐性不同，利用这个差异，选择一定的温度和时间，使寄主体内病毒的浓度降低、运行速度减缓或失活，而寄主细胞仍能正常存活，并加快分裂和生长。常用热空气处理脱毒，即是将植株（或组培苗）移入生长箱或温湿度控制的生长室内，35～43 ℃处理 1 个月左右（视植物材料而定），取快速生长的新梢嫁接或为外植体组织培养。38 ℃热处理可去除葡萄扇叶病毒、草莓斑驳病毒、苹果花叶病毒等球形病毒，但不能脱除所有病毒。③化学药剂脱毒。虽然尚无化学制剂能够完全抑制或杀灭病毒，但病毒醚、硫脲嘧啶、类黄酮等具有抑制病毒复制的作用，已成功用于兰花、草莓、梨、苹果、马铃薯等多种植物脱毒处理。④超低温冷冻（cryotherapy）脱毒。利用植物细胞低温耐受性不同，将茎尖组织置入液氮（－196 ℃）中处理，分生组织细胞因细胞小、细胞核大、细胞质浓、无明显的液泡，自由水含量低，受水结晶伤害小，从而能够存活下来，再经组织培养直接获得脱毒组培苗。该方法需要使用防冻保护液对茎尖预处理，超低温处理后需要卸载保护液，技术难度大，但脱毒效率高，已用于香蕉、草莓、葡萄、柑橘、苹果等园艺作物。⑤茎尖嫁接脱毒。用微小茎尖（0.1～0.2 mm）做接穗，在解剖镜下嫁接到试管中培养出来的无病毒实生砧木上，培养成无病毒种苗。这种方法脱毒效果好，遗传变异小，无生根难问题，可应用于柑橘脱毒种苗繁殖。相比单一脱毒方法，两种及以上混合脱毒方式如热处理、化学处理和茎尖培养等结合起来，病毒脱除效果更好。

表 6-14 部分园艺作物无病毒种苗生产标准

标准号	标准名称	发布日期
NY/T 973—2006	柑橘无病毒苗木繁育规程	2006.01.26
NY/T 974—2006	柑橘苗木脱毒技术规范	2006.01.26
NY/T 329—2006	苹果无病毒母本树和苗木	2006.07.10
NY/T 1212—2006	马铃薯脱毒繁育技术规程(马铃薯脱毒技术规程、脱毒马铃薯基础种薯生产技术规程)	2006.12.06
NY/T 1200—2006	甘薯脱毒种薯	2006.12.06
NY/T 1212—2006	马铃薯脱毒种薯繁育技术规程	2006.12.06
GB/T 12943—2007	苹果无病毒母本树和苗木检疫规程	2007.10.16
NY/T 1657—2008	花卉脱毒种苗生产技术规程——香石竹、菊花、兰花、补血草、满天星	2008.07.14
NY/T 1744—2009	切花百合脱毒种球	2009.04.23
NY/T 1745—2009	切花月季脱毒种苗	2009.04.23
DB33/T 783—2010	脱毒芋艿种芋(苗)病毒检测技术规程	2010.04.07
NY/T 1843—2010	葡萄无病毒母本树和苗木	2010.05.20
NY/T 2120—2012	香蕉无病毒种苗生产技术规范	2012.02.21
NY/T 2282—2012	梨无病毒母本树和苗木	2012.12.24
NY/T 2378—2013	葡萄苗木脱毒技术规范	2013.09.10
NY/T 2719—2015	苹果苗木脱毒技术规范	2015.05.21
NY/T 3032—2016	草莓脱毒种苗生产技术规程	2016.12.23
NY/T 402—2016	脱毒甘薯种薯(苗)病毒检测技术规程	2016.11.01
DB32/T 3306—2017	蓝莓组培脱毒种苗生产技术规程	2017.09.25
NY/T 3303—2018	葡萄无病毒苗木繁育技术规程	2018.07.27
DB36/T 620—2019	赣南脐橙无病毒苗木繁育技术规程	2019.03.13
NY/T 3537—2020	甘薯脱毒种薯(苗)生产技术规范	2020.03.20
NY/T 3703—2020	柑橘无病毒容器育苗设施建设规范	2020.08.26
DB35/T 1927—2020	猕猴桃无病毒苗木繁育技术规程	2020.09.29
DB13/T 5348—2021	大丽花优质脱毒种苗生产技术规程	2021.01.21
DB42/T 1645—2021	生姜脱毒原原种繁育技术规程	2021.03.01
DB45/T 2306—2021	百香果无病毒健康种苗栽培技术规程	2021.04.25
DB43/T 2090—2021	卷丹脱毒种苗繁育技术规程	2021.07.02
DB63/T 1943—2021	乐都紫皮大蒜脱毒繁育技术规范	2021.08.18
DB36/T 1654—2022	饮用菊花脱毒原种苗繁育技术规程	2022.09.26
DB5301/T 84—2023	人参果脱毒种苗生产技术规程	2023.04.15
DB34/T 4625—2023	石榴脱毒苗木繁育技术规程	2023.10.07
DB4414/T 22—2023	梅州柚无病毒嫁接苗繁育技术规程	2023.12.04

脱毒种苗应按照国家标准或行业标准进行病毒检测(表 6-14)。病毒检测方法包括外观形态判断、指示植物、电子显微镜检查、抗血清鉴定、酶联免疫吸附测定(ELISA)、核酸杂交和 PCR 扩增检测,以指示植物、ELISA 和 PCR 扩增技术应用广泛。指示植物是指对某一种或某几种病毒及类病毒具有敏感反应，一旦被感染能很快表现出明显症状的植物。ELISA 检测是将已知的抗原或抗体结合在固相载体表面,再利用酶标记(偶联)的抗体或抗原与之孵育,通过显色物显色,其显色深浅与待测物质的含量成正比。PCR 扩增通过检测病毒 DNA 或 RNA 来证实病毒的存在,灵敏度高。

我国脱毒种苗采用原原种(一级原种圃)、原种(二级采穗圃)和良种(三级繁育圃)三级繁育体系,由上级主管部门核准认定。原原种指原始无病毒砧木和接穗的母本树,保存在原培育单位,种圃保存和组培保存,每 5 年检测一次病毒,单株检测。原种是以原原种为材料建立采穗圃,提供无病毒砧木和接穗的繁殖材料,定期检测病毒。良种是以原种为材料建立繁育圃,具有无毒种苗生产许可证,为生产提供优质苗木。

本实习采用热处理、化学药剂处理与茎尖脱毒技术相结合的方法,进行无性繁殖园艺作物的无病毒种苗繁育训练,使学生掌握无病毒苗木繁育的原理与技术要点,提高理论结合实际的能力。

2　实习准备

2.1　试材

以当地主栽的苹果、梨、草莓等为试材。

2.2　试剂及配制

MS 培养基粉、蔗糖、琼脂、次氯酸钠、无水乙醇、生长素(IBA、NAA)、细胞分裂素 BA、赤霉素 GA_3 等试剂。

MS 培养基工作液浓度(mg/L):大量元素 NH_4NO_3(1650)、KNO_3(1900)、$CaCl_2 \cdot 2H_2O$(440)、$MgSO_4 \cdot 7H_2O$(370)和 KH_2PO_4(170);微量元素 KI(0.83)、H_3BO_3(6.2)、$MnSO_4 \cdot 4H_2O$(22.3)、$ZnSO_4 \cdot 7H_2O$(8.6)、$Na_2MoO_4 \cdot 2H_2O$(0.25)、$CuSO_4 \cdot 5H_2O$(0.025)、$CoCl_2 \cdot 6H_2O$(0.025)、铁盐 $FeSO_4 \cdot 7H_2O$(27.8)和 Na_2-EDTA·$2H_2O$(37.3);有机物质肌醇(100)、烟酸(0.5)、盐酸吡哆醇(维生素 B_6)(0.5)、盐酸硫胺素(维生素 B_1)(0.1)和甘氨酸(2.0)。将大量元素配成 20 倍、微量元素 200 倍、铁盐 200 倍和维生素等有机物质 200 倍母液。

IBA、NAA 等生长素类物质溶解于 95%乙醇或 1 mol/L NaOH，6-BA 溶解于 1 mol/L HCl,GA_3 溶解于 95%乙醇,均配成 1 mg/mL 母液。

2.3　仪器与用具

酸度计、分析天平(感量 0.001 g、0.000 1 g)、高压蒸汽灭菌锅、烘箱、离心机、电冰箱、摇床、体视显微镜、光照培养箱、冰箱、磁力搅拌器等仪器,移液器、烧杯、容量瓶、量筒、镊子、剪刀、组培瓶、培养皿、过滤灭菌膜等用具。

3 实习内容

3.1 植物无菌组培体系的建立

3.1.1 培养基配制

烧杯中少量水，依次添加 3%蔗糖、0.7% 琼脂、大量元素 50 mL、微量元素 5 mL、铁盐 5 mL 和维生素 5 mL 等有机物，搅拌均匀，煮沸溶解琼脂，加入 6-BA、NAA 等激素类物质，定容至 1 L。定容前用 0.1 mol/L HCl 或 NaOH 调节 pH 至 5.8～6.0。组培瓶分装培养基，121 ℃高压灭菌 20 min 左右。若需添加热不稳定试剂如赤霉素、IAA、IBA 等，在超净工作台内，过滤灭菌后加入到已灭菌的培养基中，再分装。注意培养基的 pH，过高培养基太硬，过低则固化不良。灭菌时间严格控制，过长破坏琼脂凝固性，过短灭菌不足导致培养基污染。

3.1.2 外植体表面消毒与接种

选取休眠枝条促发的萌芽或春季新梢半木质化的茎段作为外植体，消毒效果好，初始培养成活率高(数字资源 6-11)。无菌外植体接种过程：外植体洗涤液清洗干净→超净台内 75%乙醇消毒 30 s→无菌水冲洗→ 5%次氯酸钠溶液浸泡 5～10 min→无菌水冲洗→灭菌滤纸吸干水分，接种在添加 0.3% 活性炭、生长素、细胞分裂素的 MS 培养基(含 3%蔗糖或食用糖和 6.5%琼脂粉，下同)中初始培养。若是容易发生褐化的外植体可以接种前放入 100 mg/L 维生素 C 的溶液中浸泡 10 min，初始培养基中添加维生素 C 100 mg/L 和柠檬酸 150 mg/L，以减轻褐化。

数字资源 6-11

果树组培脱毒繁殖

培养条件为温度 25 ℃、光照强度 2 000～3 000 lx，光照周期设定为光照 16 h/黑暗 8 h。

3.1.3 继代增殖培养

初始培养成功后，茎段上的芽萌发生长，将其剪切接种在添加生长素、细胞分裂素和赤霉素的 MS 培养基中，每隔 30～40 d 继代 1 次。继代时间长短依植物种类、品种而定。

3.2 组培苗快速脱毒处理

采用热处理、化学药剂(抗病毒醚)和茎尖培养相结合的方法进行病毒脱除。选择健壮的组培苗，剪切含生长点 2 cm 茎段，转接在含抗病毒醚 20～25 mg/L 的 MS 增殖培养基中，放在光照培养箱中热处理，逐步升温至 38 ℃，处理 1 个月左右。再切取约 0.2 mm 茎尖进行组织培养。

3.3 组培苗病毒检测

按照相应的国标或行业标准进行病毒检测。大多数致病的植物病毒为 RNA 病毒，组培苗的 RNA，反转录成 cDNA，设计检疫病毒的特异引物，进行 RT-PCR 检测，以病毒的阳性样本为对照。若检测结果为阴性，再利用 qRT-PCR 进行复检，确保病毒检验的准确性。

3.4 生根诱导与驯化移栽

检测无检疫病毒的组培苗经过大量扩繁后，进行生根诱导和驯化移栽。生根诱导培养基一般采用 1/2MS(大量元素减半的 MS 培养基)添加 IBA(0.5 mg/L)单一生长素。难以生根的物种如梨，可以二步诱导生根。第一步在添加高浓度的单一生长素或两种以上生长素组合的培养基上暗培养 7 d，第二步将组培苗转接在不含激素的 1/2MS、NN69 等培养中瓶内诱导生根，或是将组培苗直接扦插在基质块中，密封保湿，瓶外诱导生根。

一般组培苗培养约 2 周后开始生根，将生根组培苗从组培室中移入温室中，逐步增加光照驯化。1 个月左右，开瓶驯化 3～5 d，然后移栽至基质（草炭：珍珠岩按 3：2 混合）中，喷水保湿，架设塑料小拱棚，上覆遮阳网。待新根生出后（约 1 周），去掉遮阳网，逐步撤去塑料膜。在室内移栽炼苗，1 个月后移至室外或定植田间。

3.5　果树双脱毒种苗生产

双脱毒种苗指砧木和接穗品种均不带检疫病毒。无毒砧木来源于组培无性系或检测无毒的种子实生苗，接穗品种来源于组培无性系。利用秋季芽接或春季枝接，生产双脱毒种苗。

4　结果与分析

4.1　不同类型外植体接种成活率分析

选择刚萌动的芽和新梢茎段为外植体，同样进行表面消毒处理，接种后动态观察外植体褐化、污染情况，接种 1 个月后统计存活率和生长状态，讨论影响无菌外植体建立的关键因素。

4.2　不同种类病毒组培脱毒效率分析

以同一批次组培苗为试材，相同脱除处理，检测脱毒处理和未脱除处理（对照）组培苗的病毒种类和数量，记录在表 6-15 中。分析不同种类病毒的组培脱除效果，讨论影响病毒脱除的关键因素。

表 6-15　不同种类病毒组培脱毒效果比较

处理	组培苗/株	RT-PCR 检测			qRT-PCR 检测		
		无毒苗	带毒苗	病毒种类及占比	无毒苗	带毒苗	病毒种类及占比
未脱毒							
脱毒							

4.3　脱毒组培苗移栽驯化的关键技术分析

统计脱毒组培苗移栽苗数量与成活数量，计算移栽成活率，讨论影响移栽成活率的关键因素。

（姜　峰　编写）

实习十四　林果苗木出圃技术

1　引言

林果苗木质量直接影响其栽植成活率、园貌整齐度和幼树生长，间接影响树形培养和栽培管理。苗木出圃是苗圃工作的最后环节，出圃技术影响苗木质量和生产收益。苗木出圃前需要对出圃苗木进行调查，核对苗木种类、品种、各级苗木数量等。根据调查结果及订购苗木情况，制订出圃计划及苗木出圃操作规程，与购苗和运输单位联系，及时分级、包装、启运，缩短运输时间，保证苗木质量。

北方地区，一般在秋季苗木开始落叶至土壤上冻前，或春季土壤化冻后至萌芽前进行苗木起苗出圃。秋季起苗时，应在叶片基本落完后进行，如果苗木叶片未全部落尽，可人工去除叶片。去叶时，注意不要伤及芽。如遇土壤干燥，须在起苗前先灌水，以利于起苗和减少根系损伤。起苗时应按品种、砧木，利用人工或起苗机械逐行进行。起苗后，立即进行分拣，剔除受伤、未达标等不合格苗木及嫁接未成活的砧木，不能及时外运或需来年春季外运的苗木需越冬假植，安全贮藏。短期假植可挖浅沟，将根部埋在地面以下即可。越冬假植则应选地势平坦、避风、不积水处挖深沟假植，也可以室内贮藏。

苗木要根据大小、质量优劣进行分级，不合格的苗木应留在苗圃内继续培养。苗木等级标准随品种、砧木不同有一定变化，但对出圃苗木的基本要求是：种性优良纯正、苗干健壮充实、苗高和粗度达标、芽饱满、根系发达、无严重的病虫害和机械损伤、嫁接苗的接合部愈合良好。国家也制定了相关标准，规范苗木的等级，如苹果苗木（表 6-16）和梨苗木（表 6-17）。

表 6-16　苹果苗木等级规格指标（GB 9847—2003）

项目		等级		
		一级	二级	三级
基本要求		品种和砧木类型纯正，无检疫对象和严重病虫害，无冻害和明显的机械损伤，侧根分布均匀舒展、须根多，接合部和砧桩剪口愈合良好，根和茎无干缩皱皮		
粗度＞0.3 cm，长度＜20 cm 的侧根（非矮化自根砧）/条		≥5	≥4	≥3
粗度＞0.2 cm，长度＜20 cm 的侧根（矮化自根苗砧）/条		≥10		
根砧长度/cm	乔化砧苹果苗	≤5		
	矮化中间砧苹果苗	≤5		
	矮化自根砧苹果苗	15～20，但同一批苹果苗木变幅不得超过 5		
中间砧长度/cm		20～30，但同一批苹果苗木变幅不得超过 5		
苗木高度/cm		＞120	＞100～120	＞80～100
苗木粗度/cm	乔化砧苹果苗	≥1.2	≥1.0	≥0.8
	矮化中间砧苹果苗	≥1.2	≥1.0	≥0.8
	矮化自根砧苹果苗	≥1.0	≥0.8	≥0.6
倾斜度		≤15°		
整形带内饱满芽数/个		≥10	≥8	≥6

表 6-17　梨实生砧木种苗质量标准(NY 475—2002)

项目		等级		
		一级	二级	三级
品种与砧木类型		纯度≥95%		
根	主根长度/cm	≥25.0		
	主根粗度/cm	≥1.2	≥1.0	≥0.8
	侧根长度 /cm	≥15.0		
	侧根粗度/cm	≥0.4	≥0.3	≥0.2
	侧根数量/条	≥5	≥4	≥3
	侧根分布	均匀、舒展而不卷曲		
基砧段长度/cm		≤8.0		
高度/cm		≥120	≥100	≥80
粗度/cm		≥1.2	≥1.0	≥0.8
倾斜度		≤15°		
根皮与茎皮		无干缩皱皮，无新损伤处，旧损伤面积		
饱满芽数/个		≥8	≥6	≥6
接口愈合程度		愈合良好		
砧桩处理与愈合程度		砧桩剪除，剪口环状愈合或完全愈合		

苗木出圃前必须进行严格检疫，防范危险性病、虫等随植物体、植物产品、交通运输工具和包装材料输入和输出，由国家或地方政府制定法规并强制执行。苗木起运前，须经检疫机关检查，并结合发展地区病虫害发生的实际情况，确认没有检疫对象的，发给检疫合格证书，准予起运。如发现检疫对象，要按照相关程序严格封锁和处理。在检疫对象未消灭以前，苗木不得外运。

苗木经过检疫消毒后，即可包装外运。需要较长时间运输的，应妥善包装，以免运输途中苗木相互摩擦或失水，造成损失或影响栽植成活率。包装材料，可用草袋或塑料编织袋等，包裹苗木根部及根部以上部分。根际宜用湿润碎草、谷壳、锯末等保湿材料填充，外部用草绳或麻绳捆紧，裹上塑料膜保湿。每包 20～50 株，挂上注明品种、砧木、数量和等级的标签，以备查验。尽量减少苗木运输时间，运输途中用帆布覆盖整车苗木，防止太阳直射和风吹造成苗木失水抽干而影响成活。运输途中遇到晴朗、高温天气，中途需适当洒水加湿。

本实习针对常见果树苗木，进行出圃环节各项技术措施的训练，使学生掌握林果苗木出圃的技术，提高生产实践技能。

2　实习准备

2.1　试材

准备出圃的苹果或梨等苗木。

2.2 仪器与用具

起苗机、脱叶机等机械，尖锹、草袋或麻袋、绑绳、标签、铅笔、米尺、量角器等用具。

3 实习内容

3.1 机械起苗

数字资源 6-12

果树机械起苗和苗木贮藏

起苗前 3～5 d，将苗圃地灌一次透水，以便于挖掘。以拖拉机带动起犁臂沿垄耕翻，入地深度 30 cm 以上，尽量保持苗木根系及茎干完整、表皮无伤（数字资源 6-12）。

3.2 苗木分级包装

对需要运输的苗木进行苗木分级与包装，分级参照相关的分级标准进行。分级后的苗木按每 20～50 株一捆，捆扎结实，系好品种标签（每捆 2 个），然后用包装材料将苗木根系及苗干包扎严实即可。

3.3 苗木贮藏

3.3.1 田间假植

假植沟应选择在背风、干燥的地方。沟宽 100 cm，深 80 cm 左右，沟的一端倾斜 45°，沟长度依据苗木数量灵活掌握。

未完全落叶的苗木应将叶片去净，按品种 20～50 株捆成小捆，注意苗木根部不要捆得过紧。将苗木从假植沟倾斜一端依次放入，松紧适度摆放，摆放一排后，向苗木根部及枝干部位填充湿润的河沙或细土，使其渗透到苗木根系之间，如此成排摆放直至将假植沟排满。土壤干燥时，沟内应灌水，寒冬时可覆盖塑料布或草帘防寒（数字资源 6-12）。

3.3.2 大棚假植

将苗木倾斜摆放，根部以湿润的河沙或细土充分覆盖，贮藏时注意喷水保湿（数字资源 6-12）。

3.3.3 冷库贮藏

将苗木在冷库铁架上整齐码放，根部朝外，冷库温度 0～4 ℃，湿度 100%，防止苗木失水干枯（数字资源 6-12）。

4 结果与分析

4.1 果树苗木出圃质量调查

调查即将出圃的苹果或梨苗木，按照相应的分级标准，调查各等级苗木的数量和比例，讨论当地果树苗木是否存在检验性病虫害及针对性的防控措施。

4.2 不同假植方式对果树苗木贮藏效果比较分析

根据实地调查，记录不同假植方式的苗木处理方法、环境温湿度、贮藏时间及苗木质量（表 6-18），追踪调查苗木定植成活率和芽萌发率，讨论不同贮藏方式的特点。

表 6-18　不同假植方式对果树苗木贮藏效果比较

假植方式	苗木处理	温湿度控制	贮藏时间	苗木质量
田间假植				
冷库假植				
大棚假植				

注：苗木质量以是否失水、枝干干枯程度判断

（姜　峰　编写）

第七章　园艺植物栽培管理

实习十五　盆花栽培管理技术

1　引言

盆花是指以盆栽形式存在的花卉，包括盆景、水培、草花、观叶观果观花等所有盆栽花卉，在北方冬季实行温室栽培生产，南方实行遮阳栽培生产。了解并掌握盆花栽培的关键技术，有利于为指导生产服务提供帮助。

花卉盆栽具有以下特点：一是体积小，有利于搬移，可以适应不同场地需求；二是便于人为控制栽培环境和植物生长周期，能及时调节市场，满足市场需求；三是对温度、光照要求严格；四是花盆体积小，水分与矿质营养供给不同于露地，对浇水、施肥要求较频繁。因此，栽培基质和环境条件的控制对盆栽花卉生产至关重要。

栽培基质最初起源于无土栽培的概念，是指作物周围的土壤环境已恶化，严重影响了作物的产量和品质，人们转而寻找替代品，用固体基质（介质）固定植物根系，并通过基质吸收营养液和氧气。这样的栽培基质就是指代替土壤提供作物机械支持和物质供应的固体介质。常用的栽培基质包括：①珍珠岩，由硅质火山在 1 200 ℃下燃烧膨胀而成。白色，呈颗粒状，可容纳自身重量 3～4 倍的水，易排水和通气，化学性质稳定，含硅、铝、铁、钙、锰、钾等氧化物。易破碎，一般与草炭等有机质混合使用。②岩棉，白色或浅绿色。岩棉体轻，易搬运；理化性状稳定，高温合成不带病菌；吸水力强，水分供给充足；水分张力小，容易沤根。③火山岩，火山喷发的熔岩凝固而成。一般呈灰褐色、红褐色，多孔蜂窝状的块状物，像炉渣，可打碎后使用。火山岩不易破碎，结构良好，但持水能力差。常与沙一起混用。④沙，沙子容量大，搬运及更换基质时不方便；持水性差，便于排水通气，但不利于保水保肥，缓冲能力差，对营养液配方、灌液量和灌液次数要求严格，管理麻烦，灌液应少量多次。该基质不会影响营养液浓度平衡，消毒容易。⑤草炭，又称泥炭，来自泥炭藓、灰藓、苔草和其他水生植物的分解残留体。草炭质地细腻，持水力强，具有良好的通气性，富含有机质，具有较强的缓冲能力，草炭多与其他基质混合使用。⑥椰糠，椰子壳纤维粉末，是目前世界上十分流行的一种有机基质。椰糠通气保水能力强，即使在干燥时，柔软的纤维也不会损伤根系。椰糠中还含有某些可促进根系生长的激素，并对根部病害有抑制作用。与草炭混合使用，吸水后能膨胀。⑦菇渣，以棉籽壳为主要成分的食用菌培养料，种过蘑菇后就淘汰了，可作为无土栽培基质。使用前要消毒。如急于使用，也可用工具或机械破碎，然后过筛。

本实习以常见的一二年生和多年生草本花卉为试材，进行培养土配制、上盆与换盆、盆栽日常管理等实操训练，巩固花卉栽培相关的理论知识，提高学生理论运用于实践的能力。

2　实习准备

2.1　试材

选择盆花生产基地或学校园艺实习站点，要求场地可以满足进行花卉盆栽全过程的操作。选择当地盆花生产的常见花卉为试材，准备花盆、栽培基质等。

2.2　试剂、仪器与用具

试剂：多菌灵等杀菌剂。

仪器与用具：铁锹、铲子、浇水工具、修枝剪。

3　实习内容

实习以盆花栽培的基本操作为主，从培养土配制到盆花的日常管理全过程。可以结合实习场地的常规盆花为主要实习对象进行针对性操作。

3.1　培养土配制

3.1.1　培养土配制原则

将配制培养土的材料收集、准备好后，根据各种花卉的生态习性，按照一定的比例将所取材料混合成培养土，要求透气、透水，以及氮、磷、钾、微量元素比例合理。植物种类多种多样，因此培养土也是多种多样的。

3.1.2　培养土配制

以腐殖土、园土、沙进行配合的常规培养土，其种类包括轻松培养土、以泥炭配制的盆栽土和一般盆栽土。

(1)轻松培养土　园土 2 份、腐叶土 6 份、沙 2 份，混合配制。

(2)以泥炭配制的盆栽土　园土 7 份、泥炭 3 份、沙 2 份，另加过磷酸钙 1.2 kg/m^2、硫酸钾 0.6 kg/m^2 和蹄脚粉 1.2 kg/m^2。

(3)一般盆栽用土　蛭石 1 份、壤土 1 份、腐殖质土 1 份、干燥腐熟厩肥 0.5 份。

因土壤中常存有病菌孢子和虫卵及杂草种子，培养土配制后，要经消毒才能使用。消毒方法包括：①日光消毒，将配制好的培养土薄薄地摊在清洁水泥地面上，暴晒 2 d，紫外线消毒，第 3 天加盖塑料薄膜提高盆土温度，可杀死虫卵。这种消毒方法不严格，但有益的微生物和共生菌仍存活在土壤中。②加热消毒，常用高压和蒸汽加热。加热 80 ℃、连续 30 min，可杀死虫卵和杂草种子。如加热温度过高或时间过长，容易杀死有益微生物，影响其分解能力。③药剂消毒，如用多菌灵。将配制的盆土摊在洁净地面上，每摊一层土就喷一遍药，最后用塑料薄膜覆盖严密，密封 1 周后，晾开 3～5 d。

3.2　花盆选择

花盆是花卉生产过程的主要容器，作为商品也是观赏的对象，要与花卉合理搭配。因此，选择花盆要综合考虑花盆规格、生产成本、植物生长、商品销售等因素。花盆规格多样，根据苗木大小和不同栽培阶段而选择花盆大小和类型，生产中常以塑料花盆为主。

3.3 上盆、换盆与翻盆

3.3.1 上盆

在盆花栽培中，将花苗从苗床或育苗器皿中取出移入花盆中的过程称上盆。上盆时要注意以下几个方面。

(1)选盆与排水口处理　上盆前，应根据苗木大小及其生长快慢，选择适当的花盆，注意不要小苗上大盆。新盆要先用水泅透，旧盆要刷洗干净。盆孔垫上瓦片或换盆碎片或滤水网，对怕涝的花卉，应根据花盆的大小，在盆底垫上 1～4 cm 厚、从培养土中筛出的残渣或粗一些的沙石作为排水层，陶、瓷类花盆需用碎瓦片作为排水层，并比瓦盆厚一些。排水层上铺垫一层底土，其厚度根据盆子深浅和植株大小而定，一般上盆时填土到植株原栽植深度。茎秆和根须健壮的可以深栽，茎和根是肉质的不宜深栽。盆的上部要留有水口，其深浅以平常一次浇满水能渗透到盆底为准。

(2)准备盆土　根据上盆的植物选择合适的配制好的盆土，上盆用土要求湿润，具体判断可以用手握，即一攥成坨、一揉即散就可以了。

(3)上盆操作过程　先处理选盆与排水口，再把底土在盆心堆成小丘，一只手把苗木放正扶直，根须均匀舒开，另一只手填土，随填随把苗木轻轻上提，使根须自然下伸。根须较长的花卉，在上盆时，可旋转苗木使长根在盆中均匀盘曲。填土后采用手按的方法压实，不要使盆土下空上实或有空洞。

上盆后，宜放在避风阴湿的地方暂不浇水，天气干燥可随时喷水保苗，一般应在 4～48 h 后，再浇透水。这样不仅能够防止根须腐烂萎缩，而且能够促发新根迅速生长复壮。置阴处 7 d 左右后，再依花苗习性，移至阳光充足处或荫棚下，转入正常养护。

3.3.2 换盆与翻盆

在花盆中生长了一段时间以后，花苗植株长大，需换载入较大的花盆中，这个过程叫换盆。花苗植株虽未长大，但因盆土板结、养分不足等原因，需将花苗脱出修整根系，重换培养土，增施基肥，再栽回原盆，这个过程称翻盆。

(1)脱盆　把植物带着土从花盆中分离出。先用手拍打盆四周，再一手托住植物，另一手的手指伸入排水孔扣动，使根带着土脱离盆。脱盆后，用竹签剔除部分旧土，一般剔除 1/3～1/2。须根多而易活的植物，可多剔除些；须根少而难活的植物，应少剔除些。

(2)植株整理　根据不同的植物结合翻盆可以适当对植株的根系或枝叶进行适当的修剪。根系发达的植物可多剪除些根，不发达的少剪或不剪。对植株的旧土可以部分清除，也可以全部清除，具体因植物而定。

(3)上盆栽植　选适宜的花盆，在盆底垫碎盆片，大、深盆多垫些，有利于排水。然后在底部垫土，随后种下剔除旧土、修剪好根部的植物，最后盖上新土，并压实。

(4)浇水　填好栽培土后可在盆土上覆盖一些碎盆片等，浅盆可覆盖苔藓，以防浇水冲失盆土。第一次浅水要浇透，以后盆土不干不浇。常绿树可多喷叶水，待新根萌发后正常浇水。

3.4 转盆

在光照强弱不均的花场或日光温室中盆栽花卉时，因花苗向光性的作用而偏方向生长，这时应经常转动花盆的方向，这个过程称转盆。转盆的频率因设施条件、气候条件、花卉品种而不同。

3.5　浇水

盆花浇水的原则是见干见湿、浇必浇透。浇水方式包括：浇水，用浇壶或水管放水淋浇盆土；喷水，用喷壶或胶管喷枪向花苗植株和枝叶喷水雾的方法；找水，在花场中寻找缺水的盆花进行浇水的方式；放水，结合追肥对盆花加大浇水量的方式；勒水，对水分过多的盆花停止供水，并松盆土或脱出盆散发水分；扣水，用湿润土上盆、换盆或翻盆，不再喷水，使盆花进行干旱锻炼的方式。

4　结果与分析

4.1　不同类型盆栽花卉栽培基质的配比分析

结合实习基地不同盆栽花卉类型，确定适合栽培基质，填入表7-1中，比较不同基质的特性。

表7-1　盆栽花卉栽培基质配方表

盆花类型	基质类型	基质配比	备注
一、二年生草花			
宿根花卉			
球根花卉			
常绿花灌木			
⋮			

4.2　园艺植物换盆管理技术要点

结合植物对象记录以下内容：①花盆的选择，包括质地、规格；②脱盆的方法；③上盆的流程；④上盆后的管理，包括浇水、放置位置等。

4.3　园艺植物水分管理的技术要点

对正常管理的花卉进行浇水。查阅掌握不同盆栽花卉的浇水要点。记录浇水的方法、频度、浇水量，并分析浇水对植物的影响。

（陈红武　编写）

实习十六　鲜切花栽培管理技术

1　引言

鲜切花是从花卉植株上剪切下来专供插花及花艺设计用的枝、叶、花、果的统称，包括切花、切叶、切枝和切果等。切花一般以观花为主，观赏部位包括花朵、花序或花枝，如月季、非洲菊、百合、香石竹、唐菖蒲、菊花、花烛、郁金香等。切叶以绿色或彩色的叶片及枝条为观赏对象，如龟背竹、变叶木、针葵、肾蕨等。切枝以具有观赏价值的着花枝条或具色彩的枝条为主，如银芽柳、红瑞木、绣线菊、牡丹等。鲜切花是新鲜的植物材料，通过插花、花束、花篮、捧花、桌饰等不同形式，展示植物特有的自然美，对环境美化、情感表达等具有不可替代的重要作用。

鲜切花生产的技术环节包括整地、定苗、灌溉施肥、中耕除草、整形修剪、病虫害防治、防寒避暑、采切包装等。鲜切花栽培需要富含腐殖质、保水保肥能力强、通气性好、酸碱度适宜、无重茬的土壤,也可以采用无土栽培。无土栽培利用人工基质创造的根系环境代替了土壤环境,具有清洁卫生、污染少、无公害、品质好等优点。鲜切花一般以密植为主,注重浅栽,株行距大小根据切花的生长特性和切花质量要求而定。整形修剪是鲜切花栽培中重要的技术环节,包括摘心、除芽、剥蕾、修枝、支缚等方面。整形修剪可以控制鲜切花植株的高度,增加分枝数,去除部分冗余枝叶以减少植株养分的消耗,使植株形成良好株型,达到与环境因子之间的协调,实现高产稳产。同时,整形修剪也是花期调控的必要手段,合理的整形修剪促进花芽分化,为高质量切花生产提供技术保障。

花期调控是实现鲜切花周年供应的技术措施,生产上采用的花期调控方法有很多,主要依据不同种类的开花生理特性而选择不同的调控手段。针对花芽分化受温光等条件调控的花卉种类可采用温度处理、光周期处理,多数一、二年生花卉和球根花卉可采用调节播种时间、栽植球根时间来实现花期调控。植株生长期通过修剪、摘心、控制肥水、应用植物生长调节剂等措施,调整鲜切花花期。

优质种苗是切花生产的基础,鲜切花生产应选择适宜的品种,深入了解品种生物学特性和栽培特性,合理安排种植,以达高效栽培的目的。本实习以常见鲜切花种类为对象,通过实训,使学生掌握鲜切花的栽培管理技术,提高学生的生产实践技能。

2 实习准备

2.1 试材

根据本地实际,选择月季、唐菖蒲、香石竹、非洲菊等切花种类。

2.2 用具

枝剪、温度计、湿度计、照度计、温室等。

3 实习内容

3.1 月季切花栽培

3.1.1 品种选择

切花月季品种繁多,品种选择是应综合考虑品种商品性(切花长度、花形花色、花瓣、叶片等)和栽培特性(耐炎热、耐低温、抗性等)、市场行情(贮藏及可销售性)。根据实际情况灵活选择月季品种,表 7-2 为常见月季切花品种性状描述。

表 7-2 常见月季切花品种性状描述

颜色	品种名	枝长/cm	产枝量/[枝/(m^2·年)]	抗病性
红色系	梅郎口红(Rouge Meilland)	50	80	强
	罗得玫瑰(Rote Roses)	60	120	强
	卡罗拉(Carola)	70～100	110	强
	萨曼莎(Samantha)	50～60	120	中

续表7-2

颜色	品种名	枝长/cm	产枝量/[枝/(m^2・年)]	抗病性
粉红色系	女主角(Leading Lady)	50～60	140	中
	婚礼粉(Bridal Pink)	40～60	140	中
	外交家(Diplomat)	60	120	强
	唐娜小姐(Prima Donna)	50～60	120	强
黄色系	金奖章(Gold Medal)	50～60	120	强
	奥斯默金(Aalsmeer Gold)	40～60	140	中
	金徽章(Golden Emblem)	60～70	100	中
	得克萨斯(Texas)	60	150	强
白色系	雅典娜(Athena)	60	120	强
	坦尼克(Tineke)	60～70	130	强
	比恩卡(Binaca)	60～70	130	中
	天使(White Angel)	60～70	140	强
复色系	红双喜(Double Delight)	60～70	80	强
	阿班斯(Ambiance)	50～70	120	中
	第一夫人(First Lady)	60～80	140	中
	彩纸(Confetti)	50～60	140	中

3.1.2 定植

选择土层深厚、疏松透气、有机质丰富、有团粒结构的土壤栽培，可用有机肥、草炭、稻壳、树皮、锯末等材料改良。切花月季栽培一般采用低畦，畦宽 60～80 cm，整平后每畦“之”字形双行定植，定植密度为 600～1 000 株/100 m^2。温室定植苗木最晚在 7 月之前，定植前用 50%的多菌灵可湿性粉剂 1 000 倍液浸泡 5～10 min，消毒。定植后浇透水并使室温升高至 15～18 ℃，采用 60%遮阳网覆盖 15～20 d，缓苗后移去。缓苗期应保持空气相对湿度达到 65%～70%，发现叶片萎蔫时及时喷雾补水。

3.1.3 整形修剪

（1）开花枝培养　月季幼苗期一般是从定植到产花初期的时间，该时期需多留叶片促进营养生长，抑制生殖生长。采用折枝修剪和轻剪，培养营养枝和切花枝。小苗定植后最初的 3～4 个枝条可培养为营养枝。折枝是从枝条基部弯折枝条，折伤木质部，保留枝条上叶片正常生长，由于枝条被弯曲，可促使从枝条基部萌发出生长势强的枝条，这些枝条可作为开花枝培养。定植后月季幼苗前期生长慢，及时去除枝条顶端的花蕾，维持营养生长，促进根系发达。当从基部发出的枝条直径达 0.7 cm 以上时，可留作开花母枝。

（2）株型培养　产花初期修剪应遵循培养株型为主、生产切花为辅的原则。优质月季株型具有切花枝 4～5 枝、饱满营养枝 5～6 枝，包括一、二、三级枝的分枝层次。每级枝条上粗壮的枝条可培养为切花枝，细弱枝培养为营养枝，培养三级枝可形成高产优质株型。植株成型后及时剪除病虫枝、杂乱枝、萌蘖枝等。针对一些侧芽易分化花芽的品种，及早除去萌动的侧芽，以防产生一枝多花。

(3)主枝更新　月季周年生产，结合花枝采收，修剪应遵循“去劣留优、留枝养树、母枝轮换”的原则。生产中尽量选留 1～3 年生的枝条。切花月季产花盛期过后，植株开始衰老，开花品质下降，单位面积产量降低。衰老植株的修剪应充分利用基部萌蘖枝，重剪降低开花部位，恢复植株生长势以增加产量。

3.2　唐菖蒲切花栽培

3.2.1　种球选择及消毒处理

选择直径为 2.5～4.5 cm 的种球，要求种球浑圆厚实、芽点饱满、种球间均匀一致、无病虫害侵染。唐菖蒲种球具有休眠习性，若当年成熟种球，需 5 ℃低温贮藏 2～4 个月打破休眠，以促进种球萌芽整齐。

种植前，种球需要消毒处理。未剥除干膜质外皮的种球，在 25～35 ℃温水中浸泡处理 12 h；剥除外皮的种球在相同的温水中处理 15 min 左右即可。也可采用多菌灵或百菌清 500 倍液浸泡 30～60 min。

3.2.2　种球种植

唐菖蒲种植需要肥沃疏松、排水良好的微酸性砂质土壤。整地时每亩施入腐熟堆肥 2 000～2 500 kg、过磷酸钙 50 kg、杀虫剂、杀菌剂等，土壤深翻 40 cm 以上。采用平畦(畦宽 90～120 cm)或者高垄(垄宽 75～120 cm)栽植，株行距为 15～20 cm。覆土深度为球茎高度的 2～3 倍，球茎越大，种植越深，播种后立即浇水。定植后设置尼龙网格或塑料网格，网孔依株行距而定，网格高度 40～50 cm，预防唐菖蒲开花后植株倒伏。

唐菖蒲萌芽期温度以白天 15 ℃、夜晚 5～10 ℃为宜，生长期温度以白天 20～25 ℃、夜晚 10～15 ℃为宜。唐菖蒲属于球根花卉，土壤忌积水，保持湿润即可。前期追肥以氮肥为主，中后期增施磷、钾肥。磷肥可提高花朵质量，钾肥可促进种球的质量及子球数量。

3.2.3　花期调控

唐菖蒲 3～4 叶期开始花芽分化，6～7 叶期开始孕蕾，8～9 叶期花穗开始抽出。各品种从播种到开花时间不一，早花品种需 70 d、中花品种需 80～90 d、晚花品种需 100 d。唐菖蒲切花周年供应需要进行花期调控，球茎采收后 5 ℃保存维持休眠，通过分期种植可以实现周年供花。唐菖蒲属于长日照花卉，短日照条件会抑制开花。因此，植株从出苗到 5～6 叶期，需保持光照 14～16 h，冬季日照时数不足 14 h 时可进行人工补光。补光方法为每亩设置 80 盏 45 W 节能灯，悬挂在植株上方 1.5 m 处，每天从 17:00 起补光 5～8 h。

3.3　香石竹切花栽培

3.3.1　种苗选择

采用扦插繁殖培育幼苗。选择有隔离条件的温室建立母本园，母株种植采用离地的栽培高床(宽 90 cm×深 25 cm)，草炭和珍珠岩混合基质，栽培密度 40 株/m^2。母株“7 叶 1 心”时摘心，留 5～7 对叶。母株侧枝“7 叶 1 心”时开始采穗，扦插株行距 2.5 cm×4 cm，扦插深度 3 cm。插后注意遮阳，并保持空气湿度，25 d 后，扦插苗可移栽。优良扦插种苗的质量标准为：苗高≥8 cm、地径≥0.4 cm、叶片数>6、根长 2.5～4.0 cm、根量≥25。

3.3.2　环境调控

香石竹切花生产采用地床或高架床，栽培基质推荐采用草炭：珍珠岩＝1：3的混培基质，pH 6.0～6.5。种植床宽80 cm、基质深20 cm，栽培密度40株/m^2、栽种深度2～3 cm，栽植后浇透水并用遮阳网遮阴4～5 d。香石竹生长适温为15～20 ℃，夏季温度应保持在25 ℃以下，冬季夜温应保持在10 ℃以上。夏季每天浇1次水，冬季气温低于10 ℃时则减少浇水次数和浇水量。采用滴灌方式，浇根不浇叶，见干见湿。光照处理促进香石竹花芽分化及开花整齐度，可采用100 W白炽灯，悬挂在植株上方1.5 m处，夜间补光3～4 h。

3.3.3　植株管理

摘心可增加分枝数和调节花期。香石竹茎伸长至5～6节时，可折断节位进行摘心，生长期2～3次摘心。摘心促发植株产生大量侧枝，分枝过多会影响切花品质，因此应根据侧枝的发育情况进行整枝，留健壮枝，去除发育不良的冗余枝。第2次摘心后，保持植株具有8～9个侧枝。为防止植株倒伏，一般香石竹切花生产过程中需要挂三层网，第一次摘心后挂第一层网，距地面10～15 cm，以后每层间距20 cm，网孔为10 cm×10 cm。

3.4　非洲菊切花栽培

3.4.1　种苗选择

非洲菊切花生产的种苗以组培苗为宜，具有种苗质量高、繁殖快、可进行周年化生产的优点。非洲菊组织培养以刚抽出的幼嫩花蕾为外植体，切除花萼边缘及花托底部，在诱导培养基中每隔35～40 d转接1次，直至诱导出不定芽。不定芽在增殖培养基上，30～40 d后形成丛生苗，继代培养多次。当增殖苗生长到2 cm以上时，选择生长健壮、叶色正常的苗切成单株接种至生根培养基，培养15～20 d。生根率85%以上时，在遮光率70%、温度18～28 ℃的苗床上，组培苗瓶内不开盖炼苗2～4 d。炼苗结束后，将幼苗移栽至草炭：珍珠岩按5：2混合基质的育苗袋，盖薄膜和遮阳网精细养护9～15 d。

3.4.2　种植管理

非洲菊以疏松肥沃、排水良好、含腐殖质的中性偏酸的砂质土壤为宜，整地前每亩施腐熟有机肥2 000～3 000 kg、过磷酸钙50～80 kg和复合肥50 kg，土壤深翻35 cm以上。非洲菊根系深，忌积水，一般采用高畦栽植，畦高30 cm、畦宽1 m、畦沟宽40～50 cm。选择生长健壮种苗(5～6片叶)，按株行距30 cm×30 cm栽植。栽植时注意根系舒展，埋土深度保证根颈部位露在外面。定植后及时浇水，用75%遮阳网遮阴7～10 d，小苗期应保持土壤润而不湿，控制畦面不积水。非洲菊营养生长期最适温度20～25 ℃，施肥以硝态氮肥为主，适当补充磷钾肥，根据情况补施硝酸钙、硼酸、钼酸钠等。

3.4.3　合理剥叶

在生育期合理剥叶，剥去老叶、病叶、重叠叶以维持植株营养生长和生殖生长的平衡。剥叶可以改善通风透光条件，有利于新叶和花芽的发育和生长。非洲菊在产花阶段保持每小株有3～5个功能叶，每株丛15～20个功能叶。为提高切花品质，同一时期每株保留3个发育程度相当的花蕾，摘除多余花蕾以保障主蕾开花。

4　结果与分析

4.1　月季切花周年生产技术方案制订

根据实习过程，结合本地现有条件，制订月季鲜切花周年供应生产方案，讨论生产过程中的关键技术。

4.2 种球规格与唐菖蒲切花质量的比较分析

定植前测定种球直径，按等级归类，同品种种球采用相同栽培管理技术，观察植株生长状态，记录在表7-3中，比较不同直径等级对植株的花茎长、花茎粗、小花数、物候期等指标的影响。

表7-3 唐菖蒲植株生长发育及切花质量指标观测

品种	种球直径/mm	营养生长期/d	开花时期/d	花茎长度/粗度/mm	小花数/个
早花类					
中花类					
晚花类					

注：营养生长期以栽植后天数计算；开花时期以栽植后第一朵花蕾出现计算

4.3 摘心对香石竹切花产量的影响

选择不同的香石竹品种，按株行距15 cm×15 cm定植。分别采用1次摘心、2次摘心，观察不同摘心方式对分枝数、切花枝数、花茎长、花径的影响，记录在表7-4中。

表7-4 不同摘心方式对香石竹切花生长的影响

品种	摘心方式	开花时期/d	分枝数/个	切花枝数/个	花茎长度/mm	花朵直径/mm
	1次摘心					
	2次摘心					
	对照(不摘心)					

注：开花时期以栽植后第一朵花蕾出现计算；分枝数以摘心后萌发的侧枝数量计算；切花枝数以采收的花枝数目计算

4.4 非洲菊切花生产中关键技术控制

根据实习内容，归纳总结非洲菊切花生产的各技术环节，讨论影响非洲菊切花产量和质量的关键技术措施。

（郝瑞杰　编写）

实习十七　蔬菜作物植株调整技术

1 引言

植株调整是蔬菜等园艺作物生产过程中的重要技术措施，通过对植株进行整枝、打杈、摘心、疏叶、支架、绑蔓、疏花疏果等物理措施来调整植株生长发育时间、空间定位，调整株型和枝、叶、果的分布，改善园艺作物群体的通风透光条件，截获更多的光能、二氧化碳和氧气，提高光合效率，平衡生殖生长和营养生长的关系，调节生物学产量和产品器官的关系，延长生长期和产品收获期，以达到园艺作物高产、优质、高效的栽培目的。园艺作物种类不同，其分枝结果习性不同，了解分枝结果习性是植株调整工作的前提。

植株调整技术主要包括整枝、打杈、摘心、摘叶、疏花疏果和保花保果、枝蔓空间分布调整和枝蔓水平分布调整。整枝、打杈和摘心是调整果菜类蔬菜结果枝数、结果数的重要技术，主要用于茄果类、瓜类和豆类蔬菜。整枝是根据园艺作物生长特性和栽植密度，剪去部分枝(蔓)，并将留下的枝(蔓)引到一定位置。打杈即是摘除侧枝(蔓)，为整枝的配套技术。摘心又叫打尖、打顶，将植株茎尖和生长点摘去。摘叶即是摘除老叶和病叶，减少非功能叶的消耗，同时摘除植株下部衰老叶和病叶，改善通风透光，控制和减少病虫害发生和蔓延。对于鲜食、大果类型蔬菜作物，若每一枝蔓或每一花序着生花果太多，因养分不足而使单果重下降，品质降低，畸形果增多，必须疏花疏果。落花落果是制约果菜类蔬菜生产的重要因素，主要原因是环境条件不适宜和(或)栽培管理不当。

枝蔓空间分布调整措施包括支架、绑蔓、吊蔓、落蔓、牵引和理蔓。支架就是对于不能直立的蔓生性园艺作物，人工搭建支撑架以供攀缘，或将园艺作物茎秆绑缚其上，保持良好的生长和受光姿态。绑蔓就是将支架栽培的园艺作物茎蔓整齐合理地绑缚固定在支架上。吊蔓就是设施栽培的高架果菜茎蔓用尼龙线或麻绳等牵引吊挂，绳的一端固定在植株茎基部或插于根部土壤中的木楔上，另一端用活结系在棚顶横拉铁丝上，随着茎蔓的伸长，将茎蔓绕到绳上，并剪掉瓜蔓上卷须，以减少养分损耗，促进植株加快生长。落蔓就是当吊蔓栽培的园艺作物结果部位高于人采摘等操作高度时，剪掉植株基部的老叶，松开系在棚顶铁丝上的吊蔓绳，将园艺作物茎蔓落下，将其基部顺地向同一方向整齐排列，或将茎蔓基部绕植株根部盘绕。每次落蔓以使植株生长点降至 1.5～1.8 m 为宜。牵引又叫引蔓，是将茎蔓引到架上或吊绳上的技术。理蔓是整枝后对茎蔓空间分布的调整，决定茎蔓的伸长方向，使枝叶合理均匀分布，充分利用空间。枝蔓水平分布调整措施包括固定、压蔓和盘条。蔓生性园艺作物爬地栽培时，常用泥土或枝条将秧蔓压住或固定称为压蔓。盘条是露地栽培西瓜、冬瓜等蔬菜上使用的一项整蔓技术。

本实习以蔬菜作物为例，应用植株调整技术，进行植株调整的训练，提高学生生产实践技能。

2　实习准备

2.1　试材

以当地主栽的蔬菜作物，如茄果类、瓜类、花椰菜与青花菜等为试材。

2.2　用具

修剪剪刀、吊蔓钩、吊蔓绳等。

3　实习内容

3.1　茄果类蔬菜植株调整

茄果类蔬菜包括番茄、辣椒和茄子等，植株调整包括整枝、吊蔓绑蔓、疏花疏果以及摘除老叶、病叶、黄叶。

3.1.1　整枝

根据开花结果习性，按主轴的生长特性及花序或花着生的位置，番茄可分为有限生长型和无限生长型两大类。

(1)单干整枝　无限生长型番茄品种进行早熟栽培时多采用，由植株近地面基部向上逐节观察叶、花序、侧枝，找准第1花序，确定好主干后，用修枝剪陆续剪去所有腋芽(侧枝)，但不剪伤主干。一般主干上保留4～5穗果，顶穗果上方再留2～3片叶掐尖。

(2)双干整枝　无限生长型品种进行中、晚熟栽培，或某些自封顶出现早的品种多采用。由植株近地面基部向上逐节观察叶、花序、侧枝，找准第1花序，确定好主干后，还保留其第1花序下的侧枝，形成两"主干"，用修枝剪陆续剪去其余侧枝，不要剪伤双干。生长末期摘心与单干整枝相似，共摘2心。一般主干保留4～5穗果，侧枝留3～4穗果，在顶穗果上方再各留2～3片叶掐尖。

(3)改良单干整枝　除保留主干外，还保留其第1花序下面的侧枝。一般主干留3～4穗果，侧枝留1～2穗果后，顶穗果上面再留2～3片叶摘心。

茄子的分枝结果习性为假二叉分枝，每一次分枝结一层果实，即每结一层果分枝数增加一倍。按果实出现的先后顺序，习惯上称为门茄、对茄、四面斗、八面风、满天星。

(1)四干整枝　第一次整枝留住门茄下的第一个侧枝，加上原主干而形成双干。第二次整枝将第一次整枝形成的双干的每一干上结的对茄下面第一个叶腋中抽生的侧枝留着，便完成了四干整枝。

(2)双干整枝　适合生长势强的茄子品种棚室生产，即保留原有的主干以及门茄下的一个侧枝，作为两个主干，以后将每一层果下面的侧枝以及其他叶腋处萌发的侧枝全部打掉。

辣椒的分枝结果习性为二叉分枝或三叉分枝，基部侧枝尽早抹去，如密度过大，进行双杆整枝，操作技术类似茄子双干整枝。

3.1.2　吊蔓和绑蔓

番茄一般在植株高30 cm左右时进行吊蔓，植株每生长3～4片叶绑蔓1次。绑蔓时将花序转向外方，以防后期果实生长受阻。双干整枝或生长旺盛的茄子、辣椒需要在50 cm时吊蔓，防其倒伏。

3.1.3　疏花疏果

大果型番茄每穗留2～3个果，中果型番茄每穗留4～6个果，其余花果全部疏去。及时摘去畸形花、花序先端部位过多的无效花。为了保证果大肉厚，茄子和辣椒一般留6个果。

3.1.4　摘除老、病、黄叶

茄果类蔬菜定植缓苗后，植株开始生长，底部老叶开始黄化，应及时摘除，以减少养分消耗和病害为害，注意没有黄化的叶片绝不可去掉。在生长中后期，将失去光合功能或衰退的老叶、病叶、黄叶摘除，改善田间通风透光状况。

3.2　瓜类蔬菜植株调整

瓜类蔬菜包括黄瓜、南瓜、西瓜、甜瓜、冬瓜、丝瓜、苦瓜等。设施黄瓜的植株调整包括吊蔓、绑蔓、摘卷须和雄花、摘叶与落蔓等。

3.2.1　吊蔓和绑蔓

栽培行上方拉铁丝，当植株长至3～5片真叶时吊蔓。将缠有吊绳的吊蔓钩挂在黄瓜上方适当位置，吊绳垂直放下，吊绳下端拴在秧茎部，将植株向上牵引。绳的上端缠绕一段，作为以后落蔓时使用。在株高20 cm时，开始绕蔓，即将黄瓜蔓缠绕在吊绳上使之固定。

3.2.2　摘卷须和雄花

结合绑蔓及时去除雄花，打掉卷须和侧枝。

3.2.3 摘叶与落蔓

黄瓜生长过程中及时摘除化瓜、弯瓜、畸形瓜及下部老叶、黄叶和病叶。吊蔓栽培植株长到顶处后，保留果下 2～3 片叶，将枝蔓与吊绳一起下落(吊绳事先预留长度)，水平落于垄上。落蔓后整株留 15～18 片叶、吊蔓高度 1.5～1.8 m，植株龙头高度一致。

3.3 其他蔬菜植株调整

花椰菜和青花菜在封垄之前保留上部 2～3 个侧枝，其余侧枝及时掰除，减少养分消耗，利于通风透光和顶花球发育。当青花菜主花球采收后，可以继续采收 2～3 个质量较好的侧花球。

4 结果与分析

4.1 茄果类蔬菜植株调整技术特点

番茄、茄子和辣椒等植株调整技术有共同点，也存在差异。根据实习过程，总结分析不同茄果类蔬菜植株调整技术特点，记录在表 7-5 中。

表 7-5 茄果类蔬菜植株调整特点比较

	番茄	茄子	辣椒
植株调整初始期			
整枝方式			
吊蔓和绑蔓			
疏花疏果			
摘除老、病、黄叶			

4.2 瓜类蔬菜植株调整技术特点

瓜类蔬菜种类多，根据实习内容，总结分析不同瓜类蔬菜植株调整的技术要点，记录在表 7-6 中。

表 7-6 瓜类蔬菜植株调整特点比较

	黄瓜	西瓜	南瓜	甜瓜	丝瓜
植株调整初始期					
吊蔓和绑蔓					
摘卷须和雄花					
摘除老、病、黄叶					
落蔓					

4.3 番茄不同整枝方式经济产量比较

以番茄为例，统计不同整枝方式对经济产量的影响。比较不同整枝方式的技术要点、可操作性和生产适用性。

(张 静 编写)

实习十八　果菜类蔬菜作物花果管理技术

1　引言

果菜类蔬菜是指食用部分是果实及幼嫩种子的一类蔬菜。果菜类蔬菜作物的花果期是其生长发育的重要时期，直接影响到产量和品质。因此，花果期管理对果菜类蔬菜生产至关重要，不同果菜类生长和开花结果习性，需采用差异化的花果管理技术。

果菜类蔬菜种类繁多，主要包括葫芦科的南瓜、黄瓜、冬瓜、丝瓜、苦瓜、蛇瓜、佛手瓜等瓠果类，茄科的番茄、辣椒、茄子等浆果类，豆科的菜豆、豇豆、刀豆、豌豆、蚕豆、毛豆等荚果类，以及甜玉米、菱角、秋葵等杂果类。果菜类蔬菜多为喜温作物，在温度较低的季节（如冬季、早春、晚秋）等种植，影响花发育和果实生长，甚至引发落花落果、畸形果。一般果菜类蔬菜生长发育要求一定的昼夜温差，增大温差，有利于同化产物的形成、运输和贮藏，进而提高产量和品质。充足的光照是果菜类蔬菜作物开花坐果、产量品质提升的保证，光照不足，则引起徒长，茎叶细长，叶片变薄，叶色变淡，花不正常，易落花落果。果菜类蔬菜对水分要求较高，结果期土壤湿度保持在 80%左右，特别注意在果实成熟期，湿度不可剧烈变化，易引发裂果、畸形等，降低商品价值。花果期一般对土壤营养要求较高，土壤富含有机质、排水性能良好、土层深厚等，同时在花果期应注意追肥，特别是对果实发育影响较大的钾肥和磷肥等。

在花果期，黄瓜、番茄、豆角、丝瓜等蔓生蔬菜作物，需要吊蔓、整枝、打顶、去除老叶等，针对花果的管理，既有保花保果，也有疏花疏果等，需要根据实际情况进行相应处理。由于果菜类蔬菜种类繁多，每种都具有特殊性。以番茄为例，植株生长势强，茎秆的每个节位上都会分生腋芽，而每个腋芽都能萌发成枝，开花结果。如果任其生长，则造成枝叶丛生，株型紊乱，也易消耗掉大量养分，造成落花落果、果实小、产量和品质下降。在植株生长过程中，要不断进行整枝、打杈、疏叶等来调节生长。有限生长类型植株比较矮小，开花结果集中，熟性早，适合矮架密植或无支架栽培；无限生长类型在条件适宜时，分枝不断发生，不因形成花序而封顶，这种类型的番茄品种植株高大，茎蔓生，需要支架栽培。为了保证植株间的通风、透光和便于田间操作管理，植株生长到一定高度时，需要支架和绑蔓（露地栽培）和吊蔓（设施栽培）。

本实习以种植面积最大的果菜类蔬菜番茄为例，进行花果期管理的实际操作训练，增加学生对茄果类蔬菜生长结果习性的了解，提高学生的生产实践技能。

2　实习准备

2.1　试材

以果菜类蔬菜为实例，如番茄，定植后 20～30 d 的植株。

2.2　用具

吊蔓绳、竹竿、剪刀等。

3 实习内容

3.1 吊蔓整枝

吊蔓是用吊蔓绳等将生长到一定高度的植株悬吊在其上方的支架上，保证植株间的通风、透光和便于田间操作管理。整枝就是对结果枝条进行整理，保持茎叶与果实发育的均衡生长。

无限生长类型的整枝方式：①单干整枝法。每株只留一个主干，及时摘除所有侧枝，主干在留有一定果穗时摘心。此方法单枝结果少、果穗大，适于密植，利于前期产量。②双干整枝法。在单干整枝的基础上，除了主枝外，再留第一花序下的一个侧枝，作为第二主干结果枝，其余侧枝全部摘去。③改良单干整枝法。主干进行单干整枝的同时，保留第一花序下的第一侧枝，让这个侧枝结 1～2 穗果后留 2 片叶摘心。此方法结合了单干和双干整枝的优点，早果高产。

有限生长类型的整枝方式：保留主茎第一花序下侧枝，其余下部侧枝应全部摘除，并需适当摘除植株上部过密的枝条。这类番茄每个花序的第二穗花着生在植株的顶部，形成类似于生长点的头，而其真正的生长点则生长在第二序花的叶腋处，若是摘除了，有限生长类型番茄整株就没了生长点，只有一序花的两台果，或者因整枝不对而株型散乱。

3.2 打杈、摘心及打底叶

(1)打杈 去除植株侧枝，利于通风透光，避免养分无谓的消耗。在番茄幼株定植缓苗以后，为增加叶面积、促进根系生长和发棵，侧枝长到 6～7 cm 时打杈，之后则在侧枝长到 1～2 cm 时打杈，以免过多的消耗养分。打杈应在晴天进行，有利于伤口愈合。如果在阴雨天气、露水未干时，伤口易腐烂，招致病原菌感染。第一花序下的侧枝及其他侧枝，即使不留作结果枝，也不宜过早打掉，一般留 1～2 片叶，用来制造养分。浇水后 1～2 d 不整枝打杈，浇水后植株含水量较高，整枝打杈产生的伤流较大，伤口不易愈合。打杈方法包括推杈和抹杈，尽量减少手与茎蔓的接触，勿用指甲掐断枝杈。整枝打杈后及时用药预防病害，对于感染病毒病的植株应单独整枝，避免人为传播病害。

(2)摘心 当番茄植株果穗和叶片数达到要求时，将顶端生长点去除。适时适度地摘心可以控制植株高度，调节营养生长和生殖生长的平衡，提高坐果率，促进果实的发育，提早成熟。摘心应在晴天进行，顶部留 2～3 片叶摘心，以制造养分供下部花果生长，并起遮阳作用，防止果实受强光直射，避免日烧病发生。有限生长类型番茄具自封顶特性，不必摘心。

(3)打底叶 栽培中后期除去下层变黄衰老的叶片和病叶，利于植株下层的通风和透光，减少养分消耗和病害发生，利于果实见光转色。疏叶原则是摘黄不摘绿，摘下不摘上，摘内不摘外，分次摘除病残黄叶、老叶、稠密叶。

3.3 疏花疏果

摘掉过于稠密的花果、病果、畸形果，减少养分消耗，促进果实发育膨大，提高商品性。花期应疏除过于稠密的花蕾和畸形花。坐果后，幼果直径在 3 cm 以上时，疏掉果形不整齐、小果、同一果穗下畸形果、发育迟缓的果实等。大果型品种，每穗留 3～4 果，中果型品种留 4～5 个为宜，小果型品种可保留多些，一般在 5 个以上为佳。

3.4 保花保果

在育苗期或定植后，如果外界温度过低、过高，易引起花芽分化不良，发育不完善，造成畸形花;如果花期温度不稳定,阴雨天多,光照不足,会导致授粉不良,引起落花落果;如果田间水肥施入不平衡,会造成植株徒长,营养过剩,病虫害增多等,引起落花落果。因此,需要加强温度、光照、肥水管理与病虫害防治。

(1)温度管理　开花结果期白天 25～30 ℃,超过 32 ℃放风降温。高温易引起授粉、受精不良,落花落果严重。夜间温度 18～20 ℃,昼夜温差太小,光合产物多用于自身的呼吸消耗,不利于花果营养积累,发生落花落果。

(2)光照管理　清洁大棚棚膜,选用防尘性好、透光性好的棚膜。反光幕不要贴着后墙悬挂,也不要将整个后墙悬挂反光幕,以防降低后墙的储热量。根据蔬菜生长高度设置补光灯,位置在距离植株生长点上 1.5～2 m 处,范围较小补光灯可安装在距离生长点上方 0.5～1.5 m 处。

(3)肥水管理　开花坐果期是植株营养最大效率期,满足植株水分和养分的需求,可促进花果生长、发育,保花保果。在施足基肥的基础上,进行多次追肥。施肥原则是坐果前少施、挂果后重施,多次、分次追肥,氮、钾比例协调,花前补硼(开花前 7～10 d 喷施硼肥),花后补钙(花后 5～7 d 喷洒钙肥)。开花期前喷施海藻酸类叶面肥,利于花芽分化。

(4)病虫害防治　预防为主,综合防治。病害主要有灰霉病、菌核病、早疫病、晚疫病、绵疫病、软腐病、溃疡病等,可用百菌清、甲基托布津或多菌灵等预防灰霉病、菌核病、早疫病;普力克、金雷等预防晚疫病、绵疫病;链霉素、铜制剂防治软腐病、溃疡病。为害花果的粉虱、蓟马、螨虫等,可用啶虫脒、烯啶虫胺、阿维菌素等加以防治。

(5)生长调节剂应用　2,4-D 蘸花在番茄上应用效果好,需要考虑药剂浓度、季节性、温度等因素,避免用药不当导致畸形果。落花落果严重时,适当喷施萘乙酸(NAA)防止落花落果,促进营养生长向生殖生长过渡。

3.5　适时采收

在冬春季节,番茄植株开花后 45～50 d,果实可成熟;若在夏秋季节,40 d 便可成熟。考虑长途运输,采收标准是“一点红”,即果实顶端稍微转红色采收。结果前期,果实见红时采收,放阴凉处待销售;结果中期,果现微红采收;番茄清园时,将大小青白果采收放在 10～15 ℃地方催熟。

4　结果与分析

4.1　花果管理技术对植株长势和产量的影响

根据实习所采涉及的整枝吊蔓、打杈、摘心、去老叶、疏花疏果等植株管理措施,记录在表 7-7 中,对比分析正常管理、实施部分措施或不管理植株的生长状态和产量,探讨番茄花果管理的关键技术。

4.2　花果管理技术的生产成本与效益分析

调查实习场所采用的花果管理技术措施,以每亩或某个设施为单位,分析各项技术措施的生产投入,记录在表 7-8 中。调查每亩(或某设施)番茄产量及售价,探讨番茄高效的花果管理措施。

表 7-7　某品种番茄花果管理作业记录

技术措施	时期	正常管理		部分管理		不管理	
		植株生长	产量	植株生长	产量	植株生长	产量
整枝吊蔓							
打杈、摘心							
疏花疏果							
去老叶							
其他							

表 7-8　某品种番茄花果管理成本调查

	植株管理/元	疏花疏果/元	肥水管理/元	病虫害防治/元	其他
生产资料					
用工					
其他					

（刘超杰　编写）

实习十九　果树花果管理技术

1　引言

果树的花果管理主要指直接用于花和果实上的各项技术措施，主要包括人工授粉、疏花、疏果、果实套袋、摘叶、转果、铺反光膜等。花果管理对提高果品的商品性状和价值、增加经济收益具有重要意义，也是实现优质、丰产、稳产和壮树的重要技术环节。

生产中很多果树需要异花授粉才能结实，采取人工辅助授粉可以提高坐果率，也可以促进果实膨大、果形端正。开花过多不仅影响果实的正常发育，还会削弱树势。人为去除一部分过多的花和果实，可以获得优质果品。疏果可以减少树体养分消耗，促进果实发育，增大果个，防止果树大小年结果，提高果品质量。疏果的方式包括人工方法和化学方法（数字资源 7-1），目前国内应用较多的是人工疏除法。不同树龄、不同品种、不同栽培方式的果实负载量也不相同。除了人工和机械疏花疏果外，生产上曾用石硫合剂、西维因、二硝基化合物等化学药剂进行化学疏除，但因为效果不稳定或对环境有害，已被新型无公害化学疏花疏果剂如植物油、含钙化合物、植物生长调节剂等取代。

数字资源 7-1

果树花果管理技术

果实套袋是目前果园管理中的常规技术（数字资源 7-1），一方面可减少果实病虫害的侵染，降低果实的农药残留量，有效避免果面污染，提高果实的安全性；另一方面能提高果面光洁度,使果实色泽艳丽、均匀一致,锈斑面积明显减小,减轻或防止裂果发生,提高果实外观品质。花果管理占果园生产成本的30%以上,化学疏花疏果和免套袋栽培将成为未来果树轻简化栽培的关键技术。

本实习以生产常见果树如苹果、梨、桃或杏等果树为对象,进行果园常规的花果管理训练,增强学生对果树开花结果习性的了解,提高学生的生产实践技能。

2 实习准备

2.1 试材

选择苹果、梨、桃、杏等果树。疏花、人工授粉在花期进行,疏果、果实套袋在幼果期进行。

2.2 用具

疏果剪、网袋、镊子、硫酸纸、毛刷、200目网筛、玻璃瓶、毛笔、干燥淀粉(或滑石粉)、授粉枪、水桶、纱布、喷雾器、果袋等。

3 实习内容

3.1 疏花

3.1.1 疏花时期

疏花的时间从露蕾后至盛花期均可进行,最佳的时期是花序分离期。

3.1.2 疏花方法

根据树种品种特性、花量大小、树势强弱等确定疏花量,一般间隔20~25 cm留1个花序,中间的花序全部疏除,大型果远些,小型果近些;树势强旺的近些,衰弱的远些;苹果、梨远些,桃、杏近些;疏背上花和背下花,留两侧的花。在所留的花序上适当留花,苹果留中心花,梨留边花;易发生冻害的地区多留花,温暖的地区可少留花;一般大型果留2~3朵花,小型果留3~4朵花;坐果率高的留2~3朵花,坐果率低的留3~4朵花。为了避免晚霜危害,很多地方只疏果而不疏花,即使疏花也要适当多留花。

3.2 花粉采集与授粉

3.2.1 采花蕾

花粉最好在适宜授粉品种上采集,也可以是多个品种的混合花粉。一般在长势健壮、花量较多的树上采花,以采集树冠外围的花为主。采花时期以大蕾期(含苞待放的花蕾)为宜,也可结合疏花进行。雌雄异花的核桃、榛子等采集已经拉长即将散粉的雄花序。

3.2.2 制粉

采集的花蕾用网袋带回室内。及时用镊子摘下花药,除去花瓣、花丝等杂物。将花药薄薄地平摊在硫酸纸上,置于25 ℃左右、干燥、通风、无尘、无风的室内阴干,经2 d左右即可散出黄色的花粉。用毛刷收集花粉,过筛后装入干燥玻璃瓶中,4 ℃冰箱冷藏备用。

3.2.3 人工授粉

机械喷粉:将花粉与干燥淀粉(或滑石粉)按1∶(2~5)的比例混匀,经充分拌匀混合,装入喷粉器或专用授粉器中,对着盛花初期的树均匀喷布。

液体喷雾授粉:将蔗糖50 g、尿素30 g、水10 L配成蔗糖尿素混合液(花粉营养液),使用前再加入花粉 20 g、硼砂 10 g，充分混合，用 2～3 层纱布滤出杂质，制成花粉悬浮液，用喷雾器在花开 70% 以上时喷洒。悬浮液配好后需在 2 h 内喷完。

3.3　疏果

3.3.1　疏果时期

疏果一般在落花后 1 周开始，可以分 2 次进行。第一次为粗疏，初步调整一下距离、密度和部位等，其留果量较多，易落幼果品种要多留果 1 倍以上。第二次是定果，在生理落果后进行，只留下适宜负载的果量。

3.3.2　人工疏果

根据留果量、果实大小等确定合适的留果距离，苹果、梨、桃等大型果留单果，壮树、壮枝每 20～25 cm 留 1 个果，弱树、弱枝每 25～30 cm 留 1 个果。按照由上到下、由内到外的顺序疏果，疏除有机械损伤、病虫为害、无果台副梢的果实，留下纵径大、果形端正的果实；疏朝天果，留下垂果；在一个花序内按照开花顺序，尽量保留第 2～3 朵花的果实。梨还要考虑疏除宿萼果，留下脱萼果。葡萄应该先将枝条上弱小的、畸形的、过密的和位置不当的花序摘掉，然后去掉那些因授粉受精不良而形成的小粒、畸形粒或者过密过紧的果粒，最后再根据果穗标准除去多余的果粒即可。

3.3.3　化学疏花疏果

目前苹果化学疏花疏果技术较为成熟，为避免花期霜害，以疏果为主。当苹果树 50%～60%的幼果直径在 6～8 mm 时喷施第 1 次化学药剂，当果实直径在 10～15 mm 时喷施第 2 次，每花序单果率达 80%。疏果药剂可选用三十烷醇、6-BA、NAA 等混合制剂。

含钙化合物作为一种新型无公害疏花剂，在苹果树中心花盛开后，喷施 10 g/L 乙酸钙试剂效果好。

3.4　果实套袋

3.4.1　果袋选择

果袋的种类很多，按照层数可分为单层袋和双层袋；按照大小可分为大袋和小袋；按照所用材料可分为纸袋、塑料薄膜袋、无纺布袋和液膜袋等；按照涂布的药剂可分为防虫袋、杀菌袋和防虫杀菌袋；果袋还有白、黄、蓝、褐等不同颜色。优质纸袋除要满足经风吹雨淋后不易变形破损脱蜡、雨后易干燥的基本要求外，还应具有较好的抗晒、抗菌、抗虫、抗风等性能，以及良好的密封性、透气性和遮光性等。根据树种、品种特性、果实大小、套袋目的等选择合适的果袋，如苹果选择双层纸袋，梨选择单层纸袋或膜袋，葡萄选择白色的单层纸袋。注意选择有注册商标的合格产品。

3.4.2　套袋时期

套袋前经过人工授粉、疏花、疏果等工序，在生理落果后套袋。苹果落花后 30～35 d 套纸袋，花后 15～20 d 套膜袋，若要防止果锈可提前至花后 10 d。梨树一般在花期结束后 15～45 d 套袋，即是疏果后到果点锈斑出现前。葡萄露地栽培在整穗、疏果后及时套袋，大棚和避雨栽培可适当推迟到坐果 15～20 d 后套袋。一天中套袋时间在早晨露水已干、果实不附着水滴时进行，阴天可全天套袋，注意避开中午强光时段，雨天不能套袋。

3.4.3　套袋前准备工作

套袋前喷一遍杀菌剂和杀虫剂预防病虫害，喷药后 2～3 d 套袋完毕。套袋前 3～5 d 将果袋放于潮湿处或喷少许水，使之返潮、柔韧。

3.4.4 套袋方法

在一株树上先上后下，先里后外逐枝套果，避免漏套。套袋时左手托住果袋，右手撑开袋口令袋体膨起，使袋底两角的通气放水孔张开。手执袋口下 2～3 cm 处，袋口向上套入幼果，使果柄置于袋的开口基部(勿将叶片和枝条装入果袋内)，然后从袋口两侧折叠袋口于切口处，用捆扎丝扎紧袋口，使果实悬于袋内中央。注意套袋时用力适度，以免拉掉幼果，尽量不碰触幼果，袋口要扎紧。若袋口绑扎不严，会让黄粉虫、康氏粉蚧等害虫入袋为害，同时也会使雨水、药水流入袋内，造成果面污染。

3.4.5 摘袋时期和方法

摘袋时期依袋的类型、果实品种不同而有较大差别。苹果红色品种套单层纸袋的于果实采收前 30 d 左右，将袋体撕开呈伞状罩于果上，防止日光直射果面，7～10 d 后将全袋除去；苹果红色品种套双层纸袋的于果实采收前 10～15 d，先摘外层纸袋，经 3～5 d 晴天再摘内层纸袋，以减少日灼。摘袋宜在晴天进行，避开早晚低温、中午强光时段和雨天。套膜袋的果实无须摘袋，可带袋采收直接出售或贮藏。梨可连袋采收，待装箱时再除袋分级，以防途中碰伤果面。葡萄一般在采收前 10～15 d 去除套袋。

4 结果与分析

4.1 人工授粉效果分析

选择 1～2 种果树，以机械喷粉和液体喷雾授粉进行人工授粉，以自然授粉为对照，授粉后 3～4 周，统计坐果率(表 7-9)，比较不同授粉方式的授粉效果。

$$坐果率=结果数/授粉花数\times 100\%$$

表 7-9 果树人工授粉坐果率分析 %

树种	自然授粉	机械喷粉	液体喷雾
苹果			
梨			
桃			
杏			
⋮			

4.2 化学疏花疏果的效果分析

以苹果为例，在盛花后期喷布化学药剂，每周喷施 1 次，连续 2 次。疏果后 10～15 d 调查每花序坐果情况，记录在表 7-10 中。统计每花序单果、双果、三果及以上的占比，评价化学药剂疏果效率。

表 7-10　苹果化学药剂对果实疏除效果

药剂配方	调查花序数	单果数及占比/%	双果数及占比/%	三果及以上数及占比/%	备注
药剂 1					
药剂 2					
药剂 3					
⋮					

4.3　果实套袋栽培生产成本分析

以苹果、梨、桃和葡萄等为材料，在幼果期套袋，采收前去袋。调研当地果园果实套袋的生产成本，讨论套袋栽培的优缺点及免套袋栽培的可行性。

（张鹏飞　编写）

实习二十　果树简化修剪技术

1　引言

整形修剪是果树田间管理的重要环节之一，技术性强、用工成本高，简化修剪势在必行。了解生产上适合于简化修剪的树形，掌握修剪技术，可提升果园管理的生产效率。

整形是把树体培育成一个具有较大光合面积、能负担较高产量、便于管理的树体结构。修剪则是利用各种方法控制树体枝梢数量、方位及生长势。整形修剪是根据果树的生物学特性，综合利用各种修剪方法，将树体建造成具有合理结构和外观的形状，最大限度地利用空间和光热资源，生产高产量和高品质的果实。通过调节个体与群体结构，提高光能利用率，有效地利用空间；调节植株各局部的均衡关系，如地上部与地下部的平衡、营养生长与生殖生长的均衡，同类器官间的均衡；调节植株的营养状况，如去除病虫枝、细弱枝和徒长枝等，减少营养的无效消耗，以提高产量和改进品质。

现代化果园提倡“宽行、窄株、密植”，行距为 4～5 m，株间距因树种、品种而异，如苹果矮化密植株行距(1～1.5)m ×(3.5～4)m。针对不同栽植密度，采用适合的树形。简化修剪体现在树体结构和修剪方法两个层面上：树体结构从四级（主干、主枝、侧枝、结果枝）简化为三级（主干、主枝、结果枝）或二级（主干和结果枝组），三维结构树形（立体）降为二维结构（平面）；修剪上少短截。整形修剪追求“高光效树形”，“小而扁”的树冠通风透光好，易于修剪和果实采摘。根据果树的干性和喜光特性，干性强的树种整形为主干形，代表性树形是细长纺锤形和圆柱形；干性弱又喜光树种的树种整形为开心形，代表树形是高冠杯状形或 Y 字形；藤本果树则作架式整形或平面整形，形式多样（数字资源 7-2）。在多风地区，架式整形普及性广，大多数树种均可采用。

数字资源 7-2

果树整形修剪技术

整形修剪可在果树休眠季节进行，即冬季修剪，也可以在生长季节进行，称为夏季修剪。有些果树有“伤流期”，如葡萄萌芽前后和核桃落叶至萌芽期间，不宜修剪，以免损失树体营养。修剪具有局部的“促进生长”和整体的“抑制生长”的双重作用，以修剪量（剪去器官的多少)轻重调节树体的生长势,生长势中庸的树体营养生长和生殖生长均衡。缓和生长势的修剪方法包括开张枝条角度、营养枝长放(不修剪)、疏剪(将枝条从基部疏除)、环剥(将枝条韧皮部剥去一圈,剥去的宽度一般为枝直径的 1/10 ～1/8)、扭梢(生长季弯曲新梢改变生长方向)和摘心(去除新梢顶端,抑制顶端生长)。促进生长势的修剪方法包括短截(在枝条饱满芽处剪切)和回缩(在多年生枝条上短截,修剪量大,促进更新复壮)。

不同树种、品种因干性和开花结果习性差异,要求不同的整形修剪技术(数字资源 7-2)。仁果类果树干性强,花芽为混合芽,具有顶端结果特性,以中短果枝结果为主,不宜采用短截的修剪方法。幼树多采用刻芽、涂抹发枝素方法促发长枝,结果树多采用疏剪和回缩进行修剪。核果类果树干性弱、喜光,芽具有早熟性,成形和成花容易,纯花芽腋生,结果枝修剪以长梢修剪为主,延长枝适当短截。葡萄花芽为腋生的混合芽,枝梢生长量大,潜伏芽多,寿命长,易于成形和枝蔓更新。生长季对新梢和副梢多次抹芽摘心,葡萄落叶 2～3 周至土壤结冻前进行休眠期修剪。酿酒品种多篱架栽培,鲜食品种以棚架栽培为主。露地栽培需埋土防寒的地区,以单干式整形为宜,无须埋土防寒地区或设施栽培,可采用单干双臂或 V 形。枣树具有 4 枝 2 芽,芽为复芽,由 1 个主芽和 1 个副芽组成。主芽为晚熟性芽,翌年春季萌发形成枣头(发育枝)或枣股(生长缓慢的短缩枝)。副芽为早熟性芽,萌芽后形成二次枝(结果基枝)、枣吊(枣的结果枝,当年脱落)和花序。主芽潜伏性强,利于更新复壮。枣树花芽分化在生长季,随着枣股和枣头的主芽萌发而开始,到枝条停长而结束,具有开花期长和多次开花结果现象。枣树结果部位稳定,对修剪反应不敏感,可以采用自由纺锤形。冬季修剪从落叶后至翌年春季萌芽前,干旱地区可在春季萌芽前;生长季修剪集中在枣头发生的高峰期进行 1～2 次抹芽、摘心和疏枝。花芽分化前进行环剥,可以促进成花坐果。

幼树的整形修剪在于"造就树形",确定树干的高度,选留骨干枝(主枝)。以轻剪长放和开张枝条角度为主,缓和树势,扩大树冠,多留枝叶,促进果树提早开花结果。成年结果树的整形修剪在于"稳定和保持树形",轻重结合,维持生长与结果的平衡。衰老树的修剪任务是"恢复树形",休眠期适当重剪和回缩,以增加树势,延长结果年限。

本实习以生产常见果树如苹果、梨、桃、樱桃、葡萄、枣等为对象,进行整形修剪技术的训练,强化学生对果树整形修剪的理论学习,提升生产实践操作技能。

2 实习材料

2.1 试材

以当地栽培的树种、品种为试材,如苹果、梨、桃、樱桃、葡萄、枣等。

2.2 工具

修枝剪刀、电动剪刀、锯子、梯子、果枝整形器、开角器等。

3 实习内容

3.1 自由纺锤形

以乔砧苹果为例,适合于株行距为(2～3)m×(4～5)m 的栽植密度。

树体结构:主干高 70～80 cm,树高约 3.0 m,冠径 2.5～3.0 m。中央干上均匀着生 10～15 个主枝,主干与主枝的粗度(直径)之比为(2～3)∶1,开展角度 70°～90°,上层主枝开角大于下层。主枝间距 20 cm，向四周错落生长，呈螺旋式上升排列，同向主枝间距大于 50 cm。下部主枝长度 1.5～2.0 m，由下及上主枝逐渐短、小，形成“下大上小”的纺锤形。上无侧枝，单轴延伸，着生结果枝组。

整形修剪要点：①定植当年，生长健壮的苗进行“高定干、低刻芽”。在苗木 1 m 处定干，在剪口芽下 30 cm 的枝段内，按主枝发生位置进行芽上双重刻伤（深刻两道）或涂抹发枝素，促进萌芽。生长弱的苗木重短截，重新萌芽生长，待新梢 80 cm 以上时摘心，促发二次枝。定干高度保持在 70～80 cm，疏除中心干上过密新梢，摘心过旺新梢，维持中心干的生长势。②第 2～3 年，生长势弱的中心干在 40～50 cm 处短截，以促发新枝；生长势中庸或强旺的中心干不短截，在需要发生主枝的部位进行春秋两次刻芽。选留的主枝，开张基角，轻剪长放，每 20～30 cm 选留一个枝组。培养两侧和背下枝组。疏除过强或基角过小的主枝、主枝上近主干 30 cm 以内的直立枝和徒长枝以及与主枝同一年长出的同龄侧枝（也就是竞争枝）。延长头前部的直立枝可重短截（即剪至枝条基部瘪芽位置），三头枝可疏除竞争枝，但尽量减轻冬剪量，以缓和长势，促生短枝。③第 4～5 年，树冠基本成形，保持中心干的优势。主枝错落排布，螺旋上升，不留同龄枝。主枝上的新生枝、背上的直立枝有空间者扭枝下垂，无空间的冬剪时疏除；平行枝甩放不剪，个别过长冬剪时疏除。主枝单轴延伸，两侧小枝组像鱼翅一样自然分生，在 1 m 范围内留约 10 个小枝组。

幼树期多留一些枝条作为辅养枝，结果后逐年疏除重叠的、夹角小的、方位不正的和影响光照的枝条。

3.2　细长纺锤形

以矮砧苹果为例，适合于株行距为(1～2)m×4 m 的栽植密度，需设立支架。

树体结构：主干高度 70～80 cm，树高 3.0～3.5 m，冠径 2～2.5 m。中央干上直接着生 15～20 个小型主枝，主干与主枝的粗度（直径）之比为(4～5)：1。主枝均匀分布，间距 15～20 cm，同向主枝间距 40～50 cm，外观呈细宝塔形。主枝开展角度 80°～90°，主枝长度 1.0～1.5 m，单轴延伸，其上着生结果枝组。

整形修剪要点：①栽植当年，对壮苗不定干，弱苗在饱满芽处定干，发出的枝条，控制竞争枝生长，保证主干枝的生长势。②第 2 年，夏剪疏除与主干竞争的枝条，控制主枝的生长势。秋季对长达 1 m 以上的主枝，进行拉枝，角度开张到 80°～90°。枝长不足 1 m，任其生长，冬季修剪时疏除过强的竞争枝和过密的主枝，促进主干生长。③第 3 年春季萌芽前后，对中心干延长枝上空缺的部位，按树形结构要求，在需要抽生主枝的芽上方约 1 mm 处刻伤，刺激抽出枝梢培养形成主枝。在选留的主枝上，距中心干 20 cm 以外，除背上芽外，侧芽全部轻刻芽，促发中、短枝，缓和树势，促进成花。④第 4 年及以后，采用类似第 3 年的方法进行修剪。当中心干达 3.5 m 时，可缓放不剪，破除顶芽，控制其生长势。在主枝上不选留侧枝，主枝保持单轴延伸，对其背上的强旺梢要采用扭梢、摘心、回缩、疏枝等措施综合控制，促进成花结果。

高纺锤形是细长纺锤形的特殊形式，树高 3～4 m、干高 80 cm、冠径至 1.2 m，中心干上分布 30～50 个结果枝组（单轴延伸）；枝组间距 10～15 cm、长度至 1.2 m，插空排列、螺旋上升；分枝角度 90°～120°，主干与侧枝粗度比(5～7)：1。

3.3　圆柱形

以梨树为例，适合于株行距为(0.6～1.2)m×(3.5～4)m 的栽植密度，需设立支架。

树体结构：中心干高 60～70 cm，树高约 3.0 m，冠径 1.0～1.5 m，外观呈圆柱形。树体中心干强壮，直接着生约 25 个大小相近的结果枝组，均匀分布，间距 10～12 cm，主枝基角 70°～90°。

整形修剪要点：①定植壮苗，不定干或高定干。抹除中心干 60 cm 以下的萌蘖和新梢，确保中心干直立生长。②第 2 年，春季萌芽前后 1 周内，对 60 cm 以上和顶端 30 cm 以下的枝段刻芽或涂抹发枝素，促发分枝。生长势强或分枝角度的新梢达 20 cm 以上时，开张基部角度至 70°。③第 3 年，部分枝组开花结果。春季对中心干光秃部位继续刻芽，促发分枝。疏除枝组的背上直立枝，保持枝组单轴延伸。幼树以疏剪为主，不短截回缩。④盛果期树，以疏剪为主，缩放结合。由于圆柱形的树冠小，生长 3 年后枝组即无发展空间，需及时更新枝组，去大留小。枝组基部粗度超过中心干的 1/3 时，利用附近或枝组后部的分枝进行更新。树冠下部的结果枝组留 1/3～1/2 长度的枝轴进行回缩。

3.4 高冠杯状形

以桃树为例，适合于株行距为 3 m×(4～5)m 的栽植密度。

树体结构：中心干高 30～50 cm，主干以上错落着生 3 个主枝，树高约 3 m。主枝间距 15 cm，主枝角度 35°～40°。主枝上配备中小型结果枝组，或直接着生结果枝。

整形修剪要点：①定植后在距地面 50 cm 处定干，剪口下留 3～4 个饱满芽。萌芽后抹除 30 cm 以下萌蘖或新梢，待新梢长 20 cm 以上(6 月上旬)，剪去顶部枝条，保留轮生的 3 个主枝，其余枝条摘心，留作辅养枝。夏季(6 月下旬)对主枝副梢摘心，促生分枝，增加枝量。8 月上旬将主枝按 35°拉枝，调整主枝为东北西方位，避免正南方位影响光照。②第 2 年 3 月，除主枝延长枝外，其余辅养枝和结果枝依成花情况轻剪或不剪。经过两年修剪杯状树形基本形成，树高约 3 m。③主枝修剪以调整结果枝组为主。同方向中枝组(5～10 个分枝)间距为 40～50 cm，小枝组(5 个以下分枝)间距 20～30 cm，结果枝间距 10～15 cm。疏去主枝背上和背下枝，主枝头结果后下垂的，可以利用背上芽或枝换头，抬高主枝角度。

3.5 Y 字形

以桃树为例，适合于株行距(1～1.5)m ×4 m 的栽植密度，用于露地和设施栽培。

树体结构：主干高 50 cm，两个主枝的开张角度为 20°～30°。主枝间适宜夹角为 50°左右。主枝上配置中小型结果枝组(株距 1.5 m)或直接着生结果枝(株距 1 m)。

整形修剪要点：①春季定植后，定干高度 70 cm。当新稍长至约 50 cm，在树干 50 cm 以上选择两条生长势好、邻近着生、方向正的枝条作为第二个主枝。角度开张至 20°～30°，通过摘心、扭梢、拿枝等方式控制其他新梢生长，促进成花。②株距 1.5 m，可以在主枝基部培养几个中小型结果枝组(同向间距 30～40 cm)，均匀分布在主枝两侧下方，在中上部直接着生结果枝。株距为 1 m 的，则主枝上直接着生结果枝。③冬剪疏除延长头附近的竞争枝和过密枝，保持单轴延伸。疏除伸向树冠内堂的徒长枝、背上旺枝和过密枝等。多留侧生、斜生的中庸细长枝，疏除过粗过大枝。只留长度 60 cm 以下、粗度 0.8 cm 以下长势中庸结果枝，以及短果枝和花束状果枝。疏除强旺、直立、徒长性结果枝。初果期树上以长枝修剪为主，盛果期后适当加重短截。

3.6 棚架式整形修剪

适合鲜食葡萄和设施内葡萄栽培，露地棚篱架(兼具篱架和棚架)栽培株行距(1.5～

2.0)m×(4～6)m。架后部高1.5～1.6 m,前柱高2～2.2 m。单龙干整形。

整形修剪要点:①苗木萌芽后,保留基部萌发的2个芽,每节位留单芽,其余全部抹除。待新梢长至25 cm,定值,留壮去弱,留2个新梢。待新梢长至30～40 cm,绑缚至第一道纤丝上。生长季需要绑缚3～4次,新梢均匀分布在架面上,间距为10 cm。②副梢是新梢腋芽萌发抽生的枝条。主蔓上花序以下部位的副梢抹除,副梢上不留二次果。③修剪时期从秋季初霜后开始,至封冻前结束。主蔓90 cm以上,每隔30 cm左右留一个结果枝组,全树留8个结果枝组,篱架部分1～2个,棚架部分6～7个,呈鱼刺状排列,最前端结果枝组可安排在棚架部分1.8 m处。结果枝组采用单枝更新,每结果枝留2～3个芽。对于棚架部分结果枝组不够5个的未成形树,可在篱架部分适当多留1～2个结果枝组,并注重延长梢的选留。

3.7　篱架式整形修剪

适合酿酒葡萄露地栽培,株行距(1.5～2.0)m ×(3.5～4)m。"厂"字形整形,每株葡萄留1个主蔓,2～3个结果枝组和4～6个结果母枝。

整形修剪要点:①苗木定植萌发后,选留1个健壮新梢培养成主蔓,待新梢长至1.5～1.8 m时,摘心。副梢萌发后,将基部50 cm以下副梢全部抹去,其余副梢留2～4叶摘心。冬剪时,将副梢全部剪去,留1～2个主蔓,粗度不低于0.8 cm,主蔓可垂直绑缚在纤丝上,当年即可成形。若主蔓粗度不足0.8 cm,平茬后第二年培养成形。②第二年葡萄萌发后,抹去主干50 cm以下的新梢,在水平主干上均匀选留4～6个健壮新梢,间距15～20 cm,抹去其他新梢,每株葡萄均匀分布4～6个结果枝,每个结果枝留一个果穗。冬季修剪时,每个枝条选留2～3个芽眼进行短截,疏除过密枝。③第三年葡萄萌发后,每一结果枝只选留上部新生枝,抹去基部芽眼,每个结果枝留一个果穗。冬季修剪时,每个枝条选留2～3个芽短截。④葡萄成形后更新修剪。秋季修剪时,剪去水平结果枝组,保留基部第一直立结果枝培养,枝条成熟后,将其弯成直角,绑缚在第一道铁丝上。

3.8　双臂顺行式棚架整形

适合砂梨品种棚架栽培,株行距(1.5～2.0)m ×(3.5～4)m。"双臂顺行式"梨树(简称"双臂梨")是湖北省农业科学院果树茶叶研究所发明的整形修剪新模式,4～6年即进入盛果期,产量可达3 000～4 000 kg/亩。核心技术归纳为"三刀三枝"。

(1)第一刀　苗木定植后平茬重截,距离嫁接口上约10 cm,以促发健旺枝条。定植当年萌发抽生的新梢全部保留,选择1根生长最快、最直最壮的枝作为主干培养,确保主干当年生长达到1.5 m以上。其他枝条作为辅养枝,摘心或圈枝控制生长,不能超过主干生长。

(2)第二刀　第一年冬季休眠期,或第二年春季萌芽前,在离地1.3～1.5 m处剪截,即第二刀,高定干。选择生长快、位置和方向好的作为两大主枝培养,保持主枝直立向上生长。其余作为辅养枝,适当控制生长。

(3)第三刀　第二年冬季休眠期或第三年春季萌动前,对选留的两个主枝短截,即第三刀,保留侧枝和饱满芽。两主枝剪留长度无关枝条长短,而以芽的充实饱满程度为准,能长则长,宜短则短。一定要留侧芽,确保枝条抽生方向便于树形培养。

历经3年即可完成树形基本结构培养,3年后树体管理要点体现在"三枝"培养,扩展树冠,提升产量。

(1)第一枝　冬季休眠期修剪,所有背上枝、直立枝全部疏除不留桩,单轴结果。

(2)第二枝　延长枝(延长头)留侧芽壮芽短截,保持旺盛的生长势,即顶端优势。主要包括主枝延长枝,侧枝(单轴结果枝)延长枝。成形后总共25枝左右。剪留长度不依枝长决定,而是以芽的饱满充实程度为准。留侧芽是为了理想的抽枝角度和方向。

(3)第三枝　修剪完后,还需要绑枝。这是第三枝。绑枝一定不要绑平,要翘头绑,枝条向上翘起40°左右为宜,保持旺盛生长势。绑枝需注意方向和角度,不要相互交叉干扰。

4　结果与分析

4.1　仁果类果树整形修剪要点分析

以苹果、梨为例,观察树体不同的生长状态,比较生长势强旺树(新梢数量多、徒长性枝条多)、弱树(新梢数量少、长枝数量少)、上强下弱树(树冠上部枝条生长强旺,下部枝条衰弱)和外强内弱树(树冠外围枝条生长量大,内膛光秃),因树制订修剪方案,并实地修剪。

4.2　核果类整形修剪要点分析

以桃、杏、樱桃为例,根据不同树种的生长特性和立地果园条件,制订整形修剪方案,并实地修剪。

4.3　葡萄整形修剪要点分析

选择适合当地的葡萄栽培架式、树形和修剪方法,比较不同整形修剪模式在可操作性和修剪用工量的差异。

(朱元娣　编写)

实习二十一　园艺作物生理性病害的识别及防控技术

1　引言

植物生理性病害是由非生物因素引起的,这类病害没有病原物的侵染,不能在植株个体间互相传染,所以也称非传染性病害。在园艺作物的生产中,生理性病害和传染性病害常易混淆,一旦误诊可能延误最佳防治时间,造成无法挽回的损失,或者误用农药,影响园艺产品的质量。准确、及时地诊断鉴定园艺植物生理性病害是科学防治的前提和保障。

园艺作物生理性病害的特征可以归纳为"三性一无":①突发性。病害在发生发展上,发病时间多数较为一致,往往有突然发生的现象,病斑的形状、大小、色泽较为固定。②普遍性。通常是成片、成块普遍发生,常与温度、湿度、光照、土质、水、肥、废气、废液等特殊条件有关,因此无发病中心,相邻植株的病情差异不大,甚至附近某些不同的作物或杂草也会表现出类似的症状。③散发性。多数是整个植株呈现病状,且在不同植株上的分布比较有规律,若采取相应的措施改变环境条件,植株一般可以恢复健康。④无病征。生理性病害只有病状,没有病征。生理性病害产生的原因主要分为缺失营养元素和逆境胁迫两大类。营养元素缺失通常会导致叶片失绿,植株矮小等表型症状,缺素症以预防为主,通过叶片营养分析诊断,通过土壤追肥或叶面施肥补充相应的矿质元素。植物缺乏N、P、K、Mg时,老组织先出现症状;缺乏Ca、S、Mn、B、Fe、Cu时,新生组织先出现症状;而缺Zn时,在新、老组织均有症状。常见营养元素失衡引起的生理病害及症状如表7-11所示。

表 7-11 园艺作物常见的营养元素失衡引起的生理病害症状

营养元素失衡类型	表现症状
缺氮	老叶黄化，植株瘦弱。叶片小且色淡、叶片稀疏易落，植株矮小
缺磷	叶片紫红色，植株矮小。因糖类不能及时运转，积累在叶片内，转变为花青素，使叶片转深或呈紫红色，花芽小而多，开花延迟，果实变小
缺钾	老叶边缘，黄化枯焦。叶片出现棕色斑点，发生不正常的皱纹，叶缘焦枯似火烧
缺钙	生长点异常，顶芽易枯死，易裂果。根系生长受到抑制，根系多而短，易腐烂；植株矮小，节间较短，幼叶卷曲畸形，叶缘变黄并逐渐坏死
缺镁	中下部叶斑块状、黄化。叶片失绿，严重时还会导致叶片干枯，脱落
缺铁	新叶黄化，脉间失绿。症状为枝条上部嫩叶黄化，下部老叶仍保持绿色
缺锰	新叶黄化，叶片失绿。叶片先变成苍白而带一些灰色，后在叶尖发生褐色斑点，逐渐散布到叶片的其他部分，最后叶片迅速凋萎，植株生长变弱，花也不能形成
缺锌	小叶丛生，白条症。叶片褪绿，叶脉间黄绿相间，顶端小叶成簇，叶柄短细，并早脱落
缺硫	叶片发黄，而叶肉组织却仍然保持绿色，从叶片基部开始出现红色枯斑。氮素充足时缺硫症状表现在新叶，氮素不足时缺硫症状表现在老叶
缺硼	花而不实，落花落果。因分生组织(包括形成层)退化，薄壁组织以及维管组织发育不良等。顶芽易枯死，老叶变厚、变脆、畸形、枝条节间短、木质化，花发育不全，果实出现褐斑、坏死(缩果)，根系短粗兼有褐色
缺钼	新生组织出现症状，顶芽不易枯死，植株矮小。新叶生长畸形，叶片失绿，且有大小不一的黄色和橙黄色斑点。严重缺钼时叶缘萎缩，叶变厚、焦枯，以致死亡
铜过量	叶片呈网纹状失绿，叶片黄色或黄白色，边缘褐色干枯，严重时部分叶片枯死
铁过量	地上部生长受阻，下部老叶叶尖、叶缘脉间出现褐斑，叶色深暗
锰过量	黄化叶片零散分布，叶片上有棕褐色斑点，严重时叶尖、叶缘枯黄内卷，部分叶片主脉呈紫色或暗绿色，似火烧状
锌过量	植株矮小，叶片黄化，叶片、叶柄形成红褐色斑点，可以出现在各个叶位
硼过量	首先老叶叶尖或叶缘褪绿，接着叶尖或叶缘出现黄褐色的坏死斑，斑点扩展到侧脉间并伸向中脉，最后导致叶片坏死或呈枯萎状，并过早脱落

逆境胁迫主要引起叶片黄化凋萎、根系生长受阻、裂果和抽条等症状，主要包括水分胁迫、温度胁迫等。水分胁迫分为水分过多和水分缺乏两种类型。土壤积水时造成土壤氧气缺乏，根系生长受阻，甚至发生烂根现象，引起地上部分叶片变色，早期落叶、裂果、落果乃至全株枯死。园艺植物桃、李、杏、核桃等耐涝性差，易受害，而苹果、梨等耐涝性较强。天气干旱，久晴不雨时使植物生长势弱，叶片黄化凋萎，花芽分化少，早期落叶、落果。幼树、草本花卉易干旱枯死，如杜鹃花对干旱非常敏感，水分缺乏使叶尖、叶缘变褐色坏死。

温度胁迫包括高温和低温伤害。植物的茎(干)、叶、果受到灼伤后如树皮的溃疡和皮焦，叶片产生白斑、灼环等。日灼造成的伤口易引发蛀干害虫和枝条病害。在苗圃，夏季高温易引起幼苗基部灼伤而发生苗木茎腐病。霜冻是常见的低温伤害，晚秋早霜和春天晚霜易使幼芽、新梢冻死，花芽和花受害而落花，对春季观赏花木危害最大。另外冬季反常低温对一些常绿观赏植物、落叶花灌木等嫩梢、叶片产生冻害，新栽植的苗木也易受害。

此外，桃、樱桃等核果类果树枝干易发生流胶病，病部初起时稍肿起，渐渐分泌出赤褐色软胶，干时硬化，流胶时可削弱树势。伤口、生理失调、地下水位过高、土壤黏重过酸等均可引起此病。“抽条”也叫“抽梢”，是果树越冬期枝条发生干皱的一种现象，特别是幼树抽条严重时可整株枯死。冬春低温、大风等易引起核桃、榛子抽条。水分失调会引起番茄、枣、樱桃等裂果，苹果果实易产生“水裂纹”。施用和喷洒农药浓度过高，导致植物的叶、花、果产生药害，形成枯斑或全叶受害，甚至整株枯死。

本实习通过常见园艺作物的现场调查与病株检查，进行不同类型的生理性病害的诊断及防治训练，巩固学生对植物生理病害相关的理论知识掌握，提升理论与实践相结合的能力。

2 实习准备

2.1 试材

苹果、梨、葡萄、核桃、枣、桃、草莓等常见果树；番茄、黄瓜、生菜、西瓜、甘蓝、菠菜等常见蔬菜；月季、一品红、菊花、牡丹、秋海棠等常见花卉。

2.2 试剂

尿素、过磷酸钙、硫酸钾、硫酸锌、氯化钙、硫酸镁、硫酸锰、硫酸亚铁、尿素、硼酸、煤焦油、5 °Bé 石硫合剂、食醋、生石灰等。

2.3 用具

喷雾器、量筒、烧杯、天平等。

3 实习内容

3.1 生理性病害诊断

3.1.1 现场调查

在诊断园艺作物生理性病害时，需要调查访问管理人员，检查田间农事记录，排除侵染性病害，然后从病害特点、发病范围、周围环境和病史等方面进行分析。对病株上发病部位、病部形态、大小、颜色、气味、质地、有无病症等外部症状，用肉眼或放大镜观察。注意气候变化情况以及病害发生与地势、土质、肥料的关系，还要注意栽培管理措施、排灌、喷药是否适当，栽培措施上有无重大改变，第一次发病还是常年发生等。

3.1.2 病株检查

将新鲜或剥离表皮的病组织切片加以染色处理，显微镜下检测有无病原物及病毒所致的组织病变(包括内含体)，即可提出非侵染性病害的可能性。

3.1.3 诊断治疗

将发病植株的叶片、枝干以及病株附近的土壤进行成分、含量以及酸碱度的测定，并与正常植株比较分析，确定发病原因。若怀疑为药害、冻害、干旱、肥害、中毒等因素致病时，可以人工创造相似条件，观察比较，当某种发病条件满足后病状是否重现。采取治疗措施排除病因，如缺素症可在土壤中增施所缺元素或对病株喷洒、注射、灌根治疗等。

3.2 生理性病害防治

缺素症以预防为主，早期矫治，防治方法见表 7-12，防治措施多根据药剂特性进行。

表 7-12 园艺作物营养元素失调的校正方法

缺素症	药剂	土壤基肥/追肥/(kg/亩)	叶面喷肥	备注
缺氮	尿素		0.5%～1%	
缺磷	过磷酸钙	50～100		
	磷酸二氢钾		0.3%～0.5%	兼补钾
缺钾	硫酸钾	7.5～10	0.2%～0.3%	
	磷酸二氢钾		0.3%～0.5%	兼补磷
缺钙	氯化钙		1%	
缺镁	硫酸镁		0.5%	
缺铁	螯合铁或硫酸亚铁	20～30		
缺锰	硫酸锰	1～4	0.5%～1%	
缺锌	硫酸锌		0.1%～1%	
缺硫	硫酸铵	10		
	硫黄粉	2		
缺硼	硼酸		0.1%～0.2%	以花期施用为主
	硼砂	0.5	0.3%	
铜过量	石灰质肥料			增施磷、铁肥
铁过量	石灰或石膏			
锰过量				保持适宜的土壤 pH
锌过量	石灰、磷			
硼过量	三异丙醇胺			用水或其他盐溶液充分淋洗土壤

3.3 逆境胁迫防控

数字资源 7-3

果树逆境伤害

一些园艺作物逆境伤害症状参见数字资源 7-3。

3.3.1 水分失调

土壤水分主要来源于大气降水和灌溉水，也包括地下水上升和大气中水汽的凝结。土壤水分含量过多时，会导致水分渗漏，肥料流失，还可能对土壤造成污染。土壤水分过少则会导致土地硬化，不利于作物充分吸收水分和养分，影响作物生长。水分过少时，主要防治措施是灌溉，灌溉分为漫灌、喷灌、微喷灌、滴灌、渗灌。此外，还有其他措施：①通过覆盖的方式，如温室大棚、地膜、草垫子、秸秆等，目的在于防止水分蒸发。②通过改变土壤结构来调节水分。减少使用化学肥料，防止土地板结、盐碱化，也可以减少水分散失。增加土壤的黏性可以减少水分流失，反之，增加沙土含量、减少黏土含量可以促进水分的散失，保持土壤的干燥。

根据构成园地水分平衡的各分量及其影响因素，可针对性地、有计划地采取必要的措施来减少或增加蒸散量、调节土壤水分，以满足植物生长发育的需要。例如，通过平整土地、修建梯田、地面覆盖等来控制地面径流，减少蒸发；通过改良土壤、增施有机肥料来提高土壤持水力和减少渗漏量；通过灌溉、人工降雨和降雪等增加水分收入量；控制灌溉量，挖沟排水降低地下水位，减少毛管上升水，以减少水分收入量等。

3.3.2 温度胁迫

不同园艺作物对温度的需求不同，同一作物的不同生育期对温度的需求也不同(表7-13)。酷暑盛夏应采取降温措施。为保证植物安全越冬，露地生长的花木应采取防寒措施，在霜冻来临之前，加上覆盖物(干草、落叶、马粪、草帘等)或采用埋土、熏烟等方法。

表7-13 园艺作物温度适应范围

作物种类	生育期	最低温度/℃	最适温度/℃	最高温度/℃	备注
一年生花卉	发芽期		25		
	幼苗期		18～25		
二年生花卉	发芽期		20		
	幼苗期		13～16		
	开花结果期		22～26		
耐寒多年生宿根蔬菜		−15～−10	25	35	如韭菜、茭白等
耐寒蔬菜		−2～−1	15～20	30	如菠菜、大葱、大蒜等
半耐寒蔬菜		−2	17～20	30	如萝卜、胡萝卜、芹菜、莴苣、豌豆、蚕豆以及甘蓝类、白菜类
喜温蔬菜		10～15	20～30	40	如黄瓜、番茄、茄子、辣椒、菜豆等
耐热蔬菜		15	30	40	如冬瓜、南瓜、丝瓜、豇豆、刀豆等

3.3.3 流胶病

加强栽培管理，增强树势，是防止或减轻该病的根本措施。尽量减少或避免伤口，及时防治枝干病虫害；冬季刮除病部，涂以煤焦油或3～5 °Bé石硫合剂消毒。

3.3.4 抽条

选择有一定坡度，排、灌水方便，风沙少、土层厚的地方建果园，并合理营造防护林。果树生长前期适当多施肥水，促使新梢生长健壮，为积累营养物质打下基础；后期应增施磷、钾肥；进入雨季后要酌情控制浇水，及时排水；合理进行夏剪，于9月底至10月初对未停止生长的新梢摘心，促使枝条充实，提高越冬安全性。

3.3.5　药害补救

清水喷淋，洗净受害植株表面药液，可加入适量食醋或0.1%生石灰，以中和药剂；摘除受害枝叶，使之尽快萌生新芽、新叶，恢复正常生长；及时浇水，适度追施速效复合肥或叶面喷施全营养叶肥，提高对药害的抵抗能力。喷施缓解剂，如0.5%生石灰水可以缓解铜制剂造成的药害；0.2%肥皂水可以缓解有机磷农药造成的药害。

4　结果分析

4.1　园艺作物生理性病害的田间症状识别与诊断

调查实习基地的园艺作物生长情况，记录田间生理性病害类型与症状，填入表格7-14中，分析病害产生的原因。

表7-14　园艺作物田间生理性病害调查

作物	病害类型	病害表现	病害诊断
果树1			
果树2			
蔬菜1			
蔬菜2			
观赏植物1			
观赏植物2			

4.2　园艺作物生理病害的防治措施及效果分析

根据本实习4.1的诊断结果，调查生产实践中的防治措施及防治效果，拟定可行的防治方案。

（张鹏飞　编写）

实习二十二　园艺植物常见病虫草害的识别及防控技术

1　引言

病虫草害是园艺植物生产上的重要生物灾害。由于生物病原侵染和非生物因素的不良影响，园艺作物生理、细胞和组织结构上出现种种病理变化过程和外观症状的现象称为病害。对人类的农业生产、生活产生不利影响的昆虫通称为害虫，有害昆虫对农业生产的危害称为虫害。杂草与作物争夺水分、养分、阳光以及生长空间，影响作物的生长，降低作物的产量与品质。病虫草害防控是园艺植物生产中重要的工作之一，有助于保障其正常生长，提升产品的产量和品质。

数字资源7-4

园艺作物常见病害

园艺植物的病害分为真菌病害、细菌病害和病毒病三类病害（数字资源7-4）。使植物发病的真菌是一些丝状体，细菌是单细胞，病毒是没有细胞结构的分子生物。虫害主要分为食叶、蛀干、蛀果和地下害虫四大类(数字资源 7-5)。食叶害虫主要种类有蛾类、蝶类、金龟甲、叶甲、蝗虫类及叶蜂类等。蛀干害虫主要包括鞘翅目的天牛、小蠹虫、吉丁虫、象甲,鳞翅目的木蠹蛾、透翅蛾、螟蛾,膜翅目的树蜂、茎蜂等。蛀果害虫主要有鳞翅目的桃小食心虫、梨大食心虫等,地下害虫主要有蝼蛄、蛴螬、金针虫、地老虎、根蛆、根土蝽、根蚜、拟地甲等。草害主要分为一年生杂草、二年生杂草、多年生杂草和寄生性杂草。

数字资源 7-5

园艺作物常见虫害

病虫草害防治的主要方法有植物检疫、农业防治、物理防治、生物防治和化学防治。而化学防治因其见效快等特性成为紧急防治病虫草害的重要方法,根据其种类不同分为杀虫剂,杀菌剂和除草剂。

本实习以常见园艺植物的病虫草害为对象,进行病虫草害识别、调查,以及防控技术训练。

2 实习准备

2.1 试材

果园、菜园或花圃等受病虫草危害植株及其群体。

2.2 试剂

杀虫剂、杀菌剂、除草剂等。

2.3 用具

烧杯、量筒、试管、天平、喷雾器等。

3 实习内容

3.1 园艺植物常见病害识别

3.1.1 黑星病

真菌性病害,叶片、果实、嫩梢及芽均可受害,严重时可造成新梢枯死、果实畸形龟裂,叶、果早落,树势削弱。叶片发病时,多在叶背沿支脉或中脉发生圆形或不规则病斑,初为淡黄色,后成暗色污斑,上面生有黑霉,边缘呈星芒状辐射。病害严重时可扩及叶片正面,随病势发展,病叶渐变红褐色脱落。果实染病后,起初发生淡黄色圆形病斑,并逐渐扩大出现黑绿色霉层,病部果肉变硬,随果实增大而逐渐凹陷龟裂,病重时幼果呈畸形易早期脱落。新梢及叶柄染病后,在其基部形成黄褐色长椭圆形病斑,以后产生黑霉层逐渐向上扩展,病梢或叶柄上布满霉层,终至枯死。当夏季新梢上出现病斑时,稍隆起如豆粒,其上布满霉层,而后霉层被雨淋洗,病斑渐凹陷龟裂,至翌年病疤脱落。主要危害黄瓜、西葫芦、甜瓜、南瓜等瓜类蔬菜作物;还危害苹果、梨等蔷薇科果树。

3.1.2 炭疽病

炭疽病是由炭疽菌引起的真菌性病害,主要危害植株的叶片,有时也侵害嫩梢或果实。发病初期叶片上出现黄色小斑并逐渐扩大为暗褐色的圆形或椭圆形斑。发病后期病斑产生不规则轮纹并伴有黑色小点粒,病斑上产生粉红色的黏稠物,这是炭疽病的典型病症。炭疽病会造成叶片的枯死和脱落。以夏秋季为发病高峰期。通风不良以及温暖湿润的气候都易引起炭疽病。多发病于桃、梨、苹果、香蕉、葡萄等果树，丝瓜、苦瓜等蔬菜作物，兰花、吊兰、玫瑰等花卉。

3.1.3 腐烂病

真菌性病害，主要危害结果树的枝干。幼树和苗木也可被害，但发病较少。发病初期从外表不易识别，如果掀开枝干的表皮，可见到暗褐色的小斑或黄褐色的干斑；有时，内部病变面积已较大了，而从外部仍不好识别。受害严重时皮层腐烂坏死，用手指按下即下陷。发病后期，病部失水干缩，变黑褐色下陷，并产生黑褐色小点粒，即病菌的分生孢子器，成为再发病的传染源。除侵染枝干外，有时也侵染果实。果实上病斑症状为暗红色的圆形或不规则形，有轮纹，边缘清晰。发病部位腐烂软化，略带酒糟味，病果表皮易剥离。多发病于苹果、梨等果树。

3.1.4 白粉病

白粉病属真菌病害，白粉病主要侵害叶、花、果柄和果实。发病初期叶背局部出现薄霜似的粉状物，以后迅速扩大到全叶、全株。粉状物逐渐变成灰白色，叶片卷缩，后期枯黄。果实感病后，果面上覆盖白色粉状物，果实发育停止，着色差，失去商品价值。受害严重时整棵植株死亡，影响产量。白色粉状物就是该病原菌的菌丝体和分生孢子，在气温 15～25 ℃的高温条件下繁殖蔓延很快。生长后期形成黑褐色子实体越冬，也可在植株上以菌丝体越冬。子囊菌亚门白粉病目的真菌均能引发白粉病，病原物种类很多，多发病于蔷薇科、芍药科、葫芦科、茄科植物等，许多园艺植物均易感染白粉病。

3.1.5 霜霉病

真菌性病害，在苗期、成株期均可发病，主要发生在叶片上。苗期发病，子叶上起初出现褪绿斑，逐渐呈黄色不规则形斑，潮湿时子叶背面产生灰黑色霉层，随着病情发展，子叶很快变黄、枯干。成株期发病，叶片上初现浅绿色水浸斑，扩大后受叶脉限制，呈多角形，黄绿色转淡褐色；后期病斑汇合成片，全叶干枯，由叶缘向上卷缩，潮湿时叶背面病斑上生出灰黑色霉层，严重时全株叶片枯死。后期病斑连片，导致叶片卷缩干枯，严重的园内一片枯黄。多发病于葡萄科、蔷薇科、茄科、葫芦科等作物。

3.1.6 锈病

锈病是由担子菌亚门冬孢子菌纲锈菌目的真菌引起的，主要危害园艺植物的叶片，引起叶枯及叶片早落，严重影响植物的生长。在病部会产生大量锈状物，许多锈病有转主寄生特性。适宜稍偏低的温暖天气，我国大多在春、秋两季为锈病多发期。如果湿度持续数天达 80%以上，危害严重。主要危害蔷薇科、豆科、芍药科、百合科、禾本科、松科、柏科和杨柳科等植物。

3.1.7 褐斑病

真菌性病害，病原以菌丝体或分生孢子器在枯叶或土壤里越冬，随雨水传播。菌核有极强的耐高低温能力，高温高湿发病最为严重。另外低洼潮湿、通风不良、偏施氮肥，也有利于病害流行。主要发病的有蔷薇科、杜鹃科、葡萄科、禾本科植物等。

3.1.8 白绢病

真菌性病害。喜高温高湿、中性偏酸环境，常发生在苗木的根颈部或茎基部，部分树种也可在枝叶上发生。感病根茎部皮层逐渐变成褐色坏死，严重的皮层腐烂，病斑环茎 1 周后会导致全株枯死。主要发病的植物有蔷薇科、芸香科、槭树科植物等。

3.1.9 黑斑病

真菌性病害，主要危害植物的叶、茎、果，症状为圆形或不规则形黑色叶斑。病菌以菌丝体或分生孢子盘在枯枝或土壤中越冬。高温高湿季节盛发，若低洼积水、通风光照不足、肥水不当等情况下有利于发病。叶片革质化程度低的树种更易受害，如月季、葡萄等最为常见。

3.1.10 灰霉病

典型的气传真菌病害，以菌核在土壤或病残体上越冬越夏，在温度在 20～30 ℃且夜温不低于 20 ℃、相对湿度持续 90%以上的条件下极易暴发。花、果、叶、茎均可发病。主要发病的植物有月季、草莓、葡萄、茄科和葫芦科植物等。

3.1.11 煤污病

真菌性病害，高温多湿、通风不良时期易于发生，伴随分泌蜜露害虫的暴发而加重病情，5 月下旬至 9 月上旬是高发期。主要发病的植物有紫薇、山茶、桂花、牡丹、柑橘以及瓜果类等。

3.1.12 火疫病

梨火疫病是细菌性病害，由梨火疫欧文氏杆菌（*Erwinia amylovora*）侵染所引起的一种毁灭性病害。主要为害花、果实和叶片，受害后很快变黑褐色枯萎，犹如火烧一般，但仍挂在树上不落。梨火疫病最早发生在美国，现已分布在美洲、欧洲、地中海沿岸以及大洋洲、亚洲等地，被列入我国进境植物检疫性有害生物名录。

3.2 园艺植物虫害

3.2.1 食叶虫害

（1）尺蠖　尺蠖一般一年发生 3 代，个别年份发生 4 代，以蛹在土中或树皮缝隙间越冬。幼虫孵化后即开始取食，1～2 龄时只取食叶肉、留下叶脉，3～4 龄后食成缺刻状，5 龄后食量倍增。为害苗圃众多阔叶树种、藤本、灌木以及草本植物。

（2）蚜虫　主要吸食汁液为害植物。种类繁多，一年能繁殖 10～30 个世代，世代重叠现象突出，以成、若蚜聚集嫩枝叶上吸食汁液直接为害，同时传播病毒。几乎为害所有植物。

（3）红蜘蛛（叶螨）　主要吸食汁液为害植物。1 年发生 13 代，越冬卵一般在 3 月初开始孵化，4 月初全部孵化完毕，10 月中下旬开始进入越冬期。严重为害月季、花桃、樱花、海棠、杜鹃等花灌木，以及果树、锦葵科草本植物等。

（4）蚧壳虫类　主要吸食汁液为害植物。种类繁多，一般 1 年发生 1 ～ 3 代。大多数虫体上被有蜡质分泌物，常群集于枝、叶、果上，吸取植物汁液，严重时会造成枝条凋萎或全株死亡。其分泌物还能诱发煤污病，危害极大。为害植物众多，特别是蔷薇科、山茶科乔木以及藤灌植物，另外如石榴、杜鹃、木槿、女贞等植物也很常见。

（5）军配虫（网蝽）　主要吸食汁液为害植物。在南方一年 5 代以上，以成虫在落叶、杂草、树皮缝和树下土块缝隙内越冬，4 月上中旬开始活动。产卵于叶背面叶脉两侧的组织内，若虫孵化后群集在叶背面主脉两侧为害。成虫、若虫群集在叶背吸取汁液，引起叶片苍白甚至脱落，严重影响生长发育。主要为害植物有蔷薇科、木樨科、山茶科、豆科植物以及杜鹃、栀子花、含笑、蜡梅、扶桑、杨树等也比较常见。

（6）刺蛾　主要取食叶片为害植物。长江下游地区能繁殖 2～3 代，以末代老熟幼虫入土结茧越冬。幼虫啃食叶，低龄啃食叶肉；稍大则成缺刻和孔洞，严重时食成光秆。为害苗圃几乎所有植物。

（7）毒蛾虫类　主要取食叶片为害植物。华东、华中年生 3～4 代，4 月开始活动，1～3 代幼虫为害高峰期主要在 6 月中旬、8 月上中旬和 9 月上中旬，10 月上旬前后开始结茧越冬。

1～2 龄幼虫群集叶背面取食叶肉，3 龄后分散为害啃食叶片，形成大缺刻。为害大部分常见木本树种。

(8)舟蛾虫类　主要取食叶片为害植物。通常一年发生 4 代，第 4 代幼虫九月下树化蛹越冬。幼虫有群集性，1～2 龄幼虫啃食叶的下表皮，3 龄以后分散暴食，可将全叶片吃光。主要为害杨树、柳、竹等园林植物，以及苹果、樱桃、枣等果树。

(9)菜粉蝶　幼虫主要取食为害十字花科植物叶片，对叶片较厚的球茎甘蓝和结球甘蓝为害最为严重。幼虫 3 龄前仅食叶肉，留下一层表皮；3 龄后将叶片咬成孔洞或缺刻，严重发生时可将叶片全部吃光，只留粗叶脉和叶柄。幼虫造成的伤口又可引起软腐病的侵染和流行。

3.2.2　蛀果类害虫

(1)桃小食心虫　属鳞翅目蛀果蛾科小食心虫属，初孵幼虫蛀果，果面留有蛀果孔，孔内常流出透明水珠状果胶点，失水干后成白色膜片盖在蛀果孔上。幼虫在果内窜食，弯曲回转进入果心，食尽种子，排泄粪便。果实早期受害，幼果后期形成“猴头果”。幼虫脱果后，果面有一绿豆粒大小的圆形脱果孔。主要为害苹果、枣、山楂、沙果、海棠、梨等果树。

(2)桃蛀螟　俗称蛀心虫，属鳞翅目螟蛾科。幼虫粉红色，长约 25 mm，头深褐色，前胸背板褐色，1 年发生 2～4 代，以老熟幼虫在翘皮缝里越冬。羽化期，越冬代在 6 月中旬，第 1 代在 7 月上中旬。卵散产于果实上，每果 3～4 粒，多达 20 粒，幼虫孵出后，从果肩或胴部蛀入果实，一果内有虫 1～8 头，被蛀果常从蛀孔泌出黄褐色透明胶汁和虫屎，蛀道内也充满粪便。主要为害桃，其次为害梨、苹果等。

(3)梨大食心虫　俗名吊死鬼，属鳞翅目螟蛾科大实心虫属。幼虫体长 17～20 mm，头、前胸盾、臀板黑褐色，胸腹部的背面暗绿褐色，无臀栉。成虫体长 10～15 mm，全体暗灰色，翅基和翅端各有一条灰白色横带，嵌有紫褐色边，两横带之间有一灰色肾形条纹。卵长 0.9 mm、椭圆形、稍扁，初产时黄白色，1～2 d 变红色。幼虫蛀食果实和花芽，从芽基部蛀入，直达芽心，蛀孔内有黑褐色粉状粪便及丝堵塞，芽基间堆积棕黄色粉末状物，有丝缀连。受害果实的果孔有虫粪堆积，果柄基部有丝与果台相缠，果实变黑，枯干不落。

3.2.3　蛀干类害虫

(1)星天牛　主要为害方式为蛀食枝干。幼虫在寄主木质部内越冬。翌年 4 月上旬开始化蛹，5 月上旬成虫开始羽化，5 月底至 6 月初为成虫羽化出孔高峰期。卵多产于干基部分或主侧枝的下部，幼虫孵化后蛀食韧皮部。为害对象主要是大型木本植物，如杨树、柳、榆、栎、乌桕、刺槐、楝树等。

(2)苹果透翅蛾　一年发生 1 代，以幼虫在树干皮层下越冬。幼虫钻蛀枝干，多在枝干分叉处或伤口附近的韧皮部蛀食，有时也可达木质部。树皮被害初期，表面流出水珠状黏液，以后逐渐变为黄褐色，并混有木屑，在树皮下形成不规则蛀道，其中充满虫粪。主要为害苹果、梨、桃、李、杏和樱桃等果树。

3.2.4　食根类害虫

(1)蛴螬　金龟子幼虫，主要的为害方式为啃食植物根部以及幼苗。一年发生 1 代，以 3 龄幼虫越冬。次春 4 月间迁至耕作层活动为害，5 月间老熟化蛹，5 月下旬至 6 月中旬为化蛹盛期，5 月底成虫出现。6—7 月为发生盛期，为害最严重；6 月中旬至 7 月中旬为产卵密期。几乎能为害所有植物的地下部分，小苗更易受害。

(2)蝼蛄　直翅目蝼蛄科昆虫的总称,常见的有华北蝼蛄、东方蝼蛄等。以成虫或若虫在土下越冬,华北蝼蛄三年完成一个世代,若虫 13 龄;东方蝼蛄一年 1 代或二年 1 代(东北),若虫 6 龄。蝼蛄食性广,取食菊科、藜科和十字花科等多种植物,采食叶片、根和茎。

(3)金针虫　鞘翅目叩甲科昆虫幼虫的总称,是地下害虫的重要类群之一。沟金针虫一般 3 年完成 1 代,老熟幼虫于 8 月上旬至 9 月上旬在土中(13～20 cm)化蛹,蛹期 16～20 d;9 月初羽化为成虫,一般当年不出土,在土室中越冬;成虫第二年 3—4 月交配产卵,5 月初左右卵开始孵化。由于生活历期长,环境多变,金针虫发育不整齐,世代重叠严重。细胸金针虫一般 6 月下开始化蛹,直至 9 月下旬。主要为害各种蔬菜、林木幼苗等,幼虫能咬食刚播下的种子,使其不能发芽,如已出苗可为害须根、主根和茎的地下部分,导致幼苗枯死。

3.3　园艺作物草害

3.3.1　一年生杂草

一年生杂草一般在春、夏季萌发出苗,夏秋季开花与结实之后死亡,整个生命周期在当年完成。主要有藜、稗草、马唐、苋、苍耳等。这类杂草主要通过种子繁殖,幼苗不能越冬,是主要杂草类群,种类和数量都较多,主要危害蔬菜、果园、苗圃以及草坪等。

3.3.2　二年生杂草

二年生杂草一般在夏、秋季发芽,以幼苗或根芽越冬,翌年夏秋季开花,结实后死亡,整个生命周期需要跨越两年,如益母草、飞廉、黄花蒿等,但其中的一部分也可在春天发芽,当年开花、结果后死亡,表现为一年生习性,如荠菜、附地菜、看麦娘等。这类杂草以种子繁殖,主要危害蔬菜、苗圃、草坪等。

3.3.3　多年生杂草

多年生杂草是指生存三年以上、一生中能多次开花与结实的植物,如车前、狗牙根、香附子、问荆等。多年生杂草既可以种子繁殖,也可以利用地下营养器官或匍匐茎繁殖。冬季寒冷地区,杂草的地上部分枯死,依靠地下根茎组织越冬。

3.3.4　寄生性杂草

寄生性杂草是指不能进行或不能独立进行光合作用的杂草,必须寄生在别的植物上吸取寄主的养分而生存。菟丝子类为茎寄生,靠吸器从果树等寄主的茎内吸取养分而生活。列当从寄主根部吸取养分,叫作根寄生。

3.4　园艺植物病虫草害的防治方法

3.4.1　植物检疫

植物检疫是一项法规防治措施,它是指由国家颁布条例和法令,对植物及其产品,特别是苗木、接穗、插条、种子等繁殖材料进行管理和控制,防治危险病虫草害传播蔓延。①禁止危险性病、虫、草害随着植物及其产品由国外输入到国内或由国内输出到国外。②将在国内局部地区已发生的危险性病、虫、草害封锁在一定范围内,严格禁止其传播到尚未发生的地区,并且采取各种措施逐步将其控制或消灭。③当危险性病、虫、草害传入新地区时,要采取紧急措施,不惜人力、物力、财力将其彻底消灭,以绝后患。

3.4.2　农业防治

农业防治指在农业生态系统中,改进和利用栽培技术及管理措施,结合整个农事操作过程，调节有害生物、植物和环境条件三者之间的关系，使之不利于有害生物的发生发展而有利于植物的生长发育，合理利用抗性品种，从而达到防控有害生物的目的。

(1)抗害品种的选育和利用，提高植物抗病虫的能力，减轻病虫害的发生。

(2)改进耕作栽培制度。包括：①合理的植物布局；②合理的轮作和间作套种；③改善种植方式，适当调整播期；④加强土水肥管理，为植物生长创造良好的生长环境；⑤适时间苗、定苗，及时整理打杈与合理修剪。

(3)搞好田园卫生，加强田间管理。搞好田园卫生可以减少多种病害的初侵染和再侵染的病原来源。要抓好两个时期，一个是生长期，另一个是采后期。①在生长季节，发现比较严重的病叶或病果，最好及时摘除深埋，减少病菌进一步传播和蔓延；②由于大量病菌在叶片上越冬，冬季要清扫地面落叶，集中烧毁或深埋；③及时清除果园杂草、枯枝、病僵果等杂物。

(4)适期采收，合理贮藏。

3.4.3　生物防治

引入或利用自然界对植物有益的生物或生物的代谢产物，直接作用于有害生物，杀死、抑制或捕食有害生物，降低有害生物数量；或利用有益生物的保护、诱导抗性及促生作用，增强植物的抗性；或利用生物多样性和植物微生态系的调控作用，增强生态系统的调控能力。

3.4.4　物理防治

采用物理方法消灭病虫草害或改变其物理环境，创造一种对其有害或阻隔其侵入的方法。如采用如光、电、色、温度等各种物理因子及机械设备来防治有害生物。

(1)捕杀法　利用人工或简单的器械捕捉或直接消灭害虫的方法。人工捕杀适合于具有假死性、群集性或其他目标明显易于捕捉的害虫，如多数金龟甲、象甲的成虫具有假死性，可在清晨或傍晚将其震落杀死。

(2)诱杀法　利用害虫的趋性，人为设置器械或饵物来诱杀害虫的方法。①灯光诱杀，利用害虫对灯光的趋性，人为设置灯光诱杀害虫。主要使用黑光灯、高压电网灭虫灯，杀虫效率高且绿色环保。②食饵诱杀，利用害虫的趋食性诱杀害虫。用糖醋毒液诱杀黏虫，用新鲜青草做成毒饵诱杀小地老虎等。③潜所诱杀，利用害虫的潜伏习性，设立适合场所，进行诱杀。如在树干基部绑扎草把或麻布片，可引诱某些蛾类幼虫前来越冬；在苗圃内堆积新鲜杂草，能诱集地老虎幼虫潜伏草下集中杀灭。④色板诱杀，如在温室内用黄色粘虫板诱杀有翅蚜、白粉虱、斑潜蝇等害虫，用蓝板诱杀各种蝇类。

(3)阻隔法　人为设置各种障碍，以切断病虫草害的侵害途径的方法。①涂毒环、涂胶环，对有上、下树习性的幼虫，在树干上涂毒环或胶环，阻隔和触杀幼虫。②设障碍物，对只能靠爬行来扩散的害虫，为了阻止其迁移危害，可在未受害区挖沟，在害虫坠落沟中之后进行消灭。③土壤覆盖薄膜或盖草，许多叶部病害的病原物是在病残体上越冬，花木栽培地早春覆膜或盖草可减少叶部病害的发生。④纱网阻隔，在温室及各种塑料拱棚内，可采用适当大小的纱网，不仅可以隔绝蚜虫、粉虱、斑潜蝇等害虫的危害，还能有效减轻病毒病的侵染。

(4)热处理　害虫和病菌对高温的忍受力都较差，通过提高温度来杀死病菌或害虫的方法叫作热处理。包括种苗的热处理和土壤的热处理。

(5)汰选法　有些病原物如油菜菌核病菌、小麦线虫虫瘿、小麦腥黑穗病菌瘿、菟丝子种子等,常在脱粒过程中与作物的种子混杂在一起,并随种子转移而传播。在播种前用汰除法将它们筛除,该方法能同时将比重较轻的病种子和秕粒汰除,选出健壮的种子。①机械汰除,根据混杂物的形状、大小、轻重采用风选、筛选和汰除机。②比重汰除,根据混杂物比重,用清水、泥水、盐水汰除。

(6)新技术应用　利用紫外线、红外线、微波、χ射线、γ射线等新技术和设备防治有害生物。

3.4.5 化学防治

当病虫害发生所引起的损失超过防治成本(经济阈值),可应用的自然防治等措施效果不好,可选择低毒、高效、低残留、植物源等农药进行化学防治。我国最新禁用农药52种,包括六六六、滴滴涕、毒杀芬、二溴氯丙烷、杀虫脒、二溴乙烷、除草醚、艾氏剂、狄氏剂、汞制剂、砷类、铅类、敌枯双、氟乙酰胺甘氟、甘氟、毒鼠强、氟乙酸钠、毒鼠硅、甲胺磷、对硫磷、甲基对硫磷、久效磷、磷胺、苯线磷、地虫硫磷、甲基硫环磷、磷化钙、磷化镁、磷化锌、硫线磷、蝇毒磷、治螟磷、特丁硫磷、氯磺隆、胺苯磺隆、甲磺隆、福美胂、福美甲胂、三氯杀螨醇、林丹、硫丹、溴甲烷(可用于检疫熏蒸处理)、氟虫胺、杀扑磷、百草枯、2,4-滴丁酯、甲拌磷、甲基异柳磷、水胺硫磷、灭线磷、灭蚁灵、氯丹。此外,氧乐果、内吸磷、涕灭威、克百威、灭多威、氯唑磷、毒死蜱、三唑磷、氰戊菊酯、氟虫腈等在果蔬、茶上禁用。

(1)杀虫剂　①拟虫草菊酯类:主要防治鳞翅目幼虫和蚜虫,代表性药剂有氯氰菊酯(防治蝇、蟑螂、蚊、蚤、虱、臭虫、蜱、螨等)、溴氰菊酯(防治各种蚜虫、棉铃虫、棉红铃虫、菜青虫、小菜蛾、斜纹夜蛾、甜菜夜蛾、黄守瓜、黄条跳甲、桃小食心虫、梨小食心虫、桃蛀螟、柑橘潜叶蛾、茶尺蠖、茶毛虫、刺蛾、茶细蛾、大豆食心虫、豆荚螟、豆野蛾、豆天蛾、芝麻天蛾、芝麻螟、菜粉蝶、斑粉蝶、烟青虫、甘蔗螟虫、麦田黏虫、林木的毛虫、刺蛾等)、醚菊酯(对同翅目飞虱科特效,也防治鳞翅目、半翅目、直翅目、鞘翅目、双翅目和等翅目等多种害虫)。②氯化烟酰类:活性高、杀虫谱广,代表性药剂如吡虫啉(防治绣线菊蚜、苹果瘤蚜、桃蚜、梨木虱、卷叶蛾、粉虱、斑潜蝇等)、烯啶虫胺(防治各种蚜虫、粉虱、水稻叶蝉和蓟马)、噻虫啉(防治蚜虫、粉虱、马铃薯甲虫、苹果象甲、稻象甲、苹果潜叶蛾、苹果蠹蛾等)。

(2)杀菌剂　①保护性杀菌剂:无机杀菌剂如波尔多液(防治蔬菜、果树、棉、麻等的多种病害,对霜霉病、炭疽病、马铃薯晚疫病等防效好)和石硫合剂(既能杀菌又能杀虫、杀螨,可防治白粉病、锈病、褐烂病、褐斑病、黑星病及红蜘蛛、蚧壳虫等),有机杀菌剂如代森锌(防治烟草立枯病、炭疽病、花生褐斑病、马铃薯疫病、疮痂病、黑痣病等多种病害)和代森锰锌(防治霜霉病、炭疽病、褐斑病、番茄早疫病、马铃薯晚疫病等)。②内吸性杀菌剂:苯并咪唑类如多菌灵(防治白粉病、灰霉病、炭疽病、苗期立枯病等)和甲基托布津(广泛用于园艺作物多种病害),二甲酰亚胺类如异菌脲(防治灰葡萄孢属、核盘属、链孢霉属、小菌核属、丛梗孢属病害)和腐霉利(防治灰霉病、菌核病、花腐病、褐腐病、蔓枯病等),以及三唑类如三唑酮(对锈病、白粉病和黑穗病具有较好的防治效果)和戊唑醇(防治葡萄灰霉病、白粉病)。

(3)除草剂　①灭生性除草剂:草甘膦防除稗草、狗尾草、看麦娘、牛筋草、马唐、苍耳、藜、繁缕、猪殃殃等一年生杂草;草铵膦防除看麦娘、马唐、稗草、野生大麦、多花黑麦草、狗尾草、金狗尾草、野小麦、野玉米等杂草。②选择性除草剂:精唑禾草灵防除单子叶杂草;莎稗磷用于早期防除稗草、异型莎草、碎米莎草、鸭舌草、牛毛草、节节草、飘拂草等单子叶杂草;苯磺隆防除各种一年生阔叶杂草，对播娘蒿、荠菜、碎米荠菜、麦家公、藜、反枝苋等效果较好，对地肤、繁缕、蓼、猪殃殃等也有一定的防除效果。

4　结果与分析

4.1　实习地常见病害调查

调查实习地的常见病害及症状，拍照并记录在表7-15中，分析当地多发性的病害类型、危害时期和危害程度。

表7-15　本地生产园区常见病害调查

病害种类	危害作物种类	发生时期	危害程度
真菌性			
细菌性			
病毒病			
其他			

4.2　实习地常见虫害调查

调查实习地的常见虫害，拍照并记录在表7-16中，分析当地多发性虫害种类、时期和危害程度。

表7-16　本地生产园区常见虫害调查

虫害种类	危害作物种类	发生时期	危害程度
食叶类			
蛀干类			
蛀果类			
食根类			

4.3　实习地常见草害调查

调查实习地的常见虫害，拍照并记录在表7-17中，分析当地多发性杂草的种类和危害程度。

表7-17　本地生产园区常见草害调查

草害种类	危害作物种类	发生时期	危害程度
一、二年生杂草			
多年生杂草			
寄生性杂草			

4.4　有害生物防治档案建立

调查实习地主要病虫草害的防治措施及防治效果，记录在表7-18中，建立本地生产园区的病虫草害防治档案。

表 7-18　本地生产园区有害生物防治档案

类型	名称	防控关键时期	防治方法	化学药剂
病害				
虫害				
草害				

（张鹏飞　编写）

实习二十三　园艺作物水肥一体化技术

1　引言

水肥一体化是将施肥与灌溉融为一体的农业技术，借助压力灌溉系统，将水溶性肥料配兑成肥液与灌溉水一起，均匀、准确地输送到农作物根部土壤。在园艺作物生产过程中，精准灌溉施肥可以提高水肥的高效利用，保障土壤健康和作物优质高产，实现绿色生态低碳生产。

水肥一体化技术根据园艺作物需水肥特性，把水分和养分定量定时、精准地提供给植株，并将供应的水肥限制在根系周围，大幅度提高灌溉水资源利用率，减少肥料淋溶与挥发，避免了土壤酸化、盐渍化，减少灌溉施肥的劳动力成本。标准化的水肥一体化设备包括首部过滤系统、施肥系统、控制阀门、供水支管、滴灌、微喷。为了保障田间灌溉系统不堵塞，需要在灌溉施肥的首部设计安装过滤系统，如井水选择离心过滤器加叠片过滤器的二级过滤模式，水库、水池、河流、水塘、湖水采用砂石过滤器加叠片过滤器的二级过滤模式，水质很差则增加叠片过滤器的三级过滤模式，网式过滤器过滤面积不够且易损坏。文丘里施肥器施肥浓度均匀，肥料罐敞口便于观察施肥进程，可移动和自动化作业，适合灌溉区域过流量低于 3 m^3 的场所。大面积施肥可采用比例式水动力施肥器、动力注肥泵、智能施肥机等，避免使用压差式施肥罐，施肥浓度不均匀，不适合自动化作业。为了保证肥水均匀性、湿润面积和湿润深度成正比，建议采用滴灌方式，滴灌是所有灌溉模式中均匀度最高的，特别是小流量滴灌，可以最大限度地减少水肥淋失到植物根区以外。不同作物及土壤类型选择滴头间距、滴头流量、铺设长度、滴灌模式而不同，茄果类蔬菜沙土地以 20 cm、壤土及黏土以 30 cm 滴头间距为宜，果树沙土地以 30 cm、壤土及黏土以 40 cm 滴头间距为宜。滴头流量越小越好，最好在 2 L/h 以下，小流量滴头可以增加土壤的透气性，减少水肥淋失。不建议选择小间距、大流量的滴灌管或喷水带，容易造成灌溉径流、土壤透气性差、温室大棚内湿度过大等。平地种植和铺设滴管长度低于 70 m，选择非压力补偿或者压力补偿式滴灌；坡地种植和铺设长度超过 80 m，选择压力补偿式滴灌。

根据不同的园艺作物、生长期、土壤类型、茬口、目标产量以及作物耗水量，因地制宜制订灌溉施肥制度。每次灌溉到植物营养根区以下 5～10 cm 区域即可，果树根系湿润范围为 5～40 cm、蔬菜根系 5～25 cm。采用“少量多次”灌溉模式，减少每次的水肥用量，增加频次，尤其蒸腾蒸发量大的地区,宜采用缩短灌溉周期、增加灌溉频率的方式。“每日肥灌”或“逐日肥灌”技术将无土栽培水肥管理理念应用于土壤栽培,基于目标产量和作物不同生育阶段对水肥需求规律,通过水肥一体化设备,每天供应水分和养分,保证作物根层水分和养分供应稳定,克服传统滴灌的“饥饱交替”。该技术应用于设施茄果类蔬菜栽培,优于常规水肥一体化技术,水肥利用效率高,促进根系生长,提高了作物产量和品质。现代的水肥一体化技术是灌溉施肥制度与农艺配套综合集成技术。起垄栽培和膜下滴灌模式适合园艺作物露地和设施栽培,优点是旱能灌、涝能排,减少降雨对养分淋失、水分蒸发,增加土壤透气性,利于根系生长和肥水利用效率。

水肥一体化系统依据微灌土壤湿润比($P=30\%$)、水利用系数($n=0.95$)、灌水均匀度($Eu>85\%$)、湿润深度($Z=0.2\sim0.4$ m)和日耗水强度($Ea=1\sim5$ mm/d)进行设计,未来水肥一体化技术发展趋势是数字化和信息化。利用物联网感知和作物生理感知采集作物生境与生理的关键参数,建立数据资源库;融合农艺理论数据,综合多元数据耦合分析,设计在线式水肥一体化决策系统,实现水肥一体的实时精准调控。

本实习实地走访果园、设施蔬菜和花卉生产基地,了解水肥化一体装备、肥料选择和灌溉措施,拓展学生的知识面,提高学生理论应用于实际的能力。

2 实习准备

选择有代表性的、水肥一体化配套的果园、设施蔬菜和设施花卉生产基地。

3 实习内容

3.1 水肥一体化管理设备参观

实地走访果、菜、花生产基地,了解标准的水肥一体化管理设备及其功能。

(1)首部枢纽,包括加压设备(水泵、动力机等)、过滤设备、控制与量测设备(阀门、调流调压器、压力表、流量计、水表等)。

(2)施肥系统,如文丘里施肥器、水动力比例式施肥器、动力施肥泵、智能施肥机等。

(3)输配水管网,向种植区输送水肥的管道系统。

(4)灌水器,将水肥溶液通过不同结构的流道和孔口,变水流为水滴、雾状、细流或喷洒状。

3.2 水溶性肥料选择

氮、磷和钾是植物必需的大量元素。为了提高氮肥利用率,选择铵态氮、硝态氮和酰胺态氮形式氮肥。硝态氮不会与土壤成分发生反应,但它会随着灌溉水在土壤和生长介质中移动,铵态氮与土壤溶液的其他阳离子发生排斥反应。作物主要吸收正磷酸根($H_2PO_4^-$),少量吸收偏磷酸根(PO_3^-)和焦磷酸根($P_2O_7^{4-}$),选择热法工艺生产的磷酸一铵、磷酸二铵以及长效的聚磷酸铵,避免重金属积累。选择水溶性钾肥,如磷酸二氢钾和硝酸钾,不用硫酸钾(酸性强)和氯化钾(含有氯离子,且盐分指数较高,不适合长期施用)。

选择螯合态形式的微量元素,避免与其他元素间产生拮抗作用。不能选择对水肥一体化设备有腐蚀的肥料,如硝酸铵、硫酸铵肥料会对含有铜、镀锌铁的设备产生腐蚀情况,影响设备寿命。腐殖酸、氨基酸等有悬浮物的肥料慎重选择。

3.3 设施茄果类蔬菜肥水用量计算

在设施内,每生产 1 000 kg 番茄,氮带走量为 2.58 kg;每生产 1 000 kg 黄瓜,氮带走量为

2.48 kg。测定定植前土壤无机氮含量，计算出化肥追肥施入量，即化肥氮肥推荐量＝氮素供应目标值－土壤无机氮含量－有机肥中氮素供应量。

氮素在土壤中较活跃，而磷、钾相对稳定，通常采用“以氮定磷钾”原则进行菜田推荐施肥，根据水溶肥氮、磷、钾比例，计算磷、钾施用量。

灌溉量一般按照 2～4 mm 日耗水量计算，约 1.3～2.6 m^3/d。根据灌溉深度计算每次灌溉量，灌溉周期＝每次灌溉量/日耗水量。

4 结果与分析

4.1 水肥一体化设计要素调查

根据实地调研，将调查结果记录在表 7-19 中，比较不同生产基地水肥一体化设计特点。

表 7-19 水肥一体化系统设计要素调查

园区类型	作物种类	水源	过滤系统	施肥系统	灌溉形式	滴头间距	滴灌流量
果园							
设施蔬菜							
设施花卉							

4.2 设施蔬菜生育期和每日水肥用量分析

以番茄、黄瓜为例，调查设施生产过程和目标产量，计算肥水用量，记录在表 7-20 中。比较传统水肥一体化技术与每日肥灌技术对作物产量和肥水利用效率的影响。

表 7-20 设施蔬菜生长时期和肥水用量分析

茬口	指标	初花期	初果期	盛果期	拉秧期	全生育期
	不同生育期天数/d					
	需水总量/(m^3/亩)					
	水溶肥总量/(kg/亩)					
	日需水量/(m^3/亩)					
	水溶肥日需量/(kg/亩)					
	水溶肥浓度/(kg/m^3)					

（孙绳军 编写）

实习二十四 植物工厂化生产

1 引言

植物工厂指通过设施内高精度环境控制，创造出适合农作物周年生产的生长条件，实现周年连续生产的系统。以人工可控的环境设施和工厂化作业为主要特征，受地理、气候等自然条件的影响小，可以按计划和市场需求进行生产，农作物生长周期短、速度快、污染少，同时通过多层、立体式栽培以及周年多茬次的安排，单位土地面积的利用率和作物产量高，可用于蔬菜、花卉、水果、药材、食用菌以及一部分粮食作物等生产。植物工厂具有"高投入、高技术、高产出"的特点，知识与技术高度密集，是现代化、自动化和专业化的设施农业。

植物工厂概念最早由日本提出，发展始于欧美。广义的植物工厂指一切园艺设施，狭义概念则指完全由环境控制系统控制的农作物生长系统。据日本植物工厂学会释义，植物工厂是通过设施内高精度环境控制实现农作物周年连续生产的系统，即是利用计算机对植株生长发育的温度、湿度、光照、CO_2 浓度以及营养液等环境条件进行自动控制，使设施内植物生长发育不受或很少受自然条件制约的省力型生产。营养液栽培和人工模拟环境与控制技术是植物工厂发展的关键技术。20 世纪 40 年代美国加州建立首座人工气候室，将环境控制技术和营养液培养系统相结合。1957 年丹麦建立第一个真正意义的植物工厂，采用人工光源和自然光源相结合，根据生菜不同生育时期自动化调控环境条件，周年持续生产生菜。此后，不同类型的植物工厂应运而生，从蔬菜作物如芹菜和沙拉莴苣，扩展至花卉、苗木、小麦、水稻等的生产，以及植物组培苗繁育，设施规模扩大，生产模式多元化。

植物工厂的种植方式是无土栽培，包括有基质和无基质两种方式。水培属于无基质栽培，即将农作物直接种植在营养液中，通过种植杯(篮)和栽培板等使植物根系生长于营养液中。水培为根系创造了良好的根际环境，利于根部根毛区吸收水分和矿质元素，并可根据营养液中的养分消耗，及时地补充相应营养元素。营养液配制是水培的关键技术，不同植物在不同生长时期需要不同的营养液。水培叶菜的生长速度是土壤种植的 2 倍以上，单位土地利用效率是土壤种植的几十倍甚至上百倍。我国是世界第一大蔬菜生产国和消费国，2022 年全国蔬菜种植面积突破 2 000 万 km^2，产量达 7 亿 t 以上，其中叶菜类种植面积占比高达 30%以上，约占总产量的 1/3。水培叶菜可以根据其种植的品种和生长阶段来调控营养含量，实现养分的精准供给，从而确保蔬菜的品质与口感，兼具环保无污染等优点，更符合当下人们对于有机、绿色、安全的食品诉求，并已得到大面积的推广应用。目前国内京东、喜萃和中科三安等公司都建立了水培叶菜工厂，水培叶菜生产逐渐向标准化、模块化栽培发展，为市场提供新鲜安全的蔬菜。

生菜也称为叶用莴苣，属菊科莴苣属，口感甘甜微苦，爽脆，颜色翠绿，是日常生活中居民餐桌上常见的叶类蔬菜。生菜因其生长周期短、品质好、品种丰富、病虫害少，是国内外植物工厂水培蔬菜占比高、周年计划稳定生产的优质蔬菜。本实习以水培生菜为例，开展实地参观结合实践操作，使学生了解水培生产技术，提高学生的生产实践技能。

2　实习准备

2.1　试材

选用不同品种"四叶一心"时期的生菜幼苗。

2.2　仪器与用具

分析天平、pH 测试仪、电导率测试仪、移液器等仪器，水培装置、海绵块、水桶、500 mL 烧杯、量筒、玻璃棒等用具。

3 实习内容

3.1 植物工厂设备调试

3.1.1 智能闭环环境控制系统检查

植物工厂设有物联网系统、新风系统、CO_2 补充系统、除湿系统、空调系统、多通道光传感器,均由计算机系统精准控制,可以实现温度、湿度的闭环精确控制。对光、温、水、气、肥等环境条件进行实时最佳闭环控制,确保各项环境因素适宜生菜生长。

3.1.2 风淋消毒和新风系统检查

植物工厂是一个完全封闭相对无菌的环境,新风系统可保持室内空气循环和洁净。为减少粉尘、预防病原体产生病虫害危害植物生长,进入植物工厂需身穿防护服或实验服,并戴一次性灭菌橡胶手套和口罩,通过风淋室消毒进入。种植间内部设有空气循环净化处理设施,内部洁净效果须达到国家 7 级 GB/T 16292—2010 标准。

3.1.3 水培装置清洗与调试

根据实际情况,选用合适的水培装置,如报架式、层架式等装置。清洗苔藓,管道内壁遗留的盐分等,保持水培装置的清洁。漏水检查,特别是营养液槽否漏水,及时处理漏水问题。装置调试,检查水泵和营养液循环系统是否正常运转,排除故障。

3.2 营养液配制

营养液供应循环系统主要包括:营养液桶、A 液和 B 液补液桶、水泵、抽样泵、回液水泵及过滤网、储液池、管道及传感控制系统(高液位水阀控制器、电导率调控系统、pH 调控装置、紫外线杀菌装置)。

营养液配方可选用改良版 Hoagland 营养液:大量元素 $Ca(NO_3)_2 \cdot 4H_2O$(0.589 g/L)、KNO_3(0.887 g/L)、NH_4NO_3(0.057 1 g/L)、$MgSO_4 \cdot 7H_2O$(0.183 g/L)和 K_2SO_4(0.054 g/L);微量元素 EDTA-Fe(0.020 g/L)、H_3BO_3(0.002 86 g/L)、$MnSO_4$(0.002 g/L)、$ZnSO_4$(0.000 22 g/L)、$CuSO_4$(0.000 08 g/L)和$(NH_4)_2MoO_4$(0.000 02 g/L)。按照水培生菜所需营养液的 100 倍配制母液 A、母液 B、调酸液、调碱液,营养液 pH 约为 6.5,用 NaOH 或 H_3PO_4 调节 pH。

3.3 定植

选择生长一致的幼苗,用海绵块包裹根系,定植到栽培架上,依据品种设定不同定植密度。长势过高的生菜苗需要用定植海绵重新包裹,然后再放入栽培架,分区定植。

打开营养液灌溉循环系统,使营养液进入栽培架充分循环,待可溶性盐浓度(EC)稳定后再移栽。每层定植完后掀开定植板,查看生菜根系是否都垂直接触液面,防止定植过程中生菜根系粘连在海绵上,影响生菜发育。

3.4 定植后营养液管理

在系统上设置营养液定植后小苗期可溶性盐浓度为 1.0～1.5 mS/cm,快速生长期为 1.5～1.8 mS/cm,收获前期为 1.8～2.0 mS/cm。生菜生育期营养液 pH 6.5～7。定期查看系统,并用手持电导率仪抽样检查。

考虑到植物工厂的深液流设计,植物工厂的营养液处于循环流动的状态。流动不仅可以增加营养液的溶存氧，还可以消除根表有害代谢物（尤其是生理酸碱性）的局部累积，消除根表和根外的养分浓度差，充分满足生菜的需求。

种植期间营养液循环灌溉开 3 min、关 9 min，一直循环，直到采收。系统设置每天上午 10：15—10：30 为系统补充营养液时间，10：30—11：00 为营养液校准时间。

循环使用的营养液在使用一段时间以后，需要配制新的营养液将其全部更换。更换的时间主要取决于有碍作物正常生长的物质在营养液中累积的程度。这些物质主要来源于：营养液配方所带的非营养成分，如 $NaNO_3$ 中的 Na 和 $CaCl_2$ 中的 Cl 等；中和生理酸碱性所产生的盐；使用硬水作为水源时所带的盐分；植物根系的分泌物和脱落物以及由此而引起的微生物分解产物等。

判断营养液是否更换的方法：经过连续测量，营养液的电导率值居高不降；经仪器分析，营养液中的大量元素含量低而电导率值高；营养液有大量病菌而致作物发病，且病害难以用农药控制；营养液混浊；如无检测仪器，可考虑用种植时间来决定营养液的更换时间。经验管理法为“三看两测”：一看营养液是否混浊及漂浮物的含量；二看栽培作物生长状况，生长点发育是否正常，叶片的颜色是否青绿；三看栽培作物新根发育生长状况和根系的颜色；两测为每天检测营养液的 pH 2 次，每 2 d 检测 1 次营养液的电导度（EC 值）。

废弃营养液不可直接排到环境中，以防污染环境，需进行紫外线照射、高温加热、砂石过滤、药剂等杀菌和除菌。采用石英砂过滤器过滤或膜分离法除去有害物质，调整离子组成。

3.5　病虫害防治

水培属于无土栽培，不存在连作障碍。室内设有风淋系统，进口处严格按照消毒规定执行，能最大程度地保障室内洁净，病原物寄生虫也相对较少，水培病虫害相比基质较少发生。考虑到植物工厂严格环境把控和绿色生产，整个生菜生育期不使用任何农药和杀虫剂。

3.6　适时采收

生菜定植移栽后 30～35 d 采收。采收时，可将生菜整棵取出，摘去老、黄叶片，用无纺布将生菜根部包裹起来，整棵采收；也可用剪刀将生菜根系剪去放入保鲜袋。采后放置在 0 ℃、相对湿度 90%的条件下保鲜贮藏，可有效地降低生菜的失重率以及营养成分损失，抑制多酚氧化酶和过氧化物酶活性，延长货架期。

3.7　清洗与消毒

采收后及时把架子和桶里的营养液排掉，进行清洗和消毒。将 300 mL 的 6%的次氯酸钠稀释至 100 L 的营养液配液桶中，并循环到架子上进行消毒。对室内进行紫外线杀菌，同时用 400～600 倍 84 消毒液擦洗喷洒定植板，进行消毒，准备下一茬播种。

4　结果与分析

4.1　植物工厂内环境智能化控制技术分析

根据实习参观，了解当地植物工厂生产的作物类型以及光照、温度和气体环境等的智能化控制技术。以节能和低成本为核心，讨论植物工厂可持续发展的关键技术。

4.2　水培生菜生长发育和产量分析

对所负责区域的生菜的生长发育状态进行观察。在采收期统计产量，记录在表 7-21 中。比较不同生菜品种在相同水培条件下生物量形成的差异性，讨论影响生菜生产的关键技术措施。

表 7-21　水培生菜定植及生长发育指标观测

品种	定植密度	生长期		生长指标			
		定植时间	采收时间	株高/cm	地上部鲜重/g	地下部鲜重/g	叶片数
1							
2							
3							

（刘超杰　编写）

实习二十五　园艺植物废弃物资源化技术

1　引言

废弃物“资源化”技术是指采取管理和工艺措施从废弃物中回收有用的物质和能源，加快物质循环，创造经济价值的技术和方法。资源化途径包括废物回收利用、废物转换利用、废物转化能源，资源化技术主要包括有分选技术、化学浸出技术、生物处理技术、热转化技术以及材料制备技术等。实现废弃物的资源化利用，能够减轻环境污染，缓解资源消耗，提高经济效益，实现社会的可持续发展。

园艺废弃物是指在园艺作物在生长、管理、收获、贮存以及流通等过程中产生的植物残体和废弃果实等，主要包含果树枝条废弃物、蔬菜废弃物和花卉废弃物。随着经济的发展，园艺废弃物的产生量也逐年增大，不恰当处理会加重环境的负担。目前，园艺植物废弃物的处理方法有很多，主要采用填埋、焚烧、燃料以及材料化利用等，但园艺植物废弃物中含有大量氮、磷、钾等元素，这些处理意味着营养元素的浪费，且处理成本较高。相对而言，将废弃物经过堆肥处理后返还于土壤是最符合生态循环农业的要求，并且将处理后的园艺废弃物归还于土壤后，能够改善土壤密实度高、通气性差、透水性差、有机质含量低等缺陷，同时能够提高土壤的肥力，促进植株的生长。

堆肥化是指在人为控制的条件下，依靠自然界广泛存在的细菌、放线菌、真菌等微生物，人为地促进有机质生成腐殖质的微生物学过程。堆肥可分为好氧堆肥和厌氧堆肥。厌氧堆肥是在无氧的条件下进行，主要产生甲烷、二氧化碳和许多低分子量的中间产物，其特点为产生的能量较少，易产生异味。好氧堆肥又称为高温堆肥，是微生物在有氧条件下分解有机物料，代谢产生二氧化碳、水和热的过程（图 7-1），具有反应温度高、耗时短、有机物分解充分、产生异味少等优点，是实现园艺废弃物资源化利用的一个重要途径。在生产实践中，堆肥的产品通常被用作有机肥料、土壤改良剂和栽培基质等。

根据堆体温度的变化，好氧堆肥过程大致可分为 3 个阶段。堆肥起始阶段称为“中温阶段”，此时，嗜温微生物的活性最高，利用可溶性的小分子物质（如糖类，淀粉等）进行快速增殖，同时释放能量，促进堆体内部升温。当堆体升至 45 ℃以上时，堆肥进入了“高温阶段”，这一阶段嗜温微生物的活性受到抑制甚至死亡，而嗜热微生物逐渐取代嗜温微生物，蛋白质、纤维素等复杂有机物在这一阶段强烈分解。随着易分解的有机物质含量降低，微生物活性下降，释放的热量减小，导致堆体温度下降，微生物生长由对数生长期进入减速生长期和内源呼吸期，堆体内就开始发生与有机物分解相对立的另一个过程，即腐殖质的形成过程，腐殖质不断增多并趋于稳定化，堆肥进入“腐熟阶段”。

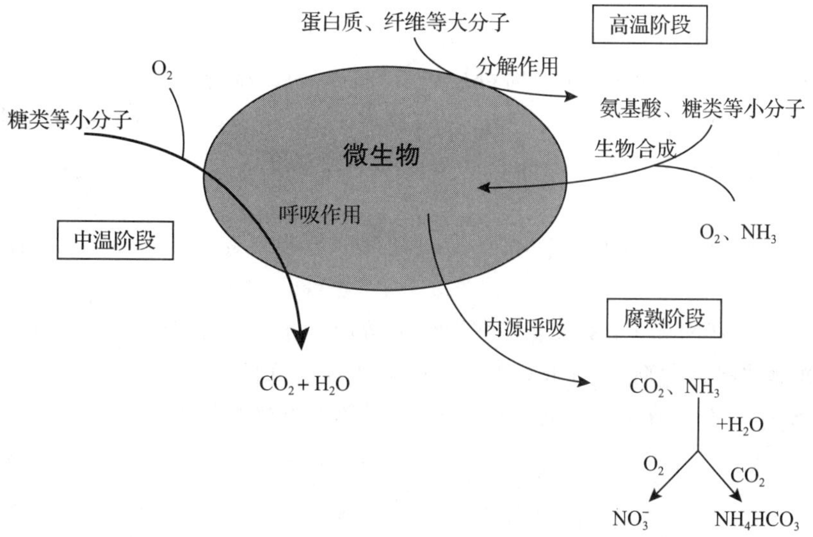

图 7-1　好氧堆肥反应过程基本原理示意图

在堆肥过程中，堆肥效果受多种理化参数的影响，如含水率、氧气浓度、碳氮比（C/N）、物料粒径、温度、pH 以及添加的微生物菌剂。要想获得良好的堆肥效果，需要对这些参数进行控制，从而提高堆肥微生物的活性，提高堆肥的速率和品质。氧气的供应是好氧堆肥的必要条件，微生物需要消耗氧气来完成新陈代谢活动，通常堆体中的氧气浓度控制在 5%～15%，过高或过低均不利。物料的粒径对于堆肥的速率也有着一定的影响，物料的粒径在 12～60 mm 时，最有利于堆体的通风，且易于物料降解。堆肥物料最适宜的起始含水率为 50%～60%，最适宜微生物分解有机物的碳氮比为（20～40）∶1。一般园艺废弃物中纤维素、木质素含量较高，添加一些特殊的促腐熟菌剂可加快堆肥进程，提高堆肥品质。

本实习以常见的园艺废弃物为原料，采用堆肥发酵技术，进行堆制处理、观测与评价训练，使学生掌握园艺植物资源化利用的原理与技术，拓展学生的知识面。

2　实习准备

2.1　试材

以当地主栽的果树、蔬菜、花卉的废弃物为材料（如果树树枝、蔬菜秸秆、花卉枯叶等）。

2.2　试剂及配制

浓硫酸、30%过氧化氢、二氧化硅（粉末状）等试剂。

40%（质量浓度）氢氧化钠溶液：称取氢氧化钠 40 g，溶于 100 mL 水中。

2%（质量浓度）硼酸溶液：称取硼酸 2 g，溶于 100 mL 约 60 ℃热水中，冷却后用稀碱在酸度计上调节溶液 pH 为 4.5。

定氮混合指示剂：称取溴甲酚绿(HG3-1220)0.099 g和甲基红(HG3-958)0.066 g，溶于100 mL 95%乙醇中，使用时将该指示剂20 mL，加入2%硼酸1 L接收液中。

硫酸[$c(1/2H_2SO_4)=0.01$ mol/L]或盐酸[$c(HCl)=0.01$ mol/L]标准溶液：98%浓硫酸为18.4 mol/L，吸取浓硫酸0.54 mL，定容至1 L。此溶液氢离子浓度约为0.02 mol/L，用时稀释1倍，然后标定使用。

重铬酸钾($K_2Cr_2O_7$)标准溶液(1 mol/L)：称取经过130 ℃烘3～4 h的重铬酸钾49.031 g，溶解于400 mL水中，必要时可加热溶解，冷却后，稀释定容至1 L，摇匀备用。

硫酸亚铁($FeSO_4$)标准溶液(0.2 mol/L)：称取$FeSO_4 \cdot 7H_2O$ 56.0 g溶于水，加浓硫酸5 mL溶解，稀释定容到1 L，摇匀备用。此溶液的准确浓度以0.1 mol /L重铬酸钾标准溶液标定，现用现标定。

邻菲罗啉指示剂：称取硫酸亚铁0.695 g，和邻菲罗啉1.485 g，溶于100 mL水中，摇匀备用。

$FeSO_4$标准溶液的标定：吸取重铬酸钾标准溶液5 mL，置于150 mL三角瓶中。加浓硫酸5 mL和邻菲罗啉指示剂2～3滴，用$FeSO_4$标准溶液滴定。

根据$FeSO_4$标准溶液滴定时的消耗量公式，计算其准确浓度C。

$$C=\frac{C_1-V_1}{V_2}$$

式中：C_1，重铬酸钾标准溶液的浓度(mol/L)；V_1，吸取重铬酸钾标准溶液的体积(mL)；V_2，滴定时消耗硫酸亚铁标准溶液的体积(mL)。

2.3 仪器与用具

用于发酵：粉碎机、供气泵、转子流量计、温度计、堆肥发酵箱4个、pH计、EC计，发酵箱规格为长宽高60 cm × 60 cm × 50 cm，有效容积约为180 L，底部设有滤网和进气口，装置结构如图7-2所示。

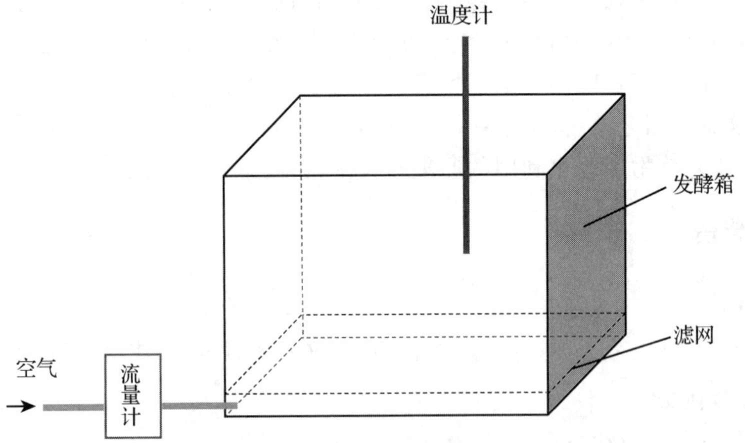

图7-2 堆肥装置示意图

用于有机肥料全氮和有机质测定：电子分析天平(感量0.001 g、0.000 1 g)、凯氏定氮仪、凯氏管、可调电炉(1 000 W)、酸式滴定管(10 mL)、弯颈小漏斗(直径3.5 cm)。

3 实习内容

3.1 堆肥原料的收集与预处理

收集当地园艺废弃物，如果树枝条、蔬菜秸秆、花卉枯叶等，收集后的园艺废弃物无须经过分类，可直接混合，混合后需手工挑选出其中的金属、塑料等杂质，用粉碎机将堆肥物料粉碎至粒径＜30 mm，调节初始物料含水量至55％～60％，以便于微生物繁殖，从而提高发酵速率。

将粉碎后的物料混合均匀后，采用多点取样法进行取样，所取样品用于测定堆肥原料的基本理化性质，主要包括堆肥物料的含水率、pH、电导率（EC）、有机质含量以及总氮含量。

3.2 堆肥处理与采样

将破碎后的物料投入到每个发酵箱中，每个发酵箱中的物料容重应全部相同。堆肥实验共设计 4 个处理：处理一，不对发酵箱进行供气；处理二，控制供气流量为 0.5 $m^3/(h \cdot t)$；处理三，控制供气流量为 1.0 $m^3/(h \cdot t)$；处理四，控制供气流量为 2.0 $m^3/(h \cdot t)$。

在堆肥开始的第 3 天、第 7 天、第 14 天、第 21 天和第 28 天，分别对堆体进行翻堆取样。均采用多点取样法，并将每次采集的样品进行充分混合，将混合均匀后的样品分为两份：一份经干燥过筛后备用，用于测量定总有机质、总氮的测定；另一份进行冷冻保存，进行 pH、电导率（EC）、发芽率指数（GI）、含水量等的测定。

3.3 有机肥料的全氮测定

总氮测定采用 H_2SO_4-H_2O_2 消煮法。其基本原理为有机肥料中的有机氮，经硫酸过氧化氢消煮，转化为铵态氮。碱化后蒸馏出来的氨用硼酸溶液吸收，以标准酸溶液滴定，计算样品中全氮含量。

3.3.1 样本制备

取风干的实验室样品充分混匀后，按四分法缩减至约 100 g，粉碎，全部通过 1 mm 孔径筛，装入样品瓶备用。

称取试样 0.5 g（尿液或粪汁等液体肥料直接称取液体质量 1～2 g），精确至 0.001 g，置于消煮管底部，用少量水冲洗黏附在瓶壁上的试样，加硫酸 5 mL，小心摇匀。瓶口放一弯颈小漏斗，放置过夜。次日，放置在可调电炉上，缓慢升温至 380 ℃，取下。稍冷后加 15 滴过氧化氢轻轻摇动消煮管，加热 30 min，取下。稍冷后，分次再加 5～10 滴过氧化氢并分次消煮，直至溶液呈无色或淡黄色清液后，继续加热 10 min，除尽剩余的过氧化氢。取下稍冷，小心加水至 20～30 mL。取下冷却，用少量水冲洗弯颈小漏斗，洗液收入原开氏烧瓶中。将消煮液移入 100 mL 容量瓶中，加水定容。静置澄清或用无磷滤纸过滤到具塞三角瓶中，备用。

同一测定做两个平行实验。空白试验除不加试样外，试剂用量和操作与测定试样时相同。

3.3.2 样本测定

用凯氏定氮仪进行铵态氮收集，用硫酸标准溶液或盐酸标准溶液，滴定馏出液由蓝色至刚变为紫红色为终点。记录消耗酸标准溶液的体积（mL）。空白测定所消耗酸标准溶液的体积不得超过 0.1 mL（20 mL 稀释液，用 0.01 mol/L 酸滴定）。全氮含量以 g/kg 表示，按下式计算：

$$全氮(g/kg) = C \times (V-V_0)/1\,000 \times 14 \times D/m \times 1\,000$$

式中：V，试液滴定消耗标准酸溶液的体积（mL）；V_0，空白滴定消耗标准酸溶液的体积（mL）；C，酸标准溶液的浓度（mol/L）；14，氮原子的摩尔质量（g/mol）；D，分取倍数，定容体积/分取体积（100/50）；m，称取试样质量（g）；1 000，换算成每千克试样的含量。

3.4 有机肥料的有机质测定

采用重铬酸钾滴定法。其原理是在加热条件下，用定量的重铬酸钾-硫酸溶液使有机肥料中的有机碳氧化，多余的重铬酸钾用硫酸亚铁溶液滴定，同时以二氧化硅为添加物做空白试验。根据氧化前后氧化剂消耗量，计算有机碳含量，乘以系数 1.724，为有机质含量。

3.4.1 样本制备

样品经风干、破碎、过筛（0.5 mm）装瓶备用。

称取过 100 目筛的风干样 0.02～0.03 g（土样 0.5 g，粪样和植株样 0.02～0.03 g），置于 50 mL 的硬质试管中，准确加入 1 mol/L 重铬酸钾标准溶液 5 mL。充分摇匀后加浓硫酸 5 mL，缓缓摇动 1 min，加一弯颈小漏斗，将试管放入 160～180 ℃的石蜡油浴锅中，煮沸 5 min。取出冷却至室温，用水冲洗小漏斗，洗液承接于三角瓶中。

3.4.2 样本测定

取下三角瓶，将反应物无损转入 250 mL 容量瓶中，加 2～3 滴邻菲罗啉指示剂，用 0.2 mol/L 硫酸亚铁标准溶液滴定近终点时，溶液由绿色变成暗绿色，再逐滴加入硫酸亚铁标准溶液直至生成砖红色为止。

同时称取（精确称量至 0.001）二氧化硅 0.2 g，代替试样，按照相同分析步骤，使用同样的试剂，进行空白试验。

如果滴定试样所用硫酸亚铁标准溶液的用量不到空白试验所用硫酸亚铁标准溶液用量的 1/3 时，则应减少称样量，重新测定。

肥料有机质含量以肥料的质量分数表示，按下列公式计算：

$$有机质(\%) = c(V_0-V) \times 0.003 \times 1.724 \times 1.1 \times 100/m \times (1-X_0)$$

式中：c，硫酸亚铁标准溶液的摩尔浓度（mol/L）；V_0，空白试验时，使用硫酸亚铁标准滴定溶液的体积（mL）；V，测定时，使用硫酸亚铁标准溶液的体积（mL）；0.003，1/4 碳原子的摩尔质量（g/mol）；1.724，有机碳换算为有机质的系数；m，试样质量（g）；X_0，风干试样的含水量。

取平行分析结果的算术平均值为最终分析结果。平行测定的绝对差值应符合如下要求：有机质＜ 30%，绝对差值 0.6%；有机质 30% ～ 45%，绝对差值 0.8%；有机质＞ 45%，绝对差值 1.0 % 。

3.5 其他指标测定

（1）温度　温度使用堆肥箱上的温度计进行测定，测定时间为每天的上午 9:00 和晚上 7:00，并记录每天室温。

（2）含水率测定　取清洗干净的小铝盒，称重记录为 W_1，称取堆肥样品放入恒重的小铝盒中，称重记录为 W_2，将其放入 105 ℃条件下鼓风干燥 12 h 至恒重，称重记录为 W_3，含水率计算公式为：

$$MC(\%) = (W_2 - W_3)/(W_2 - W_1) \times 100\%$$

(3)pH 和电导率测定方法　称取鲜样 5 g，按样品和去离子水固液比为 1∶10(g/mL)在室温条件下以 200 r/min 水平振荡 30 min，过滤后得到堆肥浸提液，分别将校准过的 pH 计电极和 EC 计电极插入浸提液，读取数值。

(4)发芽系数(GI)测定方法　在培养皿内垫 1 张滤纸，均匀放入 10 粒饱满的水萝卜种子，加入上述堆肥浸提液 10 mL，在 25 ℃培养箱中培养 48 h。然后，测定发芽数和根长，计算种子发芽率指数。每个样品做 3 次重复。同时，以蒸馏水作为空白试验。

3.6　堆肥产品评价标准

堆肥产品各指标评价标准主要参考《有机肥料》标准(NY/T 525—2021)(表 7-22)，用于评价堆肥产品的营养元素是否达标，以种子发芽指数作为参考评价堆肥是否腐熟。

表 7-22　有机肥料评价标准

指标	标准	依据
有机质/(g/kg)	≥450	(NY/T 525—2021)
总养分/(g/kg)	≥50	(NY/T 525—2021)
酸碱度(pH)	5.5～8.5	(NY/T 525—2021)
发芽系数/%	≥80	腐熟标准

3.7　数据统计分析

采样 Excel 和 SPSS 软件进行数据整理和统计分析，数据以平均值(±标准差)表示，$P<0.05$ 表示差异显著，$P<0.01$ 表示差异极显著。

4　结果与分析

4.1　不同供气方式条件下堆肥的温度变化

统计各个处理的堆体最高温度以及高温持续时间。比较不同的通气速率下对堆肥过程温度变化的影响，并分析出现此现象的原因。

4.2　堆肥产品的评价

参考《有机肥料》标准(NY/T 525—2021)比较各个处理的堆肥产品质量，并根据实验结果讨论通气量对好氧堆肥过程影响的重要性。

(马　林　编写)

第八章　园艺产品采收及采后处理

实习二十六　常见果品的采收与分级

1　引言

果品的采收与分级是果树田间生产的最后一个环节，也是果品采后商品化处理的开始环节，直接影响果品产量、采后品质和果园的生产效益。了解不同果品的采收时期、采收方法、分级标准和分级方法，以期指导果品采收和采后处理的生产实践。

采收成熟度根据果实种类及品种特性、生长状况、气候条件、采后用途等综合因素而确定，通过果柄脱离的难易程度、果皮色泽、果实硬度、果实生长期等指标确定适宜的采收期。用于长期贮藏的果实适当早采，用于短期贮藏或立即上市销售的果实适当晚采。采收方法包括人工采收、机械辅助采收和机械采收。鲜食果品以人工采收和机械辅助采收为主，坚果和用于加工的水果可以机械采收。机械采收可以节省劳动力，适用于那些果实在成熟时果梗与果枝间有离层形成的种类。基本原理是用机械产生的外力对果柄施加拉、弯、扭等作用，当作用力大于果实与植株的连接力时，果实就在连接最弱处与果柄分离，完成摘果过程。根据摘果作用力的形式不同，采收机主要有气力式和机械式两种。气力式采收机械运用大数据和图像识别处理技术，在图像识别后判断果实是否成熟，确定成熟后用机械手等进行采摘，如葡萄和草莓经常采用气力式采收。振动式采收机根据产生振动的形式不同，可以分为推摇式和撞击式两种。推摇式指借助机械的外力作用，使果树产生摇晃，给水果一个加速度，使水果从果柄上脱落下来。撞击式是利用撞击部件直接撞击果树的树干或者冲撞果实所在的果枝，使水果从枝头掉落，掉落的水果被果树下预先搭好的棚架所接住，会对果树造成一定的损伤，有可能影响果树来年的结果。坚果采收可使果实直接振落在地面上，用拣拾机拣拾收集。因为机械伤害较多，多用于加工原料的采收，不宜进行贮藏。智能化采摘是机械采收最先进的形式，利用机械手智能识别成熟果实，采摘至传送平台，智能装筐和智能运输。

果实在生长发育过程中会受到各种因素的干扰，果实的外观、品质等存在各种差异。分级是将果实按大小、形状、色泽、表面缺陷等进行区分，分级后不但可以提高果品的档次，促进果品质量的提高和品质的标准化，而且可以为优质优价提供依据，有利于引导市场价格。在挑选和分级过程中还可挑出残次品，减少贮藏中的损失。国家制定了一系列的国家标准、行业标准等来规范果品分级，企业可以根据国家标准、行业标准制定相应的企业标准。还要针对果品销售的国家和地区对不同果品种类的要求，采用相应的果品分级标准。一般是根据产品的形状、色泽、损伤及有无病虫害状况，大小(单果重或直径)等分为特级、一级、二级等(表 8-1)。

表 8-1　不同种类果实分级

	种类	分级依据	特级	一级	二级	资料来源
苹果	大型果	横径/mm	＞70	65～70	＜65	NY/T 1793—2009
	其他品种	横径/mm	＞60	55～60	＜55	
梨	砀山酥梨	单果重/g	250～350	200～250	≥165	NY/T 1191—2006
	巴梨	单果重/g	≥260	≥220	≥180	NY/T 865—2004
	南国梨	单果重/g	≥65	≥55	≥55	NY/T 1076—2006
葡萄	无核白	粒重/g	≥2.5	≥2.0	≥1.5	GB/T 19970—2005
		穗重/g	400～800	≥300	≥250	
		粒重/g	≥4	≥3	≥1.6	NY/T 704—2003
		穗重/g	≥500	≥350	≥200	
	吐鲁番葡萄	粒重/g	≥2.5	≥2.0	≥1.5	GB/T 19585—2008
		穗重/g	500～800	≥300	≥250	
枣	冬枣	单果重/g	18～22	14～18	10～14	GB/T 32714—2016
		单果重/g	＞17	15～17	12～15	NY/T 2860—2015
	沾化冬枣	单果重/g	17～20	14～16	12～13	GB/T 18846—2008
	黄骅冬枣	单果重/g *	＞20	＞15	＞10	GB/T 18740—2008

注：* 依据原标准描述换算而来

本实习根据不同类型果品的成熟度确定标准、采收过程和分级标准，进行采收与分级训练，使学生了解果实采收及采后相关的理论知识，掌握果品采收及采后分级方法，提高生产实践技能。

2　实习准备

2.1　试材

处于采收期的果树，如苹果、梨、葡萄、核桃、枣等。

2.2　用具

采果筐、采果梯、采果剪、竹竿、手套、分级板、比色卡、游标卡尺、电子天平、包装材料和运输工具等。

3　实习内容

3.1　采收期确定

3.1.1　果柄脱离的难易程度

苹果和梨等果实成熟时，果柄基部与果枝间形成离层，果实微受外力如被旋转或者抬高，就会脱落，如不及时采收会造成大量落果。

3.1.2 果皮色泽

果实表面的着色状况是判断其质量的重要指标，但不是判断成熟度的可靠指标，因果实表面受日照、光质和温度以及是否套袋的影响较大。果实色泽比色卡，以底色从绿色至黄色的变化来测定采收成熟度，如‘金冠’系列品种的苹果常以果皮颜色由浅绿变为浅黄作为采收成熟度的指标(表 8-2)。

表 8-2 苹果品种分级的色泽要求

品种	等级		
	优等品	一等品	二等品
富士系	红或条红 90%以上	红或条红 80%以上	红或条红 55%以上
嘎拉系	红 80%以上	红 70%以上	红 50%以上
藤牧 1 号	红 70%以上	红 60%以上	红 50%以上
元帅系	红 95%以上	红 85%以上	红 60%以上
华夏	红 80%以上	红 70%以上	红 55%以上
粉红女士	红 90%以上	红 80%以上	红 60%以上
乔纳金	红 80%以上	红 70%以上	红 70%以上
秦冠	红 90%以上	红 80%以上	红 55%以上
国光	红或条红 80%以上	红或条红 60%以上	红或条红 50%以上
华冠	红或条红 85%以上	红或条红 70%以上	红或条红 50%以上
红将军	红 85%以上	红 75%以上	红 50%以上
珊夏	红 75%以上	红 60%以上	红 50%以上
金冠系	金黄色	黄、绿黄色	黄、绿黄、黄绿色
王林	黄绿或绿黄	黄绿或绿黄	黄绿或绿黄

3.1.3 果实中主要化学物质含量

果实的主要化学物质有淀粉、糖、酸、可溶性固形物和维生素 C 等，不同成熟度的果实中这些物质的含量不同，如苹果成熟时，可溶性固形物含量为 13%～18%，鸭梨成熟时可溶性固形物含量为 10%～12%。

3.1.4 果实硬度

果实硬度一般是果实去皮以后的硬度，即果肉硬度。随着果实的成熟，果肉会逐渐变得松软，硬度逐渐降低，而未熟时果肉比较坚硬。如河北的‘红富士’苹果采收时，硬度指标为 8 kg/cm^2。西洋梨采收的关键指标是果肉硬度，8.25～8.72 kg/cm^2 适合‘巴梨’长期贮藏，而 6.88～7.80 kg/cm^2 适合‘巴梨’短期贮藏或立即上市销售。

3.1.5 果实生长期

不同种类及其品种果树的果实从开花到成熟都有一定的发育天数。可根据同一地区、同一品种历年果实累积生长天数，判断果实成熟期。不同种类果实从盛花期至成熟所需时间见表 8-3。

表 8-3　不同种类果实从盛花期至成熟所需时间

树种	品种	盛花期至成熟所需时间/d
苹果	富士	137～168
	嘎拉	90～133
梨	黄冠	120～130
	酥梨	157～163
	玉露香	135～150
葡萄	玫瑰香	90～100
	早黑宝	63～73
	红地球	100～110
	夏黑	100～115
核桃	晋龙一号	120～135
	清香	135～150
	中林 3 号	120～130
	辽核 1 号	120～130

3.2　人工采收

成熟时果梗与果枝间产生离层的果实，如苹果和梨，采收时用手掌将果实向上一托即可自然脱落，但要注意保留果实的果柄，若果柄脱落，不仅使产品等级降低，造成经济损失，而且果实容易失水和遭受病虫及微生物危害。

果梗与果枝间不易产生离层的果品，如葡萄、柑橘，用采果剪采收。葡萄采收要避免碰伤果穗、穗轴和擦掉果霜，采后将果穗平放在衬有 3～4 层纸的箱或筐中。娇嫩的果品，如桃和杏，成熟后采收时特别容易造成指痕，应该剪齐指甲，或戴上手套进行摘果。较为坚硬的果品，如枣、核桃等，成熟后采收时可震落、摇落或打落采收。采果的次序应先摘树冠下部，后摘树冠上部；先摘树冠外围，再摘树冠内膛。果实要轻拿轻放，严防按伤、压伤或碰伤。

应该选择晴天的清晨或傍晚进行采收，避免在正午和雨天采收。因为清晨和傍晚气温低，产品的新陈代谢缓慢。如果在中午采收，阳光强烈，水分蒸发快，产品容易萎蔫。果品采收时遇雨，会加重产品的腐烂。同一树上的果实，由于花期的参差不齐或者生长部位不同，不可能同时成熟，分期采收既可提高质量，也可增加产量。一次性全部采收，是不符合果实成熟的客观规律性的。为了减少机械损伤，采收顺序应从树冠由下而上，由外及里。

3.3　分级方法

3.3.1　人工分级

使用目测法或用分级板（按照直径尺寸划分等级）、比色卡等作为参照物，将水果按大小、着色程度、病斑大小、虫孔有无，以及碰压伤的轻重等进行分级，也可根据果实质量进行分级。人工分级的劳动强度大，分级效率不高，精度较低，分级标准难以严格执行。一些形状不规则和容易受伤的产品多用手工分级，如葡萄、草莓等。

3.3.2 机械分级

以机械判断装置为主，主要有尺寸分级机和质量分级机等。尺寸分级机主要是利用果实横径来进行大小分级，果实经过传送到达分级口，不同大小的分级口将其进行分级。质量分级机的工作原理是杠杆原理，杠杆的一端加有配重码，另一端为待检水果，当待检水果的质量大于配重码的质量时，杠杆失去平衡，圆盘向下翻倒，水果被判断为相应的等级。机械分级只适用于那些不易受伤的水果，且其无法完成对水果的形状、尺寸、色泽、成熟度、表面缺陷等方面的综合评价。

3.3.3 光电分级

利用以光电式检测分析装置为基础的分级机和利用机器视觉技术为基础的分级机，能确定果重、果色，还可以对果实硬度及可溶性固性物含量进行分级。其中，光电式检测分析装置通过光电检测器时的遮光量来区分所检测水果的直径和大小，通过检测水果的表面颜色来区分其成熟度。以机器视觉为基础的分级机则是利用由摄像机拍摄到的水果图像，通过对图像分析处理，计算出果品直径、大小等特征数据，实现对果品大小、形状、颜色、表面缺陷等多个方面检测，以控制相应的等级。这种分级方法无须与水果直接接触，检测过程对水果的损伤较小，可严格按照分级标准进行，不易受主观因素影响。

4 结果与分析

4.1 果实采收及成本调研

根据实验基地情况，选择 1～2 种果树进行果实采收，计算采收工效。调研本地生产果园，对比分析不同采收方式如人工采收和机械辅助采收的成本差异，讨论如何提高采收效率。

4.2 果实分级统计

根据实习情况，分别对苹果、梨、葡萄等代表性果实，按照相应的标准进行分级，记录各个级别果品的数量，填入表 8-4 中，计算各个级别所占的比例，分析基地果园一级果以上（含特级果）的商品果率。

表 8-4 果品分级统计

	一级		二级		三级		等外品	
	数量	比例	数量	比例	数量	比例	数量	比例
苹果								
梨								
葡萄								
⋮								

（梁晋军 编写）

实习二十七 常见蔬菜产品的采收及采后处理

1 引言

蔬菜产品，不管是叶菜、根菜、果菜或花菜类，必须及时采收才能获得良好的外观品质与风味。蔬菜种类繁多，采收技术复杂。不同蔬菜对成熟度的要求不同，因而不同蔬菜的采收方法和采后处理技术各不相同。了解各蔬菜的商品成熟度、适时采收和采后关键处理技术，有利于产品保鲜、贮藏和运输。

产品成熟度和植株因素是决定蔬菜产品采收期的主导因素。蔬菜产品的成熟有两种含义：一是商品成熟度，即产品器官生长到适于食用的成熟度，具有该品种的形状、大小、色泽及品质，如茄子、黄瓜、菜豆等，在采收时，是它们的嫩果，而种子并未成熟。二是生理成熟度，产品器官是生理上成熟的果实，其种子也已成熟，如西瓜、甜瓜、番茄等。根据蔬菜产品特性和商品采收标准，确定其采收期。由于采收产品对于生长发育中的蔬菜相当于进行源库调节，尤其是连续开花结果的果菜，所以产品采收还要考虑整个植株的生长发育状况。如果菜类的第一个瓜或第一层果采收，就应考虑到营养生长和开花坐果状况，当植株营养生长不良时应当趁早采收产品；当植株坐果不良时应适当延迟采收。一些地下部产品器官的适宜采收期，可通过其地上部的生育特征判别，如地上部的枯死、叶片的黄化和脱落等。

许多蔬菜产品的采收期没有严格的标准，其采收期在很大程度上受市场需求的影响，可在保证产品质量前提下提前或延后采收。市场紧缺，价格高时可适当早采收；市场滞销，价格低时可适当晚采收。一般当地销售的产品，可适当晚采收，而作为长期贮藏和远距离运输的产品，应该早些采收。一些有呼吸高峰的果实应该在达到生理成熟和呼吸跃变以前收获。作为加工原料时，番茄和辣椒则需要在完熟时产品质量达到最佳状态。贮藏的蔬菜，其采收期也应考虑产品贮藏时间、贮藏方法和设备条件。某些叶菜类在春季抽薹后品质严重降低，必须及时采收；而秋冬季节的很多蔬菜产品若不及时采收，又会遭受霜害而影响产品的质量。

蔬菜的采后处理是提高蔬菜商品品质和产值的重要措施。蔬菜商品采后处理工作在发达国家已成为销售前的必需环节，随着我国经济实力的增长和城市居民生活节奏加快，这一行业已经日趋兴盛和完善。蔬菜产品的采后处理包括整理、分级、预冷、包装以及一些杀菌、防腐等特殊处理工作，不同蔬菜品种采后处理技术不尽相同。为满足消费者多样化需求、确保不同等级蔬菜合理利用，我国已经发布几十种蔬菜如番茄、蒜薹、青花菜、大白菜、辣椒、莴笋、豆角、山药、香菇、芥菜等分级的国家标准、行业标准和地方标准，实现蔬菜生产的优质优价。

本实习以常见的蔬菜为对象，进行不同类型蔬菜产品的采收及采后处理训练，巩固相关理论知识，提高学生实践技能。

2　实习准备

2.1　试材

以常见的蔬菜作为试材，叶菜类蔬菜选择普通白菜、生菜或结球甘蓝等，根菜类选择萝卜或胡萝卜等，果菜类选择黄瓜、番茄或茄子等。

2.2　用具

手套、小铲子、铁锹、剪刀、采收箱(筐)、包装材料等。

3 实习内容

3.1 叶菜类蔬菜采收及采后处理

3.1.1 采收时期

为了获得良好的蔬菜品质,叶菜类蔬菜要及时采收。叶菜类蔬菜多为一次性采收。

3.1.2 采后预冷

应在温度较低的早晨或傍晚采收。采收后,应及时对叶菜进行冷库预冷。

3.1.3 分级与包装

产品整理,清除枯萎、腐烂、有病的部分。普通白菜和生菜在田间收获时,马上分级包装;甘蓝采收后在蔬菜生产企业或公司初级加工场,按照产品大小及体积进行分级包装。每批蔬菜产品包装完毕后,打扫和清洗,确保场地、设备和装菜容器干净,并定期进行卫生杀菌消毒。

3.2 根菜类蔬菜采收及采后处理

3.2.1 采收时期

适时收获对萝卜或胡萝卜贮藏很重要。收获过早会因土温、气温尚高,不能及时下窖贮藏或下窖后不能使窖内温度迅速下降,易促进萌芽和变质。收获过晚则生育期过长,贮藏中易造成糠心,还可能使产品器官在田间受冻,而受冻的产品器官贮藏会大量腐烂。

3.2.2 分级与包装

在阴凉、通风、清洁环境中,将萝卜或胡萝卜按不同品种、等级、大小进行分级包装。同一包装箱内为同一产地、品种、等级产品。萝卜或胡萝卜按照统一方向置于采收箱(筐)内或纱网袋内,装满后置于阴凉处。

3.3 果菜类蔬菜采收及采后处理

3.3.1 黄瓜

黄瓜尽量早收,以防坠秧。此后采收应严格掌握标准,在瓜条长足时再摘瓜。摘瓜应在每天早晨进行,瓜条含水量大,品质鲜嫩,且质量增加。

采收工作必须细致,用采摘剪剪下,操作要避免损伤叶片和茎蔓。采收的瓜条按统一的方向置于采收箱(筐)内,装满后置于阴凉处,散去田间热后进行分级包装。

3.3.2 番茄

商品成熟期的番茄果实定形并已充分长大,果实有光泽,果皮由绿色变为浅绿色,且果面约有五成以上转红,子房内种子周围呈胶状,果腔充实饱满。在晴天清晨或傍晚气温较低时采收,采收前 2 d 不宜灌水。

用番茄剪沿果柄根部轻轻剪下,果柄不要露出果面,轻摘轻放,避免机械伤害。采收用提篮要干净卫生、无污染,用布或其他比较软物品垫于提篮底部。

3.3.3 茄子

当萼片与果皮相邻处无明显白色或淡绿色带状环时是适宜的采收期,此时的茄子果皮光泽好且光亮平滑。采收应在早晨进行。用剪刀从果柄处剪下,要保留萼片和一段果柄,采收后装入筐中,放到阴凉处预冷。

3.3.4 分级与包装

在阴凉、通风、清洁环境中,将黄瓜、番茄或茄子按不同品种、等级、大小进行分级包装。同一包装箱内为同一产地、品种、等级产品。黄瓜瓜条按照统一方向置于采收箱(筐)内,装满后置于阴凉处,散去田间热后进行分级包装。番茄或茄子果柄朝下,视体积大小码放2~3层,层与层之间加衬板,果与果之间可选择性加垫十字隔层。

4　结果与分析

4.1　不同蔬菜产品采收期确定

根据实习内容,描述不同蔬菜产品的的采收期,记录在表8-5中,比较不同蔬菜产品采收适宜时期及作物生长发育状态。

表8-5　不同蔬菜产品适宜采收期的植株生长状态

	植株生长发育状态	产品成熟度	其他
普通白菜			
生菜			
甘蓝			
萝卜			
胡萝卜			
黄瓜			
番茄			
茄子			

注:此表可根据实际情况增删内容

4.2　不同蔬菜产品预冷处理技术

根据实习内容,描述不同蔬菜产品的预冷技术,记录在表8-6中。

表8-6　不同蔬菜产品预冷处理技术比较

蔬菜种类	预冷技术	蔬菜种类	预冷技术
普通白菜		胡萝卜	
生菜		黄瓜	
甘蓝		番茄	
萝卜		茄子	

注:此表可根据实际情况增删内容

4.3　不同蔬菜产品分级指标比较

根据实习内容,比较不同蔬菜产品的分级依据,记录在表8-7中。

表8-7　不同蔬菜产品的分级依据

	最大直径/cm	质量大小/g	最大横截面积/cm^2	最大长度/cm
普通白菜				
生菜				
甘蓝				
萝卜				

续表8-7

	最大直径/cm	质量大小/g	最大横截面积/cm^2	最大长度/cm
胡萝卜				
黄瓜				
番茄				
茄子				

注:此表可根据实际情况增删内容

（张　静　编写）

实习二十八　几种鲜切花的采收与分级

1　引言

采收是鲜切花采后处理的第一个环节,也是衔接鲜切花生产和流通的必要环节。鲜切花的适期采收对维持采后品质至关重要。鲜切花分级是指将鲜切花按照质量标准归入不同等级的操作过程。分级使产品商品化,实现优质优价。因此,鲜切花的适时采收和合理分级,有助于维持鲜切花品质,提高市场可销售性。

鲜切花最适采收期的确定要综合考虑种类及品种特性、花枝成熟度、销售市场距离、贮运措施等因素,通常以货架期长、运销后花朵能够充分开放,便于贮运销售处理操作为基准。鲜切花的成熟度即观赏器官如花朵、叶片的生长发育程度,是确定采收时期的重要依据,采收过早,花朵不能正常开放,易于枯萎;采收过晚,采后运销期间出现机械损伤概率增大,增加流通损耗,并降低鲜切花瓶插寿命。以月季为例,远距离销售的鲜切花宜在花蕾中1～2个萼片向外翻卷至水平时采收,如采收过早,花茎维管束组织木质化程度不够,容易出现“弯颈”现象。运输距离也直接关系到最适采收期的确定。本地市场销售的鲜切花,采收成熟度可以大些;若需长时间远距离运输,采收成熟度要小些。此外,鲜切花生长环境和生长季节不同,花朵开放能力和耐贮运特性都存在很大差异,通常来说,夏季采收时成熟度可小些,而冬季采收时成熟度则宜大一些,以保证它们在瓶插期间能正常开放。

鲜切花分级需参照一定的分级标准,即质量等级标准。一般从整体效果、花部、茎秆、叶片和病虫害及缺损情况进行等级划分。目前,我国主要鲜切花分级标准为《主要花卉产品等级　第1部分:鲜切花》(GB/T 18247.1—2000),对于月季、百合、香石竹等大宗切花,也分别制定了相应的国家和行业质量等级标准。质量等级标准最重要的作用就是为产品市场提供了交易基准。在现代贸易中,交易都有计划性,是通过履行购销合同来完成的。在这个过程中,如果没有质量等级标准,就无法对产品质量进行描述和评估,也无法对质量等级进行界定,交易就无法正常运行。质量标准的建立还有规范交易市场的作用,依据质量等级标准,对产品进行分级并建立相应的价格体系,可以避免产品质量参差不齐、以次充好或无理压价等情况出现,减少由此引起的市场纠纷。另外,产品分级后,不同等级的产品能够以相应的价格出售,有利于提高从业者质量意识。

现有鲜切花分级主要采用人工分级和机械分级。人工分级是将整理后的鲜切花放置于分级台,利用标尺衡量花枝长短。通过目测花头大小、花形、花色、枝条粗细、枝叶状态、整齐度、机械损伤、病虫害等情况,对鲜切花进行质量分级。机械分级的一种方式是依据花枝长度或花枝重量的半自动分级,即是根据不同切花依据自身特性划分长度等级(如月季)或重量等级(如菊花),将切花人工放置于长度分级机或重量分级机上料口,待分选完成后,再通过目测花头大小、花形、花色、枝条粗细、枝叶状态、整齐度、机械损伤、病虫害等情况,对切花进行二次分级;另一种方式是图像识别综合自动分级,即是依据不同切花种类和品种,依据花枝长度、开放度、花头大小、花损程度建立自动分级模型,根据分级的种类和品种,选择对应的自动分级模型,将切花置于自动分级机上料口,依据自动分级模型进行分级。

本实习以世界产量较高的鲜切花种类为对象,进行鲜切花的采收与分级技术训练,使学生掌握主要鲜切花种类产品成熟度的判定方法和质量等级判定标准,并在生产实践中应用。

2 实习准备

2.1 试材

温室大棚栽种的鲜切花,包括月季、菊花、百合和香石竹等常见的鲜切花种类。

2.2 仪器与用具

枝剪、捆扎带、水桶、分级设备、打叶除刺机器等。

3 实习内容

3.1 鲜切花的采收方法

鲜切花采收时间根据花朵成熟度及采后用途确定,分批次采收。上午采收可保持切花细胞高的膨胀压,有利于减少鲜切花采后萎蔫的发生。对于大部分鲜切花,尤其像月季等采后失水快的种类,应选择晴朗的上午采收,但要尽可能避免在高温和强光下采收。

采收工具如枝剪一定要锋利,切口应当平滑,避免压迫茎部对于通过切口导管吸水的木质茎类鲜切花,采收时应修剪成斜面切口,草质茎类鲜切花可通过切口导管和外表皮组织吸水,无须斜面切口。

花枝长度是质量等级的重要指标之一,所以采收部位要尽可能靠近基部;但对于木质化切花来说,花茎基部木质化程度过高,会导致鲜切花吸水能力下降,缩短鲜切花寿命。因此,采收的部位应选择靠近基部而花茎木质化程度适度的地方。鲜切花采收后,应立即放入清水或保鲜剂中,并尽快预冷,以防止水分丧失。

3.1.1 月季切花最适采收期

单头月季切花的开花指数由小到大分 1～5 度,其中 2～4 度为适宜采收的开花指数,可根据不同品种的花瓣数、瓶插后花蕾的开放情况、采收季节及气温、运输距离等进行调整。花瓣数少、瓶插易开放的品种及夏季气温高时宜采小的开花指数(即早采);花瓣数多、瓶插不易开放的品种及冬季气温低时宜采大的开花指数(即晚采),具体见表 8-8。

表 8-8　单头月季切花的开花指数划分标准

开花指数/度	描述
1	萼片保持直立，花瓣紧包，未从萼片中伸出，为不适宜采收时期
2	萼片展开 30°～45°，外层花瓣开始松散。适宜夏秋季远距离运输销售
3	萼片平展开 45°～90°，外层花瓣松散展开。适宜冬春季远距离运输销售
4	萼片稍下垂，外层花瓣向外翻卷，多层花瓣展开。适宜冬季近距离运输销售
5	花瓣全面松散，多层花瓣翻卷，花朵露心，不宜采收

3.1.2　菊花切花最适采收期

多头型菊花切花的开花指数分为 5 度，可根据不同品种瓶插后花蕾的开放情况、采切季节及气温、运输距离等进行调整。瓶插易开放的品种及夏季气温高时宜小开花指数采切(即早采)；瓶插不易开放的品种及冬季气温低时宜大开花指数采切(即晚采)，具体见表 8-9。

表 8-9　多头型菊花切花的开花指数划分标准

开花指数/度	描述
1	顶端 3～5 个花头外层 1～2 个舌状花开始向外伸展，其余花头舌状花直立伸展
2	顶端 3～5 个花头外层舌状花开始向外伸展，其余花头外层 1～2 个舌状花开始向外伸展
3	顶端 3～5 个花头外层舌状花继续向外伸展，其余花头外层舌状花开始向外伸展
4	顶端 3～5 个花头舌状花伸展完全，其余花头舌状花开始伸展
5	所有花头舌状花伸展完全

3.1.3　东方百合切花最适采收期

东方百合切花的开花指数由生到熟分为 1～5 度，其中 2～4 度为适宜采收的开花指数，可根据不同品种的花蕾数、瓶插后花蕾的开放情况、采切季节及气温、运输距离等进行调整。单枝花蕾数少、瓶插易开放的品种及夏季气温高时宜采小的开花指数(即早采)；单枝花蕾数多、瓶插不易开放的品种及冬季气温低时宜采大的开花指数(即晚采)，具体见表 8-10。

表 8-10　东方百合切花的开花指数划分标准

开花指数/度	描述
1	花苞已发育完全，但未显色。在此阶段采收，开放度过小，开花后花色不良，开花数减少，品质低下，为不适宜采收阶段
2	基部第 1 个花苞已经转色，但未充分显色。适宜夏秋季远距离运输销售
3	基部第 1～2 个花苞充分显色和膨胀。适宜冬春季远距离运输和夏秋季近距离运输销售
4	基部第 1～2 个花苞充分显色和膨胀，且花苞顶部已绽开。适宜冬季近距离运输和就近批发销售
5	基部第 1～2 个花苞已开放。此阶段采收，开放度过大，运输、销售过程中花瓣容易受伤，不适宜运输，仅适宜就近销售

3.2　鲜切花分级方法

3.2.1　主要切花分级标准

部分种类切花分级标准见表 8-11 至表 8-13。

表 8-11　月季切花质量等级标准

项目	级别		
	一等品	二等品	三等品
花	花色纯正、鲜艳具光泽，无变色、焦边；花形完整，花朵饱满，外层花瓣整齐，无损伤	花色鲜艳，无变色、焦边；花形完整，花朵饱满，外层花瓣较整齐，无损伤	花色良好，略有变色、焦边；花形完整，外层花瓣略有损伤
花茎	质地强健，挺直、有韧性、粗细均匀，无弯颈。 长度： 大花品种≥80 cm 中花品种≥55 cm 小花品种≥40 cm	质地较强健，挺直，粗细较均匀，无弯颈。 长度： 大花品种：65～79 cm 中花品种：45～54 cm 小花品种：35～39 cm	质地较强健，略有弯曲，粗细不均，无弯颈。 长度： 大花品种：50～64 cm 中花品种：35～44 cm 小花品种：25～34 cm
叶	叶片大小均匀，分布均匀；叶色鲜绿有光泽，无褪绿；叶面清洁、平展	叶片大小均匀，分布均匀；叶色鲜绿，无褪绿；叶面清洁、平展	叶片分布较均匀；叶色略有褪色；叶面略有污物
采收时期	花蕾有 1～2 片萼片向外翻卷至水平时		
装箱重量	每 20 支捆为一扎，每扎中切花最长与最短的差别不超过 1 cm	每 20 支捆为一扎，每扎中切花最长与最短的差别不超过 3 cm	每 20 支捆为一扎，每扎中切花最长与最短的差别不超过 5 cm

形态特征：灌木，枝具皮刺。叶互生，奇数羽状复叶（小叶 5～7 枚）；花单生新梢顶部；花瓣多数，花色繁多，主要有白、黄、粉、红、橘红等色；花瓣多数，花型、花色丰富多彩

表 8-12　菊花类质量等级标准

项目	级别		
	一等品	二等品	三等品
花	纯正、鲜艳具光泽；花形完整，端正饱满，花瓣均匀对称； 花径≥14 cm	纯正、鲜艳；花形完整，端正饱满，花瓣均匀对称； 花径：12～14 cm	花色一般，略有褪色、焦边；花形完整，较饱满，花瓣略有损伤； 花径：10～11 cm
花茎	挺直、强健，有韧性，粗细均匀，与花序协调。 花颈梗长＜5 cm 花茎长度≥85 cm	挺直、强健，有韧性，粗细较均匀。 花颈梗长：5～6 cm 花茎长度：75～84 cm	略有弯曲，质地较细弱，粗细不均； 花颈梗长＞6 cm 花茎长度：60～74 cm
叶	亮绿、有光泽、完好整齐	亮绿、有光泽、较完好整齐	稍有褪色

续表8-12

项目	级别		
	一等品	二等品	三等品
采收时期	花开七八成		
装箱重量	每 10 支捆为一扎，每扎中切花最长与最短的差别不超过 1 cm	每 10 支或 20 支捆为一扎，每扎中切花最长与最短的差别不超过 3 cm	每 10 支或 20 支捆为一扎，每扎中切花最长与最短的差别不超过 5 cm

形态特征：多年生草本，株高 60～180 cm，茎直立，多分枝。单叶，互生，长圆形，边缘有深缺刻。头状花序，顶生，边缘为舌状花，1～2 轮或多轮，中部为管状花，花径 10～20 cm，花色有白、黄、红、紫等。菊花花梗不宜过长或过短，通常要求在 5 cm 左右为宜

表 8-13　东方百合质量等级标准

项目	级别		
	一等品	二等品	三等品
花	花色纯正、鲜艳具光泽；花形完整均匀。 花蕾数目≥7 朵	花色良好；花形完整。 花蕾数目≥5 朵	花色一般；花形完整。 花蕾数目≥3 朵
花茎	挺直、强健，有韧性，粗细均匀一致。 长度≥80 cm	挺直、强健，有韧性，粗细较均匀。 长度：70～79 cm	略有弯曲，较细弱，粗细不均。 长度：50～69 cm
叶	亮绿、有光泽、完好整齐	亮绿、有光泽、较完好整齐	褪色
采收时期	基部第一朵花蕾完全显色但未开放		
装箱重量	每 10 支捆为一扎，每扎中切花最长与最短的差别不超过 1 cm	每 10 支捆为一扎，每扎中切花最长与最短的差别不超过 3 cm	每 10 支捆为一扎，每扎中切花最长与最短的差别不超过 5 cm

形态特征：多年生球根花卉，地下鳞茎肥大，地上茎直立。叶宽披针形，排列疏散。花数朵排列成总状花序，花朵侧向开放，花蕾多数，花被片 6，雄蕊 6，具芳香气味

3.2.2　月季采后处理与分级

切花月季田间采收后，立即在杀菌液（防治灰霉病为主）中蘸花头处理，再放在盛有保鲜液（以硫酸铝为主成分）的水桶保鲜，运输至冷库预冷、分级、包装、冷库贮藏或上市销售，全过程中鲜切花置放在盛有保鲜液的水桶内。鲜切花分级前，先进行去刺处理，再依据品种或类型，进行人工分级或自动分级（数字资源 8-1）。

数字资源 8-1

月季采后处理与分级

4　结果与分析

4.1　鲜切花采收调研

根据实验基地情况，选择月季、菊花、东方百合等代表性鲜切花，按照不同开花指数(度)进行采收。清水瓶插，观察不同开花指数(度)对切花瓶插状态和瓶插寿命的影响。

4.2　鲜切花分级统计

根据实习情况，分别对月季、菊花、东方百合等代表性鲜切花，按照相应的标准进行分级，记录各个级别鲜切花的数量，填入表8-14中，计算各个级别所占的比例，并分析基地一级鲜切花的商品率。

表8-14　几种鲜切花分级调查

	一级		二级		三级		等外品	
	数量	比例	数量	比例	数量	比例	数量	比例
月季								
菊花								
东方百合								
⋮								

（徐彦杰　编写）

实习二十九　园艺产品贮藏库类型与适用性评价

1　引言

园艺产品贮藏可以延缓园艺产品的呼吸、后熟和衰老，抑制微生物侵染，延长产品的供应期，调节市场的淡旺季，对于实现园艺产品均衡供应和种类多样化具有重要意义。园艺产品贮藏形式包括简易贮藏、通风库贮藏、冷藏库贮藏和气调库贮藏，了解不同类型贮藏库的贮藏能力及生产适用性，有助于有针对性地选用贮藏方式与库型，满足园艺产品贮藏保鲜的要求。

简易贮藏是利用自然温度变化和简易的场所来维持一定的贮藏温度进行园艺产品贮藏的方式，具有简单易行和投入少的优点，但贮藏条件不易人为控制，对一些园艺产品贮藏效果不好，贮藏期有限。简易贮藏包括堆藏、窖藏和沟藏，结构简单，费用较低，可因地制宜建造。通风贮藏库是在具有良好隔热效能的库房内设置灵敏通风系统，利用库内外温度差异和昼夜温差变化，通过换气设备，将库外低温空气导入库内，再将库内热气、乙烯等不良气体通过排气设备排出库外，从而保持园艺产品较为适宜的贮藏环境。但通风贮藏库仍是依靠自然温度调节库内温度，因此在气温过高或过低的地区和季节，如果不加以其他辅助设施，仍然难以维持理想的温度条件，而且温度不易控制是其主要缺点。在缺乏自然资源时，需进行人工冷藏。

机械冷藏库是指在具有良好隔热性能的贮藏场所内，借助机械冷凝系统的作用，根据不同园艺产品的要求，将库内的热空气传送到库外，使库内温度降低并保持在一定温度范围内，实现园艺产品贮藏保鲜的手段。机械冷藏库主要由围护结构、制冷系统和辅助性建筑组成。围护结构是冷藏库的主体，为园艺产品提供结构牢固、温度稳定的贮藏场所。与普通建筑相比，冷藏库要求有较高的隔热保温作用，常在建筑结构内加一层隔热材料，且要求材料具有导热率小、机械强度大、不易吸水、不易燃烧、经久耐用等特点。制冷系统是机械冷藏库的核心，常用的制冷系统有直接蒸发系统、水冷却系统和鼓风冷却系统。

气调贮藏库是在机械冷藏库的基础上，增加了调节和控制库内气体成分的保鲜设施，在维持园艺产品正常生命活动的前提下，通过调控库内气体环境，抑制园艺产品的采后呼吸，延缓产品的后熟和衰老，保持产品的品质，同时抑制库内病原微生物的生长，减少病害发生。按照调节气体方式的不同可分为自发气调库和人工气调库。自发气调是依靠园艺产品自身呼吸作用产生的高 CO_2 低 O_2 环境，通过调节通风孔使气体环境保持在一定比例的气调贮藏方法。人工气调贮藏是采用机械气调设备，人为地调节贮藏环境中气体成分的浓度比例并保持稳定的一种贮藏方法。气调库要求精确调控不同园艺产品所需的气体组分浓度、严格控制温度和湿度，实现保鲜。

本实习对不同类型园艺贮藏库进行实地调查，使学生了解不同类型贮藏库的性能及生产应用，拓展学生对园艺产业链中采后贮藏的认知。

2 实习准备

制作调查问卷，实地调查本地不同类型贮藏库。

3 实习内容

3.1 简易贮藏库

堆藏是在田间搭建临时贮藏场所，利用地面相对稳定的地温，加上覆盖材料，白天防止辐射升温，夜晚防止冻害发生，但受地域限制。

沟藏利用土层变温小的特点，起到冬暖夏凉的作用，此法优于堆藏，但在贮藏前期沟内温度仍较高，应注意通风散热。

窖藏分为棚窖和井窖。棚窖是一种临时性或半永久性贮藏设施，北方常用于贮藏苹果、葡萄、大白菜等园艺产品。井窖修建在地平面以下，用石板盖上窖口后，密闭性能好，充分利用土壤的弱导热性和干燥土壤的绝缘作用保持稳定的温湿条件。

3.2 通风贮藏库

通风库贮藏是棚窖的发展延伸，利用自然低温通过通风换气的一种贮藏形式，有完善的通风系统和绝缘系统。

3.3 机械冷藏库

机械冷藏库具有良好的温湿度控制性能，通过制冷系统，利用气化温度很低的液体（氨或氟利昂）作为冷却剂，使其在低压和机械控制的条件下蒸发，吸收贮藏库内的热量，从而达到冷却降温的目的；利用通风系统，保持库内空气流通，减少温湿度梯度，排除不良气体等；湿度控制系统负责监测和调节冷库内温湿度，确保园艺产品的贮存保鲜。

在机械冷藏库的使用和管理上，需要做到入库前消毒，入库时做到“三离一隙”，即离墙、离地面、离天花板，以及产品垛与垛之间及堆垛内应留适当空隙，入库后做到严格控制温湿度，选择气温较低及湿度较低时通风排除二氧化碳和乙烯等有害气体。

3.4　气调贮藏库

在机械冷藏库的基础上，增加气密结构和气调系统。气密结构主要有两种方式：一种是与围护结构做成一体，另一种是在隔热保温结构之外做成独立的气密结构。气调系统主要是维持库内氧气和二氧化碳的浓度比例，包括造气设备、调气设备和测控仪表等。

与普通机械冷藏库相比，气调贮藏库在使用时要求产品集中入库出库，不能经常开关库门，以利于在较短时间内达到所需气体环境并保持稳定，适用于长期贮藏的园艺产品。不同园艺产品对 CO_2 和 O_2 的浓度配比要求不同，有些园艺产品对 CO_2 敏感，高浓度 CO_2 容易引起伤害。

4　结果与分析

4.1　不同贮藏库类型及功能性评价

实地走访园艺生产基地、农产品批发等，调查冷库类型、库存面积、温湿度、贮藏产品、贮藏时期等，记录在表 8-15 中，比较不同贮藏库的特点及贮藏性能。

表 8-15　园艺产品不同贮藏库性能比较

类型	库存面积/m^2	温度/℃	相对湿度/%	贮藏产品	贮藏期	备注
简易贮藏						
通风贮藏						
冷库贮藏						
气调贮藏						

4.2　不同园艺产品气调贮藏参数分析

实地调查气调贮藏库中不同园艺产品的贮藏条件，记录在表 8-16 中，比较不同产品适宜的贮藏参数，讨论两种气调贮藏库的特点及生产应用性。

表 8-16　不同园艺产品适宜气调贮藏参数分析

园艺产品	温度/℃	相对湿度/%	O_2 浓度/%	CO_2 浓度/%	贮藏期
果品					
蔬菜					
花卉					

（闫佳琪　编写）

实习三十　葡萄酒酿制工艺及品质鉴赏

1　引言

葡萄酒是以鲜葡萄或葡萄汁为原料，经全部或部分发酵酿制而成的，酒精度不低于 7.0%的饮品。葡萄酒的品种很多，因葡萄的栽培、葡萄酒生产工艺条件的不同，产品风格各不相同。了解葡萄酒酿造工艺及品质，有助于指导葡萄酒生产及市场销售。

葡萄成熟度的确定及采摘是酿制葡萄酒前重要的一项工作，酿酒师和栽培师需要对果实成熟度变化进行连续品尝和糖酸含量等质量指标测定，根据计划酿造的葡萄酒风格和天气变化、病害发生等因素，决定采收时间。葡萄采收后被运到酒庄或酒厂，经过除梗、破碎、发酵、陈酿、质检等步骤，获得供食用和销售的葡萄酒。

葡萄酒酿制包括酒精发酵前处理、酒精发酵、苹果酸乳酸发酵、葡萄酒陈酿、后处理、灌装和瓶储、葡萄酒包装等步骤。酒精发酵前处理包括原料分选(去杂质)、除梗破碎、原料改良(补糖调酸)、添加二氧化硫和果胶酶，达到控制原料质量的目的。酵母菌可以将葡萄中的糖转化为乙醇、二氧化碳和其他副产物，这一过程称为酒精发酵。酵母菌一般在入料完成均质循环后 6～8 h 添加，根据入罐温度和原料状况而定。通常添加量为 200 g/t，添加后封闭循环 1/5 量。在传统红葡萄酒的酿造过程中，浸渍过程与发酵通常同时进行。当残糖小于 4 g/L 时，根据测定和品尝结果决定皮渣分离时间。发酵是在乳酸菌的作用下将苹果酸转化为乳酸，使葡萄酒的口感变得柔和、圆润，生物稳定性得到提高，具体时间根据实际情况可在酒精发酵结束后或酒精发酵中开始，接种用量通常为 10 g/t。发酵后，可以选择通过橡木桶陈酿进一步提升葡萄酒口感。品鉴小组定期对陈酿的葡萄酒进行品尝，根据品尝结果决定出桶时间。为了获得统一标准或特定风格的葡萄酒，陈酿后也可能会进行葡萄酒调配(将不同品种、不同产地、不同工艺的葡萄酒混合在一起)。葡萄酒的后处理主要包括加入亲水胶体(如膨润土)，使葡萄酒澄清、稳定，然后经过冷处理加速酒石酸等结晶沉淀，最后过滤去除不溶杂质等。对于已经完成发酵、陈酿、后处理的葡萄酒，还要进行灌装与瓶储，直至售出前进行贴标包装，葡萄酒酿制流程才全部结束。

葡萄酒品质鉴赏主要通过品尝来鉴定葡萄酒的品质和等级，欣赏葡萄酒的独特魅力。虽然通过实验室分析可以精确测量出酸、糖、单宁和 pH 等诸多理化数据，但目前即使是最先进的实验室和测试仪器仍无法完全替代人对食品和饮品的感官评价。品质鉴赏将从视觉、嗅觉、味觉三方面对葡萄酒进行全面的鉴定与欣赏，酿酒师借此来检验葡萄酒品质的高低，有无缺陷，并通过品鉴来决定不同葡萄酒调配的比例、陈酿时间等；专业评委和侍酒师等则通过品尝判断葡萄酒的产区、品质和等级，甚至协助确定葡萄酒的市场价格，对葡萄酒的销售和购买有重要的指导作用。

本实习通过参观实地、参观酒庄或酒厂或观看相关视频，了解现代葡萄酒酿制工艺及其关键技术，酿酒葡萄的采收，以及葡萄酒的品鉴训练，拓展学生知识结构。

2　实习准备

2.1　试材

选择达到采收成熟度的酿酒葡萄。以当地主栽品种或国内大众品种为宜，红葡萄品种可选择‘赤霞珠’‘美乐’和‘马瑟兰’等，白葡萄品种可选择‘霞多丽’和‘雷司令’等。

葡萄酒品质鉴赏选择干红、桃红、干白、起泡、甜酒等不同类型。干红推荐赤霞珠或美乐单一品种葡萄酒，干白推荐霞多丽或者雷司令单一品种葡萄酒，桃红、起泡、甜酒推荐莫斯卡托起泡甜酒。条件允许可选择波特(强化葡萄酒)、冰酒或贵腐酒(高糖度晚采收葡萄酒)、香槟(传统法起泡葡萄酒)等。

2.2 仪器与用具

手持式糖度计、pH 计、温度计等仪器，白色挡板或纸张、葡萄酒酒杯、酒刀、冰桶、吐酒桶等用具。

3 实习内容

3.1 葡萄成熟确定与采收

葡萄酒厂通常利用葡萄感官评价(表 8-17)和仪器分析(果实可溶性固形物含量、可滴定酸含量和 pH)来确定采收期。以品尝为核心的感官判断虽然对单个指标的估值可能存在一定误差，但对果实品质综合判定的效果好，在评价葡萄的技术成熟度和酿酒的质量潜能方面具有重要的作用。

由于同一地块中不同位置的葡萄果穗成熟度存在差异，在每个地块中，必须取多个样本进行品尝与测定。具体方法：两人一组沿葡萄行间行走，每隔一段距离(如每 10 株葡萄)，从果穗上取一粒葡萄。取样时注意更换果穗的取样位置，保证位于果穗上中下位置的果粒都抽取到。采样者沿行向对左右两边的葡萄藤依次取样，形成“之”字形的取样路线，同时确保遮阴和光照的果穗按大体比例取样。视学生人数多少，每组采集 100～200 个果粒。

葡萄样本带回实验室进行感官分析。观察果粒的着色程度后，品尝果粒。每次仔细品尝 1 个果粒，感觉果汁的含糖量、酸度和味觉特点；吐出种子观察种子的颜色和成熟度；咀嚼果皮，了解香气、单宁质量以及有无生青味等。果实品尝后，剩余果粒在容器中挤碎，测定可溶性固形物含量、果汁 pH 和可滴定酸含量。

3.2 葡萄酒酿制参观

实地参观酒庄或酒厂或观看视频(数字资源 8-2)。

数字资源 8-2

葡萄采收与葡萄酒酿制

3.3 葡萄酒品质鉴赏

3.3.1 准备工作

品鉴顺序安排如下：

颜色：先品鉴白葡萄酒，后品鉴红葡萄酒。

甜度：从干型酒开始，然后依次是半干、半甜、甜型。

酒精度：先品尝酒精度较低的酒，再品尝酒精度较高的酒。

检查品酒条件包括以下几项：

酒温：起泡酒和甜酒 8～10 ℃，干白和桃红葡萄酒 10～12 ℃，红葡萄酒 15～18 ℃。

酒杯：确认酒杯是否为合适的葡萄酒酒杯，杯体干净无异味及裂痕。

品鉴场所：有明亮的白光源，无异味，充足的饮用水和清洗酒杯用水。

表 8-17 酿酒葡萄成熟度感官评价标准

成熟度				异常情况
Ⅰ	Ⅱ	Ⅲ	Ⅳ	
技术成熟度				
果肉酸，甜味淡，与果皮和种子粘连	果肉甜味适中，酸味低，与果皮和种子很少粘连	果肉味甜，酸味低，与果皮和种子很少粘连	果肉很甜，微酸，与果皮和种子不粘连	果肉酸味和甜味都淡或者都浓
果肉成熟度				
生青味重	味淡	有果香到果香中等	果酱味浓到很浓	霉味、土腥味、碳酸味、块状组织
果皮成熟度				
果皮硬，带绿色（白色品种）或带桃红色（红色品种）；生青气味重；味酸，发干，单宁感弱、粗糙	果皮较硬，果柄周围带绿色（白色品种）或桃红色（红色品种）；有生青味到无气味；味较酸或发干，单宁感弱，细致	果皮较软，着色均匀，白色品种浅黄色到琥珀黄色，红色品种深红到黑色；有果香，带生青味，用拇指和食指压破果粒，果汁开始带色，酸味淡，基本不发干，单宁细致	咀嚼果皮化渣；着色均匀，琥珀黄（白色品种）或者黑色（红色品种）；果酱味浓到很浓；用拇指和食指压破果粒，果汁色重；无酸味和干感，单宁细致	霉味、土腥味、碳酸味、果实易碎且有生青味
种子成熟度				
种子绿色或黄绿色	种子绿栗色	种子栗色，带炒香味，涩度弱到中等	种子深褐色，炒香味浓，无涩味，易脱落	种子上色，但果皮硬，果肉酸

3.3.2 视觉品鉴

倒入 1/4 杯左右的葡萄酒，以白色挡板或纸张为背景，将杯子倾斜 45°，然后对照品鉴卡进行观察记录。首先观察葡萄酒的清澈度和沉淀物，通常来说，一杯正常的葡萄酒不应有悬浮物、浑浊或者液面上的膜，但可能有些许沉淀物；然后观察酒液的颜色，并判断葡萄酒的年龄与状态；最后旋转酒杯，观察酒液的流动性与挂杯表现，来判断酒精度及浓稠度。

3.3.3 嗅觉品鉴

将鼻子伸进酒杯中，吸气，集中精力取得第一印象和主要香气特征。接下来摇杯，使更多的香气从酒中挥发出来，然后鼻子伸进酒杯中再次嗅闻，以判断浓郁度较低的香气，并对照品鉴卡记录嗅觉结果。

3.3.4 味觉品鉴

倒一中口（15～20 mL）葡萄酒，让酒液在口腔中流动，确保各个部位均能试到酒，仔细感受葡萄酒的重量感、收敛感、细腻度、甜度、酸度、酒精感及风味特征。吐掉酒液，先以唾液的分泌量来判断酸度，然后以口腔和舌头的干涩度来判断单宁，再以口腔中余味的时间判断回味长短。重复此步骤数次，直至获得了对品鉴卡中所有品鉴项的感受，并记录味觉品鉴结果。

4　结果与分析

4.1　葡萄成熟度判断及酿酒的酒精度预测

根据表8-18中列出的指标对酿酒葡萄进行感官分析，判断葡萄园地块的整体成熟度，是否适合采收并阐述理由。根据手持式糖度计所测出的果实可溶性固形物推测酿制完成后的酒精度。

4.2　葡萄酒酿制关键技术调研

根据实地参观调研酒庄或酒厂，分析葡萄酒酿制的关键技术环节，探讨酵母菌、乳酸菌、二氧化硫、果胶酶等物质在葡萄酒酿制过程中的作用。

4.3　不同类型葡萄酒品鉴

根据品鉴结果填写葡萄酒品鉴卡（表8-18），对各品鉴酒款分别进行评价并阐述评价理由。

表8-18　葡萄酒品鉴卡

产区/国家：		品种：	
年份：		品鉴日期：	
视觉			
澄清度	清澈－浑浊	沉淀物	结晶　片状　颗粒　块状　无
流动性	无挂杯－有一定挂杯－挂杯明显		
颜色强度	浅－中等－深		
颜色	白葡萄酒：柠檬黄－金黄色－琥珀色		
	红葡萄酒：紫色－宝石红－石榴红－茶色		
	桃红葡萄酒：粉红色－橙黄色		
嗅觉			
状态	无异味－有异味		
浓郁度	清淡－中等－浓郁		
香气特征			
味觉			
甜度	干－微甜－中甜－甜		
酸度	低－中－高		
单宁	低－中－高		
酒精感	弱－中－强		
回味	短－中－长		
风味特征			

（马会勤　编写）

实习三十一　园艺商品批发市场调研

1　引言

园艺商品批发市场是以水果、蔬菜和花卉等园艺产品及其加工产品为交易对象，为买卖双方提供公开的、固定的和长期的批发交易设备，并进行园艺商品集散和结算等服务的交易场所。由于园艺商品的消费需求具有普遍性、大量性和连续性，但其生物属性为贮藏和运输增加了难度，而且其质量受产地自然环境影响较大，导致园艺商品产销矛盾突出、价格波动较大。因此，及时收集园艺商品市场信息，有助于科学决策和建立良好公共关系，指导园艺商品定价与销售。

获得园艺商品市场信息最有效的方法是进行市场调查，即利用科学的方法系统地收集、记录、整理和分析有关园艺商品批发市场的信息资料，从中了解批发市场变化的现状和发展趋势。这些信息资料包括从生产者向消费者转移的过程中，与市场营销和经营管理有关的消息、数据、情报和资料等。为了保证取得有效的信息，市场调查须遵循以下原则：①目的性。调研目的是了解市场中园艺商品的销售、价格和贮藏等信息，为相关企业或部门提供市场预测与决策。②真实性。获得的数据资料来源于批发市场的实际数据，不带有调研人员的主观臆断。③时效性。园艺商品具有一定的周期或季节性，对应的市场具有很高的时效性，及时调研才能反映市场的最新情况。调研内容包括：园艺商品供给信息，如栽培面积产量、质量、品种、等级、包装、新产品等；价格信息，如供给弹性大小、价格、价格敏感度以及替代品的价格等；市场竞争信息，如同行内部竞争，竞争产品的性能、包装和服务，以及竞争者的销售力量和策略等。

市场调研方法包括普查、典型调查、重点调查和抽样调查。资料收集方法包括询问调查法、观察法、试验法和加工信息调查法，其中询问调查法最为常用，如面谈调查、电话调查、问卷调查和网络调查。问卷调查法是根据调查目的设计调查问卷，通过在市场进行现场调查问答，最后整理得出调查结果的一种调查方法，具有较强的科学性。调查问卷设计原则是合理性(问卷必须与调查主题紧密相关)、可靠性(问题的设置是否具有普遍意义)、逻辑性(问题与问题之间要具有逻辑性)和明确性(问题设置规范)。市场调研分为：准备阶段，明确调查目的，设计调查方案；调查阶段，根据调查方案选择批发市场，实地调查收集资料；调查资料整理分析，撰写调查报告，并对调查的内容反馈追踪。

本实习以园艺产品批发市场对调查对象，采用问卷调查法，训练学生对园艺产品的市场信息采集能力，巩固相关的理论知识，掌握市场调查的方法。

2　实习准备

选择批发市场有代表性的水果、蔬菜或花卉作为调研对象。携带事先设计好的调查问卷、签字笔和相机等，开展市场实地调研。

3　实习内容

3.1　调查问卷设计

选择批发市场的一种园艺商品，如果树产品中的葡萄、草莓、樱桃、苹果和菠萝等；蔬菜产品中的黄瓜、番茄、大蒜和辣椒等；花卉产品中的玫瑰、百合、菊花、康乃馨乃至盆栽植物、多肉植物等。根据该商品的特点设计问卷，内容包括价格、需求和消费、供给、销售状况等。

市场问卷设计具体的内容包括：供给信息，包括栽培面积产量、变化趋势、质量、品种、等级、包装、新产品等；需求和消费信息，包括购买力、消费倾向、购买动机、习惯偏好、渠道选择等；价格信息，包括竞争品的价格、价格敏感度；销售渠道和促销信息；市场竞争信息以及营销环境信息等。

3.2　批发市场调研

设计问卷完成后，选择园艺商品批发市场对该园艺商品的批发买卖情况，进行随机抽样调查，针对消费者的调查至少选择 100 份以上的调查才有参考意义。进行市场调查时注意避免使用不确切的词语，避免提问断定性问题，避免引导性提问，避免一问多答的问题。

4　结果与分析

4.1　园艺产品市场调研问卷个案设计

结合实习时间和地点，选择本地农产品批发市场，调查某类园艺产品的市场价格及销售情况，设计调查问卷。

4.2　园艺产品市场调研结果分析

调研完成后，针对调查的结果进行分析总结。分析所调查产品的供给信息、需求和消费信息、价格信息、销售渠道、促销信息和市场竞争信息等。通过分析，预测该园艺商品的市场发展趋势，以及进一步的市场决策。

结合市场调查时出现的问题，总结调查过程中的经验教训，分析调查没有解决的问题，进行补充，并修改完善调查问卷。

（何俊娜　编写）

实习三十二　花卉拍卖市场调研

1　引言

花卉拍卖是从事花卉(鲜切花)拍卖业务的拍卖行接收鲜花售卖者的委托，在规定的时间与场所，按照一定的规则，将鲜花向买主展示，公开叫价竞购，最后由出价高者拍得鲜花的一种现货交易方式。了解花卉拍卖市场的运作模式和销售信息，有助于花卉企业制订合理的鲜切花市场销售策略。

花卉拍卖制度源于荷兰，种植者并不直接销售产品，以合作社形式将产品销售全部交给花卉拍卖市场。种植者提供高产量、高品质的产品，由花卉拍卖市场统一销售。这种高效的交易和销售模式于 1998 年引入我国北京莱太花卉市场，随后云南斗南的昆明国际花卉拍卖交易中心(KIFA)、广州花卉拍卖中心、广东顺德陈村花卉拍卖中心和兰州新区西北分中心等相继建立。KIFA 运行平稳，发展为全球第二大鲜切花交易中心，2014 年开始发布鲜切花交易指数，成为全国各地鲜花交易市场价格走势的风向标。KIFA 建立了供应链品控体系、交易规则、价格指数、服务体系和品牌推广体系，花卉拍卖流程包括供货、质检、装车、组列、复检、拍卖、分货、结算和提货发运。供货商按照要求将鲜切花送至拍卖中心，交货登记；然后是质检部门对鲜切花进行等级和包装等的质量检测，合格的鲜切花进入理货区域；按照种类批次装车并列队，然后进行复检和拍卖准备；之后进入拍卖环节，通过拍卖会场的电子钟实时查看交易过程和结果(数字资源 8-3)。拍卖成功的鲜切花台车，送入分货区进行分货、后续货款结算及提货等。

拍卖环节是决定鲜切花拍卖成功与否的关键。工作人员将组好的切花台车列队按照顺序放入拍卖大厅，展示要拍卖的鲜切花，购货商通过席位上的操作系统进行按键竞标。采用降价式拍卖，鲜切花的价格如果过高，无人接受，价格从最高向最低价格匀速下降。如果购买商的竞价低于底价，系统会安排立即重拍；如果二次应价依然低于底价，此次交易失败，即流拍。流拍的鲜切花可退回给供货商或征得供货商的同意后进行销毁，也可能在进行二次复检合格后，重组后重新进行拍卖。

数字资源 8-3

昆明花卉拍卖市场

本实习以昆明国际花卉拍卖交易中心实地或官网为对象，进行花卉拍卖市场的运作模式的调研，使学生了解拍卖市场对鲜切花销售的优势与问题，拓展学生的知识面。

2 实习准备

前往昆明国际花卉拍卖交易中心，实地调研。或是搜索 KIFA 官网(http://kifa.net.cn)，浏览鲜切花拍卖的相关信息。

3 实习内容

3.1 鲜切花拍卖前准备

(1)拍卖中心交货　供货商运送鲜切花到拍卖中心接货区，通知接货人员接收货物，并进行供货登记。接货人员对鲜切花进行检查确认，收货或拒收。

(2)质量检测　质检部门根据鲜切花分级标准(品种、数量、质量等级及规格、包装物统一性等)进行质量检测。按照标准(产品分类、产品等级和质量分类)编码，形成标识信息并建档，每个供货商提供的花卉产品在系统中均有唯一的建档信息。

(3)组列　在拍卖过程中，鲜切花货品以批次为单位，需要根据花卉的种类和等级集中整理，确认拍卖出场数量和顺序。将装水的标准筐放入台车中，12 台车为一列，按照排序结果，将台车送入待拍区。

组列后需要对列中批次进行复检，核查鲜切花品质。核实后，扫描组列中的台车号码，记录组列内的台车顺序，将对应的供货信息输送到大钟系统中，将拍卖顺序表格交到拍卖师手中，准备进行拍卖。

3.2 鲜切花拍卖

在拍卖过程中，拍卖大钟显示屏显示供货商信息和购买商信息、鲜切花产品信息、单批货品成交信息及最小交易量、同品种的总量和剩余数量。显示价格的光标从高到低逆时针转动，购货商中有人第一个按下竞价按钮，系统将使光标停止，竞拍成功。系统会自动记录相关信息，拍完后会将该批次鲜切花的交易结果发送到分货区的后台系统。拍单笔交易的过程很快，只需 4～5 s，效率极高。

拍卖时需要购销双方信息注册及确认，交易确认后系统信息生成，信息或系统有误时会影响拍卖的流程。

3.3　鲜切花拍卖后续工作

交易完成后，工作人员将交易单据的分货单粘贴在台车上，送到缓冲区排队，等待分货处理，并送到分货区的不同位置上，便于购买商提货。拍卖中心可保证购买商在拍卖结束 1 h 内提取货物。

4　结果与分析

根据实际拍卖情况，观测某个时间段内鲜切花交易的情况，记录在表 8-19 中。分析拍卖市场对鲜切花销售的优势，以及拍卖流程中能够改进提高拍卖效率的地方。

表 8-19　鲜切花拍卖交易现场的销售信息调查

批次	品种	规格/等级	成交价格/(元/枝)	数量/个
9286-E	蜜桃雪山	B 级	1.09	1×100
5177-D	蜜桃雪山	B 级	0.99	1×240
1216-D	荔枝	B 级	1.52	1×180
1216-B	荔枝	B 级	1.49	1×160
4870-B	卡布奇诺	B 级	1.57	1×200
5177-D	小白兔	B 级	1.35	1×200
⋮				

（何俊娜　编写）

第九章 园艺美学应用

实习三十三 花卉组合盆栽与微型造景

1 引言

组合盆栽是观赏植物盆栽栽培的一种形式，将不同高度、花姿、质感、颜色的多种观赏植物，运用植物配置的艺术技巧组合在一起，配以适合的容器，从多角度展示不同层次的意境，起到更好的装饰美化效果，体现作者的审美与创造。组合盆栽深受消费者的青睐，广泛应用于居室美化和家庭园艺。

相比单一盆栽，组合盆栽就像一个缩小的花境，多种植物的组合使之具有不同的花姿、色彩和质感，因而更具欣赏性。与插花相比，组合盆栽同样是将不同植物的美，通过人工的选择、构思、设计和修饰，巧妙地组合在一起的综合艺术，但具有更长的观赏期。配置植物种类时要考虑其花姿、质地、颜色以及高度，这其中最重要的要素是高度层次的安排。对于无特定正面的盆栽组合设计，通常在中心位置放置有一定高度的植物，特别是一些线性花材，而四周种植相对低矮的植物，这样会有较好的层次感和节奏感。对于有特定正面方向的组合盆栽，通常将较高的植物置于靠后的位置。

选择栽培容器是制作组合盆栽的重要步骤。除了盛放、支撑植株的功能之外，栽培容器本身也是组合盆栽重要的组成部分，常用栽培容器有陶质、紫砂、瓷质、塑料、木制、竹制等，但不宜选择金属容器，因为日光照射下金属吸热可能对植物造成伤害。在选择容器时，要注意栽培容器本身的美观以及与所栽培植物组合的协调。根据植物观赏特性，选择栽培容器的造型、质地、颜色等，以口径大于深度的浅容器或长条形容器为宜，以便更好地组合和展示多种不同的植物。适当的栽培容器可以很好地烘托植物本身的美感，而且容器自身对居家环境也是一种美化，体现主人的品位和审美。根据植物生长特性，选择栽培基质，如泥炭、腐叶土、园土、赤玉和鹿沼土等火山灰类基质，以及树皮、水苔等，并辅以珍珠岩、蛭石、陶粒、碎石、沙子等，单一基质或组合多种基质使用。栽培基质需要具有良好的透气性（对多肉植物的组合盆栽尤为重要）和保水保肥能力，以利于植物长期生长。一般花卉喜中性或微弱酸性的基质，选择基质时需加注意。此外，基质对所栽培的植物要有较好的固定作用。

制作组合盆栽，除了植物本身的花姿、色彩、高度等植物学特性之外，深入了解其栽培特性也至关重要，这涉及基质、栽培容器的选用以及养护场所的选择。例如，放置盆栽的位置如果光照不足，就要考虑选择相对耐荫的种类；而如果盆栽放置于室外以及向南的阳台或窗台等光照充足的位置，则适宜使用草莓、月季等喜光的种类。此外，组合盆栽时还常常使用一些辅助配件，如贝壳、枯木、山石、海沙、彩色瓜米石以及一些竹木制品等，以增加作品的美感、特色和趣味性。

本实习以多肉植物、花盆、基质和配饰为材料，通过示范和操作训练，使学生掌握观赏植物组合盆栽制作与养护的原理与技术要点，提高审美素养。

2 实习准备

2.1 试材

选用黄冠、珊瑚棒、白鸟、千佛手、白牡丹、江沪紫、白毛掌、万重山、霜之朝、千佛手、昂斯诺、红宝石、十二卷、玉翁、黄丽、铭月、火祭等常见多肉植物，注意姿态、质感、高低和颜色的多样性，以便设计造型。

2.2 用具

大镊子、手套、浇水用塑料洗瓶、栽培容器、栽培基质(泥炭土、蛭石、陶粒等)、桌布等。

3 实习内容

3.1 植物组合设计

根据不同植物种类的花姿、色彩、高度等特性，结合个人审美情趣，创意构思。组合盆栽设计无定规，但对于初学者而言，应注意：①花材选用的多样性，但最终的作品要有一定的一致性和相似性，使作品具有整体的美感。既要注意对比，也需考虑调和。如果不能很好把握，慎用颜色、质感反差过大的花材。②花材摆放高低错落有致，保持均衡和稳定。通常，中心位置放置较高的花材，紧密栽植；周边种植相对低矮植物，并且相对松散。如果组合盆栽设计有特定的正面方向，则较高的植物需要置于后方。③各部分植物互相衬托呼应，有一定的分割和层次。

3.2 盆栽植物上盆

选择口径大于深度的、盆底具有排水孔的浅盆，质地以瓷盆、紫砂盆为宜。盆底排水孔用塑料或不锈钢网片掩盖，漏水及防止基质流失。

在盆底铺设粒径约 0.5 cm 小陶粒，作为排水层，防止浇水过多时造成多肉植物烂根。在排水层上加入适量的泥炭土混合等比例蛭石的栽培基质。珍珠岩因质地较轻，浇水后常会浮到基质表面，不建议在浅盆容器中用作基质。栽培基质中可以适量加入缓释肥颗粒，混合均匀。

根据设计，将选择好的多肉花材逐次定植在花盆中，抚平营养土后适量浇水。水量不宜过多，表层湿润即可。同时为了美观，可以覆盖适量的铺面石，放在适当环境下养护。

3.3 盆栽组合养护

大部分多肉植物属于仙人掌科、景天科、番杏科、大戟科等科属，通常喜强烈光照、耐炎热干旱，适宜 15 ℃以上温暖环境。盆栽可放置于光照较为充足的南向阳台或室外。此外，同时，浇水时要掌握“不干不浇，宁少勿多，不可过湿”的原则，防止多肉类植物烂根。通常，夏季 2 周左右浇水一次，冬季 3 周左右浇水一次。

4 结果与分析

4.1 植物组合个案设计

根据实习时期和个人偏好，设计植物组合，解析造型的构思与意境。标注拟选择植物种类、颜色和质地等美学特征、生长特点和养护要求等。

4.2 盆栽组合上盆与养护

根据植物组合的设计，选择适当的花盆、基质和配饰等，上盆栽植，并放在适合的场所养护。实习结束后，展示组合盆栽作品，讨论养护的技术要点。

（张　钊　编写）

实习三十四　观赏植物的造型与修剪

1 引言

观赏植物造型(topiary)是以观赏植物为材料，根据一定的美学原则，通过修剪、绑扎、嫁接等园艺技艺，创造出的具有一定观赏价值的植物形象。造型的观赏植物具有几何美、图案美，不仅可以单独欣赏，也可以通过植物配植，形成特色景观，既能表现植物蓬勃的生命力，又具有极高的观赏价值和艺术表现力。

“Topiary”一词最早由古希腊语“topos”(地方)衍生形成拉丁语的“opus topiarus”，寓意为“观赏性、装饰性的园林设计”。维基百科英文版中定义为“一种将多年生乔木、灌木和亚灌木修剪成几何式或奇异形态的园艺实践活动”，日本植物造型修剪协会(Japan Topiary Association)定义为“通过人工的、立体的造型方法创作植物造型”，美国《花园大百科全书》中阐释为“通过对植物进行整形和修剪，创造生动的人工造型的艺术形式”，汉语可意译为“植物雕塑”或“植物造型”。广义的观赏植物造型包括平面式造型和立体式造型两个方面。平面式造型一般选用低矮小灌木或地被花卉为材料，在水平空间内组合成各种图案和线条，根据范围大小可以组合成点式、线式及面式的造型，如几何形花坛、道路旁的绿化带等。立体式造型具有多维观赏面，注重体现植物整体形态上的观赏性，如将植物修剪为植物雕塑(几何式、自然式、独干树、动物式、复合造型等)、植物建筑(绿篱、绿色拱门、绿廊、绿幕等)、植物图案(草坪图案、迷宫与迷园、结节园和植坛)等多种形式，展示不同的艺术特征。

乔木、灌木、草本花卉等多种观赏植物均可用于造型修剪。利用乔木、灌木造型，多采用种植、绑扎、修剪等方法，选用“四季常青、适应性强、萌蘖性好、耐修剪、观赏价值高”的植物，如龙柏、圆柏、侧柏、日本五针松、冬青、紫杉、小叶黄杨、三角梅、红花檵木、小叶榕、杜鹃等。利用草本植物造型，多采用镶嵌、嫁接等方法，选择“萌蘖性强、生长旺盛、分枝多”的观叶植物，如红苋草、绿苋草等。菊花、绣球花、半枝莲、长寿花、四季海棠等花期长、色彩鲜艳、冠形整齐的观花花卉也常用于植物造型。

观赏植物造型应以观赏植物的自然形态为基础，把造型设计的艺术性与观赏材料造型的可能性有机结合起来。观赏植物造型的外观表现包括构图和色彩两个方面，因此造型设计与实施应充分考虑造型的美学原理。植物造型应与周围环境相协调，在统一的基础上创造灵活的变化。由于植物造型有不同的形态，环境空间也复杂多样，植物造型应注重对比与调和，在协调的基础上创造对比。在造型过程中，应注意造型本身与环境空间在长、宽、高上的大小关系，根据环境的需要和观赏者的感受使用正确的比例与尺度，创造出既有自然活力又能给人安定感的均衡稳定植物造型。

观赏植物造型常用的手法包括修剪绑扎法、植物栽植法、组合拼装法、插花造型法等。修剪绑扎法多用于单体植物造型，需要多年才能形成造型，而且为了维持形状，需要在生长期内多次修剪。因此，单体植物造型应根据植物的生活周期和生长发育规律适时造型，重视造型植物的养护管理。

本文以圆柏和菊花为试材，进行木本和草本植物的造型与修剪，使学生了解不同园艺植物的生长规律及其适合的植物造型技术，拓展学生的知识面，培养审美素质。

2　实习准备

2.1　试材

木本植物单体造型以当地苗圃常用的绿化苗木圆柏植株为材料，草本植物造型以菊花植株为材料。

2.2　用具

绿篱剪、修枝剪、高枝剪、手锯、削枝刀、开角器、高凳等。

3　实习内容

3.1　圆柏单体造型

圆柏四季常青、耐寒、耐旱、对环境适应能力强，圆柏枝叶茂密、耐修剪，是制作观赏植物造型的良好材料，桩景易于养护管理。遵循因树造型原则，植株细长而株型矮的可以修剪为柱形，植株较粗的可设计为球形，也可设计为人物、动物等造型。现以圆柏灯台松造型为例，介绍圆柏的造型技术方法。

3.1.1　选树

选树是造型的基础，选择生长健壮、小枝稠密、树冠丰满的 3～7 年生旺树，树干通直，高度 2.5 m 左右。不选择新栽树、生长势弱的树、带枯病枝的老树，不利于整形。

3.1.2　设计造型

现场测量树高以及树体上、中、下部的冠径，勾绘出树体轮廓线，在轮廓线以内设计草图。观察树体情况，结合造型的形体特征，考虑在树体上如何布置造型的各个部位。造型的突出与凹陷部位由圆柏的枝条来呈现，因此树体上各个部位枝条的使用，要初步在树冠上进行布局。

3.1.3　制作

每件植物造型均离不开骨架，根据设计图制作骨架。简单造型可以不要骨架或只制作关键部位的骨架。在树下模拟造型部位轮廓，制作骨架，做好后固定在树上。骨架一般由铁丝、竹竿、钢筋等不同材料制作，骨架轮廓无须太逼真，只要能在骨架上绑扎枝条，能支撑造型即可。

灯台松造型由多层构成，第一层距地面 50 cm 处，在主干上用铁丝水平固定与冠幅等长的 3～5 根竹竿，各竹竿外端用铁丝相连，修整铁丝形成以树干为圆心的圆环。第一层往上，每隔

30～50 cm 设置一层，各层直径依次减小。在每层处留出的侧枝依次绑扎在骨架上，层间扰乱造型的枝条均需剪去。

3.1.4 修剪

枝条绑扎好后，按骨架和轮廓线进行修剪。对于粗长的枝条，适当向内压缩剪除，利用附近细小枝叶遮挡空缺，以增强观赏性。由于枝条生长部位不是依照设计而存在，所以枝叶不够或者多余时，应采用扭转弯曲、因势利导等方法加以利用，避免过重修剪使树势衰弱。

3.1.5 桩景维护

由于圆柏是活的植物材料，进行立体造型既要考虑成形，又要考虑树木生长。对于丰满的树形，枝量多时可一次定型，枝量不足时可通过一年或多年多次修剪、绑扎而逐步定型。树体养护管理水平直接影响到造型的观赏效果和持续时间，因此要根据造型适当修剪，使造型逐渐丰满美观。此外，采用土肥水管理、解除绑扎物、病虫害防治、更换骨架等技术措施，维持良好的造型。

3.2 菊花单体造型

菊花是多年生宿根草本，品种繁多、花色艳丽、生长迅速、分枝繁密，是造型的优良材料。菊花根据花朵直径大小分为大菊(花径＞18 cm)、中菊和小菊(花径＜9 cm)，根据整枝和艺术表现形式可分为独本菊、立菊、大立菊、悬崖菊、案头菊、菊艺盆景、塔菊等造型。独本菊一株一花，能充分表现品种特性；大立菊经培育可实现一株上开数百朵甚至上千朵菊花，富丽堂皇、十分壮观；悬崖菊多以小菊为材料，全株枝条呈三角形延伸下垂，花朵繁密犹如瀑布，姿态潇洒；塔菊将菊花品种嫁接到直立生长的蒿干上，通过绑扎分层，形成了动势向上的造型。现以小型悬崖菊造型为例，介绍小菊的造型技术方法。

3.2.1 品种选择

悬崖菊是小菊的一种造型方式，其艺术形式取材于山间野生小菊自然匍匐悬垂的形态。悬崖菊造型要求主干修长、分枝繁密、枝条柔软下垂、开花繁密。根据主枝长度分为大型、中型和小型悬崖菊造型。大型悬崖菊长达 3 m 以上，一般以青蒿为砧木嫁接小菊培育而成，制作程序较为复杂。小型悬崖菊由菊花扦插苗培育而成，长度一般在 2 m 以下，选择“分枝多、枝条细长、开花繁密、生长速度快、长势旺、顶端优势明显、节间长而柔韧”的品种，花色一般以白、粉、黄等醒目颜色为主，瓣形多选择单瓣或半重瓣的小菊系品种，如黄金球、白星球、星光、金满天星等。

3.2.2 育苗

小型悬崖菊育苗以扦插苗为主，9 月初采长势良好母株的抱头脚芽为插穗，立即插入培养土中在温室中越冬，也可采用早春温度回升后的分蘖苗育苗。扦插苗成活后定植在直径 20 cm 的花盆中，加入腐殖营养土，施足底肥。悬崖菊对土壤要求不严格，但以偏酸性的腐殖土为宜，在土壤中混入饼渣等使菊株生长旺盛。

3.2.3 摘心

摘心是培育悬崖菊的关键技术手段，通过摘心促使菊花分枝，留枝数量根据悬崖菊的设计要求而定。如果要求悬崖菊较宽，在基部留 3～5 分枝，可培育下宽上窄的形状。当菊株长到 20 cm 左右时开始摘心，选 1 或 3 分枝作为主干，最长者留在中间，主干延长生长不再摘心，在主干上长出的侧枝根据位置留适当叶片摘心。侧枝首次摘心时，基部生出的枝条留 5～6 片叶、中部枝3～4片叶、顶部枝2～3片叶，之后侧枝长出新枝时，均留2～3片叶摘心，摘心相隔时间以2～3周为宜。最后一次摘心应在短日照处理前3周完成，为使开花一致，最后一次摘心要分批进行，以基部和中心枝先摘心，边缘枝后摘心，间隔时间4～6 d。

3.2.4　裱扎引缚

为自然下垂造型，当菊株高度达30～40 cm时，用竹片裱扎，倾斜（倾斜角度约60°）引缚，使植株倾斜生长。随植株生长逐渐增大竹片的倾斜角度，当花蕾陆续形成时去除竹片，植株自然下垂呈悬崖状。

3.2.5　养护管理

保持充足光照，光照时间10 h以上，若光照不足需人工补光。幼株时期每15 d施一次肥，以饼肥水和磷酸二氢钾交替施肥效果更佳。悬崖菊盆景，根据植株的长度安放在高矮相应的几架上，或根据园林景观需要，摆放在假山奇石上，通过修剪使侧枝错落有致，花头升出叶丛，突出花开时的绚烂观感。

4　结果与分析

4.1　圆柏造型设计及相应修剪技术运用

根据实习情况和个人兴趣，设计圆柏几何造型，制作骨架，并进行相应的整形修剪。讨论造型技艺对圆柏树体枝叶生长的影响及所采用的适宜修剪措施。

4.2　小型悬崖菊造型技术对比分析

选择小菊系不同品种，通过摘心、裱扎引缚等整形方式，制作悬崖菊造型，对比分析不同品种生长发育特点及适合的造型技术。

（郝瑞杰　编写）

实习三十五　花坛的设计与养护

1　引言

花坛是在具有几何形轮廓的种植床内种植各种不同色彩或纹样优美的花卉，构成一幅显示群体美的平面图案画，以体现其色彩美或图案美的园林应用形式。

花坛有不同的类型，按其形态可分为立体花坛和平面花坛两类。平面花坛的表面与地面平行，主要观赏花坛的平面效果，包括沉床花坛或稍高出地面的平面花坛。平面花坛又可按构图形式分为规则式、自然式和混合式3种。立体花坛不同于前几类表现的平面图案与纹样，以表现三维的立体造型为主题。按观赏季节可分为春花坛、夏花坛、秋花坛和冬花坛。按栽植材料可分为一二年生草花坛、球根花坛、水生花坛、专类花坛（如菊花坛、翠菊花坛）等。按表现形式可分为花丛花坛和模纹花坛。花丛花坛是用中央高、边缘低的花丛组成色块图案，以表现花卉的色彩美为主。模纹花坛主要观赏精致复杂的图案纹样，植物本身的个体或群体美居于次位，通常以低矮观叶（或花叶兼美的植物材料组成），故不受花期的限制。按花坛的运用方式可分为单体花坛、连续花坛和组群花坛。现代又出现移动花坛，由许多盆花组成，适用于铺装地面和装饰室内。

花坛在环境中既可作为主景,也可作为配景。形式与色彩的多样性决定了花坛在设计上也有广泛的选择性。花坛的设计首先应风格、体量、形状诸方面与周围环境协调,其次才是花坛自身的特点。花坛的体量、大小应与花坛设计处的广场,出入口及周围建筑的高低成比例,一般不应超过广场面积的1/3,不小于1/5。花坛的外部轮廓应与建筑物边线、相邻的路边和广场的形状协调一致;色彩应与环境有所差别,既起到醒目和装饰作用,又与环境协调,融于环境之中,形成整体美。

本实习通过对现有花坛调研学习和新花坛的设计,训练学生在花坛设计、施工及养护等方面的实操能力,使学生掌握相关的基本知识,并运用于实际。

2 实习准备

2.1 试材

选择可以操作的场地,满足学生可以进行花坛设计、栽植施工和后期养护的任务。选择现有花坛进行花坛设计调研。以盛花花坛为主,准备花坛花卉植材,熟悉花坛植物的基本观赏特点,如高度、花彩或叶色等。

春花坛常用的花卉:雏菊、三色堇、金盏菊、毛地黄、虞美人、金鱼草、矮雪轮、报春花、瓜叶菊、五色菊、霞草、四季海棠、蓬蒿菊、旱金莲、花菱草、矮牵牛、紫罗兰、天竺葵、毛地黄、福禄考、石竹、月季、鸢尾等。

夏花坛常用花卉:百日草、半枝莲、凤仙花、夜落金钱、长春花、大丽花、鸡冠花、地肤、美人蕉、紫茉莉、美女樱、一串红、天人菊、翠菊、蛇目菊、蜀葵、万寿菊、千日红、茉莉、米兰等。

秋花坛常用花卉:美女樱、菊花、百日草、波斯菊、一串红、鸡冠花、飞燕草、月见草、孔雀草、山茶花、蜀葵、万寿菊、千日红、茉莉、米兰、杜鹃等。

2.2 仪器与用具

绘图工具、绘图纸、测绘仪器、记录本、CAD等制图软件,铁锨、花盆、滴管系统等。

3 实习内容

3.1 花坛调研

选择当地几处成品花坛进行调研,具体包括花坛类型、功能、设计主题,所用植物的规格、栽培密度、种植方式及养护要点等。

3.2 花坛设计

花坛设计以园林美学为指导,充分表现植物本身的自然美以及花卉植物组成的图案美、色彩美或群体美。

根据地块特点进行花丛花坛设计。结合当地市场种苗情况、课程开始时间,完成指定地块的花丛花坛设计图纸。具体内容包括:花卉种苗市场调研,根据市场供应选择花坛植物,列出植物清单;绘制设计平面图与效果图,根据图纸做出花坛造价。

3.3 花坛施工与养护

种植施工:结合设计统一采购种苗,完成花坛种植任务。施工后进行常规养护,直至花坛花期结束。

4　结果与分析

4.1　花卉种类及特性分析

总结当地不同类型花坛，调查花坛应用的植物，记录在表9-1中。分析植物的基本观赏特点，包括花卉植物的尺度、色彩、形状、质感、习性、栽培要点等。

表9-1　花坛应用植物种类调查表

花坛类型	植物组合	备注
春花坛		
夏花坛		
秋花坛		
冬花坛		

注：结合调研的时间段记录，可以记录同一季节不同花坛的植物组合

4.2　花坛设计训练

结合指定地点进行花卉设计训练。选择适合花坛的地点，面积50～200 m^2，设计盛花花坛，完成春花坛和秋花坛两套植物配置方案。

用表列出花卉设计需要的植物，并记录花卉基本特点及规格参数（表9-2）。

表9-2　春（秋）花坛花卉植物种类目录

序号	植物名称		花期	植物高度	植株冠幅	花色/花叶
	中文名	拉丁名				
01	雏菊					
02	三色堇					
03	金鱼草					
04	金盏菊					
05	毛地黄					
06	虞美人					
07	鸢尾					
⋮						

4.3　花坛施工与养护

结合设计图纸，分组完成一花坛的施工。记录花坛施工的过程及要点。制订后期养护方案，定期养护。

（陈红武　编写）

实习三十六　花境的设计与养护

1　引言

花境是由花组成的境界，是模拟自然林地边缘地带多种野生花卉交错生长的状态，运用艺术手法设计的一种花卉应用形式。花境是园林中从规则式构图向自然式构图过渡的一种半自然式的带状种植形式。花境既可以表现植物本身所特有的自然美，也可以表现花卉之间自然组合的群落美。

花境通常栽植露地宿根花卉、球根花卉及一、二年生花卉，部分花境也可以采用灌木、藤本等植物类型。花境的组成植物若以露地越冬的宿根花卉为主，称为宿根花卉花境，若配植少量球根花卉或一、二年生花卉，称为混合式花境。混合花境植物种类繁多，花期调控容易，可体现出植物材料"色彩绚丽、四季有景"的特色，是当前园林中应用较多的花境类型。花境设计可以结合专类园设计思路，在同一花境中大量使用同科、同属的不同品种，或根据某一观赏特征，积聚大量相同类型植物材料，承担科普、展示等功能。花境要求植物能在花期、株型、花色等方面表现出丰富的变化，并在株高、季相和色彩上达到和谐统一，因此创造植物多样性是体现花境特点的基础工作。

因花境是模拟自然界林缘地带的景观，设计花境的位置多在树丛、绿篱、栏杆、绿地边缘、道路两旁及建筑物前等具有比较高大背景的区域。园林中以建筑物、挡土墙、树群、绿篱等为观赏背景，前方栽植低矮花卉植物，使整体上形成"后高前低"的形式，这种只具有一个观赏面的花境称为单面观花境。若花境布置在草坪上或树丛间，由于这些区域缺乏专门设置的高大背景，所以多设计为中间高两侧低的形式，这种花境可以提供两面观赏，称为双面观花境。园林中也有两个或多个花境以对称或拟对称的形式布置于有对称轴的区域，如园路两侧、小品两旁或建筑物周围等，通过多个花境营造出节奏与韵律变化的形式称为对应式花境。

花境一般以条状或带状为主，种植床两边多是平行直线或几何曲线，但花境内部植物材料的配植则完全采用自然式的种植方法。花境所表现的是观赏植物开花时以及彩色叶植物显色时的自然美，也能在轴线上体现多种植物自然组合的群体美。因此花境设计遵循色彩美和形式美的美学原理，既展示植物绚丽一时的静态美，也展现植物随着时光推移的动态美，依据植物生长习性和物候期，从生态的角度营造花境。精细的养护工作是展示花境美的一个重要环节。以宿根花卉为主的花境，虽不必年年更新花卉，但需时常检视植株，及时更换坏死植株。自然繁衍的种类，不能任其自由发展，应提前定苗；对根系发达的花卉种类，应注意控根，以免侵占其他植物的生存空间；对于枝条柔软或者容易倒伏的种类，要及时架杆固定。此外，花境养护也包括植株调整、水肥管理、清除杂草和枯枝落叶、越冬防寒等工作。

本实习围绕花境设计与养护，通过现场勘察、种植设计、花境栽植与养护等训练，增进学生对观赏植物生长习性的理解，强化学生对花境的创意设计，提高学生实践操作技能和审美素养。

2　实习准备

2.1　试材

根据本地条件，选择植物材料以宿根花卉为主，搭配部分花灌木、球根花卉、一二年生花卉，如三色堇、鸢尾、郁金香、百合、美人蕉、龙胆鼠尾草、金光菊、蓝羊茅、勋章菊、角堇、石竹、大滨菊、福禄考、山矢车菊、银叶菊、天竺葵、玉簪等。

2.2　仪器与用具

绘图工具、绘图纸、测绘仪器、记录本、CAD制图软件等；花盆、浇水壶、喷雾器、修枝剪、遮阳网、覆盖物、温度计、湿度计、标牌等用具。

3　实习内容

3.1　花境设计

3.1.1　现场勘察及调查

确定需要设计花境的场地，对当前场地的园林类型及功能定位。了解场地的方位、海拔、坡向、土壤理化性质、排水状况等，现场勘查场地中的建筑物、道路、绿篱、草坪以及已有的花园等。若在场地中已有大型建筑物、高大树木等，确定建筑物方位、树木冠幅、树木密度等对花境样地的遮阴情况，确定所设计花境合适的观赏面及规模。形成详细的场地调研报告，包括气候条件(最高温度、最低温度、降水量、日照时数等)、植被情况、栽培技术、资金情况等。

3.1.2　种植设计

调查当地可以利用的宿根花卉、球根花卉、开花灌木、一二年生花卉种类，进行观赏特征分类：依据开花时期分为春花类、夏花类、秋花类；依据开花颜色分为黄色系、红色系、白色系、蓝紫色系；依据花卉的株高，按小于40 cm、40～80 cm和大于80 cm进行分类，获得观赏花卉的季相、色彩、高度等基本数据。

选择的植物材料应具有优良的观赏性，花期长或花叶兼美，株高、株型、花序形态等变化丰富，有水平线条与竖直线条的交错，色彩丰富，质地优异。通过不同季节的代表种类来体现花境季相，让同一季节不同花色、不同株型合理布置在花境各处。根据植物叶色或开花色彩设计出单色系、类似色、补色、多色的配色方案，设计不同色块、各色块面积与分布。根据植物高度设计花境立面，植株高度搭配错落有致、富有层次，前景、花境、背景三者之间相互衬托。

3.1.3　绘制设计图

提供比较详细的总平面图、花境平面图和立面图。总平面图一般反映花境周围的布局情况，平面图一般结合季相设计和色彩设计呈现，通过平面图可以直观获得花卉开花时花境的观赏效果。花境需有设计说明书，简述设计者创作意图、设计创意以及管理要求等，也可对设计平面图中难以表达处进行详细说明。

3.2　花境栽植

栽植前整地施肥，根据排水情况确定高畦或平畦栽植。花境的短轴，一般单面观花境4～5 m、双面观花境4～6 m，若在庭院设计花境，可设置为1～1.5 m。花境如过长，可将植床分为几段，每段长度以不超过20 m为宜，花境各段之间留1～3 m间隔地带。花境边缘用金属或塑料条板隔离，防止边缘植物侵蔓路面，畦边也可用低矮植物镶边，以 5～20 cm 高为宜。两面观赏的花境两边均需栽植镶边植物，而单面观赏的花境通常在靠近道路的一侧种植镶边花卉。如果花境前面为园路，边缘也可用草坪带镶边，宽度至少 30 cm 以上。根据设计图种植植物种类，主要采用块状混植的方法，同一种植物种类要根据植株大小、数量、高度等栽植在花境中不同的位置。

3.3 花境养护管理

花境为多年生长的植物，随着时间的推移，其中的各植物材料会出现局部过密或过疏情况。对于密集处时疏枝剪叶、间苗抽稀，对于稀疏部位补植填充。深秋及早春时期灌溉封冻水及返青水，适时植株调整、中耕除草、施肥灌水、病虫害防治等。杂草是花境植物水分养分的强力竞争对手，也是花境发生退化演替的重要原因，另外榆树等木本树种的翅果容易在刮风时被花境截留，对混入花境的入侵植物，必须及时除去。

4 结果与分析

4.1 本地花境植物调查

实习以分组形式进行，调查当地植被情况，选择适合花境应用的花卉种类，进行观赏特征分类，记录在表 9-3 中。

表 9-3 花境应用植物调查表

序号	观赏植物类型	名称	花期	花色	花序	株高/m	质地	备注
	宿根花卉							
	球根花卉							
	一、二年生草花							
	开花灌木							

4.2 花境设计与实施

结合场地类型，根据调查的花境植物设计“三季有花、四季有景”的花境，提供总平面图、花境平面图、设计说明。总平面图表示花境周围的布局情况，平面图结合季相和色彩呈现开花时花境的观赏效果，设计说明介绍设计创意和管理要求。根据设计图纸选择对应地块进行花境实施，花境成形后进行观赏性评比。

（郝瑞杰　编写）

实习三十七　东方插花的制作与赏析

1 引言

插花艺术是以植物器官为主要素材，通过一定的技术和艺术加工，来表现其自然美和生活美的一门造型艺术。东方插花是具有东方风格的一种插花艺术，以中国和日本的传统插花为代表。插花的创作离不开各类花卉素材，有利于带动花卉产业发展。插花传承有利于推动文化产业和生态文明的建设。

东方插花最早起源于我国的六朝时期，主要用于寺庙祭坛中的佛前供花。宋朝插花艺术已在民间得到普及，唐朝开始盛行。隋唐时期，中国的插花艺术被日本的吏臣带到日本，并在日本发展为“花道”。中国和日本的插花同根同源，因此插花艺术有很多相同之处，但又各具特色。中国传统插花历史悠久，源远流长，融入了中国古代儒、道、佛的伦理道德观念。风格强调抒情自然，表现朴实，色彩淡雅，造型简洁。中国传统插花崇尚自然，追求线条灵动，利用花枝的自然神韵，有的柔美秀雅，有的刚劲有力。布局结构讲究疏密有致，起伏有势，不齐不均，虚实相生。同时中国传统插花使用花材较少，避免了冗杂感，展现出清新的姿态。中国传统插花还有一个重要的特点是注重内涵，体现意境，做到自然与人的完美结合，形成花的独特语言，让欣赏者解读与感悟(数字资源 9-1)。

数字资源 9-1

插花赏析

日本将中国的插花艺术引入后吸收并发展，创造了现在日本的“花道”。插花艺术在日本深入民间，已经成为民众生活的一部分。日本花道强调万象和谐，这决定了日本花道统一和谐的艺术风格。日本花道构图严谨，追求章法，以天、地、人作为骨架，高低错落，前后、左右呼应，主次分明，虚实相间、俯仰呼应。注重花材、花器、几架、配件浑然一体的组合，并传达静、雅、美、真、和的禅宗意境。

制作插花作品有三大要点：一是立题，即作者用什么花材表达什么主题；二是构图，指的是如何巧妙配置所选花材，充分展现花材的自然美；三是插器，指的是选择与创意相配合的插花器皿。这三点有机配合完成的作品便会给人以自然美和意境美的享受。本实习以常见的观花、观叶、观果植物等为素材，通过插花设计、制作和赏析的实际操作训练，增加学生对东方插花的认知，提高学生的审美素养。

2　实习准备

2.1　试材

以常见花材(月季、菊花、康乃馨、百合、洋桔梗、满天星、情人草等)、叶材(尤加利叶、栀子叶、龟背竹、高山羊齿、散尾葵、银叶菊等)、果实类(火龙珠、北美冬青、南天竹等)为创作素材。

2.2　用具

插花工具有花插、刀、枝剪、铁钳、铁丝、胶带，插花器皿有瓶、盘、碗、缸、筒、篮、盆、剑山、花泥。

3　实习内容

3.1　中国传统插花制作

3.1.1　构图设计

中国传统插花的构图遵循视觉均衡，包括花材与容器之间、花材与花材之间、整体造型与陈设环境之间的和谐。中国传统插花的基本构架由三大主枝构成(图 9-1)，第一主枝约为插花器皿直径的 3 倍，第二主枝是第一主枝的 2/3 或 3/4；第三主枝是第二主枝的 2/3 或 3/4，上述比列均遵循黄金分割率。

(1)直立式构图　宜选择刚健直立的线状花材，用来表现具强烈尊严感、崇敬感和积极向上、生气勃勃的主题，具端庄稳重的静态美，作品以平视效果最佳。第一主枝基本呈直立状；第二主枝插在第一主枝的一侧，略作倾斜；第三主枝插在第一主枝的另一侧，也略作倾斜。三枝花互相呼应，形成一个整体。

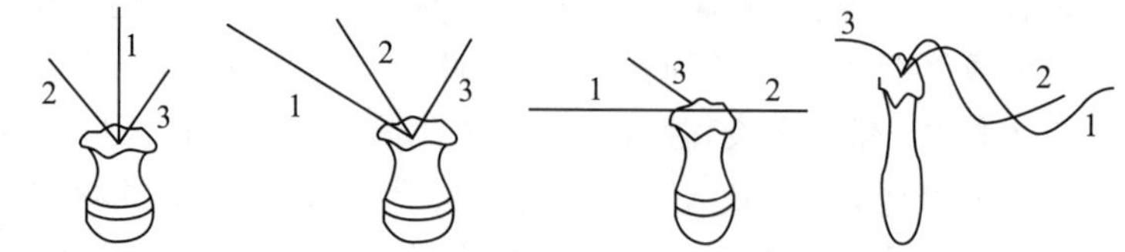

图 9-1　中国传统插花构图示意图(从左向右依次是直立式、倾斜式、水平式和下垂式)

(2)倾斜式构图　以第一主枝倾斜于花器一侧为标志，较为自然、柔和，意在表现花材自然弯曲、舒展活泼的动态之美。第一主枝在左右两个 90°范围内定位，第二、第三主枝摆设范围较大，与第一主枝形成呼应即可。

(3)水平式构图　第一主枝平行伸展，三个主枝基本上在一个水平面上。意在表现花材横向平伸的静态之美，幽静、祥和的气氛。

(4)下垂式构图　第一主枝在花器上悬挂下垂，第二、第三主枝的插入主要是起到平衡的作用，意在表现花材飘逸、流畅的线条美或轻泻叠落的动态美。

3.1.2　插花技法

(1)疏枝法　中国传统插花注重姿态轻盈、秀雅，因此选定花材后，确定高度，剪去病枯枝、交叉枝、平行枝、垂直向前的枝条，疏去过密的叶片，然后再用于创作。

(2)“撒”瓶口支撑法　“撒”是被用在插花中，固定花枝的一种小木棍。“十字撒”是用两根木棍交叉用绳子固定成“十”字状，“井字撒”则是用四根木棍固定做成“井”字状，放入瓶口，进行插花。

(3)折枝瓶内支撑法　选取硬度适中的枝条，用双手握枝，两拇指抵在折口处，双手用力弯曲枝条，将花枝的某个部位折裂(不能过分，以不断裂、稍有弹性为佳)，插入瓶中，利用未完全折断枝条的张力，在瓶内起支撑作用。

(4)切口弯枝造型法　木本花技所需弯曲角度不大时，可用剪刀作斜向切割花茎，切口深度不宜超过花茎直径的 2/3，然后用双手紧握切口两侧，慢慢弯曲枝条。

(5)揉叶造型法　大拇指压住花材的中央叶脉，略用力，从需要弯曲的部位开始处理，使花材呈现出所需的弧度即可。

3.2　日本插花制作

3.2.1　构图形式

(1)立华构图　来源于佛教供花，花材和插花器皿要直立，表现出严肃端庄的姿态。一般由 7 枝花材从上到下，左右错开对称分布，并且每枝花都有固定的寓意(图 9-2)。

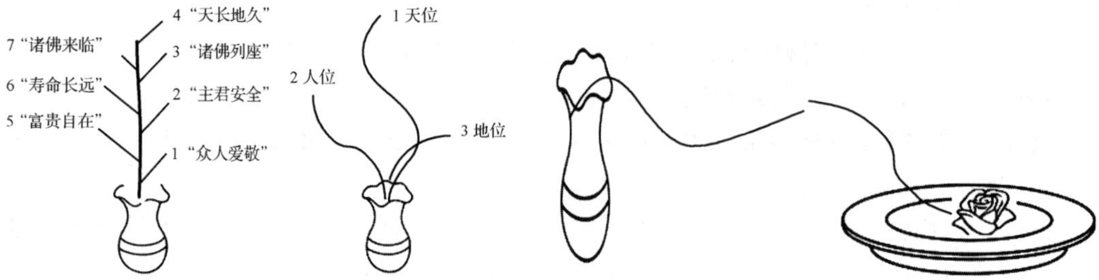

图 9-2　日本插花构图示意图(从左向右依次为立华、生花、抛入花和盛花)

(2)生花构图　赋予儒教、阴阳五行等思想理论,添加教化的内容。生花样式逐渐演化,最终确立为“天、地、人”,并将这种传统技艺固定于日本生活文化之中(图 9-2)。

(3)抛入花构图　一般选用细长的容器,将花材直接投入花器,依靠容器内壁和底部来稳定花材,使花材保持自然状态(图 9-2)。

(4)盛花构图　创立重量感、重心偏低的插花艺术。将花插在广口的浅水盘中,采用“面”的插制方法,应草木花卉的自然状态,构成自由而富有变化的花型,最大限度地体现了花材的自然美感(图 9-2)。

3.2.2　插花技法

(1)切口固定法　在使用剑山插花时,有些木本花卉较粗硬,难以插入。为了便于固定,采用基部切口的方法,根据花材造型需要截取后,在切口处纵向切上几刀,形成若干个小豁口,让花技能顺利地插入剑山座。这样既方便花枝的固定,又扩大了创面,有利于花枝吸收水分。

(2)附枝固定法　草本花材质地松软、花梗细弱,独自难以固定在剑山上,可以取一段短枝用绳子或金属丝捆扎在花技基部,扩大花枝与剑山的接触面,防止花枝插入后倒伏。如果有中空或较疏松的植物,如马蹄莲、芦苇等茎段,也可作附枝,截取一小段插在剑山上,然后把花枝插入截段中空处。

(3)集团捆扎固定法　有些野生草花,花色艳丽动人,但花却很小,一、二枝花卉体现不出美,集中起来观赏效果好。在插花时可将花卉握成一团,用绳子或金属丝扎住,然后插入。

(4)剑山联体固定法　剑山的大小是有限的,单靠一个剑山不足以制作大型的插花。为了多插花,可以将几个剑山放在一起,并用几段小树枝横连钉牢。

(5)剑山倒扣固定法　木本花卉插花时,难免会遇到花枝重而剑山轻,导致花枝倒伏现象。此时,可以在剑山的一边再倒扣上一个剑山,以增加重力。

4　结果与分析

4.1　东方插花个案设计与制作

结合实习时期,选择适宜花材,分别构图设计中国和日本两种不同插花形式,制作插花作品。简述完成的插花作品的主题、构图形式及技法。

4.2　东方插花作品赏析

从班级同学作品中,选择你认为最佳作品,从构图、技法及表现的主题,写出鉴赏评语。

(周晓锋　编写)

实习三十八　干花素材的采集与应用

1　引言

干燥花是指将植物材料经过脱水、保色和定型处理后制成的具有持久观赏性的植物制品,不仅指干燥后的植物花朵,也是泛指各种器官,如花萼、叶片、果实、种子等。干燥花既保持鲜花的形、色、姿、韵,又拥有干燥花的经久不凋,充分体现了花卉的自然风貌和韵味,具有独特的魅力。

干燥花最初起源于人类种植农作物的初期,人们将谷物、蔬菜、野菊花等干燥贮存,用于食用和药用。放置在厨房、庭院、门旁、窗边的干燥植物或蔬菜成为人类最初的植物观赏品。随着人类社会的发展,这些干燥后长期保存的植物被用作祭祀,成为人们的精神寄托。直到近代,欧美许多国家为渲染节日气氛,人们开始了有意识地主动制作干花,利用这些干燥的植物装点房间或餐厅,并逐渐成为风俗和时尚。

干燥花主要分为平面干燥花和立体干燥花。平面干燥花即压花,是将植物材料进行定型、压制及干燥处理后,再按花的色彩、形态、质感、韵律等特点适宜搭配,制成的具有绘画风格的艺术制品,如书签、贺卡、请柬、干燥花画等。立体干燥花是对植物材料进行保色、造型及干燥而成的植物制品,如花篮、花环、门饰、胸花等。

作为艺术品,干燥花形式独特,优点突出。用于制作干燥花的植物种类非常丰富,人工栽培和野生植物能够提供大量的原料。与鲜花相比,干燥花保持了植物原有的真实色彩和自然形态,贮存时间长,一般可以保持 6 个月,甚至多年。这也正是干燥花艺术品风靡全球的主要原因。

本实习以常见观花、观叶和观果植物为材料,进行干花素材的采集、制作与赏析训练,促进学生对干燥花艺术的理论知识学习,提高学生的实践技能和审美素养。

2 实习准备

2.1 试材

以常见花材(月季、菊花、三色堇、铁线莲、满天星、补血草)、叶材(蕨类、苏铁、桉树叶等)、果实类(松果、海棠果等)为素材。

2.2 用具

干燥花工具:压花板、烘箱、吸水纸;制作压花艺术品工具:塑封机器、裁纸刀、镊子、乳胶或双面胶纸、剪刀、美工刀、刮板、铅笔等;立体干燥花插花工具:竹排、铁丝、钳子。

3 实习内容

3.1 干燥花制作

3.1.1 平面干燥花制作

选取生长良好、颜色鲜亮的植物材料,剪掉坏死或残破的部分。茎秆较粗者,要用刀纵切切除 2/3,保留比较薄的 1/3 部分即可。将整理好的植物材料放入压花板(只放 1 层),再放入微波炉中,脱水干燥 5 min,可以快速干燥花材。此外,简易干燥花材的方法,是用硬纸板和吸水纸自制压花板,室温或烘箱里干燥处理。

3.1.2 立体干燥花制作

常用悬挂干燥法,将鲜花从枝条底部捆扎后倒挂(以保持花瓣挺拔的姿态)在室温通风较好的地方、空气湿度较小的季节,大约 1 周即可干燥完全。这种方法适用于枝干较柔软、花朵较大的植物,如月季、千日红、麦秆菊、鸡冠花、向日葵等。

3.2 干燥花艺术品制作

数字资源 9-2

干燥花工艺品制作

3.2.1 平面书签制作

首先选好书签衬纸和花材，构思好作品的主题(如人物、动物、植物、季节、场景等)后，用镊子将花材排布在书签衬纸上。确定构图完成后，用胶水将花材固定，并附上热裱膜，用塑封机塑封，书签作品完成。

3.2.2 立体竹排摆件制作

当制作以竹排为支架的干燥花艺术品时，首先构思好作品的主题(如人物、动物、植物、季节、场景等)，然后按照构图，将选用的植物材料用铁丝绑缚在竹排上，制成竹排摆件。

部分干燥花作品参见数字资源 9-2。

4 结果与分析

4.1 不同素材干燥花制作技术分析

根据实习场所，搜集花、枝叶、果实等不同类型素材，制作干燥花，讨论不同素材干制的技术要点。

4.2 干燥花艺术品个案设计与赏析

根据干燥花素材，构思作品主题，进行制作与展示。从班级同学的作品中，选择你认为最佳的作品，从立意、构图及呈现的主题，写出鉴赏评语。

(周晓锋 编写)

实习三十九 水仙球的雕刻及养护

1 引言

水仙(*Narcissus* spp.)是石蒜科水仙属多年生草本植物，我国传统栽培的中国水仙(*N. tazetta* var. *chinensis*)是多花水仙的一个变种。水仙球雕刻即是剥除部分鳞茎，刻伤叶片，不仅促进水仙多开花、少长叶、花期长，也可使花、叶达到艺术造型的目的，提高观赏性。

水仙原产欧洲和中国，也有研究认为原产欧洲后传入中国。水仙的属名源于希腊神话中的美少年纳西索斯，他因爱上水中自己的倒影，最终变成水仙花。水仙在我国分布于浙江、福建沿海岛屿等地，其中又以漳州最为集中。野生水仙经过人工引种种植，成为我国传统名花之一，拥有 1 000 多年的栽培历史。水仙是秋植球根类花卉，早春出芽开花，入夏休眠直至地上部分完全枯萎。露地栽培时，一般每年 10 月下旬种植，栽种深度为 20～25 cm(或 3 倍于鳞茎直径)。种植过浅易造成侧球过多，对主球生长不利。在夏季休眠期间，鳞茎的生长点完成花芽分化。水仙对生长环境要求不高，喜光、喜水、喜肥，但能耐半阴和水肥不足的环境。水仙适应于温暖、湿润的气候条件，但也较为耐寒，在我国华北大部分地区都可以露地越冬，在东北多数地区则越冬困难。除土培外，传统上我国水仙多用水养，也有沙栽。

中国水仙分为崇明水仙和漳州水仙两个栽培型，其中漳州水仙鳞茎较大，且花莛较多，质量好的漳州水仙可以抽出 5 个以上花莛，而崇明水仙常常只有一个花莛。漳州水仙的商品成球需要 3 年时间培育，优质的漳州水仙鳞茎较大、体形略扁、质地紧实、根盘肥厚、主球旁对称生有侧球(也称脚芽)。崇明水仙常常没有侧球。商品水仙球要求鳞茎外表规则、深褐色包膜完好、茎盘完整、没有病虫害等。水仙球的商品分级以鳞茎的围径(周长)或直径为指标，围径达 25 cm 以上或直径超过 8 cm 为优等品，通常有 3 个以上花箭，多至 10 个；而直径较小的水仙球，则只有 1～2 个花箭。手指按压鳞茎侧面能感到坚实有弹性，说明花箭发育较好，反之，手感松软弹性差，则花箭发育不良。

水仙雕刻通过刀刻，剥除部分鳞茎，更利于抽葶开花。同时，使花、叶一侧或一面受到机械损伤，叶片或花梗就发生偏向生长，即向受伤的一侧或一面弯曲。利用植物的趋光性，向光面细胞的生长速度较背光面细胞的生长速度慢，导致弯向阳光生长的结果。通过雕刻的机械损伤、阳光和水分控制等办法，实现花、叶、根系等造型，达到“一身淡雅自幽香，盈盈玉立水中央”的观赏效果。

本实习以中国水仙为素材，通过示范和操作训练，使学生了解水仙质量挑选、雕刻及上盆养护的技术要点，提高审美素养。

2 实习准备

2.1 试材

以漳州产三年生的水仙花球为雕刻试材，要求茎盘完好、无病虫害，主球围径不低于 20 cm。

2.2 用具

水仙专用雕刻刀一套、卷尺、脱脂棉、水养用浅盘等。

3 实习内容

3.1 水仙球挑选

为保证开花质量，选用当年采收的三年生水仙球。如不马上雕刻，可以通风避光贮存至春节前后。贮存过程中鳞茎会轻微失水变干，但一般不影响开花。

在正常光线下检查鳞茎形态。鳞茎主球应包膜完整，封泥打开后茎盘无明显损伤，主球旁生有小球，无明显病虫害痕迹，具备开花潜力。

水仙鳞茎不是规则球形，一般以周长为准，用卷尺测量主鳞茎最大处周长。选用周长大于 20 cm、坚实有弹性的水仙球进行雕刻。

3.2 水仙雕刻

(1)水仙球整理　水仙雕刻的第一步是将鳞茎上的泥土杂质清除干净、包膜剥除、避免水养时鳞片和根部霉烂。

(2)“开盖”　用雕刻刀在距离根盘 1 cm 处用刀划一条弧形线，继而向球端划开，逐层削掉表面的鳞片，使花箭显露出来。但应特别注意每次只剥开一层鳞片，下刀要浅，以免误伤花芽，影响开花。

(3)“疏隙”　切割完成后，酌情剔除部分芽间鳞片，使芽体之间产生一定的空隙，利于叶片、花梗生长，也便于对叶片和花梗造型雕刻。

(4)“削叶沿”　根据造型要求，由叶端向叶片基部顺削，对叶片生长方向进行控制。初学者对花梗可以不进行造型雕刻，避免碰伤花苞，影响开花。

3.3　上盆与养护

水仙鳞茎刻伤后会流出黏液，这些黏液容易滋生细菌，造成腐烂，并使球茎变色。所以雕刻完毕后，将切面向下放在清水中浸泡，将黏液和残存的鳞片、叶片碎屑除净，防止鳞茎和根盘腐烂变色。一般需要浸泡 2～3 d，每天更换新水。在浸泡完成后，再用清水淋洗干净，将切面向上放置于浅盘中，加水至切口下方，用脱脂棉盖住切口下部及茎盘，并将脱脂棉一端垂入水中吸水供植物生长。

雕刻后的鳞茎由于伤口较大，会造成蒸发失水和伤口感染，并且此时新根尚未长出，尤其要注意防止失水萎蔫。在水养初期的 2～3 d，避免日光直射，观察脱脂棉吸水情况，必要时候向球茎喷洒清水。待伤口开始愈合时，移至阳光充足处养护。光照不足会造成叶片徒长、叶色发黄、高瘦疲软，影响正常开花。

雕刻过的水仙，经清洗黏液后，水养 3～5 d，即可见白色新根，芽端也开始转绿。大约 1 周后叶片伸出、花莛发育，40～50 d 后开花，花期约半个月。此期注意经常换水，保证光照和温度，但温度超过 30 ℃时，容易出现“哑花”现象(花莛发育停止)。

4　结果与分析

选择适合的水仙球，根据个人兴趣，勾画拟完成的水仙造型，进行雕刻处理。

观察和记录雕刻后水养过程中，水仙鳞茎伤口愈合、生根、长叶、开花的过程。注意观察机械损伤后的叶片、花梗生长方向，调控光照和温度，使花叶按拟定的造型生长。探讨雕刻后的水仙是否可以继续用于生产。

(张　钊　编写)

实习四十　果树观赏性盆栽的制作与养护

1　引言

观赏性盆栽是介于普通盆栽和盆景之间的一种形式，将果树栽培学的原理与盆景技艺相结合，对盆栽果树进行加工造型，以提高花、果、枝叶和树型的观赏性，创造出“繁花满枝、硕果累累”的意境。果树观赏性盆栽拓展了果树的休闲功能，适于庭院和屋顶绿化，市场前景广泛。因此，掌握果树观赏性盆栽的造型技法和花果管理技术，以获得造型美观、商业价值高的盆栽苹果。

果树盆景是树木盆景的一种类型，注重开花结果和良好树体生长，不能像普通树木盆景那样强做树型。根据果树树种的生长特性，选用直干式、曲干式、斜干式、悬崖式、垂枝式和藤蔓式树型。也可以附以山石，表现果树生长在山石的缝隙、孔穴或山石之上，或抱石而垂，或倚石而立的强大生命力和坚毅刚强的品格。

我国果树资源丰富，栽培品种和野生树种均可用于盆栽或盆景制作。文化内涵深远的树种为首选，如‘苹果’（谐音“平平安安”）、‘柿子’（暗喻“事事如意”）、‘石榴’（引喻“多子多福、子孙满堂”）、‘柑橘’（意指“金玉满堂”）、‘佛手’（暗含“福多财多”）、‘杨梅’（比喻“扬眉吐气，马到成功”）等。考虑到果树盆景的观赏花果的特性，应选择易于成花坐果、耐整形修剪、抗病虫害、花果观赏期长的树种或品种，如蔷薇科的山楂和海棠、芸香科的佛手、石榴科的石榴、鼠李科的观赏枣等，来表达果树盆景“春华秋实”的观赏意境。

果树观赏性盆栽遵循树木盆景的制作原则，即“慧眼选桩，以桩立意，按意造型”。材料来源可以是野外采集的树桩，或是人工培育的苗木，高端的果树盆景是从野外或果园采掘树桩。根据立意所需，通过蟠扎、修剪、嫁接、弯曲（枝和根）、根的提露和气生催生、叶片整理等方法，对枝干、叶片和根部造型。

本实习以苹果、梨、山楂、葡萄等果树为试材，通过示范和实操训练，使学生掌握果树观赏性盆栽制作与养护方法，提高审美素养。

2 实习准备

2.1 试材

以苗圃繁育的 2 年生以上树苗为试材，具有良好根系和分枝；或是多年生的树桩。

2.2 仪器与用具

选用不同尺寸、透气性和观赏性好的陶盆、釉盆、木雕盆作为盆栽用盆，修枝剪、锯子、用于蟠扎绑缚的铁丝和棕丝、嫁接刀、钳子等用具。

3 实习内容

3.1 树桩采集及培育

落叶树种采掘树桩的时间，宜在初春化冻，树木尚未萌发之前为佳。常绿树种和一些不耐寒的树种则应在早春时节 3—4 月挖掘为好，以免遭受冻害。采掘树桩一般将主根截断，留根长度是树干基部直径的 5 倍左右，多留侧根和须根，根底部修成水平状。难以成活的树种，需带土挖掘。掘后树桩要进行一次重修剪，一般保留部分主要枝干并短截，均剪去，要考虑以后加工造型的需要。

树桩通过地栽或容器（盆钵或木箱）栽植养坯，促进桩材的枝叶和根系良好生长。

3.2 加工造型

仔细观察和推敲树桩材料，确定造型；利用蟠扎、修剪和嫁接等技法，因材加工。部分果树盆景参见数字资源 9-3。

数字资源 9-3

果蔬盆栽造型

3.2.1 蟠扎造型

利用金属丝和棕丝等扎缚物，对树干和主枝作弯摆形。蟠扎应先主干，后主枝，再次枝和小枝，由下往上、由里向外、由粗至细。较粗的枝干弯曲时，可以在弧弯部内侧间隔做切口，深度是干径的 1/3～1/2，用塑料条等包缠起来，再进行牵拉弯曲，以防枝干折断。

3.2.2 修剪造型

通过短截、疏剪、回缩、抹芽、摘心、摘叶等手法，维持平衡的树势和优美的树型。果树盆景的特点是花果兼具，有景可观。果树长势太旺或太弱都不易形成花芽，修剪可以维持树势中庸，形成花芽，连续结果。

3.2.3　嫁接造型

将枝接、芽接、枝根嫁接运用到果树盆景的造型中，可加快盆景成形的速度，获得优良的盆景树材。过嫁接方法补根、补枝、换冠，使树木盆景的造型更具观赏性。利用贮藏的花枝嫁接，促进盆栽成形，当年开花结果和反季节观赏（数字资源 9-3）。不同品种嫁接在一起，提高自交不亲和树种的坐果能力。

3.2.4　果树盆栽案例

单干悬垂式：春季将桩材在约 50 cm 处定干，萌芽后留 3～4 个不同方向生长的新梢。待新梢生长约 15 cm，开始用金属丝蟠扎，弯曲向下定形。疏除背上萌发的新梢。秋季芽接或春季枝接 2～3 个品种，以增加观赏性和提高坐果率。每个品种后选留一个新梢为永久枝，金属丝蟠扎造型。

单干直立式：模仿果树自然生长状态，干高约 20 cm，留 3～4 个枝组。桩材春季定干，待萌芽后新梢生长 20 cm 摘心，以促进枝条增粗。疏除背上枝和过密枝，维持枝条自然生长状态。嫁接 2～3 个品种，提高观赏性和坐果率。

曲干式：生长季根据桩材的生长状态，用金属丝蟠扎，随弯造型。疏除过密枝和背上枝，适度摘心，维持树干上枝梢生长的一致性。

双生干造型：春季将树苗低定干，或是利用砧木萌蘖嫁接，培养桩材的双生干。生长季待新梢生长约 50 cm，用金属丝缠绕枝干，作“8 字”“心形”“扇面”等造型。

3.3　上盆与养护

3.3.1　上盆

盆栽容器的选择在大小比例、色彩及形状应与桩景协调一致，突出盆中之景。所选容器既要有实用价值又要有艺术价值，陶盆、釉盆、木雕盆等容器适合果树盆景。

盆土的选择因树木种类而异，选用富含腐殖质、通气、透水性能良好的土壤。上盆栽植时，填孔是上盆栽植的关键措施。浅盆多用铁丝网，深盆采用碎瓦片，将底部排水孔盖上。深的签筒盆用较多碎瓦片及粗砂填入盆底，以利于排水。用浅盆栽植较大树木时，可先在盆底放一铁棒，用金属丝穿过盆孔扎住铁棒，将树木固定在盆底。

树木栽植深浅根据造型需要，除提根式外，一般将根部稍露出土面为宜。树木栽植完毕要浇透水。新栽土松，最好用细喷壶喷水，而后将其放置在无风半阴处，天天注意喷水。半个月后便生新根，转入正常管理。

3.3.2　养护

目的是维持树体正常的生长和开花结果，维护完美造型。

依据季节、气候、树种、盆体大小、深浅、质地等因素来确定浇水次数和浇水量，掌握“不干不浇，浇则浇透”的原则。常用浇、淋、喷等浇水方法，小型盆栽或浅盆可以浸盆浇水，即是将盆体浸入水中，使根系充分吸水。掌握“淡肥勤施”的原则，根部和叶面施用液态的有机肥。及时防治病虫害。

经常性修剪，长枝短剪，密枝疏剪，维持造型和开花结果。对落叶树种，休眠期提供适宜低温以保证枝芽的需冷量。自交不亲和树种在一个盆栽上嫁接 2～3 个品种或花期人工授粉，保证坐果。喷施生长调节剂，可以延长果实挂果期。果实成熟前，果实贴字，提高观赏性。

定期更换新盆。老桩不宜多翻，幼龄树 1～2 年翻一次，中型盆景 2～3 年、大型盆景 3～4 年、特大型盆景则 5 年以上翻盆换土。翻盆时间一般在早春和晚秋进行，此期为根系再生能力强，利于树体恢复生长。

常绿果树盆景在北方地区室内越冬。落叶果树盆景冬季需要低温休眠，室外根部埋土越冬，或是室内低温（0～7.2 ℃）越冬。

4 结果与分析

利用多年生桩材或苗圃 2～3 年生树苗，可以先造型后春季上盆，或春季上盆栽植桩材，后造型。根据喜好，任选择单干悬垂式、单干直立式、曲干式或双生干种或其他造型，制作果树盆栽。正常养护，修剪维持造型。

（朱元娣　编写）

实习四十一　园艺植物及产品展会布置

1 引言

随着经济的发展，园艺植物除了自身种类及其名特优新品种，以及相关配套技术、设备等有展示需求外，还广泛应用在庭院、其他展会、场景布置等不同场合。以农业主题公园、农业嘉年华、农事节庆、博览园等为代表的展示方式，在特定时间内，高效、集中地展示着园艺的品种、技术或产业，同时带动着经济、基础设施建设等快速发展。

展会分为短期展示和长期展示，植物布置在不同环境中，展现形式不同，其中农业嘉年华从早期的短时期展示到现今可全年开放展示。2018 年农业部（现农业农村部）《关于大力实施乡村振兴战略加快推进农业转型升级的意见》提出：鼓励各地因地制宜开展农业嘉年华、休闲农业特色村镇、农事节庆等形式多样的品牌创建和推介活动。农业嘉年华将农业、科技、休闲、旅游、文化、创意、会展、商贸、物流等融合，以农业为基础、以科技为支撑、以文化为纽带、以旅游为载体，凭借其农业新科技、新技术、新生产方式等多方面优势，为当地农业发展提供了新方向和新动力。园艺植物或产品是展会创意表达的一个重要载体，功能多样。根据表达的主题或内容，可划分为可食用、药食同源、紫色园艺植物等。根据室内外环境，结合植物特性展示不同内容，引导参观者、体验者，更好地欣赏，或实现园艺科普等。植物布置手法根据展出时间长短而不同，观赏角度不同。短期展出侧重于集中展示效果最佳、植物形态最美阶段，在匹配的时间选用当季植物；长期展出则侧重于植物四季生长的变化，便于周年观赏，以及植物生长对空间的需求，合理留白，可以将短期摆放植物和长期生长植物搭配，以丰富植物层次。

农业嘉年华因地区差异，其创意和设计理念不同，基础产业展示方式各具特色。北京农业嘉年华正是基于当地蓬勃发展的草莓产业，结合草莓博览园的基础设施，引入嘉年华娱乐活动，聚集新产品、新技术、新品种、新知识等农业元素，创新农业运营新模式，以现代理念引领北京都市农业发展，实现了“一二三产业”融合，展示了大型都市现代农业的生产、生活、生态、文化等功能，诠释了“农业用生态方式传递文化、农业用生活方式诠释乡愁、农业用生产方式满足消费”的深刻内涵。北京首届农业嘉年华于 2013 年 3—5 月举办，活动主题是“我们的农业”，活动口号是“乐享农业，绿满生活”，打造一个“科技、趣味、参与” 于一体，兼具经济和社会效益的农业盛会，体现“科技农业、文化农业和时尚农业”。北京嘉年华功能分区与空间规划布局为“三馆”(创意农业体验馆、精品农业展销馆、草莓科技展示馆)和“两园”(主题狂欢乐园、采摘体验乐园),其中创意农业体验馆功能分区与实施内容如表 9-4 所示。

表 9-4　创意农业体验馆功能分区与实施内容

功能分区	创意	项目
农科快轨(面积 6 912 m^2)	从田间到餐桌,农业科技无处不在;克隆、太空育种、精准农业到物联网配送,农业科技像一列快速行驶的列车源源不断带来生活的惊喜,改变着我们每个人的生活,让我们的生活更加美好,更加意想不到	育种科技 农业新、奇、特种植 农业物联网及智能化配送系统 精准农业体验 游戏组合区
趣味迷宫(面积 5 750 m^2)	以番茄为主题,开展各种以番茄为题材的活动,让游客认识番茄,重新演绎这种我们生活中最常见的蔬菜,为游客带来不同凡响的新鲜体验	番茄实验室 番茄迷宫 番茄新品种展示 番茄采摘配送 番茄酱制作工艺展示 花式番茄酱制作体验 吃番茄擂台赛 番茄工业制品展
欢乐农庄(面积 4 625 m^2)	采用模拟现实农庄的思路,由农庄实际元素结合芽菜、红酒、磨豆腐、果汁制作四个内容作为游客互动参与的主题,充分体现体验和参与,游人自己动手,亲身参与,乐在其中	红酒庄园 果园、菜园 土炕、池塘、农具展
梦幻花乡(面积 3 460 m^2)	以芳香植物为主材,利用花田的概念布景,将各种与香味花卉有关的附属品以参与体验的形式融入花田,游人可以在花香中感受香味的奇特	芳香植物种植展览 芳香植物深加工处理 香水、香薰等精油制品展 手工皂 DIY 花香茶饮 花花饰界
未来餐厅(面积 2 280 m^2)	市民可将自己的喜好、身体状况等情况输入系统,系统自行为客户搭配最营养最合适的餐点。餐厅内监控系统,用数十部监视摄影机观察顾客们的饮食过程,并记录各种因素对他们选择食物的影响,结合客户本身身体状况,对客户的饮食做一个科学合理的建议	电子点餐 营养搭配知识普及 科学饮食,因人设餐 服务系统设备化 量身定制的营养建议

本实习以首届北京嘉年华为例,通过实地调研其主题景观设计,了解如何实现园艺植物在展会中的创意应用和展示,拓展知识面。

2　实习准备

搜集拟参观实习地的气候条件、设施基础、地域文化及周边产业等信息,拟定调研内容如嘉年华主题、设计展示分区、植物配置与展示等。

3 实习内容

3.1 农业嘉年华的主题及功能分区

农业嘉年华以服务农业为最终目标，核心是展示农业科技、品种、模式等。结合区域文化和植物文化，从艺术高度对农业生产各环节、各场景进行设计和提炼，确定主题，并对不同功能分区进行空间规划布局。

3.2 植物选择及植配设计

3.2.1 植物及产品选择

围绕场馆主题立意，筛选符合的植物配置。例如，奇特而又富有新意的植物种类或农产品，如方形西瓜、寿星大桃等；叶片和果实形态不同、色彩多样的多种蔬菜；可融入互动体验、科普教育的园艺植物、大田作物等。既让游客获得视觉、味觉、嗅觉等五感刺激，也能参与到生产、收获、产品加工等过程中，获得立体、有趣的体验。

3.2.2 园艺植物习性匹配

根据设计主题，选择匹配的园艺植物，兼顾植物的生物习性、设计场所的水、温、气、热等条件及游览线路安排等。让植物在适宜的环境中生长，且在游览线路上设计出最佳观赏角度，兼顾其他线路观赏点。

3.2.3 园艺植物及产品景观化

植物是表达主题或创意的载体，也是集成艺术和技术应用的活化场景。为体现嘉年华的主题立意，将园艺植物及产品与现代技术、文化等相结合，形成创意景观。

3.3 园艺植配展示

设计植物展示方式，在不同功能区的功能性不同，展示方式也不同，如番茄、茄子等蔬菜，可以展示其栽培方式，也可以展示品种的特性，如番茄树式展示、袋装基质栽培等（数字资源 9-4）。

4 结果与分析

4.1 农业嘉年华景观中园艺植配特点分析

根据实际情况，针对农业嘉年华的主题及功能分区，记录不同功能分区中所选配的园艺植物类型，描述植物生长特性、文化寓意、栽培模式及现代技术性等，讨论所展示的园艺植物在其生长过程中的不同观赏点。

数字资源 9-4

农业嘉年华园艺植物及产品展示

4.2 嘉年华等展会中园艺植配个案设计

了解地域的园艺产业基础，挖掘园艺植物文化属性、农产品等，明晰展览会中园艺植物设计的内涵，为本地嘉年华活动或主题展会设计一个园艺植配方案。

（刘彩霞 编写）

实习四十二 园艺疗法(康养园艺)及应用

1 引言

园艺疗法狭义的定义是对有必要在身体以及精神方面进行改善的人们,利用植物栽培与园艺操作活动,从社会、教育、心理以及身体诸方面进行调整更新的一种方法。广义的定义指利用植物或者围绕植物开展各种活动,促进人们身心健康和精神焕发的疗法,是治疗与康复的有效手段,包括芳香疗法、森林浴、色彩疗法、园艺食疗、景观疗法、光疗、氧疗和声疗等,可适用于不同年龄、各种身体状况和不同心理健康水平的人。简而言之,园艺疗法就是利用园艺来进行身心的治疗与康复,谓之"康养园艺",借由实际接触和运用园艺材料,维护美化植物、盆栽和庭园,接触自然环境而纾解压力与复健心灵。

园艺疗法可以追溯到古埃及,文献记载医师鼓励患者到庭院中散步,以改善他们的身心状况。到了17世纪,已经明确提出园艺操作活动对人身心健康的益处。特别是第二次世界大战后,美国将园艺治疗的手段运用到退伍军人医院的治疗计划中,园艺疗法由此逐渐成为一种辅助治疗的新方法,通过园艺操作活动,改善人的身体、心理、社会和认知等方面状况的作业疗法。接受园艺疗法的对象曾经是残疾人、高龄老人、精神病患者、智力低下者、乱用药物者、犯罪者等特定人群,随着园艺疗法不断拓展,受众对象不限定在特定人群,也适用于健康和亚健康状态的人,治疗方法除园艺操作外还包括利用植物的生态作用和保健效果。

园艺疗法的基本康复途径是由五感为主的感知觉刺激、心理机制中的情绪反应、大脑机制的神经免疫作用协同构成的。因此,园艺疗法是在园艺疗养师指导下,通过植物、植物生长环境以及与植物相关的各种活动,维持和恢复人们身体与精神机能,提高生活质量的有效方法。五感疗愈法指通过观察、接触、感受不同的植物、自然材质的特点,充分调动身体的五感。动物疗法是通过喂养照顾小动物,打开心扉,培养爱心。农耕体验包括搭建简单种植架或种植箱、除草、播种、耕种、收获、定期互相分享大家的劳动成果。植物手工活动包括叶片书签、植物拓印、种子贴画、植物贴画、微景观制作等,花艺活动则在插花过程中感悟植物内在的禅意,同时能营造出平静的交流氛围。食物分享,品味自己收获的美食,达到食疗效果,同时分享自己关于健康园艺生活与饮食感悟。

以五感疗愈为例,抑郁症患者的园艺治疗活动经历"感觉与认知""机体与思维""社交与情感"由简至繁的过程,包括:活动主题,"我和秋天有个约会";活动目的,调动多种感官体验花园;活动场地,病区中设计的疗愈花园;活动内容,寻找9种叶子的形状(视觉),发现8种植物的颜色(视觉),聆听7种声音(听觉),体会6种材质的物品(触觉),嗅闻5种植物的气味(嗅觉),品尝4种食物(味觉);集合后,在专业护理人员陪护下参观、找寻目标,记录自己的感受;两两配对,回访自己的发现,并简短分享;参与者主动分享,园艺疗法师总结。第一次以现场观察和记录为主,中期和最后一次做定量评估。

疗愈花园具有不同的功能分区,如为五感疗愈设计的"集芳园",利用圆环形构成,组成小型芳香花园;小环路和多样的铺装类型,方便患者感受植物,刺激多重感官。植物色彩刺激视觉感官,植物芳香刺激嗅觉感官,不同的铺装刺激脚部触觉感官等。患者通过观察植物的四季变化,体会自然的力量,用身体感受植物的气味和质感,体验双脚站在不同材质上的感受,认识自己的存在。“勤耕园”提供大面积的农耕体验活动，条形种植区是公共种植区，从事集体的园艺操作，如播种、锄草、浇水、修剪等，体会农耕的乐趣。“乐养园”尽享动物疗法和农耕体验的活动，提供“一米菜园”和小动物笼舍供人认养，使人们参与其中，照顾自己的植物和动物。种植区外的通道提供多功能种植箱，以增加环境中的自然气氛。“舒享园”可进行日常交流活动与食物分享，操作分享区主要是进行集体操作活动和分享收获的食物的区域，周围用蔬菜花径和复式种植箱围合形成相对安静的环境。

本实习以不同受众群体为研究对象，介绍康养园艺实施方法，拓展学生的知识结构。

2 实习准备

2.1 园艺疗法实施对象特征分析，确立疗愈目标

活动实施前，了解园艺疗法实施对象的基本情况（年龄、性别、健康状况、行动力、兴趣爱好、对园艺知识的认识以及生活习惯）、用药情况以及疗愈需求（生理和心理方面）。评估实施对象的身心状况，如情绪、认知、行为、社交、动作等方面的能力和障碍，这些信息可以通过测试、量表、评估工具等方式获取，以便为园艺疗法的效果和进度提供依据。

针对参与者的条件和需求，设定合适的疗愈目标与测定指标。疗愈目标分为生理、认知、心理、社交功能等方面。其中，生理功能主要体现在身体功能、健康情况、手眼协调、运动能力、动作灵活程度、体力耐力等；认知功能体现在对感官的刺激训练、注意力、记忆力、持续度、理解力、问题解决能力、想象力、创造力的提升等；心理方面包括情绪缓解、压力疏解、让参与者感受到有安全感、感受到放松、感受到自我价值以及自信、感受生命力和希望，培养责任感；人际关系包括与他人的互动、合作、分享、沟通和促进社交功能等。这些目标可以根据实施对象的需求和期望，以及园艺疗法的功效和种类来制定，要尽量具体、明确、可量化和可实现。

2.2 园艺疗法环境的选择与评估

选择安全、舒适、便利、美观的环境实施园艺疗法，如室内环境（养老院、医院、学校的活动室、教室等）和室外环境（庭院、花园、公园、森林等）。场所应具有良好的光照、通风、排水、防滑、无障碍等条件，能够适应不同的气候、季节、时间等变化。若在大学校园中实施，也可考虑校园中的绿地或花园。

在选择场地时，既需考虑活动的目标、规模、时间和频率，又要考虑参与者，特别是过敏体质人群的身体状况，对于阳光、温度等环境条件的适应度，尽量创造舒适的环境，也可以采用室内外环境结合的方式。

2.3 园艺疗法活动设计及材料准备

活动设计和选择涉及季节、天气、时间段、时长、频次、总次数、活动的强度等要素，应根据情况设计活动预案。

首先需要确定活动的人数，如个案（1 人）、小团体（5～8 人）、大团体（9～15 人）等，并配备相应数量和资质的老师。

在活动类型选择上，应选择趣味性较强的活动，有助于激发活动兴趣，培养动手能力，激发参与活动的积极性。堆肥、除草、种植、修剪、采摘、组合盆栽等园艺活动，可以对参与者产生积极的疗效，提高他们身体机能和免疫力，缓解身心病痛，增加劳动带来的成就感、满足感和责任感。而压花、香囊制作、草木染、叶子拓印、插花等活动，可以锻炼参与者的动手能力，增加创造

力，刺激五感，舒缓情绪。

根据活动内容，购买所需的植物及配套材料，如土壤、花盆、水壶、园艺操作工具、装饰品等，并在活动前进行场地布置以及相关工作人员的培训及组织，如分配工作职责、讲解工作内容、演练活动流程、统筹工作时间等。

3　实习内容

3.1　针对学生群体的园艺疗法实施

学生群体疗愈目标：在活动中学习园艺植物知识，扩展知识结构，提高注意力以及动手能力；平缓情绪，释放压力；加强人际交往，提高交流沟通的能力。针对减压人士的园艺疗法，可侧重于园艺的感受体验，积极情绪的感知以及压力的释放，将注意力从压力事件中转移出来。

活动实施：根据园艺疗法计划，选择场地并准备材料；组织和指导参与者，为他们安排和分配园艺活动；讲解和演示园艺操作方法和注意事项，全程协助参与者；与参与者互动，充分调动他们的兴趣和投入程度；关注参与者的情绪及反馈情况，及时调整活动方案步骤；预留足够的分享时间，记录和反馈参与者对园艺体验的感受。

3.2　针对老年群体的园艺疗法实施

老年群体疗愈目标：在保证安全性的基础上，增进老年人的认知能力和学习兴趣；通过园艺活动学习不同的种植技巧和植物知识，观察和感受生命的不同状态，激发创造力和想象力；增加老年人的生活满意度和生活质量，从照顾植物、看见植物的成长中获得喜悦和满足，增强自信心和自尊感；通过园艺活动了解植物的自然规律和生命周期，接受生命的有限性和必然性，安然度过晚年。

活动实施：考虑到参与人数和活动的安全性，活动选择在室内的园艺活动室进行，并准备园艺铲、花盆、网格、营养土（椰糠）、植物材料（薄荷）、塑封袋等活动材料。

以“给植物搬新家”为例：

(1)开场时，每位参与者给自己取一个“自然名”，介绍取自然名的原因，可以鼓励他们讲述名字由来，以此来拉近大家的距离。

(2)介绍薄荷的品种以及用途，引导参与者观赏、触摸和嗅闻薄荷叶片，品尝薄荷茶和薄荷糖。

(3)讲解、演示和协助参与者开展园艺活动。将薄荷从原有的种植盆中取出，松动盆栽的根茎，去除枯黄叶片；在加仑盆底部放网格以免土壤漏出，填一层土；在加仑盆中找到合适的位置，调整薄荷的高低和形态；用园艺铲向加仑盆填土并压实，给盆栽浇透水；完成后带走薄荷盆栽进行日常照料。

(4)参与者围绕薄荷移栽交流讨论心得，分享移栽过程中的感想感受，以及盆栽后期的养护、扦插等知识。

4　结果与分析

4.1　园艺疗法过程评估

过程评估主要包括对活动的每个步骤、参与者的实时表现与改变、组织者运用的工作方法和技巧等，以便实时修正园艺疗法方案，提升活动效果。在反思活动设计、活动流程的基础上，发现活动中的不足以及可以提升疗愈效果的策略。

4.2 园艺疗法成效及目标达成情况分析

活动前后采用问卷、访谈、观察、指标测量、量表等方法，收集和分析参与者的园艺疗法活动成效和感受，评价和比较园艺疗法活动的目标和结果。针对设定的疗愈目标以及选择的测量指标进行再次评价，评估疗愈对象是否达到设定的目标以及选择的测量指标是否能够完全反映效果。总结和归纳本次园艺疗法活动的优点和不足，为后续的改进和优化提供依据。

（徐 峰 编写）

参考文献

北京市市场监督管理局．蔬菜品种纯度田间种植鉴定规程：DB11/T 199—2021[S]

别之龙，黄丹枫．工厂化育苗原理与技术[M]．北京：中国农业出版社，2020

蔡俊迈，陈银辉．配合力分析Ⅰ——完全双列杂交（下）[J]．福建农业科技，1988(3)：23-27

曹坳程，方文生，李园，等．我国土壤熏蒸消毒 60 年回顾[J]．植物保护学报，2022，49(1)：325-335

曹建康，姜微波，赵玉梅．果蔬采后生理生化实验指导[M]．北京：中国轻工业出版社，2007

陈红武，裘莉娟．休闲农业实践教学指导[M]．杨凌：西北农林科技大学出版社，2018

陈红武，邹志荣．休闲农业概论[M]．北京：科学出版社，2017

陈红武，娄倩．观赏植物实践教学指导[M]．杨凌：西北农林科技大学出版社，2018

陈立，杨亚会，霍雨猛，等．洋葱 S 型细胞质雄性不育相关基因的挖掘及分子标记开发[J]．园艺学报，2018，45(3)：503-510

陈淑君，赵凤，姚慧敏，等．人工光植物工厂水培生菜高效生产关键技术[J]．中国果菜，2023，43(1)：80-84

陈小文，刘彩霞，郝天民，等．农业嘉年华——现代都市农业园区的新业态[J]．中国农业信息，2017，22：38-41

陈雪平．茄子遗传多样性研究与遗传连锁图谱构建[D]．保定：河北农业大学，2015

程冉，赵燕燕．鲜切花生产与保鲜技术[M]．北京：中国农业出版社，2015

程智慧．蔬菜栽培学各论[M]．2 版．北京：科学出版社，2021

崔娇鹏．妙手夺天工——西方的植物造型艺术[J]．生命世界，2013：88-93

寸宇智，杨卫花，李春灵．一种简单高效的核桃脂肪酸测定方法[J]．食品安全质量检测学报，2022，13(2)：6

董丽．园林花卉应用设计[M]．4 版．北京：中国林业出版社，2020

范双喜，李光晨．园艺植物栽培学[M]．3 版．北京：中国农业大学出版社，2021

范双喜，张玉星．园艺植物栽培学实验指导[M]．2 版．北京：中国农业大学出版社，2011

方智远．中国蔬菜育种学[M]．北京：中国农业出版社，2017

房经贵，崔舜，韩键．果树盆栽与盆景制作[M]．北京：化工出版社，2012

冈井路子，余静．组合盆栽设计实例[M]．杭州：浙江科学技术出版社，2002

高东升，束怀瑞，李宪利．几种适宜设施栽培果树需冷量的研究[J]．园艺学报，2001，28 (4)：283-289

高俊平．观赏植物采后生理与技术[M]．北京：中国农业大学出版社，2002

高俊平．中国农业百科全书观赏园艺卷[M]．北京：中国农业出版社，2022

高丽红，别之龙．无土栽培学[M]．北京：中国农业大学出版社，2017

高丽红．设施园艺学[M]．3 版．北京：中国农业大学出版社，2021

高志红．果树栽培实验实习指导[M]．北京：中国农业出版社，2018

巩振辉，陈儒刚．园艺植物育种学实验指导书[M]．杨凌：西北农林科技大学出版社，2017

巩振辉．园艺植物生物技术[M]．2 版．北京：科学出版社，2023

关文灵，李叶芳．园林树木学[M]．北京：中国农业大学出版社，2017

郭尚．蔬菜良种繁育学[M]．北京：中国农业科学技术出版社，2010

国家市场监督管理总局，中国国家标准化管理委员会．茶叶中茶多酚和儿茶素类含量的检测方法：GB/T 8313—2018[S]

国家质量技术监督局．中华人民共和国国家标准　主要花卉产品等级　第 1 部分　鲜切花：GB/T

18247.1—2000[S]

国立耘,刘凤权,黄丽丽.园艺植物病理学[M].3版.北京:中国农业大学出版社,2020

果树卷编辑委员会.农业百科全书果树卷[M].北京:农业出版社,1993

韩丽文,祝志勇.园林植物造型技艺[M].北京:科学出版社,2011

韩玉珍,张学琴.植物生理学实验[M].北京:科学出版社,2021

韩振海,陈昆松.实验园艺学[M].北京:高等教育出版社,2006

韩振海.园艺作物种质资源学[M].北京:中国农业大学出版社,2009

郝瑞杰,张启翔,杨炜茹,等.梅花与远缘子代特征花香成分差异原因分析[J].核农学报,2014,28(5):808-816

何诚,张思玉,Convertino M,等.基于方格网法的树冠体积测算方法[J].农业机械学报,2014,45(12):308-315

何敏,谷超,吴巨友,等.果树自交不亲和机制研究进展[J].园艺学报,2021,48(4):759-777

和禹廷,何琼,张妮南,等.大白菜新品种'陕秋白3号'种子纯度的分子鉴定[J].种子,2022,41(5):1-4

洪波.干燥花制作工艺与应用[M].北京:中国林业出版社,2019

胡晋,王建成.种子检验技术[M].北京:中国农业大学出版社,2016

黄尧瑶,邓明华,彭春秀,等.百合花瓣抗氧化酶系统对干旱胁迫响应的研究[J].园艺学报,2020,47(4):788-796

黄云,徐志宏.园艺植物保护学实验实习指导[M].北京:中国农业出版社,2015

蒋江照,刘子煜,梁丽松,等.平欧杂种榛坚果种仁发育期品质形成规律[J].林业科学,2018,54(12):42-51

蒋天梅,殷学仁,王平,等.乙烯调控非跃变型果实成熟衰老研究进展[J].园艺学报,2011,38(2):371-378

蒋欣梅,张清友.蔬菜栽培学实验指导[M].北京:化学工业出版社,2012

景士西.园艺植物育种学总论[M].2版.北京:中国农业出版社,2007

李宝.柿果脱涩技术的应用现状与发展趋势[J].落叶果树,2018,50(5):17-22

李德美.深度品鉴葡萄酒[M].北京:中国轻工业出版社,2012

李贺,李晓明.园艺实验技术[M].北京:中国农业出版社,2018

李吉跃.植物耐旱性及其机理[J].北京林业大学学报,1991(3):92-100

李加纳.数量遗传学概论[M].重庆:西南师范大学出版社,1995

李玲,何国振.植物生理学实验指导[M].北京:高等教育出版社,2021

李隆伟,王云美,郭旭初,等.市场交易方式转变对农业发展的影响——昆明国际花卉拍卖交易中心调研报告[J].中国热带农业,2018(2):33-34

李鹏,张明,戴祥生,等.基于不规则三棱柱分割法实时测算果树冠层体积[J].中国农业科学,2019,52(24):4493-4504

李树华.园艺疗法概论[M].北京:中国林业出版社,2011

李天忠,龙慎山,李茂福,等.苹果自交不亲和基因型(S基因)研究进展[J].中国农业科学,2011,44(6):1173-1183

李先源.观赏植物分类学[M].北京:科学出版社,2018

李仲科,吴海清.园艺植物病虫害防治[M].北京:中国农业大学出版社,2018

李宗耕,杨其长,沙德剑,等.植物工厂水培叶菜生产全程机械化研究进展[J].中国农业大学学报,2022,27(5):12-21

廖明安.园艺植物研究法实验实习指导[M].北京:中国农业出版社,2007

刘贝贝,陈利娜,李好先,等.果树响应低温胁迫的分子机制及抗寒性鉴定方法研究进展[J].北方园

艺,2017(15):174-179

刘程程,赵荣飞,廖莉玲.荧光法测定荠菜中维生素 B_2 的含量[J].安徽农业科学,2014,42(7):2118-2119

刘来福,毛盛贤,黄远樟.作物数量遗传[M].北京:农业出版社,1984

刘庆昌.植物生物技术导论[M].北京:中国农业大学出版社,2020

刘燕.园林花卉学[M].4版.北京:中国林业出版社,2020

刘永利.桃、梨、苹果等果树花粉采集制作技术[J].农业科技与装备,2021(5):69-70

卢蒙蒙,江珊,张国浩,等.苹果化学疏花疏果技术研究进展[J].中国果树,2021(4):4-7

卢倩倩,孟艳,张妮南,等.分子标记辅助选择创制抗根肿病橙色大白菜新种质[J].分子植物育种,2022,20(11):8

鲁晓翔,张平,王世军.果蔬冰温贮藏及其关键技术研究进展[J].保鲜与加工,2010,10(6):1-5

缪黎明,王神云,邹明华,等.园艺作物核心种质构建的研究进展[J].植物遗传资源学报,2016,17(5):791-800

牛焕琼.观赏植物苗木繁殖技术[M].北京:中国林业出版社,2013

农业部种植业司.农业部蔬菜标准园创建规范[J].中国蔬菜,2010 (19):1-2

裴新澍.数理遗传与育种[M].上海:上海科学技术出版社,1987

邱晓红,白鸥.园艺植物病虫害防治[M].北京:中国农业出版社,2019

全国花卉标准化技术委员会.东方百合切花等级:GB/T 41200—2021[S/OL].北京:中国标准出版社,2021

全国花卉标准化技术委员会.月季切花等级:GB/T 41201—2021[S/OL].北京:中国标准出版社,2021

饶景萍,毕阳.园艺产品贮运学[M].2版.北京:科学出版社,2021

邵丽华,王莉.粮食及果蔬中叶酸含量分析[J].食品科学,2014,35(24):290-294

申书兴.蔬菜制种可学可做[M].北京:中国农业出版社,2001

申书兴.园艺植物育种学实验指导[M].3版.北京:中国农业大学出版社,2018

沈其荣.土壤肥料学通论[M].2版.北京:高等教育出版社,2021

束剑华.园艺植物种子生产与管理[M].北京:苏州大学出版社,2015

司志国.园林植物保护[M].北京:中国轻工业出版社,2014

宋红霞,付超,侯雷平,李梅兰.普通白菜石蜡切片染色方法筛选及花芽分化形态学鉴定[J].江苏农业科学,2018,46 (2):88-91

宋士清,王久兴.设施蔬菜栽培[M].北京:科学出版社,2016

谭剑锋,张丽慧,刘海峰,等.基于作物生境与生理大数据应用的水肥一体化决策系统设计[J].现代农业装备,2023,44(02):44-50

唐浩.植物品种特异性、一致性、稳定性测试总论[M].北京:中国农业出版社,2017

田世平,罗云波,王贵禧.园艺产品采后生物学基础[M].北京:科学出版社,2011

万蜀渊.园艺植物繁殖学[M].北京:中国农业出版社,1997

汪俏梅.园艺产品营养与功能学[M].北京:化学工业出版社,2021

王彩云.切花月季[M].兰州:甘肃科学技术出版社,2017

王芳.坚果中脂肪含量及脂肪酸组成分析[J].食品安全质量检测学报,2018,9(15):4105-4111

王海波,王孝娣,赵君全,等.设施促早栽培下耐弱光能力不同的葡萄品种冬芽的花芽分化[J].园艺学报,2016,43 (4):633-642

王昆,刘凤之,曹玉芬.苹果种质资源描述规范和数据标准[M].北京:中国农业出版社,2005

王利民,符真珠,高杰,等.植物不饱和脂肪酸的生物合成及调控[J].基因组学与应用生物学,2020,39(1):254-258

王庆彪,张丽,温常龙,等.萝卜 Ogura-CMS 育性恢复基因 Rfo 的高通量 SNP 标记开发及其应用[J].园

艺学报,2017,44(7):1309-1318

王仁才．园艺商品学[M].2 版．北京:中国农业出版社,2016

王瑞庆,马书尚,张继澍．淀粉——碘染色法确定苹果成熟度[J]. 西北农林科技大学学报,2010,9(38):81-86

王维,刘东琴,王佩．果品分级检测技术的研究现状及发展[J]. 包装与食品机械,2016,34 (6):55-58

王学奎,黄见良．植物生理生化实验原理与技术[M].3 版．北京:高等教育出版社,2015

王翊,马月萍,戴思兰．观赏植物花期调控途径及其分子机制[J]. 植物学报,2010,45(6):641-653

王宇霖．落叶果树种类学[M]. 北京:农业出版社,1988

王跃进,杨晓盆．果树修剪学[M]. 北京:中国农业出版社,2017

韦三立．观赏植物花期控制[M]. 北京:中国农业出版社,1999

魏晓玉．植物造型修剪的艺术与理法研究[D]. 北京:北京林业大学,2016

魏毓棠．蔬菜育种技术[M]. 北京:中国农业出版社,1997

吴中军．花卉学实验实训教程[M]. 成都:西南交通大学出版社,2014

武仁敦．陕西关中地区欧洲酸樱桃的物候期观察及胚胎学研究[D]. 杨凌:西北农林科技大学,2022

徐姗．北京观光农园园区规划研究[M]. 北京:北京林业大学出版社,2013

许荣义．水仙艺术雕刻与水养技术[M]. 北京:中国农业出版社,1994

严慧玲,闫树成,杨慧民,等．利用 SRAP 分子标记技术鉴定大白菜种子纯度[J]. 热带农业科学,2011,31(6):50-52

颜启传．种子检验原理和技术[M]. 杭州:浙江大学出版社,2001

杨洪强,束怀瑞．苹果根系研究[M]. 北京:科学出版社,2007

杨其长．植物工厂[M]. 北京:清华大学出版社,2019

杨芩,付燕,王永清．果树有效授粉期研究进展[J]. 经济林研究,2015,33(1):152-156

袁慧敏,王革伏,樊佳茹,等．高温对番茄幼苗生长和花芽分化的影响[J]. 西北植物学报,2019,39(10):1768-1775

张光伦．园艺生态学[M]. 北京:中国农业出版社,2009

张焕欣,董春娟,李福凯,等．植物不定根发生机理的研究进展[J]. 西北植物学报,2017,37(7):1457-1464

张会宁．葡萄酒生产实用技术手册[M]. 北京:中国轻工业出版社,2015

张琦．果树栽培学实验实习指导书[M]. 北京:中国水利水电出版社,2013

张天柱．农业嘉年华规划、建设与案例分析[M]. 北京:中国轻工业出版社,2017

张天柱．农业嘉年华运营管理[M]. 北京:中国轻工业出版社,2020

张秀丽,韦海忠,张淑梅．插花与盆景制作[M]. 北京:中国农业大学出版社,2016

张玉星．果树栽培学总论[M].4 版．北京:中国农业出版社,2011

张振贤,程智慧．高级蔬菜生理学[M]. 北京:中国农业大学出版社,2008

赵德英,程存刚．苹果省力化整形修剪七日通[M]. 北京:中国农业出版社,2018

赵菊莲．观赏植物栽培学实验实习指导[M]. 杨凌:西北农林科技大学出版社,2013

赵林,韩秀清．苹果压条繁育苗木技术[J]. 果农之友,2019,5:4-5

中华人民共和国国家卫生和计划生育委员会．食品安全国家标准　食品中抗坏血酸的测定:GB 5009.86—2016[S]

中华人民共和国国家卫生和生育计划委员会．食品安全国家标准　食品中蛋白质的测定:GB 5009.5—2016[S]

中华人民共和国国家卫生和生育计划委员会．食品安全国家标准　食品中维生素 B_1 的测定:GB 5009.84—2016[S]

中华人民共和国国家卫生和生育计划委员会．食品安全国家标准　食品中维生素 B_2 的测定:GB 5009.85—2016[S]

中华人民共和国国家卫生和生育计划委员会．食品安全国家标准　食品中维生素 B_6 的测定:GB 5009.154—2016[S]

中华人民共和国国家卫生和生育计划委员会．食品安全国家标准　食品中叶酸的测定:GB 5009.211—2014[S]

中华人民共和国国家卫生和计划生育委员会,国家食品药品监督管理总局．食品安全国家标准　食品中脂肪酸的测定:GB 5009.168—2016[S]

中华人民共和国国家质量监督检验检疫总局,中国国家标准化管理委员会．地理标志产品　黄骅冬枣:GB/T 18740—2008[S]

中华人民共和国国家质量监督检验检疫总局,中国国家标准化管理委员会．地理标志产品　吐鲁番葡萄:GB/T 19585—2008[S]

中华人民共和国国家质量监督检验检疫总局,中国国家标准化管理委员会．地理标志产品　沾化冬枣:GB/T 18846—2008[S]

中华人民共和国国家质量监督检验检疫总局,中国国家标准化管理委员会．冬枣:GB/T 32714—2016[S]

中华人民共和国国家质量监督检验检疫总局,中国国家标准化管理委员会．无核白葡萄:GB/T 19970—2005[S]

中华人民共和国国家质量监督检验检疫总局,中国国家标准化管理委员会．植物新品种特异性、一致性、稳定性测试指南　榛属:GB/T 24886—2010[S]

中华人民共和国国家质量监督检验检疫总局．出口食品中总黄酮的测定:SN/T 4592—2016[S]

中华人民共和国农业部．黄瓜种子繁育技术规程:NY/T 1214—2006[S]

中华人民共和国农业部．巴梨:NY/T 865—2004[S]

中华人民共和国农业部．砀山酥梨:NY/T 1191—2006[S]

中华人民共和国农业部．冬枣等级规格:NY/T 2860—2015[S]

中华人民共和国农业部．番茄等级规格:NY/T 940—2006[S]

中华人民共和国农业部．南果梨:NY/T 1076—2006[S]

中华人民共和国农业部．苹果等级规格:NY/T 1793—2009[S]

中华人民共和国农业部．仁果类水果中类黄酮的测定　液相色谱法:NY/T 2741—2015[S].

中华人民共和国农业部．水果、蔬菜及其制品中叶绿素含量的测定　分光光度计法:NY/T 3082—2017[S]

中华人民共和国农业部．水果及其制品中果胶含量的测定　分光光度法:NY/T 2016—2011[S]

中华人民共和国农业部．植物源性食品中花青素的测定　高效液相色谱法:NY/T 2640—2014[S]

中华人民共和国农业部．柑橘类水果及制品中总黄酮含量的测定:NY/T 2010—2011[S]

中华人民共和国农业农村部．辣椒杂交种生产技术规程:NY/T 3930—2021[S]

中华人民共和国农业农村部．有机肥料:NY/T 525—2021[S]

中华人民共和国农业农村部种业管理司．非主要农作物品种登记办法[EB/OL].(2018-03-27)[2022-12-12]. http://www.zzj.moa.gov.cn/flfg/201904/t20190428_6245169.htm

中华人民共和国中央人民政府．主要林木品种审定办法[EB/OL].(2017-10-25)[2022-12-12]. http://www.gov.cn/gongbao/content/2018/content_5254317.htm

周会玲．园艺产品采后处理实验实习指导[M]. 杨凌:西北农林科技大学出版社,2017

朱立新,朱元娣．园艺通论[M].5 版．北京:中国农业大学出版社,2020

朱莎,宋燕,刘磊,等．番茄 *ps*-2 基因的 SSR 及 CAPS 标记开发[J]. 园艺学报,2010,37(2):235-240

朱雪云,陈利萍．植物嵌合体的研究与应用[J]. 核农学报,2010,24(6):1185-1191

朱迎迎,张虎．插花艺术[M]. 北京:中国林业出版社,2015

朱珍华．北京蟹岛生态度假村生态模式及效益分析[J]．农业环境与发展，2005(4)：1-3

庄维兵，章镇，侍婷，等．落叶果树需冷量及其估算模型研究进展[J]．果树学报，2012，29(3)：447-453

邹志荣，周长吉．温室建筑与结构[M]．北京：中国农业出版社，2012

Bai S L, Peng Y B, Cui J X, et al. Developmental analyses reveal early arrests of the spore-bearing parts of reproductive organs in unisexual flowers of cucumber (*Cucumis sativus* L.)[J]. Planta, 2004, 220: 230-240

Blanpied G D, Silsby S J. Predicting harvest date windows for apples[J]. Cornell Cooperative Extension Information Bulletin, 1992: 221

Brookfield P, Murphy P, Harker R, et al. Starch degradation and starch pattern indices: Interpretation and relationship to maturity[J]. Postharvest Biology and Technology, 1997: 23-30

Brown A H D. Core collections: A practical approach to genetic resources management[J]. Genome, 1989, 31: 818-824

Calic D, Milojevic J, Belic M, et al. Impact of storage temperature on pollen viability and germinability of four Serbian autochthon apple cultivars[J]. Frontier in Plant Science, 2021, 29(12): 709231

Chakrabarti M, Zhang N, Sauvage C, et al. A cytochrome P450 regulates a domestication trait in cultivated tomato[J]. Proceedings of the National Academy of Sciences of the United States of America, 2013, 110: 17125-17130

DeLong J M, Prange R K, Harrison P A. Using the Streif index as a final harvest window for controlled-atmosphere storage of apples[J]. HortScience, 1999, 34(7): 1251-1255

Germana M A. Anther culture for haploid and doubled haploid production. [J]. Plant Cell Tissue and Organ Culture, 2011, 104: 283-300

Goldschmidt E E. Plant grafting: new mechanisms, evolutionary implications[J]. Frontier in Plant Science, 2014, 5: 727

Hao R J, Du D L, Wang T, et al. A comparative analysis of characteristic floral scent compounds in *Prunus mume* and related species[J]. Bioscience, Biotechnology, and Biochemistry, 2014, 78(10): 1640-1647

Haslam E. Vegetable tannins - Lessons of a phytochemical lifetime[J]. Phytochemistry, 2007, 68: 2713-2721

Ignat I, Volf I, Popa V I. A critical review of methods for characterization of polyphenolic compounds in fruits and vegetables[J]. Food Chemistry, 2011, 126: 1821-1835

Li C, Leverence R, Trombley J D, et al. High molecular weight persimmon (*Diospyros kaki* L.) proanthocyanidin: A highly galloylated, a-linked tannin with an unusual flavonol terminal unit, myricetin[J]. Journal of Agricultural and Food Chemistry, 2010, 58: 9033-9042

Li X, Shen F, Xu X Z, et al. An HD-ZIP transcription factor, MxHB13, integrates auxin-regulated and juvenility-determined control of adventitious rooting in *Malus xiaojinensis*[J]. The Plant Journal, 2021, 107: 1663-1680

Luedeling E, Brown P H. A global analysis of the comparability of winter chill models for fruit and nuts[J]. International Journal of Biometerology, 2011, 55: 411-421

Ma L, Hou C W, Zhang X Z, et al. Seasonal growth and spatial distribution of apple tree roots on different rootstocks or interstems[J]. Journal of the American Society for Horticultural Science, 2013, 138(2): 79-87

Matsuo T, Ito S. A model experiment for de-astringency of persimmon fruit with high carbon dioxide: *In vitro* gelation of kaki-tannin by reacting with acetaldehyde[J]. Journal of Agricultural and Food Chemistry, 1982, 46: 683-689.

Mauceri A, Bassolino L, Lupini A, et al. Genetic variation in eggplant for nitrogen use efficiency under contrasting NO_3^- supply[J]. Journal of Integrative Plant Biology, 2020, 62: 487-508

Notaguchi M, Kurotani K, Sato Y, et al. Cell-cell adhesion in plant grafting is facilitated by beta-1, 4-glucanases[J]. Science,2020,369 (6504):698-702

Quideau S,Deffieux D,Douat-Casassus C,et al. Plant polyphenols:Chemical properties,biological activities,and synthesis[J]. Angewandte Chemie International Edition,2011,50:586-621

Roeder S,Serra S,Musacchi S. Effective pollination period and parentage effect on pollen tube growth in apple[J]. Plants,2021,10(8):1618

Saltveit M E. Ethylene effects. In A. R. S. ,The commercial storage of fruits,vegetables,and florist and nursery stocks. Agriculture Handbook[M]. Beltsuille:USDA-ARS,2016,66:76-82

Saltveit M E. Repiratory metabolism. In A. R. S. ,The commercial storage of fruits,vegetables,and florist and nursery stocks. Agriculture Handbook[M]. Beltsville:USDA-ARS,2016

Thaipong K,Boonprakob U,Crosby K,et al. Comparison of ABTS,DPPH,FRAP,and ORAC assays for estimating antioxidant activity from guava fruit extracts[J]. Journal of Food Composition and Analysis, 2006,19:669-675

Wang C Y. Chilling and freezing injury. The Commercial Storage of Fruits,Vegetables,Florist and Nursery Stocks,2016,66:62-67

Wang Q C,Valkonen J P T. Cryotherapy of shoot tips:Novel pathogen eradication[J]. Trends in Plant Science,2008,14(3):119-122

Wu H J,Qu X Y,Dong Z C,et al. WUSCHEL triggers innate antiviral immunity in plant stem cell[J]. Science,2020,370:227-231

Zhang Q L,Ma C,Zhang Y,et al. A single-nucleotide polymorphism in the promoter of a hairpin RNA contributes to *Alternaria alternata* leaf spot resistance in apple (*Malus* × *domestica*)[J]. Plant Cell,2018,30(8):1924-1942